Autonomous Vehicles and the Law

Ius Comparatum

VOLUME 6

The titles published in this series are listed at *brill.com/iacl*

Autonomous Vehicles and the Law

A Revolution through the Prism of Civil Liability

Edited by

Gilles Pillet

BRILL | NIJHOFF

LEIDEN | BOSTON

Library of Congress Cataloging-in-Publication Data

Names: Pillet, Gilles, editor.
Title: Autonomous vehicles and the law / edited by Gilles Pillet.
Description: Leiden ; Boston : Brill/Nijhoff, 2025. | Series: Iacl, 2214-6881 ; 6
Identifiers: LCCN 2024048020 (print) | LCCN 2024048021 (ebook) | ISBN 9789004711884 (hardback) | ISBN 9789004711891 (ebook)
Subjects: LCSH: Automated vehicles–Law and legislation. | Automobiles–Automatic control.
Classification: LCC K4034.A98 A99 2025 (print) | LCC K4034.A98 (ebook) | DDC 343.09/3–dc23/eng/20241010
LC record available at https://lccn.loc.gov/2024048020
LC ebook record available at https://lccn.loc.gov/2024048021

Typeface for the Latin, Greek, and Cyrillic scripts: "Brill". See and download: brill.com/brill-typeface.

ISSN 2214-6881
ISBN 978-90-04-71188-4 (hardback)
ISBN 978-90-04-71189-1 (e-book)
DOI 10.1163/9789004711891

This book is printed on acid-free paper and produced in a sustainable manner.

Contents

Figures and Tables

Figures

Tables

PART 1

General Report

Les véhicules autonomes face au droit: une révolution sous le prisme de la responsabilité civile

Rapport General

*Gilles Pillet**

1 Introduction

1.1 *Le virage numérique de l'industrie automobile et de la mobilité*

Le développement des véhicules dits autonomes ou automatisés (ci-après VA) s'inscrit dans le très vaste empire des nouvelles technologies et plus particulièrement de l'intelligence artificielle. Nul n'ignore aujourd'hui l'ampleur de ce mouvement, qualifié de quatrième révolution industrielle. Il repose sur la convergence de plusieurs phénomènes importants. Outre l'assimilation du progrès à la technologie, on peut citer la recherche de nouveaux facteurs de croissance et le besoin de solutions aux crises énergétique et écologique. S'y ajoutent, en notre domaine, le manque de réponses aux problèmes de mobilité que rencontrent toutes les grandes villes et certains territoires, où les services publics se font rares. Enfin, les pays savent qu'ils prennent un risque important en ne participant pas, ou trop peu, dans ce domaine comme ailleurs, à la compétition que la mondialisation leur impose. Manquer cette vague, c'est risquer de voire les autres pays imposer leurs normes, préempter les parts de marché et constituer des géants qu'il devient rapidement impossible de concurrencer.

Au regard de la place qu'occupent, socialement et économiquement, l'automobile, les transports en général et la question de la mobilité, le développement des véhicules autonomes n'est pas seulement un aspect parmi d'autres de la révolution numérique. Il est l'un de ses laboratoires les plus vastes et où s'analyse peut-être le mieux la manière dont il convient d'appréhender l'IA. Les choix effectués en ce domaine sont donc susceptibles d'influencer les autres, à l'échelle nationale, régionale et mondiale.

Transformée par l'IA, l'automobile semble n'avoir jamais aussi bien porté son nom. Après avoir désigné l'autonomie de la force motrice, le terme peut désormais renvoyer plus radicalement à l'autonomie des décisions qui

* Professeur de droit, ESCP Business School, Docteur en droit, HDR, de l'Université de Paris 1 - Panthéon Sorbonne, membre de l'Institut de Recherche de la Sorbonne, Consultant auprès du Conseil National des Barreaux.

 | DOI:10.1163/9789004711891_002

dessinent la conduite du véhicule. Il importe toutefois de distinguer différents niveaux et modalités de recours aux nouvelles technologies. Un vocabulaire souvent flottant traduit cette variété. On parle parfois de véhicules connectés, automatisés, sans conducteur ou à délégation de conduite. L'hésitation affecte les institutions les plus avancées en ce domaine. La *National Highway Traffic Safety Administration* (NHTSA) américaine, utilisait le terme de véhicule autonome et le définissait comme « *tout véhicule qui peut être conduit, à un moment ou à un autre, par un système autonome sans surveillance constante d'un conducteur* ». Elle préfère aujourd'hui parler de véhicules équipés de systèmes de conduite automatisés, ou encore de véhicules plus ou moins automatisés[1].

Pour préciser les choses à cet égard, on s'appuie fréquemment sur la classification des véhicules établie par la *Society of Automotive Engineers* (SAE)[2]. Celle-ci présente 5 niveaux d'automatisation de la conduite dont les 4 derniers correspondent à un glissement progressif de l'assistance par automatisation à une véritable autonomie du véhicule. Schématiquement, le niveau 2 désigne les véhicules dont le conducteur peut être dispensé du contrôle de deux fonctions primaires – contrôle de la vitesse et de l'alignement par exemple – qui sont articulées. Cette autonomie dite partielle ne dispense pas le conducteur de superviser le fonctionnement de ce qui correspond plutôt à une aide à la conduite et l'oblige bien au contraire à intervenir aussitôt que nécessaire pour reprendre le contrôle complet du véhicule. A partir du niveau 3, le véhicule peut effectuer seul la majorité des tâches, de sorte que le conducteur n'est plus considéré comme conduisant lorsqu'elles sont enclenchées. A ce niveau, la conduite autonome est dite conditionnelle parce que l'autonomie est subordonnée à la présence d'un environnement favorable et que le système exigera du conducteur qu'il reprenne le contrôle dès qu'un changement de ces conditions l'impose. Ce contrôle est donc occasionnel. L'autonomie d'un véhicule de niveau 4 est complète au sens où, même si le système de conduite autonome ne peut fonctionner dans un environnement trop complexe, le « conducteur », devenu passager, ne peut pas être requis d'intervenir. Le véhicule peut être dépourvu de pédales et de volant. Enfin, les véhicules de niveau 5 ne connaissent aucune restriction relative aux conditions de circulation. A quelques détails près on retrouve ces degrés dans la classification retenue par

---

1 V. not. Automated vehicles for safety. Overview, sur: https://www.nhtsa.gov/technology-innovation/automated-vehicles-safety#:~:text=A%20vehicle%20that%20is%20fully,allowing%20for%20a%20traditional%20driver.

2 SAE International, Taxonomy and Definitions for Terms Related to Driving Automation Systems for On-Road Motor Vehicles, réf. J3016, 202104, consultable sur: https://www.sae.org/standards/content/j3016_202104/. La France est l'un des rares pays à ne pas reprendre cette classification.

la NHTSA. Celle-ci distingue entre l'assistance additionnelle du conducteur, une automatisation conditionnelle, une automatisation élevée – stade à partir duquel aucun contrôle n'est exigé du passager – et l'automatisation complète[3].

Il s'agit de la plus grande mutation opérée par l'industrie automobile depuis cinquante ans. Les entreprises les plus importantes du secteur accroissent leur budget de recherche et développement dans des proportions considérables et multiplient les partenariats avec d'autres entreprises innovantes. Pour apprécier le bouleversement qui en résulte et prendre la mesure du défi qu'il représente pour le droit, il faut comprendre qu'il ne s'agit pas seulement de fabriquer des véhicules plus sophistiqués. Le phénomène recouvre potentiellement et plus profondément un bouleversement de la manière de penser la mobilité des personnes. Certaines déclarations publiques et plusieurs rapports nationaux ont mis en lumière un glissement qui nous ferait passer d'une logique de *produit* à une logique de *service*[4]. Certains évoquent également la substitution d'une vision *collective* à la vision *individuelle* qui s'imposait jusqu'à présent[5]. Plus précisément, à terme, le véhicule devenu autonome ne serait plus l'objet d'une propriété privée placée au service de l'autonomie de l'individu, mais essentiellement l'instrument d'un service collectif, au sein d'une économie *collaborative*.

Si tel est bien le cas, ce n'est donc pas un simple progrès technique qui est à l'œuvre, mais un changement radical de notre vision de la mobilité en société. Ce mouvement est toutefois perçu très majoritairement comme positif. Alors qu'au tout début du 20ème siècle, les bouleversements techniques faisaient craindre que les personnes ne perdent la maîtrise de leur vie, leur liberté individuelle et leur sens de la responsabilité, le développement des véhicules autonomes est essentiellement présenté comme une source de bienfaits. La liste des bénéfices attendus est d'ailleurs assez longue et largement partagée par les industriels[6],

---

3 Automated vehicles for safety. Overview, précité.

4 V. not. le rapport pour la France, par J. Knetsch, citant Morgan Stanley Research, Autonomous Cars: Self-Driving the New Auto Industry Paradigm, Morgan Stanley Blue Paper, Novembre 2013 (http://orfe.princeton.edu/~alaink/SmartDrivingCars/PDFs/Nov2013MORGAN-STANLEY-BLUE-PAPER-AUTONOMOUS-CARS%EF%BC%9A-SELF-DRIVING-THE-NEW-AUTO-INDUSTRY-PARADIGM.pdf).

5 Ibid., citant W. Brenner et A. Herrmann, 'An Overview of Technology, Benefits and Impact of Automated and Autonomous Driving on the Automotive Industry' in C. Linnhoff-Popien, R. Schneider and M. Zaddach (dir.), Digital Marketplaces Unleashed, Springer, Berlin 2018, pp. 427–442.

6 V. not., le forum « Autonomous vehicles. USA 2023, organisé les 17 et 18 avril 2023 en Californie, https://www.autonomous-vehicles-conference.com/, et l'annonce de son équivalent européen, qui doit avoir lieu les 13 et 14 novembre 2023 à Berlin, https://www.europe.autonomous-vehicles-conference.com/.

les chercheurs[7], les régulateurs[8] et par presque tous les rapports nationaux. L'amélioration de la sécurité routière est le motif le plus souvent mis en avant. Les accidents de la circulation étant imputables au conducteur, dans une proportion qui va de 80 à 90% selon les rapports, on pourrait en réduire drastiquement le nombre en confiant en tout ou partie la conduite du véhicule à un programme informatique dessiné pour se plier parfaitement aux règles de sécurité routière. En outre, bien que le coût des infrastructures nécessaires soit important, les véhicules autonomes offriraient aux personnes les plus vulnérables un meilleurs accès à la mobilité, en particulier là où le service public de transport est défaillant. S'y ajoute encore un argument d'ordre écologique. On fait valoir que l'usage combiné des données de circulation et de l'IA conduirait à une conduite plus douce qui permettrait d'améliorer la fluidité du trafic routier et d'obtenir une utilisation optimale du parc automobile. Enfin, certains pays soulignent très clairement leur intérêt pour les opportunités économiques et industrielles que la transformation à l'œuvre représente. Ils entendent se saisir d'une part significative du marché mondial, se placer au centre de l'expérimentation et/ou de la production des VA et pour profiter des emplois nouveaux qui doivent en découler.

L'ensemble démontre l'ampleur de l'ambition et l'importance des moyens placés à son service, mais aussi l'immaturité relative de l'industrie concernée. De la technologie embarquée dans les véhicules connectés et autonomes à l'infrastructure nécessaire pour les faire circuler à grande échelle, tout est voué à évoluer à une vitesse et dans des directions qu'il est très difficile de prévoir dès aujourd'hui. Dès lors, si l'on résume, nous nous trouvons aux débuts d'une

---

7 V. par ex. le rapport du Centre de Recherches Routières, « Connected & Autonomous Vehicles et infrastructure routière. Etat des lieux et prospectives », Bruxelles 2020, https://brrc.be/sites/default/files/2021-01/sf51_CAV_2.pdf. V. Egal., le livre blanc de l'INRIA, « Véhicules autonomes et connectés. Les défis actuels et les voies de recherche », https://www.inria.fr/sites/default/files/2019-10/inrialivreblancvac-180529073843.pdf.

8 V. par ex., Aux USA, US Department of Transportation, Automated transportation activities, https://www.transportation.gov/AV. A l'échelle de l'UE la communication de la Commission intitulée « En route vers la mobilité automatisée : une stratégie de l'UE pour la mobilité du futur », 17 mai 2018, https://eur-lex.europa.eu/LexUriServ/LexUriServ.do?uri=COM:2018:0283:FIN:FR:PDF. V. égal. Connected and automated mobility, https://digital-strategy.ec.europa.eu/fr/policies/connected-and-automated-mobility. Au Royaume-Uni : "Innovation is great. Connected and automated vehicles", https://assets.publishing.service.gov.uk/government/uploads/system/uploads/attachment_data/file/929352/innovation-is-great-connected-and-automated-vehicles-booklet.pdf ; "The Pathway to Driverless Cars. Summary report and action plan", feb. 2015, https://assets.publishing.service.gov.uk/government/uploads/system/uploads/attachment_data/file/401562/pathway-driverless-cars-summary.pdf ;

révolution technologique et sociale de grande ampleur dont les étapes, le rythme et les contours finaux sont en partie indiscernables aujourd'hui.

1.2 *Le droit de la responsabilité civile défié par la complexité de l'écosystème technologique des VA*

Le défi qui est ainsi adressé au droit est immense. Comment encadrer une matière si évolutive (disruptive à bien des égards) sans en briser l'élan ? Comment garantir au public une très grande sécurité, et par là-même l'acceptabilité sociale du phénomène, sans qu'en découle une charge trop lourde pour les pionniers de l'industrie ? Au cœur de la réponse apportée par le droit, se trouvera nécessairement le droit de la responsabilité civile. Ce thème, qui a été systématiquement et majoritairement traité par tous les rapports nationaux, et qui l'a été exclusivement par certains d'entre eux, est celui à travers lequel peuvent être également abordés le traitement des données, l'assurance et le régime des essais préalables à la mise en circulation des véhicules, constitue le prisme à travers lequel nous aborderons la révolution apportée par les véhicules autonomes ou automatisés.

La question devient alors : dans quelle mesure cette branche du droit dispose-t-elle des outils nécessaires pour encadrer cette nouveauté tout en maintenant la cohérence de ses règles, son accessibilité et l'effectivité de ses solutions ? La réponse ne peut être apportée sans prendre en considération le monde de l'assurance, sans lequel cette effectivité serait illusoire.

La difficulté apparait encore plus nettement dès lors que l'on tente d'analyser le phénomène en prêtant attention à l'ensemble de l'écosystème technologique dans lequel il se développe. Le VA est, plus encore que les véhicules classiques, le résultat d'un assemblage qui intègre les éléments produits par un nombre important d'équipementiers qui seront rarement de même nationalité. Il dépend par ailleurs pour son fonctionnement d'une infrastructure, matérielle et immatérielle, qui doit être prise en compte. De l'équipement des routes aux réseaux permettant d'alimenter le système informatique en données, en passant par les serveurs qui stockent ces données, la liste des protagonistes, besoins et contraintes à considérer s'allonge. Ainsi, à côté du conducteur du véhicule, éventuellement distinct de son gardien ou propriétaire, il faut faire place à la possibilité d'un opérateur, susceptible de contrôler, à distance, tout ou partie de son déplacement. La mauvaise qualité des données peut justifier la responsabilité de celui qui les fournit. La possibilité d'enregistrer les données de circulation peut modifier la manière dont la preuve est administrée.

Pour qui entreprend aujourd'hui d'anticiper l'avenir du phénomène, une autre source majeure de trouble vient de son hétérogénéité. Il faut tenir compte simultanément de plusieurs degrés d'automatisation ou d'autonomie des véhicules. Or, dans un premier temps au moins et peut être durablement, les véhicules conventionnels et les VA vont coexister. De même, nul ne sait quand les véhicules de niveau 4 et 5 vont réellement avoir une présence significative, voire devenir majoritaires sur les routes. Mieux encore, ainsi qu'il a été dit, peut-être les véhicules les plus autonomes ne s'intègreront-il à la circulation que sous la forme d'un service public ou encore de flottes commerciales concurrentes, et non sous la forme de véhicules possédés à titre privé. Le manque d'homogénéité peut contrarier, pendant une durée indéterminée, aussi bien la mise en place d'un régime de responsabilité unique que l'adoption d'un régime dédié. Légifère-t-on de la même manière pour 10, 20 ou 40% de véhicule autonomes de niveau 3 ou 4 par exemple ? La nature et le niveau de risques, de sinistres, ne sont pas les mêmes selon les hypothèses, ce qui rend très compliquée la mise en place d'un régime d'assurance pertinent.

La troisième source de difficulté réside dans le fait que les législateurs doivent encadrer un phénomène qui ne peut pas être isolé du vaste contexte dans lequel il s'inscrit. Bien qu'obéissant pour l'essentiel à une logique propre, le développement des véhicules autonomes demeure en partie tributaire des réflexions que les législateurs mènent à l'égard de l'IA en général. Le droit de l'UE est à cet égard très représentatif de la difficulté. La Commission européenne a mis en place en 2018 le Groupe d'Experts de Haut Niveau sur l'IA afin de dégager les principes directeurs susceptible de garantir le développement d'une IA digne de confiance[9]. Dans la foulée, un livre blanc a exprimé son ambition de mettre en place un écosystème à la fois favorable au développement de l'IA et respectueux des valeurs européennes[10]. Le parlement et le conseil européens ont également rédigé en avril 2021 une proposition de règlement établissant des règles harmonisées sur l'IA[11], dont la version finale a été adoptée par résolution du parlement le 13 mars 2024[12]. En résulte un cadre de pensée général dans lequel doivent s'inscrire les réflexions puis les

9 V. le rapport rédigé par ce groupe d'expert, publié en avril 2019, file:///C:/Users/Gilles/Downloads/ethics_guidelines_for_trustworthy_ai-fr_87FE7A3C-D03D-9305-81A653DDA84B5A60_60427.pdf.

10 Livre blanc « Intelligence artificielle. Une approche européenne basée sur l'excellence et la confiance », 19 février 2020, https://eur-lex.europa.eu/legal-content/FR/TXT/HTML/?uri=CELEX:52020DC0065.

11 Proposition du parlement européen et du conseil établissant des règles harmonisées concernant l'intelligence artificielle (législation sur l'intelligence artificielle) et modifiant certains actes législatifs de l'Union, 21 avril 2021, https://eur-lex.europa.eu/legal-content/FR/ALL/?uri=CELEX%3A52021PC0206.

12 https://eur-lex.europa.eu/legal-content/FR/TXT/?uri=EP%3AP9_TA%282024%290138.

normes propres à certaines applications de l'IA. Ainsi, les réflexions menées pour aboutir à une révision de la directive relative à la responsabilité des fabricants du fait des produits défectueux[13] ne peuvent pas, sans dommage, entrer en conflit avec le cadre de pensée préalablement posé. L'espèce ne doit pas rompre trop nettement avec le genre. Et même en dehors du cas particulier de l'UE, il est inévitable que les bonnes pratiques partagées par les acteurs de l'IA par régions du monde, et qui prennent parfois la forme de règles de *soft law*, ou inspirent les conventions internationales[14], influencent l'action des Etats. Enfin, on sait que le droit de la responsabilité entretient des liens étroits et nécessaires avec l'assurance. Or celle-ci a défini son cadre et des modalités d'intervention en considération de véhicules conduit par un être humain, dont les faiblesses sont sources du risque encadré.

1.3 *Plan*

La nature disruptive du phénomène, sa complexité et l'imprévisibilité de son évolution conduisent naturellement à la prudence. Même si l'on imagine inévitable qu'il soit à terme nécessaire de repenser entièrement la répartition des risques au sein du cercle élargi des différents protagonistes, dans un premier temps, il est tentant de compter sur les régimes de responsabilité existants. Mises à l'épreuve des VA, la responsabilité civile du conducteur et/ou du gardien du véhicule (2), du fabricant de produits défectueux (ou dangereux) (3) et, lorsqu'elle existe, la responsabilité du fournisseur de service IT (4), révèlent certaines faiblesses intrinsèques et les limites de leur adaptabilité. C'est pourquoi des régimes d'indemnisations spécifiquement conçus pour les VA ont été proposés (5). Leur particularité vient de ce qu'ils ne se bornent pas à appeler de leurs vœux un assouplissement des conditions d'application des régimes classiques de responsabilité. Ils transforment ce régime ou lui préfèrent un mécanisme d'indemnisation détachée de toute logique de responsabilité.

2 La responsabilité du conducteur et/ou du gardien du VA

Sauf à imaginer la prédominance à très court terme des véhicules autonomes de niveau 4 ou 5 dans la circulation, il est impossible de disqualifier *a priori*

13 Proposition de révision du 28 septembre 2022, consultable sur : https://single-market-economy.ec.europa.eu/document/3193da9a-cecb-44ad-9a9c-7b6b23220bcd_en.

14 V. par ex. Amendments to the 1968 Vienna Con Roard Trafic, UN, Economic and Social Council, 2014 https://unece.org/DAM/trans/doc/2014/wp1/ECE-TRANS-WP1-145e.pdf.

et sans examen le recours aux régimes de responsabilité les plus classiques, centrés sur la personne du conducteur. Ces régimes, qui ont su s'adapter à l'émergence des véhicules automobiles, reposent sur la faute personnelle ou sur le simple fait de la garde de la chose. Peuvent-ils renouveler l'exploit et répondre de manière satisfaisante aux difficultés nouvelles soulevées par le développement des VA. A l'examen, l'autonomie variable des systèmes de conduite et la complexité de leur fonctionnement, montrent qu'il est difficile d'assouplir indéfiniment leurs conditions d'application sans verser dans l'artifice ou demeurer aveugle à une partie non négligeables des problèmes. En ce sens, seront successivement mis à l'épreuve la responsabilité fondée sur la faute du conducteur et celle qui repose sur la qualité de gardien du véhicule.

2.1 *La responsabilité pour faute à l'épreuve des VA*

Bien que les accidents de la circulation impliquant des véhicules conventionnels soient essentiellement dus à une faute ou à une négligence de leur conducteur, nous verrons que la responsabilité pour faute n'est pas le régime le plus favorable à l'indemnisation des victimes. Néanmoins, la faute mérite l'attention car elle conserve une place importante. D'une part elle représente *a minima* un régime subsidiaire, susceptible de jouer dans les interstices ou en complément des régimes spéciaux. Elle pourra par exemple fonder la réparation des dommages découlant d'une faute dans l'entretien du système de conduite autonome ou automatisé. La responsabilité pour faute représentera également un régime secondaire, dans le sens où elle constituera le fondement du recours en contribution éventuellement exercé par le fabricant ou le gardien du véhicule. Elle est par ailleurs utilisée pour tirer les conséquences du comportement du demandeur en réparation. D'autre part, dans certains pays, la faute demeure le régime de droit commun en matière d'accidents de la circulation. Tel est le cas notamment s'agissant des accidents survenus entre véhicules motorisés, lesquels sont les plus fréquents. On la retrouve par exemple en Belgique[15], en Allemagne[16], en Autriche[17], aux Pays-Bas[18] et en Chine[19].

Sans surprise, outre la définition du conducteur, c'est la caractérisation de la faute qui pose des difficultés, lesquelles varient à proportion de l'autonomie du véhicule.

---

15 Art. 6.5 et s. du nouveau code civil (Art. 1382–1383 de l'ancien code civil)..

16 § 18(1) de la loi sur la circulation routière (StVG – Ersatzpflicht des Fahrzeugführers).

17 V., le rapport pour l'Autriche, *infra*, 3.1., *Liability of the vehicle driver*.

18 Art. 6:162 du code civil des Pays-Bas, v. rapport pour les Pays-Bas, ***infra***, 4.4.1. Fault-based Liability.

19 V. le rapport pour la Chine, *infra*, IV, *Traffic accident and legal liabilities*, qui raisonne en prenant le droit de, Shenzen comme modèle.

2.1.1 VA et qualité de conducteur

Tant que l'utilisateur conserve un pouvoir de supervision et qu'il peut ou/et doit reprendre le contrôle du VA si nécessaire, il est théoriquement envisageable de lui reconnaitre la qualité de conducteur et ce, pour l'ensemble du trajet parcouru. Il suffit pour cela précisément de réduire cette qualité au pouvoir de reprendre en main le véhicule. A défaut, si l'on exige un contrôle constant, il faudra admettre que l'utilisateur n'est conducteur que de manière discontinue, uniquement lorsque cesse la délégation de conduite. Et il pourra être difficile de déterminer, après l'accident, si l'usager avait effectivement repris ce contrôle. A moins de pouvoir compter sans réserve sur un enregistrement infaillible et complet des données de circulation, cela compliquera la désignation du responsable pour la victime. Il peut donc sembler plus sûr de considérer comme conducteur celui qui met le véhicule en mouvement et conserve un pouvoir de supervision et d'intervention. Le rapport pour la Belgique envisage cette possibilité sans hésitation jusqu'au niveau 3 d'autonomie[20]. En présence d'un véhicule de niveau 4, qui ne permet pas cette reprise en mains, on ne peut plus maintenir la qualification de conducteur sans la confondre avec le seul fait d'avoir mis le véhicule en mouvement. Après quelques minutes de déplacement, ce maintien paraitra artificiel. Il nous semble alors plus cohérent, soit de considérer l'utilisateur comme le gardien du véhicule[21], s'il en est le propriétaire, soit de transférer la qualité de conducteur ou la responsabilité qui lui est en principe attachée à un opérateur extérieur. Encore faut-il que ce statut soit reconnu, ce que fait le droit allemand par exemple. Ainsi, à compter du niveau 4 d'autonomie, le droit allemand de la circulation routière ne fait peser aucune obligation sur le passager, lequel n'est plus conducteur et ne peut donc commettre aucune faute[22].

Le droit du Royaume-Uni se distingue de cet ensemble. Depuis la première loi qu'il a consacré aux VA[23], il en donne une définition restreinte. Un véhicule peut être listé officiellement comme se conduisant lui-même, et non pas seulement doté d'une assistance à la conduite, lorsqu'il est capable d'opérer seul, ne serait-ce que temporairement et dans certains contextes, sans avoir besoin d'une surveillance d'une personne physique[24]. On peut penser que cela couvre les

---

20 V. Rapport pour la Belgique, 3.1.1, The Notion of 'Driver'.

21 V. *infra*.

22 V., le rapport pour l'Allemagne, *infra*, 3.1 ; Liability for presumed fault under the road traffic act, *in fine*.

23 V., Automated and Electric Vehicles Act 2018, modifié le 21 avril 2021, auquel s'ajoute désormais le Automated Vehicle Act du 20 mai 2024, https://www.legislation.gov.uk/ukpga/2024/10/contents

24 Automated and Electric Vehicles Act 2018, S. 8, (1), (a).

véhicules de niveau 4 à 5 de la classification SAE. Lorsque le système de conduite autonome est enclenché, le conducteur perd cette qualité et devient un simple utilisateur en charge du véhicule. Il bénéficie en conséquence d'une large immunité pour les infractions éventuellement commises par le VA. Mais il importe de noter que ce choix n'est pas effectué pour l'application d'une responsabilité pour faute, mais pour la mise en œuvre d'un régime *ad hoc*, a priori objectif, de responsabilité, qui sera étudiée dans la section 5 du présent rapport.

De l'ensemble, il résulte qu'en dehors des législations qui ont expressément soulevé et tranché la question, le critère pour désigner le conducteur et l'application de ce critère par la jurisprudence peuvent se révéler imprévisibles.

2.1.2 VA et caractérisation de la faute

La seconde difficulté concerne l'appréciation de la faute et plus précisément la possibilité de rattacher le comportement dommageable du véhicule à un manquement de son usager. Le rôle joué par le système de conduite impose de rechercher la faute du conducteur dans deux directions distinctes.

La première est la plus simple à emprunter car elle ne dépend pas du niveau d'autonomie du véhicule. Il s'agit de l'hypothèse dans laquelle un défaut d'entretien du VA dans son ensemble, un défaut d'actualisation du logiciel, ou encore la violation des instructions du fabricant[25], est la cause de l'accident. La deuxième voie est plus ardue car elle doit tenir compte du niveau d'autonomie. A titre d'exemple, ainsi que le note très justement le rapport pour l'Autriche, le devoir de prudence et de diligence, dont la violation caractérise la faute, verra son contenu changer selon que le VA est de niveau 1 ou 2, ou bien de niveau 3, voire de niveau 4[26]. Il disparait certainement une fois atteint le niveau 5 d'autonomie[27]. En-deçà, là où elle demeure pertinente, la faute est toujours de n'avoir pas empêché ce qui pouvait l'être. Toutefois, ce qui est concrètement attendu du conducteur à cette fin peut être plus ou moins exigeant. En simplifiant, le devoir passe d'une exigence de contrôle effectif et constant (niveau 0 à 1), à un devoir de supervision et d'intervention au-delà.

Jusqu'au niveau 3 d'automatisation, la faute consistera par exemple à avoir négligé de reprendre la maitrise du véhicule en dépit d'une demande ou d'un dysfonctionnement du système de conduite. Les rapports pour la Belgique et le Pays-Bas suivent ce raisonnement. Le rapport pour la Belgique renvoie à cet

---

25 Par exemple, utiliser le véhicule dans un contexte de conduite pour lequel il n'a pas été conçu.

26 V. le rapport pour l'Autriche, infra, 3.1., *Liability of the vehicle driver*.

27 Toutefois, le droit chinois fait une place résiduelle à la responsabilité pour négligence du propriétaire même pour les véhicules de niveau 4. V. infra, rapport pour la Chine, IV, *Traffic accident and legal liabilities*, 4.1. La responsabilité pour faute du propriétaire demeure possible s'il utilise mal le VA, *idem* 4.2.

égard à la jurisprudence qui retient la responsabilité du moniteur d'autoécole pour n'avoir pas empêché le comportement dommageable de son élève[28]. Inversement, il peut s'agir du fait d'avoir repris le contrôle de manière inopportune, alors que le système autonome prenait de bonnes décisions. Ainsi que l'indique le rapport pour le Canada et le Québec, certains auteurs se demandent si la crainte d'engager sa responsabilité peut inciter le conducteur d'un VA de niveau 3 à intervenir et à créer ainsi un risque que le fonctionnement automatisé du véhicule supprimait[29]. Par ailleurs, le rapport pour l'Autriche considère que cela invite à s'interroger, en creux, sur le degré de distraction permis par le système de conduite[30]. Le devoir de supervision lui-même ne baisse-t-il pas en intensité au fur et à mesure que le système gagne en autonomie ? Il appartiendra à la jurisprudence de dire, par exemple, si lire un message sur son téléphone caractérise un manque de supervision d'un VA de niveau 3 ou de niveau 4. Pour l'opérateur extérieur, ou superviseur technique, la faute semble pouvoir être appréciée de la même manière. Plus généralement, la difficulté consiste à mesurer ce qu'il est raisonnable de craindre, les risques raisonnablement prévisibles, en présence d'un système d'IA.

Une fois encore, le droit du Royaume-Uni se distingue en ce qu'il entend précisément éviter cette casuistique. Le régime dédié mis en place en 2018 est construit sur l'idée qu'en phase d'autonomie, aucune supervision ne doit être attendue de l'usager du véhicule. Plus précisément, le législateur a considéré qu'il était illusoire de promouvoir l'autonomie du véhicule et d'enjoindre à son usager d'être attentif. En outre, la pratique montrerait qu'une personne qui n'est pas pleinement engagée dans la conduite ne peut pas réagir dans l'urgence de manière pertinente[31]. En résulte, sous certaines conditions, une totale immunité, y compris pénale de l'usager ayant transmis le contrôle du véhicule au système de conduite[32].

En l'absence d'une alternative aussi tranchée, on le voit, la marge d'appréciation laissée au juge rend la demande d'indemnisation aléatoire. Cela est d'autant plus vrai que la charge de la preuve pèse sur la victime. Il existe au moins deux manières d'alléger cette charge sans dénaturer la responsabilité pour faute. Le premier procédé consiste à élever le standard de conduite au regard duquel le comportement du défendeur est apprécié. La faute est plus facilement caractérisée si l'on compare le comportement du conducteur à

---

28 V. le rapport pour la Belgique, *infra*, 3.1.2. *Attribution of the vehicle's behavior to the driver.*

29 V. le rapport pour le Canada et le Québec, *infra*, 3.3, *Liability based on fault/negligence*,

30 Rapport pour l'Autriche, 3.1., *infra*, *Liability of the vehicle driver*, *in fine*.

31 Law Commission, Automated Vehicles: Summary of joint report, n° 404/SLC Report n° 258, 26 janvier 2022, S. 1.10, p. 2.

32 AV acte du 20 mai 2024, section 47 et 48.

un conducteur *idéal* et non simplement *moyen* ou encore *raisonnable*. Mieux encore, certains systèmes juridiques, qui posent un devoir général de prudence et de diligence, peuvent l'assimiler à un devoir de ne pas causer de dommage[33]. Les juges peuvent alors être tentés de déduire la faute du préjudice. On parle parfois à cet égard de faute objective pour désigner l'atteinte à tout intérêt légitimement protégé. On est alors proche d'une présomption de faute, laquelle représente le second procédé d'allègement de la charge probatoire. Le régime allemand dédié aux accidents de la circulation prévoit ainsi, pour les conducteurs des véhicules allant jusqu'au niveau 3 d'autonomie, une présomption de faute, que le conducteur renverse en démontrant qu'il est demeuré vigilant et n'a pas négligé de reprendre le contrôle du véhicule[34]. Le rapport pour la Chine invite à ce renversement de la charge de la preuve, qu'il étend à la preuve de la causalité, à l'image de ce qu'il admet déjà pour les atteintes à l'environnement[35]. Mais si la difficulté passe ainsi des épaules de la victime à celle du conducteur, elle n'est pas supprimée.

2.1.3 VA et lien de causalité

En matière de causalité, le juge peut être confronté à des zones grises, ne serait-ce que parce que le transfert du contrôle du VA au conducteur a nécessairement une épaisseur dans le temps. Or, il est difficile de savoir dès à présent si l'éventuelle généralisation des systèmes d'enregistrement des données (boites noires), qui devront être paramétrées pour respecter la réglementation applicables aux données personnelles, permettra de résoudre le problème efficacement.

Par ailleurs, en démontrant que la cause n'est pas ou pas seulement un manque de vigilance de sa part, le conducteur renvoie ainsi à une autre cause du dommage, qui peut être soit la faute d'un autre conducteur, de la victime ou bien d'un défaut imprévisible du système de conduite. Ces fautes peuvent théoriquement réduire ou exclure la responsabilité du conducteur, selon qu'elles ont contribué ou expliquent seules la réalisation du dommage. Savoir s'il faut admettre une réduction de la réparation de la victime fautive, en distinguant éventuellement selon qu'elle est motorisée ou non, est une question de politique législative qui ne doit rien à la nature des VA. La question est donc uniquement de savoir si, dans le droit national concerné, la défaillance technique imprévisible et insurmontable constitue ou non un cas de force majeure.

---

33 C'est le cas de la Hongrie et de la France par exemple. Mais ces systèmes juridiques ne sont pas ceux qui font jouer un rôle important à la responsabilité pour faute en matière d'accidents de la circulation.

34 Rapport pour l'Allemagne, *infra*, *Liability for presumed fault under the road traffic act.*

35 Rapport pour la Chine, *infra*, IV. *Traffic accident and legal liabilities*. 4.1. *Liability for negligence of the driver of self-driving cars.*

Cette question sera abordée plus loin en détail dans le cadre de la responsabilité du gardien[36].

2.1.4 VA et préjudice réparable

A priori, la détermination du préjudice réparable ne semble pas dépendant des particularités des VA. Ce problème n'est d'ailleurs pas abordé dans les rapports nationaux. Toutefois, il nous semble ne pas pouvoir être négligé. Chaque fois que la faute consiste à ne pas avoir repris le contrôle, ou à ne pas l'avoir fait assez vite, ou encore à l'avoir fait à la demande du système de conduite mais maladroitement, il faut s'interroger sur ce qu'il se serait passé si cette faute n'avait pas été commise. Plus précisément, on peut se demander si la réaction tardive ou intempestive du conducteur n'a pas simplement fait perdre à la victime une chance d'éviter le dommage ou de ne subir qu'un dommage moins important. Or la perte de chance est un préjudice dont l'appréciation se révèle particulièrement délicate.

En somme, le recours à la responsabilité pour faute présente plusieurs défauts. A terme, si les véhicules de niveau 4 et 5 prédominent, elle jouera un rôle nécessairement limité au stade de l'obligation d'indemniser tout en restant importante pour déterminer les recours du solvens. Dans l'attente, là où elle peut jouer sans artifice, c'est-à-dire en-deçà d'un niveau 4, elle rend plus aléatoire la demande en réparation formée par la victime. L'appréciation de la faute et du préjudice réparable est gênée par l'ombre projetée sur la situation par le système de conduite automatisé ou autonome. Si, pour alléger la charge probatoire pesant sur la victime, on tend à présumer la faute ou à la définir trop largement, on doit s'interroger sur le champ d'application de cette présomption de faute. Lorsque la collision implique des VA et des véhicules conventionnels, des conducteurs des passagers et des tiers, un champ mal délimité peut conduire à une répartition injuste des risques dans certaines situations. Le rapport pour la Pologne insiste sur point[37]. Par exemple, en présence d'un accident mêlant VA et véhicules conventionnels, la faute du conducteur de ces derniers restera plus facile à établir que celle du conducteur du VA, et plus encore que l'origine exacte d'une défaillance technique[38]. Enfin, bien entendu, la faute ne saurait jouer de manière exclusive. Dans l'hypothèse par exemple ou la collision aurait eu lieu entre deux VA, l'absence de faute des conducteurs laisserait les tiers victimes sans réparation.

---

36 *Infra*, 2.2. La responsabilité du gardien à l'épreuve des VA. 2.2.3.1. La cause étrangère.

37 Rapport pour la Pologne, infra, 4.1.2. *Fault-based liability* (436§2 code civil).

38 Sur ce point, v. *infra*, 3. La responsabilité du fait des produits à l'épreuve des VA, 3.1.1.2. VA et défectuosité du produit.

2.2 *La responsabilité du gardien à l'épreuve des* VA

Le *Common Law* comme le droit continental ont réagi au développement des véhicules automobiles, symboles des risques apportés par les productions techniques, en consacrant l'existence d'une responsabilité du fait des choses. En droit continental, ce régime semble d'autant plus indiqué qu'il est précisément né au tournant du 20ème siècle du besoin de répondre à la multiplication des accidents de la circulation et qu'il repose parfois sur une présomption de responsabilité. Organisée presque systématiquement autour des pouvoirs exercés sur la chose dommageable, cette responsabilité a pour avantage, dans presque tous les systèmes juridiques, de pouvoir être dite objective ou encore causale. Dans le domaine des accidents de la circulation, cela signifie que la victime n'a pas en principe à démontrer la faute[39] du conducteur ou du propriétaire[40] du véhicule. Confronté au développement des véhicules semi-autonomes puis autonomes, ce régime de responsabilité semble pouvoir relever le défi au prix d'une adaptation raisonnable de ses conditions d'application, à savoir la définition du gardien (2.2.1), et le rôle actif joué par la chose (2.2.2.). La plus grande difficulté réside nous semble-t-il dans l'adaptation des causes d'exonération attachées classiquement à la responsabilité du fait des choses. C'est uniquement si elles sont définies très étroitement et qu'elles ne jouent qu'exceptionnellement (2.2.3.) que ce régime de responsabilité répondra aux attentes du public et contribuera à l'acceptation sociale des VA. Mais alors, il ne reste que très peu de chose de la logique de responsabilité.

2.2.1 La définition du gardien (du Pouvoir au Bénéfice du Risque créé)

A l'origine, la responsabilité du fait des choses découle du pouvoir de fait que le gardien peut exercer sur elles. Un nombre significatif de droits nationaux conservent cette définition ou ont adopté une définition très proche. Or, on comprend sans peine que ce pouvoir de fait, le contrôle du gardien sur la chose, décroit jusqu'à s'éteindre au fur et à mesure que le degré d'autonomie du véhicule s'élève.

Pour maintenir l'application de ce régime objectif de responsabilité, il est possible de procéder de deux manières. On peut s'efforcer de retrouver le fil du contrôle effectif en direction de l'IA et étendre éventuellement la qualité de gardien à d'autres qu'à l'utilisateur et/ou propriétaire du véhicule. On peut

---

39 Il existe des exceptions. Le droit du Québec, par exemple, fait reposer la responsabilité du gardien de la chose sur une présomption de faute. V. *infra*, Rapport pour le Canada et le Québec, 2.2. *Application of liability for the deeds of things.*

40 On sait en effet que, dans certaines hypothèses, le gardien peut être le propriétaire et non le conducteur.

également concentrer la responsabilité sur le conducteur ou le propriétaire du véhicule en abandonnant l'exigence d'un pouvoir de fait véritable et en s'attachant exclusivement aux bénéfices tirés du risque créé par la mise en circulation du véhicule.

2.2.1.1 *L'exercice d'un pouvoir effectif sur le VA*

Classiquement, le gardien d'une chose est celui qui exerce sur elle une réelle maîtrise de fait, de manière continue. La caractérisation de cette maîtrise varie selon les systèmes juridiques. En France par exemple, on exige du responsable qu'il ait tout à la fois, l'usage, le contrôle et la direction de la chose[41]. Le rapport allemand vise celui qui « utilise le véhicule pour son propre compte et exerce sur lui le pouvoir d'en disposer[42] », tandis que le rapport pour la Roumanie définit le gardien comme celui qui exerce de manière indépendante le contrôle et la supervision du véhicule et l'utilise dans son seul intérêt[43]. Certains pays, comme le Japon, désignent sous le terme d' «opérateur », la personne qui a le contrôle du fonctionnement de la chose et qui en tire profit[44].

Ces critères sont parfaitement adaptés à la situation du conducteur d'un véhicule conventionnel, mais ne conviennent pas sans ajustements au conducteur ou propriétaire d'un VA de niveau 3 et au-delà. Si l'usage du véhicule demeure, l'effectivité du contrôle et de la direction par l'être humain décroit proportionnellement à l'importance de la délégation de conduite opérée au profit du système d'IA. Cela est particulièrement net en présence d'un système auto-apprenant. Au terme de l'évolution, dans les dernières catégories d'automatisation des véhicules, ne doit-on pas considérer que le conducteur n'est plus qu'un simple passager ?

Ainsi qu'il a été rappelé, il est toutefois possible de maintenir l'exigence d'un contrôle et d'une supervision effectifs du véhicule tout en tenant compte de la singularité apportée par l'IA. La garde est une notion qui a pu s'adapter à des choses de natures très différentes et l'on peut penser que l'immatérialité de la chose ne devrait pas lui résister davantage. Le rapport pour le Québec

---

41 Dans le domaine des accidents de la circulation, la responsabilité du gardien de la chose a été entièrement éclipsée par le régime spécial institué par la loi du 5 juillet 1985. V. rapport pour la France, *infra,* 2.2.1.

42 Rapport pour l'Allemagne, infra, 5. *Liability of the vehicle keeper.* 5.1. *Conditions of strict liability.* Evidemment, le pouvoir de disposition ne désigne pas ici le pouvoir sur le droit de propriété.

43 Rapport pour la Roumanie, *infra,* 4.1. *The perspective of civil liability, passim.*

44 Rapport pour le Japon, *infra,* 5.2.1.2. Liability of operator of automated driving vehicle. On vise l'opérateur pour inclure des situations particulières dans lesquelles par exemple, le propriétaire du véhicule utilise un chauffeur.

rappelle à cet égard, à titre d'exemple, que son droit n'attribue pas la qualité de gardien de l'électricité à la personne qui en a l'usage, mais à la société qui la produit. Suivant cette invitation à la souplesse, le rapport évoque la possibilité de trouver le contrôle caractéristique de la garde d'un système d'IA dans les mains de son « promoteur », de celui qui a accordé la licence sur le logiciel ou encore de son programmeur[45]. Dans le même sens, on peut suivre le fil du contrôle jusqu'à atteindre ce nouvel acteur qu'est l'opérateur *extérieur* du VA[46], utile lorsqu'on atteint les niveaux 4 et 5 d'autonomie. On pourrait même songer à ressusciter la distinction que fit pendant un temps le droit français entre la garde de la *structure* et celle du *comportement*. Il pourrait en résulter une responsabilité alternative entre l'usager et l'opérateur extérieur ou le fabricant du logiciel.

Pour autant, si elle a le mérite de rester fidèle à l'idée d'un contrôle effectif, la méthode semble conduire à un excès de complexité. En l'absence de texte désignant précisément le siège du contrôle, la victime doit choisir entre plusieurs responsables possibles dans un contexte technique réputé opaque. En dernière analyse, n'est-ce pas l'idée même d'un contrôle d'un système auto-apprenant, par qui que ce soit, qui est problématique ?

2.2.1.2 *Le bénéfice tiré des risques créés*

On peut pour cette raison se laisser tenter par une autre approche. Elle consiste à comprendre le lien nécessaire entre l'éventuel responsable et le véhicule comme le *bénéfice tiré du risque créé*. Même en présence d'un VA de niveau 5, en dehors de l'hypothèse d'une flotte contrôlée de manière centralisée, l'usager décide seul de mettre en mouvement le véhicule. Dès lors, le gardien peut être défini comme celui qui décide de la mise en circulation du VA dans son intérêt propre. On peut se demander s'il ne faut pas se montrer plus exigeant et rechercher une proximité plus étroite entre l'initiative initiale et l'accident. Dans cette perspective, l'accident survenu longtemps après la mise en mouvement ne pourrait plus être rattaché à la garde. A l'opposé, on remarque que certaines définitions nationales sont déjà proches de l'idée que le bénéfice tiré du risque pris en lançant le véhicule dans la circulation suffit. Le rapport pour l'Autriche envisage ainsi de désigner comme « gardien » celui qui décide de l'usage

45 Rapport pour le Canada et le Québec, *infra*, 2.2. Application of liability for the deeds of things.

46 Qu'il soit mis en place pour la réalisation des tests sur la voie publique, avant la commercialisation du VA, ou après cette commercialisation, pour l'utilisation du véhicule. Sur ce dernier point, cela est rendu possible par l'amendement apporté le 14 janvier 2022 à la Convention internationale sur la circulation routière du 8 novembre 1968, https://treaties.un.org/doc/Publication/CN/2021/CN.5.2021.Reissued.15012021-Frn.pdf.

du véhicule et supporte les coûts réguliers que cet usage et la maintenance du véhicule entrainent[47]. Parfois la définition est encore plus accueillante. Le rapport pour les Pays-Bas évoque une définition en vertu de laquelle la qualité de gardien doit être reconnue à celui qui a « l'usage durable » du véhicule[48]. On pourrait voir dans cette prise en compte du risque un retour à l'un des fondements proposés à l'origine pour la responsabilité du fait des choses.

La difficulté n'est pas fondamentalement différente dans les systèmes juridiques qui lient ou n'excluent pas de lier le régime de responsabilité objective à la dangerosité de la chose ou de l'activité au service de laquelle la chose est placée. Tel est notamment le cas de la Hongrie[49], de la Turquie[50], de la Croatie[51], ou encore du Vietnam. Le fait que la définition de la dangerosité puisse varier selon les Etats, pose une difficulté supplémentaire.

Quoiqu'il en soit, le fondement tiré du risque créé et/ou assumé, peut sembler particulièrement adapté lorsque la loi impose à l'utilisateur du VA d'opérer un contrôle technique régulier et, mieux encore, avant chaque utilisation du véhicule[52] pour en garantir le fonctionnement optimal. C'est dire en effet que le niveau de risque acceptable socialement dépend pour une part significative de celui qui bénéficie de l'usage de la chose. Mais en réalité, il s'agit *a priori* d'ajouter une responsabilité pour faute personnelle à la responsabilité objective du gardien et non de transformer le fondement de cette dernière.

De l'ensemble il résulte que l'on ne peut assouplir la définition de la garde, en s'appuyant sur le bénéfice tiré par l'*usager* du risque créé, qu'en laissant de côté l'hypothèse dans laquelle le problème consiste en la défaillance d'un système contrôlé à distance par un *opérateur*, ou résulte du piratage de ce système.

2.2.2 Le fait de la chose

La responsabilité du gardien implique habituellement que sa chose ait joué un rôle *actif* dans la réalisation du dommage. L'automatisation, lorsqu'elle s'approche de l'autonomie, facilite la preuve de ce que l'accident est le fait de la

---

47 Rapport pour l'Autriche, *infra*, 3.2. *Liability of the vehicle keeper*, 1er §.

48 Rapport pour les Pays-Bas, *infra*, 4.3.1. Strict Liability of the owner/keeper of the vehicle based on art. 185 WVW.

49 Rapport pour la Hongrie, *infra*, 3.3. Strict liability based on risk: Liability for highly dangerous activity. 3.3.3., Identifying the operator.

50 Rapport pour la Turquie, *infra*, 2. La responsabilité du fait des produits.

51 Rapport pour la Croatie, *infra*,, 4. What could be the evolution of civil liability and criminal liability laws in your country?

52 Le droit allemand impose au gardien une série de contrôles très exigeant avant chaque mise en circulation des VA. V. Rapport pour l'Allemagne, *infra*, 5. *Liability of the vehicle keeper*. 5.2. *New duties according to the autonomous driving act 2021.*

chose et non un fait de son conducteur. En revanche, elle complique la situation dans les systèmes juridiques qui assimilent le fait actif de la chose à son défaut ou à son anormalité.

2.2.2.1 *Autonomie du véhicule et absence de fait de homme*

La responsabilité du fait des choses semble s'opposer par nature à une responsabilité du fait de l'homme. Elle serait donc exclue en principe si la cause du dommage peut être assez directement rattachée à une action humaine. Les systèmes juridiques qui ont maintenu cette exigence sont, comme le montre le rapport pour le Québec, confrontés à des difficultés importantes pour cerner ce qui peut être propre à la chose. On est rapidement conduit à une casuistique assez imprévisible et potentiellement source de litiges. A cet égard, ce même rapport souligne la simplification que l'autonomisation des véhicule va, pour une fois, apporter. La délégation de conduite repose par nature sur un reflux de l'initiative de l'occupant du véhicule. Les systèmes juridiques qui, à l'instar du droit français, ont abandonné cette exigence et se sont contentés du rôle causal joué par la chose, ne connaissent plus ces difficultés.

2.2.2.2 *Autonomie et défaut ou anormalité du véhicule*

Le développement des véhicules autonomes n'apportera aucune simplification dans les systèmes juridiques qui assimilent le fait de la chose à son *vice,* à son défaut ou à son *anormalité*. C'est le cas du code civil roumain, qui réserve l'application de la responsabilité du fait des choses à l'hypothèse d'un défaut[53], dans distinguer selon que le défaut soit originel ou causé par un mauvais usage. De même, le droit Belge exige que la chose présente un état anormal ou des caractéristiques anormales[54]. C'est alors ce défaut qui cause le dommage en dépit de l'usage normal de la chose. Le droit français également exige l'anormalité de son état ou de sa position, mais exclusivement en présence d'une chose immobile.

Ces exigences, entre lesquelles il nous semble inutile ici de distinguer, nous paraissent problématiques à des degrés divers. D'abord, parce qu'elles réduisent le champ d'application d'un régime de responsabilité qui, sous réserve de ce qui sera dit plus bas des causes d'exonération, est favorable aux victimes par la présomption de responsabilité qu'il pose et qui peut être facilement adossé à un mécanisme assurantiel. Certes, le défaut ou l'anormalité n'ayant pas à être antérieurs à la mise sur le marché du véhicule, la responsabilité du

53 Rapport pour la Roumanie, *infra*, 4.1. *The perspective of civil liability*, § 5.

54 Rapport pour la Belgique, *infra*, 3.3. *Liability of the custodian and operators of autonomous vehicle*. 3.3.1. Defective thing.

fait des choses est capable théoriquement de couvrir un plus grand nombre d'accidents que le régime inspiré de la directive européenne sur les produits défectueux[55]. Mais cela contribue à faire de la responsabilité du gardien une porte plus étroite pour la victime que la garde fondée sur un simple fait de la chose. Surtout, nous verrons qu'il peut être extrêmement difficile d'identifier un défaut, un vice ou une anormalité dans les systèmes d'IA, surtout lorsqu'ils sont auto-apprenants[56]. Et cette difficulté est plus importante encore si la législation en cause exige un défaut inhérent au véhicule alors que le *software* opère via le *cloud*. Le rapport pour la Belgique souligne cette difficulté et un moyen de l'atténuer. Il s'agit d'admettre que la preuve du défaut résulte de l'absence de toute autre explication, ce qui reste toutefois un élément à démontrer[57]. Pour autant, la situation de la victime reste moins bonne qu'elle ne le serait sans cette exigence. Une fois encore, il n'est pas sûr que la généralisation parfois réclamée d'un système de collecte des données relatives au fonctionnement du système d'IA suffise à régler la difficulté.

Enfin, au sein de l'UE, dans les hypothèses où le défaut est antérieur à la mise du véhicule sur le marché, le champ d'application de la responsabilité du fait des choses recoupe celui des textes issus de la directive sur les produits défectueux. Or, celle-ci exclut *a priori* les régimes concurrents basés sur le même fondement.

2.2.3 Autonomie du *véhicule et causes d'exonération*

Les régimes *généraux* de responsabilité du fait des choses, ainsi que certains régimes spéciaux issus de la garde des choses mais *dédiés aux véhicules terrestres à moteurs,* maintiennent les causes d'exonération attachées classiquement à ce type de responsabilité. Les limites qui leur ont été données pour ne pas trop fragiliser la situation de la victime peuvent être remises en cause par l'irruption des VA. La juste répartition des risques, cruciale pour l'acceptation sociale des VA, impliquerait une marginalisation des causes d'exonérations qu'on ne peut pousser trop loin sans s'éloigner de la logique de responsabilité qui supporte le dispositif.

---

55 Sur laquelle, v. ce rapport, *infra*. 3. La responsabilité du fait des produits défectueux à l'épreuve des VA.

56 Nous songeons notamment à imprévisibilité inhérente aux systèmes auto apprenant, à l'absence d'accès au code source, au manque d'éléments de comparaison, à l'effet de boite noire, aux difficultés qui naissent à l'interface du matériel avec le logiciel, ou aux hypothèses dans lesquelles l'accès au logiciel et aux données se fait à distance.

57 Rapport pour la Belgique, *op. et loc. cit.* et la jurisprudence citée, note 194.

2.2.3.1 *La cause etrangère (force majeure, fait de la victime ou d'un tiers)*
L'attention se porte essentiellement sur la force majeure, qu'elle prenne la forme d'un fait de la nature ou d'une personne. Elle est traditionnellement définie comme un événement à la fois extérieur, imprévisible et irrésistible pour le défendeur. L'idée qui gouverne cette exonération est que cet événement rompt le lien causal entre le fait de la chose et le dommage. Ainsi que le rappelle le rapport pour l'Autriche[58], dans les pays où la garde demeurerait une présomption de faute, s'y ajoute le fait que celui qui ne pouvait ni prévoir ni éviter le dommage ne peut avoir commis de négligence. Enfin, l'accent mis sur la force majeure ne doit pas faire oublier qu'en principe, la faute de la victime peut être prise en compte pour réduire son droit à réparation lorsqu'elle a joué un rôle causal mais ne présente pas tous les caractères de la force majeure. Elle conduit à un partage de responsabilité et réduit consécutivement celle du gardien dans la mesure précisément où elle a contribué au dommage.

Depuis longtemps, la jurisprudence révèle qu'il est difficile de s'entendre sur une définition incontestable et opérationnelle de la force majeure. Le développement des VA, par les nouveaux cas de figure qu'il soumet à l'analyse, ne peut qu'accroitre la difficulté.

2.2.3.2 *L'Appréciation de la force majeure à l'épreuve des VA*
Ces difficultés ont été soulignées par presque tous les rapports nationaux qui abordent la responsabilité du fait des choses. En dépit de la variété des définitions retenues par les différents systèmes juridiques, une question prédomine. Dans quelle mesure le fonctionnement surprenant du système de conduite intelligent peut-il constituer un cas de force majeure ? On s'interroge en premier lieu sur *l'extériorité* de l'événement. Selon que l'extériorité s'apprécie en référence à la chose, ce qui était classique, ou en référence à la personne du gardien, la réponse n'est pas la même. Il semble *a priori* évident que le système de conduite autonome est intégré au véhicule et que son fonctionnement imprévisible ne peut constituer un cas de force majeure. Mais cette objection perd de sa force lorsque la jurisprudence interprète l'extériorité comme ce qui est extérieur non plus à la chose, mais à la volonté du conducteur. Dans cette logique, suivie par le rapport pour les Pays-Bas[59], le malaise du conducteur peut constituer un cas de force majeure. Dès lors, pourquoi la défaillance, ou même simplement l'initiative dommageable du système de conduite, ne le pourrait-elle pas ?

58 Rapport pour l'Autriche, *infra*, 3.2. *Liability of the vehicle keeper*, § 2.
59 Rapport pour les Pays-Bas, *infra*, 4.3.1. Strict liability of the owner/keeper of the vehicle based on art. 185 WVW, § 2.

Le doute sur l'extériorité est encore plus profond lorsque le système en cause est, même partiellement, contrôlé à distance. Le dysfonctionnement d'un logiciel utilisé via le *cloud* n'est-il pas un événement extérieur ? Ainsi, le rapport pour la Pologne n'exclut pas que la défaillance d'un système contrôlant à distance le déplacement du véhicule puisse être assimilé au fait d'un *tiers* qui pourrait présenter les caractères de la force majeur[60]. En revanche, le rapport pour la Roumanie considère que, même nourri depuis l'extérieur, le système de conduite autonome est par hypothèse en symbiose avec les éléments mécaniques du véhicule, ce qui exclut de voir dans son dysfonctionnement un événement extérieur et donc un cas de force majeure[61]. Entre un problème né de la qualité du logiciel lui-même, des informations transmises à distance au VA, et un défaut de l'infrastructure qui dialogue avec le système d'IA inclus dans le véhicule, il faudra peut-être distinguer et il sera difficile de prévoir l'issue du litige.

En revanche, l'extériorité semble indiscutable si l'on imagine maintenant l'action malveillante d'une personne qui s'introduit par effraction dans le système de conduite pour en perturber le fonctionnement. Toutefois, l'extériorité ne suffit pas à caractériser la cause étrangère exonératoire. Il faudra encore se demander si cette effraction était *imprévisible* et *insurmontable* ou *irrésistible*. Le rapport pour l'Autriche rappelle que, pour répondre, certains proposent de distinguer selon que l'effraction perturbe momentanément le fonctionnement du système ou prive définitivement le conducteur de tout contrôle[62]. Cette proposition fait échos aux rapports qui estiment qu'on ne peut répondre sans tenir compte du niveau d'automatisation et donc du degré d'autonomie du véhicule. Jusqu'au niveau 3 de la classification SAE, le conducteur peut et doit reprendre la main en cas de dysfonctionnement. Par ailleurs, il faudra se demander si le gardien a pris assez de précautions, en se dotant de l'équipement de cyber-sécurité nécessaire.

De l'ensemble, on ressort avec le sentiment que l'on emprunte un chemin praticable mais très glissant. Les distinctions rendues nécessaires par l'application des critères classiques de la force majeure à l'IA laissent craindre une imprévisibilité qui n'est pas favorable à l'indemnisation des victimes et, partant, à l'acceptation sociale des VA. L'importance du risque ne doit toutefois pas être exagérée. Elle est réduite dans la plupart des systèmes juridiques par une tendance à l'application restrictive de la cause étrangère.

---

60 Rapport pour la Pologne, *infra*, 4.1. Tort liability of car possessors, 4.1.1., Strict liability, in fine

61 Rapport pour la Roumanie, *infra*, 4.1. The perspective of civil liability.

62 Rapport pour l'Autriche, *infra*, 3. Civil liability de lege lata, 3.2. Liability of the vehicle keeper, § 2.

2.2.3.3 *Une tendance à l'application restrictive de la cause étrangère*

En réalité, il est rare qu'un pays montre un attachement sans nuance aux conditions classiques de la force majeure. La plupart des pays tendent à en réduire le champ d'application pour assurer la réparation. Les rapports spéciaux font ressortir trois exceptions. Le Québec a conservé un régime de responsabilité du fait des choses qui repose sur une présomption de *faute*, présomption qu'il est peut-être plus dur de rendre parfaitement irréfragable[63]. Elle pourrait être encore plus facilement renversée en présence d'un système d'autonomie achevée. L'Inde représente une exception encore plus nette. Elle se distingue par un pouvoir politique officiellement opposé au développement des VA. Il n'existe dès lors aucune incitation à imposer une responsabilité pleinement objective, tout au moins s'agissant des actions nationales et en dehors des dommages qualifiés de mineurs. Le régime de responsabilité objective du *Common Law* conservé en ce domaine offre de nombreuses causes d'exonérations[64]. Le Japon, appelle une appréciation plus nuancée. Il admet classiquement l'exonération du conducteur lorsqu'il démontre avoir été diligent et que l'accident est causé par le fait d'un tiers ou de la victime. La jurisprudence le dispense alors d'avoir à prouver l'absence de défaut ou d'anormalité de son véhicule. En revanche, il suffit que l'usage légitime du système de conduite conduise à un accident pour que ce système soit jugé défectueux et la responsabilité engagée, quand bien même le conducteur n'aurait commis aucune négligence[65].

Les autres pays s'orientent nettement vers un cantonnement de la cause étrangère. Certains pays européens l'on d'ailleurs fait depuis longtemps, bien avant d'y être invités par le droit de l'UE, pour faire face aux risques sociaux attachés aux véhicules conventionnels.

La loi française dédiée à l'indemnisation des accidents de la circulation, qui date de 1985[66], est caractéristique de cette démarche. On note cependant qu'elle a fait cela précisément en sortant les accidents de la circulation du droit commun de la garde. Outre qu'elle a pris ses distances avec la causalité, pour se contenter d'une « implication » du véhicule dans l'accident, cette loi a expressément écarté le jeu de la force majeure. L'article 2 du dispositif énonce

63 Rapport pour le Québec et le Canada, *infra*, 2. Evolution of the civil liability rules, 2.2. Application of liability for the deeds of things.

64 Rapport pour l'Inde, *infra*, 2.2.1., Civil liability for injuries caused by self-driving cars, 2.2.1.1., Domestic claims, v. *Defences available to the owner*.

65 Rapport pour le Japon, *infra*, 5. Civil liability arising from accident involving autonomous driving systems. 5.2.1., Liability of "automobile operator", under the act of securing compensation for automobile accident.

66 Loi n°85-677 du 5 juillet 1985 tendant à l'amélioration de la situation des victimes d'accidents de la circulation.

que « les victimes, y compris les conducteurs, *ne peuvent se voir opposer la force majeure ou le fait d'un tiers* par le conducteur ou le gardien d'un véhicule mentionné à l'article 1er »[67]. La seule entorse faite à l'automaticité de l'indemnisation est limitée à la faute de la victime *conductrice*, faute qui réduit son droit à réparation. Un rapport commandité par le gouvernement français en tirait la conclusion, en 2018, que la loi du 5 juillet 1985 « semble pouvoir s'appliquer aux véhicules automatisés, même sans aucun conducteur à bord »[68]. Ainsi que le souligne le rapport pour la France, la réalité est plus délicate. Pour savoir si, exceptionnellement, une cause d'exonération peut jouer, il faut inévitablement se prononcer sur la qualité de conducteur de l'utilisateur du véhicule blessé dans l'accident.

De la même manière, la jurisprudence du Pays-Bas, dès la première moitié du 20ème siècle, s'est efforcé de rendre la force majeure quasiment inapplicable en pratique, tout au moins lorsque la victime de l'accident n'est pas motorisée. Il est acquis qu'un défaut technique du véhicule ne peut pas constituer un cas de force majeure quand bien même rien ne pourrait être reproché au conducteur ou au gardien du véhicule. En outre, la faute de la victime ne peut être invoquée par le gardien, que s'il est lui-même exempt de toute négligence et si le comportement de la victime était tellement improbable qu'il ne pouvait raisonnablement l'avoir anticipé[69].

Le régime actuellement applicable en Allemagne aux véhicules conventionnels exclut également l'assimilation d'une défaillance technique du véhicule à un cas de force majeure. Le dysfonctionnement technique n'est pas considéré comme extérieur, à la différence à l'acte d'un tiers ou d'un fait de la nature. Il n'est pas davantage assimilé à un événement inévitable. Le fait que la loi relative aux VA, qui date de 2021, n'ait pas changé le régime de responsabilité du fait des choses est d'ailleurs compris comme la reconnaissance de son adaptation aux nouveaux véhicules[70].

Les raisons avancées par le rapport allemand en faveur du maintien d'une responsabilité objective assortie de causes d'exonération exceptionnelles sont assez représentatives de cette démarche, que partage d'ailleurs le droit français. On y trouve le rappel de ce que le gardien du véhicule, en décidant de son utilisation, créé le risque dont il tire profit. De manière plus audacieuse

---

67 Nous soulignons.

68 V. A.-M. Idrac (dir.), *Développement des véhicules autonomes. Orientations stratégiques pour l'action publique*, 2018, p. 37, cité par le rapport pour la France.

69 Rapport pour les Pays-Bas, *infra*, 4.3. Motor vehicle liability towards non-motorized traffic victims. 4.3.1. Strict liability of the owner/Keeper of the vehicle based on Art. 185 WVW.

70 Rapport pour l'Allemagne, *infra*, 5. Liability of the vehicle keeper. 5.1. Conditions of strict liability.

le rapport avance l'idée que ce profit s'étend au gain de sécurité promis par le procédé et, partant, à la diminution des primes d'assurance qui devrait en découler. Peut-être sera-ce le cas à terme, mais l'argument est moins convaincant dans l'attente, faute de statistique permettant de le vérifier. Est également mentionné la perspective d'une exploitation commerciale. L'argument retient l'attention dans la mesure où il rappelle, involontairement, un élément déterminant mais inconnu de l'équation. Le développement des VA pourrait ne pas appeler le même régime de responsabilité selon qu'ils restent une propriété individuelle ou qu'ils fonctionnent dans le cadre de réseaux publics et ou commerciaux. Enfin, maintenir la responsabilité objective appuyée sur l'assurance simplifie la situation de la victime. L'automaticité de l'indemnisation, éventuellement offerte par l'assureur dans une procédure amiable, conduit le gardien à jouer le rôle d'une garantie pour la victime. Dans l'hypothèse où l'accident aurait une défaillance technique pour cause première, c'est sur le gardien que pèse le poids d'une action récursoire contre le fabricant[71].

De l'ensemble il résulte que la responsabilité du gardien du fait des choses qu'il a sous sa garde semble pouvoir assez facilement s'adapter au développement des VA. Il importe néanmoins de garder à l'esprit plusieurs réserves. D'une part, l'automaticité de l'indemnisation demeure plus ou moins assurée selon les pays et selon les catégories de victimes. La sévérité de la jurisprudence ou de la loi à l'égard du responsable est en générale mise au service des victimes non motorisées. Or, elles ne représentent pas la majorité des hypothèses d'accidents. En revanche, le conducteur victime est parfois sacrifié, ce dont le droit français donne l'exemple[72]. Par ailleurs, le poids de la réparation est placé sur le gardien, sans que soient garanties sa maîtrise des risques et la possibilité d'un recours contre, par exemple, le fabricant[73].

3 La responsabilité du fait des produits défectueux à l'épreuve des VA

Le développement des VA semble devoir favoriser à l'avenir le jeu plus fréquent de la responsabilité du fait des produits défectueux. On estime en effet que si les VA se généralisent et qu'ils parviennent à supprimer ou réduire les accidents imputables aux faiblesses de l'être humain, les accidents qui surviendront

---

71 *Ibid.*

72 Rapport pour la France, *infra*, 2.2. La responsabilité civile. 2.2.1. Le régime de responsabilité issu de la loi du 5 juillet 1985, § 2.

73 Sur les améliorations envisagées, v. infra, 5.2.

auront probablement pour cause une défaillance technique du système de conduite autonome et/ou de l'infrastructure sur laquelle il s'appuie. C'est pourquoi on considère souvent que la révolution à l'œuvre dans l'industrie automobile devrait se traduire inévitablement par la substitution d'un régime de responsabilité civile centré sur la responsabilité du fabricant à la responsabilité de la personne du conducteur.

A priori, les raisons ne manquent pas de placer ce type de responsabilité au centre du jeu. D'abord, on sait que la responsabilité du fabricant du fait des produits a naturellement accompagné la production industrielle de produits standardisés de grande consommation et qu'elle est, pour cette raison, devenue relativement commune dans le monde. Ensuite, sachant que les pays qui dominent le marché de la fabrication de tout ou partie des systèmes autonomes sont voués à exporter leurs produits, les victimes des défauts peuvent aisément se trouver confrontées à ce régime de responsabilité, quand bien-même leur pays ne l'aurait pas, ou pas encore, consacré. En outre, la responsabilité du fait des produits doit être envisagée non seulement au profit des victimes, mais aussi comme fondement du recours du conducteur ou propriétaire du véhicule impliqué contre le fabricant. Par ailleurs, ce régime de responsabilité est d'autant plus facilement envisagé qu'il est en général présenté comme objectif, même si cela doit être nuancé dans bien des systèmes juridiques. Enfin, le vendeur ou le distributeur peut parfois voir sa responsabilité engagée à côté ou à défaut de celle du fabricant, ce qui peut apporter aux victimes une garantie supplémentaire d'indemnisation.

Pour autant, il n'est pas sûr que ce régime représente en l'état la solution idéale au défi lancé par les VA à la responsabilité civile. Il ressort de l'ensemble des rapports que, partout où la responsabilité du fait des produits s'applique, son application aux véhicules autonomes a été envisagée avec les mêmes réserves. On peut douter, sinon de l'adéquation des concepts sur lesquels il repose (3.1), du moins de l'opportunité de son régime (3.2), notamment au regard de la juste répartition des risques entre les parties prenantes.

3.1 *L'adéquation des concepts*

Qu'il s'agisse de pays membres de l'UE ou de pays extérieurs à l'UE, les rapports nationaux qui ont examiné ce régime de responsabilité tendent à admettre, sous réserve de précisions et d'un peu d'audace, l'adéquation aux véhicules autonomes des concepts qui en conditionnent l'application. Le cas des pays membres de l'UE mérite toutefois une présentation à part. Ils partagent un régime commun depuis la transposition de la directive européenne 85/374 sur la responsabilité du fait des produits défectueux. Et celle-ci exclut tout régime national concurrent doté d'un fondement identique[74]. Certes, une responsabilité contractuelle, par exemple celle du vendeur envers l'acquéreur, pourrait théoriquement subsister. Toutefois, le rapport pour la Pologne est le seul à envisager cette alternative[75]. Tous les autres se concentrent sur la responsabilité extracontractuelle issue de la directive précitée. A cet égard, outre le fait que les notions clefs du dispositif ont été mises à l'épreuve par un grand nombre de pays, la particularité des pays membre de l'Union vient donc du fait que leur marge de manœuvre est limitée par les choix faits à l'échelle de l'Union par l'ancienne et la nouvelle directive relative à la responsabilité du fait des produits défectueux[76].

3.1.1 Le régime applicable aux pays membres de l'UE

La directive européenne n° 85/374 a été transposée dans le droit des 27 Etats membres. Depuis lors, tous disposent en conséquence d'un régime similaire de responsabilité propre au fabricant et qui découle de ce qu'un *produit* jugé *défectueux* a été *mis en circulation. A priori*, ce régime peut sembler tout indiqué pour encadrer le développement des VA. Comme l'expliquait le préambule de la directive de 1985, la responsabilité sans faute du producteur est le seul moyen de résoudre le problème que pose en terme de responsabilité la technicité croissante de notre époque, à savoir parvenir à une juste répartition des risques inhérents à la production technologique moderne. En réalité, même si le préambule de la nouvelle directive reprend l'affirmation, les nouvelles technologies impliquées dans le fonctionnement des VA se laissent moins facilement appréhender.

Les réflexions menées à l'échelle de l'UE avaient laissé apparaître quelques divergences. Le parlement européen avait pu inviter à regarder la responsabilité du fait des produits comme l'un des moyens de relever le défi posé en général par la responsabilité découlant d'une intelligence artificielle défectueuse[77].

74 V. not. CJCE, 5ème chambre, 25 avril 2002, Maria Victoria Gonzalez Sanchez c/ Medicina Asutriana SA. V, art. 2, 4° de la directive du parlement européen et du conseil relative à la responsabilité et abrogeant la directive 85/374, adoptée le 10 oct. 2024, consultable sur https://data.consilium.europa.eu/doc/document/PE-7-2024-INIT/fr/pdf.

75 Rapport pour la Pologne, *infra,* 4.4. Liability of the seller of a self-driving car under the warranty regime. Depuis le 1er janvier 2023, en raison de la transposition en droit polonais de la directive 2019/771 sur certains aspects concernant les contrats de vente, il n'est plus exigé en ce domaine que le défaut garantit par le vendeur affecte une chose tangible. V. en ce sens l'article 556 du code civil polonais.

76 Directive du parlement et du conseil adoptée le 10 octobre 2024, préc. . Les choix opérés par la nouvelle directive seront exposés tout au long de la présente section et mis en relation avec les problèmes posés par l'application du régime actuel aux VA.

77 Résolution du Parlement Européen du 12 fév. 2019, sur une politique industrielle européenne globale sur l'intelligence artificielle et sur la robotique (2018/2088(INI)),

De son côté, le *High Level Group Gear 2030*, mis en place par la Commission européenne en 2016 afin de parvenir à une politique cohérente en la matière, avait exprimé des doutes relativement à l'adaptation du régime de responsabilité issu de la directive, tout au moins au-delà d'un certain niveau de développement de la technologie et donc à partir d'un certain niveau d'autonomie[78]. En 2018, une évaluation de la directive concluait à la qualité du dispositif pris dans son ensemble, mais soulignait ses faiblesses[79]. En particulier, il ressortait de l'examen du texte que son application aux logiciels et aux produits fonctionnant avec l'IA posait difficulté et conduisait à un manque de sécurité juridique. Enfin, la charge probatoire, parfois trop lourde, qui pèse sur les victimes, avait été tout particulièrement soulignée.

Les rapports nationaux expriment ces doutes sans s'y limiter. Ils ont appellé naturellement à une clarification des notions de produit, de défaut et de mise en circulation. Comme nous le verrons, la nouvelle directive répond à certaines de ces demandes. Toutefois, elle est vouée à décevoir ceux qui espéraient un texte entièrement dévoué à l'indemnisation des victimes. Elle devait respecter l'orientation et certains choix techniques de la proposition de règlement dite « AI Act »[80], dont la version finale a été adoptée par résolution du parlement le 13 mars 2024[81]. Or, celle-ci est très clairement conçue pour ne pas entraver le développement de l'IA par une responsabilité dont la mise en œuvre serait trop immédiate et automatique[82]. Laproposition de directive sur la responsabilité en matière d'IA[83], qui complète le dispositif en s'appuyant sur la responsabilité pour faute, va dans le même sens.

---

§ 131 ; Pour la France, v. G. Loiseau et A. Bensamoun, La gestion des risques de l'intelligence artificielle : JCP, G, 2017, 1203

78 High Level Group on the Competiftiveness and Sustainable Growth of the Automotive Industry In the European Union, Final Report, 2017, p. 44 et s.

79 Evaluation of Product Liability Directive, SWD(2018)157.

80 Proposition de règlement du Parlement européen et du Conseil établissant des règles harmonisées concernant l'intelligence artificielle (législation sur l'intelligence artificielle) et modifiant certains actes législatifs de l'Union, 21 avril 2021, COM (2021), 206 final, 2ème version, 6 déc. 2022, n°15698/22,https://eur-lex.europa.eu/legal-content/FR/TXT/PDF/?uri=CONSIL:ST_15698_2022_INIT.

81 https://eur-lex.europa.eu/legal-content/FR/TXT/?uri=EP%3AP9_TA%282024%290138.

82 L. Grynbaum, Précis des activités numériques, Titre 2, Les actions en responsabilité, Chap. 3, Responsabilité du fait d'une intelligence artificielle, Section 1, Un régime de responsabilité européen en gestation, n° 1405.

83 Proposition de directive relative à l'adaptation des règles en matière de responsabilité civile extracontractuelle au domaine de l'intelligence artificielle, 28 sept. 2022, COM(2022) 496 final, https://eur-lex.europa.eu/legal-content/FR/TXT/HTML/?uri=CELEX:52022PC0496.

3.1.1.1 *Véhicules autonomes et produit*

La directive de 1985 ambitionnait de couvrir les dommages causés par tous les biens meubles produits en série et a donc opté pour une définition assez large du produit, laquelle permet *a priori* d'envisager son application aux véhicules autonomes. Toutefois leur recours à l'IA pose une difficulté particulière qui a été soulignée presque systématiquement dans les rapports. Dès lors qu'il peut être théoriquement admis que ce n'est pas seulement le véhicule qui peut être qualifié de produit, mais également ses composants considérés isolément, l'attention se porte sur cet élément singulier que sont les logiciels et les systèmes d'IA. A l'exception notable du rapport allemand, qui s'inquiète d'avantage de l'appréciation des défauts et de la date de mise en circulation[84], tous les rapports nationaux se sont interrogés sur la possibilité de considérer qu'un logiciel ou qu'un système d'IA est un produit au sens de la directive. La difficulté est d'autant plus aiguë qu'il existera différentes versions d'un même logiciel et qu'elles seront parfois fournies en ligne, sans incorporation dans un élément tangible du véhicule.

En pratique, la question ne se pose pas directement lorsque la victime agit contre le fabricant du produit final (l'assembleur), car celui-ci est de ce fait responsable des défauts qui proviennent des éléments intégrés[85]. Personne ne conteste que le logiciel incorporé dans le produit fini puisse déclencher l'application de la directive. La question de la qualification peut se poser clairement, en revanche, si la victime trouve plus opportun d'agir directement contre le fournisseur de l'élément intermédiaire défectueux. Il faut songer également au recours que le fabricant éventuellement responsable ne manquera pas d'exercer contre le fournisseur du logiciel ou du système d'IA défectueux, en contribution à la dette de responsabilité.

Certains pays ont apporté une réponse claire. Tel est le cas lorsque le droit national limite la qualification de produit aux biens *corporels*. C'est le choix effectué par le droit polonais[86] et le droit belge[87]. D'autres, à l'inverse, ont clairement opté pour une extension de la définition aux choses incorporelles. C'est l'interprétation que le droit roumain[88] a choisie à l'occasion de la transposition de la directive. De même, dans une réponse ministérielle récente, le

84 Rapport pour l'Allemagne, *infra*, 6.3. Liability for design deffect. Sur la question de la date de mise en circulation, v. *infra*.

85 V. par ex. P. Machnikowski (Ed.), *European Product Liability: An analysis of the State of the Art in de Era of New Technologies*, Intersentia, Cambrigde 2016, p. 47. V. égal. art. 8, 1, a) et b) de la directive adoptee le 10 octobre 2024, préc.

86 Rapport pour la Pologne, *infra*, 4.2. Liability for a self-driving car as a defective product.

87 Rapport pour la Belgique, *infra*, 3.2. Liability of the producer. 3.2.1. Product.

88 Rapport pour la Roumanie, *infra*, 4.1. The perspective of civil liability.

ministre de la justice français a déclaré qu'un logiciel est un produit au sens de la directive[89]. Toutefois, cette réponse ne lie pas les juges nationaux, lesquels seront plus sensibles à la jurisprudence de la CJUE. On doute cependant qu'elle puisse contredire une interprétation désormais consacrée par l'article 4, 1 de la directive adoptée le 10 octobre 2024.

Les autres rapports se montraienent ouverts à la possibilité de qualifier de produit des biens incorporels tout en soulignant les difficultés qui en résultent. Le rapport pour les Pays-Bas observe que d'un point de vue économique, le logiciel est un bien de consommation destiné à une diffusion de masse, ce que la directive entendait précisément saisir en se montrant neutre à l'égard de la technique en cause[90]. Mais cela seul ne peut dicter la limite que le droit seul peut fixer à la démarche. La directive initiale donnait elle-même peu d'indices. Le fait qu'elle avait pris soin d'inclure expressément l'électricité[91] pouvait être un signe de ce que la qualification s'applique aux choses incorporelles, l'électricité étant alors le seul bien immatériel largement diffusé. Mais, ainsi que le souligne le rapport pour la France, cela pouvait, à l'inverse, signifier qu'il s'agit d'une dérogation limitée à l'électricité[92]. Il était particulièrement hasardeux de rechercher l'intention des auteurs de la directive alors que les logiciels et les ordinateurs personnels n'existaient pas ou n'étaient pas encore très répandus.

Les rapports belge[93] et croate[94] soulignent une autre difficulté. Dans certains cas, il peut être difficile de distinguer la *mise à disposition du logiciel* d'un *service*, lequel ne rentre pas en principe dans le champ de la directive. L'arrêt rendu à cet égard par la CJUE et qui portait sur un conseil inséré dans un magazine, ne donne pas d'indication claire et laisse penser que, transposé à un logiciel, son raisonnement pourrait conduire à des résultats variables en fonction de l'étroitesse de la relation entre le logiciel et le produit qui l'intègre[95].

La nouvelle directive, adoptée le 10 octobre 2024[96] s'efforce de répondre à ces questions tout en tenant compte de deux contraintes. Elle s'efforce, d'une

---

89 Rapport pour la France, *infra,* 2.2, La responsabilité civile. 2.2.2., La responsabilité des fabricants en vertu des articles 1245 et suivants du code civil issus de la directive européenne, n° 85/374.

90 Rapport pour les Pays-Bas, *infra,* 5.4. The PLD-regime applied to AVs.

91 Article 2 de la directive.

92 Rapport pour la France, *infra,* 2.2.2 La responsabilité des fabricants en vertu des articles 1245 et suivants du code civil issus de la directive européenne, n° 85/374.

93 Rapport pour la Belgique, *infra,* 3.2.1. Product.

94 Rapport pour la Croatie, 4. What could be the evolution of civil liability and criminal liability laws in your country? § 14.

95 CJUE 10 juin 2021, C-65/20, Krone-Verlag.

96 Préc., consultable sur https://data.consilium.europa.eu/doc/document/PE-7-2024-INIT/fr/pdf..

part, de traduire les réflexions menées de manière transversale sur l'IA et des normes de sécurités existantes et, d'autre part, de ne pas perturber la concurrence et la libre circulation des biens.

Cette directive confirme expressément la possibilité d'appliquer la qualification de produit aux choses immatérielle et plus particulièrement aux logiciels et aux systèmes d'IA[97], qu'ils soient présentés de manière autonome ou intégrés dans un autre bien[98].

Cette intégration se traduit par une *responsabilité solidaire* du fabricant final (assembleur) et du fabricant de l'élément défaillant[99]. Par ailleurs, les fichiers digitaux de fabrication, à partir desquels par exemple une imprimante 3D peut fabriquer le système, doivent être qualifiés de produit[100]. Il en résulte que les développeurs ou producteurs de logiciels et fournisseurs de systèmes d'IA sont considérés comme des fabricants au sens de la directive[101]. Mieux encore, la nouvelle directive estime que les services informatiques intégrés ou interconnectés qui conditionnent le fonctionnement des systèmes intelligents, tels que, par exemple, la fourniture des données, doivent leur être assimilés. La responsabilité du fait des produits s'appliquera donc à eux en dépit de leur nature de service[102].

Au-delà de la qualification de produit, l'appréhension des *actualisations successives en ligne* du logiciel nourrit également les débats. Tel est notamment le cas en Autriche[103], aux Pays-Bas[104] et en Hongrie[105]. Le point est d'autant plus sensible qu'il est lié à une condition d'application de la responsabilité, à savoir la *date* de *mise sur le marché* du produit[106]. Le défaut devrait être en principe apprécié exclusivement à cette date. Dès lors, le fait que le logiciel soit voué à évoluer perturbe cette logique initiale. L'évolution du logiciel montre qu'à la différence des hypothèses contemplées par la directive il y a trente ans, les fournisseurs peuvent rester liés aux éléments intégrés bien après leur mise sur le marché[107]. Pour tenir

97 Considérant 13 et art. 4, 1). Il est toutefois précisé que le code source et les logiciels offerts gratuitement en open source développées en dehors du cadre d'une activité commerciale ne peuvent jamais être considérés comme un produit, considérants 13 et 14.

98 Considérant 6, et art. 4, 1).

99 Considérant 53, et art. 12, 1).

100 Considérant 16 et art. 4, 1).

101 Considérant 13 qui donne l'exemple de « la fourniture continue de données relatives au trafic au sein d'un système de navigation ». V. égal. art. 4, 3), 4), 15).

102 Considérant 17 .

103 Rapport pour l'Autriche, *infra*, 3.3. Liability of the vehicle producer.

104 Rapport pour les Pays-Bas, infra, 5.4.2. The concept of product in relation To AV-technology.

105 Rapport pour la Hongrie, *infra*, 3.4. Product liability.

106 Sur lequel, v. infra.

107 A moins de considérer que chaque actualisation caractérise la mise en circulation d'un nouveau produit.

compte de ce que le système informatique peut être contrôlé par le fabricant après que ce type de produit a été mis sur le marché, la nouvelle directive retient la responsabilité de cet acteur si le défaut est lié à un service informatique qu'il rend, à une actualisation mal effectuée ou bien omise[108].

Dans l'attente de la transposition de la nouvelle de la directive, ainsi que le rapport pour la Hongrie l'a relevé, la situation des Etats membres est très inconfortable. Leur droit est la traduction d'une directive aveugle à l'IA et ils ne peuvent en pallier les manques sans prendre le risque de se trouver en décalage par rapport à une directive qui poursuit un objectif d'harmonisation maximale et dont les dispositions potentiellement ambiguës n'ont par hypothèse pas encore été précisées par la CJUE[109].

3.1.1.2 *Véhicule autonome et défaut du produit*

L'appréciation du caractère défectueux d'un VA, au sens de la directive, est un défi encore plus redoutable. Le défaut visé par la directive initiale et ses transpositions nationales est un défaut de *sécurité*. Celui-ci est caractérisé lorsqu'est mis en circulation un produit qui ne présente pas le degré de sécurité qu'une personne peut légitimement attendre au regard de l'ensemble des circonstances. L'appréciation doit être menée de manière objective, mais *in concreto* et notamment en fonction de la présentation du produit, de son usage prévisible, et du moment où il a été mis en circulation. Bien que la directive initiale ne propose aucune classification des défauts, la doctrine distingue généralement trois catégories selon que sont en cause la *conception* du produit, sa *fabrication* ou les *informations* et *instructions* qui accompagnent sa mise sur le marché.

Promus précisément parce qu'ils seraient dépourvus des faiblesses humaines, les VA nourrissent des attentes très élevées en matière de sécurité. Là encore, c'est le jeu des nouvelles technologies et de l'IA au sein des VA qui trouble l'appréciation de cette condition d'application du régime de responsabilité. Les éléments matériels de navigation, tels que les capteurs du véhicule, ne soulèveront aucune difficulté. Pour l'élément immatériel, à l'exception du rapport belge[110], les rapports nationaux raisonnent en s'aidant de la classification doctrinale tripartite des défauts. Les rapports pour l'Allemagne et la France admettent que le défaut de *fabrication* d'un logiciel puisse prendre la forme d'une erreur de copie, et notamment un transfert incomplet ou incorrect vers le système informatique du VA au moment de l'installation. C'est le défaut de *conception* et d'*instructions* qui nous semblent poser les problèmes les plus délicats.

---

108 Considérants 40, 51, v. égal. Art. 4, 5), b).

109 Rapport pour la Hongrie, *infra,* 3.4. Product liability.

110 Rapport pour la Belgique, *infra,* 3.2.2. Defect, § 2.

3.1.1.2.1 Le défaut de conception

La difficulté est très bien éclairée par le rapport pour les Pays-Bas. Celui-ci souligne le fait que les VA sont confrontés à des conditions de circulation changeantes et qu'ils ne peuvent atteindre la sécurité désirée qu'au terme d'un processus d'apprentissage (*m*). Or ce processus rend le comportement du véhicule au moins partiellement imprévisible. C'est ce qu'on désigne par l'expression de « *black box effect* ». Mieux encore, par nature, *le système progresse en apprenant de ses erreurs*, lesquelles sont donc à la fois nécessaires et potentiellement source de dommage[111].

Avant d'aller plus loin, il importe de rappeler une chose. Les promesses de sécurité qui fondent le développement des VA et la protection des victimes qu'ambitionne le régime instauré par la directive européenne devraient interdire aux fabricants de tirer profit des particularités de l'IA pour atténuer ou supprimer leur responsabilité. Plus précisément, il n'est pas question de soutenir que les erreurs du système ne sont pas des défauts puisqu'ils font partie de l'apprentissage dont ils constituent une étape. Les fabricants ont la responsabilité de mener des tests très poussés en amont de la mise en circulation des véhicules et doivent mener une communication en phase avec les résultats obtenus. Les rapports partagent également l'idée que l'imprévisibilité attachée à l'IA ne devrait pas pouvoir être qualifiée de *risque de développement*. Cette question n'est toutefois pas close[112].

Ceci étant rappelé, comment caractériser le défaut de sécurité résultant d'un vice de conception du système de conduite intelligent ? La difficulté est double. Les VA reposant sur un système embarqué et une infrastructure avec laquelle ils interagissent, des éléments hétérogènes sont connectés, ce qui rend la situation complexe. Où se trouvent les limites du système dont la sécurité est jugée ? Qu'en est-il par exemple de la qualité des données qui alimentent le système ? On peut s'interroger sur l'hypothèse d'un défaut de cyber-sécurité. Est-il un défaut du produit qu'est le VA, ou bien est-il seulement un défaut propre à l'infrastructure qui permet sa circulation ? La réponse peut dépendre des choix de politique juridique de chaque système juridique. Cette question est par ailleurs étroitement liée à celle de la preuve de l'origine, dont la difficulté peut faire douter de l'opportunité du régime[113]. La question qui doit ici retenir

---

111 Rapport pour les Pays-Bas, *infra*, 5.4.3.3. Design defects.

112 L'article 10, 2, b) de la proposition de directive relative à la responsabilité du fait des produits défectueux ne permet pas aux fabricants d'un logiciel de s'exonérer en invoquant le caractère indétectable du défaut en l'état objectif des connaissances au moment de la mise sur le marché.

113 V. *infra*.

seule notre attention est celle du modèle de référence auquel le logiciel, l'algorithme, le système d'IA doivent être comparés.

Il existe deux catégories de repères objectifs. Ils n'apportent qu'une réponse partielle au problème. Au-delà, l'hésitation règne.

Ainsi que le rappelle le rapport pour la France, il est tout d'abord possible de s'appuyer sur des normes purement techniques[114]. Dans le secteur automobile, la norme ISO 26262, relative aux systèmes de sécurité intégrés dans les véhicules motorisés[115]. Ces standards présentent l'avantage de refléter l'état actuel des sciences de sorte que leur non-respect peut dans certains cas caractériser un défaut de sécurité né de la conception du véhicule ou de ses composantes. Toutefois, ils ne sauraient suffire. D'abord, ils ne sont pas parfaitement adaptés. Leur formulation est parfois vague et, à l'instar de la norme ISO précitée, dont la version en cours date de 2018, n'ont pas été dessinés pour encadrer les spécificités des systèmes de conduite autonomes. Certes, une nouvelle norme ISO 21448 vise précisément les fonctions de délégation de conduite[116] et il existe depuis juin 2020 un nouveau règlement qui traite de l'homologation des véhicules dotés d'un système automatisé de maintien dans la voie[117]. L'UE, qui avait pris une directive générale sur la sécurité des produits[118], a depuis lors proposé un règlement dédié aux systèmes d'IA présentant un risque élevé, afin de leur imposer des standards de sécurité et de respect des droits fondamentaux[119]. Mais toute violation d'un standard n'est pas à elle seule un défaut dont découle une insuffisante sécurité au sens de la directive. L'appréciation juridique ne se confond pas nécessairement avec les prescriptions techniques. Celles-ci ne forment donc qu'un point de départ. Il n'en irait autrement que si, à l'instar des Pays-Bas, le législateur en faisait un cas de responsabilité au sein de ce régime[120]. Il est ensuite naturellement possible de déduire l'existence d'un défaut de sécurité de la violation par le système de conduite des règles de circulation automobile.

---

114 Rapport pour la France, *infra,* 2.2.2 La responsabilité des fabricants en vertu des articles 1245 et suivants du code civil issus de la directive européenne, n° 85/374.

115 La version de 2018 de l'ISO 26262 peut être consultée, en accès payant, sur le site internet de l'Organisation internationale de normalisation : https://www.iso.org/fr/standard/68383.html.

116 Le texte de l'ISO 21448 peut être consulté, en accès payant, sur le site internet suivant : https://www.iso.org/fr/standard/70939.html.

117 Sur ce texte, v. I. Vingiano-Viricel, « ALKS, une approche juridique du système », *JCP G*, 2021, 346.

118 Directive 2001/95/EC (GPSD).

119 Proposal for a Regulation of the European Parliament and of the Council laying down harmonized rules on artificial intelligence (AI Act), COM(2021)206 final

120 Rapport pour les Pays-Bas, *infra*, 5.4.3.7. Risk-benefit approach.

Au-delà, deux standards de comparaison sont proposés. Ils peuvent être combinés.

Une première approche consiste à comparer la performance de l'IA avec celle d'un conducteur humain de référence. On peut, comme le rappelle le rapport pour l'Allemagne[121] ou celui des Pays-Bas[122], comparer la « décision » de l'IA avec celle qu'aurait prise un conducteur humain compétent. Le rapport pour la Roumanie considère qu'au regard des attentes du public en la matière, basées sur les promesses de l'IA, il est même préférable de prendre pour modèle le *conducteur supérieurement compétent* comme modèle[123]. On raisonne alors comme si l'IA était une personne dont on apprécie les actes. Dans la même veine, le rapport pour l'Allemagne évoque la possibilité de comparer le taux d'accidents susceptibles de découler du fonctionnement de l'IA, avec le taux d'erreur constaté dans la conduite des véhicules conventionnels. Mais le rapport lui-même rappelle que cette approche n'est pas sans défaut. À juger l'IA comme une personne, à partir d'une décision, ne s'éloigne-t-on pas de l'appréciation de sa conception ? Le lien est-il assez étroit et nécessaire entre cette conception et le choix effectué ? Par ailleurs, *le processus de décision et donc les dangers ne sont pas les mêmes chez l'être humain ou dans l'IA*. En tout état de cause, pourra-t-on maintenir cette référence purement humaine une fois que les VA représenteront une part significative des véhicules en circulation ?[124] On retrouve ici le rôle que jouera la psychologie du public dans le développement du contentieux. L'idée que l'IA n'est légitime que si elle fait mieux que l'humain, ne peut que conduire le public à considérer que son attente de sécurité a été déçue. Ainsi que le soulignait le rapport pour les Pays-Bas, les statistiques les plus claires ne détermineront pas à elles seules l'acceptation par le public des risques associés aux VA[125]. Le critère ne doit pas être appliqué de manière à faire porter l'essentiel des risques aux victimes.

La deuxième approche repose sur une *comparaison du système d'IA litigieux avec une autre IA*. Théoriquement, cette comparaison peut utilement compléter le recours au critère humain. Un système d'IA plus performant qu'un conducteur humain peut cependant ne pas être à la hauteur de l'état de l'art au moment de l'examen. Les rapports montrent que la comparaison peut être menée de plusieurs manières, dont aucune cependant n'échappe entièrement à la critique. Il est tout d'abord envisageable de comparer le système litigieux

121 Rapport pour l'Allemagne, *infra*, 6.3.4. Benchmarking the AI system against the human standard of care.

122 Rapport pour les Pays-Bas, *infra*, 5.4.3.6. Human driver standard.

123 Rapport pour la Roumanie, *infra*, 4.1. The perspective of civil liability, § 20.

124 Sur l'ensemble de ces questions, Rapport pour l'Allemagne, *infra*, 6.3.4. Benchmarking the AI system against the human standard of care.

125 Rapport pour les Pays-Bas, *infra*, 5.4.3.7. Risk-Benefit approach.

aux statistiques établies à partir des performances de l'ensemble des VA en circulation. Une performance inférieure signalerait un défaut de sécurité au sens de la directive. On peut douter, tout au moins dans un premier temps, qu'il existe assez de données pour établir des statistiques fiables. Mieux encore, dans quelle mesure les différents systèmes utilisés et leurs contextes d'utilisation seront-ils comparables ?

Il est alors envisageable d'apprécier l'IA litigieuse à la lumière du meilleur produit comparable. Mais, ainsi que le remarque le rapport pour l'Allemagne, cela reviendrait à disqualifier les produits de tous les concurrents du meilleur fabricant[126]. Pour éviter ce risque, il est envisageable *a priori* de considérer qu'un produit n'est défectueux que si ses performances sont inférieures à un produit de référence au-delà d'une proportion raisonnable. Cette fois, on butte sur l'impossibilité d'arrêter un pourcentage qui ne semblera pas arbitraire. Plus largement, trouvera-t-on un système comparable ? Quel algorithme sera jugé équivalent ? Quel stade de développement du produit devra-t-on prendre en compte pour la comparaison ? Ainsi que le rapport pour la Roumanie le souligne très finement, *saura-t-on exactement recréer en laboratoire les conditions dans lesquelles l'accident est survenu* ?[127]

La proposition de directive ne répond pas directement ni précisément à l'ensemble des questions. Pour tenir compte du fait que le produit sera souvent *interconnecté* et évolutif, il est prévu d'apprécier le défaut du produit en tenant compte, non seulement de l'attente du public[128], mais aussi de l'effet que d'autres produits peuvent avoir sur lui et de la capacité d'apprentissage du système intelligent[129]. A cet égard, la nouvelle version de la directive semble indiquer que le public attend légitimement de cette évolution qu'elle ne puisse pas conduire à comportement dangereux du produit[130]. Il est également proposé de considérer que le défaut n'est pas caractérisé par la seule mise sur le marché d'un produit meilleur ou d'une actualisation[131]. Enfin, pour tenir compte de la difficulté posée par la cyber sécurité, le projet prévoit de maintenir la responsabilité du fabricant chaque fois que c'est la faiblesse du produit qui a permis son piratage[132]. En revanche, chaque fois que cela est dû à la négligence de la victime, cela entrainerait la réduction de son droit à réparation[133].

---

126 Rapport pour l'Allemagne, *infra*, 6.3.5. Comparing the AI system with other AI systems.

127 Rapport pour la Roumanie, *infra*, 4.1. The perspective of civil liability, § 23.

128 § 24. Laquelle, encore une fois, part de l'idée que ces outils sont précisément conçus pour apporter une plus grande sécurité que l'être humain.

129 § 23, v. égal. art. 6, 2.

130 *Ibid*, v. égal. art. 6, Défectuosité.

131 § 25.

132 § 41.

133 § 41.

Au fond, la difficulté vient de ce que le critère est l'attente légitime d'une sécurité accrue. Or le public ignore largement la manière dont le système de conduite autonome fonctionne et les limites qui en découlent. Il est très sensible à un marketing de l'IA qui est souvent en avance sur ses réalisations. Le développement des VA est essentiellement fondé sur une promesse de sécurité alors qu'ils sont nécessairement encore aujourd'hui porteurs de risques très importants, y compris la mort possible d'une victime. Au sein de l'UE, la directive entend renforcer la position des victimes. Quand bien même sa révision intègre la nécessité de ne pas entraver le développement des nouvelles technologies, elle ne pourra jamais partir du principe que les victimes doivent payer le prix d'un progrès considéré comme légitime en lui-même. Cela met en lumière l'importance cruciale de la qualité des essais préalables à la mise sur le marché, de leur encadrement et de l'infrastructure qui permet la circulation des VA. Ce à quoi il faut ajouter les devoirs spécifiques relatifs à l'entretien du véhicule que l'on peut faire peser sur son propriétaire.

3.1.1.2.1 Le défaut d'instructions

La dernière forme de défaut entrainant la responsabilité du fabricant consiste en un manquement dans les instructions fournies aux utilisateurs. La question n'est pas abordée par tous les rapports. Certains, ainsi qu'il a été rappelé, doutent de la pertinence de la classification tripartite doctrinale. Selon le rapport français, les instructions peuvent aller jusqu'à des mises en garde relatives aux risques du produit et à la manière dont il convient que l'usager les appréhende[134]. Un manquement dans ce domaine peut évidemment être à l'origine d'un défaut de sécurité et d'un dommage consécutif.

Cette obligation d'instruction n'est pas imposée par une disposition expresse de la directive à l'origine, mais par la jurisprudence et, parfois, par la législation des Etats membres. Cette législation peut d'ailleurs ne pas être celle qui a transposé la directive. Ainsi, depuis le premier septembre 2022, le Code de la route français impose au constructeur d'un VA de préciser dans les conditions d'utilisation des éléments tels que la position du conducteur et, en cas d'urgence signalée par le système de conduite automatisé, les modalités de reprise en main[135]. Il renvoie au Code de la consommation s'agissant des informationudzs obligatoirement fournies préalablement à la mise à disposition d'un véhicule à délégation de conduite[136]. En Allemagne, les règles sur la

134 Rapport pour la Fance, *inra,* 2.2.2 La responsabilité des fabricants en vertu des articles 1245 et suivants du code civil issus de la directive européenne, n° 85/374, § 21.

135 Art. R. 319-1, I, C. route. Le fabricant ou son mandataire y sont définis au sens de l'article 3 du règlement (UE) 2018/858 du Parlement européen et du Conseil du 30 mai 2018.

136 Art. L. 224-68-1, C. consommation.

circulation routière vont plus loin encore puisqu'elles imposent au fabricant de fournir une *formation* aux personnes impliquées dans la mise en circulation du véhicule[137].

L'importance de ces instructions est telle qu'elle ne sous semble pas pouvoir être surestimée s'agissant d'un produit tel que le VA. Celui-ci est à la fois un produit techniquement complexe et potentiellement dangereux. On comprend aisément qu'en ce domaine, détenir un permis de conduire ne représente pas une garantie suffisante de l'aptitude à utiliser le véhicule sans prendre ni faire courir trop de risques aux passagers du véhicule et à des tiers, motorisés ou non. A ce permis doit s'ajouter une compréhension du système de conduite autonome et les instructions qui sont données en ce sens doivent être adaptées aux besoins des consommateurs. On peut certainement prendre comme référence ici les consommateurs les moins informés. L'ensemble doit notamment permettre à l'utilisateur final de percevoir les limites de l'autonomie offerte. La proposition de directive précise que les circonstances à la lumière desquelles le défaut de sécurité est apprécié comprennent les « instructions d'installation, d'usage et d'entretien » qui accompagnent la présentation du produit[138].

Pour autant, il ne faut pas confondre l'obligation de délivrer les instructions pertinentes avec une obligation de surveillance de l'usage fait, après l'achat, du produit. Une telle obligation, lorsqu'elle existe, ne découle pas de la directive et de sa transposition mais repose sur une initiative du législateur. Tel est le cas du droit néerlandais[139]. Ceci étant précisé, les instructions sont précieuses aussi pour le fabricant. Car, pertinentes et complètes, elles permettront son exonération chaque fois que le dommage résulte de leur non-respect. Chaque fois qu'elles traduisent fidèlement les limites de l'autonomie, elles sont susceptibles d'atténuer les attentes légitimes des utilisateurs finaux et donc les risques de responsabilité du fabricant.

3.1.1.3 *L'antériorité du défaut à la mise en circulation*

La mise en circulation du produit doit être comprise comme sa commercialisation, sa mise sur le marché, laquelle implique d'abord le dessaisissement du fabricant, puis éventuellement le fait pour le distributeur de le rendre accessible aux consommateurs. Cette première précision permet d'exclure les phases de tests des VA qui sont réalisés par hypothèse avant ce dessaisissement.

L'exigence d'une mise en circulation et de la connaissance précise de la date de sa réalisation est cruciale pour le fabricant qui peut s'exonérer en

---

137 StGV, section 1f(3) No. 5.

138 Article 6 de la proposition de directive dans sa version du 28 septembre 2022.

139 Art. 6 : 162 BW.

démontrant que le défaut n'existait pas encore et qu'il est apparu postérieurement. A cet égard, précisément, les doutes relatifs à la qualification du produit, notamment s'agissant du logiciel ou du système d'IA, se répercutent sur l'appréciation de la mise en circulation et donc sur la possibilité d'une exonération. Ainsi, doit-on considérer que chaque actualisation en ligne du logiciel représente la mise en circulation d'un produit ? Faut-il en déduire qu'un nouveau délai de prescription commence à courir ? Le dispositif, qui prévoit un délai de prescription de 10 ans, n'a pas été dessiné en contemplation de l'IA ni de l'usage des véhicule automobiles. Si chaque actualisation, et elles ne peuvent qu'être fréquentes, faisait courir un nouveau délai de prescription, celle-ci ne jouerait jamais. Cela peut être intéressant pour les victimes d'un accident impliquant un VA car leur usage peut facilement dépasser 10 ans. Pour cette raison, la durée de 10 ans a été jugée trop longue par une partie des personnes consultées au Royaume-Uni sur les mérites de la responsabilité du fait des produits défectueux[140], dans le contexte de leur *Automated and Electric Vehicles Act* de 2018.

A cet égard, le rapport pour la Belgique évoque une distinction possible entre le logiciel, qui appelle une actualisation, et le *machine learning*. A suivre cette distinction, un système fonctionnant sur le modèle du *machine learning* évoluerait sans actualisation périodique de la part du fabricant[141]. Pour le rapport français le seul fait que le système auto-apprenant tire de mauvaises leçons de sa propre expérience montre qu'il est défectueux. Mais cela ne démontre pas que le défaut est antérieur à la mise sur le marché de ce système[142]. A suivre la distinction présentée dans le rapport belge, il pourrait y avoir un choix dommageable fait par le système sans qu'il soit possible d'en trouver la source avant sa mise sur le marché. Il faudrait, pour écarter ce raisonnement, voir dans l'évolution la conséquence inéluctable de l'outil mis sur le marché, ce qui semble difficile s'agissant d'un système par ailleurs présenté comme imprévisible. Maintenir la responsabilité du fabricant dans ces conditions interrogerait. N'est-ce pas transformer la raison d'être du dispositif ?

Répondant partiellement à cette question, le rapport pour la Belgique rappelle une préconisation du groupe européen d'experts sur la responsabilité et les nouvelles technologies, qui date de 2019. Ces experts préconisent de retenir la responsabilité du fabricant si le dommage vient d'un élément

---

140 Automated Vehicles Consultation Paper 3, n° 252/SLCDP, n° 171, Analysis of responses, 26 janvier 2022, L. 34, p. 195

141 Rapport pour la Belgique, *infra*, 3.2.3. Moment of putting the product into circulation.

142 Rapport pour la France, *infra,* 2.2.2 La responsabilité des fabricants en vertu des articles 1245 et suivants du code civil issus de la directive européenne, n° 85/374, § 25.

accessoire au système informatique placé par le fabricant après la mise sur le marché du produit principal ou encore lorsqu'il aurait dû le faire[143]. Cela appelle deux observations. D'une part, le rapport, en exigeant cela, exclut l'idée d'une responsabilité trouvant sa source dans le produit initial seul. D'autre part et surtout, le logiciel, comme les actualisations, ainsi que les données qui permettent son fonctionnement ne sont pas nécessairement fournis par le fabricant et peuvent prendre la forme d'un service. Le problème demeurait donc sans réponse dans une large mesure.

La proposition de directive relative à la responsabilité du fait des produits défectueux comble une partie du manque. Elle ne comporte aucune disposition propre à l'IA apprenante mais aborde expressément deux hypothèses dans lesquelles le logiciel peut être source de responsabilité pour un acteur économique alors même que la cause du dommage est postérieure à la mise sur le marché. La première concerne la personne qui, en modifiant substantiellement le produit mérite d'en être considéré comme le fabricant, au lieu du fabricant d'origine[144]. La seconde vise précisément la mise à jour ou la mise à niveau d'un logiciel. Il est prévu que l'exonération tirée de l'absence de défaut au moment de la mise sur le marché ne peut pas jouer au profit du fabricant lorsque la défectuosité découle de l'actualisation ou de son absence là où elle était nécessaire pour des raisons de sécurité et s'il avait le contrôle de ces éléments[145].

Quels que soient les mérites de la directive, le législateur de chaque Etat membre doit se demander s'il est bon pour lui de perdre la marge de manœuvre dont il dispose actuellement en matière d'accident de la circulation, précisément parce que ce domaine échappe aux directives européennes. Le rapport pour les Pays-Bas soulève clairement cette question[146].

3.1.2 En dehors de l'UE

En dehors de l'UE, la responsabilité du fait des produits défectueux est assez largement répandue, tout au moins là où une législation propre aux activités ou produits dangereux ne la remplace pas. Sans surprise, en l'absence de norme unificatrice, le domaine et la définition du produit défectueux sont plus variables qu'au sein de l'UE. En revanche, et cela est peut-être lié, la lecture

143 *Liability for Artificial Intelligence and Other Emerging Digital Technologies*, Report from the Expert Group on Liability and New Technologies – New Technologies Formation, Publications Office of the European Union, November 2019, pp. 42–44.

144 Art. 7, § 4.

145 Art. 10, § 2, b) et c).

146 Rapport pour les Pays-Bas, *infra*, 6.2. Which Way to go?

des rapports nationaux montre que ces systèmes non-européens ont globalement moins d'hésitation quant à l'applicabilité de ce régime juridique particulier aux spécificités des systèmes de conduite autonomes. La liberté de faire évoluer le dispositif dont jouit chaque système juridique semble résoudre une partie de la difficulté. Par ailleurs, le champ d'application du dispositif est en général très sensible au degré d'autonomie des VA.

3.1.2.1 *Une définition variable du défaut*

Les trois formes de défaut étudiées en droit de l'UE se retrouvent souvent en dehors de ses frontières. Parfois, cela vient de ce qu'il a inspiré la législation locale. Ainsi, le droit du Québec, a été calqué sur le droit de l'UE[147]. Mais plus généralement on pourrait être tenté d'y voir la nature des choses. La responsabilité du fait des produits dans certains états aux USA[148], ou en Inde[149], est également déclenchée par un défaut de conception, de fabrication de la chose ou d'avertissement de ses potentiels acquéreurs. Pourtant, la définition du produit défectueux ne suit pas partout ce modèle. Le droit Turc par exemple y déroge. Le défaut y est défini comme la non-conformité à la réglementation technique ou à la législation nationale sur la sécurité des produits[150]. Certes, il appartient aux entreprises de concevoir et fabriquer des produits conformes aux normes applicables, mais toute violation des normes officielles n'est pas en soi, assimilable à un défaut de *fabrication*, lequel consiste en un dysfonctionnement de la chaine de fabrication.

Quelle que soit la définition retenue, les rapports nationaux ne s'inquiètent pas tous de son applicabilité aux VA et notamment de sa capacité à appréhender la dimension immatérielle des systèmes de conduite autonomes. Ce questionnement semble même être minoritaire. Là où la question est soulevée, la réponse prend parfois la forme d'une affirmation de la volonté politique d'étendre le régime aux VA. Le rapport pour la Chine annonce ainsi la nécessité d'une application large du dispositif législatif[151]. Il englobe d'ailleurs les défauts du système d'information en réseau qui fournit les données au VA

---

147 Rapport pour le Canada et le Québec, *infra,* 2.1. Car manufacturer's and software developer's liability, § 1.

148 Rapport pour les USA, *infra,* 6.2. Manufacturer Enterprise Responsibility (MER). New, Uniform and vehicle-focused liability and insurance at the federal level. 6.2.

149 Rapport pour l'Inde, *infra,* 2.2.1. Civil liability for injuries caused by self-driving car. 2.2.1.1. Domestic claims, (a) Minor injuries and the application of the strict liability rule.

150 Rapport pour la Turquie, *infra,* 2. La responsabilité du fait des produits.

151 Rapport pour la Chine, *infra,* IV. Traffic accident and legal liabilities, 4.2. Liability for compensation in traffic accidents caused by fully autonomous self-driving cars.

et les défauts de la protection contre les cyber-attaques. C'est purement et simplement un choix de politique juridique. Il en est de même pour le Québec[152].

De manière remarquable, la question de l'antériorité du défaut au placement du produit sur le marché, n'est pas abordée expressément. En s'interrogeant sur l'application du régime aux risques de développement, le rapport pour la Turquie fait exception[153]. Les autres rapports sont silencieux. Au fond, les rapports se montrent dans leur ensemble moins sensibles à l'adéquation des concepts aux VA qu'à la pertinence du régime en fonction des conditions d'application et de la répartition des risques entre les différents acteurs. Cela renvoie notamment aux différents degrés d'autonomie des véhicules ou aux catégories de victimes.

3.1.2.2 *Un champ d'application variable*

Au lieu de se demander si le programme informatique est bien un produit, les rapports nationaux vont parfois s'interroger davantage sur l'adéquation du régime aux différents cas de figures envisageables. Le champ d'application retenu est dès lors variable.

Le champ d'application de la responsabilité du fait des produits défectueux peut varier, en premier lieu, selon le niveau d'autonomie du véhicule. Le rapport pour la Chine prévoit ainsi que ce régime de responsabilité ne s'appliquera qu'à compter d'un niveau 5 d'autonomie[154]. En-deçà, la responsabilité demeure fondée sur la faute. Le rapport pour les USA estime qu'à compter du niveau 3, le défaut d'avertissement ne devrait plus jouer, en l'absence d'acte positif nécessaire au déclenchement du système de conduite[155]. Dans certains pays, le champ d'application peut dépendre, en second lieu, de la nature du préjudice. Le droit japonais réserve ce régime spécial pour les atteintes à la personne, à l'exclusion des atteintes aux biens[156]. Enfin, le régime de responsabilité est étendu par certains systèmes juridiques au propriétaire des VA en raison de l'usage commercial qu'il en fait. C'est le choix fait par la Chine[157]. Il

152 Rapport pour le Canada et le Québec. 2.1. Car manufacturer's and software developer's liability.

153 Rapport pour la Turquie, *infra*, 2. La responsabilité du fait des produits.

154 Rapport pour la Chine, précité. Ibid.

155 Rapport pour les USA, *infra*, 6.2. Manufacturer Enterprise Responsibility (MER). New, Uniform and vehicle-focused liability and insurance at the federal level. 6.3.

156 Rapport pour le Japon, *infra*, 5.2.2. Liability of the manufacturer under the Product Liability Act.

157 Rapport pour la Chine, *infra*, Traffic accident and legal liabilities, B. Liability for compensation in traffic accidents caused by level-5 self-driving cars.

peut atteindre le vendeur, à titre subsidiaire, lorsqu'il est impossible d'atteindre le fabricant lui-même. Tel est l'orientation du droit en Inde[158].

3.2 *L'opportunité du régime de lege lata*

La logique du passage d'une conduite humaine à une conduite autonome ne garantit pas à elle seule l'opportunité du recours à la responsabilité du fabricant. Cette opportunité est d'ailleurs difficile à apprécier, car elle ne dépend pas seulement des caractéristiques intrinsèques du régime sollicité, mais aussi du contexte de son application. Ce contexte est composé d'un ensemble hétérogène qui mêle l'état de la technique, le degré de développement des VA, la couverture assurantielle offerte aux fabricants et le régime de la preuve. Il est raisonnable de penser que le recours à la responsabilité du fabricant peut présenter deux inconvénients. Pour la victime, il impose en l'état, le plus souvent, une charge probatoire très lourde. Et quand bien même, ce problème serait résolu, on pourrait craindre que cela ne débouche sur une répartition des risques déséquilibrée au détriment du fabricant.

3.2.1 Les difficultés liées à la charge de la preuve

La *complexité* et *l'opacité* inhérentes au fonctionnement de l'IA sont connues. Cela a été souligné par presque tous les rapports. Il est extrêmement difficile de comprendre la manière dont un système d'intelligence artificielle fonctionne. La confusion fréquente entre corrélation et causalité dans l'esprit du public n'est qu'une illustration parmi d'autres de ce problème. D'une manière générale, cela devrait conduire à faire peser sur le concepteur de ces systèmes l'obligation de le rendre intelligible, explicable, de telle manière que les usagers en mesurent réellement les dangers et les limites. C'est une exigence de l'Union Européenne, notamment pour l'IA à haut risque[159]. Or rien n'est moins simple. En outre, Il a été souligné par la plupart des rapports que la fabrication des VA, plus encore que les véhicules conventionnels, reposent sur l'intégration d'un grand nombre d'éléments fournis par un nombre correspondant d'équipementiers. Le disfonctionnement soupçonné d'être à l'origine du dommage peut donc théoriquement trouver son origine dans plusieurs éléments, pris isolément, ou dans leur incompatibilité. Autrement, dit, la cause de l'accident peut résider dans le logiciel, son interface avec les éléments matériel, la

158 Rapport pour l'Inde, *infra*, 2.2.1. Civil liability for injuries caused by self-driving car. 2.2.1.1. Domestic claims, a) Minor injuries and the application of the strict liability rule.

159 Proposition de règlement du Parlement européen et du Conseil établissant des règles harmonisées concernant l'intelligence artificielle (législation sur l'intelligence artificielle) et modifiant certains actes législatifs de l'union, 21 avril 2021, Cons. 47, art. 13.2, art. 26.5.

mauvaise qualité de données fournies par un tiers, une défaillance de serveurs extérieurs, un manque d'actualisation du logiciel imputable au propriétaire du véhicule, ou encore un défaut de l'infrastructure routière avec laquelle le véhicule interagit. Il faut y ajouter les zones grises constituées du temps pendant lequel la conduite peut être appelée à changer de mains (pour les VA de niveau 3 par exemple).

L'ensemble représente un *défi probatoire* que la plupart des rapports nationaux ont souligné. Cela peut décourager les victimes d'accidents qui souhaiteraient agir directement contre le fabricant et/ou ceux qui, condamnés à les indemniser, exerceraient un recours contre lui. Dans un nombre significatif de systèmes juridiques le demandeur ne peut pas se contenter de prouver qu'il existe une forte suspicion et doit dépasser le doute raisonnable. La nature technique du problème invite naturellement à se tourner vers des experts dont il est possible, ainsi que le rapport pour le Canada le souligne, que le nombre soit insuffisant[160].

La difficulté peut également justifier la mise en place d'une présomption. En dehors du cas où le législateur décide expressément de poser cette présomption, ce qu'envisage le rapport pour la Chine[161], son admission implique la réunion de conditions exigeantes. Le rapport pour l'Allemagne met clairement en lumière la difficulté. Il rappelle que la présomption implique l'identification préalable de séries d'événements assez typiques pour révéler ce qu'il est difficile de prouver. La fiabilité de la présomption en dépend. A défaut, il s'agirait d'une pure fiction. Le rapport rappelle à cet égard que dans les situations complexes posées par les accidents de la circulation, l'existence de telles séries d'événements n'avaient pas été admise par la Cour fédérale pour les véhicules conventionnels[162]. Le degré de complexité supplémentaire apporté par l'IA et son imprévisibilité devrait *a fortiori* écarter cette possibilité. Les pays membres de l'UE peuvent s'inspirer de la jurisprudence de la CJUE, laquelle a déjà admis, s'agissant d'un produit dont la fiabilité est vitale, que la preuve du défaut puisse résulter de l'existence de ce même défaut dans d'autres produits de la même série de production[163]. Mais il faut en outre que le danger présenté soit plus important que celui d'autres produits comparables. Or, nous avons vu que la comparaison en ce domaine peut être délicate.

---

160 Rapport pour le Canada et le Québec, *infra*, 3.1. Car manufacturer's and software developer's liability.

161 Rapport pour la Chine, *infra*, IV. Traffic accident and legal liabilities, B. Liability for compensation in traffic accidents caused by Level-5 self-driving cars, § 8.

162 Rapport pour l'Allemagne, *infra*, 6. Liability of the producer, 6.6. Burden of proof, 6.6.2. Event data recorder.

163 CJUE, 5 March 2015. Boston Scientific Medizintechnik GmbH v AOK Sachsen-Anhalt.

L'installation d'un *système d'enregistrement des données de conduite* est déjà prévue par certaines législations. C'est le cas de l'Allemagne[164] et de la Chine, qui, dans certaines région impose aux VA de disposer d'un système d'enregistrement vidéo[165]. La présence de ce type de système contribuera sans aucun doute à alléger significativement la charge de la preuve, mais il n'est pas sûr qu'elle puisse la renverser. Outre la question du traitement des données personnelles, soulevée par presque tous les rapports, l'opacité propre aux systèmes d'IA, notamment ceux que l'on qualifie d'auto-apprenant, pourrait empêcher le système d'enregistrement d'en comprendre après coup le dysfonctionnement.

La nouvelle directive relative à la responsabilité du fait de produits défectueux s'est emparée de la difficulté et contient un article 9 entièrement consacré à la charge de la preuve. Elle se montre assez audacieuse, mais sa nature ne lui permet pas d'être très précise. La victime conserve en principe la charge de prouver la défectuosité et du lien de causalité. Toutefois, une série de mesure s'attache à alléger ou renverser cette charge. Il est en premier lieu proposé de faciliter l'accès de la victime aux éléments de preuve détenus par le fabricant, dans la stricte limite de ce qui est nécessaire et sans jamais pouvoir porter atteinte au secret des affaires[166]. En second lieu, la proposition de directive envisage de mettre en place une *présomption réfragable* de défaut dans trois situations. La première hypothèse est celle d'un défaut de transparence du fabricant, caractérisé par la violation d'une obligation d'information, qu'il faut poser préalablement[167]. La deuxième hypothèse est celle dans laquelle le produit n'est pas conforme aux normes officielles de sécurités des produits[168]. Enfin, la victime démontre qu'elle a fait un usage normal de l'outil et que le dommage est manifestement le résultat d'un dysfonctionnement[169]. En outre, si la défectuosité a été démontré et que le dommage est d'une nature généralement propre à ce type de défaut, la causalité est à son tour présumée[170]. Plus généralement, chaque fois qu'un juge national constate que la complexité technique du produit rend la charge probatoire trop lourde et que la victime a démontré, scientifiquement, la probabilité du défaut ou

164 Rapport pour l'Allemagne, *infra*, 6. Liability of the producer, 6.6. Burden of proof, 6.6.2. Event data recorder.

165 Rapport pour la Chine, *infra,* III. Market access and traffic safety regulation. B. Market safety regulation of self-driving cars. Le rapport se fonde sur la région de Shenzen.

166 § 31, art. 8, §1.

167 § 33, art. 9, § 2, a).

168 § 33, art. 9, § 2, b).

169 Art. 9, § 2, c).

170 Art. 9, §3.

de la causalité, l'un et ou l'autre de ces éléments pourra être présumé[171]. L'ensemble de ses propositions, qui visent souvent juste, ne doit pas faire oublier une chose fondamentale. La directive vise exclusivement les *consommateurs, personnes physiques. Elle ne s'appliquera donc pas en cas d'accident causé à des véhicules exploités commercialement*[172] par une personne morale. Si l'avenir des VA est l'exploitation commerciale de flottes de véhicules, la directive et le régime qui en découle seraient largement privés d'intérêt pour l'exploitant.

3.2.2 Le risque d'une situation déséquilibrée au détriment des fabricants dans le contexte actuel

Faire du fabricant le responsable de principe et de premier rang semble logique. Les raisons qui militent en ce sens ont été rappelées. Le fabricant serait le mieux placé pour limiter les risques en agissant à la fois sur la conception et la fabrication du produit et par l'intermédiaire des instructions adressées à leurs utilisateurs. Instruit par le retour d'expérience qu'apportent les contentieux successifs potentiels, il pourra constamment travailler à l'amélioration de la sécurité de son produit. Il est même tentant de prolonger le rôle du fabricant en mettant à sa charge une obligation de surveillance active du produit après son placement sur le marché. C'est d'ailleurs ce que prévoit déjà le droit allemand[173].

Pourtant, en l'état actuel des choses, ce changement de modèle pourrait conduire à une situation déséquilibrée au détriment des fabricants. Il nous semble que ce régime ne peut s'imposer que dans l'avenir, après une reconfiguration de la situation d'ensemble. Pour l'heure, il est très peu probable que les fabricants de VA et leurs multiples équipementiers soient dotés d'une assurance susceptible de couvrir une exposition généralisée à un risque de contentieux massif porté par les victimes d'accidents de la circulation. En effet, la mise en place de cette assurance impliquerait l'existence et l'analyse d'un très important volume de données statistiques permettant de cerner les contours de ce risque. Au-delà de la mesure des défaillances, que l'IA rend particulièrement ardue, il faut également pouvoir mesurer les contentieux. Selon que les victimes ont ou n'ont pas le choix entre plusieurs régime de responsabilité les données ne seront pas les mêmes. Peut-être faudra-t-il traiter différemment les propriétaires individuels de VA et ceux qui en font une exploitation commerciale. Comment, en l'absence de ces données, les assureurs pourraient-ils

171 § 34 et 35, art. 9, § 4, a) et b).

172 § 19.

173 Rapport pour l'Allemagne, *infra*, 6. Liability of the producer. 6.5. Liability for defective monitoring.

déterminer le montant des primes ? Il faudrait également s'interroger sur l'indemnisation et savoir si l'on offre une indemnisation de tous les préjudices. Il est à cet égard possible de distinguer entre le préjudice corporel et/ou moral, qui touche la personne, et l'atteinte aux biens. Enfin, une distinction selon que les victimes sont motorisées ou non est également envisageable. En somme, c'est toute une politique assurantielle qu'il faut repenser.

Par ailleurs, cela doit être pensé en considération d'un contexte accidentel potentiellement très complexe. Il a été rappelé que le système de conduite autonome dépend de son interaction avec les éléments mécaniques du véhicule et qu'il peut avoir été fourni par un équipementier. Son bon fonctionnement dépend de la qualité des données qu'il utilise et qui peuvent être fournies par un tiers, à l'instar du réseau de communication qu'elles empruntent. Le responsable du serveur final dans lequel les données sont stockées et traitées n'est pas le fabricant. Le logiciel peut également être fourni par l'intermédiaire d'un contrat de service. Enfin, le bon fonctionnement du système de conduite peut dépendre aussi de l'adaptation de l'infrastructure avec laquelle il interagit tout au long du trajet. Il en résulte que les recours que le fabricant doit envisager contre le responsable ultime sont variés et qu'à moins de tous les poursuivre, il devra se lancer dans une investigation des causes extrêmement ardue.

C'est pourquoi, certains redoutent que le poids mis sur les épaules du fabricant soit trop important. Certains auteurs cités dans les rapports pour les USA[174] et les Pays-Bas[175], par exemple, soulignent qu'un trop grand risque de responsabilité pourrait brider le développement de cette industrie nouvelle ou conduire des fabricants à la faillite. On pourrait théoriquement considérer que l'acceptation en conscience du risque par l'acquéreur d'un VA, devrait le conduire à endosser la responsabilité. Ce raisonnement ne pourra pas facilement convaincre en présence d'une nouveauté à la fois encore un peu mystérieuse et dangereuse, dont on peine à saisir le fonctionnement et qui doit gagner la confiance du public.

En conclusion, en admettant que la responsabilité du fabricant ait vocation à jouer un rôle important en notre domaine, il nous semble que cela ne peut se réaliser qu'au prix d'une modification d'ampleur, non seulement de ses conditions propres, mais également de ses relations avec les autres régimes de responsabilité et avec le monde de l'assurance.

---

174 Rapport pour les USA, *infra*, 6.5. Two tier insurance program introduced at federal level.

175 Rapport pour les Pays-Bas, *infra*, 6.2. Which way to go ?

4 La responsabilité du prestataire informatique

Nous n'évoquons pas ici la responsabilité du concepteur du logiciel. Celle-ci relève de la responsabilité du fabricant. De même, les obligations imposées à l'auteur du traitement des données personnelles, ne jouent aucun rôle direct dans l'identification du responsable d'un accident de la circulation. En revanche, la mauvaise qualité des données fournies ou du logiciel offert sous licence pour le fonctionnement du VA peuvent entrainer son disfonctionnement et être à l'origine de l'accident. Par conséquent, dans cette section, seule la responsabilité du fournisseur de service internet retiendra notre attention, que ce service prenne la forme de la fourniture de données (DaaS) ou de la mise à disposition d'un logiciel (Saas).

Peu de rapports ont abordé cette question pour elle-même, détachée de la responsabilité du fabricant de produits défectueux. La question mérite pourtant d'être soulevée chaque fois qu'on ne peut atteindre le fournisseur de service à travers le fabricant. A cet égard, le rapport pour l'Allemagne fait exception et les développements qui suivent y ont largement puisé[176].

4.1 *La responsabilité exceptionnelle issue de la directive européenne 2000/31*

Les pays membres de l'UE sont tous dotés d'un régime uniforme de responsabilité du fournisseur de service internet, qui résulte de la directive sur le commerce électronique du 8 juin 2000[177]. Or ce régime de responsabilité ne constitue qu'un aspect de la directive, laquelle entend surtout et principalement promouvoir une grande liberté de communication. Pour cette raison, il est entendu que cette liberté ne doit être limitée que dans la mesure strictement requise. Plus précisément, on en a déduit que le risque de responsabilité ne devait pas être tel qu'il inhiberait l'exercice de la liberté de communication[178].

Par conséquent, celui qui se borne à donner accès à des données qui ne sont pas les siennes n'a pas l'obligation de les contrôler, que ce soit avant ou après leur diffusion. Ceux qui ne fournissent que le procédé technique permettant la transmission des données sont exempts de toute responsabilité découlant de leur illicéité. Héberger des données illicites ne devient une cause de responsabilité que si, dûment alerté, l'hébergeur ne fait rien pour les supprimer. Par

176 Rapport pour l'Allemagne, *infra*, 7. Liability of the IT service provider.

177 Directive 2000/31/CE du Parlement européen et du Conseil du 8 juin 2000 relative à certains aspects juridiques des services de la société de l'information, et notamment du commerce électronique, dans le marché intérieur

178 Directive précitée, v. not. considérant n° 9.

ailleurs, l'illicéité des données ne signifie pas qu'elles sont techniquement inutilisables. Elles peuvent être illicites sans perturber le fonctionnement du système qu'elles doivent alimenter. Serait-ce le cas, les textes issus de la directive ne prévoient pas de responsabilité pour le défaut de qualité des données ou de leur mode de transmission.

La situation est différente lorsque le service consiste à fournir ses propres données. Le fournisseur de contenu est responsable de leur mauvaise qualité et d'éventuelles failles de sécurité. Sa responsabilité pourrait donc jouer pleinement pour peu que la victime d'un accident parvienne à démontrer que ces défauts ont joué un rôle causal dans la réalisation du dommage.

Il n'est pas facile de savoir laquelle de ces deux catégories doit accueillir le responsable du serveur terminal, la personne en charge du stockage et de l'indexation des données. Il ne bascule dans la seconde, et n'engage sa responsabilité que si l'on considère qu'il a fait siennes les données reçues de tiers en les traitant de telle sorte qu'elles ont perdu leur originalité pour être intégrées dans le service fourni.

A l'échelle de l'UE, la responsabilité extracontractuelle du prestataire informatique aurait pu trouver un fondement dans le droit commun de la responsabilité pour faute des Etats membres. La Commission a en effet présenté, le 28 septembre 2022, une proposition de directive destinée à adapter les régimes nationaux de responsabilité extracontractuelle pour faute aux particularités de l'IA[179]. Sans toucher aux définitions déjà existantes de la faute dans les systèmes nationaux, la proposition de directive entend notamment faciliter l'action en réparation de la victime à l'encontre des personnes dont la faute, volontaire ou de négligence, est à l'origine du dommage causé par le système d'IA. Toutefois, ainsi qu'il a été rappelé, la proposition de révision de la directive sur les produits défectueux envisage d'assimiler aux systèmes intelligents les services informatiques qui conditionnent leur fonctionnement[180].

4.2 *La responsabilité contractuelle du fournisseur de service informatique envers le propriétaire du VA*

Il est possible qu'un contrat existe entre le fournisseur de service informatique et la victime d'un accident. Il ne s'agira pas toutefois de n'importe quel type de victime. Ce contrat n'existera pas au profit d'une victime non motorisée par exemple, et plus généralement, il ne pourra exister au profit d'aucune autre

179 COM(2022) 496 final, Proposition de directive relative à l'adaptation des règles en matière de responsabilité civile extracontractuelle au domaine de l'intelligence artificielle, 28 septembre 2022.

180 V. supra, §3.2.2, p. 37.

victime que le propriétaire du VA accidenté. C'est lui seul, naturellement, qui peut à la fois subir un accident et être le bénéficiaire d'un contrat de service lui donnant accès au logiciel et/ou aux données qui permettent le fonctionnement du système de conduite autonome.

Il est théoriquement envisageable que le fabricant ou le vendeur du VA offrent à l'acquéreur le service internet recherché. Il est moins probable qu'ils le fassent gratuitement, sans coût supplémentaire pour l'acquéreur. Plus sûrement, le contrat pourra relier le propriétaire du véhicule au responsable du serveur terminal (*backend operator*).

Dans l'un et l'autre cas, la responsabilité contractuelle du fournisseur peut être engagée chaque fois que les défauts de son service ont conduit à l'accident. La sécurité attendue des VA s'oppose à une définition peu exigeante des obligations du fournisseur. L'idée que le fournisseur est par exemple tenu d'une obligation de moyens peut sembler critiquable car elle rendrait plus incertaine l'indemnisation recherchée. Une obligation de résultat, si la définition de ce résultat est appuyée sur des standards objectifs de sécurité, serait plus adaptée.

5 La mise en place d'un régime d'indemnisation conçu pour les VA

Concevoir *ex nihilo* un régime *ad hoc* d'indemnisation serait une tâche extrêmement difficile à accomplir. Il y a au moins deux raisons à cela. D'abord, la prédominance des VA ne peut s'imposer que progressivement, à un rythme qu'il est bien difficile de prévoir, et sans que l'on puisse savoir ce que sera à terme le degré d'autonomie prédominant des véhicules en circulation. Ensuite, nul ne peut dire exactement quelle forme prendra *in fine* l'utilisation des VA. Plus précisément, l'avenir peut présenter au moins trois visages. On peut imaginer un usage privé reposant sur la propriété individuelle des véhicules. Il est également possible de s'attendre à la mise en place d'un réseau unique, de nature publique. Enfin, il est possible qu'à terme, plusieurs réseaux commerciaux, propriétaires de larges flottes de VA, soient en compétition pour en offrir l'usage au public sous forme d'un service privé. Dans ces conditions, comment dessiner les contours normatifs d'une réalité qui n'a pas encore pris sa forme définitive, si tant est qu'elle ait un jour une forme arrêtée ? C'est pourquoi, certains pays reportent à plus tard la création d'un régime spécial. Dans l'intervalle, ils comptent sur la souplesse des régimes de responsabilité que nous avons passés en revue et sur la possibilité de les adapter sans les dénaturer. Cette approche peut également être complétée par l'organisation au sein du pays d'une compétition entre plusieurs modèles potentiels afin d'élire, à terme, le meilleur d'entre eux. C'est le cas de la Chine[181]. D'autres, dessinent dès à présent des régimes innovants. Ces régimes sont basés sur une hypothèse précise de développement des véhicules autonomes. Ils peuvent être mis en application immédiatement avec la promesse d'une révision à court terme à la lumière des retours d'expérience. Certains relèvent davantage de la prospective et leur éventuel passage en droit positif est remis à plus tard. Les deux démarches retiendront notre attention.

Nous distinguerons selon que les propositions reposent sur la transformation d'un régime de responsabilité ou sur l'abandon de la logique de la responsabilité au profit d'une logique purement assurantielle.

5.1 *Le choix en faveur d'un régime de responsabilité*

En ce domaine, théoriquement, l'imagination est au pouvoir et la gamme des possibles pourrait être très étendue. Les propositions formulées dans les rapports nationaux trouvent toutes leur inspiration dans un régime de responsabilité existant qu'elles s'emploient à transformer profondément. Cette transformation peut découler d'une modification des *conditions* légales *d'application* ou du *contexte d'application*. Nous n'évoquerons que relativement brièvement la possibilité d'imputer une responsabilité pour faute ou garde au système de conduite lui-même. Cette hypothèse n'est mentionné que brièvement dans deux rapports nationaux, lesquels n'esquissent pas les traits du régime correspondant. La transformation de la responsabilité du gardien et du fabricant retiendra davantage l'attention.

5.1.1 Vers la responsabilité du système de conduite ?

L'immense succès des nouvelles technologies et la fascination qui accompagne le développement de l'IA a conduit certains auteurs à proposer de voir dans les mécanismes d'IA, rangés sous la bannière très large du « robot intelligent », un sujet de droit auquel il serait dès lors possible d'imputer une responsabilité.

Le rapport pour Taiwan envisage cette idée sans la développer. Il considère que prêter une personnalité juridique à l'IA n'est pas plus artificiel que de reconnaitre cette qualité à une entreprise exploitée sous forme de société[182]. Le rapport pour le Canada et le Québec également[183]. La démarche ne doit pas être confondue avec celle qui conduit à attribuer une personnalité juridique

---

181 Rapport pour la Chine, *infra*, II. Laws on self-driving cars at the national and local level. Spec. C. Summary.

182 Rapport pour Taiwan, *infra*, 4.1. Civil Liability

183 Rapport pour le Canada et le Québec, *infra*, 3.4. Innovative anvenues : parallels with the deeds of animals and recognizing the legal personality of AVs.

dans le seul but d'offrir ainsi une protection à l'attributaire[184]. Ici, la proposition peut être fondée sur l'autonomie grandissante du robot et donc sur ce qui ressemble à une « liberté de décision ». Cette personnalité pourrait donc également connaitre des degrés en fonction de leur niveau d'autonomie.

En ce sens, on note une résolution du parlement européen de 2017[185], qui invitait la Commission européenne à envisager la reconnaissance de la personnalité juridique du système d'IA autonome. La proposition s'appuyait expressément sur l'autonomie de ce système et, plus précisément, sur fait qu'il interagissait de façon unique et imprévisible avec son environnement. En cas de dommage, cela interdirait d'en imputer la responsabilité à un être humain. La résolution ne se bornait pas à prévoir la mise en place d'une assurance obligatoire ou d'un fonds de garantie. Cela n'appelle pas nécessairement la reconnaissance d'un sujet de droit nouveau. Le fabricant, le propriétaire ou l'utilisateur du système d'IA pourraient être les souscripteurs de l'assurance. Allant plus loin, le Parlement penchait en faveur de la reconnaissance de la personnalité juridique du robot si celui-ci « prend des décisions autonomes » ou « interagit de manière indépendante avec des tiers »[186].

Pensé comme un rapprochement avec la personne *humaine* le projet a suscité une opposition très vive du Comité Economie et Social européen[187], de la Commission Mondiale d'Ethique des Connaissances Scientifiques et Techniques[188], et d'une part importante de la communauté scientifique. On peut en effet regretter profondément qu'il soit devenu difficile pour certains de percevoir ce qui, au-delà de sa capacité de calcul, fait la singularité de l'être humain.

---

184 Nous songeons ici, par exemple, à l'attribution de la personnalité juridique à des animaux ou à un fleuve.

185 Résolution du parlement européen du 16 février 2017, contenant des recommandation à la Commission concernant des règles de droit civil sur la robotique, https://www.europarl.europa.eu/doceo/document/TA-8-2017-0051_FR.html.

186 Paragraphe 59, f.

187 https://eur-lex.europa.eu/legal-content/FR/TXT/PDF/?uri=CELEX:52016IE5369&from=IT/. Spéc. 3.33 : « Le CESE s'oppose à l'octroi d'une forme de personnalité juridique aux robots ou à l'IA et aux systèmes d'IA, en raison du risque moral inacceptable inhérent à une telle démarche. Si cette proposition se concrétise, les effets correctifs préventifs découlant du droit de la responsabilité civile disparaîtront dès lors que le fabricant n'assumera plus le risque de responsabilité, celui-ci ayant été transféré au robot (ou au système d'IA). En outre, le risque d'utilisation impropre et d'abus d'une telle forme juridique existe. La comparaison avec la responsabilité limitée des sociétés ne tient pas la route dans la mesure où il y a toujours dans ce cas une personne physique responsable en dernier ressort ».

188 Rapport de la COMEST sur l'éthique et la robotique, 14 septembre 2017, https://unesdoc.unesco.org/ark:/48223/pf0000253952_fre. v. not. V – Enjeux éthiques.

Conçue sur le modèle de la personne *morale*, la proposition choque moins, mais ne convainc pas plus. D'abord, l'autonomie de l'IA, à elle seule, n'interdit pas qu'une personne humaine en réponde. C'est, par exemple, ce qui explique la responsabilité du fait des préposés, des enfants, ou des animaux que l'on a sous sa garde. Surtout, la personne nouvellement reconnue, qui disposera théoriquement à ce titre d'un patrimoine, aura bien du mal à être autre chose qu'un point de rattachement de la responsabilité. Le véhicule autonome peut bien prendre des décisions imprévisibles de conduite, il ne cultivera pas son patrimoine par des actes juridiques. Les associés chargés d'animer une personne morale lui donnent à cet égard l'inspiration qui lui ferait cruellement défaut. Imagine-t-on un équivalent en notre domaine ?

Enfin, alors que les normes européennes[189] s'efforcent de responsabiliser les fabricants, le report de la responsabilité sur les systèmes d'IA, les exonérerait de manière surprenante.

5.1.2 La transformation de la responsabilité du conducteur et/ou du gardien

Vouloir conserver le conducteur ou le gardien comme point d'imputation de la responsabilité, afin d'atteindre leur assureur, peut sembler contre-indiqué en présence de véhicules autonomes. Cette architecture n'est-elle pas nécessairement en décalage avec l'effacement progressif du facteur humain à compter et au-delà des VA de niveau ? Conserver le conducteur ou le gardien comme porte d'entrée n'est envisageable qu'à plusieurs conditions, qui sont liées.

Dans l'intérêt des victimes, pour leur offrir une indemnisation plus automatique, il faut dépasser les limites posées par la causalité et/ou éventuellement permettre un accès plus direct à l'assureur du conducteur ou du gardien. L'hypothèse de départ étant que la cause de l'accident a pour origine une défaillance du système de conduite du véhicule, il importe que l'assureur, puisse se retourner facilement contre le fabricant, ce qui implique un renforcement de ses recours.

5.1.2.1 *Un dépassement de la causalité*

D'une manière générale, la dimension sociale du risque né du développement de la circulation automobile appelle une indemnisation relativement automatique des dommages que le jeu de la force majeure perturbe. Il est à cet égard significatif

189 Directive Machines de 2006, règlement Dispositifs médicaux de 2017, proposition de révision de la directive sur la responsabilité du fait des produits défectueux et proposition de directive relative à l'adaptation des règles en matière de responsabilité civile en matière extracontractuelle au domaine de l'intelligence artificielle du 28 septembre 2022.

que les recommandations contenues dans la résolution du Parlement européen relative à l'adaptation du droit de la responsabilité à l'usage de l'IA, soulignent la nécessité d'une responsabilité automatique pour l'IA à haut risque[190]. Le rapport pour la Hongrie considère d'ailleurs que les législateur des Etats membres, ou la jurisprudence de ces pays, pourraient être tentés de s'en inspirer[191]. Il ne serait pas surprenant que cette voie soit empruntée au-delà de l'UE.

Pour aller vers plus d'automaticité, il ne semble pas suffisant de prévoir que les défaillances du système de conduite ne constituent pas une cause étrangère. En effet, cette précaution importante laisse subsister la possibilité d'autres formes de cause étrangère, et en particulier le fait de la victime. Il est envisageable de substituer à la causalité une notion plus large. Il suffit ainsi de subordonner la responsabilité du conducteur ou du gardien à la simple « implication » de son véhicule dans l'accident. C'est le choix que le droit français a fait depuis 1985[192]. Pour qu'une dette d'indemnisation naisse dans le patrimoine du gardien du véhicule, il suffit que celui-ci soit *intervenu à quelque titre que ce soit* dans l'accident, sans nécessairement en être à l'origine. L'*implication* du véhicule, constitue un fait générateur de responsabilité[193]. Raison pour laquelle, le simple contact matériel permet d'agir contre le gardien du véhicule concerné. Parce qu'il n'est pas question de causalité, le dispositif peut écarter sans être incohérent, presque totalement, le jeu de la force majeure, et plus généralement de la cause étrangère. Ainsi, la faute de la victime non motorisée n'affecte son droit à réparation que si elle est à la fois inexcusable et cause exclusive de l'accident. Cette exception est interprétée si restrictivement qu'elle ne joue qu'en présence d'une faute volontaire d'une exceptionnelle gravité et qui expose sans aucune raison valable son auteur à un danger dont il a nécessairement conscience.

Le rapport pour les Pays-Bas formule une proposition précisément fondée sur l'emprunt au droit français de la notion d'*implication* et sur une exclusion de la force majeure[194]. Le droit Belge comporte lui aussi déjà un dispositif en ce sens. Le rapport qui lui est consacré montre toutefois que ce régime va en réalité plus loin que la loi française. En effet, à l'examen, on peut douter

---

190 Résolution du Parlement européen du 20 octobre 2020 contenant des recommandations à la Commission sur un régime de responsabilité civile pour l'intelligence artificielle (2020/2014 (INL)).

191 Rapport pour la Hongrie, *infra*, 3. On civil liability questions. 3.1. General considerations.

192 Loi n°85-667 du 5 juillet 1985.

193 V. sur ce point le rapport pour la France, *infra*, 2.2.1. Le régime de responsabilité issu de la loi du 5 juillet 1985 (« loi Badinter »).

194 Rapport pour les Pays-Bas, *infra*, 6.2. Which way to go? 6.2.1. Expand liability for motor vehicles.

qu'il soit encore réellement question de responsabilité. Cela devient apparent, nous semble-t-il, dans la description des recours dont dispose l'assureur *solvens* contre les assureurs des autres véhicules. La répartition de la charge de l'indemnisation n'est pas réalisée en considération de leur rôle causal dans la survenance du dommage, mais tout simplement à part égale[195].

Le droit du Royaume-Uni, qui a déjà légiféré sur la question, présente quelques ambiguïtés. Promulgué en 2018, le *Automated and Electric Vehicles Act* (ci-après *AEV Act*) a été conçu pour que la victime soit indemnisée sans avoir à supporter de procédure légale excessive. A première vue, l'indemnisation semble déclenchée par le seul fait qu'un VA a été impliqué dans l'accident. Toutefois, les consultations qui ont suivi immédiatement la loi ont permis aux parties prenantes consultées de remarquer que le vocabulaire employé par les textes pouvait faire douter que la responsabilité soit réellement objective[196]. La loi prévoit que l'événement générateur est un accident « causé » par un VA alors que le système de conduite autonome est enclenché[197]. Cela pourrait permettre au débiteur de l'indemnisation de s'exonérer en démontrant que l'accident était inévitable pour le VA. Par ailleurs, l'*AEV Act* ne dessine pas lui-même les règles qui régissent les conséquences d'une faute de la victime contribuant au dommage. Ce régime est porté par une autre loi, dont le champ d'application est général[198]. La mesure de la réduction du droit à réparation qui peut en découler est donc renvoyée à un texte qui n'a pas été conçu pour les accidents causés par les VA. Les parties prenantes consultées ont souligné que ce dispositif désavantageait les victimes non-motorisées[199]. *L'AEV Act* précise en revanche que la personne en charge du VA n'a droit à aucune réparation lorsque l'accident est exclusivement dû au fait qu'elle lui a permis fautivement de conduire de manière autonome dans des circonstances inadaptées[200]. L'indemnisation est également exclue lorsque le dommage est dû à une modification du logiciel ou un défaut d'actualisation imputable à la personne assurée. Les exclusions ont pu être jugées trop sévères par certaines parties prenantes[201].

5.1.2.2 *Un accès direct à l'assureur*

Il est possible de renforcer les droits des victimes sans que le poids du dispositif ne pèse, dans un premier temps, sur le gardien ou propriétaire désigné

---

195 Rapport pour la Belgique, *infra,* 4.2. No-fault system for personal injuries.

196 V. Law Commission, Automated Vehicles Consultation Paper 3: Analysis of responses to LCCP N) 252/SLCDP N° 171, 26 janv. 2022, p. 190.

197 Automated and Electric act, 2018, Part 1, s. 2, (1) et (2).

198 Law Reform (Contributory Negligence) Act 1945.

199 Law Commission, Automated Vehicles Consultation Paper 3, précité, p. 191.

200 AEV Act, Part 1, S. 3, (2).

201 Law Commission, Automated Vehicles Consultation Paper 3, précité, p. 191.

responsable. Il suffit pour cela de faire jouer un rôle proactif à l'assureur. La loi française, déjà citée, du 5 juillet 1985, oblige en ce sens l'assureur à faire à la victime d'une atteinte à sa personne ou à ses biens une offre amiable d'indemnisation, dans les 8 mois qui suivent l'accident[202]. La déclaration d'accident envoyée par la victime déclenche l'obligation pour l'assureur de lui adresser une lettre dans laquelle il l'informe de ses droits. En cas d'atteinte à la personne, suit un examen médical qui servira de fondement à l'offre d'indemnisation. Le processus n'est donc pas déclenché par la poursuite effective du gardien devant les tribunaux. Cela est rendu possible par le fait que l'assureur fait lui-même une appréciation de l'éventuelle part du dommage due à la faute de la victime.

Le droit Belge emprunte une voie proche en accordant à la victime le droit d'agir directement contre l'assureur. Là encore, le propriétaire du véhicule n'est pas visé pour lui-même, mais en tant que point de rattachement de l'assurance[203]. L'*AEV Act* du Royaume-Uni présente de la même manière l'assureur comme débiteur de l'indemnisation, chaque fois que le VA est assuré[204]. Le conducteur, devenu « user-in-charge » une fois que le système de conduite autonome est enclenché, bénéficie d'une très large immunité relativement aux violations de règles de conduites qui résulteraient des choix du système de conduite. A la responsabilité de l'assureur, s'ajoute celle des organismes réglementés auprès desquels les VA doivent être enregistrés[205], en cas de violation de la réglementation à l'origine d'un préjudice ou simple désagrément subi par un usager de la route[206].

Ce dispositif a pour mérite de conserver le gardien ou propriétaire du VA comme point d'entrée vers l'indemnisation sans pour autant faire peser sur lui une charge procédurale ou indemnitaire. L'ensemble ne peut trouver son équilibre que grâce à l'effectivité du recours offert ensuite aux assureurs *solvens*. Ce recours doit être renforcé pour tenir compte des difficultés singulières posées par les systèmes d'IA.

5.1.2.3 *Un renforcement des recours*

La répartition des risques qui résultent de ce dispositif serait injuste si le gardien du véhicule (son assureur en dernier lieu) était privé de recours, ou si ses recours étaient excessivement incertains et/ou onéreux. Il est pour cette raison

202 Art. L211-9 code des assurances.

203 Rapport pour la Belgique, *infra*, 4.2. No-Fault system for personal injuries.

204 AEV Act, Part 1, S. 2, (1).

205 AV act, 20 mai 2024, préc., Chap. 1 et 2, qui distingue les Authorized self-driving entity et les licensed No-user-in-charge operator, selon qu'un usager apte à reprendre le contrôle est présent ou absent du véhicule

206 Ibid. section 34 et 35.

indispensable de renforcer sa position pour qu'il ne porte pas le poids définitif de la réparation.

L'AEV *act* du Royaume-Uni, ne prévoit rien de nature à apporter l'allègement attendu. Certes, chaque véhicule doit pouvoir être relié à une « *Authorised Self-Driving Entity* » (ASDE) qui doit pouvoir répondre d'éventuels défauts à l'origine de l'accident. Cette entité est définie très largement et recouvre le fabricant ou le développeur du logiciel ou un partenariat entre eux. Toutefois, elle n'est pas désignée comme cible spécifique du recours de l'assureur *solvens*[207]. Le droit du Royaume-Uni s'écarte à cet égard du projet de directive. Il s'agit de désigner l'interlocuteur du législateur dans le processus qui doit permettre de tirer les conséquences des défauts découverts pour l'amélioration des tests, de la fabrication et éventuellement pour rappeler les produits défectueux. L'AEV *Act* se borne à préciser que l'assureur peut se retourner contre la personne responsable à hauteur du montant de l'indemnisation et que tout ce qui sera éventuellement récupéré au-delà de ce montant, devra être reversé à la victime[208]. La loi est donc aveugle aux difficultés découlant de l'inadaptation de la responsabilité du fait des produits défectueux[209]. Les consultations menées montrent que cela suscite l'inquiétude. On souligne le fait que, s'il est plus cohérent de réformer ce régime de responsabilité globalement, en tenant compte de l'ensemble des produits, cela rend le processus plus lent et empêche consécutivement de répondre rapidement aux besoins pourtant urgents des victimes[210].

Le besoin d'un recours effectif souligne tout l'intérêt des propositions exprimées dans le rapport japonais s'agissant de l'élucidation des causes de l'accident et de la mise en œuvre des recours[211]. Trois recommandations sont formulées. Il faut, d'une part, encourager l'utilisation d'un système d'enregistrement des événements de conduite et qu'il soit largement commercialisé. D'autre part, il importe mettre en place une collaboration entre assureurs et fabricants, afin qu'ils analysent les difficultés soulevées par la complexité des systèmes d'IA et s'accordent sur les solutions. Enfin, le rapport évoque la nécessité d'instaurer un système d'investigation des causes des accidents et de recherche sur la sécurité des VA, dont les résultats seraient rendus accessibles pour les besoins des recours exercés entre opérateurs, assureurs et fabricants. Le rapport lui-même considère que cela peut se révéler insuffisant pour alléger la charge, notamment probatoire qui pèse sur l'opérateur du véhicule. Le

207 L'organe fait l'objet d'une responsabilité proper sur laquelle, v. AV act du 20 mai 24, sect. 34 et 35.

208 AEV Act, Part 1, S. 5, (1) à (3).

209 V. supra.

210 Law Commission, Automated Vehicles Consultation Paper 3, précité, p. 188.

211 Rapport pour le Japon, *infra*, 5.2.3. Report of ministry of land, infrastructure, transport and tourism's study group.

rapport allemand, nous l'avons vu, a souligné avec d'autres qu'il restera difficile de bien analyser, *ex post*, les données enregistrées. Ce à quoi on peut ajouter que le système proposé ne tient pas compte des autres acteurs impliqués dans la circulation des VA, et notamment les fournisseurs de logiciels et de données.

Même si l'ensemble de ces modifications étaient apportées, on peut douter que le gardien du véhicule puisse prétendre ne pas voir sa situation modifiée, dans le sens d'un alourdissement de ses obligations, par le développement des VA.

Le rapport pour l'Allemagne est à cet égard significatif. Il montre que le maintien de la responsabilité du gardien du véhicule s'accompagne, dans la loi de 2021, d'une liste d'obligations tournées vers la sécurité du VA. Indépendamment des tests réalisés par le fabricant avant que le VA ne soit mis sur le marché, son propriétaire doit vérifier quotidiennement son état, en particulier celui du système informatique, et maintenir sa compatibilité avec les exigences de sécurité routière et de son environnement. Il ne doit pas l'utiliser sans l'avoir préalablement testé et il lui appartient de définir les zones de circulation possibles. Ces obligations constituent une charge telle que le rapport les imagines conçues par le législateur en contemplation d'un avenir dans lequel les VA seraient la propriété d'exploitants commerciaux[212].

5.1.3 La transformation de la responsabilité du fabricant

Le choix du fabricant repose en partie sur un raisonnement déjà présenté. Si l'on remplace la personne conductrice par un système d'IA pour pallier les défaillances humaines, alors les accidents auront principalement pour cause un défaut de ce système intelligent et le fabricant devra en répondre. On ajoute à cela le fait que le fabricant est celui qui est le mieux placé pour améliorer la qualité de ses produits à la lumière des défauts dont il a été reconnu responsable. Enfin, il s'agit d'un cadre de pensée éprouvé, précisément né des défis posés au droit par le progrès technologique.

Les propositions en ce sens, doivent dépasser les limites présentées par l'état actuel de ce régime de responsabilité et sur lesquelles il n'est pas besoin de revenir ici. Il suffira de rappeler que les difficultés résident essentiellement dans une complexité née de la technique elle-même et de la pluralité des protagonistes. Schématiquement, les projets de réforme fondés sur le modèle de la responsabilité du fabricant recherchent la simplification nécessaire dans deux directions. Ils trouvent la solution dans la technologie elle-même ou dans la solidarité des potentiels responsables.

212 Rapport pour l'Allemagne, *infra*, 5.2. New duties according to the autonomous driving act 2021.

5.1.3.1 *La technologie comme solution*

Pour remédier aux faiblesses de la responsabilité du fabricant, certains proposent de s'appuyer paradoxalement sur la technologie qui semblait la mettre en échec. Ainsi, le rapport pour les USA expose une proposition selon laquelle le développement des systèmes de conduite autonome résoudra demain les difficultés que la responsabilité du fabricant pose aujourd'hui[213]. L'évolution technologique anticipée permettrait de mettre en place un contexte dans lequel les difficultés évoquées plus haut n'auront plus leur place. La solution repose sur deux prévisions liées. D'abord, l'auteur s'attend à ce que la circulation des VA prenne finalement la forme de grands réseaux, pilotés par un système unique d'IA. Dans cette perspective, le conducteur est bel et bien le système lui-même. Ensuite, il sera possible de juger de la qualité de ce système, et donc de ses défaillances, à la lumière non pas des circonstances particulières de chaque accident, mais des données de performance de l'ensemble de la flotte. Dans ce contexte renouvelé, l'absence de défaut de conception serait établie par le fait que les données agrégées de l'ensemble du réseau montrent que la flotte est plus sûre que ne le sont les véhicules conventionnels. L'auteur place la barre assez haut car il propose d'exiger pour cela que le réseau de VA soit au moins deux fois plus sûr que les véhicules conventionnels. Quant à l'obligation de fournir les instructions nécessaires et/ou d'alerter sur les risques, elle sera remplie par la communication, via l'assureur, du montant de la prime indexée précisément sur les risques mesurés.

On le voit, la solution proposée repose sur des postulats dont rien ne permet de garantir qu'ils sont pertinents. Cela renvoi à un avenir assez lointain et fait obstacle à une élaboration précise du régime.

5.1.3.2 *La solidarité comme solution*

Il a été suffisamment rappelé que l'une des principales faiblesses de la responsabilité des VA réside dans la difficulté à identifier la cause réelle de l'accident. Plus précisément, on craint que la victime ne parvienne jamais à déterminer si le dysfonctionnement provient du logiciel, de la partie mécanique du véhicule ou de l'interface des deux éléments. Il en résulte que fabricant (assembleur) de l'ensemble et équipementiers peuvent se renvoyer la balle, c'est-à-dire peuvent rejeter sur les autres la responsabilité. La complexité, plus précisément

213 Rapport pour les USA, *infra*, 6.2. Reconciling the old with the new. Between exceptionalism and generalism: a mixed approach. V. not. Mark A. Geistfield, *A Roadmap for Autonomous Vehicles: State Tort Liability, Automobile Insurance, and Federal Safety Regulation*, California Law Review, 2017.

l'opacité si souvent rappelée des systèmes d'intelligence artificielle, peut sembler décourageante à cet égard.

Pour réduire, voire supprimer la difficulté, certaines propositions envisagent de retenir la responsabilité solidaire et objective du fabricant et de l'équipementier[214], rejoignant sur ce point les propositions du projet de révision de la directive européenne sur la responsabilité du fait des produits défectueux. Dispensée de choisir entre les deux catégories, la victime peut demander l'intégralité de la réparation au protagoniste qu'elle choisit. Elle bénéficie ainsi d'une garantie contre l'insolvabilité de l'un des possibles défendeurs. On imagine sans difficulté que le fabricant se trouvera systématiquement en première ligne et qu'il devra se retourner le cas échéant vers l'équipementier dont le produit défaillant a été intégré au véhicule.

La solution parait simple en ce qu'elle repose sur l'articulation de deux mécanismes très familiers, la responsabilité du fait des produits et la solidarité. Son défaut nous semble résider dans le fait qu'elle occulte une partie des difficultés présentes. Par exemple, chaque fois que le logiciel et/ou les données sont fournis via le cloud, ils le seront *a priori* par un autre que le fabricant ou ses équipementiers. L'origine exacte de la défaillance du système de conduite sera alors difficilement localisable. La proposition ne nous semble pas répondre à cette difficulté.

Le recours à une responsabilité objective et solidaire peut prendre une autre forme. Le rapport pour l'Autriche envisage *de lege ferenda* de retenir la responsabilité solidaire du gardien du véhicule et du fabricant. Là encore, ni le rôle du fournisseur du logiciel et des données, ni la responsabilité de la personne en charge serveur terminal, ne sont abordés et précisés. Or, il nous semble important d'avoir une vision d'ensemble pour réussir la juste allocation des risques que l'on ambitionne.

5.2 *La mise en place d'un système d'indemnisation détaché de la responsabilité*

Une indemnisation automatique des victimes, débarrassée des aléas inhérents aux conditions de la responsabilité, peut être construite sur l'assurance ou sur un fonds de garantie.

5.2.1 La mise en place d'un régime assurantiel

La loi française du 5 juillet 1985 et le droit Belge offrent déjà à la victime, comme nous l'avons vu, un accès direct à l'assureur. Il n'en reste pas moins

214 Rapport pour les USA, *infra*, 6.4. Common enterprise liability. V. spec. David. C. Vladeck, Machines Without Principals: Liability Rules and Artificial Intelligence, 2014.

conditionné dans son principe par la responsabilité du conducteur ou du gardien, qui peut être contestée à terme devant les tribunaux. C'est ce qu'entend éviter un régime purement assurantiel. Le risque assuré n'est plus la responsabilité, mais le préjudice lui-même.

Qu'il s'agisse d'une assurance souscrite par le gardien du VA ou par le fabricant, la difficulté vient de ce que son déploiement pour couvrir les accidents causés par les VA ne peut pas prendre la forme d'une simple extension des modèles existants.

Comme le rappelle à juste titre le rapport pour le Québec et le Canada, dont certaines provinces utilisent déjà ce type de mécanisme, il faut trouver l'équilibre à partir de données renouvelées[215]. Il est en particulier nécessaire de tenir compte de ce que le risque, qu'il s'agisse de sa fréquence et de son ampleur, ne se présente pas de la même manière que pour les véhicules classiques. Le recours à l'IA laisse espérer une baisse des accidents, mais fait craindre l'apparition de nouveaux risques, à savoir des risques de piratage, de logiciels défectueux ou non-actualisés. Ces nouveaux risques ne sont pas, en principe, aujourd'hui couverts par les polices d'assurance souscrites par les propriétaires de véhicules. On estime également que les coûts de réparation ou de remplacement du VA seront plus élevés. A cela s'ajoute le fait que l'assurance sera pensée différemment à terme selon que les VA en circulation sont la propriété privée d'une multitude de conducteurs ou celle de sociétés commerciales, à la tête d'une large flotte de véhicules fonctionnant en réseau.

Par ailleurs, l'assureur doit pouvoir se retourner le cas échéant contre le fabricant ou le vendeur, lesquels ne sont pas nécessairement eux-mêmes assurés pour ce risque particulier et doivent avoir cette possibilité. La mise en place de cette assurance rencontre les mêmes difficultés que celles qui viennent d'être rappelées.

Il nous semble fondamental de penser la juste répartition des risques en tenant compte de l'ensemble des parties prenantes. Cela implique une construction des standards assurantiels du gardien ou propriétaire, en considération de ceux qui seront mis en place pour le fabricant et ou le vendeur. A cet égard, il faut garder à l'esprit l'idée portée par le rapport japonais, déjà rappelée, d'une collaboration instituée entre industriels et assureurs dont on comprend qu'elle leur permettra de s'entendre sur la charge finale de réparation qu'ils peuvent chacun accepter[216].

215 Rapport pour le Canada et le Québec, *infra*, 6. Alternatives to judicially imposed liability : insurance and compensation schemes.

216 Rapport pour le Japon, *infra*, 5.2.3. Report of ministry of land, infrastructure, transport and tourism's study group.

Cela est étroitement lié à la question des limites éventuellement posées à l'indemnisation, en distinguant, le cas échéant, entre victimes motorisées ou non, ou encore selon la nature du préjudice. Le rapport pour les Pays-Bas, envisage ainsi une assurance contractée par chaque propriétaire ou gardien de véhicule pour couvrir exclusivement ses propres dommages[217]. Les autres victimes, ne semblent pas concernées. Et la question du champ de l'assurance débouche à son tour sur une autre. Doit-on et comment, offrir à la victime un moyen d'obtenir la part d'indemnisation manquante ? Le rapport pour le Canada propose alors un recours en responsabilité de la victime contre le responsable[218]. D'autres préfèreront lui offrir un accès à un fonds de garantie, étatique ou institué par les industriels du secteur.

5.2.2 La mise en place d'un fonds de garantie

Cette possibilité a été envisagée par certains rapports nationaux sans qu'ils aient nécessairement tenté d'en dessiner l'architecture. Encore une fois, cela se comprend parfaitement s'agissant d'un phénomène dont l'évolution est largement imprévisible. Si l'on excepte la source de financement et l'identité de s responsable, le fonds de garantie envisagée sera donc confronté, comme les assureurs, à la difficulté de prendre la mesure exacte d'un risque nouveau. Il est donc impossible de dessiner dès aujourd'hui avec précision les contours de ce potentiel régime d'indemnisation. Certains auteurs se sont pour cette raison montrés très réservés sur les mérites des propositions qui tentent d'anticiper dès aujourd'hui ce que sera la situation dans une ou plusieurs décennies[219].

Toutefois, une proposition très originale, mise en lumière par le rapport pour les USA retient l'attention. Outre sa relative précision, l'un de ses mérites est de s'efforcer de construire un régime neuf tout en utilisant l'architecture existante et notamment le rôle joué par l'assureur.

Présenté sous l'acronyme MER (*Manufacturer Entreprise Responsibility*), le régime proposé s'inspire de ce qui a été mis en place pour l'indemnisation des accidents du travail[220]. Il s'agit essentiellement de créer un fonds d'indemnisation propre à l'industrie des VA. Ce fonds couvrirait les préjudices qui sont, d'une part, *corporels* et, d'autre part, *causés* par des VA. De ces deux précisions

217 Rapport pour les Pays-Bas, *infra*, 6.2.2. Compulsory first-party insurance (traffic insurance).

218 Rapport pour le Canada et le Québec, *infra*, 5.1. Compulsory insurance.

219 Adam, F. Scales, Not So Fast: a Brief Plea for Muddling Through the Problems of Autonomous Vehicle liability, 13, 2, J. Tort L. 189 (2020).

220 Rapport pour les USA, *infra*, 6.3. Manufacturer enterprise responsibility (MER), citant, Keneth S. Abraham, Robert L. Rabin, Automated vehicles and Manufacturer Responsibility for Accidents: A New Legal Regime for a New Era, 105, Va. L. Rev. 2019.

essentielles découlent deux conséquences. La première est que le régime n'est pas destiné à couvrir les atteintes aux biens, lesquelles sont renvoyées à une assurance dédiée. La seconde conséquence, c'est qu'il ne suffit pas qu'un VA soit impliqué dans l'accident, il doit en être l'origine. C'est dire, *a fortiori*, que le régime proposé n'est pas applicable à des accidents impliquant uniquement des véhicules conventionnels. Il faut en déduire également qu'un accident impliquant un VA mais causé par un véhicule conventionnel ou même un piétons ne pourrait pas bénéficier du MER. En revanche, là où il joue, ce régime permettrait de couvrir les préjudices corporels de toutes les victimes, en ce compris les occupants du véhicule à l'origine de l'accident.

Les modalités de financement préconisées sont révélatrices de la logique qui anime le dispositif. Il s'agit de répartir entre les fabricants du secteur la charge des indemnisations. Ce sont donc les entreprises concernées qui abondent le fonds d'indemnisation. Dans un premier temps, en l'absence de statistiques révélatrices de la part réelle de chaque fabricant dans la charge globale d'indemnisation, leur contribution serait calquée sur leur part de marché. Une fois que les données réunies au fil du temps permettront d'élaborer des statistiques fiables, il sera possible de mesurer les contributions de chaque entreprise au pourcentage de véhicules accidentés par eux produits.

L'originalité de la proposition ne réside pas dans les limites fixées à l'indemnisation, ni dans la suppression de ces limites en cas de faute ou de négligence du conducteur[221]. Ce qui retient le plus l'attention sont les conséquences que les auteurs tirent de la persistance du rôle de la faute au plan de l'architecture même du dispositif. Partant de l'idée que la récurrence de ces fautes impose le maintien de l'assureur responsabilité automobile, les auteurs proposent d'utiliser ce dernier comme administrateur de l'indemnisation prodiguée par le fonds. L'assureur aurait la charge de recevoir et traiter la demande en contrepartie d'une commission.

Dans son domaine d'application, le régime jouerait de manière exclusive, excluant la responsabilité délictuelle du fabricant ou du conducteur. Un retour à ces régimes classiques serait toutefois possible dans trois hypothèses. La victime pourrait obtenir des dommages intérêts punitifs du fabricant ou du fournisseur. Elle pourrait agir en responsabilité contre le tiers responsable d'un piratage du système informatique. Enfin, il lui serait possible d'agir en responsabilité extracontractuelle contre le propriétaire en cas d'altération de son fait du VA.

221 Il peut s'agir d'une négligence touchant à la conduite ou à la maintenance du véhicule.

Ce système est conçu pour intervenir au terme du développement des VA. Il ne remplacerait le régime délictuel actuel à partir du moment où 25 % des véhicules en circulation seront des VA de niveau 4 ou 5. Par ailleurs, il ne régirait que les accidents impliquant au moins un VA. Les accidents intervenus purement entre véhicules conventionnels demeureraient indemnisés par application du régime actuel.

∴

Si l'on met de côté la situation singulière de l'Inde, qui a choisi pour des raisons politiques d'ignorer le phénomène, tous les pays ici examinés s'efforcent de permettre l'accueil et le développement des VA sur leurs routes par l'intermédiaire, essentiellement, d'une adaptation de leur système juridique. Au-delà de l'aménagement de leur droit de la circulation et, pour ceux dont l'industrie entend jouer un rôle clef en ce domaine, des règles qui encadrent les expérimentations préalables à la mise en circulation, c'est le droit de la responsabilité civile qui se trouve naturellement au cœur des réflexions[222].

L'industrie automobile et ses investisseurs, mais également les pouvoirs publics qui misent sur les retombées positives de cette grande transformation de la mobilité, dépendent largement de l'adhésion du public, laquelle dépend à son tour, pour une très grande part, de la certitude d'obtenir sans trop de peine d'une juste indemnisation en cas de dommage. Les politiques très volontaristes menées en ce domaine insistent très fortement sur la réduction drastique des accidents qui doit découler de l'automatisation de la conduite.

La démarche, à cet égard, semble particulièrement classique. La révolution industrielle puis le développement de la consommation de masse ont conduit à une profonde transformation de la responsabilité civile qui est bien connue des spécialistes. Toutefois, en notre domaine, elle présente une particularité qui tient à plusieurs facteurs qui ont été largement mis en lumière dans les rapports nationaux et dans ce rapport général. Sans rechercher l'exhaustivité, qu'il nous soit permis ici d'en rappeler les principaux.

D'abord, les VA sont constitués de multiples composants et leur fonctionnement satisfaisant implique la mise en place d'un écosystème complexe réunissant un nombre important de responsables potentiels. Ensuite, l'intelligence artificielle, en particulier lorsqu'elle prend la forme de systèmes de conduites auto-apprenant, se distingue par sa complexité, son opacité et l'imprévisibilité de ses décisions. L'ensemble rend l'identification de la cause première d'un

222 Le droit des données personnelles est également important, mais les difficultés rencontrées ne sont pas propres aux VA.

éventuel accident, et partant du responsable, particulièrement difficile. La difficulté est encore accrue par le fait que les éléments intégrés dans le système de conduite autonome ou automatisé proviennent le plus souvent de fabricants qui relèvent de systèmes légaux différents. Par ailleurs, il est impossible de dessiner le régime de responsabilité nécessaire sans tenir compte des réflexions menées à l'égard de l'intelligence artificielle en général. Celles-ci représentent toujours un cadre de pensée et parfois même un premier cadre normatif, qu'il serait impossible de contrarier sans dommage. En outre, s'agissant des pays membres de l'Union Européenne, les réflexions et la politique menées à cette échelle leur laissent parfois très peu de marge de manœuvre, sans toujours présenter la rapidité idéalement souhaitée. Enfin, le phénomène que le droit de la responsabilité doit contribuer à accueillir et réguler est encore très récent et fondamentalement imprévisible. Nul ne sait quand et sous quelle forme la circulation des véhicules les plus autonomes s'imposera à une large échelle.

Si l'on tient compte de l'ensemble, on est conduit à nuancer l'affirmation selon laquelle la responsabilité doit naturellement passer du conducteur au fabricant. A l'instar de ce qu'ont pu suggérer les groupes d'experts, mobilisés à l'échelle de l'Union Européenne pour répondre aux défis soulevés plus généralement par l'intelligence artificielle, il faut davantage raisonner en termes de distribution des risques entre les acteurs de l'écosystème. En simplifiant, cette distribution des risques semble actuellement prendre deux formes. La première et la plus simple consiste en une adaptation et une combinaison renouvelée des différents régimes de responsabilité existants. Au cœur de l'attention se trouvent les modifications nécessaires pour surmonter les difficultés créées par l'opacité des systèmes de conduite autonomes et, partant, la détermination du ou des responsables. La pièce centrale du mécanisme, c'est-à-dire le fondement principal de l'indemnisation avant l'exercice des recours en contribution, peut être la responsabilité du fait des produits défectueux aussi bien que la responsabilité du gardien. Si l'on opte pour le premier, les efforts portent essentiellement sur la clarification de la définition de produit, de celle de défaut et du régime probatoire, pour les adapter à l'immatérialité et à l'opacité des mécanismes d'IA. On craint alors de créer un déséquilibre au détriment de l'industrie dont on attend l'innovation. Le choix de la responsabilité du gardien a souvent retenu l'attention. Assurer l'automaticité de la réparation implique de limiter drastiquement le jeu des causes d'exonération, et notamment de la force majeure. Le risque est alors que le poids de l'indemnisation repose sur celui qui ne maîtrise pas toujours les risques qui découlent des particularités de l'IA. On voit par conséquent apparaitre des obligations complémentaires, telles que l'actualisation du logiciel ou encore la vérification systématique du bon fonctionnement du VA avant son utilisation. Les régimes de responsabilité des fournisseurs de service informatiques mis en place sont pour l'heure très minoritaires.

En tout état de cause, il apparait rapidement que l'automatisation de l'indemnisation, puis des recours accordés pour affiner la répartition des risques, doit pouvoir être financée. Cela nourrit les réflexions relatives, d'une part, au champ d'application des régimes de responsabilité et, d'autre part, à la manière de solliciter, à travers les responsables désignés, les assureurs, les Etats, ou les fonds de garanties. L'ensemble milite fortement pour une collaboration, déjà mise en place dans certains pays, entre les différents acteurs impliqués pour qu'ils puissent collectivement contribuer à dessiner un cadre normatif à la fois réellement efficace et soutenable dans la durée, serait-ce au prix de son évolution régulière.

PART 2

National Reports

International Academy of Comparative Law, Asunción General Congress 2022

National Report Austria

*Markus Weichbold**

Questionnaire and Structure of the Report

The following questions were announced by the Academy:

1. Do you have specific legal rules which aimed at including self-driving cars in road traffic or in-town circulation?
2. Could regulations for self-driving cars be national or should they be continental or international through the Vienna convention?
3. Do you have at law different levels of automated driving systems?
4. What could be the evolution of civil liability and criminal liability laws in your country?
5. What could be the distribution of risk and liability depending on the degree of risk and/or the implication of «drivers»?
6. What would be the integration of self-driving cars in the insurance industry?
7. How would your legal system be coping with Data security needed for using self-driving cars?
8. Other points to be considered.

The **first chapter** of the report serves to present the **foundations of national traffic law** as well as the **international perspectives** of road traffic with regard to the role of automated vehicles. This section therefore addresses the first three questions of the catalogue. The **second chapter discusses** the question of **civil liability** in the context of automated vehicles and therefore covers questions four and five of the catalogue. The **third chapter** examines the impact of vehicle automation in **other areas of law**, which allows questions six to eight to be addressed.

This country report concentrates on those areas where Austrian law contains **specific national regulations.** Where Austrian law follows **international guidelines** (Vienna Convention on Road Traffic, Product Liability Directive, General Data Protection Regulation), the explanations are more concise.

---

* Associate at DSC Doralt Seist Csoklich Rechtsanwälte and external lecturer at the University of Vienna.

 | DOI:10.1163/9789004711891_003

SECTION 1: Foundations of Traffic Law

1 *National Traffic Law*

Austrian traffic law contains **specific requirements** for the use of **automated vehicles** in the ***KFG*** ("Kraftfahrgesetz"):[1] In this context, it is important to consider the general obligations of the vehicle driver under Austrian law: According to § 102 para 2 sentence 1 KFG, the motor vehicle driver is obliged to take the driver's seat during the entire journey. This provision prohibits applications of automated driving in which the driver can leave the vehicle (e.g. valet-parking). The obligation of the driver in § 102 para 3 sentence 3 KFG goes even further, as the driver must hold the steering device with at least one hand during the entire journey, which is intended to prevent the driver from turning away from the road and carrying out secondary activities.[2]

In 2016 the Austrian legislator identified these two duties as obstacles to the initial testing and use of automated vehicles[3] and created a **legal basis** for the use of **certain driver assistance systems** by adding paras 3a and 3b to § 102 KFG.[4] § 102 para 3a KFG now contains a legal authorization for the Federal Minister of Transport, Innovation and Technology (BMVIT) to transfer certain driving tasks to driver assistance systems on the basis of an implementing ordinance, provided that these systems are approved or comply with the test purposes specified in the ordinance. According to para 3b, the driver's obligation to take the driver's seat and hold the steering device with at least one hand can be waived in these cases. At the same time, however, para 3b explicitly states that the driver must be able to resume driving at any time while the assistance systems are being used. The KFG thus continues to adhere to the guiding principle of a **fully responsible human driver.**[5]

As early as December 2016, the BMVIT made use of the ordinance authorization and issued the implementing ordinance referred to in § 102 para 3a KFG. This ordinance – referred to as **AutomatFahrVO**[6] – permitted in its

1 Bundesgesetz vom 23. Juni 1967 über das Kraftfahrwesen (Kraftfahrgesetz 1967 – KFG 1967). StF: BGBL. Nr. 267/1967. Im Folgenden „KFG".

2 M. Weichbold, Haftung und Versicherung bei Unfällen automatisierter Fahrzeuge, Manz, Vienna 2022, p. 23.

3 See H. Grundtner, KFG Taschenkommentar, 2nd ed., LexisNexis, Vienna 2017, p. 448.

4 33. KFG-Novelle BGBl. I 67/2016.

5 M. Grubmann, KFG, 4th ed., Verlag Österreich, Vienna 2016, § 102 n. 37; E. Hilgendorf, Automatisiertes Fahren und das Recht, ZVR 2015, p. 470.

6 Verordnung des Bundesministers für Verkehr, Innovation und Technologie, mit der Rahmenbedingungen für automatisiertes Fahren festgelegt werden BGBl. II Nr. 402/2016.

original version three use cases of automated driving *"for test purposes"*.[7] In January 2019, the ordinance was amended for the first time and a new section was added, which contains two use cases of automated driving ***"for approved systems in serial production"***. A distinction must thus be made – following the concept of § 102 para 3a KFG and the AutomatFahrVO – between test systems, and systems in serial production. Both for the use of test systems and for the use of approved systems in serial production, it applies that the driver always remains responsible for taking over the driving tasks after activating the assistance system (§ 3 para 2 AutomatFahrVO, cf. similarly § 102 para 3b KFG).

1.1 Use Cases for Testing Purposes

The authority to complete test drives is not derived directly from the law, but is granted by the BMVIT in a separate **procedure.**[8] It is worth mentioning that the BMVIT issues the authorization in the form of a certificate, which apparently has a constitutive character and must be carried along during all test drives. As of the time of the General Congress the AutomatFahrVO provides for three use cases for the test operation of driver assistance systems:

- The **autonomous minibus** as defined in § 7 AutomatFahrVO takes over all driving tasks and must consequently be able to handle all driving situations automatically. The system may only be tested on predefined routes and only up to a maximum speed of 20 km/h. The use on roads with public transport is only permitted if at least 1.000 test kilometers have been covered in advance. In the event that a critical driving situation occurs, the driver is obliged to deactivate the driving system immediately.
- The **freeway pilot** with automatic lane change as defined in § 8 AutomatFahrVO may be activated after driving onto the freeway or expressway and then takes over the entire longitudinal guidance as well as the entire lateral guidance of the vehicle. The use on roads with public transport is only permitted if at least 1.000 test kilometers have been covered in advance. In the event that a critical driving situation occurs, the driver must deactivate the system and immediately resume driving. Since the test range of the freeway pilot with automatic lane change is limited to freeways and expressways, the driver must deactivate the system before leaving these routes.

---

7 It is worth noting that the AutomatFahrVO has been amended twice (in 2022 and 2024) since the General Congress: The ordinance now provides for a total of eight use cases of automated driving for testing purposes.

8 For Details on the procedure see: I. Eisenberger, K. Lachmayer and S. San Nicoló, Verfahren zur Durchführung von Testfahrten automatisierter Fahrzeuge, ZTR 2018, p. 67; M. Roubik, Automatisiertes Fahren, der Weg zur Testerlaubnis, ZVR 2019, p. 40.

- Various functionalities of automated driving can finally be tested with **self-driving army vehicles** as defined in § 9 AutomatFahrVO. Unlike the use cases in § 7 and § 8, however, the test of self-driving army vehicles can only be applied for by the Federal Ministry of Defense and is therefore not available for private research purposes.

1.2 Use Cases for Approved Systems in Series

The 1st amendment to the AutomatFahrVO has now made it permissible to use assistance systems that are ready for series production on roads with public transport.[9] Unlike test systems, the use of these driver assistance systems does not require a separate certification procedure, but is **permitted directly on the basis of the ordinance.** Currently, two use cases are being facilitated:

- The **parking aid** as defined in § 10 AutomatFahrVO is an assistance system that performs all driving tasks during the parking process. Unlike in all other use cases of the AutomatFahrVO, the driver is not only entitled to remove both hands from the steering device, but may also leave his driving position and the car.[10] However, the driver is obliged to monitor the parking process – even if from outside the vehicle – and to deactivate the parking aid if a critical driving situation occurs.[11]
- The **freeway assistant** with automatic lane keeping according to § 11 AutomatFahrVO is, in a sense, a preliminary stage of the freeway pilot with automatic lane change, which was already mentioned above and is still being tested (see § 8 AutomatFahrVO). The freeway assistant lags behind the freeway pilot insofar as the lateral guidance of the vehicle is only taken over for lane keeping and not for the execution of a possible lane change. As in the other applications of the AutomatFahrVO, the driver is obliged to monitor the driving system and, in the event of a critical situation, to deactivate it and take over the assigned driving tasks.[12]

---

9 M. Schubert, Österreich: 1. Novelle der Verordnung zum automatisierten Fahren, *SVR 2019*, p. 281; A. Haselbacher, Rechts überholt? – Zum aktuellen Stand des Rechtsrahmens „Automatisiertes Fahren“, *jusIT 2020*, p. 128; J. Klink-Straub and T. Keber, Aktuelle Gesetzeslage zum automatisierten Fahren – eine Rechtsvergleichung, *NZV 2020*, p. 115.

10 J. Klink-Straub and T. Keber, Aktuelle Gesetzeslage zum automatisierten Fahren – eine Rechtsvergleichung, *NZV 2020*, p. 115.

11 M. Roubik, Novellierung der Verordnung über die Rahmenbedingungen für automatisiertes Fahren, *ZVR 2019*, p. 156; M. Schubert, Österreich: 1. Novelle der Verordnung zum automatisierten Fahren, *SVR 2019*, p. 282.

12 M. Roubik, Novellierung der Verordnung über die Rahmenbedingungen für automatisiertes Fahren, *ZVR 2019*, p. 156; M. Schubert, Österreich: 1. Novelle der Verordnung zum automatisierten Fahren, *SVR 2019*, pp. 282–283.

1.3 Concluding Remarks

In summary, two aspects can be highlighted with regard to the Austrian traffic law framework: First, it should be noted that automated vehicles are not subject to general regulation in Austrian road traffic law, but only the use of **certain driver assistance systems** is permitted **for very specific use cases.**[13] Furthermore, with regard to the SAE J 3016 levels of driving automation,[14] it can be concluded that Austrian traffic law only permits the use of assistance systems **up to level 2**: Although the relevant provisions of Austrian law relieve the driver of certain duties, such as holding the steering device with at least one hand throughout the journey, the driver remains explicitly responsible for resuming the driving tasks previously assigned to the vehicle (§ 102 para 3b KFG, § 3 para 2 AutomatFahrVO). The AutomatFahrVO clarifies this obligation to the extent that the driver must immediately deactivate the driver assistance system and take back control of the vehicle when a critical driving situation occurs.[15] The KFG and AutomatFahrVO thus stipulate a **continuous monitoring obligation** on the part of the driver, which is typical for automated driving within level 2, and that is converted into an immediate **obligation to intervene** when a critical driving situation occurs.[16] Unlike higher levels of automated driving, Austrian law therefore does not allow drivers to turn away from what is happening on the road and take up certain secondary activities (e.g., using the smartphone or reading a book).[17]

2 *International Traffic Law*

Austria is a **member state of the Vienna Convention on Road Traffic**[18] and as such is bound by the provisions on automated driving contained therein. This concerns in particular Article 8 clause 5bis, which provides that autonomous driving systems comply with the requirements of the Vienna Convention if they meet the construction, installation and use conditions of other international

13 M. Weichbold, *Haftung und Versicherung bei Unfällen automatisierter Fahrzeuge*, Manz, Vienna 2022, p. 26. This Aspect differs from German Law: M. Schubert, Österreich: 1. Novelle der Verordnung zum automatisierten Fahren, *SVR 2019*, p. 283.

14 SAE International, Standard J3016. Surface Vehicle Information Report.

15 See § 7 para 6, § 8 para 6f, § 9 para 6f, § 10 para 5, § 11 para 5 AutomatFahrVO.

16 M. Weichbold, *Haftung und Versicherung bei Unfällen automatisierter Fahrzeuge*, Manz, Vienna 2022, pp. 26–27.

17 M. Roubik, Novellierung der Verordnung über die Rahmenbedingungen für automatisiertes Fahren, *ZVR 2019*, p. 157; M. Schubert, Österreich: 1. Novelle der Verordnung zum automatisierten Fahren, *SVR 2019*, p. 282.

18 Übereinkommen über den Straßenverkehr, BGBl 1982/289 idF BGBl II 2018/195.

legal instruments or can be overridden or switched off by the driver.[19] Since Austrian traffic law explicitly assumes that the driver must be able to deactivate the driver assistance systems any time a critical situation occurs and resume the driving tasks,[20] there is no contradiction with the requirements of the Vienna Convention.

Due to the globalization and internationalization of road traffic, there is no doubt that the use of automated vehicles cannot be based solely on different national laws, but rather requires common **international foundations and frameworks** such as the Vienna Convention. However, disagreements in the legal literature about the exact limits of permissibility of driver assistance systems under the Vienna Convention[21] show that it cannot entirely fulfill its objective, which is to create a legally secure framework for international road traffic. For the future development of the Vienna Convention, it should therefore be considered to regulate the permissibility of automated driver assistance systems more **closely along the lines of the *SAE* J 3016** levels of driving automation, in order to ensure a uniform interpretation in the member states.

SECTION 2: Civil Liability

3 *Civil Liability de Lege Lata*

3.1 Liability of the Vehicle Driver

The driver of the vehicle is under Austrian law only liable within the framework of the general **fault liability** as regulated in the ABGB ("Allgemeines bürgerliches Gesetzbuch").[22] The basis of any liability on the part of the driver is therefore the breach of a duty of care which the driver has culpably committed. Decisive for the liability of the driver in this sense is the question, which **duties of care** he has to exercise while operating **automated vehicles**. The answer to this question depends on the extent to which the driver assistance systems implemented intervene in the driving of the vehicle and the extent to

19 W. Kath, *Auf dem Weg zum autonomen Fahren: haftungs- und versicherungsrechtliche Aspekte*, Lexis Nexis, Wien 2018, p. 11; M. Romaniewicz-Wenk and C. Jirak, Autonomes Fahren in Österreich – eine Utopie?, *ecolex 2018*, p. 467;

20 For the provisions in Austrian road traffic law see: Chapter 1, I.

21 For different views, see for example: B. Bodungen/M. Hoffmann, Das Wiener Übereinkommen über den Straßenverkehr und die Fahrzeugautomatisierung (Teil 1), *SVR 2016*, pp. 45–47 ; L. Lutz, Die bevorstehende Änderung des Wiener Übereinkommens über den Straßenverkehr: Eine Hürde auf dem Weg zu (teil-) autonomen Fahrzeugen ist genommen!, *DAR 2014*, pp. 449–450.

22 Allgemeines bürgerliches Gesetzbuch. StF: JGS Nr. 946/1811. Im Folgenden: „ABGB".

which the driver may rely on their functionality. Therefore, it seems reasonable to differentiate according to the ***SAE*** **J 3016 levels** of vehicle automation for the issue of driver liability:

In the case of **driver assistance** systems that do **not directly intervene** in the driving of the vehicle but are limited to alerting the driver to traffic-relevant circumstances (level 0), it remains the **driver's responsibility** whether and how he responds to the information input provided by the vehicle. The driver is therefore not permitted to perform certain driving tasks solely on the basis of the information provided by the vehicle, nor is the standard of care to be fulfilled by him reduced:[23] If the driver of an automated vehicle changes lanes and collides with a vehicle travelling in this lane, he cannot exempt himself from fault liability by arguing that the lane change assistant of his vehicle has wrongly indicated to him that a lane change is possible without danger.[24]

Level 1 and 2 driver assistance systems relieve the driver of certain operational driving tasks, but in return they impose strict **monitoring and intervention obligations** (for Austrian law see § 102 KFG and the AutomatFahrVO), the violation of which may give rise to fault liability. Accidents caused by the driver's failure to comply with his strict obligations to monitor and intervene therefore still entail fault liability on the part of the driver:[25] For example, if the driver of an automated vehicle turns away from the road to read the newspaper and a traffic accident occurs due to the fault of an assistance system, the driver of the vehicle is liable due to a breach of his monitoring duties. For levels 1 and 2, an exclusion of fault liability is therefore only conceivable in cases where the driver is no longer able to take corrective action in time despite fulfilling his monitoring duties.[26]

---

23 L. Windsteiger, *Autonomes Fahren. Materiellrechtliche Haftung nach ABGB, EKHG und PHG und versicherungsrechtliche Deckung nach KHVG und AKHB*, LexisNexis, 2018 Vienna, p. 32; Kainz, Exkurs: Schadenersatz und Leistung bei teil- und vollautonomen Fahrzeugen in der KFZ-Versicherung in M. Kainz, N. Michtner and W. Reisinger, *Die Kfz-Versicherung*, Verlag Österreich, Wien 2017, p. 170.

24 M. Weichbold, *Haftung und Versicherung bei Unfällen automatisierter Fahrzeuge*, Manz, Vienna 2022, pp. 32–34.

25 W. Kath, *Auf dem Weg zum autonomen Fahren: haftungs- und versicherungsrechtliche Aspekte*, Lexis Nexis, Wien 2018, p. 22; M. Roubik, Novellierung der Verordnung über die Rahmenbedingungen für automatisiertes Fahren, *ZVR 2019*, p. 157; Kainz, Exkurs: Schadenersatz und Leistung bei teil- und vollautonomen Fahrzeugen in der KFZ-Versicherung in M. Kainz, N. Michtner and W. Reisinger, *Die Kfz-Versicherung*, Verlag Österreich, Wien 2017, pp. 170–171.

26 M. Weichbold, *Haftung und Versicherung bei Unfällen automatisierter Fahrzeuge*, Manz, Vienna 2022, pp. 34–36.

Whereas in the case of level 1 and 2 driver assistance systems, strict monitoring and intervention obligations can be used as "substitute grounds" for the driver's liability for fault, **level 3 and 4** assistance systems are by definition associated with a considerable **softening of** these **duties**. The extent to which the driver's duties are softened and which secondary activities are permitted while operating the vehicle can only be determined on the basis of specific (national) traffic law provisions.[27] There is, however, no doubt that a reduction or softening in the driver's duty of care while operating an automated vehicle has the effect of **reducing the driver's potential fault liability.**[28]

When **level 5** driver assistance systems are used, **fault-based liability** of the driver **due** to a violation of conventional duties of care while driving is **hardly conceivable** any longer. Since human intervention is not foreseen or even technically possible when driving such vehicles, there are no significant duties of care that could trigger fault liability.[29]

For driver assistance systems of all levels it applies that **errors in the use** of the system constitute a breach of the duty of care and may result in fault liability of the driver. This is the case, for example, if the driver uses an assistance system approved exclusively for the use on highways in urban traffic.[30] In contrast, there is **no duty under Austrian traffic law to actually use driver assistance systems** available in the vehicle. Accordingly, the mere non-use of available assistance systems does not result in liability of the driver due to fault.[31]

Irrespective of his (remaining) obligations during the journey, the driver is already subject to various **duties of care before** he starts **operating the vehicle:** § 102 para 1 sentence 1 KFG obliges the driver of a motor vehicle – within the limits of what is reasonable – to ensure himself that the vehicle to be driven complies with the relevant traffic regulations before putting it into operation. Furthermore, the driver, according to § 102 para 3 sentence 1 KFG, must be familiar with the handling of the vehicle he is driving. These duties

---

27 Since Austrian law does not (yet) permit the use of level 3 and 4 assistance systems, this issue can naturally not yet be dealt with in depth for Austrian law.

28 M. Weichbold, *Haftung und Versicherung bei Unfällen automatisierter Fahrzeuge*, Manz, Vienna 2022, pp. 36–37; W. Kath, *Auf dem Weg zum autonomen Fahren: haftungs- und versicherungsrechtliche Aspekte*, Lexis Nexis, Wien 2018, p. 23.

29 M. Weichbold, *Haftung und Versicherung bei Unfällen automatisierter Fahrzeuge*, Manz, Vienna 2022, pp. 37–38.

30 M. Weichbold, *Haftung und Versicherung bei Unfällen automatisierter Fahrzeuge*, Manz, Vienna 2022, p. 40.

31 M. Weichbold, *Haftung und Versicherung bei Unfällen automatisierter Fahrzeuge*, Manz, Vienna 2022, pp. 40–42.

also **remain in place for automated vehicles** (of any level of automation) and are likely to become increasingly important in the future as possible grounds for fault liability on part of the driver.[32]

3.2 Liability of the Vehicle Keeper

The **vehicle keeper** is subject to **strict liability** under Austrian tort law. The legal basis for this is provided by the EKHG ("Eisenbahn- und Kraftfahrzeughaftpflichtgesetz")[33] which links the liability of the vehicle keeper to an **accident while operating a motor vehicle**. The vehicle keeper in the sense of the EKHG can be understood as the person who decides on the use of the vehicle and bears the ongoing costs of the vehicle maintenance and use. This person does not have to be identical with the owner of the vehicle and the criteria can also apply to several persons at the same time, who are then jointly and severally liable as "co-keepers" for accidents during operation. For the liability of the keeper it is also irrelevant whether the keeper himself puts the vehicle into operation or whether the vehicle is used by another person with the consent of the keeper. **Accidents** during the operation of an **automated vehicle** are – regardless of the degree of vehicle automation – subject to the EKHG and **trigger strict liability** of the vehicle keeper in the same manner as accidents of conventional vehicles do.[34]

§ 9 EKHG provides for an **exception to the keeper's liability** in the event that the accident is caused by an **unavoidable event**. This is the case if neither the keeper nor the person operating the vehicle with the keeper's consent can be accused of a breach of the duty of care, however slight, and the accident is not due to a defect in the condition or a fault in the equipment of the motor

32 M. Weichbold, *Haftung und Versicherung bei Unfällen automatisierter Fahrzeuge*, Manz, Vienna 2022, pp. 38–40; L. Windsteiger, Autonomes Fahren. *Materiellrechtliche Haftung nach ABGB, EKHG und PHG und versicherungsrechtliche Deckung nach KHVG und AKHB*, LexisNexis, 2018 Vienna, pp. 43–45; W. Kath, *Auf dem Weg zum autonomen Fahren: haftungs- und versicherungsrechtliche Aspekte*, Lexis Nexis, Wien 2018, p. 23.

33 Bundesgesetz vom 21. Jänner 1959 über die Haftung für den Ersatz von Schäden aus Unfällen beim Betrieb von Eisenbahnen und beim Betrieb von Kraftfahrzeugen (Eisenbahn- und Kraftfahrzeughaftpflichtgesetz – EKHG). StF: BGBl. Nr. 48/1959.

34 M. Weichbold, *Haftung und Versicherung bei Unfällen automatisierter Fahrzeuge*, Manz, Vienna 2022, pp. 49–52; M. Harnoncourt, Haftungsrechtliche Aspekte des autonomen Fahrens, in I. Eisenberger, K. Lachmayer and G. Eisenberger (eds), *Autonomes Fahren und Recht*, Manz, Wien 2017, p. 112; W. Kath, *Auf dem Weg zum autonomen Fahren: haftungs- und versicherungsrechtliche Aspekte*, Lexis Nexis, Wien 2018, pp. 24–25; L. Windsteiger, Autonomes Fahren. *Materiellrechtliche Haftung nach ABGB, EKHG und PHG und versicherungsrechtliche Deckung nach KHVG und AKHB*, LexisNexis, 2018 Vienna, pp. 7–8; N. Amlacher and M. Andréewitsch, Rechtliche Fragen des autonomen Fahrens – Haftung (Teil II), *jusIT 2017*, p. 210; H. Templ, Über „die Haftungsfrage" von selbsttätig am Verkehr teilnehmenden Kfz, *ZVR 2016*, p. 12.

vehicle. If a traffic accident is caused by the **defect of a driver assistance system**, the vehicle keeper cannot invoke the occurrence of an unavoidable event and an exemption from liability according to § 9 EKHG, because in this case a defect in the condition of the automated vehicle is causal for the accident.[35] **Hacker attacks** against the software of an automated vehicle, which briefly interfere with the vehicle control, are also to be covered by the scope of application of § 9 EKHG and thus lead to a disruption of the technical operation of the vehicle, so that the vehicle keeper cannot invoke an exception from strict liability in this case either.[36] Only in the (probably extremely rare) cases where the hacker can put a parked vehicle into operation and exercise the entire control of the vehicle over a longer period of time, it could be argued that the vehicle is no longer in operation with the consent of the keeper. The keeper would in this scenario only be liable if he has culpably enabled the hacker's operation (§ 6 para 1 sentence 2 EKHG).[37]

In the context of strict liability, in my opinion, the **non-use of a driver assistance** system that increases road safety can also lead to the accident not being an unavoidable event within the meaning of § 9 EKHG and the keeper thus remaining liable. Regardless of the existence of a positive legal obligation to actually use a driver assistance system, the keeper of the vehicle does not in fact exercise all possible care when deciding not to use a driver assistance system that would have provided more road safety than a human driver. In order to avoid liability in this case, the keeper can only provide counter-evidence of causality by proving that the accident would have occurred likewise if he had used the driver assistance systems.[38]

---

35 M. Weichbold, *Haftung und Versicherung bei Unfällen automatisierter Fahrzeuge*, Manz, Vienna 2022, pp. 55–57; M. Harnoncourt, Haftungsrechtliche Aspekte des autonomen Fahrens, in I. Eisenberger, K. Lachmayer and G. Eisenberger (eds), *Autonomes Fahren und Recht*, Manz, Wien 2017, pp. 113–114 ; N. Amlacher and M. Andréewitsch, Rechtliche Fragen des autonomen Fahrens – Haftung (Teil II), *jusIT 2017*, p. 210; W. Kath, *Auf dem Weg zum autonomen Fahren: haftungs- und versicherungsrechtliche Aspekte*, Lexis Nexis, Wien 2018, p. 25.

36 M. Weichbold, *Haftung und Versicherung bei Unfällen automatisierter Fahrzeuge*, Manz, Vienna 2022, pp. 60–61; M. Harnoncourt, Haftungsrechtliche Aspekte des autonomen Fahrens, in I. Eisenberger, K. Lachmayer and G. Eisenberger (eds), *Autonomes Fahren und Recht*, Manz, Wien 2017, pp. 113–114; A. Eustacchio, Automatisiert zum Recht – Zum Kriterium der Sicherheit und zur Haftung für Assistenzsysteme in selbstfahrenden KFZ, *ZVR 2017*, p. 511.

37 M. Weichbold, *Haftung und Versicherung bei Unfällen automatisierter Fahrzeuge*, Manz, Vienna 2022, pp. 61–63.

38 M. Weichbold, *Haftung und Versicherung bei Unfällen automatisierter Fahrzeuge*, Manz, Vienna 2022, pp. 57–60; for a dissenting view see: L. Windsteiger, Autonomes Fahren. *Materiellrechtliche Haftung nach ABGB, EKHG und PHG und versicherungsrechtliche Deckung nach KHVG und AKHB*, LexisNexis, 2018 Vienna, pp. 20–21.

In contrast to liability for fault under the ABGB, the EKHG does not provide for unlimited liability, but sets **liability limits** in §§ 15 et seq. EKHG, that cap the traffic victim's claim for damages. This liability limits indisputably also apply to accidents involving automated vehicles.[39]

3.3 Liability of the Vehicle Producer

The most promising legal basis[40] **for vehicle manufacturer** liability under Austrian law is the PHG ("Produkthaftungsgesetz"),[41] which is based on the **European Union's Product Liability Directive.**[42] The PHG and the underlying Product Liability Directive do not link the manufacturer's liability for damages to unlawful and culpable conduct, but also do not impose genuine strict liability. The product liability of the manufacturer according to the PHG and the Product Liability Directive is triggered by **putting a defective product into circulation.** In this context, not only the final manufacturer but also the manufacturer of the product components is to be regarded as the manufacturer. If the vehicle manufacturer therefore installs faulty parts from a feeder company, both are liable for damages under product liability law.

"Product" is defined in § 4 PHG as any **movable physical object**, even if it is a part of another movable object or has been connected to an immovable object. The legal classification of an **automated vehicle as such** as a product is undoubted, so that the final manufacturer of a defective automated vehicle is liable in any case within the scope of the PHG.[43] On the other hand, the liability of the developer of the assistance software (if it is a legal entity other

39 M. Weichbold, *Haftung und Versicherung bei Unfällen automatisierter Fahrzeuge*, Manz, Vienna 2022, p. 67.

40 Of course, the manufacturer could also be held liable on the basis of the general liability of the Austrian Civil Code (ABGB). Since there is typically no contractual relationship between the road accident victim and the manufacturer, an attribution of fault of the employees towards the manufacturers would only be possible in exceptional cases under Austrian law (see § 1315 ABGB). The enforcement of claims for damages on this basis therefore seems rather unlikely in practice.

41 Bundesgesetz vom 21. Jänner 1988 über die Haftung für ein fehlerhaftes Produkt (Produkthaftungsgesetz). StF: BGBl. Nr. 99/1988.

42 Council Directive (85/474/EEC) of 25 July 1985 on the approximation of the laws, regulations and administrative provisions of the Member States concerning liability for defective products L210/29.

43 M. Weichbold, *Haftung und Versicherung bei Unfällen automatisierter Fahrzeuge*, Manz, Vienna 2022, pp. 104–105; L. Windsteiger, Autonomes Fahren. *Materiellrechtliche Haftung nach ABGB, EKHG und PHG und versicherungsrechtliche Deckung nach KHVG und AKHB*, LexisNexis, 2018 Vienna, p. 54; W. Kath, *Auf dem Weg zum autonomen Fahren: haftungs- und versicherungsrechtliche Aspekte*, Lexis Nexis, Wien 2018, p. 27; A. Eustacchio, Automatisiert zum Recht – Zum Kriterium der Sicherheit und zur Haftung für Assistenzsysteme

than the final manufacturer) depends on whether the **software** is considered a product within the meaning of product liability law. The answer to this question is particularly important if both the vehicle and the software were originally placed on the market without defects, but the software manufacturer later applies a defective **software update** to the vehicle, because in this scenario the software producer is the only possible addressee of product liability. Whether software can be considered a product in the sense of product liability law is highly controversial in Austrian legal literature.[44] Although both the PHG and the Product Liability Directive assume a physical product concept, there are, in my opinion, strong teleological arguments for including software programs per analogiam in the product liability regime in order to close a gap created by digitalization and automation.[45]

For the legal classification of a driver assistance system as a product, it should also be irrelevant whether it directly intervenes in the driving of the vehicle or merely provides the driver with **information and signals.** In the case of informative driver assistance systems, the defectiveness may, in my opinion, also result from the incorrectness of the content of the information provided (e.g. an incorrect signal that a lane change is possible without danger).[46]

The **defectiveness** of a driver assistance system is to be assessed according to the general criteria of product liability law: In general, a product is defective if it does not provide the safety that one is entitled to expect, taking all circumstances into account. Decisive for the determination of the defectiveness are therefore the **justified safety expectations** of a typical consumer. In this context, the **manufacturer's advertising and safety instructions** play a significant role: For example, if manufacturers explicitly advertise lower accident probabilities and increased driving safety of automated vehicles compared to conventional vehicles, or if they use slogans that suggest that monitoring measures by the driver are unnecessary, the justified safety expectations of the consumer are increased.[47] The applicable **traffic regulations** can also influence the justified safety expectations, because the consumer will typically be entitled to

---

in selbstfahrenden KFZ, *ZVR 2017*, p. 512; N. Amlacher and M. Andréewitsch, Rechtliche Fragen des autonomen Fahrens – Haftung (Teil II), *jusIT 2017*, p. 213.

44 For the Discussion see: C. Rabl, *PHG*, LexisNexis, Vienna 2016, § 4 n. 54.

45 M. Weichbold, *Haftung und Versicherung bei Unfällen automatisierter Fahrzeuge*, Manz, Vienna 2022, pp. 108–112.

46 M. Weichbold, *Haftung und Versicherung bei Unfällen automatisierter Fahrzeuge*, Manz, Vienna 2022, pp. 116–118.

47 M. Weichbold, *Haftung und Versicherung bei Unfällen automatisierter Fahrzeuge*, Manz, Vienna 2022, pp. 119–120; Eustacchio, Automatisiert zum Recht – Zum Kriterium der Sicherheit und zur Haftung für Assistenzsysteme in selbstfahrenden KFZ, *ZVR 2017*, p. 512

rely on the fact that the vehicle actually has the functional capability that is required by road traffic law. On the other hand, it seems in my opinion less sensible to use the **(fictitious) behaviour of a human driver** in a concrete driving situation as a guideline for the justified safety expectations: The potential dangers of driver assistance systems are fundamentally different from those of a human driver, so that the justified safety expectations are not that the automated vehicle will act exactly like a human driver in every driving situation.[48]

In the context of the defectiveness, there are particular difficulties in classifying the so-called **autonomy risk**; i.e. the risk that a driver assistance system makes an incorrect driving decision based on its autonomous decision-making capability. If the manufacturer does not warn sufficiently of the danger, the driver assistance system is defective. If, on the other hand, sufficient warning was given, not every incorrect decision by the system is in my opinion to be automatically considered as a product defect.[49] Similar issues arise in the case of accidents that are exclusively attributable to the use of **self-learning systems.** Here, too, the justified expectations of safety do not consist in absolute freedom from accidents, so that there is an area of unavoidable residual risks for which the manufacturer is not responsible under product liability law, provided that he has given adequate warning of them.[50]

4 *Civil Liability de lege Ferenda*

4.1 Liability of the Vehicle Keeper

In Austrian academic legal literature, two aspects are used as **justification** for the **strict liability of the vehicle keeper**: First of all, it is argued that the keeper derives a **benefit from the dangerous operation** of a motor vehicle, which is why it seems appropriate to also allocate the resulting damage to him. Secondly, it is emphasised that the vehicle keeper is typically in the best position to **control the operational risk** of the motor vehicle and also **causes this operational risk** by deciding on the use of the vehicle.[51]

In light of these considerations, **strict liability of the vehicle keeper** de lege ferenda also seems **justified** in the case of **automated vehicles**: In the case of

48 M. Weichbold, *Haftung und Versicherung bei Unfällen automatisierter Fahrzeuge*, Manz, Vienna 2022, pp. 121–122.

49 M. Weichbold, *Haftung und Versicherung bei Unfällen automatisierter Fahrzeuge*, Manz, Vienna 2022, pp. 123–128; see aslo: F. Reinisch, Künstliche Intelligenz – Haftungsfragen 4.0 und weitere zivilrechtliche Überlegungen zu autonomen Systemen, *ÖJZ 2019*, p. 303.

50 M. Weichbold, *Haftung und Versicherung bei Unfällen automatisierter Fahrzeuge*, Manz, Vienna 2022, p. 130.

51 M. Schauer, *EKHG*, 4th ed., Lexis Nexis, Vienna 2016, Vor § 1 n. 1; F. Harrer, Reformerfordernisse im österr Schadenersatzrecht, *JBL* 1996, 19 (21).

driver assistance systems in the low-level range, it is still the vehicle keeper who largely controls the operational risk of the vehicle due to the comprehensive monitoring and intervention duties. With higher-level driver assistance systems, the vehicle keeper no longer controls the operational risk to the same extent. However, the keeper remains the person who initiates the operational risk by deciding whether to put the automated vehicle into operation and derive the benefit from the ongoing use of the vehicle.[52]

De lege ferenda the **liability limits** set out in §§ 15 et seq. EKHG should (at least for automated vehicles) be **deleted without replacement.** Since the driver's liability for fault (unlimited in terms of amount) is pushed back by vehicle automation,[53] the liability limits in § 15 et seq. EKHG could lead to a general capping of accident victims' claims for damages, which does not seem appropriate.[54]

4.2 Liability of the Vehicle Producer

De lege ferenda, **liability** of the **vehicle manufacturer** seems absolutely **essential** in all cases where the accident is due to the **defect of a driver assistance system.** This conclusion follows both from the idea of harm prevention under tort law and from the legal economic approach of the "cheapest cost avoider".[55] The accountability of the vehicle manufacturer for accidents caused by the defect of a driver assistance system is in principle already mandated by the existing product liability law, however, it should not be overlooked that an actual liability of the manufacturer in certain cases (e.g. when it comes to the classification of software under product liability law) is at least controversial.[56]

Irrespective of this, there are de lege ferenda **good reasons** for holding the **manufacturer** of a highly automated vehicle also **liable** for those **accidents that cannot (provably) be attributed to a defect of a driver assistance system**: From a legal doctrinal point of view, this approach is supported by a partial shift in the justification of the keeper's liability to the disadvantage of the

---

52 M. Weichbold, *Haftung und Versicherung bei Unfällen automatisierter Fahrzeuge*, Manz, Vienna 2022, pp. 66–67; Lohmann, Liability Issues concerning Self-Driving Vehicles, *EJRR 2016*, p. 338; from the German literature see also: C. Armbrüster, Automatisiertes Fahren – Paradigmenwechsel im Straßenverkehrsrecht? *ZRP 2017*, p. 84; G. Wagner, Verantwortlichkeit im Zeichen digitaler Techniken, *VersR 2020*, pp. 731–732.

53 See chapter 2, I. A.

54 M. Weichbold, *Haftung und Versicherung bei Unfällen automatisierter Fahrzeuge*, Manz, Vienna 2022, pp. 67–70 Lohmann, Liability Issues concerning Self-Driving Vehicles, *EJRR 2016*, p. 338; from the German literature see also: *Wagner*, Produkthaftung für autonome Systeme, AcP 2017, p. 762.

55 M. Weichbold, *Haftung und Versicherung bei Unfällen automatisierter Fahrzeuge*, Manz, Vienna 2022, pp. 134–136.

56 See Chapter 2, I. C.

manufacturer. This is due to the fact that with the increase in vehicle automation and the transfer of driving tasks to the vehicle, the vehicle manufacturer can better control the operational risk of the vehicle than the keeper.[57] From a legal economic point of view, the argument in favour of a defect-independent liability of the vehicle manufacturer is that only with such a liability system the activity level of the manufacturer can be controlled.[58] Current product liability law does not meet these demands, as it links the manufacturer's liability to a product defect and therefore does not impose a genuine strict liability system.

Based on these considerations, it should de lege ferenda be considered to **include** the liability of manufacturers of highly automated vehicles (e.g. from level 3) in the **strict liability regime of the *EKHG*.** On the one hand, this would have the advantage of avoiding uncertainties in the classification of driver assistance software as a product; on the other hand, producer liability would be further developed into a genuine strict liability system.[59] Under this proposal, manufacturers of highly automated vehicles would be jointly and severally liable with the vehicle keeper. Due to the fully harmonising nature of the Product Liability Directive, this approach could of course only be implemented on the basis of EU law.[60]

SECTION 3: Implications in Other Areas of Law

5 *Insurance Law*

5.1 Motor Vehicle Liability Insurance

Under Austrian law,[61] **motor vehicle liability insurance** must be taken out for motor vehicles registered for traffic, which covers claims for damages by third

57 M. Weichbold, *Haftung und Versicherung bei Unfällen automatisierter Fahrzeuge*, Manz, Vienna 2022, pp. 138–139; from the German literature see also: G. Wagner, Verantwortlichkeit im Zeichen digitaler Techniken, *VersR* 2020, pp. 724–725; T. Hey, *Die außervertragliche Haftung des Herstellers autonomer Fahrzeuge bei Unfällen im Straßenverkehr*, Springer Gabler, Wiesbaden 2018, pp. 192–193.

58 M. Weichbold, *Haftung und Versicherung bei Unfällen automatisierter Fahrzeuge*, Manz, Vienna 2022, p. 140; H. Eidenmüller, Machine Performance and Human Failure: How Shall We Regulate Autonomous Machines?, *Journal of Business & Technology Law* 2019, p. 121.

59 M. Weichbold, *Haftung und Versicherung bei Unfällen automatisierter Fahrzeuge*, Manz, Vienna 2022, pp. 142–144.

60 M. Weichbold, *Haftung und Versicherung bei Unfällen automatisierter Fahrzeuge*, Manz, Vienna 2022, pp. 150–151; from the German literature see also: T. Hey, *Die außervertragliche Haftung des Herstellers autonomer Fahrzeuge bei Unfällen im Straßenverkehr*, Springer Gabler, Wiesbaden 2018, pp. 239–240.

61 See § 62 KFG.

parties arising from the use of the vehicle. Since automated vehicles – regardless of their degree of automation – are to be regarded as motor vehicles, this **insurance obligation** undoubtedly also applies **to automated vehicles.** The motor vehicle liability insurance covers claim for damages against both the keeper and the driver of the automated vehicle, but does not include claims for damages against the vehicle manufacturer.[62]

Although accidents involving automated vehicles are generally covered by motor vehicle liability insurance, there are conceivable cases in which the **insurer** may be **exempt from paying benefits:** Under Austrian insurance law, the insurer can, for example, be released from the obligation to pay benefits if the insuree failed to disclose or incorrectly disclosed risk-relevant circumstances when the contract was concluded. In the context of automated vehicles, this could be the case if the insuree made **incorrect statements** about the **presence of certain assistance systems** when concluding the contract.[63] Cases of exemption from benefits are further conceivable if the insuree uses **defective assistance** systems over a longer period of time and thus permanently **increases the insured risk.**[64] In the scenarios outlined, however, the insurer's exemption from benefits does not apply with respect to the injured third party: The insurer thus remains obliged to pay insurance benefits to the accident victim and can only later (partially) recourse against the insuree.[65]

If the traffic accident is due to a technical defect of the automated vehicle, so that the vehicle manufacturer is also liable in addition to the vehicle keeper, the **insurer** can (partially) take **recourse** against the **vehicle manufacturer** after providing the insurance benefit.[66] With increasing vehicle automation

62 M. Weichbold, *Haftung und Versicherung bei Unfällen automatisierter Fahrzeuge*, Manz, Vienna 2022, pp. 73–75.

63 M. Weichbold, *Haftung und Versicherung bei Unfällen automatisierter Fahrzeuge*, Manz, Vienna 2022, pp. 76–80; L. Windsteiger, *Autonomes Fahren. Materiellrechtliche Haftung nach ABGB, EKHG und PHG und versicherungsrechtliche Deckung nach KHVG und AKHB*, LexisNexis, 2018 Vienna, p. 73.

64 M. Weichbold, *Haftung und Versicherung bei Unfällen automatisierter Fahrzeuge*, Manz, Vienna 2022, pp. 82–86 ; L. Windsteiger, *Autonomes Fahren. Materiellrechtliche Haftung nach ABGB, EKHG und PHG und versicherungsrechtliche Deckung nach KHVG und AKHB*, LexisNexis, 2018 Vienna, p. 75.

65 M. Weichbold, *Haftung und Versicherung bei Unfällen automatisierter Fahrzeuge*, Manz, Vienna 2022, pp. 80, 85–86.

66 M. Harnoncourt, Haftungsrechtliche Aspekte des autonomen Fahrens in I. Eisenberger, K.Lachmayer and G. Eisenberger (eds), *Autonomes Fahren und Recht*, Manz, Wien 2017, p. 121; M. Kainz, Exkurs: Schadenersatz und Leistung bei teil- und vollautonomen Fahrzeugen in der KFZ-Versicherung in M. Kainz, N. Michtner and W. Reisinger, *Die Kfz-Versicherung*, Verlag Österreich, Wien 2017, p. 184.

and the growing frequency of technically related traffic accidents, these recourse proceedings between motor vehicle liability insurers and vehicle manufacturers are likely to gain importance. In order to avoid inefficiencies in the long term, consideration should therefore be given to replace these individual recourse procedures with **alternative forms of claims settlement.**[67] In this context, the conclusion of a collective claims' settlement agreement between the motor liability insurers and the business liability insurers of the vehicle manufacturers could prove to be such an economically efficient alternative.[68] Alternatively, it would, de lege ferenda, be conceivable to include manufacturers of highly automated vehicles in the motor vehicle liability insurance already on a legislative basis and to impose a premium payment obligation on them in return.[69]

5.2 Comprehensive Motor Vehicle Insurance

Comprehensive motor insurance only covers damage to the (automated) vehicle and is therefore not rooted in the idea of protecting traffic victims. Unlike for motor vehicle liability insurance, there is under Austrian law also no obligation to take out comprehensive motor vehicle insurance, and the insurers enjoy greater flexibility in structuring the insurance coverage.[70] The **hazards insured** under comprehensive insurance (e.g. accidents) threaten **automated vehicles** in largely **similar ways** to conventional vehicles, so there is no specific need for action in the design of the insurance conditions.[71]

However, insurers could use the increased leeway to impose **new obligations** on insurees for the use of automated vehicles. Unlike in the area of motor vehicle liability insurance, it would be conceivable to implement an **obligation for the insuree, to actually use the driver assistance** systems, so that the insurer would be exempt from paying benefits under certain circumstances if

67 M. Weichbold, *Haftung und Versicherung bei Unfällen automatisierter Fahrzeuge*, Manz, Vienna 2022, pp. 168–171; M. Schubert, Autonome Fahrzeuge – Vorüberlegungen zu einer Reform des Haftungsrechts, Phi 2015, p. 48.

68 M. Weichbold, *Haftung und Versicherung bei Unfällen automatisierter Fahrzeuge*, Manz, Vienna 2022, pp. 174–175; G. Wagner, Produkthaftung für autonome Systeme, *AcP 2017*, p. 761.

69 M. Weichbold, *Haftung und Versicherung bei Unfällen automatisierter Fahrzeuge*, Manz, Vienna 2022, pp. 171–174; W. Kath, *Auf dem Weg zum autonomen Fahren: haftungs- und versicherungsrechtliche Aspekte*, Lexis Nexis, Wien 2018, p. 40; M. Schubert, Autonome Fahrzeuge – Vorüberlegungen zu einer Reform des Haftungsrechts, *Phi 2015*, pp. 49–50.

70 M. Weichbold, *Haftung und Versicherung bei Unfällen automatisierter Fahrzeuge*, Manz, Vienna 2022, p. 178.

71 M. Weichbold, *Haftung und Versicherung bei Unfällen automatisierter Fahrzeuge*, Manz, Vienna 2022, pp. 179–185.

the systems were not used.[72] This approach could for instance be appropriate if the insurer wants to reward the use of certain, particularly road-safe assistance systems with a premium discount. Apart from that, the cases in which the insurer may possibly invoke his exemption from performance largely correspond to the legal situation in the area of motor vehicle liability insurance law.

6 *Criminal Law*

According to Austrian law, criminal conduct requires an **unlawful and culpable act.** In the area of road traffic, accidents with personal injury caused by negligence are typically relevant for criminal offences. The criminal liability of the **vehicle driver** is of course strongly related to his civil liability for fault and essentially revolves around the question of whether the vehicle driver can be accused of fault in accidents involving automated vehicles. As already shown above, the shift of driving tasks from the driver to the vehicle means that the basis for a possible breach the duty of care increasingly ceases to exist:[73] Whereas in the case of low-level assistance systems it will often be possible to accuse the driver of culpability on the basis of a breach of the constant monitoring and intervention duties, in the case of higher-level assistance systems there is a lack of comparable duties of care. As **vehicles** become **more automated**, the **criminal responsibility** of the driver is therefore likely to be **pushed further and further back.**[74]

In Austrian legal literature, it has already been pointed out that in the future certain **persons** on the **side of the manufacturer** (e.g. developers or programmers of the assistance software) could increasingly be held **criminally liable** in the event of traffic accidents with automated vehicles.[75] This would, of course, require that the accident-causal defect of the vehicle can be traced back to the conduct of a very specific employee and that this person can also be personally blamed for the vehicle defect. If this evidence cannot be provided in criminal

72 M. Weichbold, *Haftung und Versicherung bei Unfällen automatisierter Fahrzeuge*, Manz, Vienna 2022, pp. 188–192; L. Windsteiger, *Autonomes Fahren. Materiellrechtliche Haftung nach ABGB, EKHG und PHG und versicherungsrechtliche Deckung nach KHVG und AKHB*, LexisNexis, Vienna 2018, pp. 80–81.

73 See Chapter 2, I. A.

74 O. Plöckinger, (Voll-)Autonomes Fahren und Strafrecht. Das StGB 1975 auf dem Prüfstand einer zunehmend digitalisierten Welt, ÖJZ 2019, pp. 453–454.

75 K. Bruckmüller and S. Schumann, Automatisiertes und autonomes Fahren: Strafrechtliche Rahmenbedingungen in Österreich, in I. Eisenberger, K.Lachmayer and G. Eisenberger (eds), *Autonomes Fahren und Recht*, Manz, Wien 2017, pp. 132–135.

proceedings, the employee can of course not be held criminally liable.[76] In general, it can therefore be reasonably assumed that in the future there will be more road accidents involving personal injury or death for which no person can be held criminally responsible.[77]

Finally, it should be noted that the increasing **elimination of criminal liability** has a practically significant **disadvantage for the traffic accident victim.** Under Austrian **criminal procedure law**, the victim has the right to participate in the criminal proceedings against the perpetrator and to claim his or her damages (without the cost risk of civil proceedings) already at the stage of the criminal proceedings. If criminal proceedings are initiated less frequently in automated traffic accidents in the future, victims of traffic accidents will also increasingly be unable to enforce their claims for damages in these proceedings.[78]

7 *Data Protection Law*

Specific data protection requirements for automated vehicles exist under Austrian law only with regard to the use of driver assistance systems for testing purposes:[79] According to § 5 AutomatFahrVO, every automated vehicle used for test purposes must have an accident data recorder, which has to be activated during the test drives and must only record data from the electronic control units of the vehicle. This data may only be used for testing purposes and the reconstruction of critical situations or accidents. Accident-related data for the period of 30 seconds before and after the accident must also be made available to the Austrian investigating authorities and the BMVIT.

Apart from this, the AutomatFahrVO does not contain any data-protection-specific provisions: In particular, it is not regulated under which conditions private actors can process the data of the automated vehicle: An interest in the processing of the data will predominantly be held by the vehicle manufacturer, who will use the vehicle data primarily for the further technical development of his assistance systems, but may also wish to use them for direct commercial purposes.[80] Under certain circumstances, however, other persons may also be

76 H. Luef-Kölbl, Strafrechtliche Verantwortlichkeit des Produzenten im Zeitalter Künstlicher Intelligenz, *jusIT 2020*, p. 177.

77 O. Plöckinger, (Voll-)Autonomes Fahren und Strafrecht. Das StGB 1975 auf dem Prüfstand einer zunehmend digitalisierten Welt, ÖJZ 2019, p. 456.

78 M. Weichbold, *Haftung und Versicherung bei Unfällen automatisierter Fahrzeuge*, Manz, Vienna 2022, pp. 48–49.

79 For the use cases for testing purposes under Austrian Law see : Chapter 1, I. A.

80 N. Amlacher/M. Andréewitch, Rechtliche Fragen des autonomen Fahrens – Datenschutz (III), *JusIT 2018*, p. 21.

interested in the vehicle data: For example, an accident victim might want to have access to the data in order to be able to enforce possible claims for damages. Finally, the car insurer, who wishes to calculate the premium on basis of the car data, is also a potential interest.

In the absence of specific regulations for automated vehicles, such problems can de lege lata only be addressed with recourse to general data protection law. In this context, it is particularly relevant whether the data to be processed are to be considered personal data in the sense of the General Data Protection Regulation (see Article 4 nr 1 GDPR).[81] This question can, of course, only be answered on a case-by-case basis with regard to the specific type of data that is being processed. However, the legal literature in Austria assumes that at least the majority of the data typically processed in the context of automated driving has a personal reference: Even if the data seems superficially to be of a technical nature (e.g. vehicle location or vehicle movement), the information might become personal data through the storage of vehicle-identifying characteristics together with number plate and the personal data of the vehicle keeper.[82] Only in certain exceptional cases – for example, if the processed data cannot be linked to the vehicle keeper due to anonymisation or if the processed data are actually exclusively vehicle-related – no personal data are involved.[83]

The central consequence of classifying the information as personal data is that processing in this case is only permissible in accordance with the rules of the GDPR: From this follows, that a manufacturer (or another private actor) may only process the data if one of the grounds laid down in Article 6 para 1 GDPR applies.[84] In many cases, the consent of the vehicle keeper will be obtained as basis for processing the data (Article 6 para 1 lit a GDPR).[85] However, it does

81 Regulation (EU) 2016/679 of 27 April 2016 on the protection of natural persons with regard to the processing of personal data and on the free movement of such data, and repealing Directive 95/46/EC (General Data Protection Regulation) [2016] L119/1.

82 N. Amlacher/M. Andréewitch, Rechtliche Fragen des autonomen Fahrens – Datenschutz (III), *JusIT 2018*, p. 21; G. Kunnert, Autonomes Fahren aus datenschutzrechtlicher Sicht, in I. Eisenberger, K.Lachmayer and G. Eisenberger (eds), *Autonomes Fahren und Recht*, Manz, Wien 2017, pp. 188–189; G. Kunnert, Das vernetzte Automobil aus datenschutzrechtlicher Sicht. *ZVR 2015*, p. 482; N. Forgó, DSGVO, Dateneigentum und autonomes Fahren: eine Beziehungsgeschichte, *ZVR 2018*, pp. 454–455.

83 N. Forgó, DSGVO, Dateneigentum und autonomes Fahren: eine Beziehungsgeschichte, *ZVR 2018*, p. 456.

84 N. Amlacher/M. Andréewitch, Rechtliche Fragen des autonomen Fahrens – Datenschutz (III), *JusIT 2018*, p. 21; N. Forgó, DSGVO, Dateneigentum und autonomes Fahren: eine Beziehungsgeschichte, *ZVR 2018*, p. 455.

85 G. Kunnert, Autonomes Fahren aus datenschutzrechtlicher Sicht, in I. Eisenberger, K. Lachmayer and G. Eisenberger (eds), *Autonomes Fahren und Recht*, Manz, Wien 2017, p. 197.

also not seem ruled out that in some cases producers or insurers may be able to rely on the fact that processing certain data is necessary to perform their contractual obligations towards the vehicle keeper (Article 6 para 1 lit b GDPR).[86] Regardless of the legal basis of the data processing, the general principles of Article 5 GDPR must of course also be observed ("lawfulness, fairness and transparency, purpose limitation, minimisation, accuracy, storage limitation, integrity and confidentiality").[87] Vehicle data can therefore not be processed to any extent and for any purpose, but only within the restrictive limits of these criteria.[88]

---

86 N. Amlacher/M. Andréewitch, Rechtliche Fragen des autonomen Fahrens – Datenschutz (III), *JusIT 2018*, p. 22. Of course, the specific contract and the type of data to be processed are decisive here. However, if it has been contractually agreed that the insurer will include certain vehicle data in the premium calculation, or if the vehicle manufacturer is subject to ongoing updating obligations, data processing on this basis seems entirely conceivable.

87 G. Kunnert, Autonomes Fahren aus datenschutzrechtlicher Sicht, in I. Eisenberger, K.Lachmayer and G. Eisenberger (eds), *Autonomes Fahren und Recht*, Manz, Wien 2017, p. 197.

88 N. Amlacher/M. Andréewitch, Rechtliche Fragen des autonomen Fahrens – Datenschutz (III), *JusIT 2018*, p. 22.

Autonomous Vehicles Facing the Law

A Belgian Perspective

Marc Kruithof and Jan De Bruyne***

1 Introduction

Artificial intelligence[1] (AI) and robots are becoming increasingly important in our daily lives. AI systems are already used for a variety of purposes and deployed in many sectors.[2] Examples are surgical robots, chatbots, large language models, and virtual assistants. AI is also being relied upon for fraud detection, diagnosis of diseases (*cf.* IBM's WATSON)[3] or marketing purposes (*cf.* personalised targeting). A more prominent example of this AI-(r)evolution are autonomous vehicles.[4] Indeed, so-called 'self-driving cars' are no longer a

---

* Professor of Civil Liability (Torts) and Comparative Law at Ghent University ('UGhent'), PhD in Law (UGhent, 2009), LL.M. (Yale Law School, 1986), Licentiate in Economic Science (UGhent, 1985), Licentiate in Law (UGhent, 1983).

** Professor IT Law and Head of the Centre for IT & IP Law at KU Leuven, PhD in Law (UGhent, 2018), Master of Laws (UGhent, 2012), Master in Political Sciences: EU Studies (UGhent, 2008). This contribution still refers to the AI Liability Directive proposal. This has been revoked in the meantime by the European Commission.

1 The scope of this report does not allow for an in-depth discussion of the concept of AI. We use the concept as it is defined in Article 3(1) in the EU Artificial Intelligence Act (Regulation (EU) 2024/1689 of the European Parliament and of the Council of 13 June 2024 laying down harmonised rules on artificial intelligence and amending Regulations (EC) No 300/2008, (EU) No 167/2013, (EU) No 168/2013, (EU) 2018/858, (EU) 2018/1139 and (EU) 2019/2144 and Directives 2014/90/EU, (EU) 2016/797 and (EU) 2020/1828 (Artificial Intelligence Act), *OJ* L, 2024/1689 of 12 July 2024): a "machine-based system that is designed to operate with varying levels of autonomy and that may exhibit adaptiveness after deployment, and that, for explicit or implicit objectives, infers, from the input it receives, how to generate outputs such as predictions, content, recommendations, or decisions that can influence physical or virtual environments." More generally on AI, see S.J. Russell and P. Norvig, *Artificial Intelligence: A Modern Approach*, Pearson Education Limited, London, 2016.

2 R. Leenes et al., 'Regulatory Challenges of Robotics: Some Guidelines for Addressing Legal and Ethical Issues', (2017) 9 *Law, Innovation and Technology* 1–44, at 2; G. Hallevy, 'The Criminal Liability of Artificial Intelligence Entities – From Science Fiction to Legal Social Control', (2010) 4 *Akron Intellectual Property Journal* 171–201, at 172. See in general: OECD, *Artificial Intelligence in Society*, OECD Publishing, Paris, 2019.

3 P. Marks, 'Dr House Goes Digital as IBM's Watson Diagnoses Rare Diseases', *New Scientist* 18 October 2016.

4 See for extensive analysis: J. De Bruyne (ed.), *Autonome motorvoertuigen: een multidisciplinair onderzoek naar de maatschappelijke impact*, Vanden Broele, Bruges, 2021; O. Dheu, *Autonomous vehicles crashing the law? A prospective study of civil liability and compensation*

 | DOI:10.1163/9789004711891_004

mere futuristic idea. Mercedes-Benz, for instance, became in October 2021 the world's first automaker to gain regulatory approval for a 'Level 3' autonomous system.[5] However, vehicles will not suddenly become fully autonomous, if even ever at all. Instead, technology will gradually take over a user's control over the vehicle in different steps. In this regard, the Society of Automotive Engineers (SAE) adopted a taxonomy of 'Levels of Driving Automation',[6] which has been the industry's most-cited source for driving automation classification. Belgian policy-makers also rely on this taxonomy when regulating the automation of vehicles. The Code of Practice for Testing Autonomous Vehicles in Belgium, which was issued by the Belgian Federal administration in 2016,[7] for example, explicitly refers to the SAE taxonomy. As such, the SAE levels are also taken into account and the starting point when evaluating the Belgian legal framework in the context of autonomous vehicles.[8]

The SAE defines six levels of driving automation.[9] Level 0 vehicles have no driving automation and have been on the roads for more than a century. In such cars, the user has full control and is in charge of the vehicle's motion. Level 1 vehicles entail 'driver assistance' and constitute the lowest level of automation, with features such as lane keeping assistance and adaptive cruise control assisting the user.[10] Level 2 driving automation applies to vehicles with advanced driving assistance systems (ADAS) that can take over steering, acceleration, and braking in specific scenarios. However, the driver must remain

---

implications under Belgian, French, UK/English and EU law, Brussels, Wolters Kluwer Belgium, 2024.

5 J.M. Gitlin, 'Now you can read a book – Mercedes-Benz gets world's first approval for automated driving system: Drivers will be able to take their eyes off the road at speeds of up to 37 mph', *Ars Technicq* 22 October 2021 (available at https://arstechnica.com, last accessed 12 January 2023).

6 SAE J3016™ Recommended Practice: Taxonomy and Definitions for Terms Related to Driving Automation Systems for On-Road Motor Vehicles, J3016_202104, original 2014, revised in 2021 (available at www.sae.org, last accessed 12 January 2023).

7 FPS Mobility and Transport, *Autonomous vehicles – Code of Practice for Testing in Belgium*, D/2016/13.831/5 (available at www.droit-technologie.org, last accessed 12 January 2023).

8 Paragraph 2.3. of this Code of Practice stipulates that 'This Code of Practice is intended for the following applications: The testing of driver assistance and partially or even fully automated vehicle technologies on public roads or in other public places in Belgium (see hereafter: as of SAE level 1)'.

9 For a very short overview, see www.synopsys.com/automotive/autonomous-driving-levels.html (last accessed 12 January 2023).

10 T. Malengreau, 'Automatisation de la conduite: quelles responsabilités en droit Belge? (Première partie)', [2019] *Revue Générale des Assurances et des Responsabilités* 15.578, para. 6; A. Herrmann, W. Brenner and R. Stadler, *Autonomous Driving. How the Driverless Revolution Will Change the World*, Emerald Publishing, Bingley, 2018, p. 47.

alert and is required to supervise the technology actively at all times.[11] Level 3 is known as conditional driving automation. It uses various driver assistance systems and AI to make decisions based on changing driving situations around the vehicle. People inside the vehicle do not need to supervise the technology, which means they can engage in other activities. However, a human driver must be present, alert, and able to take control of the vehicle at any time, especially in the case of an emergency due to system failure.[12] Referred to as 'high-driving automation', Level 4 autonomy does not require any human interaction in the vehicle's operation because it is programmed to stop itself in the event of system failure. The vehicle can move and proceed its journey without any human intervention, if it is within its operational domain. Since a human driver is never needed, a Level 4 vehicle may not have a steering wheel and pedals.[13] The key difference between Level 3 and Level 4 automation is that Level 4 vehicles can intervene if things go wrong or if there is a system failure. In this sense, these cars do not require human interaction in most circumstances. However, a human still has the option to override manually. Level 5 refers to full automation. A vehicle can drive itself everywhere in all conditions without any human interaction. Level 5 vehicles no longer require a driver. The only human involvement will be to set a destination.[14]

In this report, we will discuss the regulatory framework applicable to autonomous vehicles in Belgium. We will focus on vehicles of SAE Levels 2–3, as these are currently the most important and relevant categories. We will first examine whether specific legal rules exist in Belgium that aim at including self-driving cars in road traffic or in-town circulation (part 2). Once this general framework is given, some legal issues in the context of autonomous vehicles will be discussed. We will focus on liability when autonomous vehicles are involved in accidents (part 3), insurances aspects (part 4) and data security/protection

11 J. Shea Choksey and C. Wardlaw, 'Levels of Autonomous Driving, Explained', 5 May 2021 (available at www.jdpower.com, last accessed 12 January 2023).

12 J. Shea Choksey and C. Wardlaw, 'Levels of Autonomous Driving, Explained', 5 May 2021 (available at www.jdpower.com, last accessed 12 January 2023). Also see A. Herrmann, W. Brenner and R. Stadler, *Autonomous Driving. How the Driverless Revolution Will Change the World*, Emerald Publishing, Bingley, 2018, p. 49.

13 J. Shea Choksey and C. Wardlaw, 'Levels of Autonomous Driving, Explained', 5 May 2021 (available at www.jdpower.com, last accessed 12 January 2023); O. Dheu, J. De Bruyne, P. Valcke and I. Samoy, 'Autonomous Vehicles and Civil Liability in Belgium' in B. von Bodungen, I. Amelia Caggiano, M.C. Gaeta and H. Steege (eds), *Autonomous Vehicles and Civil Liability in a Global Perspective*, Springer, Cham, 2024, 241-278.

14 J. Shea Choksey and C. Wardlaw, 'Levels of Autonomous Driving, Explained', 5 May 2021 (available at www.jdpower.com, last accessed 12 January 2023).

(part 5). The most important findings are briefly summarised in a conclusion (part 6).

2 The Legal Framework in Belgium (and Beyond)

The regulatory framework for road traffic and evolutions on autonomous vehicles in Belgium have to be seen in light of the ongoing (regulatory) initiatives at the international level and in the European Union (EU). Therefore, we will first give a short overview of these international (part 2.1.) and supranational (part 2.2.) initiatives before analysing the situation in Belgium (part 2.3.). Such initiatives remain important considering that mobility occurs across borders, especially when AI is increasingly being incorporated in vehicles and operated from various locations.[15] At the same time, however, existing liability law for damage caused by accidents involving autonomous vehicles is mostly national. This also implies that a distinction can be made between the modalities of autonomous driving on the one hand (e.g. role and duties of the driver, allowing such vehicles on the roads, technical and safety requirements, …) and the allocation of liabilities once an accident happens involving autonomous vehicles (e.g. a user's fault, product liability, …). Whereas the former issues are/can largely be harmonised at the inter- and supranational level,[16] the applicable liability provisions are (still) mainly national. This reality should be taken into account when regulating autonomous vehicles.

2.1 *The Vienna Convention on Road Traffic*

Belgium is a Contracting Party to the Vienna Convention on Road Traffic.[17] This is a treaty designed to facilitate international road traffic and to increase road safety by establishing standard traffic rules. According to Article 8, paragraph 1, every moving vehicle or combination of vehicles needs to have a driver.

---

15 See in general: D. Lee and D.J. Hess, 'Regulations for On-Road Testing of Connected and Automated Vehicles: Assessing the Potential for Global Safety Harmonization', (2020) 136 *Transportation Research – Part A: Policy and Practice* 85–98.

16 E.g. Regulation (EU) 2018/858 of the European Parliament and of the Council of 30 May 2018 on the approval and market surveillance of motor vehicles and their trailers, and of systems, components and separate technical units intended for such vehicles, amending Regulations (EC) No 715/2007 and (EC) No 595/2009 and repealing Directive 2007/46/EC; ECE/TRANS/132 – Global technical regulations for wheeled vehicles, equipment and parts which can be fitted and/or be used on wheeled vehicles.

17 Convention on Road Traffic, Vienna, 8 November 1968, UNTS vol. 1042, 17, UNTC, Chapter XI, B, 19 (available at https://treaties.un.org, last accessed 12 January 2023).

A driver means any person who drives a motor vehicle or other vehicle.[18] Every driver needs to have the necessary knowledge and skills for driving the vehicle.[19] According to Article 8, paragraph 5, every driver needs to be able to control the vehicle at all times. Article 13, paragraph 1, further stipulates that every driver needs to have the vehicle under control in all circumstances to be able to exercise due and proper care and must at all times be in a position to perform all the required manoeuvres. In view of these provisions, a debate about adapting the Convention to the reality of vehicle automation has been going on for some time. Eventually, at the request of Belgium and other Contracting Parties, Article 8.5*bis* was inserted in the Vienna Convention on Road Traffic, which entered into force in March 2016.[20] It stipulates that systems which influence the way vehicles are driven are deemed to be in conformity with Article 8, paragraph 5, and with Article 13, paragraph 1, when they are in conformity with the conditions of construction, fitting and utilisation according to international legal instruments concerning wheeled vehicles, equipment and parts which can be fitted and/or be used on wheeled vehicles. Vehicle systems that influence the way vehicles are driven and that are not in conformity with the aforementioned conditions of construction, fitting and utilisation, are deemed to be in conformity with the abovementioned paragraphs when such systems can be overridden or switched off by the driver. Even though this latter provision introduced the possibility of adopting more advanced levels of automated systems compared to the past, the guiding principle of the new Article 8.5*bis* still confers a primary role to the driver for the driving of automated vehicles, since it ruled that the driver must be able to take over and/or deactivate such automated systems.[21]

2.2 *The European Union*

Over the last years, also the EU has taken several initiatives regarding autonomous vehicles. In addition to co-funding research and innovation projects (*cf.* H2020), supporting actions and infrastructure pilots, the European

18 Article 1 (V), Vienna Convention on Road Traffic.

19 Article 8, paragraph 4, Vienna Convention on Road Traffic.

20 Convention on Road Traffic, Vienna, 8 November 1968, UNTS vol. 1042, 17, UNTC, Chapter XI, B, 19 (available at https://treaties.un.org, last accessed 12 January 2023); K. Bernauw, 'De verzekering van zelfsturende en afstandsgestuurde tuigen', [2017] *Tydskrif vir die Suid-Afrikaanse Reg – Journal of South African Law* 434–454, at 437–438; K.A.P.C. Van Wees, 'Enkele juridische aspecten van de (deels) zelfrijdende auto', [2015] *Computerrecht* 313–321 (online PDF version Kluwer Navigator – https://new.navigator.nl – at 3).

21 AdaptiIVe Consortium, *Deliverable D2.3 – Legal Aspects on Automated Driving*, 2017 (available at www.adaptive-ip.eu, last accessed 12 January 2023).

Commission in January 2016 launched the High Level Group GEAR 2030 to ensure a coherent EU policy on automated and connected vehicles. The expert group issued a report containing recommendations to ensure that the relevant policy, legal and public support frameworks are put in place for the rollout of highly automated and connected vehicles by 2030. The report stressed the importance to clarify the tasks/roles of the vehicle and the driver in vehicle legislation and traffic rules to ensure that the vehicle will respect traffic rules and that the driver is not confused or does not misuse the system.[22] The European Commission was also asked to monitor and evaluate the need to revise the Motor Insurance Directive[23] (MID) and Product Liability Directive[24] (PLD 1985) as well as the need for additional EU legal instruments to take account of future development of technologies.[25] In any case, the High Level Group concluded that both directives are sufficient for autonomous systems expected by 2020.[26]

In December 2018, the European Parliament also published a report on autonomous driving in European transport.[27] It stressed the importance to ensure that the EU legal framework is suitable to respond appropriately to challenges caused by autonomous vehicles. The Report also highlighted the

---

22 European Commission High Level Group on the Competitiveness and Sustainable Growth of the Automotive Industry in the European Union, *The Report of the High Level Group on the Competitiveness and Sustainable Growth of the Automotive Industry in the European Union* (*GEAR 2030*), October 2017, p. 43 (available at www.europarl.europa.eu, last accessed 12 January 2023).

23 Directive 2009/103/EC of the European Parliament and of the Council of 16 September 2009 relating to insurance against civil liability in respect of the use of motor vehicles, and the enforcement of the obligation to insure against such liability, *OJ* L 263, 7 October 2009.

24 Council Directive 85/374/EEC of 25 July 1985 on the approximation of the laws, regulations and administrative provisions of the Member States concerning liability for defective products, *OJ* L 210, 7 August 1985.

25 European Commission High Level Group on the Competitiveness and Sustainable Growth of the Automotive Industry in the European Union, *The Report of the High Level Group on the Competitiveness and Sustainable Growth of the Automotive Industry in the European Union* (*GEAR 2030*), October 2017, p. 50, Recommendation 10 (available at www.europarl.europa.eu, last accessed 12 January 2023).

26 European Commission High Level Group on the Competitiveness and Sustainable Growth of the Automotive Industry in the European Union, *The Report of the High Level Group on the Competitiveness and Sustainable Growth of the Automotive Industry in the European Union* (*GEAR 2030*), October 2017, pp. 44–45 (available at www.europarl.europa.eu, last accessed 12 January 2023).

27 European Parliament, *Report on autonomous driving in European transport*, (2018/2089 (INI)), A8-0425/2018 (available at www.europarl.europa.eu, last accessed 12 January 2023).

importance to ensure that users have control over and access to both personal and in-vehicle data produced, collected and communicated by autonomous vehicles. It also underlined the need to adopt road safety legislation at different levels (e.g. United Nations Economic Commission for Europe, European Union, member states) to support technological innovations and autonomous driving so as to reduce human error, traffic incidents and road fatalities. As opposed to the conclusions of the GEAR 2030 High Level Group, it noted that the PLD 1985 and the MID were not developed to deal with the challenges posed by the use of autonomous vehicles. It acknowledged the growing evidence that existing regulatory frameworks, especially regarding liability, insurance, registration and protection of personal data, will no longer be sufficient or adequate when faced with the new risks emerging from increasing vehicle automation, connectivity and complexity.

Finally, the European Commission published a report on the 'Ethics of Connected and Automated Vehicles' in June 2020.[28] It contains twenty ethical recommendations on road safety, privacy, fairness, explainability and responsibility.

More importantly, the new type-approval requirements for motor vehicles, introduced in 2019, apply since July 2022.[29] The new Vehicle General Safety Regulation introduces a range of mandatory advanced driver assistant systems to improve road safety and establishes the legal framework for the approval of automated and fully driverless vehicles in the EU.[30] Motor vehicles will need to be equipped with different advanced vehicle systems including intelligent speed assistance, advanced driver distraction warning, reversing detection,

---

28 European Commission, *Ethics of Connected and Automated Vehicles: Recommendations on Road Safety, Privacy, Fairness, Explainability and Responsibility*, Independent Expert Report, Brussels, 2020 (available at https://op.europa.eu, last accessed 12 January 2023).

29 European Commission, 'New rules to improve road safety and enable fully driverless vehicles in the EU', Press Release, IP/22/4312, 6 July 2022 (available at https://ec.europa.eu/commission/presscorner, last accessed 12 January 2023).

30 Regulation (EU) 2019/2144 of the European Parliament and of the Council of 27 November 2019 on type-approval requirements for motor vehicles and their trailers, and systems, components and separate technical units intended for such vehicles, as regards their general safety and the protection of vehicle occupants and vulnerable road users, amending Regulation (EU) 2018/858 of the European Parliament and of the Council and repealing Regulations (EC) No 78/2009, (EC) No 79/2009 and (EC) No 661/2009 of the European Parliament and of the Council and Commission Regulations (EC) No 631/2009, (EU) No 406/2010, (EU) No 672/2010, (EU) No 1003/2010, (EU) No 1005/2010, (EU) No 1008/2010, (EU) No 1009/2010, (EU) No 19/2011, (EU) No 109/2011, (EU) No 458/2011, (EU) No 65/2012, (EU) No 130/2012, (EU) No 347/2012, (EU) No 351/2012, (EU) No 1230/2012 and (EU) 2015/166, *OJ* L 325, 16 December 2019.

advanced driver distraction warning and an event data recorder.[31] Specific additional provisions apply to passenger cars and light commercial vehicles,[32] as well as to busses and trucks.[33] Based on the General Safety Regulation, the European Commission will adopt technical rules for automated and connected vehicles, in particular regarding automated vehicles replacing the driver on motorways (Level 3 automation) and fully driverless vehicles like urban shuttles or robotaxis (Level 4 automation).[34]

In addition to specific (legal) initiatives covering autonomous vehicles, the framework regarding AI in general also has to be taken into account. Although an in-depth discussion does not fall within the scope of this report, it is worth noting that in this regard the European Commission has taken several important initiatives that may be relevant for autonomous vehicles as well. In April 2019, for instance, the High Level Group on Artificial Intelligence (AI HLEG), which was appointed by the European Commission, issued its Ethics Guidelines for Trustworthy Artificial Intelligence.[35] Trustworthy AI systems must comply with the law, act in accordance with ethical values/principles and be robust (both from a social and technical perspective). The Guidelines contain seven ethical requirements that AI systems need to meet in order to be trustworthy: (1) human agency and oversight, (2) technical robustness and safety, (3) privacy and data governance, (4) transparency, (5) diversity, non-discrimination and fairness, (6) societal and environmental well-being, and (7) accountability. These Ethics Guidelines are not applicable law. They merely provide guidance on how AI can be ethically designed, developed and used (soft law). However, how to comply with these Ethics Guidelines is not always clear and/or straightforward. An Assessment List for Trustworthy AI (ALTAI) was added to the Ethics Guidelines. This list contains a number of specific questions to assess compliance with a given ethical requirement.[36]

31 Article 6 Vehicle General Safety Regulation.

32 Articles 7–8 Vehicle General Safety Regulation.

33 Article 9 Vehicle General Safety Regulation.

34 European Commission, 'New rules to improve road safety and enable fully driverless vehicles in the EU', Press Release, IP/22/4312, 6 July 2022 (available at https://ec.europa.eu/commission/presscorner, last accessed 12 January 2023).

35 High-Level Expert Group on Artificial Intelligence, *Ethics Guidelines for Trustworthy AI*, April 2019 (available at https://digital-strategy.ec.europa.eu, last accessed 12 January 2023).

36 See Knowledge Centre Data & Society, *Guide: Ethical Principles and (Non-)Existing Legal Rules for AI*, October 2021 (available at https://data-en-maatschappij.ai/en/publications, last accessed 12 January 2023).

More importantly, the AI Act was published in 2024.[37] The AI Act relies on a risk-based approach. While Article 5 prohibits certain AI systems such as those used for 'social scoring', Article 6 refers to high-risk AI systems. AI systems are qualified as high risk when two conditions are fulfilled: (a) the AI system is intended to be used as a safety component of a product, or the AI system is itself a product, covered by the EU harmonisation legislation listed in Annex I; and (b) the product whose safety component pursuant to point (a) is the AI system, or the AI system itself as a product, is required to undergo a third-party conformity assessment, with a view to the placing on the market or the putting into service of that product pursuant to the EU harmonisation legislation listed in Annex I. This Annex contains a list of product safety and related market surveillance legislation including the Medical Device Regulation or the Machinery Directive. Annex III also refers to standalone AI systems that are identified as high-risk (e.g. those used for recruitment or in education). However, an AI system referred to in Annex III is not qualified as high-risk where it does not pose a significant risk of harm to the health, safety or fundamental rights of natural persons, including by not materially influencing the outcome of decision making.

High-risk AI systems need to comply with the additional requirements included in Chapter 3, Section 2 of the AI Act. These *inter alia* include the establishment of a risk management system, the need to ensure human oversight and the requirement of record keeping. Providers of high-risk AI systems must ensure that these undergo the relevant conformity assessment procedures prior to their placing on the market or putting them into service (Article 16). The AI Act also imposes specific transparency obligations for certain AI systems in Article 50 (e.g. deepfakes, chatbots,...). It also contains specific provisions for general-purpose AI models (GPAI models) as well as general-purpose AI models with a 'systemic risk' (e.g. performing a model evaluation or ensuring an adequate level of cybersecurity protection) in Chapter V. Finally, the AI Act refers to AI systems with a minimal or no risk, which are permitted without restriction. Such AI systems can be developed and used subject to the existing legislation without additional legal obligations (e.g. consumer protection, data protection, etc.). The AI Act is of importance for liability involving AI, not only because of the risk-based approach and potential sanctions in that regard, but

37 Regulation (EU) 2024/1689 of the European Parliament and of the Council of 13 June 2024 laying down harmonised rules on artificial intelligence and amending Regulations (EC) No 300/2008, (EU) No 167/2013, (EU) No 168/2013, (EU) 2018/858, (EU) 2018/1139 and (EU) 2019/2144 and Directives 2014/90/EU, (EU) 2016/797 and (EU) 2020/1828, *OJ* L 2024/1689 of 12 July 2024.

especially as Section 3 of Chapter 3 imposes obligations upon several parties, such as the providers and deployers of high-risk AI systems. Providers of high-risk AI systems, for instance, have to ensure that their high-risk AI systems are compliant with the applicable requirements. Providers need to keep the logs automatically generated by their high-risk AI systems when under their control. They need to ensure that the high-risk AI system undergoes the relevant conformity assessment procedure prior to its placing on the market or putting into service. Deployers of high-risk AI systems in turn have to use such systems in accordance with the instructions of use accompanying them. Those obligations will be important to assess the potential liability of such parties, for instance when determining whether one of these parties committed a fault (i.e., violation of a specific legal norm in the AI Act or negligence).[38]

2.3 *Belgium*

In Belgium, the currently (still) applicable Highway Code (*Code de la route*) contains several provisions regulating traffic behaviour and imposing duties on drivers.[39] Each vehicle requires a 'driver' (*conducteur*) who must at all times be able to perform the necessary driving actions and have the vehicle under control. Each driver must also have the necessary body knowledge and driving skills.[40] The application of these requirements may be challenging

38 See e.g. J. De Bruyne, E. Van Gool and A. Boes, "Wat bracht 2022 en wat brengt de toekomst op het vlak van artificiële intelligentie en buitencontractuele aansprakelijkheid?", in T. Vansweevelt & B. Weyts (eds.), Recente ontwikkelingen in het aansprakelijkheids- en verzekeringsrecht (ICAV IV), Antwerpen, Intersentia, 2022, 191-253. For a discussion of the AI Act, see e.g. C. Necati Pehlivan, N. Forgó and P. Valcke, *The EU Artificial Intelligence (AI) Act: A Commentary*, Alphen aan den Rijn, Kluwer Law International, 2024.

39 Royal Decree of 1 December 1975 holding the General Regulation on Policing Road Traffic and the Use of Public Roads, in short referred to as the 'Highway Code' (*Code de la route – Wegcode*). *See* www.code-de-la-route.be, last accessed 12 January 2023. Note, however, that new traffic rules (Road Code) will apply as from 1 September 2026 (see for more information: https://www.wegcode.be/nl/regelgeving/2024005817~omocswfbry). We will refer to some provisions of the new rules in the Road Code when useful, but will mainly rely on the existing provision of the Highway Code for our analysis especially as the new rules do not contain specific provisions for autonomous vehicles. It has been decided that it is still too early to include the possibility of vehicles without a human driver in the Road Code. Of course, the technology is evolving rapidly. However, an inter-federal authority for autonomous vehicles was established (decision by the four Ministers of Mobility during the Interministerial Conference on April 22, 2024).

40 Article 8, Belgian Highway Code. See also Article 2.20 of the new High Code (Koninklijk besluit van 3 juni 2024 betreffende de Code van de openbare weg, 20 September 2024).

and uncertain in the light of (increasing) autonomous vehicle technology.[41] Therefore, several initiatives have been taken to allow exceptions to these requirements.

The Federal Public Service for Mobility and Transport, for instance, issued the Code of Practice for Testing autonomous vehicles in Belgium in September 2016.[42] The Code of Practice does not contain any actual legal rules; it was developed to promote responsible planning and carrying out of tests. The Code provides guidelines for organisations that wish to conduct testing of driver assistance and partially or even fully automated vehicle technologies on public roads or in other public places in Belgium. It lists the minimum conditions the competent authorities expect to be respected in order to guarantee road safety and minimise potential risks. In concrete terms, tests of this nature may take place on condition that the vehicle is used in accordance with the road traffic legislation and provided that a test driver is present or, in certain specific cases, minimally a test operator who takes responsibility for the safe operation of the vehicle. The implementation of these guidelines required adapting the Belgian Highway Code to ensure their unambiguous application. To that end, the Belgian federal Government issued a royal decree on 18 March 2018 adding a new Article 59/1 to the Highway Code.[43] This provision stipulates that the minister who is responsible for road traffic may for a limited period and under conditions grant derogations for automated vehicles used in the context of experiments. Such provision allowing exceptions seems appropriate, at least in the initial phase of autonomous motor vehicles, as the existing traffic regulations were written based on the premise that vehicles are driven by a natural person.[44] Finally, in March 2022, the Chamber of Representatives of the Belgian Federal Parliament issued a Resolution with several requirements for the federal Government regarding autonomous vehicles.[45] The

---

41 See J. De Bruyne and J. Tanghe, 'Liability for Damage Caused by Autonomous Vehicles: A Belgian Perspective', (2017) 8 Journal of European Tort Law 324–371, at 327.

42 FPS Mobility and Transport, *Autonomous vehicles – Code of Practice for Testing in Belgium*, D/2016/13.831/5 (available at www.droit-technologie.org, last accessed 12 January 2023).

43 Royal Decree of 18 Mars 2018 on Tests with Autonomous Vehicles.

44 N. De Nil and J. De Bruyne, 'Verkeersreglementering en autonome motorvoertuigen' in J. De Bruyne (ed.), *Autonome motorvoertuigen: een multidisciplinair onderzoek naar de maatschappelijke impact*, Vanden Broele, Bruges, 2021, 273–296, at 284.

45 Chambre des représentants de Belgique, Résolution visant l'intégration de la définition des véhicules automatisés dans le Code de la route, la poursuite des tests relatifs aux véhicules automatisés en Belgique, l'évaluation des infrastructures routières et autoroutières, ainsi que des effets positifs et/ou négatifs potentiels des véhicules automatisés sur le bilan environnemental du transport routier en Belgique, 17 March 2022, DOC 55-1848/005.

Government, for instance, is urged to provide a clear definition of autonomous vehicle in the Highway Code. In addition, the Government should work on and advocate at the European level a legal framework in which the driver or the owner of the vehicle – and thus not the manufacturer – remains the owner of the (non-anonymised) data on driving and transport behaviour registered by the vehicle. The VIAS Institute, which is the federal Belgian knowledge centre focusing on mobility and road safety, is also requested to conduct a study on the necessary changes in the traffic regulations to allow the further use and development of autonomous vehicles.

That being said, several provisions of the Highway Code, and by extension other traffic regulations as well such as the federal Road Traffic Police Act,[46] still contain other provisions that risk becoming problematic in light of traffic automation. Many articles, for instance, include a 'contextual element', which may be challenging to implement in autonomous systems. Article 10.1.1° of the Highway Code, for instance, stipulates that the driver has to adapt the speed to the circumstances. An applicable speed limit – expressed in kilometres per hour at a certain location – is relatively easy to incorporate into the software system of an autonomous vehicle.[47] However, prescribing that the speed needs to be adapted to the circumstances, the Article implies that a driver, while complying with the applicable speed limits, may nevertheless drive at an inappropriate speed and thus commit a traffic offence.[48] It is precisely the term 'appropriate speed' that can give rise to discussion. Each software system can interpret the requirement for appropriate speed differently, unless uniformly applied software is developed. When (partly) autonomous vehicles will become the norm, an additional evaluation will probably have to be made. The assessment by the software system of the 'adjusted speed' will have to be examined and, consequently, the question of the potential liability of the driver, if it turns out that the speed was not adjusted to the circumstances in a particular case and the driver could have remedied this. The concrete interpretation of an 'adjusted speed' at a certain location and in certain circumstances may also differ depending on whether the assessment is made by the software or by the driver. The driver and the software might consider different parameters when

46 (Federal) Road Traffic Police Act of 16 March 1968.

47 N. De Nil and J. De Bruyne, 'Verkeersreglementering en autonome motorvoertuigen' in J. De Bruyne (ed.), *Autonome motorvoertuigen: een multidisciplinair onderzoek naar de maatschappelijke impact*, Vanden Broele, Bruges, 2021, 273–296, at 284–286.

48 E.g. Court of Cassation 16 March 2004, P.03.1145.N, ECLI:BE:CASS:2004:ARR.20040316.8, *Arresten van het Hof van Cassatie* 2004, No. 145, 451, *Pasicrisie* 2004, 437; Court of Appeal Antwerp 16 October 1996, *Tijdschrift voor Aansprakelijkheid en Verzekering in het Wegverkeer* 1997, 93.

determining the appropriate speed. In this regard, reference can for example be made to certain previous experiences with (the dangers of) a road or to the 'foreknowledge' of a driver. Foreknowledge is not specifically mentioned in the Highway Code, but it is taken into account in certain decisions. It is especially important with regard to weather conditions or the specific state of the road. The question, therefore, arises as to how an autonomous vehicle can meet this expectation. A software system based on algorithms can determine whether there is ice, fog or rain, but, depending on the level of development of applied AI, it does not always have this foreknowledge.[49] The application of this rule becomes even more complex when authorised persons (e.g. police) overrule a clear and objective rule to direct traffic themselves.[50] The software used in an autonomous vehicle will at least have to be able to recognise an authorised person and thus distinguish them from non-authorised persons. The vehicle must also be able to follow the instructions given by this authorised person. Moreover, a road user does not have to follow an order from an authorised person blindly, but rather has to react as a normal reasonable person.[51] The question arises once again how such a rule can be implemented in the software of autonomous vehicles. Some form of standardised communication between the vehicle and the authorised person will have to be implemented in the software. This will allow the software to 'know' what consequences to attach to certain (sometimes only visually perceptible) instructions from authorised persons.[52]

3 Liability for Damage Caused by Accidents Involving Autonomous Vehicles

An issue that has already attracted much academic attention is the question of liability when autonomous vehicles are involved in accidents.[53] Although

---

49 N. De Nil and J. De Bruyne, 'Verkeersreglementering en autonome motorvoertuigen' in J. De Bruyne (ed.), *Autonome motorvoertuigen: een multidisciplinair onderzoek naar de maatschappelijke impact*, Vanden Broele, Bruges, 2021, 273–296, at 285.

50 Artikel 11 (Federal) Road Traffic Police Act of 16 March 1968.

51 Court of Cassation 16 November 1967, ECLI:BE:CASS:1967:ARR.19671116.1, *Pasicrisie* 1968, 358, *Arresten van het Hof van Cassatie* 1968, 383; Court of Appeal Brussels 25 November 1991, *Revue Générale des Assurances et des Responsabilités* 1993, 12.238.

52 N. De Nil and J. De Bruyne, 'Verkeersreglementering en autonome motorvoertuigen' in J. De Bruyne (ed.), *Autonome motorvoertuigen: een multidisciplinair onderzoek naar de maatschappelijke impact*, Vanden Broele, Bruges, 2021, 273–296, at 286.

53 See in general: S. Duffy and J. Hopkins, 'Sit, Stay, Drive: The Future of Autonomous Car Liability', (2013) 16 *SMU Science & Technology Law Review* 101–123. See on product liability and autonomous vehicles: J. Gurney, 'Sue My Car Not Me: Products Liability and

such accidents have not yet occurred in Belgium, incidents involving autonomous vehicles have already happened in other countries, eventually resulting in legal claims and procedures. In the United States, Joshua Brown died following an accident involving a Tesla Model S that was being operated in Autopilot mode.[54] In the Netherlands, a driver of a Tesla model X was fined for using a mobile phone while driving. He did not agree and argued that the Autopilot system of the Tesla was the actual driver of the vehicle. The system ensured that the vehicle could steer and brake by itself without any human intervention. Therefore, the driver argued, the vehicle should be regarded as an actual driver. The District Court, however, did not follow that reasoning. The Dutch Road Traffic Act stipulates that the driver of a vehicle is the person who drives it or the person who is supposed to have the vehicle driven under their immediate supervision.[55] In the case at hand, it was this person who determined the direction of the vehicle and the way in which it had to act in emergency. The Court decided that these elements made this person the actual driver of the vehicle.[56] Against this background, it is conceivable that such incidents will also happen in Belgium. The question then arises who can be held liable according to Belgian law.

Accidents Involving Autonomous Vehicles', [2013] *University of Illinois Journal of Law, Technology & Policy* 247–277. See specifically for Belgium: J. De Bruyne and J. Tanghe, 'Liability for Damage Caused by Autonomous Vehicles: A Belgian Perspective', (2017) 8 *Journal of European Tort Law* 324–371; T. Malengreau, 'Automatisation de la conduite: quelles responsabilités en droit Belge? (Première partie)', [2019] *Revue Générale des Assurances et des Responsabilités* 15.578; T. Malengreau, 'Automatisation de la conduite: quelles responsabilités en droit Belge? (Deuxième partie)', [2019] *Revue Générale des Assurances et des Responsabilités* 15.582, para. 63; J. Werbrouck, 'De productaansprakelijkheid voor zelfrijdende motorrijtuigen', [2018] *Tijdschrift voor Privaatrecht* 529–603; D.-A. Sauvage, 'Les véhicules autonomes et le droit de la circulation', [2020] *Tijdschrift voor Belgisch Burgerlijk Recht – Revue Générale de Droit Civil* 258–288, at 274–275; K. Swinnen, 'De inpassing van digitale producten in het Belgisch privaatrecht', [2018] *Tijdschrift voor Privaatrecht* 1021–1100, at 1091–1092; J. De Bruyne (ed.), *Autonome motorvoertuigen: een multidisciplinair onderzoek naar de maatschappelijke impact*, Vanden Broele, Bruges, 2021.

54 Tesla's Blog, 'A Tragic Loss', 30 June 2016 (available at www.teslamotors.com/blog, last accessed 12 January 2023). Also see U.S. Departement of Transportation, National Highway Traffic Safety Administration, ODI Resume, Investigation PE 16–007, pp. 11–12 (available at https://static.nhtsa.gov/odi/inv/2016/INCLA-PE16007-7876.PDF, last accessed 12 January 2023) and National Transportation Safety Board, Report, 'Collision between a Car Operating with Automated Vehicle Control Systems and a Tractor-Semitrailer Truck Near Williston, Florida May 7, 2016', 12 September 2017, Accident No HWY16FH018 (available at www.ntsb.gov/investigations, last accessed 12 January 2023).

55 Article 1, Dutch Road Traffic Act of 21 April 1994.

56 Court Midden-Nederland 22 November 2018, ECLI:NL:RBMNE:2018:5707.

Belgian law does not contain a general strict liability regime for all losses caused by traffic accidents.[57] In general, liability for traffic accidents has to be based on the general fault liability of Article 6.5 of the Civil Code (CC), that from January 1st, 2025 will replace Article 1382 of the Old Civil Code (Old CC)), with the Highway Code to a large extent determining what behaviour is wrongful (part 3.1). However, if conditions for their application are met, other bases for liability such as product liability (part 3.2) or the liability for damage caused by a defective thing can also be invoked (part 3.3). It should be noted that the European Commission published two proposals in September 2022, which aim to adapt (tort) liability rules to the digital age, circular economy and the impact of the global value chain. The draft AI Liability Directive will introduce an extra-contractual fault-based civil liability regime for AI systems. It contains rules on the disclosure of information and the alleviation of the burden of proof in relation to damage caused by (high-risk) AI systems.[58] Although the EU Parliament and the Council informally agreed on the text of this proposal in December 2023, at the time of finalizing this report changes are expected based on a complementary impact assessment published in September 2024.[59] The proposal for a revised product liability directive has resulted in a new Product Liability Directive 2024 (PLD 2024), which substantially modifies the current regime by including software in its scope, integrating new circumstances to assess the product's defectiveness, and introducing presumptions of defectiveness and causation.[60] These regimes are not discussed here as the respective proposals were published after this report was submitted for the IACL congress.

---

57 M. Kruithof, *Tort Law in Belgium*, Kluwer Law International, Alphen aan den Rijn, 2018, p. 99, para. 163.

58 European Commission, 'Proposal for a Directive of the European Parliament and of the Council on adapting non-contractual civil liability rules to artificial intelligence', COM(2022) 496 final. For a preliminary discussion, see O. Dheu, J. De Bruyne and C. Ducuing, 'The European Commission's Approach To Extra-Contractual Liability and AI – A First Analysis and Evaluation of the Two Proposals', CiTiP Working Paper, 6 October 2022 (available at https://ssrn.com/abstract=4239792, last accessed 12 January 2023).

59 European Parliamentary Research Service (EPRS), Proposal for a directive on adapting non-contractual civil liability rules to artificial intelligence, Complementary impact assessment, Study, September 2024, Think Tank European Parliament (www.europarl.europa.eu/thinktank).

60 Directive (EU) 2024/2853 of the European Parliament and of the Council of 23 October 2024 on liability for defective products and repealing Council Directive 85/374/EEC, OJ L 2024/2853 of 18 November 2024.

3.1 *Fault-Based Liability of the User*

The cornerstone of damage claims in traffic-related matters today is the general liability based on wrongful acts, mentioned in Article 6.5 of the Civil Code (article 1382 Old CC).[61] Under this provision, the victim needs to prove that she has suffered a loss that was caused by a wrongful act. The requirement of fault has been extensively developed by Belgian case law. A wrongful act consists of two facets, namely an objective and a subjective facet.[62] Whereas the objective facet refers to the wrongfulness of the act itself, the subjective facet relates to a person's 'culpability' and the imputability of the wrongful act to that person.[63]

According to Article 6.6, §1, CC, the wrongful act is assessed against two alternative criteria,[64] the violation of a specific legal rule of conduct on the one hand and negligence on the other hand.[65] According to the Belgian Court of Cassation, the violation of a statutory or regulatory legal rule of conduct committed without a ground of justification is *per se* wrongful. In cases involving such a breach, therefore, liability attaches without any form of negligence being required.[66] In this regard, the Belgian Highway Code is of particular importance as it imposes several duties on drivers of vehicles as well as on

61 The Belgian federal legislature is currently in the process of replacing the Old Civil Code. The new code, which at present is not complete yet, is officially called the Civil Code, and the code that existed in amended form since 1804 is now called the Old Civil Code, even though some parts of it, including the articles cited here, are still in force, as the proposal for the corresponding new part of the new code has not yet been introduced into Parliament.

62 M. Kruithof, *Tort Law in Belgium*, Kluwer Law International, Alphen aan den Rijn, 2018, p. 45, para. 60; H. Bocken, I. Boone and M. Kruithof, *Inleiding tot het schadevergoedingsrecht*, die Keure, Bruges, 2014, p. 89, para 143; S. Stijns and I. Samoy, *Leerboek Verbintenissenrecht*, Boek 1*bis*, die Keure, Bruges, 2020, p. 52, para. 8.

63 S. Stijns and I. Samoy, *Leerboek Verbintenissenrecht*, Boek 1*bis*, die Keure, Bruges, 2020, p. 52, para. 8; see also M. Kruithof, *Tort Law in Belgium*, Kluwer Law International, Alphen aan den Rijn, 2018, p. 45, para. 60.

64 F. Glansdorff, 'Les conditions de la responsabilité extra-contractuelle' in E. Van Den Haute (ed.), *Le droit des obligations dans les jurisprudences française et belge*, Bruylant, Brussels, 2013, 103–122, at 104, para. 3.

65 See for the violation of a legal provision, e.g. Court of Cassation 16 May 2011, C.10.0664.N, ECLI:BE:CASS:2011:ARR.20110516.1, *Arresten van het Hof van Cassatie* 2011, No. 320, 1230, *Pasicrisie* 2011, 1339; for the lack of care, see e.g. Court of Cassation 21 September 2012, F.11.0085.N, ECLI:BE:CASS:2012:ARR.20120921.4, *Arresten van het Hof van Cassatie* 2012, No. 481, 2008, *Pasicrisie* 2012, 1719.

66 Court of Cassation 13 May 1982, ECLI:BE:CASS:1982:ARR.19820513.1, *Arresten van het Hof van Cassatie* 1981–1982, 1134, *Pasicrisie* 1982, 1056. See case law as reported in M. Kruithof, *Tort Law in Belgium*, Kluwer Law International, Alphen aan den Rijn, 2018, p. 50, para. 68; H. Bocken, I. Boone and M. Kruithof, *Inleiding tot het schadevergoedingsrecht*, die Keure, Bruges, 2014, p. 92, para. 149.

other traffic participants.[67] For instance, a driver may have crossed a red light (Article 61.1.1°) or a solid white line (Article 72.2) or may not have yielded priority (Article 12). Such violations, if having caused a collision resulting in damage, result in the civil liability of the driver.[68] An act that does not breach a statutory or regulatory rules can still be wrongful if it is qualified as being negligent, which is traditionally formulated as a lacking of the reasonable amount of care that a reasonably foreseeing and prudent person would have applied when placed in the same concrete circumstances.[69] Care is effort aimed at protecting the interests of others.[70] Negligence also requires that it was reasonably foreseeable for the defendant that their conduct could result in some kind of damage others.[71]

The application of fault-based liability will be challenging in those situations in which the vehicle makes the initial decisions concerning its driving behaviour but where the user still has the option to overrule the system. The user can thus take over the driving task from the vehicle when they is instructed to do so or when they considers such an action necessary. This actually corresponds with vehicles in SAE Levels 2–3.[72] Users in SAE Level 4 vehicles still

67 Royal Decree of 1 December 1975 holding the General Regulation on Policing Road Traffic and the Use of Public Roads.

68 See O. Dheu, J. De Bruyne, P. Valcke and I. Samoy, 'Autonomous Vehicles and Civil Liability in Belgium' in B. von Bodungen, I. Amelia Caggiano, M.C. Gaeta and H. Steege (eds), *Autonomous Vehicles and Civil Liability in a Global Perspective*, Springer, Cham, Cham, 2024, 241-278.

69 Court of Cassation 9 December 2011, C.11.0015.F, no ECLI assigned (yet), *Tijdschrift voor Belgisch Burgerlijk Recht – Revue Générale de Droit Civil* 2017, 545; M. Kruithof, *Tort Law in Belgium*, Kluwer Law International, Alphen aan den Rijn, 2018, pp. 46–49, para. 62–67; H. Bocken, I. Boone, and M. Kruithof (2014) *Inleiding tot het schadevergoedingsrecht*, die Keure, Bruges, 2014, pp. 90–92, para. 144–147; T. Vansweevelt and B. Weyts, *Handboek buitencontractueel aansprakelijkheidsrecht*, Intersentia, Antwerp, 2009, pp. 127–136.

70 M. Kruithof, *Tort Law in Belgium*, Kluwer Law International, Alphen aan den Rijn, 2018, p. 46, para. 62.

71 Court of Cassation 5 May 1971, ECLI:BE:CASS:1971:ARR.19710505.8, *Pasicrisie* 1971, 802, *Arresten van het Hof van Cassatie* 1970–1971, 869; Court of Cassation 12 November 1951, no ECLI assigned (yet), *Arresten van het Hof van Verbreking* 1951, 118, *Pasicrisie* 1951, 128; T. Vansweevelt and B. Weyts, *Handboek buitencontractueel aansprakelijkheidsrecht*, Intersentia, Antwerp, 2009, pp. 134–136, para. 186–187; H. Bocken, I. Boone and M. Kruithof, *Inleiding tot het schadevergoedingsrecht*, die Keure, Bruges, 2014, p. 91, para. 147; M. Kruithof, *Tort Law in Belgium*, Kluwer Law International, Alphen aan den Rijn, 2018, p. 48, para. 66.

72 In the situation in which the driver/user has no control over the vehicle (Level 5), the application of fault-based liability is not problematic either. The user no longer has the ability to take over the driving task or to overrule the decisions taken by the vehicle. It is therefore impossible that he commits an act that violates the prohibitions in the Highway Code or acts negligently in operating the vehicle because he simply no longer operates it.

have the option to override manually, even though cars in this level do not require human interaction in most circumstances.[73] In all of those situations, the following issues have already been debated Belgium: the concept of driver (part 3.1.1.), the 'attribution' of the vehicle's act to the driver (part 3.1.2.), the possibility of the driver to invoke *force majeure* to refute liability (part 3.1.3.), and the user's negligence (part 3.1.4.).

3.1.1 The Notion of 'Driver'

It is important to assess whether there are drivers in SAE Levels 2–3 vehicles, as many provisions of the Belgian Highway Code impose specific obligations upon them. Article 2.13 of the Highway Code defines the driver as any person that assures the direction of the vehicle. In their analysis, De Bruyne and Tanghe distilled two alternative criteria from the case law, namely a factual and a normative criterion.[74] The *Court of Cassation* established that any person who puts the vehicle in motion qualifies as its driver.[75] This is the factual criterion. Regarding the normative criterion, the Court established that also the person responsible for the driving is its driver, even though they may not have performed any act that had an actual impact on the movement of the vehicle.[76]

When applying these criteria to autonomous vehicles, De Bruyne and Tanghe note that the person 'whose task is to supervise the operating systems'[77] is the person responsible for the driving. This could, therefore, relate to Level 2–3 vehicles where the user has some degree of monitoring duties,

---

Likewise, in situation in which the user maintains full control over the vehicle, no particular problems arise with regard to the application of fault-based liability. The user makes the actual decisions concerning the driving process and can be held liable for the damage that they wrongfully caused (see J. De Bruyne and J. Tanghe, 'Liability for Damage Caused by Autonomous Vehicles: A Belgian Perspective', (2017) 8 *Journal of European Tort Law* 324–371, at 339–341).

73 See the overview of the different levels in www.synopsys.com/automotive/autonomous-driving-levels.html (last accessed 12 January 2023).

74 J. De Bruyne and J. Tanghe, 'Liability for Damage Caused by Autonomous Vehicles: A Belgian Perspective', (2017) 8 *Journal of European Tort Law* 324–371, at 339–340; J. Tanghe and J. De Bruyne, 'Software aan het stuur: aansprakelijkheid voor schade veroorzaakt door autonome motorrijtuigen' in T. Vansweevelt and B. Weyts (eds), *Nieuwe risico's in het aansprakelijkheids- en verzekeringsrecht*, Intersentia, Antwerp, 2018, 1–75, at 15 *et seq*.

75 See Court of Cassation 30 October 1967, ECLI:BE:CASS:1967:ARR.19671030.5, *Arresten van het Hof van Cassatie* 1968, 324, *Pasicrisie* 1968, 303.

76 Court of Cassation 4 June 1973, ECLI:BE:CASS:1973:ARR.19730604.2, *Pasicrisie* 1973, 918, *Arresten van het Hof van Cassatie* 1973, 961.

77 J. De Bruyne and J. Tanghe, 'Liability for Damage Caused by Autonomous Vehicles: A Belgian Perspective', (2017) 8 *Journal of European Tort Law* 324–371, at 341.

but less so for Level 4 vehicles in which the user remains mainly passive. Malengreau argues that there may still be a driver on-board in Level 3 and 4 vehicles, either because the user must be able to regain control of the vehicle (Level 3) or because the user pushed the start button (Level 4).[78] Not relying on the normative criterion, De Bruyne and Tanghe contend that the mere pushing of the start button – which corresponds to the factual criterion of putting the vehicle in motion – would not necessarily entail the user remaining qualified as a 'driver' for the entire trip. The person who performs an action affecting the movement of the vehicle (factual criterion), without being necessarily responsible for driving (normative criterion), is only qualified as a driver at that specific moment of affecting the vehicle's behaviour. The court decisions that base the qualification of a person as the driver on the factual criterion, concerned cases in which the accident immediately followed the wrongful act, such as a passenger who suddenly turns over the steering wheel causing the car to crash into a wall.[79] However, Malengreau argues that the user who engages the automatic system will remain a 'driver' as long as there is a seat behind the steering wheel and control pedals,[80] therefore implying some possibility of regaining control.[81]

There are thus several possibilities to qualify users in vehicles of SAE Levels 2–4 as drivers under Belgian law. Depending on the interpretation given to the concept of a driver, there may be a driver in autonomous vehicles up until SAE Level 5.

3.1.2 Attribution of the Vehicle's Behaviour to the Driver

Another subsequently arising question is whether the movements of the autonomous vehicle that caused the accident can be attributed to its driver.[82] The driver does not infringe a provision of the Highway Code as it is presently

78 T. Malengreau, 'Automatisation de la conduite: quelles responsabilités en droit Belge? (Première partie)', [2019] *Revue Générale des Assurances et des Responsabilités* 15.578, para. 17.

79 J. De Bruyne and J. Tanghe, 'Liability for Damage Caused by Autonomous Vehicles: A Belgian Perspective', (2017) 8 *Journal of European Tort Law* 324–371, at 341.

80 T. Malengreau, 'Automatisation de la conduite: quelles responsabilités en droit Belge? (Première partie)', [2019] *Revue Générale des Assurances et des Responsabilités* 15.578, para. 17.

81 See O. Dheu, J. De Bruyne, P. Valcke and I. Samoy, 'Autonomous Vehicles and Civil Liability in Belgium' in B. von Bodungen, I. Amelia Caggiano, M.C. Gaeta and H. Steege (eds), *Autonomous Vehicles and Civil Liability in a Global Perspective*, Springer, Cham, Cham, 2024, 241-278.

82 J. De Bruyne and J. Tanghe, 'Liability for Damage Caused by Autonomous Vehicles: A Belgian Perspective', (2017) 8 *Journal of European Tort Law* 324–371, at 341 *et seq.*; see also

written but only fails to prevent the vehicle from behaving in a way it would if the driver did control its movements and had violated a code provision. Let us, for instance, assume that an autonomous vehicle fails to give priority at an intersection to a vehicle coming from the right. The content of this behaviour would show a violation of art 12.3.1 of the Highway Code if it were the consequence of the driver's choice or behaviour. Strictly speaking, however, that provision is not violated in the case of autonomous vehicles, because the driver did not commit the act.[83] Several Belgian scholars rely on a decision from the Court of Cassation of 1973[84] to find a solution to that problem. In this decision, a driving instructor was held liable for the violation of a traffic rule that was committed by their pupil, as he had the possibility to retain control and avert the violation. If applied by analogy, this solution could mean that users of autonomous vehicles could be held liable for the vehicle's behaviour that is the same as it would be if the users had steered the car in a way that violates the traffic rules. This would be the case at least in Level 3 cars, where the user retains some form of control over the vehicle.[85] This solution may not straightforwardly apply to Level 4 vehicles that drive entirely autonomously within its specified operational design domain.[86] One may also wonder whether the user's inaction or failure to prevent the infringement suffices for the attribution

K. Swinnen, 'De inpassing van digitale producten in het Belgisch privaatrecht', [2018] *Tijdschrift voor Privaatrecht* 1021–1100, at 1092–1093.

83 J. De Bruyne and J. Tanghe, 'Liability for Damage Caused by Autonomous Vehicles: A Belgian Perspective', (2017) 8 *Journal of European Tort Law* 324–371, at 341; see e.g. Court of Cassation 10 April 1970, ECLI:BE:CASS:1970:ARR.19700410.2, *Arresten van het Hof van Cassatie* 1970, 729, *Pasicrisie* 1970, 682 (the driver of a car that caused an accident because it stood still is not liable if it hasn't been established that the car had slowed down because of the brakes being used by human intervention).

84 Court of Cassation 4 June 1973, ECLI:BE:CASS:1973:ARR.19730604.2, *Pasicrisie* 1973, 918, *Arresten van het Hof van Cassatie* 1973, 961.

85 J. De Bruyne and J. Tanghe, 'Liability for Damage Caused by Autonomous Vehicles: A Belgian Perspective', (2017) 8 *Journal of European Tort Law* 324–371, at 341–342; T. Malengreau, 'Automatisation de la conduite: quelles responsabilités en droit Belge? (Première partie)', [2019] *Revue Générale des Assurances et des Responsabilités* 15.578, para. 18; D.A. Sauvage, 'Les véhicules autonomes et le droit de la circulation', [2020] *Tijdschrift voor Belgisch Burgerlijk Recht – Revue Générale de Droit Civil* 258–288 at 276, para. 41.

86 See O. Dheu, J. De Bruyne, P. Valcke and I. Samoy, 'Autonomous Vehicles and Civil Liability in Belgium' in B. von Bodungen, I. Amelia Caggiano, M.C. Gaeta and H. Steege (eds), *Autonomous Vehicles and Civil Liability in a Global Perspective*, Springer, Cham, Cham, 2024, 241-278.

of a violation of the rule of conduct, an offence the driver did actually not actually commit.[87]

Even if conduct of the autonomous vehicle inconsistent with the behaviour intended by the traffic rules does not constitute a user's personal violation of the Highway Code, the user could still be liable for a traffic offence as Article 8.3 of the Code stipulates that the driver needs to have their vehicle well under control at all times ('doit avoir constamment le contrôle du véhicule'). This is a general duty of control. According to the Court of Cassation, the fact that a driver is not able to control their vehicle well at all times is in itself a wrongful act.[88] This reasoning could work for Level 3 vehicles, in which the driver is supposed to maintain some form of control through their capacity to regain control of the vehicle in case this is required (or when driving manually). However, the control argument is less persuasive for Level 4 vehicles driving in automated mode. Here, the user no longer has any control over the vehicle since they is not required to supervise the driving. As such, it seems unlikely that the user would commit a fault by violating the duty of control of Article 8.3 as they had no factual control over the vehicle and therefore is not its driver. In any case, amendments to the Highway Code seem necessary to allow highly autonomous vehicles, especially regarding the control requirement.[89]

3.1.3 Force Majeure

As Article 6.7 CC confirms, the defendant can escape liability if they proves that the violation of the law was due to *force majeure*.[90] *Force majeure* will only effectively liberate the defendant if it follows from an event beyond the control

87 J. De Bruyne and J. Tanghe, 'Liability for Damage Caused by Autonomous Vehicles: A Belgian Perspective', (2017) 8 *Journal of European Tort Law* 324–371, at 341.

88 Court of Cassation 6 November 2013, P.12.2057.F, ECLI:BE:CASS:2013:ARR.20131106.2, *Pasicrisie* 2013, No. 586, 2171, *Arresten van het Hof van Cassatie* 2013, 2341.

89 D.A. Sauvage, 'Les véhicules autonomes et le droit de la circulation', [2020] *Tijdschrift voor Belgisch Burgerlijk Recht – Revue Générale de Droit Civil* 258–288, at 276, para. 41–42; T. Malengreau, 'Automatisation de la conduite: quelles responsabilités en droit Belge? (Première partie)', [2019] *Revue Générale des Assurances et des Responsabilités* 15.578, para. 20.

90 See generally M. Kruithof, *Tort Law in Belgium*, Kluwer Law International, Alphen aan den Rijn, 2018, pp. 115–116, para. 186–188; H. Bocken, I. Boone and M. Kruithof, *Inleiding tot het schadevergoedingsrecht*, die Keure, Bruges, 2014, p. 104, para. 167; S. Stijns and I. Samoy, *Leerboek Verbintenissenrecht*, Boek 1*bis*, Bruges, die Keure, 2020, p. 73, para 39; I. Claeys, 'Fout, overmacht en rechtvaardigingsgronden. Zoveel hoofden, ...' in B. Tilleman and I. Claeys (eds), *Buitencontractuele aansprakelijkheid*, Recht & Onderneming vol. 11, die Keure, Bruges, 2004, 1–42.

of the person that could not be predicted or avoided.[91] In other words, the driver could argue that the traffic violation by the autonomous vehicle (e.g. crossing a red light) was unforeseeable and unavoidable. Hence, they driver cannot be held liable. Existing research shows that the impact that *force majeure* will have on the liability of a driver who supervises the operation of an autonomous vehicle will depend on the rigidity by which this term is interpreted.[92] In many cases, a dangerous movement of an autonomous vehicle will be unforeseeable for the driver who only supervises the vehicle, especially when that movement also constitutes a violation of the Highway Code. Compliance with traffic rules will be included in the encoding and programming of autonomous vehicles. The behaviour of the autonomous vehicle that violates the traffic rules could thus be seen as an unforeseeable event that is not subject to the will of the driver. As such, judges may accept an appeal to *force majeure* if an autonomous vehicle behaves in a way inconsistent with the Highway Code. As opposed to a physical malaise of the driver, however, the unforeseeability of the undesired movement of the vehicle does not necessarily mean that it was also impossible for the driver to intervene. In Level 2–3 vehicles, the user still needs to supervise the working of the autonomous vehicle. Hence, it may be possible to intervene for the user. As such, the application (and success) of *force majeure* will depend upon the interpretation of judges as to whether or not the driver of such a vehicle was able to intervene to prevent the violation of the Highway Code.[93] Things may be different in Level 4 vehicles, in which any

91 E.g. Court of Cassation 7 May 2002, P.01.0272.N, ECLI:BE:CASS:2002:ARR.20020507.9, *Arresten van het Hof van Cassatie* 2002, No. 276, 1233, *Pasicrisie* 2002, 1106; Court of Cassation 22 March 2002, C.00.0401.F, ECLI:BE:CASS:2002:ARR.20020322.11, *Pasicrisie* 2002, No. 193, 767, *Arresten van het Hof van Cassatie* 2002, 841; Court of Cassation 20 March 2001, P.99.0733.N, ECLI:BE:CASS:2001:ARR.20010320.8, *Arresten van het Hof van Cassatie* 2001, No. 146, 448, *Pasicrisie* 2001, 443. In a doctrinally more correct reasoning, the person whose behaviour is compelled by a *force majeure* which they could have avoided or which is due to their own fault, is still not liable because of this wrongful act committed under the force (see for an application in a criminal liability case: Court of Cassation 25 mei 2021, P.21.0266.N, ECLI:BE:CASS:2021:ARR.20210525.2N.10, *Rechtskundig Weekblad* 2021–2022, 1234), but can be held liable based on the previously commited fault of not having avoided the situation or of having caused the *force majeure* to occur. See e.g. Cass. 14 januari 2020, P.19.0931.N, ECLI:BE:CASS:2020:ARR.20200114.2N.8, *Tijdschrift voor Politierechters* 2020, 121, *Nullum Crimen* 2020, 355.

92 E.g. J. De Bruyne and J. Tanghe, 'Liability for Damage Caused by Autonomous Vehicles: A Belgian Perspective', (2017) 8 *Journal of European Tort Law* 324–371, at 339–340, footnote 76.

93 See extensively: J. Tanghe and J. De Bruyne, 'Software aan het stuur: Aansprakelijkheid voor schade veroorzaakt door autonome motorrijtuigen' in T. Vansweevelt and B. Weyts

human intervention is not required if the vehicle is used within an operational domain (lack of pedals).

In any case, it must be ensured that victims of accidents involving autonomous vehicles are not (completely) left out in the cold by the application of *force majeure*.[94] This shows the importance of other liability regimes, which will be discussed later in this report.

3.1.4 The User's Negligence

In addition to a violation of a legal rule, such as a traffic rule in the Highway Code, victims can also claim recovery from the user if they can prove that the their loss was caused by the user's negligence. According to Article 6.6, §2, CC, behaviour is negligent is if falls short of the standard level of care.[95]

Whether the user can be held liable on this basis, will differ according to the level of autonomy and driving mode.[96] Attributing negligent behaviour to the user will be complex in Level 3 vehicles. If an accident occurs when the vehicle is in automated mode, some argue that the user will likely not be held liable for negligence due to the lack of control over the vehicle.[97] However, the user could be blamed for not having overruled decisions of the vehicle if a normally careful and prudent person would have done so or, conversely, for having intervened in decisions by the vehicle that a normally careful and prudent

(eds.), *Nieuwe risico's in het aansprakelijkheids- en verzekeringsrecht* ALLIC III, Intersentia, Antwerp, 2018, 1–75, at 37–41.

94 N. De Nil and J. De Bruyne, 'Aansprakelijkheid voor het gebruik van autonome motorvoertuigen' in J. De Bruyne (ed.), *Autonome motorvoertuigen: een multidisciplinair onderzoek naar de maatschappelijke impact*, Vanden Broele, Bruges, 2021, 290–320, at 306.

95 M. Kruithof, *Tort Law in Belgium*, Kluwer Law International, Alphen aan den Rijn, 2018, p. 46, para. 62. On the general standard of care, which is assessed against the behaviour of a reasonable person placed in the same circumstances, see Court of Cassation 25 November 2002, S.00.0036.F, ECLI:BE:CASS:2002:ARR.20021125.10, Pasicrisie 2002, No. 623, 2230, *Arresten van het Hof van Cassatie* 2002, 2543; B. Dubuisson, *La responsabilité civile –chronique de jurisprudence 1996–2007*, Larcier, Brussels, 2009, p. 23, para. 3; P. Van Ommselaghe, *Droit des obligations*, vol. II: *Sources des obligations*, Bruylant, Brussels, 2010, p. 1190, para. 830.

96 See O. Dheu, J. De Bruyne, P. Valcke and I. Samoy, 'Autonomous Vehicles and Civil Liability in Belgium' in B. von Bodungen, I. Amelia Caggiano, M.C. Gaeta and H. Steege (eds), *Autonomous Vehicles and Civil Liability in a Global Perspective*, Springer, Cham, Cham, 2024, 241-278.

97 T. Malengreau, 'Automatisation de la conduite: quelles responsabilités en droit Belge? (Première partie)', [2019] *Revue Générale des Assurances et des Responsabilités* 15.578, para. 13.

person would not have overruled.[98] If the accident occurred after the system has passed over the control to the user, the latter could be more easily held liable in tort. The grey zone appears when the accident occurs during the transitional phase, when the on-board computer passes over the driving functions to the vehicle user.[99] First, it may not be clear who had control at the specific time of the accident.[100] Second, in such a situation, the user could be held liable for different actions or omissions such as failing to regain control of the vehicle or improperly regaining control of the vehicle.[101] Yet, the requirement of foreseeability of losses, which according to Article 6.6, §2, 1°, CC applies in negligence cases, can be rather problematic when applied to autonomous vehicles due the opaqueness and unpredictability of AI systems for users as well as the continuous software updates.[102]

In Level 4 vehicles, it remains uncertain whether the user can be qualified as a driver. Instead, they could be seen as a mere passenger who has almost no (or very little) control over the vehicle when the automated mode is on. This means that attributing a negligent behaviour to the user of the vehicle as the cause of the accident, may be virtually impossible.[103] However, some have asked whether the user could be held liable for not being vigilant enough to anticipate the actions of the on-board computer that could potentially cause damage.[104]

It should be noted that in situations where the user cannot be held liable for negligence in controlling the driving behaviour of the vehicle, the victim, irrespective of the level of automation, could still hold the user liable for failing to

98 J. De Bruyne and J. Tanghe, 'Liability for Damage Caused by Autonomous Vehicles: A Belgian Perspective', (2017) 8 *Journal of European Tort Law* 324–371, at 344–345; D.-A. Sauvage, 'Les véhicules autonomes et le droit de la circulation', [2020] *Tijdschrift voor Belgisch Burgerlijk Recht – Revue Générale de Droit Civil* 258–288, at 277, para. 44.

99 T. Malengreau, 'Automatisation de la conduite: quelles responsabilités en droit Belge? (Première partie)', [2019] *Revue Générale des Assurances et des Responsabilités* 15.578, para. 13.

100 However, reading and decrypting the on-board data event recorder may shed light to who was in control at the time of the accident, but may not always be sufficient.

101 T. Malengreau, 'Automatisation de la conduite: quelles responsabilités en droit Belge?' in C. Lazaro and A. Strowel (eds), *Des véhicules autonomes à l'intelligence artificielle: Droit, politique et éthique*, Larcier, Brussels, 2020, 47–130, at 60–63, para. 13.

102 J. De Bruyne and J. Tanghe, 'Liability for Damage Caused by Autonomous Vehicles: A Belgian Perspective', (2017) 8 *Journal of European Tort Law* 324–371, at 345–346.

103 D.-A. Sauvage, 'Les véhicules autonomes et le droit de la circulation', [2020] *Tijdschrift voor Belgisch Burgerlijk Recht – Revue Générale de Droit Civil* 258–288, at 275, para. 39.

104 H. Jacquemin and J.B. Hubin, 'Aspects contractuels et de responsabilité civile en matière d'intelligence artificielle' in H. Jacquemin and A. de Streel (eds), *L'intelligence artificielle et le droit*, Larcier, Brussels, 2017, 73–141, at 117, para. 43.

properly maintain the vehicle or for failing to update a safety critical software and/or adding unauthorised third party software.[105] The user could also be held liable for using the vehicle unreasonably in such a way that the accident's occurrence was foreseeable.[106]

3.2 *Liability of the Producer*

Even though fault-based liability (still) remains important today, the more vehicles will become autonomous, the more other no-fault liability regimes will become relevant. Liability in traffic-related matters may very likely evolve from a fault-based mechanism towards forms of strict liability. This brings us to the application of product liability in an AI context, which has been given much attention in the EU and in Belgium.[107] Specifically for autonomous vehicles, the HLG GEAR 2030 already concluded that the application of the MID and the PLD 1985 is adapted to the autonomous systems expected up to 2020.[108] As was already mentioned,[109] the new PLD 2024 was recently published,[110] which we will not extensively discuss here. Our focus is on existing Belgian law.

The PLD 1985 has been transposed in Belgium via the Product Liability Act (PLA),[111] which from January 1st, 2025 on will be incorporated into Book 6 of the new Civil Code (articles 6.41 – 6.55 CC). Article 1 of the PLD 1985 (Article 1 PLA and Article 6.41 CC) stipulates that the producer will be held liable for damage

105 D.-A. Sauvage, 'Les véhicules autonomes et le droit de la circulation', [2020] Tijdschrift voor Belgisch Burgerlijk Recht – Revue Générale de Droit Civil 258–288, at 277, para. 44.

106 T. Malengreau, 'Automatisation de la conduite: quelles responsabilités en droit Belge? (Première partie)', [2019] Revue Générale des Assurances et des Responsabilités 15.578, para. 13; see also K. Swinnen, 'De inpassing van digitale producten in het Belgisch privaatrecht', [2018] Tijdschrift voor Privaatrecht 1021–1100, at 1092.

107 See the many contributions in S. Lohsse et al. (eds.), *Liability for Artificial Intelligence and the Internet of Things*, Nomos, Baden-Baden, 2019; J. De Bruyne, E. Van Gool and T. Gils, 'Tort Law and Damage Caused by AI' in J. De Bruyne and C. Vanleenhove, *Artificial Intelligence and the Law*, Intersentia, Antwerp, 2021, 259–405 with further references. Specifically for autonomous vehicles: J. Werbrouck, 'De productaansprakelijkheid voor zelfrijdende motorrijtuigen', [2018] *Tijdschrift voor Privaatrecht* 529–603, at 547–552.

108 European Commission High Level Group on the Competitiveness and Sustainable Growth of the Automotive Industry in the European Union, *The Report of the High Level Group on the Competitiveness and Sustainable Growth of the Automotive Industry in the European Union* (*GEAR 2030*), October 2017, p. 50, Recommendation 10 (available at www.europarl.europa.eu, last accessed 12 January 2023).

109 See *supra* footnote 60 and accompanying text.

110 Directive (EU) 2024/2853 of the European Parliament and of the Council of 23 October 2024 on liability for defective products and repealing Council Directive 85/374/EEC, OJ L 2024/2853 of 18 November 2024.

111 Product Liability Act of 25 February 1991.

caused by a defect in the product. The academic discussions in Belgium (and beyond) have centred on the concepts of 'product' (part 3.2.1.), 'defect' (part 3.2.2.) and the moment of 'putting the product into circulation' (part 3.2.3.). Much of the findings in this section will also apply to the general liability of custodians for loss caused by defective things, discussed in the next section.

3.2.1 Product

Article 2 of the PLD 1985 (Article 2 PLA, Article 6.42 CC) defines a product as all movables, even if incorporated into another movable or into an immovable. Electricity is explicitly listed as a product. An autonomous vehicle or its material parts are movable items in the sense of the PLD 1985.[112] The question whether software should be qualified as a product, is less clear. Yet, it is important to know, as autonomous vehicles rely on software to operate.

There may indeed be several reasons why software cannot be seen as a product under the PLD 1985. For instance, software might be qualified as a service and not as a product.[113] Some scholars argue that software is not a service but the object of a service. Software would, therefore, be covered by the Directive.[114] However, the fact that software is not a service does not necessarily mean that it is a product. As the PLD 1985 only mentions 'movables', some argue that it cannot relate to tangible goods only.[115] Others, by contrast, conclude that it does.[116] If it did not, it would not have been necessary explicitly to include electricity in the scope of the Directive.[117] However, following a teleological interpretation, the PLD 1985 may also apply to software even if it is qualified as an intangible good. After all, the explicit inclusion of electricity

---

112 J. De Bruyne and J. Tanghe, 'Liability for Damage Caused by Autonomous Vehicles: A Belgian Perspective', (2017) 8 *Journal of European Tort Law* 324–371, at 357.

113 See for example: A. Zegers, 'Produktenaansprakelijkheid voor software en informatie?', [1989] *Computerrecht* 109–110, at 109. See for additional references and discussion I. Demuynck et al., *De consument in het recht: verwend, verwaand of miskend*, Maklu, Antwerp-Apeldoorn, 2003, p. 38, footnote 71.

114 See for example M. Flamée, '"Malfunction 54" of het produktkarakter van software' in *Liber Amicorum em. E. Krings*, Story-Scientia, Brussels, 1991, 115–128 at 124, para. 124 *in fine*; T. Vansweevelt, 'De Wet van 25 februari 1991 inzake produktenaansprakelijkheid', [1992] *Tijdschrift voor Belgisch Burgerlijk Recht – Revue Générale de Droit Civil* 96–120, at 96 & 105, para. 17.

115 J. Verlinden, 'Veiligheid van producten en diensten en productaansprakelijkheid' in N. Betsch et al. (eds), *Huur van diensten – Aanneming van werk*, Orde van Advocaten van de Balie van Kortrijk, Larcier, Ghent, 2007, 45–93, at 62–63.

116 See T. Vansweevelt and B. Weyts, *Handboek Buitencontractueel Aansprakelijkheidsrecht*, Intersentia, Antwerp, 2009, p. 503, para. 791–792.

117 Article 2 PLD 1985, Article 2 PLA, Article 6.42 CC.

shows that the drafters of the Directive aimed at a wide material scope. It is not surprising that the legislature did not think of software in the early 1980s, as personal computers only became commercially widespread in Europe during the second half of that decade. The inclusion of software in the PLD 1985 would reflect the current economic reality in which software is a commercial product just as any other product that may entail risks for users and third parties.[118]

The Belgian transposition, however, explicitly stipulates that the regime is only applicable to tangible goods.[119] This interpretation may be problematic for software used in AI systems. Software is a collection of data and instructions that is imperceptible to the human eye. Therefore, software is often regarded as intangible.[120] Consequently, it would fall outside the scope of product liability.[121] At the same time, however, there are some reasons why software should fall within the scope of the PLA and the corresponding provisions in Book 6 of the new Civil Code. Software could be qualified as a product because it is captured or embedded on a tangible medium or device (e.g. a hard drive or usb-stick). The European Commission has already affirmed this.[122] As such, embedded software could be part of a vehicle, which in turn is considered as

---

118 B. Koch, 'Product Liability 2.0 – Mere Update or New Version?' in S. Lohsse et al., *Liability for Artificial Intelligence and the Internet of Things*, Nomos, Baden-Baden, 2019, 97–116, at 106; G. Wagner, 'Robot Liability' in S. Lohsse et al., *Liability for Artificial Intelligence and the Internet of Things*, Nomos, Baden-Baden, 2019, 27–62, at 42; J. De Bruyne and J. Tanghe, 'Liability for Damage Caused by Autonomous Vehicles: A Belgian Perspective', (2017) 8 *Journal of European Tort Law* 324–371, at 357.

119 Article 2 PLA, Article 6.42 CC; D. Verhoeven, 'Productveiligheid en productaansprakelijkheid: krachtlijnen en toekomst perspectieven' in R. Steennot and G. Straetmans (eds), *Wetboek economisch recht en de bescherming van de consument*, Intersentia, Antwerp, 2015, 193–234, at 198; H. Jacquemin and J.B. Hubin, 'Aspects contractuels et de responsabilité civile en matière d'intelligence artificielle' in H. Jacquemin and A. de Streel (eds), *L'intelligence artificielle et le droit*, Larcier, Brussels, 2017, 73–141, at 129–130.

120 See for an overview of arguments to qualify software as intangible: C. Stuurman and G.P.V. Vandenberghe, 'Softwarefouten: een 'zaak' van leven of dood?', [1988] *Nederlands Juristenblad* 1667–1672, at 1669–1670.

121 E. Tjong Tjin Tai, 'Liability for (Semi)Autonomous Systems: Robots and Algorithms', Tilburg Law School Legal Studies Research Paper Series No. 09/2018, p. 15; D. Verhoeven, *Productaansprakelijkheid en productveiligheid*, Intersentia, Antwerp, 2018, pp. 55–56.

122 See in this regard: Written Question No. 706/88 (5 July 1988) and Answer by Lord Cockfield on behalf of the Commission (15 November 1988), OJ C 114/42, 8 May 1989; E. Montéro, *La Responsabilité civile du fait des bases de données*, Presses universitaires de Namur, Namur, 1998, p. 223; H. Jacquemin and J.B. Hubin, 'Aspects contractuels et de responsabilité civile en matière d'intelligence artificielle' in H. Jacquemin and A. de Streel (eds), *L'intelligence artificielle et le droit*, Larcier, Brussels, 2017, 73–141, at 130. See for additional references D. Verhoeven, *Productaansprakelijkheid en productveiligheid*, Intersentia, Antwerp, 2018, pp. 54–55.

one standalone object and therefore a product taken in its entirety.[123] According to some scholars, even standalone or non-embedded software may qualify as a material good as well.[124] Even though codes used in software systems might be imperceptible for humans, they are part of a material reality under scientific standards. Software differs from abstract ideas such as political or philosophical opinions. Human sensory perception is actually an inadequate criterion to determine whether something is a product or not.[125]

Several policy documents issued at the EU level did not provide a clear answer either. The Report on the safety and liability implications of AI, the IoT and robotics acknowledges that the definition of product in the PLD 1985 is broad. Nevertheless, its scope could be further clarified to better reflect the complexity of emerging technologies, and ensure that compensation is always available for losses caused by products that are defective because of software or other digital features.[126] The New Technology Formation Expert Group also concludes that losses caused by defective digital content should trigger the producer's liability because digital content performs many of the functions tangible movable items used to perform when the PLD 1985 was adopted. This is all the more true for defective digital elements of other products, some of which come separately from the tangible item or as wireless updates after the product has been put into circulation (e.g. security updates), or as digital services provided on a continuous basis during the time the product is being used (e.g. navigation cloud services).[127] Article 79 of the AI Act stipulates that

123 See J. Werbrouck, 'De productaansprakelijkheid voor zelfrijdende motorrijtuigen', [2018] *Tijdschrift voor Privaatrecht* 529–603, at 547–552; O. Dheu, J. De Bruyne, P. Valcke and I. Samoy, 'Autonomous Vehicles and Civil Liability in Belgium' in B. von Bodungen, I. Amelia Caggiano, M.C. Gaeta and H. Steege (eds), *Autonomous Vehicles and Civil Liability in a Global Perspective*, Springer, Cham, Cham, 2024, 241-278.

124 See for example J.P. Triaille, 'The EEC Directive (25 July 1985) on product liability and its application to databases and information', [1993] *Computer Law and Practice: The Journal of Computer and Communications Law* 217–224, at 217; M. Tenreiro and S. Gomez, 'La Directive 1999/44/CE sur certains aspects de la vente et des garanties des biens de consommation', [2000] *Revue Européenne de Droit de la Consommation* 5–39, at 12. The Correctional Court in Brussels comes to similar conclusions when ruling that '[u]n logiciel – ou programme informatique – indépendamment même de son support – ou disquette – ne constitue pas un bien immatériel, possède une valeur économique propre et est susceptible d'un transfert de possession qui peut être constaté matériellement' (Correctional Court Brussels 24 June 1993, *Jurisprudence de Liège, Mons et Bruxelles* 1994, 444).

125 J. De Bruyne and J. Tanghe, 'Liability for Damage Caused by Autonomous Vehicles: A Belgian Perspective', (2017) 8 *Journal of European Tort Law* 324–371, at 356–357.

126 European Commission, Report on the safety and liability implications of Artificial Intelligence, the Internet of Things and robotics, COM(2020) 64 final, at 14.

127 *Liability for Artificial Intelligence and Other Emerging Digital Technologies*, Report from the Expert Group on Liability and New Technologies – New Technologies Formation,

"AI systems presenting a risk shall be understood as a '*product* presenting a risk' as defined in Article 3, point 19 of Regulation (EU) 2019/1020, in so far as they present risks to the health or safety, or to fundamental rights, of person" (emphasis added).[128] At the same time, however, the European Parliament stresses in its report on AI in a digital age that 'an overly broad approach to the definition of "product" should be avoided'.[129] The European Commission held a public consultation on adapting civil liability rules to the digital age and AI, which ended in January 2022.[130] In the recently adopted PLD 2024, software and digital manufacturing files are explicitly qualified as a product. The PLD 2024 does, however, not apply to free and open-source software that is developed or supplied outside the course of a commercial activity.[131]

3.2.2 Defect

Product liability requires a defect in the product. A product is defective if it does not provide the safety that a person is entitled to expect, considering all circumstances (so-called 'consumer expectations test').[132] Not the expectations of a particular person but the widespread expectations are relevant in this regard. As such, it concerns the expectations of the general public[133] or

---

Publications Office of the European Union, November 2019, pp. 42–43. For a brief discussion: O. Dheu, 'EU report on AI, new technologies and liability: key take-aways and limitations', www.law.kuleuven.be/citip/blog (last accessed 12 January 2023), 9 January 2020. This report has in the meantime been reflected in a legislative initiative by the Committee on Legal Affairs of the European Parliament (Committee on Legal Affairs, Report with recommendations to the Commission on a Civil liability regime for artificial intelligence, 2020/2014(INL) (available at www.europarl.europa.eu, last accessed 12 January 2023)).

128 Regulation (EU) 2024/1689 of the European Parliament and of the Council of 13 June 2024 laying down harmonised rules on artificial intelligence and amending Regulations (EC) No 300/2008, (EU) No 167/2013, (EU) No 168/2013, (EU) 2018/858, (EU) 2018/1139 and (EU) 2019/2144 and Directives 2014/90/EU, (EU) 2016/797 and (EU) 2020/1828, *OJ* L 2024/1689 of 12 July 2024.

129 European Parliament, Report on Artificial Intelligence in a Digital Age (2020/2266(INI)), 3 May 2022, no. 145 (available at www.europarl.europa.eu/doceo/document/A-9-2022-0088_EN.html, last accessed 9 December 2024).

130 European Commission, Civil liability – adapting liability rules to the digital age and artificial intelligence: Public consultation 18 October 2021–10 January 2022 (available at https://ec.europa.eu/info/law/better-regulation/have-your-say, last accessed 12 January 2023).

131 See Article 4(1) and Article 2.2 PLD 2024.

132 Article 6 PLD 1985, Article 5 PLA, Article 6.45 CC.

133 Recital 6 PLD 1985. Bocken argues that it concerns the consumer as part of a group (H. Bocken, 'Buitencontractuele aansprakelijkheid voor gebrekkige producten' in *Bijzondere overeenkomsten*, Postuniversitaire cyclus Willy Delva, 2008–2009, Wolters Kluwer, Mechelen, 2008, 335–380, at 367).

the target audience.[134] The criterion of legitimate expectations is normative as well. The question is not what expectations the general public or the audience actually has, but what expectations they are entitled to have, in other words what expectations are reasonable.[135] The assessment of the legitimate expectations is done in concrete terms.[136] Several elements can be used to determine the legitimate expectations regarding the use of AI-systems. These include the presentation of the product, the normal or reasonably foreseeable use of it and the time when the product was put into circulation.[137] This enumeration of circumstances, however, is not exhaustive. Other factors may thus play a role as well.[138] Especially the criterion of the presentation of the product is important for manufacturers of autonomous vehicles. They may market their products explicitly as being safer than existing alternatives,[139] and by doing so increase their risk of liability. The presentation of the product may on the other hand also provide an opportunity for manufacturers to reduce their liability risk through appropriate warnings and user information.[140] However,

134 Court of Cassation 26 September 2003, C.02.0362.F, ECLI:BE:CASS:2003:ARR.20030926.5, *Pasicrisie* 2003, No. 459, 1494, *Arresten van het Hof van Cassatie* 2003, 1765, *Rechtskundig Weekblad* 2004–2005, 22, annotation by B. Weyts; Court of Appeal Antwerp 13 April 2005, *Rechtskundig Weekblad* 2008–2009, 803; Court of Appeal Antwerp 28 October 2009, *Tijdschrift voor Belgisch Burgerlijk Recht – Revue Générale de Droit Civil* 2011, 381; H. Bocken, I. Boone and M. Kruithof, *Inleiding tot het schadevergoedingsrecht*, die Keure, Bruges, 2014, at 196, para. 318; B. Dubuisson, 'La notion de défaut dans la directive européenne du 25 juillet 1985', [1989] *Droit de la consommation – Consumentenrecht* 78; H. Jacquemin and J.B. Hubin, 'Aspects contractuels et de responsabilité civile en matière d'intelligence artificielle' in H. Jacquemin and A. de Streel (eds), *L'intelligence artificielle et le droit*, Larcier, Brussels, 2017, 73–141, at 131.

135 T. Vansweevelt and B. Weyts, *Handboek Buitencontractueel Aansprakelijkheidsrecht*, Intersentia, Antwerp, 2009, p. 510, para. 799.

136 H. Bocken, I. Boone and M. Kruithof, *Inleiding tot het schadevergoedingsrecht*, die Keure, Bruges, 2014, p. 196, para. 318; T. Vansweevelt and B. Weyts, *Handboek Buitencontractueel Aansprakelijkheidsrecht*, Intersentia, Antwerp, 2009, p. 511, para. 801.

137 Article 6, first paragraph, PLD 1985, Article 5, first paragraph, PLA, Article 6.45, first paragraph, CC.

138 H. Bocken, I. Boone and M. Kruithof, *Inleiding tot het schadevergoedingsrecht*, die Keure, Bruges, 2014, p. 196, para. 318; M. Kruithof, 'Wie is aansprakelijk voor schade veroorzaakt door onveilige producten? De toepassing van de Artikelen 1382, 1384 lid 1, en 1645 BW herbekeken in het licht van het – door het Hof van Justitie sterk beperkte – aanvullend karakter voorzien in Artikel 13 Wet Productaansprakelijkheid' in I. Claeys and R. Steennot (eds), *Aansprakelijkheid, veiligheid en kwaliteit*, XLste postuniversitaire cyclus Willy Delva 2014–2015, Kluwer, Mechelen, 2015, 143–224, at 148, footnote 18.

139 K. Swinnen, 'De inpassing van digitale producten in het Belgisch privaatrecht', [2018] *Tijdschrift voor Privaatrecht* 1021–1100, at 1087.

140 H. Jacquemin and J.B. Hubin, 'Aspects contractuels et de responsabilité civile en matière d'intelligence artificielle' in H. Jacquemin and A. de Streel (eds), *L'intelligence artificielle*

this has the disadvantage that it prevents the manufacturer from promoting the essence of their product and underlining other potential benefits such as improved time-efficiency.[141] While the PLD 2024 still refers to the public's safety expectations, it includes an expanded and adapted list of circumstances under which the product may be assessed for its defectiveness. These *inter alia* include the 'effect on the product of any ability to continue to learn or acquire new features after it is placed on the market or put into service' and 'product safety requirements, including safety-relevant cybersecurity requirements'.[142]

Some scholars have argued that the unitary statutory definition of a defect illustrates that the distinction between a deficiency in the design, a manufacturing defect or a lack of information is not relevant in this context. In each of these cases, the product is supposedly defective when it does not meet the legitimate safety expectations.[143] A recent PhD, however, throws doubt on this issue, showing that the circumstances that are taken into account to establish the reasonable safety expectations in regard to design and information defects are elements that are only relevant in the application of a hidden risk-utility test.[144] Whichever proposition most accurately corresponds to Belgian legal practice, the criterion of legitimate expectations in any case remains very vague, allowing judges a wide margin of appreciation.[145] Consequently, it is difficult

et le droit, Larcier, Brussels, 2017, 73–141, at 131. See in general: T. Verheyen, 'Modern Theories of Product Warnings and European Product Liability Law', [2019] *Utrecht Law Review* 44–56; extensively: T. Verheyen, *Eenzijdige beheersing van het aansprakelijkheidsrisico – Over waarschuwingen, instructies, disclaimers en andere technieken tot eenzijdige exoneratie*, Intersentia, Antwerp, 2021, pp. 583–662; J. Gurney, 'Imputing Driverhood: Applying a Reasonable Driver Standard to Accidents Caused by Autonomous Vehicles' in P. Lin, K. Abney and R. Jenkins (eds), *Robot Ethics 2.0 From Autonomous Cars to Artificial Intelligence*, Oxford University Press, New York, 2017, 51–65, at 53.

141 J. De Bruyne and J. Tanghe, 'Liability for Damage Caused by Autonomous Vehicles: A Belgian Perspective', (2017) 8 *Journal of European Tort Law* 324–371, at 361.

142 Article 7(2) PLD 2024.

143 See for more information on the distinction between the three types of defects: H. Bocken, I. Boone and M. Kruithof, *Inleiding tot het schadevergoedingsrecht*, die Keure, Bruges, 2014, pp. 190–191, para. 308; D. Wuyts, 'Productaansprakelijkheid: een Richtlijn voor (n)iets?', [2008] *Tijdschrift voor Belgisch Burgerlijk Recht – Revue Générale de Droit Civil* 3–30, at 12; A.P. Garza, 'Look Ma, No Hands!: Wrinkles and Wrecks in the Age of Autonomous Vehicles', (2012) 46 *New England Law Review* 581–616, at 590.

144 T. Verheyen, *Eenzijdige beheersing van het aansprakelijkheidsrisico – Over waarschuwingen, instructies, disclaimers en andere technieken tot eenzijdige exoneratie*, Intersentia, Antwerp, 2021, pp. 571–577.

145 H. Bocken, 'Buitencontractuele aansprakelijkheid voor gebrekkige producten' in *Bijzondere overeenkomsten*, Postuniversitaire cyclus Willy Delva, 2008–2009, Wolters Kluwer, Mechelen, 2008, 335–380, at 368; T. Vansweevelt and B. Weyts, *Handboek Buitencontractueel Aansprakelijkheidsrecht*, Intersentia, Antwerp, 2009, p. 515, para. 809.

to predict how this criterion will be applied in the context of AI-systems. The safety expectations will be very high for AI-systems used in high-risk contexts such as mobility.[146] The average consumer who has no knowledge of this complex technology may even expect an autonomous vehicle to be functioning smoothly without causing any accidents.[147] As such, the benchmark of the legitimate expectations almost meets absolute safety. Under this criterion, the producer of the autonomous vehicle or of the software is exposed to an extremely large liability risk.[148] At the same time, however, the concrete application of this test remains difficult for AI-systems because of their novelty, the complexity to compare these systems with human or technological alternatives and the characteristics of autonomy and opacity.[149] The interconnectivity of products and systems also makes it hard to identify the defect. Sophisticated AI-systems with self-learning capabilities also raise the question of whether unpredictable deviations in the decision-making process can be treated as defects. Even if they constitute a defect, the state-of-the-art defence[150] may apply. The complexity and the opacity of emerging digital technologies such as AI-systems further complicate the chance for the victim to discover and prove the defect and/or causation.[151] Thus, the burden of proof for victims is very

---

146 See for example European Court of Justice, 5 March 2015, C-503/13, ECLI:EU:C:2015:148, *Boston Scientific*, consideration 39; J. De Bruyne and J. Tanghe, 'Liability for Damage Caused by Autonomous Vehicles: A Belgian Perspective', (2017) 8 *Journal of European Tort Law* 324–371, at 362. See also T. Malengreau, 'Automatisation de la conduite: quelles responsabilités en droit Belge? (Première partie)', [2019] *Revue Générale des Assurances et des Responsabilités* 15.578, para. 27.

147 A.P. Garza, 'Look Ma, No Hands!: Wrinkles and Wrecks in the Age of Autonomous Vehicles', (2012) 46 *New England Law Review* 581–616, at 601.

148 J. De Bruyne and J. Tanghe, 'Liability for Damage Caused by Autonomous Vehicles: A Belgian Perspective', (2017) 8 *Journal of European Tort Law* 324–371, at 362.

149 See J-S. Borghetti, 'How can Artificial Intelligence be Defective?' in S. Lohsse et al. (eds), *Liability for Artificial Intelligence and the Internet of Things*, Nomos, Baden Baden, 2019, 63–76, at 68–69; J. De Bruyne and J. Tanghe, 'Liability for Damage Caused by Autonomous Vehicles: A Belgian Perspective', (2017) 8 *Journal of European Tort Law* 324–371, at 358–362. *Contra*: B. Koch, 'Product Liability 2.0 – Mere Update or New Version?' in S. Lohsse et al. (eds), *Liability for Artificial Intelligence and the Internet of Things*, Nomos, Baden Baden, 2019, 97–116, at 107–109.

150 Under this defence, the producer will not be held liable if they proves that the state of scientific and technical knowledge at the time when they put the product into circulation was not such as to enable the existence of the defect to be discovered (Article 7(e), PLD 198, Article 8(e) PLA and Article 6.48(e) CC).

151 Expert Group on Liability and New Technologies – New Technologies Formation, *Liability for Artificial Intelligence and other Emerging Technologies*, Publications Office of the European Union, November 2019, at 28. See on the burden of proof also: R. De Bruin, 'Autonomous Intelligent Cars on the European Intersection of Liability and Privacy',

high eventually resulting in (policy) proposals remedying their position.[152] In addition, there is some uncertainty on how and to what extent the PLD 1985 or the PLA or corresponding provisions in the new Civil Code apply in the case of certain types of defects, for example those resulting from weaknesses in the cybersecurity of the product.[153]

3.2.3 Moment of Putting the Product into Circulation

Under the current product liability regime, the victim only needs to prove that the product was defective when the loss was caused. There are, however, some possibilities for the producer to escape liability.[154] For instance, the manufacturer of the product can avoid liability when they establishes that it is probable[155] that the defect causing the damage did not exist at the time when the product was put into circulation.[156] According to Article 6 of the PLA and Article 6.46 CC, 'putting into circulation' means the first act embodying the producer's intention to bestow upon the product the usage that they intends for it through the transfer of the product to a third party or the use of it for the benefit of that person. According to the European Court of Justice, a product must be considered as having been put into circulation when it leaves the production process operated by the producer, and enters a marketing process in the form in which it is offered to the public to be used or consumed.[157]

Despite this broad interpretation, the notion of 'putting into circulation' can be challenging for products incorporating software or AI-systems that may

---

(2016) 7 *European Journal of Risk Regulation* 485–501, at 491; M. Buiten, A. De Streel and M. Peitz, *EU Liability Rules for the Age of Artificial Intelligence*, CERRE Report, March 2021, pp. 55–56 and further references.

152 E.g. Expert Group on Liability and New Technologies – New Technologies Formation, *Liability for Artificial Intelligence and other Emerging Technologies*, Publications Office of the European Union, November 2019, p. 6, recommendation 15 (If it is proven that an emerging digital technology caused harm, and liability therefore is conditional upon a person's intent or negligence, the burden of proving fault should be reversed if disproportionate difficulties and costs of establishing the relevant standard of care and of proving their violation justify it).

153 European Commission, White Paper On Artificial Intelligence – A European approach to excellence and trust, COM(2020) 65 final, p. 13.

154 See Article 8 PLA, Article 6.48 CC and Article 7 PLD 1985.

155 Article 8(b) PLA, Article 6.48(b) CC and Article 7(b) PLD 1985. Also see Court of Cassation 4 May 2007, C.05.0275.N, ECLI:BE:CASS:2007:ARR.20070504.3, *Arresten van het Hof van Cassatie* 2007, No. 222, 942, *Pasicrisie* 2007, 835; H. Bocken, I. Boone and M. Kruithof, *Inleiding tot het schadevergoedingsrecht*, die Keure, Bruges, 2014, p. 197, para. 320.

156 Article 8(b) PLA, Article 6.48(b) CC.

157 European Court of Justice, 9 February 2006, No. C-127/04, ECLI:EU:C:2006:93, *Declan O' Byrne v. Sanofi Pasteur MSD Ltd & Sanofi Pasteur SA.*, I-1313, para. 27.

change over time.[158] The self-learning and autonomous nature of AI-systems has a continuous 'production process', even without external interaction.[159] Some scholars conclude that if software should be seen as a product, any update thereof could be considered an act by which the producer brings a new product into circulation. Consequently, the software producer would not be able to escape liability all too easily by referring to the provision in article 8(b) of the PLA, Article 6.48(b) CC.[160] It becomes more difficult with self-learning systems. These systems are not periodically externally updated, but continually improve themselves internally. For defects that are created in this way, a moment of putting the product into circulation cannot be indicated, as the manufacturer did not perform an act to that end. It is also unrealistic to qualify a software system as defective merely because it is able to adjust itself. In that case, all self-learning vehicles would be considered defective if they cause an accident, even if they do not actually deviate from the legitimate safety expectations. The manufacturer would then be liable for any damage that such a vehicle was unable to avoid. Against this background, it may be considered to exclude this defence in the context of AI-systems. This makes it possible for victims to file a claim against the manufacturer of the software even when the defect is created through the continuous self-development of software.[161] The same reasoning also applies to the liability of the manufacturer of the vehicle. The changes made by a self-learning system and the updates performed by the software producer can create defects for which the car manufacturer is no longer liable. Indeed, those defects did not exist at the time when he put the vehicle into circulation. Although the vehicle meets the definition of a product, its manufacturer might thus easily escape liability if the damage is caused by a dysfunction in the software.[162] Other scholars, however, conclude that the potential defect in an AI-system does find its origins in the production process. This may eventually lead to the producer's liability.[163]

---

158 European Commission, Report on the safety and liability implications of Artificial Intelligence, the Internet of Things and robotics, COM(2020) 64 final, p. 15.

159 E. Van Gool, J. De Bruyne and M. Fierens, 'De regulering van artificiële intelligentie (deel 2) – Een analyse van buitencontractuele aansprakelijkheid', [2020–2021] *Rechtskundig Weekblad* 1003–1024, at 1021.

160 See for example J. De Bruyne and J. Tanghe, 'Liability for Damage Caused by Autonomous Vehicles: A Belgian Perspective', (2017) 8 *Journal of European Tort Law* 324–371, at 370.

161 J. De Bruyne and J. Tanghe, 'Liability for Damage Caused by Autonomous Vehicles: A Belgian Perspective', (2017) 8 *Journal of European Tort Law* 324–371, at 370.

162 J. De Bruyne and J. Tanghe, 'Liability for Damage Caused by Autonomous Vehicles: A Belgian Perspective', (2017) 8 *Journal of European Tort Law* 324–371, at 363.

163 See for example: J.-B Hubin, 'La responsabilité du fait des robots – Le droit de la responsabilité à l'ère de la révolution numérique' in *Responsabilités et numérique*, Jeune

The possibility of the producer to escape liability by relying on this defence is also a reoccurring topic in the many EU studies. The Expert Report on liability and AI issued by the New Technologies Formation is important in this regard. It states that when the defect came into being as a result of the producer's interference with the product already put into circulation (e.g. by way of a software update) or the producer's failure to interfere, it should be regarded as a defect in the product for which they can be held liable. It further adds that the point in time at which a product is placed on the market should not set a strict limit on the producer's liability for defects where, after that point in time, the producer or a third party acting on behalf of the producer remains in charge of providing updates or digital services. The producer should, therefore, remain liable where the defect has its origin (a) in a defective digital component or digital ancillary part or in other digital content or services provided for the product with the producer's assent after the product has been put into circulation; or (b) in the absence of an update of digital content, or of the provision of a digital service which would have been required to maintain the expected level of safety within the time period for which the producer is obliged to provide such updates. The producer should thus be strictly liable for defects in emerging digital technologies even if these defects appear after the product was put into circulation, as long as the producer was still in control of updates to or upgrades on the technology.[164]

Similar to the PLD 1985, the new PLD 2024 contains different defences that allow economic operators to escape liability. For instance, an economic operator will not be liable when it is 'probable that the defectiveness that caused the damage did not exist when the product was placed on the market, put into service' or made available on the market, 'or that this defectiveness came into being after that moment'.[165] An economic operator, however, will not be exempted from liability where the defectiveness of the product is due to any of the following, provided that it is within the manufacturer's control: '(a) related

---

barreau de Namur, Anthemis, Limal, 2018, 257–280, at 272; H. Jacquemin and J.B. Hubin, 'Aspects contractuels et de responsabilité civile en matière d'intelligence artificielle' in H. Jacquemin and A. de Streel (eds), *L'intelligence artificielle et le droit*, Larcier, Brussels, 2017, 73–141, at 135; T. Malengreau, 'Automatisation de la conduite: quelles responsabilités en droit Belge? (Deuxième partie)', [2019] *Revue Générale des Assurances et des Responsabilités* 15.582, para. 42.

164 *Liability for Artificial Intelligence and Other Emerging Digital Technologies*, Report from the Expert Group on Liability and New Technologies – New Technologies Formation, Publications Office of the European Union, November 2019, pp. 42–44.

165 Article 11(1)(c) PLD 2024.

service; (b) software, including software updates or upgrades; or (c) the lack of software updates or upgrades necessary to maintain safety'.[166]

3.3 *Liability of the Custodians and Operators of Autonomous Vehicles*

In addition to the product liability regime, a victim can also file a claim against the custodian of the defective thing that caused damage based on Article 1384, paragraph 1, Old CC,[167] Article 6.16 CC. In the following paragraphs, we will briefly focus on the 'defective thing' causing damage (part 3.3.1.) and its 'custodian' (part 3.3.2).[168] These findings have to be seen in light of ongoing evolutions at the EU level regarding operators of AI-systems (part 3.3.3.).

3.3.1 Defective Thing

Article 1384, first paragraph, Old CC and Article 6.16 CC refer to 'things' (*choses*). Most authors commonly agree that the specific strict liability that is generally explained as based on this article only applies to material objects, excluding intangibles from its scope.[169] As such, the vehicle itself as well as material components such as sensors and wheels can qualify as a thing under Article 1384, first paragraph, Old CC and Article 6.16 CC. Similar to the situation under the product liability regime, the qualification of stand-alone software is more contested. Although several authors do not consider stand-alone software to be a thing in the sense of Article 1384, first paragraph, Old CC and Article 6.16 CC,[170] others argue that the strict liability should not be restricted to material

166 Article 11(2) PLD 2024.

167 See also J. Van Zuylen, 'La responsabilité du gardien d'une chose affectée d'un vice (art. 1384, al. 1er, du Code civil)' in G. Cruysmans (ed.), *Actualités en droit de la responsabilité*, Bruylant, Brussels, 2015, 7–56, at 9 (n°3); M. Kruithof, *Tort Law in Belgium*, Kluwer Law International, Alphen aan den Rijn, 2018, pp. 91–92, para. 149, with further references.

168 For recent case law on these conditions, see Court of Cassation 12 November 2015, C.14.0468.N – C.14.0469.N, ECLI:BE:CASS:2015:ARR.20151112.4, *Arresten van het Hof van* Cassatie 2015, No. 672, 2614, Pasicrisie 2015, 2579.

169 H. Bocken, I. Boone and M. Kruithof, *Inleiding tot het schadevergoedingsrecht*, die Keure, Bruges, 2014, p. 184, para. 298; T. Vansweevelt and B. Weyts, *Handboek buitencontractueel aansprakelijkheidsrecht*, Intersentia, Antwerp, 2009, p. 456, para. 704; H. Vandenberghe, 'Overzicht van rechtspraak. Aansprakelijkheid uit onrechtmatige daad (2000–2008)', [2011] *Tijdschrift voor Privaatrecht* 349–656, at 387; P. Van Ommeslaghe, *Droit des obligations*, vol. II, *Sources des obligations*, Bruylant, Brussels, 2010, p. 1347, para. 941; Court of Cassation 21 April 1972, ECLI:BE:CASS:1972:ARR.19720421.1, *Arresten van het Hof van Cassatie* 1972, 789, *Pasicrisie* 1972, 773.

170 See references in T. Malengreau, 'Automatisation de la conduite: quelles responsabilités en droit Belge? (Deuxième partie)', [2019] *Revue Générale des Assurances et des Responsabilités* 15.582, para. 48, footnote 112.

things.[171] According to them, software may fall within the scope of the strict liability as long as it is susceptible to custody.[172] Regardless of the qualification of software, Article 1384, first paragraph, Old CC and Article 6.16 CC can also be applied to things that consist of multiple elements or parts ('composed objects'[173]), including the (integrated) software ensuring the functioning of the autonomous vehicle.[174] Taking into account that AI-systems (e.g. self-driving cars) are technologies where software and hardware are typically deeply integrated, such systems may indeed be regarded as 'composed objects' whereby the software should be one of the parts of an AI-system 'in its entirety'.[175]

For the strict liability to apply, the loss needs to be caused by a defect of the thing.[176] A defect is defined as an abnormal characteristic or state that causes

---

171 T. Vansweevelt and B. Weyts, *Handboek Buitencontractueel Aansprakelijkheidsrecht*, Intersentia, Antwerp, 2009, p. 456, para. 704.

172 See for example J. De Bruyne and J. Tanghe, 'Liability for Damage Caused by Autonomous Vehicles: A Belgian Perspective', (2017) 8 *Journal of European Tort Law* 324–371, at 349 with further references; also see T. Malengreau, 'Automatisation de la conduite: quelles responsabilités en droit Belge? (Deuxième partie)', [2019] *Revue Générale des Assurances et des Responsabilités* 15.582, para. 48; P. Gryffroy, B. Fiten and D. Surinx, 'Zelfrijdende wagens anno 2019. Waar staan we juridisch en maatschappelijk?', [2019] *Nieuw Juridisch Weekblad* 542–556, at 551; J. Van Zuylen, 'La responsabilité du gardien d'une chose affectée d'un vice (art. 1384, al. 1er, du Code civil)' in G. Cruysmans (ed.), *Actualités en droit de la responsabilité*, Bruylant, Brussels, 2015, 7–56, at 14.

173 See e.g. Court of Cassation 7 December 1962, *Pasicrisie* 1963, 432; Court of Cassation 29 September 2006, C.04.0427.N – C.05.0192.N, ECLI:BE:CASS:2006:ARR.20060929.7, *Arresten van het Hof van Cassatie* 2006, No. 449, 1969, *Pasicrisie* 2006, 1917.

174 T. Vansweevelt and B. Weyts, *Handboek Buitencontractueel Aansprakelijkheidsrecht*, Intersentia, Antwerp, 2009, p. 457, para. 707; M. Kruithof, *Tort Law in Belgium*, Kluwer Law International, Alphen aan den Rijn, 2018, p. 91, para. 146; S. Stijns and I. Samoy, *Leerboek Verbintenissenrecht*, Boek 1*bis*, die Keure, Bruges, 2020, p. 105, para. 71 & p. 107, para. 73.

175 J. De Bruyne and J. Tanghe, 'Liability for Damage Caused by Autonomous Vehicles: A Belgian Perspective', (2017) 8 *Journal of European Tort Law* 324–371, at 349 with further references; also see T. Malengreau, 'Automatisation de la conduite: quelles responsabilités en droit Belge? (Deuxième partie)', [2019] *Revue Générale des Assurances et des Responsabilités* 15.582, para. 48; P. Gryffroy, B. Fiten and D. Surinx, 'Zelfrijdende wagens anno 2019. Waar staan we juridisch en maatschappelijk?', [2019] *Nieuw Juridisch Weekblad* 542–556, at 551 ; H. Jacquemin and J.B. Hubin, 'Aspects contractuels et de responsabilité civile en matière d'intelligence artificielle' in H. Jacquemin and A. de Streel (eds), *L'intelligence artificielle et le droit*, Larcier, Brussels, 2017, 73–141, at 124–125.

176 See for an extensive discussion, J. Tanghe, *Het gebrek in het leerstuk van de zaakaansprakelijkheid*, Intersentia, Antwerp, 2022; T. Vansweevelt and B. Weyts, *Handboek Buitencontractueel Aansprakelijkheidsrecht*, Intersentia, Antwerp, 2009, pp. 458–463. See for an in-depth analysis of the notion of defectiveness in the context of autonomous vehicles T. Malengreau, 'Automatisation de la conduite: quelles responsabilités en droit Belge?

the object to be susceptible of causing harm in certain circumstances,[177] or, as Article 6.16, third paragraph, CC puts it, a thing is defective if because of its characteristics, it does not provide the safety which one is entitled to expect in the given circumstances. For a characteristic of a thing to be defective, the characteristic needs to be abnormal. The thing should deviate from the normal 'model' whereby such deviation increases the risk of damage.[178] The defect must be assessed in the context of an ordinary and normal use of the thing and not in the context of an entirely exceptional use or a use, which was almost unforeseeable by the designer of the object.[179]

Traditionally, this basis for liability relates to the intrinsic characteristics of an object affecting its physical structure. This means that autonomous vehicles can be considered defective when the sensors or chips no longer work properly.[180] It can on the other hand be challenging for software and AI as it is not necessarily an intrinsic characteristic of the vehicle (e.g. provided via the

(Deuxième partie)', [2019] *Revue Générale des Assurances et des Responsabilités* 15.582, para. 52–55.

177 Court of Cassation 4 January 2016, C.15.0191.F, ECLI:BE:CASS:2016:ARR.20160104.1, *Pasicrisie* 2016, No. 1, 1, *Arresten van het Hof van Cassatie* 2016, 1; Court of Cassation 13 March 2015, C.14.0284.N, ECLI:BE:CASS:2015:ARR.20150313.6, *Arresten van het Hof van Cassatie* 2015, No. 193, 737, *Pasicrisie* 2015, 737; Court of Cassation 30 January 2003, C.00.0726.F, *Pasicrisie* 2003, No. 70, 235, *Arresten van het Hof van Cassatie* 2003, 278; Court of Cassation 23 September 1971, ECLI:BE:CASS:1971:ARR.19710923.3, *Pasicrisie* 1972, 80, *Arresten van het Hof van Cassatie* 1972, 88; M. Kruithof, *Tort Law in Belgium*, Kluwer Law International, Alphen aan den Rijn, 2018, p. 91, para. 147; S. Stijns and I. Samoy, *Leerboek Verbintenissenrecht*, Boek 1*bis*, die Keure, Bruges, 2020, pp. 105–106, para. 72; H. Bocken, I. Boone and M. Kruithof, *Inleiding tot het schadevergoedingsrecht*, die Keure, Bruges, 2014, p. 185, para. 300.

178 Court of Cassation 4 January 2016, C.15.0191.F, ECLI:BE:CASS:2016:ARR.20160104.1, *Pasicrisie* 2016, No. 1, 1, *Arresten van het Hof van Cassatie* 2016, 1; M. Kruithof, *Tort Law in Belgium*, Kluwer Law International, Alphen aan den Rijn, 2018, p. 91, para. 147; S. Stijns and I. Samoy, *Leerboek Verbintenissenrecht*, Boek 1*bis*, die Keure, Bruges, 2020, p. 108, para. 74; H. Jacquemin and J.B. Hubin, 'Aspects contractuels et de responsabilité civile en matière d'intelligence artificielle' in H. Jacquemin and A. de Streel (eds), *L'intelligence artificielle et le droit*, Larcier, Brussels, 2017, 73–141, at 125; L. Cornelis, *Principes de droit belge de la responsabilité extra-contractuelle*, Bruylant, Brussels, 1991, pp. 503–505.

179 Court of Cassation 30 January 2003, C.00.0726.F, *Pasicrisie* 2003, No. 70, 235, *Arresten van het Hof van Cassatie* 2003, 278; K. Swinnen, 'De inpassing van digitale producten in het Belgisch privaatrecht', [2018] *Tijdschrift voor Privaatrecht* 1021–1100, at 1079.

180 Court of Cassation, 18 October 2001, C.98.0551.N, no ECLI assigned (yet), *Tijdschrift voor Belgisch Burgerlijk Recht – Revue Générale de Droit Civil* 2004, 84; J. De Bruyne and J. Tanghe, 'Liability for Damage Caused by Autonomous Vehicles: A Belgian Perspective', (2017) 8 *Journal of European Tort Law* 324–371, at 350; K. Swinnen, 'De inpassing van digitale producten in het Belgisch privaatrecht', [2018] *Tijdschrift voor Privaatrecht* 1021–1100, at 1079. J. De Bruyne, E. Van Gool and T. Gils, 'Tort Law and Damage Caused by AI' in J. De

cloud).[181] Nowadays, however, the defect does not have to be 'intrinsic' to the object in the sense that it is not caused by an external factor, nor needs the 'structure' of the object to be affected.[182] As to the extrinsic defects, the concept of 'composed object' comes into play once again. The software that enables an AI-system to function can be considered as a part of the system in its entirety. This should not only apply when software is installed locally but also when it runs 'in the cloud', which judges may consider to be external to an AI-system resulting in an extrinsic defect.[183] Case law seems to be leaning in this direction. For instance, one could refer to a decision of the Liège Court of Appeal, which ruled that, in the case of automatic doors closing on the victim, the defective thing is not the faulty sensor taken in isolation but the door taken as a whole.[184] Such a solution could therefore be applied to the autonomous vehicles, even if the failures originated from malfunctioning software.[185] Other conceivable extrinsic defects could be interoperability defects whereby an AI-system (e.g. a self-driving vehicle) working fine on its own turns out to be unable to communicate with other (AI-)systems (e.g. smart traffic lights) that function properly on their own as well, while one could reasonably expect that such interoperability would have been guaranteed.[186] After all, one must discern that such defects, which are not intrinsic, are not a mere coincidence,

Bruyne and C. Vanleenhove, *Artificial Intelligence and the Law*, Intersentia, Antwerp, 2021, 259–405 with further references.

181 J. De Bruyne and J. Tanghe, 'Liability for Damage Caused by Autonomous Vehicles: A Belgian Perspective', (2017) 8 *Journal of European Tort Law* 324–371, at 350. Also see T. Malengreau, 'Automatisation de la conduite: quelles responsabilités en droit Belge? (Deuxième partie)', [2019] *Revue Générale des Assurances et des Responsabilités* 15.582, para. 53.

182 Court of Cassation 13 March 2015, C.14.0284.N, ECLI:BE:CASS:2015:ARR.20150313.6, *Arresten van het Hof van Cassatie* 2015, No. 193, 737, *Pasicrisie* 2015, 721; Court of Cassation 2 January 2009, C.08.0074.N, ECLI:BE:CASS:2009:ARR.20090102.2, *Arresten van het Hof van Cassatie* 2009, No. 2, 3, *Pasicrisie* 2009, 2; M. Kruithof, *Tort Law in Belgium*, Alphen aan den Rijn, Kluwer Law International, 2018, p. 92, para. 147.

183 J. De Bruyne and J. Tanghe, 'Liability for Damage Caused by Autonomous Vehicles: A Belgian Perspective', (2017) 8 *Journal of European Tort Law* 324–371, at 350.

184 Cour of Appeal Liège 21 Novembre 2019, *Les Pages: obligations, contrats et responsabilités* 2020, 1.

185 See O. Dheu, J. De Bruyne, P. Valcke and I. Samoy, 'Autonomous Vehicles and Civil Liability in Belgium' in B. von Bodungen, I. Amelia Caggiano, M.C. Gaeta and H. Steege (eds), *Autonomous Vehicles and Civil Liability in a Global Perspective*, Springer, Cham, Cham, 2024, 241-278.

186 In that sense J. De Bruyne and J. Tanghe, 'Liability for Damage Caused by Autonomous Vehicles: A Belgian Perspective', (2017) 8 *Journal of European Tort Law* 324–371, at 350–351.

as the technology needed to ensure interoperability (e.g. API's[187]) is often integrated to a certain extent into the source code.[188] According to the Court of Cassation, it is up to the judge to decide whether an element is part of a composed object.[189] In any case, the combination of different parts to qualify an object as defective broadens the scope of the liability for defective objects that can be based on art 1384, first paragraph, Old CC and Article 6.16 CC.[190]

It has already been mentioned that in order to establish whether it is defective, the AI-system has to be compared with 'things of the same kind and type'.[191] This analysis will determine which characteristics the AI-system is normally expected to have. However, the comparative exercise entails at least two important difficulties for AI-systems. First, one should be able to come up with a relevant 'model' AI-system. As illustrated by Swinnen and others in relation to autonomous vehicles, this is a (very) complex and non-evident task ensuing many other questions and considerations.[192] Second, a victim would need to prove how the loss-inflicting AI-system deviates from the model AI-system, pinpointing the intrinsic or extrinsic defect, and how this deviation – the defect – is causally related to the loss. Providing such positive proof may be difficult, especially in relation to software. Source code is often not publicly

187 API stands for Application Programming Interface.

188 *Also see* K. Swinnen, 'De inpassing van digitale producten in het Belgisch privaatrecht', [2018] *Tijdschrift voor Privaatrecht* 1021–1100, at 1079–1080. This author uses the example of a Tesla on autopilot which urged its driver to take over the wheel as a moth flew onto the radar of the car, severely limiting its functionality. The moth would not be considered as an extrinsic defect in accordance with the criteria set out above. Also see W. Sabel Courtney, 'A Tesla Model S's Autopilot Was Knocked Out – By a Moth. In the car's defense, it was one big honker of an insect', *The Drive* 18 May 2016 (available at www.thedrive.com, last accessed 12 January 2023). See for an in-depth analysis of the notion of defectiveness in context of autonomous vehicles: T. Malengreau, 'Automatisation de la conduite: quelles responsabilités en droit Belge? (Deuxième partie)', [2019] *Revue Générale des Assurances et des Responsabilités* 15.582, para. 52–55.

189 See Court of Cassation 29 September 2006, C.04.0427.N – C.05.0192.N, ECLI:BE:CASS:2006:ARR.20060929.7, *Arresten van het Hof van Cassatie* 2006, No. 449, 1969, *Pasicrisie* 2006, 1917.

190 J. De Bruyne and J. Tanghe, 'Liability for Damage Caused by Autonomous Vehicles: A Belgian Perspective', (2017) 8 *Journal of European Tort Law* 324–371, at 351.

191 Court of Cassation 25 April 2005, C.03.0400.N, ECLI:BE:CASS:2005:ARR.20050425.4, *Arresten van het Hof van Cassatie* 2005, No. 239, 928, *Pasicrisie* 2005, 924; Court of Cassation 11 March 2010, C.09.0186.N, ECLI:BE:CASS:2010:ARR.20100311.6, *Arresten van het Hof van Cassatie* 2010, No. 171, 715, *Pasicrisie* 2010, 777.

192 K. Swinnen, 'De inpassing van digitale producten in het Belgisch privaatrecht', [2018] *Tijdschrift voor Privaatrecht* 1021–1100, at 1080–1083; T. Malengreau, 'Automatisation de la conduite: quelles responsabilités en droit Belge? (Deuxième partie)', [2019] *Revue Générale des Assurances et des Responsabilités* 15.582, para. 54.

available, let alone comparable.[193] However, Belgian courts already adopted a 'victim-friendly' stance as they allow a negative proof of the existence of the defect and the causal relation between the loss and the defect in the AI-system.[194] Moreover, courts do sometimes also rely on the 'reasonable expectations' that society may have in relation to things (e.g. AI-systems).[195] This criterion comes closer to legitimate expectation concept already discussed within the product liability regime.[196] It provides more leeway for victims as it reduces the need to elaborate on the specific nature of the defect.[197] Nevertheless, judges should try to avoid that it is 'reasonably expected' that model AI-systems work perfectly and that they are (theoretically) equipped to deal effectively with every imaginable situation. Courts should also avoid assuming that model AI-systems do not cause accidents, because it would then result that AI-systems merely causing damage are *per se* defective.[198]

193 Moreover, as AI-systems are often referred to as being 'opaque' or 'inscrutable' due to their complexity, it might be difficult for a victim to understand the inner workings of an AI-system, let alone to establish a convincing argument that the way a certain AI-system works or behaves, should be considered as a damage-causing defect. See in this regard: J.A. Kroll, 'The Fallacy of Inscrutability', [2018] *Philosophical Transactions of the Royal Society A* 1–14; R. van den Hoven van Genderen, 'Algoritmen en AI: distopische black box of glazen bol? Is een wettelijk kader voor transparantie van algoritmen mogelijk en wenselijk?', *Computerrecht* 2020/5, 30–42.

194 J. De Bruyne and J. Tanghe, 'Liability for Damage Caused by Autonomous Vehicles: A Belgian Perspective', (2017) 8 *Journal of European Tort Law* 324–371, at 352 (these authors, however, doubt whether the possibility of negative proof will be effective for autonomous vehicles).

195 Court of Cassation 4 January 2016, C.15.0191.F, ECLI:BE:CASS:2016:ARR.20160104.1, *Pasicrisie* 2016, No. 1, 1, *Arresten van het Hof van Cassatie* 2016, 1; T. Malengreau, 'Automatisation de la conduite: quelles responsabilités en droit Belge? (Deuxième partie)', [2019] *Revue Générale des Assurances et des Responsabilités* 2019, 15.582, para. 55; J. De Bruyne and J. Tanghe, 'Liability for Damage Caused by Autonomous Vehicles: A Belgian Perspective', (2017) 8 *Journal of European Tort Law* 324–371, at 352–353.

196 Also see the discussion *supra* in part 3.2.2.

197 K. Swinnen, 'De inpassing van digitale producten in het Belgisch privaatrecht', [2018] *Tijdschrift voor Privaatrecht* 1021–1100, at 1083.

198 In that sense J. De Bruyne and J. Tanghe, 'Liability for Damage Caused by Autonomous Vehicles: A Belgian Perspective', (2017) 8 *Journal of European Tort Law* 324–371, at 352–353; J. De Bruyne, E. Van Gool and T. Gils, 'Tort Law and Damage Caused by AI' in J. De Bruyne and C. Vanleenhove, *Artificial Intelligence and the Law*, Intersentia, Antwerp, 2021, 259–405, at 393.

3.3.2 The Custodian

Article 1384, first paragraph, Old CC refers to losses caused by things one has under one's 'custody',[199] and Article 6.16 CC renders the 'custodian' liable. The concept of custody is interpreted broadly. As clarified in Article 6.16, second paragraph 2, CC, it refers to the person who possesses the thing/has it under their detention and has factual (and not necessarily legal) control over it.[200] This means that the liability will most often rest on the owner of the thing, but it may also be a borrower or a licensee who has custody, as long as such persons have the power to lead, control and supervise the thing.[201] The custodian of an AI system will hence be the person who has factual control over the system in the sense that such a person must be able to lead, control and supervise the AI system. Relevant elements to assess this in practice may relate to the person who introduced the system into socio-economic circulation or requested the services of the AI system.[202] The driver of a partly autonomous vehicle who is also its owner, for instance, may be considered as the custodian. Other actors may also be qualified as custodian insofar as they have factual control over the vehicle (e.g. borrowing or renting a car).[203]

---

199 See extensively on the notion custodian with additional references: T. Vansweevelt and B. Weyts, *Handboek Buitencontractueel Aansprakelijkheidsrecht*, Intersentia, Antwerp, 2009, pp. 479–495.

200 Court of Cassation 13 September 2012, C.10.0226.F, ECLI:BE:CASS:2012:ARR.20120913.1, *Arresten van het Hof van Cassatie* 2012, No. 463, 1923, *Pasicrisie* 2012, 1647; Court of Cassation 25 March 1999, C.96.0404.N, ECLI:BE:CASS:1999:ARR.19990325.7, *Arresten van het Hof van Cassatie* 1999, No. 183, 442, *Pasicrisie* 1999, 453; Court of Cassation 28 May 2010, C.09.0233.F, ECLI:BE:CASS:2010:ARR.20100528.1, *Pasicrisie* 2010, No. 371, 1649, *Arresten van het Hof van Cassatie* 2010, 1552; Court of Cassation 22 January 2009, C.06.0418.F, ECLI:BE:CASS:2009:ARR.20090122.7, *Pasicrisie* 2009, No. 55, 184, *Arresten van het Hof van Cassatie* 2009, 214; Court of Cassation 20 March 2003, C.02.0437.F, ECLI:BE:CASS:2003:ARR.20030320.11, *Pasicrisie* 2003, No. 184, 581, *Arresten van het Hof van Cassatie* 2003, 691; H. Vandenberghe, 'Overzicht van rechtspraak. Aansprakelijkheid uit onrechtmatige daad (2000–2008)', [2011] *Tijdschrift voor Privaatrecht* 349–656, at 441–443; J. Van Zuylen, 'La responsabilité du gardien d'une chose affectée d'un vice (art. 1384, al. 1er, du Code civil)' in G. Cruysmans (ed.), *Actualités en droit de la responsabilité*, Bruylant, Brussels, 2015, 7–56, at 20–23.

201 J. De Bruyne and J. Tanghe, 'Liability for Damage Caused by Autonomous Vehicles: A Belgian Perspective', (2017) 8 *Journal of European Tort Law* 324–371, at 353; M. Kruithof, *Tort Law in Belgium*, Kluwer Law International, Alphen aan den Rijn, 2018, p. 92, para. 148.

202 Also see K. Swinnen, 'De inpassing van digitale producten in het Belgisch privaatrecht', [2018] *Tijdschrift voor Privaatrecht* 1021–1100, at 1084.

203 T. Malengreau, 'Automatisation de la conduite: quelles responsabilités en droit Belge? (Deuxième partie)', [2019] *Revue Générale des Assurances et des Responsabilités* 15.582, para. 50.

This discussion, however, becomes more complicated in relation to the software integrated into an AI system. On the one hand, the software supplier is responsible for the initial development and will be able to push later (system) updates. On the other hand, the user of the AI system will be responsible for the subsequent use and the related further adaptations in the system's behaviour. Some conclude that this excludes the developer of such software as custodian because they in principle no longer controls the driving behaviour of the vehicle once the software was installed in the car.[204] We believe the latter to be a slightly inaccurate assertion, as it does not take into account the situation in which software runs in the cloud, effectively ruling out any factual control over such software by the driver/AI user. Hence, it remains to be seen who will eventually be regarded as the 'custodian' of integrated software and be held liable if the software is deemed defective. Jacquemin and Hubin are clear when concluding that autonomous aspects of AI systems and their ability to evolve in a non-foreseeable way may be incompatible with the requirement of a custodian's factual control and ability to lead, control and supervise.[205] In any case, it cannot be excluded that there are multiple custodians.[206]

3.3.3 The Operator of an AI System

Closely related to the liability regime for the custodians of defective things are the initiatives at the EU level regarding the operator's liability. The Expert Group on Liability and New Technologies suggested to devise a strict liability regime in relation to emerging digital technologies, especially those operated in non-private environments, revolving around the concept of the 'operator'.[207] This suggestion was taken over in the Recommendation included in the European Parliament resolution of 20 October 2020 with recommendations to the

---

204 K. Swinnen, 'De inpassing van digitale producten in het Belgisch privaatrecht', [2018] *Tijdschrift voor Privaatrecht* 1021–1100, at 1084.

205 H. Jacquemin and J.B. Hubin, 'Aspects contractuels et de responsabilité civile en matière d'intelligence artificielle' in H. Jacquemin and A. de Streel (eds), *L'intelligence artificielle et le droit*, Larcier, Brussels, 2017, 73–141, at 127–128.

206 This will necessarily be a factual discussion, which will be further complicated if software runs in the cloud. See also Court of Cassation 24 October 1994, C.93.0496.N, ECLI:BE:CASS:1994:ARR.19941024.9, *Arresten van het Hof van Cassatie* 1994, No. 449, 873, *Pasicrisie* 1994, 855; J. De Bruyne and J. Tanghe, 'Liability for Damage Caused by Autonomous Vehicles: A Belgian Perspective', (2017) 8 *Journal of European Tort Law* 324–371, at 354; K. Swinnen, 'De inpassing van digitale producten in het Belgisch privaatrecht', [2018] *Tijdschrift voor Privaatrecht* 1021–1100, at 1084.

207 *Liability for Artificial Intelligence and Other Emerging Digital Technologies*, Report from the Expert Group on Liability and New Technologies – New Technologies Formation, Publications Office of the European Union, November 2019, p. 41.

Commission on a civil liability regime for artificial intelligence. The concept of 'operator' means both the frontend and the backend operator, as long as the liability of the latter is not already covered by PLD 1985. A frontend operator means any natural or legal person who exercises a degree of control over a risk connected with the operation and functioning of the AI-system and benefits from its operation (Article 3e). A 'backend operator' refers to any natural or legal person who, on a continuous basis, defines the features of the technology and provides data and an essential backend support service and therefore also exercises a degree of control over the risk connected with the operation and functioning of the AI-system (Article 3f).[208]

A further distinction relates to the difference between high-risk AI systems and low-risk AI-systems. The operator of a high-risk AI-system will be strictly liable for any harm or damage that was caused by a physical or virtual activity, device or process driven by that AI-system. Operators of high-risk AI-systems will not be able to exonerate themselves from liability by arguing that they acted with due diligence or that the harm or damage was caused by an autonomous activity, device or process driven by their AI-system. Operators will not be held liable if the harm or damage was caused by force majeure (Article 4). The operator of an AI-system that does not constitute a high-risk AI-system is subject to fault-based liability for any harm or damage that was caused by a physical or virtual activity, device or process driven by the AI-system. However, the operator will not be liable if they can prove that the harm or damage was caused without their fault, relying on either of the following grounds: (a) the AI-system was activated without their knowledge while all reasonable and necessary measures to avoid such activation outside of the operator's control were taken, or (b) due diligence was observed by performing all the following actions: selecting a suitable AI-system for the right task and skills, putting the AI-system duly into operation, monitoring the activities and maintaining the operational reliability by regularly installing all available updates. The operator will not be able to escape liability by arguing that the harm or damage was caused by an autonomous activity, device or process driven by their AI-system. Once again, the operator will not be liable if the harm or damage was caused by force majeure (Article 8). If there is more than one operator of an AI-system, they shall be jointly and severally liable (Article 11). In any case, even when such a provisions would be adopted at the EU level, national law remains important for the interpretation of concepts such as 'force majeure' or

208 European Parliament Resolution of 20 October 2020 with recommendations to the Commission on a civil liability regime for artificial intelligence (2020/2014(INL)) (available at www.europarl.europa.eu, last accessed 12 January 2023).

'due diligence'. Arguably, a sector regime specifically focusing on autonomous vehicles and liability may be a more viable approach.

4 Insurance

4.1 *General Car Insurance System*

The Belgian liability regime that applies to traffic accidents, consisting mainly in fault liability (Article 1382 of the Old CC, Article 6.5 CC) and strict liability for losses caused by defective things (Article 1384, paragraph 1, Old CC, Article 6.16 CC), is strengthened by a system of mandatory third-party motor vehicle insurance.[209] This mandatory insurance covers the civil liability of the owner, any holder and any driver of the insured vehicle, as well as the liability of any passenger and of any person who is vicariously liable for any of the mentioned persons, except for the civil liability of a person who has obtained control over the vehicle by theft, violence or fencing.[210] A regulation that imposes a model, prescribes the minimum content of the insurance policy.[211] The victim of a traffic accident has a direct right of compensation against the liability insurer of the person who is liable for the accident,[212] so that they will not bear the risk of the insolvency of the person that is liable.

A Common Guarantee Fund (*Fonds Commun de Garantie Belge*, FCGB –*Belgisch Gemeenschappelijk Waarborgfonds*, BGWF), which is funded by all insurance companies active in the Belgian car insurance market, covers special cases in which the victim cannot effectively obtain compensation from an insurer. The most important ones are the case where the vehicle that caused the accident was not insured,[213] the insurance company that has to compensate

209 (Federal) Mandatory Motor Vehicle Insurance Act of 21 November 1989, here in short 'MVIA.' This insurance requirement is imposed by Article 3 Directive 2009/103/EC of the European Parliament and of the Council of 16 September 2009 relating to Insurance against Civil Liability in Respect of the Use of Motor Vehicles, and the Enforcement of the Obligation to Insure against such Liability.

210 Article 3, §1, MVIA.

211 Royal Decree of 16 April 2018 establishing the Conditions of Mandatory Insurance Contracts Covering the Liability for Motor Vehicles.

212 This direct right of the victim originally was introduced by the (federal) Mandatory Motor Vehicle Insurance Act of 1 July 1956, and kept in the (federal) Mandatory Motor Vehicle Insurance Act of 21 November 1989. It was subsequently generalized to all types of liability insurance by Art. 96 of the (federal) Land Insurance Contracts Act of 25 June 1992, which is now replaced by Art. 150 of the (federal) Insurance Act of 4 April 2014.

213 Article 19*bis*-11, §1, 8°, MVIA.

the victim is insolvent,[214] accidents for which the person who caused it is not liable – and hence their insurer is also not bound to compensate the victim – only because of a fortuitous event (*force majeure*),[215] accidents that are not covered by the insurance because the vehicle was stolen or taken by violence,[216] and accidents wrongfully caused by a driver whose car – and hence its insurance status and the identity of the insurance company – could not be identified, the hit-and-run cases.[217]

In accidents involving two or more motor vehicles for which it is not possible to establish who is liable, the damage suffered by innocent victims – i.e. any victim who definitely is not liable for the accident – which is not covered by the general no-fault compensation system for personal injuries in traffic accidents[218] and the damage to vehicles that definitely have not wrongfully caused the accident, is to be compensated by the insurers of all vehicles involved that have not been excluded as a possibly liable party.[219] A victim can demand full compensation from any of those insurers, who after compensating the victim can have recourse on all insurers involved, each contributing an equal share.[220] This duty to compensate is statutorily imposed on the insurer, not on the insured person who may have wrongfully caused the accident, but who cannot be held liable as the conditions for such liability cannot be established.

The potential liability of all persons that are in some way related to an autonomous vehicle – the owner, the holder, the users and all persons that are vicariously liable for them – will thus be covered by this mandatory insurance which has to be taken out by the owner of the vehicle, except for the liability of the producer, importer or distributor of the vehicle on the basis of product liability. For this liability, there is no mandatory insurance in Belgium. Product liability would, however, be covered by the optional third party liability insurance most companies will have subscribed to.[221] This type of insurance is not specifically regulated, so the actual coverage will have to be established on

214 Article 19*bis*-11, §1, 1°, MVIA.
215 Article 19*bis*-11, §1, 3°, MVIA.
216 Article 19*bis*-11, §1, 4°, MVIA.
217 Article 19*bis*-11, §1, 7°, MVIA.
218 See *infra* section 4.2.
219 Article 29*ter*, §1–2, MVIA.
220 Article 29*ter*, §3, MVIA.
221 The coverage of product liability is usually referred to as insurance 'BA-producten' ('RC produits') or 'BA na levering' ('RC après livraison').

a case-by-case basis, taking into account the actual content of the insurance policy.[222]

As the introduction of autonomous vehicles will be gradual, insurance companies will have to go through a period during which they have to cover risks for which they do not have historical statistical data yet to base their premiums on. Most data that serve as the basis for the premiums for vehicles of Level 0 and 1 – apart from the engine power of the vehicle, some personal characteristics of the driver such as age and place of residence, and characteristics of their driving behaviour such as type of use, mileage and accident history – will no longer be pertinent for vehicles of Level 3 or higher. Most likely, the vehicle specific data from the vehicle's Event Data Recorder could prove to be an adequate basis to tailor the premiums,[223] if the insurers would get full access to such data.

4.2 *No-Fault System for Personal Injuries*

Near the end of the twentieth century, the Belgian general liability system was complemented by a special statutory compensation regime for some type of losses caused by traffic accidents involving motor vehicles.[224] Only losses resulting from bodily harm or death are covered. This includes medical costs but also loss of income, i.e., consequential economic loss.[225] Harm to goods or property is not compensated, with the exception of clothes the victim was wearing and functional prosthetic devices, i.e., devices used by the victim to compensate physical deficiencies.[226] The victim has a right to compensation even if it has wrongfully caused the accident itself. The only exception is

---

222 J. Amankwah and T. Meurs, 'Verzekeringen en autnome motorvoertuigen' in J. De Bruyne (ed.), *Autonome motorvoertuigen – Een multidisciplinair onderzoek naar de maatschappelijke impact*, Vanden Broele, Bruges, 2021, 377–406, at 401.

223 J. Amankwah and T. Meurs, 'Verzekeringen en autonome motorvoertuigen' in J. De Bruyne (ed.), *Autonome motorvoertuigen – Een multidisciplinair onderzoek naar de maatschappelijke impact*, Vanden Broele, Bruges, 2021, 377–406, at 386–387.

224 Article 29*bis* MVIA, inserted by the (federal) Act of 30 March 1994 and immediately amended by the (federal) Act of 13 April 1995.

225 The original political intent of the Government introducing this compensation regime in 1994 was to relieve the budgetary problems in order to comply with the so-called Maastricht norms imposed on the EU Member States to be allowed to join the euro when it was going to be introduced, by creating a mechanism to allow the social security system to recover the cost of traffic accidents it effectively bears from the motor insurance companies, thereby indirectly avoiding increases in taxes or social security premiums by forcing the insurance companies to increase their insurance rates. This explains the restriction in the type of damage covered by the regime to harm which causes medical expenses or the expenditure of social security benefits.

226 Article 29*bis*, §1, para. 1 and 3, MVIA.

the case of a victim over 14 years old that intentionally caused the injury, i.e., cases of suicide or self-mutilation.[227]

This special compensation regime is not based on liability. The regime grants the victim a direct claim for compensation against the liability insurer of any motor vehicle that is involved in the accident.[228] The insurer has a statutory duty to compensate the victim, even though the insured person has not committed any fault and is not liable on any other basis. What is more, the accident even does not have to be caused by the insured vehicle: it is sufficient that it played a role in the totality of the accident, for its insurer to be held.[229] If there was contact between the victim and the vehicle, this vehicle is obviously involved.[230] However, a vehicle can also be involved in an accident without making any contact with any other vehicle or traffic participant, such as when a pedestrian is running to catch a bus or crosses the street to buy an ice cream at a street car and is hit by another participant in traffic.[231]

After compensating the victim, the insurer can have recourse against the insurers of all other motor vehicles involved, and the total burden of this statutory obligation to compensate the victim will be shared equally between them.[232] If the conditions for liability are present, the insurer, who

---

227 In such a case, also the persons suffering harm by repercussion cannot claim compensation under this regime. Court of Cassation 26 June 2008, C.07.0494.N, ECLI:BE:CASS:2008:ARR.20080626.14, *Arresten van het Hof van Cassatie* 2008, No. 407, 1709, *Pasicrisie* 2008, 1698.

228 If the vehicle is connected to rails, the compensation is owed by the owner of the vehicle, as trams and trains are usually not insured as the public enterprise running the public transportation self insures.

229 Court of Cassation 3 October 2008, C.07.0130.N, ECLI:BE:CASS:2008:ARR.20081003.3, *Arresten van het Hof van Cassatie* 2008, No. 524, 2138, *Pasicrisie* 2008, 2131; Court of Cassation 15 November 2012, C.11.0523.F, ECLI:BE:CASS:2012:ARR.20121115.1, *Pasicrisie* 2012, No. 615, 2229, *Arresten van het Hof van Cassatie* 2012, 2568.

230 Court of Cassation 28 April 2011, C.10.0492.F, ECLI:BE:CASS:2011:ARR.20110428.7, *Pasicrisie* 2011, No. 286, 1195, *Arresten van het Hof van Cassatie* 2011, 1107.

231 See e.g. Court of Cassation 12 September 2014, C.13.0567.N, ECLI:BE:CASS:2014:ARR.20140912.6, *Arresten van het Hof van Cassatie* 2014, No. 519, 1880, *Pasicrisie* 2014, 1870, where a tram was considered to be involved in the accident while its role was limited to having been the destination of a pedestrian that was victim of an accident while crossing a street on its way to catch a ride; Court of Cassation 22 October 2009, C.08.0420.N, ECLI:BE:-CASS:2009:ARR.20091022.4, *Arresten van het Hof van Cassatie* 2009, No. 604, 2431, *Pasicrisie* 2009, 2374, a case where a pedestrian was hit when crossing a street on the way to deposit the trash in a garbage truck at the other side of the road.

232 This recourse will be based on the general provision on subrogation in Art. 1251, 3°, Old Civil Code. Court of Cassation 4 October 2007, *Bulletin des Assurances* 2008, 150; Court of Cassation 28 September 2012, C.11.0404.N, ECLI:BE:CASS:2012:ARR.20120928.5, *Arresten van het Hof van Cassatie* 2012, No. 501, 2081, *Pasicrisie* 2012, 1787; Court of Cassation 30

by compensating the victim is subrogated in its right to compensation, can have full recourse against the person who is liable for the accident or against this person's liability insurer.[233] Recourse against the person whose loss was compensated, however, is not possible.[234]

Not all direct victims of bodily injury caused by traffic accidents are protected by this system. The regime explicitly excludes the drivers of motor vehicles involved in the accident, unless this vehicle cannot exceed the speed of 25 km/h by mechanical force.[235] This means that coverage is limited to damage caused by bodily harm to persons that were participating in traffic without driving a motor vehicle – such as pedestrians, bicyclists and passengers of (motor) vehicles – or to persons that were not participating in traffic – such as for instance a person enjoying a drink on a terrace on the sidewalk or a person sitting in their couch in front of their television set when a truck enters into the house.[236] The person claiming the compensation has the burden to prove that the direct victim of the physical injury was not the driver of a motor vehicle involved in the accident.[237] On the other hand, the compensation is not limited to the damage suffered by the person that was physically injured: damage suffered by repercussion by other people is covered as well.[238]

June 2016, C.15.0447.N, ECLI:BE:CASS:2016:ARR.20160630.18, *Arresten van het Hof van Cassatie* 2016, No. 433, 1509, *Pasicrisie* 2016, 1515.

233 Article 29*bis*, §4, MVIA. Court of Cassation 6 October 2005, C.03.0377.N, ECLI:BE:CASS:2005:ARR.20051006.14, *Arresten van het Hof van Cassatie* 2005, No. 489, 1853, *Pasicrisie* 2005, 1852; Court of Cassation 23 January 2012, C.09.0228.F, ECLI:BE:CASS:2012:ARR.20120123.2, *Pasicrisie* 2012, No. 62, 180, *Arresten van het Hof van Cassatie* 2012, 202.

234 Court of Cassation 30 June 2016, C.15.0447.N, ECLI:BE:CASS:2016:ARR.20160630.18, *Arresten van het Hof van Cassatie* 2016, No. 433, 1509, *Pasicrisie* 2016, 1515.

235 Article 29*bis*, §1 *juncto* §2, and 29*bis*, §3 *juncto* Article 2*bis* MVIA. Thus, the drivers of slower electric bicycles, steps, monowheels, segways, skateboards and hoverboards can enjoy the no-fault protection regime offered by Article 29*bis* MVIA.

236 See e.g. Police Court Antwerp 16 February 2009, *Verkeer, Aansprakelijkheid, Verzekering* 2009/5, at 338.

237 Court of Cassation 26 October 2007, C.06.0341.F, ECLI:BE:CASS:2007:ARR.20071026.2, *Pasicrisie* 2007, No. 507, 1866, *Arresten van het Hof van Cassatie* 2007, 2017; Court of Cassation 20 December 2007, C.06.0301.N, ECLI:BE:CASS:2007:ARR.20071220.8, *Arresten van het Hof van Cassatie* 2007, No. 650, 2528, *Pasicrisie* 2007, 2401; Court of Cassation 24 April 2009, C.07.0120.N, ECLI:BE:CASS:2009:ARR.20090424.6, *Arresten van het Hof van Cassatie* 2009, No. 275, 1090, *Pasicrisie* 2009, 1003; Constitutional Court 7 May 2020, ECLI:BE:GHCC:2020:ARR.061.

238 Thus, the driver of one of the motor vehicles involved in the accident does not have a right to compensation of their own bodily harm, but can claim compensation of the damage they suffers by repercussion from the bodily harm suffered by a passenger in the car, for instance their spouse, except for when they has intentionally caused the harm to this passenger (Article 29*bis*, §2, MVIA).

There could be an argument whether one of the users of autonomous vehicles qualify as the driver of said vehicle and therefor would be excluded from the no-fault compensation system.[239]

In autonomous vehicles of Level 4 or 5, it is most likely that courts will not qualify any of the users as a driver of the vehicle, as they have no control, which is left to the on-board system.[240] Moreover, the vehicle can move and proceed to its destination without any human intervention, provided that if it is within its operational domain. This also implies that the traffic risk is no longer determined by the behaviour of human beings but solely by a machine, as software increasingly takes over control from a human being: the users, just as any other persons entitled to compensation, undergo a risk that does not relate to their behaviour.[241] The role of the users of Level 4 or 5 autonomous vehicles can be compared to the role passengers have in a taxi cab: they tell the driver the destination they want to go to, nothing more. This means that if the existing rules are not amended, all losses directly or indirectly caused by bodily injury of any person, including all people in and on the outside of autonomous vehicles of Level 4 or 5, will be covered by the no-fault system, which imposes a duty to compensate such losses on the insurers of any autonomous vehicle involved in the accident, irrespective of who or what caused the accident. Victims of such losses will not have to rely on civil liability anymore, and the function of liability law for such losses will be reduced to the eventual recourse the insurers can have after compensating the victims. Only for other types of losses, such as losses caused by material damage to vehicles, their content or surrounding infrastructure, victims will have to seek compensation based on civil liability.

For autonomous vehicles of Level 2 and 3, however, things are less clear. Arguably, Level 2–3 vehicles will still have a driver that has to actively supervise the system (Level 2) or be able to take control of the vehicle at any time

---

239 See extensively L. Schoonbaert and S. Vereecken, 'Autonome Motorvoertuigen in de lift, vergoedingsregeling voor niet-bestuurders op de helling?' in J. De Bruyne (ed.), *Autonome motorvoertuigen – Een multidisciplinair onderzoek naar de maatschappelijke impact*, Vanden Broele, Bruges, 2021, 355–375; J. Tanghe and J. De Bruyne, 'Software aan het stuur: Aansprakelijkheid voor schade veroorzaakt door autonome motorrijtuigen' in T. Vansweevelt and B. Weyts (eds.), *Nieuwe risico's in het aansprakelijkheids- en verzekeringsrecht ALLIC III*, Intersentia, Antwerp, 2018, 1–75, at 14–21.

240 T. Malengreau, 'Automatisation de la conduite: quelles responsabilités en droit Belge? (Deuxième partie)', [2019] *Revue Générale des Assurances et des Responsabilités* 15.582, para. 63.

241 J. Tanghe and J. De Bruyne, 'Software aan het stuur: Aansprakelijkheid voor schade veroorzaakt door autonome motorrijtuigen' in T. Vansweevelt and B. Weyts (eds.), *Nieuwe risico's in het aansprakelijkheids- en verzekeringsrecht ALLIC III*, Intersentia, Antwerp, 2018, 1–75, at 19–20.

(Level 3). In this view, the main user communicating with the vehicle remains responsible for the driving and would thus be excluded from Article 29*bis* MVIA. One could, however, question whether excluding this type of driver from the compensation system that all other victims enjoy is still compatible with the equal treatment requirement of the Belgian Constitution.[242] In 2002, the Constitutional Court had to decide whether the previously existing exclusion of drivers and passengers of motorized vehicles from the no-fault regime was acceptable.[243] The arguments invoked to defend the exclusion were mainly that the driver bears a liability connected to the risk created by bringing the vehicle in traffic and the passengers share this liability as they accept to share that risk.[244] The Court ruled that while this argument can justify the exclusion of drivers, it is not sufficient to exclude passengers: they would be excluded from the compensation regime while they almost never have committed a fault that has caused the accident, while other traffic participants such as bikers or pedestrians do enjoy the compensation even when the accident was caused by their non-excusable fault.[245]

When considering the exclusion of drivers of non-autonomous vehicles as legitimate in 2002, the Constitutional Court was clearly thinking of their role in causing accidents. Through their driving behaviour, they determine the risk the vehicle brings to all traffic participants, and as such, their behaviour is one of the main causes of traffic accidents.[246] Today, when thinking about autonomous vehicles of Level 3, where the risk the vehicle brings is not really determined by the behaviour of the user who supposedly has to intervene in certain instances, it is much less convincing to justify the exclusion of this user that might at one moment temporarily actually be driving the vehicle from the no-fault compensation regime. This is all the more so, as the risk for accidents that autonomous vehicles will bring will most likely will be significantly lower than the accident risk that is inherent in the human and therefore much less

242 Articles 10–11 Belgian Constitution.

243 Passengers of motorized vehicles were brought under the compensation system by the federal Act of 13 April 1995, amending Article 29*bis* MVIA. The case in which the preliminary question was put to the Constitutional Court involved an accident that had taken place before this legislative change went into effect.

244 Constitutional Court 18 September 2002, ECLI:BE:GHCC:2002:ARR.130, par. B.4.

245 Constitutional Court 18 September 2002, ECLI:BE:GHCC:2002:ARR.130, par. B.5.

246 J. Tanghe and J. De Bruyne 'Aansprakelijkheid voor schade veroorzaakt door autonome motorrijtuigen', [2016–2017] *Rechtskundig Weekblad* 963–986, at 985, para. 73.

rational behaviour of other traffic participants that do enjoy the regime, such as bikers and pedestrians.[247]

5 Data Security and Data Protection

Autonomous vehicles use machine learning techniques to collect, analyse and transfer data in order to make decisions that in conventional cars are taken by humans. The AI used in an autonomous vehicle is working non-stop to recognise traffic signs and road markings, to detect vehicles or to plan the path ahead. Apart from unintentional threats, such as sudden malfunctions, these systems are vulnerable to intentional attacks that have the specific aim to interfere with the AI system and to disrupt safety-critical functions. Adding paint on the road to misguide the navigation or stickers on a stop sign to prevent its recognition are examples of such attacks. These alterations can lead to the AI system wrongly classifying objects, and subsequently to the autonomous vehicle behaving in a way that could be dangerous.[248] Against this background, the European Union Agency for Cybersecurity (ENISA) issued a report containing several recommendations. For instance, systematic risk assessments should be conducted thereby specifically considering the AI components throughout their lifecycle. A proper AI security policy across the supply chain should also be established. Security by design principles should be promoted as well when it comes with the deployment and development of AI in automotive context.[249]

There is a patchwork of Belgian legislation – transposing or implementing EU rules – ensuring that the risks of products and services are mitigated. It does not fall within the scope of this report to address all of these regimes extensively. It suffices to mention that this patchwork includes general

247 L. Schoonbaert and S. Vereecken, 'Autonome Motorvoertuigen in de lift, vergoedingsregeling voor niet-bestuurders op de helling?' in J. De Bruyne (ed.), *Autonome motorvoertuigen – Een multidisciplinair onderzoek naar de maatschappelijke impact*, Vanden Broele, Bruges, 2021, 355–375, at 370.

248 K. Fullerton, 'New Report: Cybersecurity challenges in the uptake of artificial intelligence in autonomous driving', 15 February 2021 (available at https://futurium.ec.europa.eu, last accessed 12 January 2023).

249 ENISA, *Cybersecurity Challenges in the Uptake of Artificial Intelligence in Autonomous Driving*, Luxembourg, Publications Office of the European Union, 2021 (available at www.enisa.europa.eu/publications, last accessed 12 January 2023).

contract (e.g. sales) and tort law, consumer protection law[250] as well as specific laws on product safety, data protection and cybersecurity. Some of these regulations are general, while others are sector-specific. One can think of Book IX of the Economic Law Code, which contains general rules governing the safety of all products marketed in Belgium.[251] Specific legal frameworks apply to certain types of products such as machines, electrical equipment or medical devices.[252]

Several principles of the General Data Protection Regulation (GDPR)[253] and the Belgian Act of 30 July 2018 on the Protection of Natural Persons with Regard to the Processing of Personal Data[254] ensure that the design of an ICT product, process or service complies with the applicable cybersecurity requirements. Article 5 of the GDPR, for instance, states that personal data must be processed 'in a manner that ensures appropriate security of the personal data, including protection against unauthorised or unlawful processing and against accidental loss, destruction or damage, using appropriate technical or organisational measures'. Based on Article 32 of the GDPR, the controller and the processor of a data processing operation are also required to take all 'appropriate' technical and organisational measures to ensure a level of security appropriate to the risk. This general obligation applies throughout the AI-system lifecycle. What is appropriate, however, depends on the state of the art, the costs of implementation, the context and the risks for data subjects. Security is, therefore, dynamic and based on risk and context.[255]

250 See for example Directive (EU) 2019/770 of the European Parliament and of the Council of 20 May 2019 on certain aspects concerning contracts for the supply of digital content and digital services, *OJ* L 136/1, 22 May 2019, and Directive (EU) 2019/771 of the European Parliament and of the Council of 20 May 2019 on certain aspects concerning contracts for the sale of goods, amending Regulation (EU) 2017/2394 and Directive 2009/22/EC, and repealing Directive 1999/44/EC, *OJ* L 136/28, 22 May 2019, as transposed in Belgian law.

251 This Book contains the Belgian transposition of Directive 2001/95/EC of the European Parliament and of the Council of 3 December 2001 on general product safety, OJ L 11, 15 January 2002.

252 See extensively on AI and cybersecurity in Belgium: FPS Economy, Study on Potential Policy Measures to Promote the Uptake and the Use of AI in Belgium in Specific Economic Domains, Study done by KU Leuven and CRIDS, January 2022, 116–117.

253 Regulation (EU) 2016/679 of the European Parliament and of the Council of 27 April 2016 on the protection of natural persons with regard to the processing of personal data and on the free movement of such data, and repealing Directive 95/46/EC, OJ L 119, 4 May 2016.

254 *Moniteur Belge – Belgisch Staatsblad*, 5 September 2018.

255 FPS Economy, Study on Potential Policy Measures to Promote the Uptake and the Use of AI in Belgium in Specific Economic Domains, 14 April 2022, pp. 104–144 (available at https://economie.fgov.be/nl/publicaties, last accessed 12 January 2023).

Information security is directly protected in Belgium by the federal Act of 7 April 2019 establishing a Framework for the Security of Information Systems of General Interest to Public Security.[256] This Act transposed the former Network and Information Security Directive (the NIS Directive[257]) into Belgian law. The NIS Directive has been repealed by the NIS 2 Directive.[258] The federal Act of 26 April 2024 establishing a Framework for the Cybersecurity of Networks and Information Systems of General Interest for Public Security (NIS2 Law) transposes the NIS 2 Directive into Belgian law.[259] This NIS 2 Directive sets out a common cybersecurity regulatory framework aiming to enhance the level of cybersecurity in the EU. It requires EU Member States to strengthen cybersecurity capabilities and introducing cybersecurity risk-management measures and reporting in critical sectors, along with rules on cooperation, information sharing, supervision and enforcement. The NIS framework provides for the identification of operators of essential services (OESs) in Belgium in several sectors including transport and digital infrastructure. The OESs must take the necessary and proportionate technical and organisational measures to manage the risks that threaten the security of the networks and information systems on which the essential services they provide depend. They must also notify the (national) competent authorities of security incidents relating to their networks and information systems.[260]

For some entities providing critical importance to security, the Act of 1 July 2011 on the Security and Protection of Critical Infrastructures (CIC Act) provides for additional obligations.[261] This Act transposes the Directive on Critical Infrastructures into Belgian law.[262] The CIC Act establishes a national point of contact competent for the protection of critical infrastructure as well as the

---

256 *Moniteur Belge – Belgisch Staatsblad*, 3 May 2019.

257 Directive 2016/1148/EU concerning measures for a high common level of security of network and information systems across the Union, OJ L 194, 19 July 2016.

258 Consolidated text: Directive (EU) 2022/2555 of the European Parliament and of the Council of 14 December 2022 on measures for a high common level of cybersecurity across the Union, amending Regulation (EU) No 910/2014 and Directive (EU) 2018/1972, and repealing Directive (EU) 2016/1148, *OJ* L 333, 27 December 2022.

259 *Moniteur Belge – Belgisch Staatsblad*, 17 May 2024.

260 See for more information: https://ccb.belgium.be/en/vital-sectors (last accessed 12 January 2023). Also see: https://eur-lex.europa.eu/EN/legal-content/summary/cybersecurity-of-network-and-information-systems-2022.html.

261 *Moniteur Belge – Belgisch Staatsblad*, 15 July 2011.

262 Council Directive 2008/114/EC on the identification and designation of European critical infrastructures and the assessment of the need to improve their protection, OJ L 345, 23 December 2008.

obligation for each operator of a critical infrastructure to establish a security plan.[263]

As a part of its New Cybersecurity Strategy,[264] the European Union also adopted the Directive on the Resilience of Critical Entities.[265] It entered into force on 16 January 2023. Member States have until 17 October 2024 to adopt national legislation to transpose the Directive. The Directive aims to strengthen the resilience of critical entities against a range of threats, including natural hazards, terrorist attacks, insider threats, or sabotage, as well as public health emergencies.[266]

6 Concluding Remarks

In this report, we examined the regulatory framework applicable to autonomous vehicles in Belgium. Autonomous vehicles are regulated at different levels (e.g. Vienna Convention on Road Safety, AI Act, cybersecurity, data protection, national liability and safety rules …). A survey conducted by VIAS indicated that a majority of Belgians is not yet fully convinced of the benefits of autonomous vehicles, and that 41% do not believe that the car fleet will one day consist largely of autonomous vehicles.[267] At the same time, however, the Resolution issued by the Chamber of Representatives in March 2022 shows the ambition of Belgian policymakers to play an important role with regard to the regulation of autonomous vehicles, for example because the Federal Planning Bureau has been asked to estimate the public investment required for the

263 G. Couneson and S. Carton de Tournai, 'Belgium – The NIS Directive turns one: time for implementation (Linklaters)', Linklaters, 26 juni 2017 (available at legalnews.be, last accessed 6 December 2024.

264 European Commission, Joint Communication to the European Parliament and Council – The EU's Cybersecurity Strategy for the Digital Decade, 16 December 2020, JOIN(2020) 18 final.

265 Directive (EU) 2022/2557 of the European Parliament and of the Council of 14 December 2022 on the resilience of critical entities and repealing Council Directive 2008/114/EC, OJ L 333, 27 December 2022.

266 See for more information: https://home-affairs.ec.europa.eu/policies/internal-security/counter-terrorism-and-radicalisation/protection/critical-infrastructure-resilience-eu-level_en, last consulted 6 December 2024.

267 VIAS Institute, '4 op de 10 Belgen denkt dat er nooit volledig autonome wagens zullen rondrijden', 24 January 2020 (available at www.vias.be, last accessed 12 January 2023).

roll-out of the technology.[268] It is thus expected that Belgium will continue to create an environment in which autonomous vehicle technology can be further developed, tested and commercialized, especially in light of the recently established inter-federal authority for autonomous vehicles.

We subsequently focused on several liability regimes that could apply when autonomous vehicles are involved in accidents. It has been shown that the application of these regimes is challenging in the context of autonomous systems and that clarification of essential concepts is required. Although judges will play a crucial role in this regard, lawmakers will need to determine and bring clarity as to what can still be expected from the user of the autonomous vehicle when the car takes the initial decision.

268 Chambre des représentants de Belgique, Résolution visant l'intégration de la définition des véhicules automatisés dans le Code de la route, la poursuite des tests relatifs aux véhicules automatisés en Belgique, l'évaluation des infrastructures routières et autoroutières, ainsi que des effets positifs et/ou négatifs potentiels des véhicules automatisés sur le bilan environnemental du transport routier en Belgique, 17 March 2022, DOC 55-1848/005.

Self-Driving Cars Facing the Law: Answers at Law – Applicable or/and Prospective

Croatia: Looking into the Future with Today's Glasses?

Mihael Mišo Mudrić, Siniša Petrović,* and Iva Tuhtan Grgić***

1 Do You Have Specific Legal Rules which Aimed at Including Self-Driving Cars in Road Traffic or In-Town Circulation?

The Republic of Croatia has not adopted any specific legal rules to include self-driving cars in road traffic or in-town circulation (as applicable on the 1st October 2024). However, under general rules, it is possible to allow individual tests in limited areas (local level, local and regional authorities, subject to the Ministry of Internal Affairs' prior consent). The tests are restricted to motor vehicles that meet all relevant technical conditions to be driven on public roads (currently, as per the Implementing Regulation (EU) 2022/1426 laying down rules for the application of Regulation (EU) 2019/2144 as regards uniform procedures and technical specifications for the type-approval of the automated driving system (ADS) of fully automated vehicles.[1]

The Road Traffic Safety Act[2] includes a definition of the term "automated vehicle" that is defined as a "… *vehicle that utilizes hardware and software for continuous complete dynamic control over the vehicle* (*completely automated vehicles without a driver*)." The rule, in theory, eliminates the necessity of having a driver behind the wheel for fully automated vehicles. The explanatory note behind the legislative proposal[3] suggests that such a specific norm is proposed due to a growing concern arising from the irregular and illegal use of advanced driving assistance systems. It has been noted in practice that drivers operating higher and high-end motor vehicles that contain various advanced driving assistance systems misuse such systems by releasing complete control over the

* Faculty of Law, University of Zagreb

** University of Rijeka, Faculty of Law

1 Regulation (EU) 2022/1426 laying down rules for the application of Regulation (EU) 2019/2144 as regards uniform procedures and technical specifications for the type-approval of the automated driving system (ADS) of fully automated vehi-cles, OJ L 211/1 2022.

2 Road Traffic Safety Act, Official Gazette No. 67/08, 48/10, 74/11, 80/13, 158/13, 92/14, 64/15, 108/17, 70/19, 42/20, 85/22, 114/22, 133/23.

3 Proposals to amend the Road Traffic Safety Act, available at: https://esavjetovanja.gov.hr/ECon/MainScreen?entityId=16990 (24.01.2022).

 | DOI:10.1163/9789004711891_005

vehicle to such systems. As a result, such drivers, especially those who abandon their position behind the wheel or are by other means indisposed (e.g., watching a movie on a mobile phone and not paying attention to the road), are not always in a position to regain complete control in cases of potential accidents. Currently, a new set of rules is being discussed that will, if adopted, introduce a much more complex and robust system of rules concerning the introduction of automated vehicles on Croatian roads.

2 Could Regulations for Self-Driving Cars Be National or Should They Be Continental or International through the Vienna Convention?

It is important to note that the preliminary regulatory steps towards (semi-) autonomous vehicles have already been taken at the United Nations Organization (UN) level. Recently adopted UN Regulation No. 157 Uniform introduces provisions concerning the approval of vehicles with regard to Automated Lane Keeping Systems (ALKS Regulation).[4] The advanced driving assistance systems regulated by the Regulation correspond to level 3 of autonomous driving[5] and can assume command over a motor vehicle (as of recently incorporating vans and busses) for a specified period without human driver's input (the system is in the control of the motor vehicle). Currently, the Regulation is principally aimed to cover semi-autonomous driving on motorways (lower speeds (up to 130 km/h as per the latest amendments), no pedestrians or cyclists, separated traffic lanes). Human drivers can override the system at any time. The system is designed to automatically relegate control to the human driver when deemed

4 United Nations Organization, Addendum 156 – UN Regulation No. 157 Uniform provisions concerning the approval of vehicles with regard to Automated Lane Keeping Systems. Date of entry into force as an annex to the 1958 Agreement: 22. 01.2021, ECE/TRANS/WP.29/2020/81; UN Regulation No. 157 – Amend. 1, Addendum 156 – UN Regulation No. 157 Amendment 1 Supplement 1 to the original version of the Regulation, Uniform provisions concerning the approval of vehicles with regard to Automated Lane Keeping Systems, Date of entry into force: 30.09. 2021, ECE/TRANS/WP.29/2021/17.

5 In accordance with: SAE International, (R) Taxonomy and Definitions for Terms Related to Driving Automation Systems for On-Road Motor Vehicles – Surface Vehicle Recommended Practice, J3016TM, APR2021, Geneva, Switzerland, 2021. The taxonomy has later been adopted by the International Standardization Organization, see: International Standardization Organization, ISO/SAE PAS 22736:2021 – Taxonomy and definitions for terms related to driving automation systems for on-road motor vehicles, ISO Technical Committee: ISO/TC 204 Intelligent transport systems, 2021.

necessary (transition), provided that the human driver is deemed capable of assuming control.[6]

Per Annex 2 to the UN Regulation No. 157 on compliance with local traffic rules,[7] the Republic of Croatia has yet to ensure that the local rules comply with UN Regulation No. 157. Currently, individual European Union (EU) Member States, such as Germany and France, have begun introducing legislative novelties that, among other items, aim to incorporate the Regulation's provision into national law.

Finally, it should be noted that the Vienna Convention has been amended with a more thorough definition of the autonomous driving system. This legislative change designated further national law adjustments.

It would appear that the best approach would be to ensure rules harmonized at the broadest possible level. Keeping in mind the cross-border nature of mobility and interconnected transportation infrastructure, the need for a common, at least, European approach to the automated driving systems' regulation brings about apparent benefits. The noted ALKS Regulation is the first step in that direction, as of recently followed up with the UN Regulation 171 on Driver Control Assistance Systems (level 2 SAE/ISO). What further needs to be developed – and the SAE/ISO joint effort is a prime example of such endeavors – is the technical standardization, not just regarding the advanced driving assistance systems and automated driving systems, but also regarding the advanced algorithms, machine learning systems, learning, and operational datasets, as well as rules regarding the data manipulation in general (more focused approach, based on general frameworks such as is the European "GDPR"[8] and "LED"[9] framework).

6 This specific legislation is adjoined with two additional regulations of relevance: Addendum 154 – UN Regulation No. 155 Date of entry into force as an annex to the 1958 Agreement: 22 January 2021 Uniform provisions concerning the approval of vehicles with regards to cyber security and cyber security management system, ECE/TRANS/WP.29/2020/79 (as amended by ECE/TRANS/WP.29/2020/94 and ECE/TRANS/WP.29/2020/97); and, Addendum 155 – UN Regulation No. 156 Date of entry into force as an annex to the 1958 Agreement: 22.01.2021 Uniform provisions concerning the approval of vehicles with regards to software update and software updates management system, ECE/TRANS/WP.29/2020/80.

7 Available at: https://treaties.un.org/Pages/ViewDetails.aspx? src=TREATY &mtdsg_no=XI-B -16-157&chapter=11&clang=_en (24.01.2022).

8 Regulation (EU) 2016/679 of the European Parliament and of the Council of 27 April 2016 on the protection of natural persons with regard to the processing of personal data and on the free movement of such data, and repealing Directive 95/46/EC (General Data Protection Regulation) (Text with EEA relevance), OJ L 119, 4.5.2016, pp. 1–88.

9 Directive (EU) 2016/680 of the European Parliament and of the Council of 27 April 2016 on the protection of natural persons with regard to the processing of personal data by

3 Do You Have at Law Different Levels of Automated Driving Systems?

See above, point 1.

4 What Could Be the Evolution of Civil Liability and Criminal Liability Laws in Your Country?

Based on contemporary examples in jurisdictions where semi-autonomous vehicle-related rules already exist, it would be prudent to consider the extent to which the rules on liability (both civil and criminal) and insurance should change or widen to accommodate the reality of semi-autonomous vehicles on public roads.

As noted above, Croatian law currently holds no specific provisions relevant to semi-autonomous vehicles' operation. Thus, the only relevant rules per liability are contained in the Obligations Act[10] (civil liability) and address the motor vehicle's owner and manufacturer. The owner is primarily responsible to third parties for any damage from the motor vehicle's operation. The liability is strict (no-fault principle). The owner must also obtain third-party liability insurance for motor vehicles[11] (also relevant for vehicles containing various advanced driving assistance systems and/or autonomous driving systems – this particular act has recently been amended to accommodate the automated vehicles). The manufacturer could also potentially be liable, pending the proper application of rules on defective products.

It is challenging to predict possible development paths of civil and criminal liability laws in connection with autonomous vehicles. Nevertheless, some general views may be expressed based on general trends.

First, the issue of national regulation of liability will depend on a need to harmonize these issues in the EU law. Provided that there would be some level of harmonized rules in the EU, it yet remains to be seen what level of harmonization (minimum or maximum harmonization) and what type of act (e.g., a regulation or a directive) will emerge as a result of EU policy on

competent authorities for the purposes of the prevention, investigation, detection or prosecution of criminal offences or the execution of criminal penalties, and on the free movement of such data, and repealing Council Framework Decision 2008/977/JHA, OJ L 119, 4.5.2016, pp. 89–131.

10 Obligations Act, Official Gazette No. 35/05, 41/08, 125/11, 78/15, 29/18, 126/21.

11 Mandatory Traffic Insurance Act, Official Gazette No. 151/05, 36/09, 75/09, 76/13, 152/14, 155/23.

the issue of (semi-)autonomous motor vehicles. Recently adopted Regulation (EU) 2022/1426 indicated what the exact path will likely be. Irrespective of the noted, directives are a prefered legal instrument by some, as they would require minimum harmonization. It is vital to remember that transportation rules, in principle, remain in the domain of Member States' domestic law regulation.

Given the nature of advanced driving assistance systems and the profound changes these systems introduce, one might expect that the underlying reason behind any harmonization would be the need to ensure a safe environment for all citizens and consumers. That would, consequently, leave sufficient room for additional domestic law regulation.

At the same time, it should be kept in mind that a minimum harmonization might not, at least from the point of view of some EU Member States, be the preferred means to move forward. Having in mind the rules on free movement (notably the free movement of services and free movement of goods) would bring about a situation in which the Member States with stricter rules than those having enacted just the minimum level of legal harmonization would have to accept goods and services from states with less stringent rules.

Additionally, from the perspective of Croatian law and practice (regarding the classification of the Croatian general rules on civil liability and damages), it is possible to suggest that the (semi-)autonomous vehicles would fall into the category of "dangerous goods" and "dangerous activities". Therefore, in line with such classification, the (semi-)autonomous motor vehicles would fall under the rules on strict liability (objective liability, causal liability).

Furthermore, in connection to the previous point, an important issue that still needs to be precisely and explicitly regulated is the circle of persons who would potentially enter the regime of liability, e.g., owners of the vehicles, operators, service providers, but also owners and operators of the IT platforms (both the motor vehicle IT platform and infrastructure IT platform) that serve the entire operation of (semi-)autonomous vehicles.

Fourth, even though some rules might be more general and equally applicable to all kinds of (semi-)autonomous vehicles, some rules would have to diverge, depending on the type of motor vehicle, the mode of transport, as well as whether the vehicles would be used for the transport of passengers or transport of goods or both, whether the vehicles would be used for personal use or/and also for commercial purposes, and similar.

One might predict that the primary point in regulating both civil and criminal liability would be the principle of ensuring the safety of (semi-)autonomous vehicles as products and safety of provision of services with the (semi-)autonomous vehicles. However, since the quality of goods and services plays an important role, it seems fair to say that the current level of development of (semi-)autonomous vehicles shows that the safety issue is of crucial concern. If there is no rule aiming at attributing a sufficient level of safety to consumers, it is doubtful that the appropriate goods and services would be utilized at all. Thus, essentially it all boils down to regulatory framework regarding the placing the products and services on the market. In that sense, the issue of liability seems to be of secondary concern, an issue not to be left out of discussion even at this point of development, but an issue that depends on the general views of the regulators and consumers on (semi-)autonomous vehicles.

As per criminal liability, based on the recent legislative changes introduced into the French law, it would be interesting to consider the application of criminal law liability to the remote operators, owners, and (hardware and software) producers under specific conditions.

Damage caused by the self-driving cars might be if the requirements prescribed by the Obligations Act are met, compensated on the grounds of extra-contractual liability of the producer for damage caused by the defectiveness of his products.[12] Provisions on liability for defective products, harmonized with the Directive 85/374/EEC (especially having in mind the proposed revised Product Liability Directive),[13] are contained in Art. 1073–1080 of the Obligations Act. Keeping in mind that the Directive is the maximum harmonization directive, there are only several explicitly prescribed points where national legislators could have use options.

The possibility of compensation of damage under provisions on producer's liability for a defective product is favorable for the damaged party since the producer's liability is strict, and the list of persons against whom compensation may be claimed is pervasive. But, at the same time, the compensation under those rules is limited in several directions (in respect of definitions of the defective product and damaged thing – and consequently persons entitled to compensation, in respect of compensable types of damage and respect to the amount of damage).

Product is defined as any movable thing, even when incorporated in a movable or immovable thing (Art. 1074/1 of the Obligations Act). However, it is unclear whether the software or other digital technology would be considered a product or whether its provision would be considered a service.[14] It is clear

12 More broadly on the producer's libality under Croatian law see: S. Petrić, in: E. Mišćenić and others, Europsko privatno pravo, posebni dio, Školska knjiga, Zagreb, pp. 92–132.

13 Council Directive 85/374/EEC of 25 July 1985 on the approximation of the laws, regulations and administrative provisions of the Member States concerning liability for defective products, OJ L 210, 7.8.1985, as amended.

14 S. Petrić, in: E. Mišćenić and others, Europsko privatno pravo, posebni dio, Školska knjiga, Zagreb, pp. 110–111.

from the case-law of the CJ that the provider of services is not the producer within the meaning of Article 3 of Council Directive 85/374/EEC of 25 July 1985.[15] However, in another case, more recent but unrelated to this Directive, the CJ concluded that the medical program might be considered a medical device.[16] Therefore, it is difficult to predict what approach the Croatian courts and CJ would take concerning software used to navigate self-driving cars.

Product is to be considered defective when, taking all circumstances into account, especially the way the product was presented, the use to which it could reasonably be expected that the product would be put. When the product is put into circulation, it does not provide the safety that a person is entitled to expect (Art. 1075/1 of the Obligations Act).

The second point where the Directive and Obligations Act have a restrictive approach is the definition of a damaged item of property. Firstly, to be compensable, the damage has to be caused on the item of property different from the defective product itself (Art. 1073/2 of the Obligations Act), meaning that the damage to the self-driving car itself is excluded from compensation under those rules. Furthermore, to be compensable, destroyed, or damaged thing has to be, by its nature, generally intended for personal use (objective criteria) and if the injured party mainly used this thing for that purpose (subjective criteria) (Art. 1073 of the Obligations Act). Therefore, only natural persons are entitled to compensation.

Compensable is material damage (actual loss and profit) caused by death or physical injury and damage caused by destroying or damaging the injured party's thing. In addition, the injured person shall be required to prove the product's defect, damage, and the causal link between defect and damage (Art. 1073/8 of the Obligations Act).

The last restriction is prescribed to the amount of damage since the damaged party has the right to compensation of damage caused by destroying or damaging the injured party's thing only for damage exceeding 500 Euros (Art. 1073/3 of the Obligations Act). Croatian legislator decided not to prescribe the liability cap even though such an option was offered in the Directive.

To provide a higher level of protection to the consumers, the producer is, for this part of the Obligations Act, defined quite broadly, including all producers involved in the production process, from producers of component and raw material to producers of the final product (Art. 1076/1 of the Obligations Act). Moreover, the notion producer also encompasses persons who

15 Case C-495/10, Centre hospitalier universitaire de Besançon v Thomas Dutrueux, ECLI:EU:C:2011:869.

16 Case C-329/16, Snitem and Philips France, ECLI:EU:C:2017:947.

present themselves as producers by affixing their name, trademark, or other distinguishing feature or who supply a product the producer of which cannot be identified as importers of product and importers of products. All those persons are liable jointly and severally (Art. 1076/2 and 1077 of the Obligations Act). Furthermore, where a producer cannot be identified, any person who has placed the product on the market shall be considered a producer. However, as mentioned before, the unanswered question is whether the software producer is considered a producer or a service provider.

The producer's liability is strict (Art. 1073/1 of the Obligations Act), with several exoneration reasons enumerated in Art. 1078 of the Obligations Act. One of those reasons should be referred to in particular since it was tailored as a response to one of the features of the modern age – rapid technological development. Namely, the producer shall not be liable if he proves that the state of scientific and technical knowledge when he put the product into circulation was not such as to enable the existence of the defect to be discovered. The rationale behind this exoneration is a fair apportionment of the risks inherent in modern technological production. However, implementing this exoneration in the Croatian legal system was not mandatory since it was possible to derogate from it (Art. 15/1/(b) of the Directive).[17] The very same reason, the constant progress of science and technology, and accordingly, the constant rise of quality and safety standards, led to the introduction of the preclusion of injured person's rights ten years from the date of placing the defective product on the market (Art. 1080/2 of the Obligations Act).

Finally, it has to be pinpointed that those rules do not preclude the application of provisions on liability for damage caused by a dangerous thing or dangerous activity, rules on liability for material defects of performance, and rules on contractual and non-contractual liability for damage (Art. 1073/7 of the Obligations Act), including also rules on compensation for non-material damage. All those rules are complementary, but, of course, the total amount of compensation cannot, in any case, exceed the amount of damage.

Once the Revised Product Liability Directive is adopted, the noted rules will have significantly changed, placing more responsibility on producers and backend operators.

17 See: S. Petrić, M. Bukovac Puvača, Problem razvojnih rizika kod odgovornosti za neispravan proizvod, Zbornih radova međunarodnog savjetovanje "Aktualnosti građanskog i trgovačkog zakonodavstva i pravne prakse", Neum, 2008., pp. 208–223.

5 What Could Be the Distribution of Risk and Liability Depending on the Degree of Risk and/or the Implication of "Drivers"?

The distribution of liability between various relevant stakeholders (as noted above) heavily depends on the type of advanced driving assistance systems/autonomous driving systems used and the cause of the accident (has it resulted from faulty driving, faulty driving system, faulty data collection instrument, faulty IT road infrastructure, and similar). The abovementioned ALKS Regulation contains a very detailed set of rules determining the exact moment and under what conditions the advanced driving assistance system can return complete control over the motor vehicle to the human driver. The legal determination of risk distribution between the stakeholders on the motor vehicle side should await trails and standardization activities. In the meantime, public order, general safety, consumer protection, and similar concepts should be guiding principles in adopting general rules to protect citizens in general (passengers, third parties, and similar).

6 What Would Be the Integration of Self-Driving Cars in the Insurance Industry?

It is prudent to suggest that the insurance industry is vital in deploying semi-autonomous motor vehicles on roads. Absent appropriate insurance coverage for all relevant stakeholders (passengers, owners, motor vehicles producers, software and hardware producers, and similar), allowing such vehicles on roads would be inadvisable. Contemporary regulatory examples in several EU Member States, United States, and several other jurisdictions point to examples of compulsory third-party liability insurance required from owners, operators, and possibly other third parties. It would be helpful to consider widening the Green Card system to incorporate semi-autonomous vehicles in instances where the advanced driving assistance systems are in complete control during an accident.

7 How Would Your Legal System Be Coping with Data Security Needed for Using Self-Driving Cars?

As an EU Member State, the Republic of Croatia has implemented the GDPR Regulation that regulates privacy and protection of personal data. Therefore, any data collection, processing, sharing, storing, and similar activities relevant for the operation of semi-autonomous vehicles that require further elaboration should, in principle, be determined on an EU level or by the national regulator, if deemed necessary. A predominant amount of data collected by various sensors mounted to such vehicles should be anonymized before any utilization (by the driving system, driver, driving system manufacturer, IT operator, remote operator, and similar). As is the case with unmanned aerial vehicles and the concept of U-Space, the EU policy will determine whether the emergence of semi-autonomous vehicles on public roads within the EU requires a common approach as to the new road IT infrastructure, join learning and operational data sets, joint data collection and analysis, and similar. Given the lack of pragmatic trials, no such activities have been considered in the Republic of Croatia.

Data security is a technical issue, and one should consult relevant international bodies such as the International Standardization Organization.

With the adoption of the EU AI Act,[18] and having in mind that homologation as well as other Annex I and Annex III activities and sectors are recognized as high-risk artificial intelligence systems, the noted Revised Product Liability Directive as well the proposed AI Liability Directive will have a significant impact on the responsibility of different persons involved in the automated vehicle systems.

18 Regulation (EU) 2024/1689 laying down harmonised rules on artificial intelligence and amending Regulations (EC) No 300/2008, (EU) No 167/2013, (EU) No 168/2013, (EU) 2018/858, (EU) 2018/1139 and (EU) 2019/2144 and Directives 2014/90/EU, (EU) 2016/797 and (EU) 2020/1828 (Artificial Intelligence Act), OJ L 2024/1689, 2024.

La voiture autonome face au droit : les réponses en droit positif et en droit prospectif (Regards d'aujourd'hui vers le futur ?)

Rapport français

*Jonas Knetsch**

L'avènement de véhicules autonomes constitue un tournant pour la mobilité au sein de notre société et conduira à un bouleversement majeur du secteur automobile. À en croire certains analystes, notre société serait en passe de glisser d'une conception individualiste de l'automobile vers un modèle qui s'inscrirait davantage dans une économie collaborative et une approche de partage[1]. Sous l'effet de nouvelles formes de mobilités, les acteurs de l'industrie automobile seront appelés à revoir leur vision du marché en orientant leur offre commerciale vers la prestation de services et en se détournant progressivement de la simple vente de biens[2]. Dans cette perspective, les véhicules autonomes apparaissent également comme les vecteurs d'une offre de mobilité élargie, susceptible de faire bénéficier à des personnes âgées, en situation de handicap ou résidant dans des zones non pourvues de transports en commun, de nouveaux outils pour se déplacer[3]. Plus encore, le véhicule autonome est pensé comme un outil qui permettra de redonner du temps à ses utilisateurs qui, à moyen et

---

* Professeur à l'École de droit de la Sorbonne, Université Paris 1 Panthéon-Sorbonne. Ce rapport a été préparé en mars 2022 pour le XXIe Congrès général de l'Académie internationale de droit comparé qui s'est tenu du 23 au 28 octobre 2022 à Asunción (Paraguay). Bien qu'il soit à jour de l'état actuel du droit français, nous n'avons pu tenir compte de toutes les évolutions depuis cette date. En particulier, il n'a pas été possible d'intégrer, sous l'angle prospectif, la révision de la directive 85/374 relative à la responsabilité du fait des produits défectueux.

1 V. par exemple W. Brenner et A. Herrmann, 'An Overview of Technology, Benefits and Impact of Automated and Autonomous Driving on the Automotive Industry' in C. Linnhoff-Popien, R. Schneider et M. Zaddach (dir.), *Digital Marketplaces Unleashed*, Springer, Berlin 2018, pp. 427–442.

2 Morgan Stanley Research, *Autonomous Cars: Self-Driving the New Auto Industry Paradigm*, Morgan Stanley Blue Paper, Novembre 2013 (http://orfe.princeton.edu/~alaink/SmartDrivingCars/PDFs/Nov2013MORGAN-STANLEY-BLUE-PAPER-AUTONOMOUS-CARS%EF%BC%9A-SELF-DRIVING-THE-NEW-AUTO-INDustry-PARADIGM.pdf).

3 En ce sens A.-M. Idrac (dir.), *Développement des véhicules autonomes. Orientations stratégiques pour l'action publique*, 2018, p. 21 (https://www.ecologie.gouv.fr/sites/default/files/2018.05.14_rapport_vehicules_autonomes.PDF).

 | DOI:10.1163/9789004711891_006

long terme, n'auront plus à se préoccuper des conditions de circulation mais pourront vaquer à d'autres occupations.

À ces potentialités s'ajoute enfin l'intérêt principal de cette nouvelle technologie, qui est celui de la sécurité routière. Faut-il rappeler que plus de 90% des accidents de la route sont imputables à des erreurs humaines (inattention, fatigue, alcool…)[4] ? La généralisation de dispositifs de délégation de conduite aura ainsi pour effet de réduire le risque humain et, partant, le nombre d'accidents. Cette éviction progressive du facteur humain produira également des effets positifs sur le terrain de la protection de l'environnement : une conduite plus douce et moins consommatrice, une utilisation partagée de véhicules dont le temps de circulation serait alors en nette augmentation, voilà autant de facteurs qui pourront faire des voitures un moyen de circulation moins polluant et plus écologique qu'elles ne le sont actuellement[5].

Loin d'être une « technologie miracle », les véhicules autonomes présentent cependant aussi des limites dont il faut être conscient. Tout d'abord, il ne faut pas sous-estimer le coût actuel de fabrication d'une telle voiture, nettement supérieur à celui d'un véhicule traditionnel, même haut de gamme[6]. Les voitures autonomes comportent une multitude de capteurs (RADARS, LIDARS, caméras et ultrasons) ainsi qu'un système d'information performant destiné à traiter les données nécessaires à la conduite autonome. Celle-ci suppose d'ailleurs l'existence d'une cartographie approfondie des routes stockée sur un serveur auquel accède le véhicule et qu'il alimente en retour de ses propres données. Du reste, la dépendance de la voiture autonome à l'égard de cette cartographie des routes explique les craintes d'un piratage de l'infrastructure par des personnes malintentionnées, souhaitant désorganiser la circulation ou créer volontairement des accidents[7]. Les données recueillies par le système

4 Pour des statistiques plus détaillées, v. Observatoire national interministériel de la sécurité routière, *La sécurité routière en France. Bilan de l'accidentalité de l'année 2020*, 2021, pp. 10 et s. (https://www.onisr.securite-routiere.gouv.fr/sites/default/files/2021-09/ONISR_Bilan_Accidentalité_2020.pdf).

5 A.-M. Idrac (dir.), *Développement des véhicules autonomes. Orientations stratégiques pour l'action publique*, 2018, pp. 21 et s.

6 Ce qui rend les véhicules autonomes plus attrayants pour le transport collectif, du moins dans un premier temps. V. sur cet aspect J.-L. Missika et P. Musseau, *Des robots dans la ville*, Tallandier, Paris 2018 ; A. Bensoussan et D. Gazagne, *Droit des systèmes autonomes. Véhicules intelligents, drones, seabots*, Bruylant, Bruxelles 2019, n°s 452 et s.

7 V. not. J.-G. Ganascia et J.-Ph. Braly, *Le temps des robots est-il venu ? Découvrez comment ils transforment déjà notre quotidien*, Quae, Versailles 2017, p. 62 ; D. Paret et H. Rebaine, *Véhicules autonomes et connectés. Techniques, technologies, architectures et réseaux : du multiplex à l'ethernet automobile*, Dunod, Paris 2019, pp. 52 et s. ; J.-L. Delhaye, *Voyage au cœur de l'informatique. Technologies, usages, enjeux*, Iste éditions, Londres 2021 p. 196.

informatique pour en accroître la précision soulèvent encore des difficultés de protection de la vie privée.

On redoute enfin une gênante période d'apprentissage durant laquelle les individus, utilisateurs ou non d'un véhicule autonome, auront du mal à faire confiance en cette nouvelle technologie[8]. Comment convaincre les conducteurs de lâcher le volant sans crainte ? Par quels moyens sensibiliser les piétons et les cyclistes aux avantages de « véhicules fantômes » dont le comportement peut paraître plus imprévisible que celui d'un véhicule traditionnel ? Ces questions auxquelles ont commencé à s'intéresser psychologues et ingénieurs[9] illustrent autant de facettes du défi socio-technologique des véhicules autonomes.

L'essor de véhicules intelligents ne saurait évidemment rester sans incidence sur le droit de la circulation routière (au sens large), lequel est confronté à un véritable changement de paradigme[10]. Traditionnellement orienté vers l'humain, conducteur du véhicule, il doit désormais se tourner vers la machine, laquelle remplacera progressivement, de manière partielle ou totale, l'humain dans la conduite, ce qui n'est pas sans susciter d'épineux problèmes juridiques. La médiatisation (parfois excessive) des premiers accidents causés par des véhicules autonomes aux États-Unis et en Chine[11] et les expérimentations lancées en France et ailleurs en Europe ont conduit à prendre conscience de l'actualité et de l'importance de cette question[12].

---

8 Sur l'acceptabilité sociale des véhicules autonomes, v. aussi A.-M. Idrac (dir.), *Développement des véhicules autonomes. Orientations stratégiques pour l'action publique*, 2018, p. 21.

9 S. Pettigrew *et al.*, 'Dimensions of attitudes to autonomous vehicles' (2019) 7 *Urban, Planning and Transport Research*, pp. 19–33 ; A. Millard-Ball, 'Pedestrians, Autonomous Vehicles, and Cities' (2018) 38 *Journal of Planning Education and Research*, pp. 6–12. V. également R. McManus et A. Rutchick, 'Autonomous Vehicles and the Attribution of Moral Responsibility' (2019) 10 *Social Psychological and Personality Science*, pp. 345–352.

10 Sur les incidences juridiques de l'avènement des véhicules autonomes, v. seulement A. Mendoza-Caminade, 'Le droit confronté à l'intelligence artificielle des robots : vers l'émergence de nouveaux concepts juridiques ?', *D.*, 2016, pp. 445–448 ; P.-X. Chomiac de Sas, 'Un droit autonome pour les voitures autonomes', *Rev. Lamy Dr. immatériel*, 2017, n° 133, pp. 52–56 ; I. Barsan, 'La voiture autonome : aspects juridiques', *Comm. Comm. électr.*, 2018, étude 3 ; les contributions au dossier 'Les véhicules autonomes : Études et observations des risques', in : *Riseo*, 2018, n° 1 ; L. Andreu (dir.), *Des voitures autonomes. Une offre de loi*, Dalloz, Paris 2018 ainsi qu'en dernier lieu L. Teresi, 'Véhicule à délégation de conduite et risque automobile : une lecture juridique', *Petites Affiches*, 17 novembre 2020, pp. 6–16.

11 Pour une liste à jour des accidents impliquant un véhicule autonome, v. le site internet https://en.wikipedia.org/wiki/List_of_self-driving_car_fatalities.

12 Cette étude reprend et développe nos réflexions esquissées dans l'ouvrage collectif L. Andreu (dir.), *Des voitures autonomes. Une offre de loi*, Dalloz, Paris 2018, n°s 02.01 et s. V. également, dans l'ordre chronologique, C. Coulon, 'Du robot en droit de la responsabilité civile : à propos des dommages causés par les choses intelligentes', *Resp. civ. assur.*, 2016, étude 6 ; G. Courtois, 'Robots intelligents et responsabilité : quels régimes, quelles perspectives ?', *Dalloz IP/IT* 2016, pp. 287–290 ; J.-S. Borghetti, 'L'accident généré par

Aussi ne s'étonnera-t-on guère que le législateur français a progressivement élaboré un cadre réglementaire adapté à la circulation de véhicules autonomes. La loi du 17 août 2015 relative à la transition énergétique pour la croissance verte a autorisé le gouvernement à organiser une première phase d'expérimentation[13], laquelle a été régie par une ordonnance du 3 août 2016[14] et un décret du 28 mars 2018[15]. Ces deux textes ont apporté des précisions sur les conditions auxquelles des véhicules hautement automatisés peuvent être testés à grande échelle. L'article 125 de la loi du 22 mai 2019 relative à la croissance et la transformation des entreprises (dite « loi PACTE ») a renforcé cet arsenal législatif en introduisant la possibilité de faire circuler des véhicules autonomes sans conducteur à bord sur des « voies réservées aux transports collectifs »[16]. Enfin, habilité par une loi du 24 décembre 2019 d'orientation des mobilités (dite « LOM »), le gouvernement a adopté une ordonnance du 14 avril 2021[17] et un décret d'application du 29 juin 2021[18] pour adapter les règles de responsabilité pénale à l'apparition des premiers véhicules autonomes et réglementer, de manière plus pérenne, l'utilisation de « véhicules à délégation de conduite »[19].

---

l'intelligence artificielle', in : *Le droit civil à l'ère numérique*, JCP G, 2017 (numéro spécial), pp. 23–28 ; M. Monot-Fouletier et M. Clément, 'Véhicule autonome : vers une autonomie du régime de responsabilité applicable ?', *D.*, 2018, pp. 129–137 ; I. Vingiano-Viricel, *Véhicule autonome : qui est responsable ?*, LexisNexis, Paris 2019 ; A. Duméry, 'Pour l'application de la loi Badinter aux véhicules autonomes', *Rev. Lamy Dr. civil*, 2019, n° 174, pp. 45–50 ; M. Griguer et D. Scemama, 'Retour sur le régime juridique de responsabilité en matière de véhicules autonomes issu de la loi Pacte', *Cah. dr. entr.*, 2020, n° 4, pp. 49–52 ; L. Teresi et M.-A. Rakotovahiny, 'Enjeux juridiques liés à l'information et la formation des conducteurs des véhicules à délégation de conduite', *Comm. comm. électr.*, 2020, étude 8.

13 Art. 37, X de la loi n° 2015-992 relative à la transition énergétique pour la croissance verte.

14 Ordonnance n° 2016-1057 relative à l'expérimentation de véhicules à délégation de conduite sur les voies publiques.

15 Décret n° 2018-211 relatif à l'expérimentation de véhicules à délégation de conduite sur les voies publiques.

16 Art. 125 de la loi n° 2019-486 relative à la croissance et la transformation des entreprises. Cette disposition a modifié l'ordonnance n° 2016-1057 précitée. Sur cette mesure législative, v. M. Griguer et D. Scemama, 'Retour sur le régime juridique de responsabilité en matière de véhicules autonomes issu de la loi Pacte', *Cah. dr. entr.*, 2020, n° 4, pp. 49–52.

17 Ordonnance n° 2021-443 relative au régime de responsabilité pénale applicable en cas de circulation d'un véhicule à délégation de conduite et à ses conditions d'utilisation.

18 Décret n° 2021-873 portant application de l'ordonnance no 2021-443 du 14 avril 2021 relative au régime de responsabilité pénale applicable en cas de circulation d'un véhicule à délégation de conduite et à ses conditions d'utilisation.

19 Sur ces deux textes, v. S. Detraz, 'De la mauvaise conduite des véhicules autonomes en droit pénal', *D.*, 2021, pp. 1039–1043 ; H. Christodoulou, 'Quand la responsabilité pénale embarque à bord d'un véhicule à délégation de conduite', *Gaz. Pal.*, 29 juin 2021, pp. 10–13 ;

Afin d'exposer les incidences des véhicules autonomes sur la réglementation française, ce rapport portera sur trois séries de questions : le déploiement des voitures autonomes dans la circulation routière (1.), les règles de responsabilité civile et pénale (2.) ainsi que les incidences sur le plan assurantiel (3.).

1 Le déploiement des voitures autonomes dans la circulation routière

1.1 *La catégorisation des voitures autonomes*

Que faut-il précisément entendre par voiture autonome ? Présentées dans la doctrine juridique comme des « véhicule[s] terrestre[s] à moteur apte[s] à rouler sur la voie publique ou privée et doté[s] de dispositifs permettant à l'utilisateur de déléguer au véhicule des fonctions relevant de la conduite »[20], les voitures autonomes peuvent tout d'abord être catégorisées en fonction de leur niveau d'automatisation.

Fréquemment mentionnée dans la littérature juridique et scientifique, la classification la plus courante est celle de la *Society of Automotive Engineers* (SAE) qui en prévoit six, allant de la simple aide à la conduite (niveaux 0 et 1) à l'automatisation complète du véhicule devenant ainsi totalement autonome (niveau 5)[21]. Bien qu'elle recueille un certain consensus à l'échelle internationale, cette classification n'est pas utilisée par la réglementation française.

Pendant longtemps, il n'existait pas de définition légale dans les textes de droit français, ceux-ci évoquant, sans davantage de précisions et sans différencier en fonction du niveau d'automatisation, « les véhicules à délégation partielle ou totale de conduite »[22]. En particulier, le législateur n'avait pas jugé utile de compléter le chapitre du Code de la route dédié aux définitions, ni de clarifier quels types de véhicules autonomes étaient visés par les règles dérogatoires introduites par les textes successifs[23].

Distincte des notions d'autonomie ou d'autonomisation, la figure juridique de la délégation de conduite a été jugée plus précise par le pouvoir normatif

---

E. Dreyer, 'De l'intelligence à la responsabilité artificielle, s'agissant des véhicules autonomes', *Gaz. Pal.*, 7 décembre 2021, pp. 13–17.

20 L. Andreu (sous la dir.), *Des voitures autonomes. Une offre de loi*, Dalloz, Paris 2018, n° 00.01.

21 SAE International, *Taxonomy and Definitions for Terms Related to Driving Automation Systems for On-Road Motor Vehicles*, réf. J3016, 2021 (https://www.sae.org/standards/content/j3016_201806/ ; la dernière version de ce document a été publiée le 30 avril 2021).

22 Art. 37, X de la loi n° 2015-992 relative à la transition énergétique pour la croissance verte.

23 Pour une proposition, v. L. Andreu (sous la dir.), *Des voitures autonomes. Une offre de loi*, Dalloz, Paris 2018, n° 01.42.

et plus révélatrice des ruptures technologiques. Ainsi, dans un rapport du gouvernement au Président de la République qui a accompagné l'ordonnance du 3 août 2016, on peut lire que cette terminologie permet de « mettre en avant le changement fondamental de nature de l'acte de conduire » et de « faire référence à ces technologies d'automatisation avancées du véhicule »[24]. Comme le note un auteur, l'appréhension des véhicules autonomes sous l'angle de la délégation a pour effet de mettre en exergue « la répartition des pouvoirs de direction et de contrôle sur les tâches de conduite entre l'humain et la machine »[25].

Ce choix terminologique pouvait susciter des interrogations quant au régime juridique applicable aux véhicules dont le niveau d'automatisation est relativement faible, par exemple ceux qui sont dotés d'un simple dispositif d'aide au stationnement ou de maintien dans la voie[26]. S'il est évident que ces véhicules ne nécessitent pas d'autorisation spécifique pour circuler et qu'ils se trouvent d'ores et déjà dans l'espace public, l'on peine à voir pourquoi la notion de délégation partielle de conduite ne s'y appliquerait pas.

C'est pour mieux délimiter le champ d'application de la réglementation spécifique qu'un décret du 29 juin 2021 a introduit une série de nouvelles définitions dans le Code de la route. Selon l'article R. 311-1 ainsi complété, un véhicule à délégation de conduite s'entend comme un « véhicule à moteur des catégories M, N, L, T ou C [...] ou [une] navette urbaine [...] équipé d'un système de conduite automatisé ». Les textes prévoient que de tels véhicules peuvent être « partiellement automatisés », « hautement automatisés » ou « totalement automatisés ». Chacune de ces catégories fait l'objet d'une définition précise[27]

---

24 Rapport au Président de la République relatif à l'ordonnance n° 2016-1057 du 3 août 2016 relative à l'expérimentation de véhicules à délégation de conduite sur les voies publiques, *Journal officiel*, 5 août 2016, texte 7.

25 M. Guilbot, 'Le véhicule 'autonome' et les conditions juridiques du déploiement', *Riseo*, 2018, n° 1, pp. 49–84, spéc. p. 55.

26 Ces technologiques correspondent aux niveaux 1 à 3 de l'échelle développée par le SAE.

27 La première catégorie se réfère à un « véhicule équipé d'un système de conduite automatisé exerçant le contrôle dynamique du véhicule dans un domaine de conception fonctionnelle particulier, devant effectuer une demande de reprise en main pour répondre à certains aléas de circulation ou certaines défaillances pendant une manœuvre effectuée dans son domaine de conception fonctionnelle », la seconde à un « véhicule équipé d'un système de conduite automatisé exerçant le contrôle dynamique d'un véhicule dans un domaine de conception fonctionnelle particulier, pouvant répondre à tout aléa de circulation ou défaillance, sans exercer de demande de reprise en main pendant une manœuvre effectuée dans son domaine de conception fonctionnelle », la troisième à un « véhicule équipé d'un système de conduite automatisé exerçant le contrôle dynamique d'un véhicule pouvant répondre à tout aléa de circulation ou défaillance, sans exercer de demande de reprise en main pendant une manœuvre dans le domaine

dont les termes sont, à leur tour, explicités au nouvel article R. 311-1-1 du Code de la route[28].

1.2 *La circulation à titre expérimental de véhicules autonomes*

Dès le début des années 2010, les pouvoirs publics français se sont efforcés à créer un cadre normatif pour déployer l'expérimentation des véhicules autonomes sur le territoire national. Comme cela a déjà été indiqué, la loi du 17 août 2015 a autorisé le gouvernement à prendre les mesures pour organiser « la circulation de véhicules sur la voie publique de véhicules à délégation partielle ou totale de conduite [...] à des fins expérimentales ». Par une ordonnance du 3 août 2016 et un décret du 28 mars 2018, le gouvernement a apporté des précisions sur les conditions d'une circulation expérimentale de voitures autonomes et sur la procédure à suivre[29].

Il a ainsi été prévu par les textes que les entreprises publiques ou privées désireuses d'opérer une expérimentation de véhicules à délégation de conduite, sur la voirie publique, doivent demander, au préalable, une autorisation auprès du ministère en charge des transports. Celui-ci est tenu de recueillir un avis du ministre de l'intérieur et, le cas échéant, les « avis du gestionnaire de la voirie, de l'autorité compétente en matière de police de la circulation et de l'autorité organisatrice des transports concernés »[30].

En vertu de l'article 1er du décret du 28 mars 2018, l'autorisation peut être délivrée pour des « essais techniques et mise[s] au point » d'un véhicule, une « évaluation des performances en situation pour l'usage auquel est destiné le véhicule à délégation de conduite » ou encore une « démonstration publique, notamment lors de manifestations événementielles ». Les autorités ministérielles doivent veiller « à assurer la sécurité du déroulement de l'expérimentation », ce qui peut impliquer de subordonner l'autorisation à la mise en œuvre de « mesures nécessaires pour remédier aux événements susceptibles de porter atteinte à la sécurité »[31]. De même, l'expérimentation est limitée aux véhicules équipés « d'un dispositif d'enregistrement permettant de déterminer à tout instant si le véhicule a circulé en mode de délégation

---

de conception technique du système technique de transport routier automatisé auquel ce véhicule est intégré ».

28 À titre d'exemple, un système de conduite automatisée y est défini comme un « système associant des éléments matériels et logiciels, permettant d'exercer le contrôle dynamique d'un véhicule de façon prolongée ».

29 Pour une présentation de cette réglementation, v. M. Guilbot, 'Le véhicule 'autonome' et les conditions juridiques du déploiement', *Riseo*, 2018, n° 1, pp. 49–84, spéc. pp. 56–65.

30 Art. 2 du décret du 28 mars 2018.

31 Art. 10 du décret du 28 mars 2018.

partielle ou totale de conduite »[32] et utilisés par une personne qui, « en qualité de conducteur », doit être « à tout instant en capacité de prendre le contrôle du véhicule, notamment en cas d'urgence ou lorsque le véhicule sort des conditions d'utilisation définies pour l'expérimentation »[33]. Il est précisé par ailleurs que « les véhicules à délégation de conduite ne peuvent transporter que les personnes et le matériel autorisés par le conducteur, qui en fait mention dans un registre tenu à bord du véhicule », et ce à condition que « Les personnes transportées sont informées de leur participation à une expérimentation et donnent leur accord à cette participation »[34]. Enfin, l'article 14 du décret du 28 mars 2018 impose un suivi et un bilan pour chacune des expérimentations.

La loi PACTE du 22 mai 2019 a élargi les possibilités d'expérimentation, tout en laissant quasiment inchangée la réglementation relative aux conditions d'obtention de l'autorisation administrative visée par le décret du 28 mars 2018. Désormais, il est possible que des véhicules autres que ceux destinés au transport public de personnes puissent avoir accès aux voies de circulation réservées aux transports collectifs, à condition qu'ils obtiennent un « avis conforme de l'autorité de police de la circulation concernée et de l'autorité organisatrice des transports ». Les restrictions antérieures ont été levées pour autoriser plus largement des expérimentations et une meilleure évaluation des conditions d'intégration de la délégation de conduite. Par ailleurs, le législateur généralise la possibilité pour le conducteur de se situer à l'extérieur du véhicule, ce qui ouvre la voie à la circulation de véhicules totalement autonomes, c'est-à-dire à délégation de conduite totale[35].

Par ces textes législatifs et réglementaires, les pouvoirs publics ont encouragé le déploiement, à titre expérimental, de véhicules à délégation de conduite, totale ou partielle. En 2022, plus d'une centaine d'expérimentations avaient été autorisées en France, sur les routes ouvertes à la circulation publique. Il est à

---

32 Art. 11 du décret du 28 mars 2018.

33 L'article 12 du décret du 28 mars 2018 précise par ailleurs que le conducteur « doit avoir reçu une formation préalable adéquate aux fonctions de délégation de conduite mises en œuvre pendant l'expérimentation ».

34 S'agissant des véhicules affectés exclusivement à l'exécution d'un service de transport de personnes, les textes n'imposent qu'une information préalable et une « mention visible par tous ses occupants indiquant qu'il s'agit d'un véhicule expérimental » (art. 13 du décret du 28 mars 2018).

35 Selon l'article 1er de l'ordonnance du 3 août 2016, tel que modifié par la loi PACTE, « en l'absence de conducteur à bord, le demandeur fournit les éléments de nature à attester qu'un conducteur situé à l'extérieur du véhicule, chargé de superviser ce véhicule et son environnement de conduite pendant l'expérimentation, sera prêt à tout moment à prendre le contrôle du véhicule, afin d'effectuer les manœuvres nécessaires à la mise en sécurité du véhicule, de ses occupants et des usagers de la route ».

noter que le ministère des Transports a lancé en 2019 un programme d'investissement dédié à l'expérimentation du véhicule routier autonome (EVRA)[36]. Les expérimentations de navettes autonomes, financées par ce programme, ont lieu dans plusieurs grandes villes en France ainsi que dans des zones périurbaines et rurales[37].

1.3 *La pérennisation du cadre normatif de l'utilisation de systèmes de conduite automatisée*

La loi du 24 décembre 2019 d'orientation des mobilités (« LOM ») a sorti l'utilisation de véhicules à délégation de conduite du seul cadre expérimental en habilitant le gouvernement à élaborer un cadre réglementaire pérenne pour les « systèmes de conduite automatisée ». Une ordonnance du 14 avril 2021, complétée par un décret du 29 juin 2021, a eu pour objet de préciser les conditions d'utilisation de tels systèmes en insérant dans le Code de la route un nouveau chapitre dédié aux véhicules à délégation de conduite, utilisés en dehors de toute expérimentation, et en réglant les questions de responsabilité pénale y afférentes[38]. Depuis le 1er septembre 2022, une réglementation détaillée sur les systèmes de transport routier automatisées est entrée en vigueur permettant à des exploitants de solliciter une autorisation administrative pour déployer des véhicules automatisés pour le transport de personnes sur des parcours ou des zones de circulation prédéfinis.

Aux termes des nouveaux articles L. 319-1 à 319-4 du Code de la route, le constructeur doit désormais définir des conditions d'utilisation quant à « l'état et la position dans lesquels le conducteur doit se maintenir », aux « modalités de reprise en main » et aux « conditions dans lesquelles une manœuvre d'urgence est activée par le système de conduite automatisé »[39]. Les nouveaux textes énoncent par ailleurs que, hormis dans le cas d'une manœuvre d'urgence, « le système de conduite automatisé doit pouvoir être désactivé à tout moment par une reprise en main du conducteur »[40]. Est également insérée, dans le Code de

---

36 Pour plus d'informations, v. le site internet du ministère du travail https://www.francemobilites.fr/thematiques/mobilite-et-vehicules-autonomes

37 Pour une cartographie des projets en cours, v. le site internet https://www.francemobilites.fr/cartographie-laureats#evra.

38 Pour un premier commentaire, v. H. Christodoulou, 'Quand la responsabilité pénale embarque à bord d'un véhicule à délégation de conduite', *Gaz. Pal.*, 29 juin 2021, pp. 10–13.

39 Art. R. 319-1, I C. route.

40 Art. R. 319-1, II C. route.

la consommation, une disposition qui précise les obligations d'information qui pèsent sur le vendeur d'un véhicule à délégation de conduite[41].

Bien qu'il faille se féliciter de ces prémices d'un cadre normatif pérenne pour l'utilisation de voitures autonomes, l'on peine à voir dans ces nouveaux textes une réglementation complète. À ce jour, il n'existe dans la législation française qu'un « droit des voitures autonomes » composé de textes éparpillés, issus de mesures législatives et réglementaires adoptées par à-coup, sans souci de cohérence et de lisibilité.

1.4 *La circulation de véhicules autonomes et la Convention de Vienne*

Comme la plupart des États membres de l'Union européenne, la France est signataire de la Convention de Vienne du 8 novembre 1968 qui a pour objet de faciliter la circulation routière internationale et d'accroître la sécurité sur les routes grâce à l'adoption de règles d'uniforme de circulation[42]. Dans sa version d'origine, cette convention posait l'exigence d'un conducteur pour la conduite de « tout véhicule en mouvement ». Selon les termes de l'article 8 § 3 et 4 de la convention, ce conducteur « doit posséder les qualités physiques et psychiques nécessaires et être en état physique et mental de conduire [et] constamment avoir le contrôle de son véhicule ». Bien que d'application directe en France, ces conditions ont été reprises par le pouvoir réglementaire qui a énoncé à l'article R. 412-6 du Code de la route la nécessité d'un conducteur, lequel « doit se tenir constamment en état et en position d'exécuter commodément et sans délai toutes les manœuvres qui lui incombent ».

Pour adapter ces textes à l'apparition des premiers véhicules à délégation de conduite, d'abord partielle, puis totale, les États signataires de la Convention de Vienne sont convenus d'un amendement qui autorise « les systèmes embarqués ayant une incidence sur la conduite ». Entré en vigueur le 23 mars 2016, cet amendement prévoit que de tels systèmes sont conformes à l'article 8 de la convention s'ils respectent les « prescriptions en matière de construction, de montage et d'utilisation énoncées dans les [Accords de Genève de 1958 et

---

41 Art. L. 224-68-1 C. consom. Selon l'alinéa 1er de ce texte, « préalablement à la conclusion d'un contrat de vente ou de location d'un véhicule à délégation de conduite tel que défini par le code de la route, le professionnel communique au consommateur une information relative aux conditions d'utilisation du système de conduite automatisé dont le véhicule est équipé ».

42 Décret n° 77-1040 du 1er septembre 1977 portant publication de la Convention sur la circulation routière, faite à Vienne le 8 novembre 1968, *JO*, 17 septembre 1977, p. 4583. – L'état actuel des ratifications ainsi que les amendements au texte initial peuvent être consultés sur le site de l'ONU (https://treaties.un.org/pages/ViewDetailsIII.aspx?src=TREATY&mtdsg_no=XI-B-19&chapter=11&Temp=mtdsg3&clang=_fr).

1998] » ou « pour autant qu'ils puissent être neutralisés ou désactivés par le conducteur »[43]. Selon certains commentateurs, ces modifications ne sont pas allées suffisamment loin en maintenant le rôle prépondérant du conducteur qui est censé conserver le contrôle et la maîtrise du véhicule en toutes circonstances[44]. En particulier, il était inenvisageable au regard de la définition du conducteur de qualifier le système embarqué en tant que tel de conducteur[45].

Pour pallier ces lacunes, un second amendement a été proposé aux États signataires de la Convention de Vienne, à l'occasion du Forum mondial de la sécurité routière de septembre 2020. En l'absence d'opposition des Parties contractantes et conformément à l'article 49 de la Convention, cet amendement est entré en vigueur le 14 juillet 2022. Il a introduit à l'article 1er de nouvelles définitions, notamment des termes « systèmes de conduite automatisée » et « contrôle dynamique », et ajouté un nouvel article 34 *bis* en vertu duquel « l'exigence selon laquelle tout véhicule ou tout ensemble de véhicules en mouvement doit avoir un conducteur est réputée satisfaite lorsque le véhicule utilise un système de conduite automatisé qui est conforme : a) à la réglementation technique nationale, et à tout instrument juridique international applicable ; b) à la législation nationale régissant le fonctionnement du véhicule ». Néanmoins, le champ d'application de ce texte est « limité au territoire de la Partie contractante où s'appliquent la réglementation technique nationale et la législation nationale régissant le fonctionnement du véhicule ».

Ces nouvelles dispositions sont d'application directe en France et n'appellent pas, dans l'immédiat, de modification de la réglementation, laquelle est conforme à cet amendement depuis l'ordonnance du 14 avril 2021 et son décret d'application du 29 juin 2021.

---

43 Sur ces modifications, v. En langue française C. Coulon, 'Révision de la Convention de Vienne sur la circulation routière : les voitures autonomes (pas tout à fait) sur la ligne de départ', *Resp. civ. assur.*, 2016, alerte 17 ; I. Vingiano, 'L'amendement à la Convention de Vienne : un pas de plus vers l'introduction des véhicules à conduite déléguée', RGDA 2016, pp. 231–236 ; D. Noguéro et I. Vingiano-Viricel, 'Intelligence artificielle et véhicules autonomes', in : A. Bensamoun et G. Loiseau (dir.), *Droit de l'intelligence artificielle*, Lextenso, Paris 2019, pp. 99–126, spéc. p. 106.

44 V. en particulier I. Vingiano, 'L'amendement à la Convention de Vienne : un pas de plus vers l'introduction des véhicules à conduite déléguée', *RGDA*, 2016, pp. 231–236, spéc. nos 4 et s. ainsi qu'en dernier lieu 'Les conducteurs des systèmes de conduite automatisés à l'épreuve de la Convention de Vienne de 1968', *JCP G*, 2024, 1359.

45 Selon l'article 1er, v) de la Convention de Vienne, « le terme conducteur désigne toute personne qui assume la direction d'un véhicule, automobile ou autre (cycle compris), ou qui, sur une route, guide des bestiaux, isolés ou en troupeaux, ou des animaux de trait, de charge ou de selle ».

1.5 *La protection des données personnelles*

Les dispositifs de conduite autonome dont sont dotés les voitures autonomes constituent des moyens conçus pour prendre, de manière indépendante, des décisions concernant à la vitesse et à la direction du véhicule. Ces décisions sont nécessairement précédées d'un recueil de données par l'intermédiaire de capteurs, tels que caméras, radars, LIDARS ou capteurs ultrasons. Comme le relève le Commissariat à l'énergie automatique et aux énergies alternatives (CEA), « tous ces capteurs constituent en quelque sorte les 'yeux' de la voiture et collectent en permanence toutes les informations extérieures utiles à la conduite comme le trafic routier ou encore les panneaux de signalisation »[46].

Indispensables pour le bon fonctionnement du véhicule, ces données pourront également être utiles dans la compréhension des causes d'éventuels accidents. Cela explique pourquoi l'article 11 du décret du 28 mars 2018 subordonne l'octroi d'une autorisation de l'expérimentation à l'installation « d'un dispositif d'enregistrement permettant de déterminer à tout instant si le véhicule a circulé en mode de délégation partielle ou totale de conduite ». Alors qu'il existe toujours le risque qu'un conducteur ou une conductrice modifie sciemment son récit pour échapper aux conséquences d'un comportement fautif, la *black box* d'une voiture autonome devient ainsi le « témoin idéal » de l'accident dans lequel celle-ci a été impliquée[47].

Or, la collecte et l'enregistrement de tant de données n'est pas sans susciter des interrogations au regard de la réglementation relative à la protection des données. Depuis l'entrée en vigueur du règlement européen 2016/679 relatif à la protection des personnes physiques à l'égard du traitement des données à caractère personnel et à la libre circulation des données (dit règlement général sur la protection des données ou RGPD), le droit français impose une série d'obligations à la charge du responsable de traitement.

En 2017, la Commission nationale informatique et libertés (CNIL)[48] a publié un document qui précise les obligations qui pèsent sur les différents acteurs impliqués dans l'exploitation d'un véhicule connecté[49]. Selon ce document, les données utilisées par un véhicule connecté se déplaçant dans l'espace public relèvent bien du champ d'application du RGPD, dès lors que leur combinaison

---

46 CEA, *L'essentiel sur... la voiture autonome*, 2017 (consultable sur le site internet https://www.cea.fr/comprendre/Pages/nouvelles-technologies/essentiel-sur-voiture-autonome.aspx).

47 L. Andreu (sous la dir.), *Des voitures autonomes. Une offre de loi*, Dalloz, Paris 2018, n° 04-42.

48 Il s'agit de l'autorité nationale de protection des données.

49 CNIL, *Pack de conformité 'véhicules connectés'*, CNIL, Paris 2017 (le document est consultable sur le site internet https://www.cnil.fr/sites/default/files/atoms/files/pack_vehicules_connectes_web.pdf).

permet de remonter à l'identité du gardien du véhicule et qu'elles ne font pas l'objet d'un traitement purement local[50].

Ainsi, lorsque le RGPD est applicable, l'article 5 de ce règlement impose que les données soient « traitées de manière licite, loyale et transparente au regard de la personne concernée ». Quant à l'exigence de licéité du traitement, celle-ci est précisée à l'article 6 du RGPD en énumérant les fondements juridiques envisageables. Parmi ceux-ci, on peut trouver la « nécessité du traitement au regard de l'exécution d'un contrat auquel la personne est partie ». Ce texte invite à s'interroger sur le bon fonctionnement d'un véhicule autonome et de la « nécessité » d'un soutien permanent de la part du constructeur ou de l'un de ses sous-traitants. Si tel était le cas, le véhicule autonome ne serait plus alors qualifié seulement de produit, mais son exploitation dépendrait d'une prestation de service[51], ce qui peut soulever des difficultés sur le plan de la responsabilité du fabricant/prestataire de services[52]. L'exigence de transparence impose ensuite au responsable du traitement de communiquer à la personne concernée un certain nombre d'informations sur le traitement de ses données : identité du responsable de traitement, finalités de ce traitement, destinataire(s) des données, le cas échéant un transfert de ces données vers un pays tiers.

Par ailleurs, l'article 5 RGPD précise que les données traitées doivent être « adéquates, pertinentes et limitées à ce qui est nécessaire au regard des finalités pour lesquelles elles sont traitées ». Ce principe de minimisation impose notamment de limiter la conservation des données de conduite géolocalisées, seule une utilisation de la géolocalisation en temps réel étant nécessaire au fonctionnement du véhicule. Ce même principe s'applique à la question plus large de la conservation des données, laquelle doit s'inscrire dans « une durée n'excédant pas celle nécessaire au regard des finalités pour lesquelles elles sont traitées ». Conformément à cette obligation, l'article 11 du décret du 28 mars 2018 prévoit que les données recueillies par le dispositif d'enregistrement dont est équipé obligatoirement un véhicule à délégation de conduite « sont automatiquement et régulièrement effacées » et que seulement « en cas d'accident, les données enregistrées au cours des dernières cinq minutes sont conservées par le titulaire de l'autorisation durant un an ».

---

50 CNIL, *Pack de conformité 'véhicules connectés'*, CNIL, Paris 2017, p. 19.

51 L. Andreu (dir.), *Des voitures autonomes. Une offre de loi*, Dalloz, Paris 2018, n° 04-72. En ce sens aussi I. Vingiano-Viricel, *Véhicule autonome : qui est responsable ?*, LexisNexis, Paris 2019, n° 152.

52 En particulier, on peut s'interroger alors sur l'applicabilité du régime de responsabilité du fait des produits défectueux (art. 1245 et s. C. civ.).

Enfin, au titre des obligations résultant du RGPD, l'article 5 de ce règlement impose de sécuriser les données « contre le traitement non autorisé ou illicite et contre la perte, la destruction ou les dégâts d'origine accidentelle, à l'aide de mesures techniques ou organisationnelles appropriées ». Dans la pratique, cette contrainte se traduit par des mesures de chiffrement des données, destinées à éviter le piratage des systèmes informatiques[53].

2 Le droit de la responsabilité mis à l'épreuve par les voitures autonomes

2.1 *La responsabilité pénale*

Par une ordonnance du 14 avril 2021, le gouvernement français a introduit un régime de responsabilité pénale applicable à la circulation d'un véhicule à délégation de conduite[54]. Les articles L. 123-1 et suivants du Code de la route reprennent en substance les règles qui avaient été établies par une précédente ordonnance de 2016 à propos de l'expérimentation de ce type de véhicules[55].

L'article L. 123-1 du Code de la route exonère le conducteur des infractions « résultant d'une manœuvre d'un véhicule dont les fonctions de conduite sont déléguées à un système de conduite automatisé, lorsque ce système exerce, au moment des faits, le contrôle dynamique du véhicule », en d'autres termes, lorsque le véhicule fonctionne en mode délégué. Pendant cette période, les infractions qui constituent des contraventions au Code de la route relèvent de la « redevabilité pécuniaire » du constructeur du véhicule ou de son mandataire, à qui il incombe dès lors de payer le montant de l'amende. Inédite, la figure juridique de la « redevabilité pécuniaire » n'a pas manqué de susciter des

---

53 Pour plus de détails, v. L. Andreu (dir.), *Des voitures autonomes. Une offre de loi*, Dalloz, Paris 2018, n° 04-77. V. également M. Griguer et D. Scemama, 'Retour sur le régime juridique de responsabilité en matière de véhicules autonomes issu de la loi Pacte', *Cah. dr. entr.*, 2020, n° 4, pp. 49–52, spéc. p. 51.

54 Une première présentation doctrinale est donnée par E. Dreyer, 'De l'intelligence à la responsabilité artificielle, s'agissant des véhicules autonomes', *Gaz. Pal.*, 7 décembre 2021, pp. 13–17 ; H. Christodoulou, 'Quand la responsabilité pénale embarque à bord d'un véhicule à délégation de conduite', *Gaz. Pal.*, 29 juin 2021, pp. 10–13 ; S. Detraz, 'De la mauvaise conduite des véhicules autonomes en droit pénal', *D.*, 2021, pp. 1039–1043. V. également Y. Mayaud, *v°* Violences involontaires, *Répertoire de droit pénal et de procédure pénale*, Dalloz, Paris 2022, n°s 520 et s. ; *Le Lamy Transport*, Lamy, Paris 2021, t. 1, n° 1571.

55 Pour un commentaire de ces dispositions anciennes, v. M. Bénéjat-Guerlin, 'Véhicule autonome et responsabilité pénale', *D.*, 2016, pp. 1146–1147 ; 'Le droit pénal de la route face aux nouveaux modes de transport', *RISEO*, 2018, n° 1, pp. 101–108 ; 'Le droit pénal de la route face aux nouveaux modes de transport', *AJ pénal*, 2019, pp. 428–430, spéc. p. 430.

interrogations auprès des spécialistes de droit pénal. Distincte d'une condamnation pénale, la « décision de redevabilité » ne donne pas lieu à inscription au casier judiciaire, ni ne peut être prise en compte pour la récidive, ni n'entraîne retrait des points affectés au permis de conduire, tout comme la contrainte judiciaire n'est pas applicable au paiement de l'amende[56].

En revanche, le constructeur ou son mandataire encourent une véritable responsabilité pénale en présence d'un délit d'atteinte involontaire à la vie ou à l'intégrité de la personne, au sens de l'article 121-3 du Code pénal, commise par le constructeur ou son mandataire. Il en est ainsi lorsque ceux-ci ont violé de manière manifestement délibérée une obligation particulière de prudence ou de sécurité prévue par la loi ou le règlement ou commis une faute caractérisée qui exposait autrui à un risque d'une particulière gravité que le constructeur ou son mandataire ne pouvaient ignorer.

À l'inverse, le conducteur redevient pénalement responsable des infractions résultant d'une manœuvre du véhicule à délégation de conduite dans trois cas de figure : dès l'instant où il exerce le contrôle dynamique du véhicule à la suite d'une reprise en main ; en l'absence de reprise en main à l'issue de la période de transition qui fait suite à une demande en ce sens par le système de conduite automatisé ; si le conducteur ne respecte pas les sommations, injonctions ou indications données par les forces de l'ordre ou les règles de priorité de passage des véhicules d'intérêt général prioritaires. Enfin, dans toutes ces hypothèses, l'article R. 412-17-1, II du Code de la route exige du conducteur de se tenir en état et en position d'effectuer sans délai une reprise en main afin d'exécuter les manœuvres nécessaires.

2.2 *La responsabilité civile*

Le socle du droit français de la responsabilité civile est constitué par la responsabilité du fait personnel qui est subordonnée à la preuve d'une faute (articles 1240 et 1241 du Code civil) Ce régime de responsabilité de base n'est cependant guère utile en présence d'un accident de la circulation impliquant un véhicule autonome. La jurisprudence écarte la responsabilité pour faute de l'article 1240 du Code civil en présence d'un accident de la circulation qui relève du champ d'application du régime spécial de responsabilité issu de la loi

56 Il s'agirait là d'« aménagements d'une responsabilité dont le principe s'éloigne difficilement du droit pénal » (Y. Mayaud, *v°* Violences involontaires, *Répertoire de droit pénal et de procédure pénale*, Dalloz, Paris 2022, n° 523). D'autres auteurs évoquent une « para-responsabilité pénale du fait des choses » (S. Detraz, 'De la mauvaise conduite des véhicules autonomes en droit pénal', *D.*, 2021, pp. 1039–1043, spéc. p. 1043).

du 5 juillet 1985[57]. Cette loi a introduit un régime de responsabilité détaché de toute faute du conducteur et assorti d'une procédure de règlement à l'amiable mise en œuvre par l'assureur automobile du véhicule impliqué ou, à défaut, par un fonds de garantie.

Au-delà de ce régime spécial de responsabilité du fait des accidents de la circulation, on peut encore penser à la responsabilité du fait des produits défectueux, issue des lois de transposition de la directive 85/374 et actuellement en cours de révision, laquelle sera remplacée en 2026 par une nouvelle directive. La voiture autonome est d'abord un véhicule, mais elle est également un produit qui peut, comme tout autre bien manufacturé, présenter un défaut de sécurité à l'origine d'un accident. Loin d'être tenue de s'adresser aux seuls conducteur et gardien du véhicule ou à l'assureur automobile, une personne qui estimerait avoir subi un dommage causé par le fonctionnement défectueux d'un véhicule autonome pourrait donc également rechercher la responsabilité du fabricant en vertu des articles 1245 et suivants du Code civil.

2.2.1 Le régime de responsabilité issu de la loi du 5 Juillet 1985 (« loi Badinter »)

Selon l'article 1er de la loi du 5 juillet 1985, le régime spécial de responsabilité s'applique « aux victimes d'un accident de la circulation dans lequel est impliqué un véhicule terrestre à moteur », ce qui suppose l'existence d'un accident de la circulation, celle d'un véhicule terrestre à moteur et l'implication de ce dernier dans l'accident. Bien qu'elle ne l'indique pas expressément, la loi attribue le devoir de réparer le dommage[58] aux gardien et conducteur du véhicule impliqué[59], ces deux qualités étant le plus souvent réunies sur la tête d'une seule personne. Ce n'est que dans des cas particuliers, notamment en présence d'un conducteur salarié, qu'une condamnation *in solidum* du conducteur et du gardien du véhicule est envisageable. Toutefois, il ne faut pas surestimer l'importance de l'identification du responsable civil, la loi du 5 juillet 1985 ayant prévu une procédure d'indemnisation qui repose en réalité sur les épaules de l'assureur automobile. Celui-ci s'interroge davantage sur la couverture assurantielle *du véhicule impliqué* que sur celle de son conducteur ou de son gardien.

---

57 V. en dernier lieu Crim., 11 mars 2014, n° 12 –86.769, *Resp. civ. et assur.*, 2014, comm. 192, obs. H. Groutel.

58 Le dommage doit évidemment être imputable à l'accident, ce qui exclut les dommages ne pouvant être attribués au fait d'un véhicule terrestre à moteur.

59 C'est à partir de l'article 2 selon lequel « les victimes, y compris les conducteurs, ne peuvent se voir opposer la force majeure ou le fait d'un tiers par le conducteur ou le gardien d'un véhicule mentionné à l'article 1er », que l'on a pu déduire que conducteur et gardien sont désignés comme débiteurs de l'indemnisation.

L'identification de la personne du conducteur revêt une plus grande importance s'agissant des limites du droit à indemnisation de la victime. En effet, la loi du 5 juillet 1985 fait dépendre l'effet exonératoire de la faute de la victime de son statut au moment du dommage. Il est ainsi prévu à l'article 4 que « la faute commise par le conducteur du véhicule terrestre à moteur a pour effet de limiter ou d'exclure l'indemnisation des dommages qu'il a subis », ce qui a fait dire à certains commentateurs que les victimes conductrices furent « sacrifiés » par la loi Badinter[60].

De prime abord, l'application de ce régime de responsabilité aux accidents dans lesquels sont impliqués des véhicules autonomes, ne soulève guère des difficultés juridiques. Un rapport commandité par le gouvernement français de mai 2018 pouvait ainsi affirmer que la loi « semble pouvoir s'appliquer aux véhicules automatisés, même sans aucun conducteur à bord. L'absence de conducteur ou de maîtrise par un conducteur est ainsi indifférente, tant pour l'application du régime de responsabilité que pour l'obligation d'assurance de responsabilité civile. L'indemnisation des victimes demeurerait fondée sur la notion d'implication du véhicule automatisé »[61]. Peut-être faut-il tout de même y porter une appréciation plus nuancée, l'architecture même du régime pouvant susciter d'épineuses difficultés en présence d'un accident impliquant un véhicule autonome.

Si l'on s'en tient à l'essentiel[62], la difficulté principale concerne la notion de conducteur. D'après la jurisprudence, le conducteur est celui qui était aux commandes au moment de l'accident, c'est-à-dire la personne qui « conserve [...] une certaine maîtrise dans la conduite du véhicule »[63]. Cette définition pourra être source d'incertitudes, lorsque le défendeur se sera déplacé au moyen d'une voiture autonome. Comme nous l'avons vu, le véritable enjeu de la qualification de conducteur ne se situe pas sur le plan de l'établissement d'un droit à indemnisation des victimes. En effet, à supposer qu'un véhicule autonome circule de manière totalement autonome, sans personne à bord, ou qu'un utilisateur ne puisse être qualifié de conducteur en l'absence de maîtrise du véhicule, le devoir d'indemnisation continuerait à peser sur le gardien. En effet, le propriétaire étant présumé être le gardien de son véhicule, une

60 V. G. Viney, P. Jourdain et S. Carval, *Les régimes spéciaux et l'assurance de responsabilité*, 4e éd., LGDJ, Paris 2017, n° 30. Rappr. S. Hocquet-Berg, 'Les inégalités entre les victimes', *Resp. civ. assur.* 2012, dossier 14, spéc. n°s 17 et s.

61 A.-M. Idrac (dir.), *Développement des véhicules autonomes. Orientations stratégiques pour l'action publique*, 2018, p. 37.

62 Pour une analyse plus approfondie, v. L. Andreu (dir.), *Des voitures autonomes. Une offre de loi*, Dalloz, Paris 2018, n°s 02.71 et s.

63 Ainsi la formule de l'arrêt Civ. 2, 14 janvier 1987, n° 85-14.655.

responsabilité pourra tout de même être établie avec certitude, de sorte que l'assureur automobile prendra en charge l'indemnisation des victimes[64].

La principale incertitude se situe davantage sur le terrain des causes d'exonération. Lorsque l'utilisateur principal d'une voiture autonome est lui-même victime de l'accident, l'ampleur de son indemnisation dépendra directement, on le rappelle, de la détermination de son statut de conducteur ou de non-conducteur et du caractère fautif ou non de son comportement au moment de l'accident. Or, cette question dépend étroitement du niveau d'autonomie du véhicule en question, de l'état d'activation du dispositif de délégation de conduite ainsi que des obligations qui pèsent sur l'utilisateur. En présence d'une voiture faiblement autonome ou en dehors du fonctionnement du système de délégation de conduite, l'utilisateur sera plus facilement assimilé à un conducteur que dans une voiture hautement autonome qui permet à son utilisateur de se désintéresser totalement de la conduite. On comprend dès lors l'importance de la réglementation de sécurité en la matière qui peut imposer aux utilisateurs une obligation de maintien d'une vigilance minimale qui doit leur permettre une reprise en main dans un laps de temps réduit. C'est en ce sens qu'il faut interpréter le nouvel article R. 412-17-1, I du Code de la route, issu du décret du 29 juin 2021, selon lequel « lorsque le véhicule est partiellement ou hautement automatisé, le conducteur doit se tenir constamment en état et en position de répondre à une demande de reprise en main ».

S'agissant de l'expérimentation de véhicules automatisés, l'ordonnance du 3 août 2016, tel que modifié par la loi PACTE du 22 mai 2019, prévoit encore que « la délivrance de l'autorisation est subordonnée à la condition que le système de délégation de conduite puisse être à tout moment neutralisé ou désactivé par le conducteur » et qu'« en l'absence de conducteur à bord, le demandeur fournit les éléments de nature à attester qu'un conducteur situé à l'extérieur du véhicule sera prêt à tout moment à prendre le contrôle du véhicule et sera en mesure de le faire ». Si ces dispositions admettent donc l'existence d'un « conducteur » qui puisse être « situé à l'extérieur du véhicule », elles ne résolvent pas pour autant la question des obligations qui pèsent sur celui-ci et ne se prononcent ni sur le statut juridique des utilisateurs à bord, ni sur la qualité juridique des utilisateurs de véhicules à délégation partielle de conduite.

---

64 À moins que le propriétaire du véhicule ne parvienne à renverser la présomption de garde en démontrant avoir perdu « l'usage, le contrôle et la direction » du véhicule au profit du constructeur ou du concepteur du logiciel de conduite.

2.2.2 La responsabilité des fabricants en vertu des articles 1245 et suivants du Code civil, issus de la directive européenne 85/374

La responsabilité du fabricant peut également être recherchée à la suite d'un accident impliquant un véhicule autonome, que ce soit par la victime ou (plutôt) par l'assureur automobile qui, après indemnisation, cherchera à recouvrer tout ou partie des indemnités versées. En droit français, c'est l'article 1245 du Code civil qui constitue le fondement d'une telle responsabilité. Selon cette disposition, « le producteur est responsable du dommage causé par un défaut de son produit, qu'il soit ou non lié par un contrat avec la victime ».

Issu de la directive communautaire 85/374/CEE, ce régime permet de rechercher la responsabilité du fabricant d'un produit qui, par son caractère défectueux, a provoqué le dommage. Pour qu'il puisse trouver application, le demandeur doit alors démontrer que son dommage a été causé par un produit au sens de la directive, que celui-ci a été mis en circulation et surtout que le produit a été était défectueux, c'est-à-dire qu'il n'offrait pas « la sécurité à laquelle on peut légitimement s'attendre » (art. 1245-3 al. 1er C. civ.).

En l'état actuel des choses, il n'est pas aisé de prédire les difficultés de mise en œuvre du régime de responsabilité du fait des produits défectueux en présence d'un accident impliquant un véhicule autonome. À notre connaissance, les juridictions françaises ne se sont pas penchées sur son application à un véhicule doté d'un certain degré d'autonomie et dont le caractère défectueux aurait été invoqué par le demandeur. Cette absence de données judiciaires n'empêche cependant pas d'esquisser les incertitudes qui pourraient se présenter dans la pratique, lesquelles se situent principalement sur trois plans.

La première difficulté provient de la nécessité d'identifier le « produit » à l'origine du dommage, démarche indispensable pour déterminer les débiteurs de la réparation.

En créant un régime de responsabilité autonome du fait des produits défectueux, les autorités communautaires ont souhaité introduire une législation qui soit adaptée à l'essor de la distribution en masse de biens produits en série[65]. L'article 1245-2 du Code civil vise « tout bien meuble », même s'il est incorporé dans un immeuble. Ce champ d'application très large du régime spécial permet sans peine de qualifier de « produit » un véhicule, qu'il soit autonome ou non. Plusieurs décisions de la Cour de cassation ont d'ailleurs

65 Dir. 85/374, cons. 3. Pour une présentation plus détaillée de la question, v. G. Viney, P. Jourdain et S. Carval, *Les régimes spéciaux et l'assurance de responsabilité,* 4e éd., LGDJ, Paris 2017, n° 30 ainsi que N. Molfessis, 'Les produits en cause', *Petites Affiches*, 28 décembre 1998, pp. 20–27.

appliqué les articles 1245 et suivants à des véhicules qui présentaient des défauts de sécurité[66].

Compte tenu du processus de fabrication des véhicules modernes, leur appréhension comme un tout n'est cependant pas la seule approche possible. L'article 1245-7 C. civ. permet en effet au demandeur de rechercher la responsabilité solidaire des fabricants de « partie[s] composante[s] » et de celui qui a fabriqué le produit fini. Or, les évolutions dans le secteur de l'automobile de ces dernières décennies ont conduit à une augmentation massive d'approvisionnements extérieurs et, partant, à une multiplication de composants du véhicule. On estime aujourd'hui à 30 000 le nombre de pièces dont est composée une voiture de tourisme ; quant aux taux d'externalisation des principaux constructeurs automobiles, ils oscillent entre 70 et 80 %[67].

Les véhicules autonomes n'échappent évidemment pas à ce phénomène, bien au contraire. En raison du haut degré de technicité, leur fabrication fait intervenir un nombre important d'équipementiers qui deviennent alors tous des responsables potentiels. Encore faut-il que le demandeur identifie le produit incorporé qui est à l'origine du dommage et en détermine le fabricant, ce qui pourra s'avérer difficile, voire impossible dans la pratique. La victime rencontrera encore plus de difficultés, si la composante qui peut être à l'origine de l'accident est un logiciel.

Comparés aux véhicules traditionnels, les véhicules autonomes se distinguent en effet par la place qu'y occupent les logiciels conçus pour collecter et analyser les données et prendre des décisions de conduite adaptées à une situation de circulation déterminée. L'intégration de logiciels de pilotage autonome n'empêche pas de qualifier le véhicule tout entier de produit défectueux. La mise en œuvre d'un logiciel au sein d'un système technique plus large (on parle alors de « système embarqué » [*embedded system*]) n'est donc pas un obstacle à l'application des règles sur la responsabilité du fait des produits défectueux, quand bien même l'origine de l'accident se situerait à l'interface entre logiciel et système automobile mécanique.

La qualification juridique des logiciels suscite davantage d'interrogations dans le cas où est recherchée la responsabilité du fabricant d'un logiciel qui fait partie des composantes du produit final (article 1254-7 du Code civil). Le champ d'application matériel de la directive 85/374/CEE se limitant aux « meuble[s] »[68], on peut se demander s'il convient d'appliquer aux fabricants d'un

66 V. par exemple Civ. 1, 3 mai 2006, n° 04-10.994 et 11 janvier 2017, n° 16-11.726.

67 V. les données rapportées par M. Freyssenet, *Comparaison des taux d'externalisation de Fiat Auto, PSA, Renault et VW 1945–2015*, 2013 (http://freyssenet.com/?q=node/1898).

68 Art. 2 de la directive 85/374/CEE.

logiciel de pilotage le régime de responsabilité du fait des produits défectueux d'origine européenne. Certains auteurs ont avancé qu'à défaut de règle contraire, le régime a vocation à s'appliquer indistinctement aux choses corporelles et aux choses incorporelles[69]. Dans la réponse à une question ministérielle, le ministre de la Justice a également fait savoir que « la loi n° 98-389 du 19 mai 1998 relative à la responsabilité du fait des produits défectueux a vocation à englober l'intégralité de la catégorie juridique des meubles, à laquelle appartiennent les logiciels »[70].

Il n'est pas certain cependant que cette conception extensive soit également celle des juges (français ou européens) en cas de litige. La précision à l'article 2 in fine de la directive 85/374/CEE selon laquelle « le terme "produit" désigne également l'électricité » peut faire douter que, dans l'esprit du législateur européen, toutes les choses incorporelles aient été visées par le texte[71]. Si l'on peut contourner cette difficulté en considérant que le produit défectueux n'est pas le logiciel, mais son support matériel (CD-ROM, disque dur, clé usb), il est très fréquent aujourd'hui que l'intégration un logiciel se fasse de façon dématérialisée au sein de la ligne de fabrication, que ce soit par internet ou par une autre forme de communication sans-fil (Bluetooth). En définitive, l'étroitesse de la notion de produit est susceptible de faire obstacle à la responsabilité du concepteur du logiciel de pilotage.

À condition de pouvoir qualifier de « produits » les composantes du véhicule que le demandeur aurait identifiées comme étant à l'origine de l'accident, la fragmentation du véhicule rend considérablement plus difficiles l'établissement des responsabilités et leur articulation. Certes, la multiplicité des responsables (constructeur automobile, fabricants des composantes, importateur[72]...) est dans le même temps une garantie pour une victime en quête d'indemnisation. Néanmoins, le passage d'une analyse globale à une vision plus morcelée du véhicule suppose de surmonter les difficultés d'identification

69 V. F.-X. Testu et J.-H. Moitry, 'La responsabilité du fait des produits défectueux. Commentaire de la loi no 98-389 du 19 mai 1998', *D. affaires* 1998 (suppl. au n° 125), p. 3.

70 Question n° 15677, *JOAN* 24 août 1998, p. 4728.

71 Sur ce point, v. J.-S. Borghetti, *La responsabilité du fait des produits. Étude de droit comparé*, LGDJ, Paris 2004, n° 494 ainsi que E. Tricoire, 'La responsabilité du fait des choses immatérielles', in : Mélanges en l'honneur de Philippe le Tourneau, Dalloz, Paris 2008, pp. 983–1002. V. aussi plus récemment C. Coulon, 'Du robot en droit de la responsabilité civile : à propos des dommages causés par les choses intelligentes', *Resp. civ. assur.*, 2016, étude 6, spéc. n° 12 ; J.-S. Borghetti, 'L'accident généré par l'intelligence artificielle', in : *Le droit civil à l'ère numérique*, *JCP G*, 2017 (numéro spécial), spéc. n° 30.

72 L'assimilation de l'importateur au producteur, prévue à l'article 1245-5 al. 2 du Code civil, permet en effet d'assigner également le distributeur de véhicules autonomes fabriqués par des constructeurs ayant leur siège social en dehors de l'Union européenne.

des composantes défectueuses. Surtout, ce glissement conduit à une complexification de l'analyse juridique, en particulier au regard des multiples recours subrogatoires que les assureurs automobile pourraient alors contre les différents fabricants sur le fondement de la responsabilité du fait des produits défectueux.

La transposition de la directive 2024/2853, qui va remplacer en 2026 celle de 1985, apportera ici une clarification bienvenue à cette question qui se révèle cruciale pour les produits complexes.

La seconde difficulté est liée à la preuve du défaut de sécurité qui incombe au demandeur conformément à l'article 1245-8 du Code civil français.

Les défauts de sécurité d'un produit reconnus comme tels par la jurisprudence peuvent être regroupés en trois catégories : les défauts de fabrication, les défauts de conception ainsi que les défauts caractérisés par un manque d'information sur les risques du produit[73].

Les *défauts de fabrication* se caractérisent par une non-conformité du produit au plan de montage du fabricant. Des erreurs d'assemblage ainsi que des défauts liés à la mauvaise qualité des matières premières ne soulèvent guère de difficulté particulière, lorsqu'ils touchent les matériels d'un véhicule, autonome ou traditionnel. S'agissant des logiciels de pilotage, un défaut de fabrication pourrait se produire, notamment lorsque le transfert vers le système informatique du véhicule, au moment de l'installation, a été incomplet ou incorrect.

Les *défauts de conception* appellent davantage de remarques. Il s'agit de défauts qui affectent le plan de fabrication même du produit, tel que développé par le fabricant. Ce sont ces défauts qui revêtent une importance particulière pour des produits innovants, tels que les véhicules autonomes, pour lesquels les périodes d'essais ne permettent pas toujours de disposer du recul nécessaire pour identifier l'ensemble des risques. Ils peuvent concerner à la fois les composantes corporelles du véhicule et celles qui sont incorporelles, c'est-à-dire essentiellement les logiciels de pilotage.

L'éventualité d'une programmation incorrecte des logiciels ou d'une mauvaise coordination avec les composantes « dures » conduit à s'interroger sur la détermination concrète du niveau de « sécurité à laquelle on peut légitimement s'attendre ». En présence de technologies à risques, il ne saurait être question d'assimiler systématiquement la seule survenance d'un accident à un défaut de sécurité, car il n'existe pas de droit à une sécurité absolue en

73 Pour un panorama des différents types de défauts de sécurité, v. not. en langue française C. Caillé, v° Responsabilité du fait des produits défectueux, *Répertoire civil*, Dalloz, Paris 2021, n°s 54 et s.

matière de responsabilité du fait des produits[74]. S'il est vrai que les fabricants de véhicules autonomes mettent en avant l'augmentation du niveau de sécurité routière, on ne peut attendre des logiciels de pilotage ou, plus largement, de la conception d'un véhicule autonome qu'il procure aux usagers de la route la garantie d'une absence totale d'accidents.

Pour apprécier un défaut de conception, la jurisprudence s'appuie régulièrement sur les normes techniques et administratives qui régissent le développement de nouveaux produits. Dans le secteur automobile, les standards issus de la norme ISO 26262 relative aux systèmes de sécurité dans les véhicules routiers à moteurs[75] constituent un corps de règles qui reflètent l'état actuel des sciences et par rapport auxquelles on peut identifier en principe l'existence d'un défaut de sécurité qui trouve son origine dans la conception du véhicule ou de ses composantes.

Aussi précieux soient-ils, ces standards ne forment cependant qu'un point de départ pour caractériser un défaut, leur formulation étant assez ouverte et, surtout, leur contenu n'étant que partiellement adapté aux véhicules autonomes. Si la norme ISO 26262 porte sur la sécurité de systèmes électroniques automobiles, sa version datant de 2018 n'intègre pas encore les aspects spécifiques aux véhicules dotés d'un logiciel de pilotage autonome. Bien qu'il existe depuis janvier 2019 une nouvelle norme ISO 21448 traitant des fonctions de délégation de conduite[76] et depuis juin 2020 un nouveau règlement énonçant des prescriptions uniformes relatives à l'homologation des véhicules en ce qui concerne leur système automatisé de maintien dans la voie[77], la simple existence de ces deux réglementations techniques ne dispense pas d'une détermination juridique du niveau de sécurité auquel un véhicule autonome doit se conformer.

Plusieurs approches sont possibles à cet égard. Le juge pourrait tout d'abord appliquer une approche anthropocentrique et retenir un défaut de conception

74 G. Viney, P. Jourdain et S. Carval, *Les régimes spéciaux et l'assurance de responsabilité*, 4e éd., LGDJ, Paris 2017, n° 21 : « Le producteur ne garantit pas que ses produits ne causeront pas de dommages consistant en des atteintes à la sécurité des personnes et des biens, mais seulement qu'ils ne présenteront aucune défectuosité de nature à causer de tels dommages ; il ne garantit pas la sécurité, mais seulement l'absence d'un risque excessif concernant la sécurité ».

75 La version de 2018 de l'ISO 26262 peut être consultée, en accès payant, sur le site internet de l'Organisation internationale de normalisation : https://www.iso.org/fr/standard/68383.html.

76 Le texte de l'ISO 21448 peut être consulté, en accès payant, sur le site internet suivant : https://www.iso.org/fr/standard/70939.html.

77 Sur ce texte, v. I. Vingiano-Viricel, 'ALKS, une approche juridique du système', *JCP G*, 2021, 346.

à chaque fois que le véhicule autonome n'a pas réagi à une situation de circulation de la même manière qu'une personne raisonnable, par exemple dans les cas où la conduite automatisée est non conforme aux règles du Code de la route ou que le système n'a pas décelé un obstacle facilement identifiable pour un être humain. Il n'est pas certain toutefois qu'une telle approche soit suffisante pour identifier un défaut de sécurité, car il ne s'agit pas d'apprécier la seule décision prise par le système informatique dans la situation litigieuse, mais aussi la conception initiale des logiciels de pilotage autonome et sa capacité à « apprendre ». De plus, les accidents provoqués par un véhicule autonome ne sont pas de même nature que ceux provoqués par un véhicule traditionnel, 30 % des accidents étant actuellement imputables à la fatigue des conducteurs. Aussi paraît-il opportun de combiner la première approche avec une seconde qui vise le système d'information en tant que tel et qui permet de retenir un défaut à chaque fois que le logiciel de pilotage comporte un « point aveugle » qui aurait pu être décelé lors de la programmation[78].

La jurisprudence a élargi la notion de défaut de sécurité au *défaut d'information* sur les risques que peut présenter le produit[79]. Cette solution résulte notamment de l'article 1245-3 al. 2 du Code civil selon lequel dans l'appréciation de la sécurité à laquelle on peut légitimement s'attendre, il doit être tenu compte de toutes les circonstances et notamment de la présentation du produit. Appliqué aux véhicules autonomes, l'exigence d'une information suffisante sur les risques encourus impose au fabricant de formuler des mises en garde et des instructions qui permettent aux utilisateurs, qu'ils soient habituels ou occasionnels, de comprendre le fonctionnement du véhicule et les limites de son autonomie. En particulier, il faudra veiller à ce que l'utilisateur saisisse les risques d'un comportement qui pourrait nuire au bon fonctionnement des systèmes de conduite autonome, le cas échéant au moyen d'une formation pratique dispensée en vue de l'attribution d'un permis de conduire spécifique. Le nouvel article L. 224-68-1 du Code de la consommation, issue de l'ordonnance du 14 avril 2021, impose désormais expressément « une information relative aux conditions d'utilisation du système de conduite automatisé dont le véhicule est équipé ».

La troisième source de difficultés est liée aux causes d'exonération prévues au bénéfice du producteur.

À l'article 1245-10 al. 1, 2° du Code civil, le législateur français a prévu tout d'abord que le producteur échappe à sa responsabilité si, compte tenu des

78 L. Andreu (dir.), *Des voitures autonomes. Une offre de loi*, Dalloz, Paris 2018, n° 02.224.

79 Sur cette évolution, v. not. J. Revel, in : *JurisClasseur Responsabilité civile et Assurances*, Fasc. 436-10, n° 13 avec d'autres références.

circonstances, il y a lieu d'estimer que le défaut ayant causé le dommage n'existait pas au moment où le produit a été mis en circulation par lui ou que ce défaut est né postérieurement. Si cette cause d'exonération semble de bon sens, sa pertinence s'agissant des voitures autonomes peut interroger. En effet, certaines seront indéniablement à classer parmi les robots qui imitent l'intelligence humaine, notamment en raison leur aptitude à apprendre par elles-mêmes ; avec cette conséquence que la dangerosité anormale du véhicule ne tiendra parfois qu'à un mauvais apprentissage de ce dernier. Le producteur pourra-t-il alors se prévaloir de l'absence d'antériorité du défaut pour écarter toute condamnation ? Il est permis d'en douter. Il nous semble que la seule éventualité que le véhicule puisse tirer de mauvaises leçons de sa propre expérience devra être considérée comme un défaut originel.

La situation sera en revanche plus incertaine en présence d'un défaut indécelable au regard de l'état des connaissances scientifiques et techniques au moment de la mise en circulation. C'est l'exonération pour « risque de développement », telle que prévue à l'article 1245-10, 4° du Code civil.

La notion de risque de développement est l'une des plus délicates du régime de responsabilité du fait des produits défectueux. Bien que la directive n'impose pas sa consécration, le législateur français l'a retenue au titre des causes d'exonération afin de ne pas désavantager le secteur industriel, inquiet des répercussions d'une conception trop large de la responsabilité du fait de produits innovants[80]. Dans un arrêt de 1997, la Cour de justice des communautés européennes a précisé que, pour invoquer le risque de développement, « le producteur d'un produit défectueux doit établir que l'état objectif des connaissances techniques et scientifiques, en ce compris son niveau le plus avancé, au moment de la mise en circulation du produit en cause, ne permettait pas de déceler le défaut de celui-ci »[81]. Quant à la Cour de cassation, elle a décidé, à propos d'un médicament, que « la date de mise en circulation du produit qui a causé le dommage s'entend, dans le cas de produits fabriqués en série, de la date de commercialisation du lot dont il faisait partie »[82], ce qui restreint considérablement les possibilités d'invoquer cette cause d'exonération.

Pour autant, les contours du risque de développement restent incertains. Les juridictions françaises et européennes n'ont jamais apporté d'éléments précis sur les défauts qui, n'ayant pu être décelés au moment de la mise en

---

80 Pour un rappel des termes du débat, v. en langue française G. Viney, P. Jourdain et S. Carval, *Les régimes spéciaux et l'assurance de responsabilité*, 4e éd., LGDJ, 2017, n° 55 avec de nombreuses références.

81 CJCE, 29 mai 1997, aff. C-300/95, *Commission des Communautés européennes*.

82 Civ. 1, 20 septembre 2017, n° 16-19.643.

circulation du produit, ne pourront donner lieu à une responsabilité du fabricant. Souhaite-t-on exclure les risques dont la nature même était inconnue lors de la mise en circulation ? Ou s'agit-il plutôt de viser des risques parfaitement connus et identifiés, mais dont la survenance ne pouvait être empêchée en l'état actuel des connaissances techniques et scientifiques ? Rendu en 2021, un arrêt de la Cour de cassation a admis, pour la première fois semble-t-il, cette cause d'exonération en présence d'un défaut de fabrication dont le risque était connu, mais non décelable[83]. Néanmoins, il s'agissait là d'une décision non publiée au *Bulletin de la Cour de cassation* de sorte que l'on ne saurait en déduire un changement d'orientation majeur dans la jurisprudence française.

Appliquée aux véhicules autonomes, la notion de risque de développement n'est dès lors pas sans susciter doutes et interrogations. La commercialisation de systèmes informatiques dotés d'intelligence artificielle comporte nécessairement une part d'incertitude, puisque les capacités d'apprentissage et de perfectionnement intrinsèques peuvent produire des résultats qui sont pour l'heure inconnus, l'intelligence artificielle mettant à l'épreuve l'aptitude humaine à anticiper des risques et à développer des mécanismes de prévention appropriés. Il serait quelque peu excessif de retenir systématiquement la cause d'exonération de l'article 1245-10, 4° du Code civil lorsqu'un système doté d'intelligence artificielle provoque des dommages qui résultent d'un comportement imprévisible. Le développement de telles technologies ne fait en réalité que renforcer les exigences quant à la prévention des risques même incertains qui apparaissent comme la contrepartie nécessaire de l'apprentissage automatique. Ainsi, la pertinence du risque de développement en la matière dépend aussi de l'élaboration de normes techniques qui forment un cahier de charges relatif à la gestion des risques liés à l'intelligence artificielle de certaines composantes du véhicule autonome.

3 Les incidences en droit des assurances

Les solutions retenues en matière de responsabilité civile ont des répercussions directes et indirectes en droit des assurances, en ce qui concerne la couverture assurantielle des conducteur et gardien des voitures autonomes[84] (3.1.) et de leurs fabricants (3.2.).

---

83 Civ. 1, 5 mai 2021, n° 19-25.102, *Rev. contrats*, 2021, n° 4, pp. 27–31, note J.-S. Borghetti. Sur la figure juridique du risque de développement, v. aussi M. Cartapanis, 'Faut-il repenser l'exonération pour risque de développement ?', *RTD civ.*, 2021, pp. 523–543.

84 Sur ce point, v. aussi nos développements plus approfondis dans L. Andreu (dir.), *Des voitures autonomes. Une offre de loi*, Dalloz, Paris 2018, n°s 02.281 et s. V. plus récemment

3.1 *La couverture assurantielle des gardien et conducteur de la voiture autonome*

La responsabilité du gardien et du conducteur d'un véhicule terrestre à moteur en vertu de la loi du 5 juillet 1985 est mise en œuvre dans le cadre d'une procédure d'offre obligatoire qui fait intervenir l'assureur automobile du véhicule impliqué. Régie par les articles L. 211-1 à L. 211-27 du Code des assurances, l'assurance automobile obligatoire obéit à un cadre législatif et réglementaire très strict qui détermine l'étendue de la garantie dans le temps et dans l'espace ainsi que le montant de la garantie. Sur ce dernier point, le législateur distingue selon la nature du dommage causé par l'accident. Alors que la garantie d'assurance pour les dommages corporels est illimitée[85], elle ne l'est pas nécessairement pour les dommages aux biens, pour lesquels l'article A. 211-1-3 du Code des assurances institue un plafond minimum de 1 220 000 euros « par sinistre et quel que soit le nombre de victimes ».

Le législateur fait peser sur l'assuré une obligation d'information dont les contours sont précisés à l'art. L. 113-2, 2° du Code des assurances. Selon ce texte, « l'assuré est obligé [...] de répondre exactement aux questions posées par l'assureur, notamment dans le formulaire de déclaration du risque par lequel l'assureur l'interroge lors de la conclusion du contrat, sur les circonstances qui sont de nature à faire apprécier par l'assureur les risques qu'il prend en charge ». Les réponses fournies par le candidat à l'assurance permettant à l'assureur d'évaluer l'opportunité d'accepter une demande de souscription et, le cas échéant, de calculer les primes qui seront demandées à l'assuré.

En matière d'assurance automobile, la souscription d'une garantie est précédée d'une proposition d'assurance qui fait état des caractéristiques techniques du véhicule à assurer. Cette proposition prend la forme d'un questionnaire, préétabli par l'assureur et rempli par le candidat à l'assurance. Au fur et à mesure de la commercialisation des véhicules autonomes, les assureurs ne manqueront pas d'insérer dans leur formulaire des questions précises sur l'existence de dispositif de conduite automatisée ainsi que sur le degré d'autonomie du véhicule. Il appartiendra alors aux sociétés d'assurance de déterminer si et dans quelle mesure ces informations devront être prises en compte dans le calcul des primes d'assurance. En fonction du calcul actuariel du risque, les assurés devront s'attendre à des primes qui intègrent à la fois la moindre sinistralité d'une conduite en véhicule autonome et l'absence de données statistiques sur les accidents causés par ce type de véhicule.

N. Bonnardel, 'Les risques générés par les véhicules autonomes', *Resp. civ. assur.*, 2023, dossier 4.

85 Art. R. 211-7 C. assur. (« sans limitation de somme »).

Étant donné que l'assureur automobile est appelé à supporter le poids financier d'un sinistre, il est indispensable qu'il en soit averti le plus rapidement possible pour pouvoir défendre ses intérêts. Aussi, en vertu de l'article L. 113-2 al. 1er, 4° du Code des assurances, l'assuré est-il « obligé […] de donner avis à l'assureur, dès qu'il en a eu connaissance et au plus tard dans le délai fixé par le contrat, de tout sinistre de nature à entraîner la garantie de l'assureur ». À cet égard, l'accident impliquant une voiture autonome est un sinistre comme les autres et doit donc être signalé par l'assuré dans un bref délai qui est généralement de cinq jours, minimum légal[86].

La police d'assurance peut assortir cette obligation de déclarer le sinistre d'une obligation de transmission des pièces d'origine conventionnelle. Celle-ci engage l'assuré à communiquer tous les documents qui permettent à l'assureur de connaître les circonstances du sinistre[87]. C'est sur ce point que les accidents d'une voiture autonome soulèvent des interrogations spécifiques. L'assureur automobile aurait en effet tout intérêt à stipuler dans les conditions générales une obligation pour l'assuré de transmettre l'ensemble des données enregistrées par le système informatique du véhicule, ce qui ne va pas sans poser problème.

Pour l'instant, la loi n'envisage l'obligation de transmission des pièces que pour en prévoir la sanction en cas de retard d'exécution[88]. Aucun texte n'encadre cependant l'étendue de cette obligation, ni n'établit de lien avec les règles relatives à la protection des données personnelles. Il nous semble important que la réglementation des véhicules autonomes aborde, dans son volet consacré à la protection des données, la question de la transmission des données entre le propriétaire du véhicule et son assureur[89].

3.2 *La couverture assurantielle des fabricants de la voiture autonome*

Comme nous l'avons vu précédemment, le contentieux des accidents impliquant des véhicules autonomes est susceptible d'opérer un glissement des responsabilités vers la personne du fabricant. Celui-ci sera notamment tenu

86 Art. 113-2 al. 1er, 4° C. assur. (« Ce délai ne peut être inférieur à cinq jours ouvrés. »).

87 Sur l'obligation de transmission des pièces, v. *Le Lamy Assurances*, Lamy, Paris 2021, n° 749.

88 Art. L. 113-11 C. assur. (« Sont nulles : […] 2° Toutes clauses frappant de déchéance l'assuré à raison de simple retard apporté par lui à la déclaration du sinistre aux autorités ou à des productions de pièces, sans préjudice du droit pour l'assureur de réclamer une indemnité proportionnée au dommage que ce retard lui a causé […] » ; c'est nous qui soulignons).

89 Pour l'heure, la réglementation ne prévoit pas dans quelles circonstances un tiers peut avoir accès aux données du « dispositif d'enregistrement » dont doivent être équipées les voitures autonomes.

de réparer le dommage causé, dès lors que le véhicule a présenté un défaut de sécurité lors de sa commercialisation. Si la procédure d'indemnisation instituée par la loi du 5 juillet 1985, très favorable aux victimes, relègue au second plan la responsabilité du fabricant, celle-ci ressurgit au stade du recours subrogatoire exercé par l'assureur automobile ayant pris en charge l'accident.

Résultant des textes législatifs du Code civil et du Code des assurances ou d'un accord entre assureur et assuré, la subrogation de l'assureur dans les droits de la personne qu'il a indemnisée ouvre droit, en effet, à un recours contre le fabricant et, le cas échéant, contre son assureur de responsabilité civile. L'existence d'une couverture assurantielle est ainsi pour l'assureur automobile une garantie importante pour le recouvrement de la créance d'indemnisation dont il est investi après le règlement du sinistre.

La responsabilité civile engagée sur le fondement du défaut de sécurité d'un produit relève de la catégorie des assurances de responsabilité civile des entreprises et, plus précisément, de la garantie « RC produits livrés » (également appelée « RC après livraison ») dont l'objet est de prendre en charge les sinistres survenus après la livraison d'un produit fabriqué par l'entreprise[90]. Dans la pratique française, cette garantie est quasi-systématiquement proposée avec les garanties « RC exploitation »[91]. S'agissant d'une assurance facultative relevant très largement du droit commun des contrats d'assurance et de la liberté contractuelle, il n'est ainsi pas garanti qu'un assureur automobile puisse toujours se retourner contre un autre assureur afin d'obtenir remboursement de tout ou partie des sommes versées aux victimes de l'accident. En particulier, l'existence de clauses d'exclusion, de plafonds de garantie et de franchises spécifiques peuvent laisser à la charge du fabricant une part non négligeable du coût de l'indemnisation, laquelle peut dépasser les capacités financières propres du fabricant.

Compte tenu de cette réalité, il appartiendra au législateur de prendre position sur la pertinence d'une obligation d'assurance en la matière afin de garantir le recouvrement par l'assureur automobile de sa créance contre le fabricant. Il s'agira en particulier de savoir dans quelle mesure la coexistence de la responsabilité du conducteur/gardien au titre de la loi du 5 juillet 1985 et du fabricant automobile au titre de la responsabilité du fait des produits défectueux

90 A. Astegiano-La Rizza, *Risques de responsabilité et assurances des entreprises*, 7e éd., L'Argus de l'assurance, Antony 2021, p. 363 et s.

91 *Le Lamy Assurances*, Lamy, 2021, n° 2055 (« En pratique, l'assurance responsabilité civile exploitation ne se rencontre généralement plus à l'état isolé. Les contrats des entreprises industrielles comprennent en effet des garanties responsabilité civile exploitation et responsabilité civile produits livrés. »).

conduira à un partage effectif du coût de l'indemnisation, surtout si l'on reconnaît une certaine spécificité aux accidents causés par le dysfonctionnement d'un dispositif de conduite autonome.

L'importance de cette question ne doit pas être sous-estimée, et ce pour au moins deux raisons. D'une part, l'ampleur des sinistres est difficile à anticiper et peut facilement dépasser les prévisions d'un fabricant automobile qui n'aurait pas pris le soin de souscrire une garantie adaptée. D'autre part, la commercialisation de véhicules autonomes fabriqués à l'étranger aura pour effet de confronter les assureurs automobiles français à des entreprises étrangères dont la couverture d'assurance peut être très insuffisante, voire inexistante.

En définitive, le droit des assurances ne se trouvera pas bouleversé par l'apparition de véhicules hautement autonomes. La réglementation actuelle de l'assurance automobile et, plus largement, des assurances de responsabilité civile permettra une adaptation progressive des pratiques contractuelles et contentieuses. Tout au plus, le législateur français devra-t-il s'atteler à la question de l'accès par les sociétés d'assurances aux informations enregistrées par le système informatique. Susceptibles de faciliter la gestion des sinistres et le calcul des primes d'assurance, ces informations n'en doivent pas moins relever d'un dispositif légal de protection des données.

Civil Liability for Autonomous Vehicles in Germany

*Martin Ebers**

1 Introduction[1]

1.1 *The Digital Ecosystem of Autonomous Vehicles*

While in conventional vehicles, for technical and legal reasons, a human must maintain control while driving; in the case of autonomous, self-driving vehicles,[2] the system replaces the human driver. In the future, autonomous vehicles will be able to determine the entire driving operation without any human intervention – by recognising and interpreting the traffic situation in order to make and implement the right decisions.

To achieve this, car manufacturers are using systems based on artificial intelligence (AI), in particular machine learning, which is able to act efficiently even in complex situations that cannot be predicted ex ante in detail.[3] In addition, autonomous vehicles will most likely be embedded in a digital ecosystem[4] based on three essential components: in-car technologies, centralised back-end processes, and decentralised communication technologies where

* *Martin Ebers* is Associate Professor of IT Law at University of Tartu (Estonia) and President of RAILS (Robotics & AI Law Society). E-Mail: ebers@ai-laws.org.

1 This chapter was originally published in M. Schmidt-Kessel (ed.), German National Reports on the 21st International Congress of Comparative Law, Mohr Siebeck, Tubingen 2022, pp. 157–203.

2 For the different levels of automation, see the levels proposed by SAE International (Society of Automotive Engineers), https://www.sae.org/standards/content/j3016_202104/ (last accessed 10.01.2022); German legislation in the Road Traffic Act is also guided by these SAE levels, cf. below, section 2.

3 D.M. Stavens, *Learning to Drive. Perception for Autonomous Cars*, Stanford University 2011; M. Harris, 'State of Automation: Autonomous vehicle license applications show California's robocar dominance' (2015) 9 *IEEE Spectrum* 18; Y. Tian. P. Luo, X. Wang and X. Tang, 'Pedestrian detection aided by deep learning semantic tasks' in *Proceedings of the IEEE Conference on Computer Vision and Pattern Recognition*, 2015, pp. 5079–87; J. Langenwalter, 'Künstliche Intelligenz im autonomen Fahren: Entwicklungsplattform für selbstfahrende Autos' (2016) 3 *Automobil Elektronik*, 30–37.

4 Ethics Commission on Automated and Connected Driving, appointed by the Federal Minister of Transport and Digital Infrastructure, *Automated and Connected Driving.* Report, June 2017, p. 23, https://www.bmvi.de/SharedDocs/EN/publications/report-ethics-commission.pdf?__blob=publicationFile (last accessed 10.01.2022).

 | DOI:10.1163/9789004711891_007

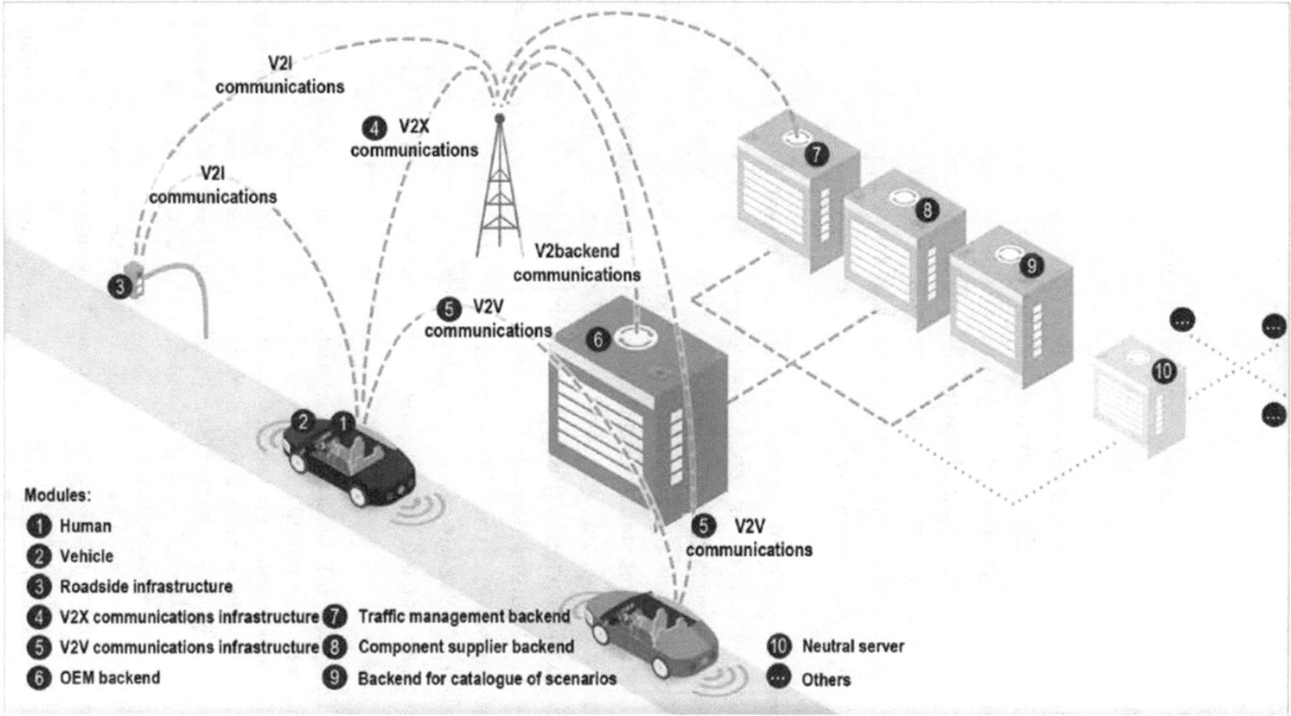

FIGURE 1 The digital ecosystem of autonomous vehicles
SOURCES: ETHICS COMMISSION ON AUTOMATED AND CONNECTED DRIVING, *AUTOMATED AND CONNECTED DRIVING.* REPORT JUNE 2017, P. 27, HTTPS://WWW.BMVI.DE/SHAREDDOCS/EN/PUBLICATIONS/REPORT-ETHICS-COMMISSION.PDF?__BLOB=PUBLICATIONFILE (LAST ACCESSED 10.01.2022)

data is exchanged either amongst different vehicles or between vehicles and infrastructure (cf. figure 1).[5]

If an autonomous vehicle causes an accident, this may be due to a variety of reasons. For instance, the in-car technology may itself malfunction owing to faulty sensors, disturbed signal transmission or incorrect receipt and processing of data by the software of the vehicle. Moreover, it is also possible that the central back-end processes may be responsible for the accident. Back-ends provide autonomous vehicles with additional data, such as information about road and weather conditions or recent accidents. The receipt of incorrect back-end data (e.g. outdated maps or incorrect weather or traffic jam data) thus, represents another source of error. In addition thereto, autonomous vehicles also communicate directly, i.e. without a connection via a back-end, either with other vehicles (vehicle to vehicle; V2V) or with the road traffic infrastructure (vehicle to infrastructure; V2I). Both the data exchanges between vehicles (e.g. to control cooperative driving manoeuvres) and communication with infrastructure components, such as traffic lights and traffic signs, can lead to malfunctions in the operation of the autonomous vehicle.

1.2 *Current State of Technology for Autonomous Driving in Germany*

The production of autonomous vehicles is often associated with the name 'Tesla', so it may come as a surprise that the US company is poorly placed at the lowest (18th place) in a ranking compiled by the market research institute, Guidehouse Insights[6] on automated driving vehicles. With Volkswagen (7th place) and Daimler/Bosch (10th place), on the other hand, two German car manufacturers are listed in the top ten in this ranking. Daimler, which cooperates with Bosch in the field of autonomous driving, recently achieved a major breakthrough towards autonomous mobility with the world's first series approval for driving at SAE level 3.[7] As early as the first half of 2022, the new S-Class can be equipped with an automated lane keeping system (ALKS), which at Mercedes

5 Cf. on this and the following K. Lemmer, *Neue autoMobilität. Automatisierter Straßenverkehr der Zukunft* (*acatech* STUDIE), 2016, p. 51, https://www.acatech.de/publikation/neue-automobilitaet-automatisierter-strassenverkehr-der-zukunft/; Fraunhofer, *Hochautomatisiertes Fahren auf Autobahnen – Industriepolitische Schlussfolgerungen*, Dienstleistungsprojekt 15/14, study commissioned by Bundesministerium für Wirtschaft und Energie (BMWi), 18.11.2015, p. 69, https://www.bmwi.de/Redaktion/DE/Downloads/H/hochautomatisiertes-fahren-auf-autobahnen.html (last accessed 10.1.2022).

6 'Guidehouse Insights Leaderboard: Automated Driving Vehicles', https://guidehouseinsights.com/reports/guidehouse-insights-leaderboard-automated-driving-vehicles (last accessed 10.01.2022).

7 S. Leichsenring, 'Autonomes Fahren: Level-3-System für EQS und S-Klasse genehmigt', https://insideevs.de/news/553420/autonomes-fahren-level3-genehmigung-mercedes/ (last accessed 10.1.2022).

is called Drive Pilot. The system enables the vehicle to drive in a highly automated manner at speeds of up to 60 km/h in slow-moving traffic or traffic jams on German motorways. With Drive Pilot active, the driver can turn away from traffic and surf the internet, write emails or watch a movie. However, the driver must be ready to get back behind the wheel again, at any time, after a warning. If he does not, the car is automatically braked to a stop.

The message to the competition is clear – German car manufacturers are also striving for a technological lead in the field of automated and autonomous driving.

1.3 *Legal Challenges*

Whether fully autonomous vehicles can be brought onto the market depends not only on advances in information technology, but also on the framework of liabilities in law. The advent of autonomous vehicles poses major challenges for traditional liability law. First and foremost, there is the question of whether accident victims will be compensated to the same extent as is currently the case for an accident in non-autonomous road traffic. In particular, the specific characteristics of many AI technologies – including opacity ('black box effect'), complexity, unpredictability, and partially autonomous behaviour,[8] as well as interconnectivity ('many hands problem')[9] – could make compensation under the current laws and rules much more difficult.

In addition, it is currently unclear who will actually be liable in the event of an accident caused by an autonomous vehicle. Since most accidents are currently caused by driving errors,[10] it is generally the driver or the vehicle keeper and his or her insurance company who are obliged to pay. However, this situation could change. As the autonomous vehicle replaces the human driver, it is possible that in the future, it is primarily the car manufacturer who would be

8 Cf. European Commission White Paper on Artificial Intelligence (COM (2020) 65 final), p. 12, https://ec.europa.eu/info/sites/default/files/commission-white-paper-artificial-intelligence-feb2020_en.pdf (last accessed 10.01.2022).

9 K. Yeung, 'A study of the implications of advanced digital technologies (including AI systems) for the concept of responsibility within a human rights framework' (2018) *Council of Europe – Expert Committee on human rights dimensions of automated data processing and different forms of artificial intelligence* (*MSI-AUT*), 11.

10 Human error was by far the most frequent cause of accidents registered by the police in Germany in 2020: 88.5 % of accidents involving personal injury were due to the driver error and 2.9 % were due to the pedestrian error, while 7.5 % were due to the general causes of accidents (e.g. road conditions, weather conditions). Technical defects and maintenance defects, on the other hand, accounted for only 1 % of the accidents, cf. Statistisches Bundesamt, *Verkehrsunfälle 2020*, Fachserie 8, Reihe 7, p. 49, https://www.statistischebibliothek.de/mir/servlets/MCRFileNodeServlet/DEHeft_derivate_00063182/2080700207004_akt01112021.pdf (last accessed 10.01.2022).

deemed liable. At the end of the day, most decisions the autonomous car takes in a specific situation, are determined by the intelligent machine and not by the driver. Accordingly, some German legal scholars assume that there will be a shift in the liability to the detriment of manufacturers.[11] However, this conclusion is not compelling. Indeed, as will be outlined in the following sections,[12] product and producer's liability could prove largely ineffective for injured parties, mainly because it will be difficult for them to prove the defectiveness of autonomous cars as well as the causal relationship between the defect and the damage.[13]

1.4 *Overview*

The remainder of this paper deals with civil liability for autonomous driving under German law. To this end, the following section provides an overview of the current legal framework (2.), followed by an analysis of the liability of drivers (3.), technical supervisors (4.), vehicle keepers (5.), manufacturers (6.) and IT service providers (7.). Another section deals with the question of how autonomous vehicles would be integrated into the insurance system (8.), whereas the last section draws some final conclusions (9.).

In an appendix to this paper, the reader can find an English translation of the most important provisions of the German Road Traffic Act, which the legislator enacted in 2017 for motor vehicles with highly or fully automated driving function and in 2021 for motor vehicles with autonomous driving function in defined operating areas.

2 Political Debate and Applicable Law

Both the federal government of the last and the current legislative period agree with the German automotive industry that Germany should take a leading

11 T.M. Gasser, 'Recht und Haftung' in M. Maurer, J.C. Gerdes, B. Lenz and H. Winter (eds.), Autonomes Fahren, Springer, Berlin/Heidelberg 2015, pp. 543, 553 f.; L. Lutz, 'Autonome Fahrzeuge als rechtliche Herausforderung' (2015) 3 *Neue Juristische Wochenschrift* 119, 121; C. Gomille, 'Herstellerhaftung für automatisierte Fahrzeuge' (2016) 2 *JuristenZeitung* 76, 81; different opinion T. Hey, *Die außervertragliche Haftung des Herstellers autonomer Fahrzeuge bei Unfällen im Straßenverkehr*, Springer, Berlin/Heidelberg 2019, p. 139.

12 Cf. section 6.6.

13 Cf. M. Ebers, 'Produkt- und Produzentenhaftung' in B. Oppermann and J. Stender-Vorwachs (eds.), *Autonomes Fahren*, C. H. Beck, Munich 2017, pp. 93–125; G. Wagner, 'Verantwortlichkeit im Zeichen digitaler Techniken' (2020) 12 *Versicherungsrecht* 717, 729; see also Enquete-Kommission Künstliche Intelligenz, *Gesellschaftliche Verantwortung und wirtschaftliche, soziale und ökologische Potenziale*, BT-Drs. 19/23700, 28.10.2020, p. 76.

role in the field of autonomous driving.[14] In order to establish Germany as an innovation hub, a wide range of measures and projects have been initiated in recent years, which are illustrated in the following sections.[15]

2.1 *Political Debate*

The genesis of a political involvement in automated and autonomous driving in Germany was marked by the Round Table on Automated Driving (*Runder Tisch Automatisiertes Fahren*), which was convened by the Federal Ministry of Transport and Digital Infrastructure in 2013. Various stakeholders from the sciences, industry and politics exchanged ideas in this committee and performed the groundwork for the strategy paper 'Strategie automatisiertes und vernetztes Fahren – Leitanbieter bleiben, Leitmarkt werden, Regelbetrieb einleiten'[16] which was later adopted by the Federal Government of Germany in 2015.

In 2016, the Federal Ministry of Transport and Digital Infrastructure also set up the Ethics Commission on Automated and Connected Driving, which presented its ethical guidelines[17] in June 2017. These ethical guidelines were taken into consideration in the formulation of the Act on Autonomous Driving 2021, which shall be explained below in more detail.[18]

Like ordinary vehicles, autonomous vehicles must also venture beyond the national borders and in order to achieve this, the Federal Government has participated in various international working groups on autonomous driving vehicles in the past. Participation in the working groups of the United Nations Economic Commission for Europe (UN-ECE) plays a key role here. While the Working Party on Road Traffic Safety (WP.1) is concerned with creating international standards and regulations in the field of road traffic safety; the World

14 Bundesministerium für Verkehr und digitale Infrastruktur (BMVI), https://www.bmvi.de/SharedDocs/DE/Artikel/DG/gesetz-zum-autonomen-fahren.html (last accessed 10.1.2022); SPD, BÜNDNIS 90/DIE GRÜNEN and FDP, *Coalition Agreement*, p. 27, https://www.spd.de/fileadmin/Dokumente/Koalitionsvertrag/Koalitionsvertrag_2021–2025.pdf (last accessed 10.1.2022).

15 Cf. on this and the following A. Krüger and A. Zielonka, 'Autonomes Fahren aus politischer Perspektive' in M. Hermann and M. Knauff (eds.), *Autonomes Fahren. Ethische, rechtliche und politische Perspektiven*, Nomos, Baden-Baden 2021, pp. 27–43.

16 Bundesregierung, *Strategie automatisiertes und vernetztes Fahren*, https://www.bmvi.de/SharedDocs/DE/Publikationen/DG/broschuere-strategie-automatisiertes-vernetztes-fahren.pdf?__blob=publicationFile (last accessed 10.1.2022).

17 Ethics Commission on Automated and Connected Driving, appointed by the Federal Minister of Transport and Digital Infrastructure, *Automated and Connected Driving*. Report June 2017, https://www.bmvi.de/SharedDocs/EN/publications/report-ethics-commission.pdf (last accessed 10.1.2022).

18 Act on Autonomous driving of 12.07.2021, BGBl. 2021 I, p. 3108; cf. on this section 2.3.

Forum for the harmonisation of vehicle regulations (WP.29) aims at technical harmonisation. Based on a German initiative in WP.29, UN Regulation 157 on the Automated Lane Keeping System (ALKS) came into force at the beginning of 2021, which enables automated vehicle systems to take over longitudinal and lateral guidance on motorways up to a speed of 60 km/h.[19] This regulation forms the basis for the aforementioned world's first series approval for automated driving at SAE level 3.

2.2 *Applicable Law*

Under German law, various liability regimes compete with each other in the case of accidents with (autonomous) motor vehicles. The general rules on civil liability are laid down in the German Civil Code (*Bürgerliches Gesetzbuch*). The most important provision in the area of tort law is section 823(1) Civil Code, which generally requires fault on the part of the tortfeasor. Additionally, the Road Traffic Act (*Straßenverkehrsgesetz*) provides for a strict liability of vehicle keepers (section 7) and for a presumed liability of drivers (section 18). Whereas, the Product Liability Act (*Produkthaftungsgesetz*) regulates producer's liability based on no-fault liability.[20] The special regulations do not supersede the general ones; there is a free competition of claims.

Tort liability under the Civil Code and under the Road Traffic Act are solely of national origin. Liability under the Product Liability Act, on the other hand, is based on the fully harmonising EU Product Liability Directive 85/374/EEC. German courts must therefore interpret the Product Liability Act in the light of the wording and the purpose of the Directive[21] and may not deviate from it within the scope of application of the Directive – not even in favour of the injured party.[22]

2.3 *Recent Reforms of the Road Traffic Act*

In recent years, Germany amended its Road Traffic Act, to integrate specific provisions relating to automated and autonomous driving.

In 2017, Germany first introduced regulations for the so-called 'highly and fully automated vehicles', i.e. for vehicles of SAE level 3.[23] However, due to the

19 See L. Lutz, 'Neue Vorschriften für das automatisierte und autonome Fahren – ein Überblick' (2021) 4 *Deutsches Autorecht* 182, 183.

20 Cf. section 6.1.

21 Case C-203/99, *Henning Veedfald v. Arhus Amtskommune*, ECLI:EU:C:2001:258, para. 27.

22 On the fully harmonising effect of the Product Liability Directive, see Case C-183/00, *González Sánchez v. Medicina Asturiana*, ECLI:EU:C:2002:255.

23 8th Act Amending the Road Traffic Act of 16.07.2017, BGBl. 2017 I, pp. 1648 ff. Regulated in section 1a–c. Road Traffic Act; on the criticism of the German terminology which falsely suggests a SAE Level 4 regulation cf. H. Steege, 'Gesetzesentwurf zum autonomen Fahren (Level 4)' (2021) 4 *Straßenverkehrsrecht* 128, 130; S. Kleemann and C. Arzt, 'Das Gesetz zum „autonomen" Fahren in Deutschland' (2021) 2 *Recht Automobil Wirtschaft* 99, 100.

lack of European and international regulations on the technical type approval, it took until December 2021 for the first vehicle model to receive such approval[24] and until May 2022 before the first car manufacturer was able to offer driving on SAE-Level 3 as an optional extra for series-production vehicles.[25]

Subsequently, in 2021, Germany amended the Road Traffic Act again, by means of the Autonomous Driving Act,[26] to create a legal framework for autonomous, driverless systems in defined operating areas, i.e. for vehicles of SAE level 4.[27]

Changes to the legal framework for autonomous driving can also be expected in the future. In their coalition agreement, the new government which took office in December 2021 stated that the law on autonomous driving should be improved by clarifying liability issues and ensuring the data sovereignty of users.[28]

3 Liability of the Driver

As already mentioned, most road accidents currently occur due to human errors caused by the drivers.[29] In the case of accidents with conventional vehicles, injured parties therefore regularly have claims for damages against the driver of the vehicle. These can be based on both section 18(1)(1) Road Traffic Act and section 823(1) Civil Code. While the fault of the driver is presumed in the case of special liability under section 18(1)(1) Road Traffic Act, the injured party must prove the fault of the driver for a claim under section 823(1) Civil Code.

The more the driving activities are automated, the less influence the driver exerts on the happenings on road. With fully autonomous driving, there will eventually no longer be a driver at all, but only a person using or operating the autonomous vehicle. Accordingly, the following sections will bring to light as to how this loss of control will affect the driver's liability.

---

24 Cf. section 1.2. For the reasons, cf. Lutz, DAR 2021, 182.

25 Cf. https://www.automobil-industrie.vogel.de/mercedes-bietet-drive-pilot-fuer-s-klasse-und- eqs-an-a-1115962/.

26 Act amending the Road Traffic Act and the Compulsory Insurance Act – Act on Autonomous Driving, BGBl. 2021 I, pp. 3108 ff. Regulated in section 1d–l Road Traffic Act; for the classification as level 4, cf. Bundesregierung, *Draft of an Act to amend the Road Traffic Act and the Compulsory Insurance Act – Act on Autonomous Driving*, BT-Drs. 19/27439, 09.03.2021, pp.15 f.

27 The German government is of the opinion that the approval of autonomous vehicles is only a matter of national law, since EU Regulation 2018/858 does not contain any approval procedure for autonomous vehicles, cf. Bundesregierung, *Act on Autonomous Driving*, BT-Drs. 19/27439, 09.03.2021, p. 17.

28 SPD, BÜNDNIS 90/DIE GRÜNEN and FDP, *Koalitionsvertrag*, p. 52 https://www.spd.de/fileadmin/Dokumente/Koalitionsvertrag/Koalitionsvertrag_2021-2025.pdf (last accessed 10.1.2022).

29 88.5 % of accidents registered by the police in Germany in 2020 involving personal injury were due to the driver error, cf. section 1.3.

3.1 *Liability for Presumed Fault under the Road Traffic Act*

According to section 18(1) Road Traffic Act, the driver is liable for damages caused by the vehicle, unless there is proof that the damage was not caused by him or her. However, such liability for presumed fault only comes into play if the vehicle is used by the driver.

Section 1a(4) Road Traffic Act states that the person using a highly or fully automated vehicle, i.e. of SAE level 3, remains still the driver of the vehicle. According to section 1b Road Traffic Act, the driver may turn away from the traffic situation and the control of the vehicle while driving, but must remain aware of the situation in such a way that he/she can immediately take control of the vehicle again – either because the system prompts him or her to do so, or because he/she recognises or must recognise, on the basis of obvious circumstances that the prerequisites for the intended use no longer exist.[30] If the driver cannot prove that he/she has complied with these obligations, his/her fault is presumed and he/she is liable for damages to the injured party according to section 18(1)(1) Road Traffic Act.

The Autonomous Driving Act 2021, which legalised the use of vehicles with autonomous driving function within a defined operating area (SAE level 4), on the other hand, removes the user from any special duties. However, since Art. 8(5bis) Vienna Convention on Road Traffic[31] states that autonomous motor vehicles are only permitted if there is at least a possibility of deactivation by a person – whether inside or outside the vehicle – Germany introduced by its new law, the new role of a 'technical supervisor' who is entrusted, inter alia, to deactivate (instead of the driver) the system.[32]

Drivers can, therefore, only be held liable for damage under the Road Traffic Act if they are driving a vehicle of SAE levels 0-3. From SAE level 4 onwards, there is no longer a person *driving* the vehicle. Therefore, the user of the vehicle cannot be held liable under section 18(1)(1) Road Traffic Act.[33]

---

30 For further information on the driver's obligations under section 1b Road Traffic Act, see P. Buck-Heeb and A. Dieckmann, 'Die Fahrerhaftung nach § 18 I StVG bei (teil-)automatisiertem Fahren' (2019) 3 *Neue Zeitschrift für Verkehrsrecht* 113.

31 Vienna Convention on Road Traffic 1968, BGBl. 1977 II, p. 809, 811, last amended by agreement of 24.03.2014, BGBl. 2016 II, p. 1306.

32 Cf. Bundesregierung, *Act on Autonomous Driving*, BT-Drs. 19/27439, 09.03.2021, pp. 16 f., 23; on the liability of the 'technical supervisor' cf. section 4.

33 F. Hofmann, 'Der Einfluss von Digitalisierung und künstlicher Intelligenz auf das Haftungsrecht' (2020) 4 *Computer und Recht* 282, 286; P. Schrader, 'Derzeitige perspektiven für ein Haftungsgefüge bei der Fahrzeugautomatisierung' in M. Hermann and M. Knauff (eds.), *Autonomes Fahren. Ethische, rechtliche und politische Perspektiven*, Nomos, Baden-Baden 2021, p. 57, 72; also Bundesregierung, *Act on Autonomous Driving*, BT-Drs. 19/27439, 09.03.2021, p. 20: 'In contrast to conventional motor vehicles and those with automated driving systems up to SAE level 3, motor vehicles with an autonomous driving

3.2 *Tort Liability under Section 823(1) Civil Code*

Unlike section 18(1)(1) Road Traffic Act, liability under section 823(1) Civil Code does not require a 'vehicle driver'. Therefore, it is possible that the users of an autonomous vehicle of SAE levels 4 and 5 or insofar as the autonomous driving function is permitted outside of the previously defined operating areas – are liable under the general rules on civil liability.

However, the higher the degree of automation of a vehicle, the less reasonable it seems to hold the user responsible for damages caused by 'the use of the system'. The 'behaviour' of a fully autonomous vehicle is typically neither predictable nor controllable for the user.[34] The German legislator has also recognised this; accordingly, when it comes to autonomous vehicles, section 1f Road Traffic Act imposes obligations solely on the vehicle keeper, the 'technical supervisor' and the producer. Hopefully, German courts will recognise the clear intent of the legislator not to impose excessive monitoring and operating obligations on the user of autonomous vehicles in the context of tort liability under section 823(1) Civil Code. As provided for in section 1f Road Traffic Act, the technical supervisor, the vehicle keeper or the producer should be responsible for checking the roadworthiness and system safety, and not the uninformed vehicle occupant – especially since at SAE levels 4 and 5, the vehicle can also be on the road without any occupants at all.

In conclusion, it is safe to state that in autonomous vehicles at SAE level 4, there is no driver, but only a user, who is exempt from liability under German law.

4 Liability of the Technical Supervisor

With the Autonomous Driving Act 2021, the German legislator has created the legal basis for operating autonomous vehicles within the previously defined traffic areas. In the course of this new regulation, a new actor in traffic law was introduced, namely, the 'technical supervisor'.

---

function within the meaning of this Act no longer have a person driving the vehicle when operating the autonomous driving function.'

34 P. Schrader, 'Haftungsrechtlicher Begriff des Fahrzeugführers bei zunehmender Automatisierung von Kraftfahrzeugen' (2015) 49 *Neue Juristische Wochenschrift* 3537, 3541; G. Borges, 'Haftung für selbstfahrende Autos' (2016) 4 *Computer und Recht* 272, 273; in more general terms on the unpredictability of autonomous behaviour cf. R. Schaub, 'Interaktion von Mensch und Maschine' (2017) 7 *JuristenZeitung* 342–49; G. Spindler, 'User Liability and Strict Liability in the Internet of Things and for Robots' in S. Lohsse, R. Schulze and D. Staudenmayer (eds.), *Liability for Artificial Intelligence and the Internet of Things*, Nomos, Baden-Baden 2019, pp. 125, 126 f.; G. Wagner, 'Verantwortlichkeit im Zeichen digitaler Techniken' (2020) 12 *Versicherungsrecht* 717, 724.

4.1 *Introduction by the Autonomous Driving Act 2021*

According to the legal definition in section 1d(3) Road Traffic Act, the technical supervisor is a natural person[35] who can deactivate the motor vehicle during its autonomous operation and approve an alternative driving manoeuvre. The tasks of the technical supervisor are listed in section 1f(2) Road Traffic Act. The duties as well as requirements for the technical qualification are specified in accordance with section 1j(1)(4) Road Traffic Act by a regulation of the Federal Ministry of Transport and Digital Infrastructure (*Bundesministerium für Verkehr und digitale Infrastruktur,* BMVI).[36] From this regulation, as already indicated in the explanatory memorandum, it follows that the technical supervisor is not obliged to constantly monitor the autonomous vehicle.[37] Rather, the task of a supervisor is to perceive emergency messages from the autonomous vehicle system and to decide whether the vehicle should be deactivated or an alternative driving manoeuvre be initiated.

The statutory interpretation and the explanatory memorandum indicate that the introduction of the technical supervisor is based on the requirements of the Vienna Convention on Road Traffic. In its Art. 8(5) and Art. 13(1), the Convention stipulates that a vehicle must be controlled by a driver. However, according to Art. $8(5^{bis})$ of the Vienna Convention on Road Traffic, vehicles with automated or autonomous vehicle functions are considered compatible with the controllability requirement if the vehicle either complies with UN-ECE regulations or if the vehicle system can be overridden or switched off by the driver. Since corresponding UN-ECE regulations do not (yet) exist, the German legislator has chosen to ensure compatibility with the Vienna Convention by entrusting overdrive and switch-off functions to technical supervisors.

The non-obligatory presence of the technical supervisor inside the vehicle[38] raises the pertinent question of whether the Autonomous Driving Act 2021 is compatible with the Vienna Convention. After all, the Vienna Convention entrusts the deactivation or overriding to a 'driver' who, according to the common understanding of the statutory text and the general scheme of the

35 Thus, no institution or entity may be entrusted with the tasks of technical supervision, Bundesregierung, *Act on Autonomous Driving*, BT-Drs. 19/27439, 09.03.2021, p. 20.

36 Verordnung zur Regelung des Betriebs von Kraftfahrzeugen mit automatisierter und autonomer Fahrfunktion und zur Änderung straßenverkehrsrechtlicher Vorschriften, BGBl. 2022 I, 986.

37 Cf. Bundesregierung, *Act on Autonomous Driving*, BT-Drs. 19/27439, 09.03.2021, p. 25; Verordnung zur Regelung des Betriebs von Kraftfahrzeugen mit automatisierter und autonomer Fahrfunktion und zur Änderung straßenverkehrsrechtlicher Vorschriften, BGBl. 2022 I, 986 (993 et seq.).

38 Bundesregierung, *Act on Autonomous Driving*, BT-Drs. 19/27439, 09.03.2021, p. 17.

Convention, must be in the vehicle.[39] Arguably, in light of the dynamic interpretation of international law and a resolution of the Global Forum for Road Safety (WP.1),[40] one might assume that the person entrusted with supervision does not have to be present in the vehicle.[41] However, the aforementioned resolution neither addresses the specific question of whether the 'driver' within the meaning of Art. 8(5 bis) Vienna Convention on Road Traffic may also be outside the vehicle,[42] nor is the resolution a treaty-related agreement between the contracting parties.[43]

However, the question of compatibility with this international convention loses importance considering that an amendment to the Vienna Convention was initiated in September 2020, which will most likely make autonomous driving systems compatible with the Vienna Convention in 2022.[44]

4.2 *Tort Liability*

Both the opposition parties and the Federal Council, the *Bundesrat*, criticised that the Autonomous Driving Act 2021 did not amend the liability rules.[45] In

39 See in detail S. Gatzke, 'Gesetz zum autonomen Fahren – Ist die externe Überwachung autonomer Fahrsysteme mit dem Wiener Übereinkommen über den Straßenverkehr vereinbar?' (2021) 8 *Neue Zeitschrift für Verkehrsrecht* 402.

40 Global Forum for Road Traffic Safety (WP.1) of the United Nations Economic Commission for Europe, *Resolution on the deployment of highly and fully automated vehicles in road traffic*, 20.09.2018, https://unece.org/DAM/trans/main/wp1/wp1doc/WP1_Resolution_Brochure_EN_web.pdf (last accessed 10.01.2022).

41 Bundesregierung, *Act on Autonomous Driving*, BT-Drs. 19/27439, 09.03.2021, p. 17; P. Schrader, 'Derzeitige perspektiven für ein Haftungsgefüge bei der Fahrzeugautomatisierung' in M. Hermann and M. Knauff (eds.), *Autonomes Fahren: Ethische, rechtliche und politische Perspektiven*, Nomos, Baden-Baden 2021, p. 57, 74; L. Lutz, 'Neue Vorschriften für das automatisierte und autonome Fahren – ein Überblick' (2021) 4 *Deutsches Autorecht* 182, 184.

42 S. Kleemann and C. Arzt, 'Das Gesetz zum „autonomen" Fahren in Deutschland' (2021) 2 *Recht Automobil Wirtschaft* 99, 102.

43 S. Gatzke, 'Gesetz zum autonomen Fahren – Ist die externe Überwachung autonomer Fahrsysteme mit dem Wiener Übereinkommen über den Straßenverkehr vereinbar?' (2021) 8 *Neue Zeitschrift für Verkehrsrecht* 402, 406. The resolution is – as WP.1 itself states – a 'non-binding guidance', cf. Global Forum for Road Traffic Safety (WP.1) of the United Nations Economic Commission for Europe, *Report of the Global Forum for Road Traffic Safety on its 77th session*, 03.10.2018, p. 4, http://www.unece.org.net4all.ch/fileadmin/DAM/trans/doc/ 2018/wp1/ECE-TRANS-WP1-165e.pdf (last accessed 10.01.2022).

44 On this development, see L. Lutz, 'Neue Vorschriften für das automatisierte und autonome Fahren – ein Überblick' (2021) 4 *Deutsches Autorecht* 182, 184.

45 Cf. the motions for resolutions of the FDP parliamentary group and the BÜNDNIS90/DIE GRÜNEN parliamentary group, *Beschlussempfehlung und Bericht des Ausschusses für Verkehr und digitale Infrastruktur zum Entwurf des Gesetzes zum autonomen Fahren*,

fact, the legislator did not include any explicit liability rules for the technical supervisor in the Road Traffic Act. Therefore, the technical supervisor can only be held liable under the general conditions of section 823(1) Civil Code.[46]

In particular, the legislator rejected the proposal of the *Bundesrat*[47] to impose liability for presumed fault on the technical supervisor, similar to the liability of a driver according to section 18(1)(1) Road Traffic Act. The German Government argued that the potential dangers of activities carried out by a technical supervisor differs considerably from that of a conventional vehicle driver, as the technical supervisor can only intervene in the driving situation if he/she has been requested to do so by the vehicle. Even after being requested to do so by the vehicle, the technical supervisor can either only release certain driving manoeuvre that are suggested by the vehicle, or deactivate the vehicle and put it into a risk-minimising condition. These possibilities of intervention are fundamentally different from those of a classic vehicle control, in which the vehicle is exclusively controlled by the driver.[48]

In contrast to the driver's liability according to section 18(1)(1) Road Traffic Act, the fault of the technical supervisor must therefore be proven by the injured party for a claim based on section 823(1) Civil Code. In view of this liability requirement and the fact that liability against the vehicle keeper continues to be strict liability,[49] the injured party will probably only make a claim against the technical supervisor in rare cases.[50]

BT-Drs. 19/29875, pp. 9 ff.; on the criticism of the *Bundesrat* cf. *Stellungnahme des Bundesrates und Gegenäußerung der Bundesregierung zum Entwurf des Gesetzes zum autonomen Fahren*, 01.04.2021, BT-Drs. 19/28178, p. 11.

46 M. Wagner, 'Gesetz zum autonomen Fahren – Streitpunkte im Gesetzgebungsverfahren' (2021) 8 *Straßenverkehrsrecht* 287, 289; T. Haupt, 'Auf dem Weg zum autonomen Fahren: Der Entwurf eines Gesetzes zum autonomen Fahren' (2021) 4 *Neue Zeitschrift für Verkehrsrecht* 172, 176; P. Schrader, 'Derzeitige perspektiven für ein Haftungsgefüge bei der Fahrzeugautomatisierung' in M. Hermann and M. Knauff (eds.), *Autonomes Fahren. Ethische, rechtliche und politische Perspektiven*, Nomos, Baden-Baden 2021, p. 57, 76.

47 Cf. *Stellungnahme des Bundesrates und Gegenäußerung der Bundesregierung zum Entwurf des Gesetzes zum autonomen Fahren*, BT-Drs. 19/28178, 01.04.2021, p. 11. Also considering liability for presumed fault, cf. P. Schrader, 'Derzeitige perspektiven für ein Haftungsgefüge bei der Fahrzeugautomatisierung' in M. Hermann and M. Knauff (eds.), *Autonomes Fahren. Ethische, rechtliche und politische Perspektiven*, Nomos, Baden-Baden 2021, p. 57, 76.

48 *Stellungnahme des Bundesrates und Gegenäußerung der Bundesregierung zum Entwurf des Gesetzes zum autonomen Fahren*, 01.04.2021, BT-Drs. 19/28178, pp. 24 ff.

49 Cf. below, section 5. Of course, it must be taken into account that the liability of the 'technical supervisor' according to section 823(1) Civil Code is unlimited, in contrast to the liability according to the Road Traffic Act, cf. section 12 Road Traffic Act.

50 Also critical regarding the practical relevance of the liability of the technical supervisor is M. Wagner, 'Gesetz zum autonomen Fahren – Streitpunkte im Gesetzgebungsverfahren' (2021) 8 *Straßenverkehrsrecht* 287, 289.

However, a conclusive assessment is only possible with regard to the duties and requirements for the professional qualification of the technical supervisor specified in the regulation of the BMVI. The draft of the BMVI[51] was criticised in particular with regard to the high professional requirements for the technical supervisor.[52] According to the Ministry's draft, the technical supervisor should have a university degree or a degree confirming the technical supervisor as a state-certified technician in an engineering discipline, which is apparently not a justified qualification to handle transport-related responsibilities. In the final version of the regulation, it has now been clarified that, although a person with the aforementioned qualification must in principle be appointed as a technical supervisor, this technical supervisor may, in turn, with the approval of the keeper, make use of other suitable persons. These assistants do not need a specific qualification, but they must have at least three years of professional experience in the field of transport or motor vehicles. In addition, these assistants shall be trained at least once a year by the manufacturer in the use of the autonomous vehicle.[53]

However, the concrete due diligence requirements of the technical supervisor will only emerge during their deployment,[54] as the introduction of the technical supervisor represents a novelty in German road traffic law.

5 Liability of the Vehicle Keeper

Under the current liability system, injured parties can also assert their claims for damages against the vehicle keeper.

---

51 Available at https://ec.europa.eu/growth/tools-databases/tris/index.cfm/de/search/?trisaction=search.detail&year=2021&num=344&mLang=DE (last accessed 10.01.2022).

52 Bitkom, *Stellungnahme – Entwurf der Autonome-Fahrzeuge-Genehmigungs- und-Betriebs-Verordnung* (AFGBV) *des Bundesministeriums für Verkehr und digitale Infrastruktur* (BMVI), 13.09.2021, https://www.bitkom.org/sites/default/files/2021-09/bitkom_ stellungnahme_afgbv.pdf (last accessed 10.1.2022); Verband der Automobil Industrie (VDA), *Stellungnahme zum Gesetz zum autonomen Fahren sowie über eine Verordnung zur Genehmigung und zum Betrieb von Kraftfahrzeugen mit autonomer Fahrfunktion in festgelegten Betriebsbereichen*, February 2021, p. 3, https://en.vda.de/de/services/Publikationen/vda-stellungnahme-zum-gesetzentwurf-zum-autonomen-fahren.html (last accessed 10.1.2022).

53 Verordnung zur Regelung des Betriebs von Kraftfahrzeugen mit automatisierter und autonomer Fahrfunktion und zur Änderung straßenverkehrsrechtlicher Vorschriften, BGBl. 2022 I, 986 (993 et seq.).

54 E. Hilgendorf, 'Straßenverkehrsrecht der Zukunft: Der Entwurf eines Gesetzes zum autonomen Fahren vom 12.02.2021' (2021) 9 *JuristenZeitung* 444, 452.

5.1 *Conditions of Strict Liability*

Section 7(1) Road Traffic Act provides for strict liability of the vehicle keeper. The keeper of a vehicle is liable for property damage and personal injury solely on the basis of the operational risk of his/her motor vehicle – irrespective of his/her fault. The vehicle keeper is the person who may not be the owner of the vehicle but uses the vehicle for his/her own account and exercises the power of disposal over it.[55] The use of autonomous vehicles does not fundamentally change the strict liability of the vehicle keeper. Liability under section 7(1) Road Traffic Act also applies if the vehicle behaves in a manner contrary to traffic regulations due to a system error and causes an accident. Driving while using autonomous driving functions is considered as operating a motor vehicle.[56] In particular, liability is not excluded under section 7(2) Road Traffic Act due to force majeure, since these driving functions cannot be regarded as an event outside the operation of the vehicle caused externally by the forces of nature or the conduct of a third party.[57] Malfunctions of the technical system are also not an 'unavoidable event' in the sense of section 17(3) Road Traffic Act; rather, in the event of a technical malfunction, the operational risk of the motor vehicle is realised.

It can, thus, be stated that the use of autonomous vehicles does not open up any gaps in the vehicle keeper's liability. The low level of predictability and explainability of AI-based systems does not affect keeper's liability, because this liability is designed to be strict.

Widespread legal deliberations on the subject have often raised the question as to whether the strict liability of the keeper as stipulated in section 7(1) Road Traffic Act is still appropriate in the case of autonomous driving.[58] While the keeper can influence the operating risk of a conventional vehicle by selecting the driver, this form of control no longer exists with autonomous driving. This could argue in favour of abolishing the current liability under section 7(1) Road Traffic Act for autonomous driving.

---

55 M. Burmann, '§ 7 StVG' in M. Burmann, R. Heß, K. Hühnermann and J. Jahnke (eds.), *Straßenverkehrsrecht*, 26th edition, C.H. Beck, Munich 2020, para. 5.

56 J. Fleck and A. Thomas, 'Automatisierung im Straßenverkehr: Wohin fahren wir?' (2015) 37 *Neue Juristische Online-Zeitschrift* 1393, 1394.

57 J. Fleck and A. Thomas, 'Automatisierung im Straßenverkehr: Wohin fahren wir?' (2015) 37 *Neue Juristische Online-Zeitschrift* 1393, 1394; M. Jänich, P. Schrader and V. Reck, 'Rechtsprobleme des autonomen Fahrens' (2015) 7 *Neue Zeitschrift für Verkehrsrecht* 313, 315; P. Schrader, 'Haftungsrechtlicher Begriff des Fahrzeugführers bei zunehmender Automatisierung von Kraftfahrzeugen' (2015) 49 *Neue Juristische Wochenschrift* 3537, 3538.

58 G. Borges, 'Warum eine Kausalhaftung für selbstfahrende Autos gesetzlich geregelt werden sollte' (2016) 4 *Computer und Recht* 272, 279 f.; for details of the legal policy discussion cf. C. König, '(Vorerst) Keine Haftungsbefreiung für Halter und Fahrer automatisierter Kraftfahrzeuge' (2017) 7, *Juristische Rundschau* 323, 328 ff.

In the end, however, there are better reasons for retaining the keeper's liability under the Act. On the one hand, the keeper can also decide whether to use the vehicle in the case of autonomous driving. This is also the basis of the current keeper's liability, according to which, the operation of the motor vehicle and the increased dangers associated with it already justify strict liability. On the other hand, with autonomous driving, the keeper claims many advantages associated with the new technology (higher safety in road traffic, lower insurance premiums, comfort, possibly commercial use, etc.). Finally, keeper's liability also seems appropriate from the standpoint of victim protection. Injured parties can turn to the vehicle keeper and the motor vehicle liability insurance behind it to settle their claims quickly. This saves the injured parties from dealing with other, more distant actors involved like manufacturers, who often cannot be clearly identified, especially in the case of autonomous driving, to raise their claims. In this way, the keeper's liability insurance acts as an assurance for the injured party's claims.[59] If the damage is due to a software or hardware error on the part of the manufacturer, the liability insurer can take recourse against the manufacturer.

The German legislator has recognised the advantages of strict keeper's liability also in the case of autonomous driving and has therefore left it untouched in its amendments to the law.

5.2 *New Duties According to the Autonomous Driving Act 2021*

Although the Autonomous Driving Act 2021 did not change the basis of strict liability, it has imposed new obligations on the keeper of an autonomous motor vehicle.

According to section 1f(1) Road Traffic Act, the keeper of an autonomous vehicle is obliged to maintain the road safety and environmental compatibility of the motor vehicle and must take the necessary precautions to this end. In particular, the keeper must maintain the upkeep of the systems required for the autonomous driving function and take precautions so that the traffic regulations not directed at the driving of the vehicle are observed. The requirements and obligations of the keeper are also specified by the regulation of the *BMVI* in accordance with section 1j(1)(4) Road Traffic Act. Section 13 (7) of this regulation obliges the keeper to carry out a 'daily extended departure check'. To this end, the keeper must carry out a test drive, during which all systems must be activated and then checked.

This canon of obligations indicates that the legislator has primarily commercial vehicle keepers in mind in the current phase of autonomous driving,

59 For legal questions regarding the insurance of the keeper and the technical supervisor, cf. section 8.

as the safety and environmental impact assessment can hardly be carried out by private vehicle keepers.[60] In addition, the explanatory memorandum of the Autonomous Driving Act 2021 highlights that the vehicle keeper must also define the permissible traffic area according to section 1d(2) Road Traffic Act.[61]

Particularly, attention should be paid to section 1f(1)(3) Road Traffic Act, according to which the keeper must ensure that the tasks of the technical supervision are fulfilled. In principle, the keeper is free to decide whether he/she fulfils the tasks of technical supervision himself/herself or whether he/she delegates them to another person.[62] However, if the keeper is a legal entity, it must delegate the task, as the technical supervisor must always be a natural person, cf. section 1d(3) Road Traffic Act. According to the explanatory memorandum, in case the tasks of the technical supervisor have been delegated to another person, the keeper should be liable for any fault on the part of the person entrusted.[63]

6 Liability of the Producer

6.1 *Principles of Product and Producer's Liability*

6.1.1 Overview

In Germany, the manufacturer's liability can essentially be based on two legal grounds. On the one hand, the manufacturer is subject to strict liability under the Product Liability Act, which in turn is based on the Product Liability Directive 85/374. On the other hand, the manufacturer is subject to fault-based tort liability according to section 823(1) Civil Code.

Contractual claims against the manufacturer, in contrast, are of little importance in practice, as injured parties generally have no contractual relationship with the manufacturer. The same applies to tort liability under section 823(2) Civil Code which provides for damages on the grounds of breach of statutory duties or a protective law (Verstoß gegen ein Schutzgesetz). Theoretically, it would be conceivable to recognize the provisions of the Road Traffic Act, the Road Traffic Licensing Regulations and the Product Safety Act as statutory

60 S. Kleemann and C. Arzt, 'Das Gesetz zum „autonomen" Fahren in Deutschland' (2021) 2 *Recht Automobil Wirtschaft* 99, 104.

61 Bundesregierung, *Act on Autonomous Driving*, BT-Drs. 19/27439, 09.03.2021, p. 20.

62 Bundesregierung, *Act on Autonomous Driving*, BT-Drs. 19/27439, 09.03.2021, p. 25.

63 Bundesregierung, *Act on Autonomous Driving*, BT-Drs. 19/27439, 09.03.2021, p. 25. While the keeper is always liable towards the injured person regardless of any fault under section 7 Road Traffic Act, a fault is still an important factor to determine – in the case of damages caused by a number of motor vehicles – the vehicle keepers' liability towards one another according to section 17(1) and (3) Road Traffic Act.

duties or protective laws.[64] However, since these laws are already taken into account when determining the safety obligations in the context of fault-based tort liability according to section 823(1) Civil Code,[65] liability according to section 823(2) Civil Code is of no practical relevance.[66]

6.1.2 The Nature of Product and Producer's Liability: Strict or Fault-Based Liability?

While product liability under the Product Liability Act applies irrespective of the manufacturer's fault; fault is a necessary condition for producer's liability under section 823(1) Civil Code. At first glance, product and producer liability are thus based on different liability systems. Therefore, the liability for damages regulated in the Product Liability Act is often referred to as strict liability.[67] However, if one compares this liability with other strict liability regimes, such as the liability of the motor vehicle keeper under section 7(1) Road Traffic Act, it becomes obvious that the same is not a strict liability in true essence.

Although liability under the Product Liability Act is independent of the manufacturer's fault, the Act still requires that a defective product has been placed on the market and that there has been some kind of unlawful conduct. In contrast, producer's liability under section 823(1) Civil Code requires an unlawful, *culpable* (intentional or negligent) breach of protected interests. However, case law has shaped producer's liability into an intensified, tortious liability by developing specific safety obligations and by placing the burden of proof in favor of injured parties.

This is the reason why both liability systems run largely parallel in Germany, at least insofar as design, manufacturing and instruction defects are concerned.[68] The safety expectations relevant under section 3(1) Product

---

64 Cf. T. Schulz, *Verantwortlichkeit bei autonom agierenden Systemen*, Nomos, Baden-Baden 2015, p. 174; G. Borges, 'Warum eine Kausalhaftung für selbstfahrende Autos gesetzlich geregelt werden sollte' (2016) 4 *Computer und Recht* 272, 275.

65 *J. Eichelberger*, '§ 5 Zivilrechtliche Haftung für KI und smarte Robotik' in M. Ebers, C. Heinze, T. Krügel and B. Steinrötter (eds.), *Künstliche Intelligenz und Robotik*, C.H. Beck, Munich 2020, para. 48.

66 G. Spindler, 'Eine kritische Analyse möglicher Haftungsgrundlagen für autonome Steuerungen' (2015) 12 *Computer und Recht* 766, 772; G. Borges, 'Warum eine Kausalhaftung für selbstfahrende Autos gesetzlich geregelt werden sollte' (2016) 4 *Computer und Recht* 272, 275.

67 Cf. the government's explanatory memorandum to the Product Liability Act, BT-Drs. 11/2447, p. 8 and p. 11. See also H.C. Taschner, 'Produkthaftung – Noch einmal: Verschuldenshaftung oder vom Verschulden unabhängige Haftung?' (2012) 3 *Zeitschrift für Europäisches Privatrecht* 560; J. Fleck and A. Thomas, 'Automatisierung im Straßenverkehr: Wohin fahren wir?' (2015) 37 *Neue Juristische Online-Zeitschrift* 1393, 1396.

68 H. Kötz, 'Ist die Produkthaftung eine vom Verschulden unabhängige Haftung?' in B. Pfister and M.R. Will, *Festschrift zum siebzigsten Geburtstag von Werner Lorenz*, Mohr Siebeck,

Liability Act, are in principle, based on the same objective standards as the manufacturer's safety obligations in the context of tort liability pursuant to section 823(1) Civil Code.[69]

6.1.3 Differences between Product and Producer's Liability

Despite these similarities, there are still some differences between product and producer's liability insofar as a breach of product monitoring obligations is concerned, i.e. the obligation to inform product users about defects that only became apparent after the product was placed on the market. Since section 3(1)(c) Product Liability Act refers solely to the time of placing the product on the market, the manufacturer is essentially not subject to any product monitoring obligations.[70] Damages in this respect are therefore only compensable via section 823(1) Civil Code.

There are also differences regarding who is liable. With regard to the producer's liability under section 823(1) Civil Code, the responsibility for the safety of the product lies primarily with the final manufacturer, i.e. the company that controls the design and manufacture of autonomous vehicles. In the automotive industry, these are the so-called, 'Original Equipment Manufacturers' (OEM). However, the manufacturer is only liable for defects that occur within its sphere. In contrast, the manufacturer is not liable for defective components (e.g. software) obtained from suppliers, if he/she can successfully prove that he/she has carefully selected and supervised his/her suppliers and that he/she has also carried out sufficient controls on incoming goods.[71] In these cases, only the supplier can be held liable according to section 823(1) Civil Code.

In contrast, the ambit of liability of responsible persons under the Product Liability Act is much wider.[72] First, the final manufacturer (section 4(1)(1) Product Liability Act) is liable for all defective components regardless of

---

Tübingen 1991, pp. 109, 113 ff.; P. Schlechtriem, 'Dogma und Sachfrage – Überlegungen zum Fehlerbegriff des Produkthaftungsgesetzes' in M. Löwisch, *Festschrift für Fritz Rittner zum 70. Geburtstag*, C.H. Beck, Munich 1991, pp. 545, 547 ff.; G. Wagner in F.J. Säcker, R. Rixecker, H. Oetker and B. Limperg (eds.), *Münchener Kommentar zum Bürgerlichen Gesetzbuch*, 8th ed., C.H. Beck, Munich 2020, ProdHaftG, Einl. para. 19.

69 BGH, NJW 2009, 2952, 2953, para. 12 – *Airbag*; BGH, NJW 2009, 1669 (1670), para. 6 – *Kirschtaler*.

70 R. Wilhelmi, 'ProdHaftG' in B. Grunewald, G. Maier-Reimer and H.P. Westermann (eds.), *Erman BGB-Kommentar*, 16th ed., Otto Schmidt, Köln 2020, Vor § 1 ProdHaftG para. 4 and § 3 ProdHaftG para. 8; F. Graf v. Westphalen in U. Foerste and F. Graf v. Westphalen (eds.), *Produkthaftungshandbuch*, 3rd ed., C.H. Beck, Munich 2012, § 48 para. 8.

71 G. Wagner in F.J. Säcker, R. Rixecker, H. Oetker and B. Limperg (eds.), *Münchener Kommentar zum Bürgerlichen Gesetzbuch*, 8th ed., C.H. Beck, Munich 2020, § 823 para. 926 f

72 G. Wagner in F.J. Säcker, R. Rixecker, H. Oetker and B. Limperg (eds.), *Münchener Kommentar zum Bürgerlichen Gesetzbuch*, 8th ed., C.H. Beck, Munich 2020, § 4 ProdHaftG para. 13.

where the safety defect occurred.[73] Second, the supplier is also liable to the injured party under the Product Liability Act to the extent that the component qualifies as a 'product' within the meaning of section 2 Product Liability Act.[74]

On the other hand, the Product Liability Act limits the manufacturer's liability in many respects: The Product Liability Act only applies if a product causes a person's death, injury to his/her body or damage of his/her health. Property damage only triggers liability under the Product Liability Act if any item of the property, other than the defective product was damaged. Additionally, this other item of property ought to be of a type ordinarily intended for private use or consumption and which was also used by the injured person, mainly for his/her own private use or consumption. In contrast, property damage in the commercial sector falls outside the scope of the Product Liability Act. In addition, there is a maximum amount of compensation for personal injury (section 10 Product Liability Act) as well as self-participation of 500 Euros in the case of damage to property (section 11 Product Liability Act). For such damages, as well as in the event that the specified maximum limits are exceeded, liability must therefore be resorted to under section 823(1) Civil Code.

6.1.4 Results

Despite the differences described above, product and producer's liability have much in common. The liability of the manufacturer can therefore be discussed in the following sections for both liability systems together.

6.2 *Liability for Manufacturing Defects*

A manufacturing defect is present if a product does not meet the requirements which the manufacturer has imposed on himself/herself, i.e. if it fails to meet the safety standard defined for the product series.[75] This will regularly be the case if individual products of a series do not comply with the design defined for this series.[76]

---

73 Cf. M. Fuchs, 'Arbeitsteilung und Haftung' (1994) 11 *JuristenZeitung* 533, 536; O. *Meyer and H. Harland*, 'Haftung für softwarebezogene Fehlfunktionen technischer Geräte am Beispiel von Fahrerassistenzsystemen' (2007) 11 *Computer und Recht* 689, 692.

74 On the frequently discussed question of whether software and data fall under the product term of section 2 ProdHaftG or Art. 2 Product Liability Directive 85/374, cf. M. Ebers, '§ 9.2 Haftung für fehlerhafte Daten beim autonomen Fahren' in L. Specht-Riemenschneider, N. Werry and S. Werry (eds.), *Datenrecht in der Digitalisierung*, Erich Schmidt, Berlin 2019, para. 34 et seq.

75 G. Wagner in F.J. Säcker, R. Rixecker, H. Oetker and B. Limperg (eds.), *Münchener Kommentar zum Bürgerlichen Gesetzbuch*, 8th ed., C.H. Beck, Munich 2020, § 4 ProdHaftG para. 42.

76 B. Goehl in G. Spindler, *beck-online.Großkommentar*, ProdHaftG, C.H. Beck, Munich 15.08.2021, § 3 ProdHaftG para. 70.

In the production of autonomous vehicles, manufacturing defects can arise in particular in the production of the vehicle's hardware, for example in the case of safety-relevant sensors such as radar, camera, lidar, ultrasound or GPS. In case of software, which is particularly important for autonomous vehicles, manufacturing defects can be present in the case of copying errors.[77] However, all in all, such defects do not raise any specific legal problems.

6.3 *Liability for Design Defects*

6.3.1 Overview

A design defect exists if the product, by its very conception, falls below the required safety standard,[78] i.e. if it does not provide the required safety of the level of reasonable expectation, taking all circumstances into account, including the time when the product was put into circulation, cf. section 3(1) Product Liability Act.

The decisive factor is not the individual safety expectation of the injured party, but the objective perspective of an average product user.[79] Manufacturers of autonomous vehicles must therefore take into account all measures that are objectively necessary to avoid damages when designing and planning the product. Such safety measures should be incorporated at the time of placing the product on the market, according to the state-of-the-art technology and which are suitable and sufficient to prevent damage.[80]

In the case of autonomous systems based on machine learning, it is problematic that the manufacturer cannot predict ex ante how the learning system will behave in a specific situation. Especially in the case of the so-called, 'reinforcement learning', the system only learns in its operating environment by exploring available alternative actions on a trial-and-error basis, adjusting its own parameters based on the results obtained. However, since all learning is based on trial-and-error, errors are inevitable operational consequences of any reinforcement learning based autonomous systems.

Can the manufacturer therefore exempt itself from liability by stating that the behaviour of the AI system that caused the damage is not a design defect, but rather a necessary property for learning and adaptive behaviour? Is there perhaps no design defect at all 'at the time of placing it on the market' if the AI

77 Cf. G. Spindler, *Verantwortlichkeiten von IT-Herstellern, Nutzern und Intermediären: Studie im Auftrag des BSI*, Bonn 2007, para. 122; for US law cf. accordingly *Anderson* et al., Autonomous Vehicle Technology: A Guide for Policymakers, Rand, Santa Monica 2016, p. 123.

78 BGH, NJW 2009, 2952, 2953, para. 15 – *Airbag*.

79 BGH, NJW 2009, 1669, 1670, para. 9 – *Kirschtaler*.

80 BGH, NJW 2009, 2952, 2953, para. 16 – *Airbag*.

system only exhibits a certain behaviour much later as a result of the environmental influence?

What is certain is that the AI system must be tested before it is placed on the market and the training must be carried out at regular intervals (automatically) until the risks posed by the system are reduced to an acceptable level. The higher the perceived threat emanating from the system, the greater should be the safety requirements and standards. AI systems that control cars or other machines or that are used in the medical field must therefore meet higher safety standards than, for example, search engines, the improper operation of which may 'merely' lead to an infringement of privacy or copyright. For products with a high-risk coefficient – such as autonomous vehicles – the manufacturer is obliged to carry out cost-intensive control and test procedures until the error rate has fallen below a specified threshold value. The question of how this threshold value must be determined is still open for debate.

6.3.2 Requirements Laid Down in the Autonomous Driving Act 2021

The Autonomous Driving Act 2021 has further specified the design obligations of producers. According to the recently introduced section 1f(3) Road Traffic Act, the manufacturer of an autonomous vehicle must, in particular, carry out a risk assessment for the vehicle over the course of the entire development and operation period. Additionally, the manufacturer must ensure that the electronic and electrical architecture of the vehicle and the infrastructure communicating with it is secured against cyberattacks.

In order to determine the required safety, technical standards are of particular importance. According to the newly introduced section 1e(2) Road Traffic Act, motor vehicles with an autonomous driving function must be able to carry out the driving task independently within the respectively defined operating range, without the need for a driver to intervene or the technical supervisor to continuously monitor the motor vehicle's journey. Moreover, the autonomous vehicle must comply with traffic rules and have an accident avoidance system which, in the event of an unavoidable damage (moral dilemmas),[81] takes into

81 Dilemma situations are characterized by the fact that an automated vehicle has to decide which of the two evils it necessarily has to perform. These cases are typically discussed as the famous 'trolley problem', a philosophical thought-experiment in which a runaway trolley car on a track is about to kill five unaware people, but could be diverted onto another track where it would kill just one person, thus saving the five; P. Foot, 'The Problem of Abortion and the Doctrine of the Double Effect' (1967) 5 *Oxford Review* 5, 8; J.J. Thomson, 'The Trolley Problem' (1985) 94 *Yale Law Journal* 1395– 415 ff.; J.K. Gurney, 'Crashing into the Unknown: An Examination of Crash-Optimization Algorithms Through the Two Lanes of Ethics and Law' (2016) 79 *Albany Law Review* 183–267.

account the importance of the legal interests, with the protection of human life having the utmost priority.

In addition, section 1e(2) Road Traffic Act foresees the following requirements which must be met before an autonomous vehicle can be admitted to traffic:

The motor vehicle must have a function to put itself in a risk-minimised state if the continuation of the journey would only be possible by violating the Road Traffic Law and, in such cases, propose possible driving manoeuvres to the technical supervisor to continue the journey and provide data to assess the situation so that the technical supervisor can decide whether to approve the proposed driving manoeuvre. The vehicle shall then be able to verify the manoeuvre proposed by the technical supervisor.

Moreover, the vehicle must be designed in such a way that functional defects are immediately reported to the technical supervisor, so that it can be deactivated at any time by the technical supervisor or by the vehicle occupants and be put into a risk-minimised state.

In addition, the vehicle must also recognise system limits and malfunctions independently, so that it can automatically put itself into a risk-minimised state, when a system limit is reached or when a technical malfunction occurs that impairs the exercise of the autonomous driving function or when the limits of the defined operating range are reached.

Finally, the manufacturer must ensure that radio links, especially to the technical supervisor, are sufficiently protected from unauthorised interferences. In the event of a malfunction of the radio link, the motor vehicle shall set itself to a risk-minimised state.

If the prerequisites laid down in the Road Traffic Act are not met, a design defect is deemed to be present. At the same time, however, it should be noted that technical requirements necessary for approval only constitute a minimum standard.[82] Even the granting of an authorization does not release the manufacturer from the obligation to investigate any hazards himself/herself and to counteract them in a technically more effective and reasonable way.[83]

6.3.3 Technical Standards Developed by Standardisation Organisations

The same applies to supra-company technical standards which are important for autonomous driving,[84] such as:

---

82 BGH, BeckRS 1954, 31198768 – *Pendeltür*; C-W. Canaris, 'Schutzgesetze – Verkehrspflichten – Schutzpflichten' in C.-W. Canaris and U. Diederichsen (eds.), *Festschrift für Karl Larenz zum 80. Geburtstag am 23. April 1983*, C.H. Beck, Munich 1983, p. 27, 54; U. Foerste in U. Foerste and F. Graf v. Westphalen (eds.), *Produkthaftungshandbuch*, 3rd ed., C.H. Beck, Munich 2012, § 24 para. 124.

83 BGH, NJW 1987, 1009, 1011 f. – *Lenkerverkleidung*.

84 On the significance of these standards for autonomous driving, see M. Jänich, P. Schrader and V. Reck, 'Rechtsprobleme des autonomen Fahrens' (2015) 7 *Neue Zeitschrift*

- ISO 26262 (Road vehicle's – Functional safety),
- ISO/PAS 21448:2019 (Road vehicles – Safety of the intended functionality),
- ISO/TR 4804:2020 (Safety and cybersecurity for automated driving systems – Design, verification and validation),
- IEC 61508-1:2010 (Functional Safety of Electrical/Electronic/Programmable Electronic Safety-related Systems),
- IEEE P2846 (Formal rules-based mathematical model for automated vehicle decision making using discrete mathematics and logic),
- IEEE P7001 (Transparency of autonomous systems, e.g. event data recorder)

Such standards are often adduced as prima facie evidence by the courts. Conceptually, it is recognised that the failure to comply with technical safety standards is an indication of a breach of the duty of care on the part of the manufacturer.[85] Conversely, compliance with these standards is supposed to indicate compliance with the safety obligations.[86] However, the manufacturer must not only take into account the established standards of technology, but also the state-of-the-art in science and technology and this can certainly go beyond technical standards published by international or national standardisation organisations.[87]

For autonomous driving, one should also be cognizant of the fact that technical standards might become quickly outdated in view of the rapid development in the IT sector.[88] This is another reason why manufacturers will only be able to rely on technical standards to a limited extent.

6.3.4 Benchmarking the AI System against the Human Standard of Care

In addition to technical standards, the defectiveness of AI systems could also be determined using the standard of care applicable to humans, by comparing the envisaged behaviour of a rational human with the behaviour of the AI system. If one follows this approach, a self-driving car would always be assumed to have a product defect, if it does not correspond as would be expected of a

---

für Verkehrsrecht 313, 316 f.; L. Lutz, T. Tang and M. Lienkamp, 'Die rechtliche Situation von teleoperierten und autonomen Fahrzeugen' (2013) 2 *Neue Zeitschrift für Verkehrsrecht* 57, 61.

85 BGH, VersR 1984, 270 – *Meißel*; OLG Hamm, VersR 1982, 152 f. – *Glasbaustein*. In-depth P. Marburger, 'Die haftungs- und versicherungsrechtliche Bedeutung technischer Regeln', (1983) 25 *Versicherungsrecht* 597–607.

86 Thus U. Foerste in U. Foerste and F. Graf v. Westphalen (eds.), *Produkthaftungshandbuch*, 3rd ed., C.H. Beck, Munich 2012, § 24 para. 46.

87 Cf. BGH, NJW 1987, 372, 373 – *Verzinkungsspray*; NJW 1994, 3349, 3350 – *Atemüberwachungsgerät*.

88 *Anderson* et al., Autonomous Vehicle Technology: A Guide for Policymakers, Rand, Santa Monica 2016, p. 139; J. Hanisch, 'Zivilrechtliche Haftungskonzepte für Robotik' in E. Hilgendorf (ed.), *Robotik im Kontext zwischen Recht und Moral*, Nomos, Baden-Baden 2013, p. 27, 35.

human driver in a traffic situation.[89] Conversely, another approach is to make an overall assessment – the decisive factor is not the behaviour of the AI system in a specific situation, but rather whether the error rate of the AI system is overall lower than that of a human.[90] Consequently, in the case of an autonomous vehicle, the question of a design defect would only be ruled out if the system, as a whole, had a lower crash risk than human drivers.[91]

However, such a human-based standard of care is ultimately of little use.[92] Admittedly, the criterion of whether the autonomous system performs better or worse overall than a reasonable human being plays a decisive role in the question of whether the autonomous system may be placed on the market at all. However, as soon as such an AI system is used in practice, the purely anthropocentric 'standard of care' loses its significance: AI systems are developed and used precisely because they perform certain tasks better than humans.

Thus, the use of AI systems leads to an increase in safety expectations. As soon as AI systems show a lower risk of damage (in a certain areas) than humans, the concept of human standard of care will become superfluous. Rather, the AI systems available on the market will lead to increased safety expectations as compared to humans.[93]

6.3.5 Comparing the AI System with Other AI Systems

If the overall probability of damage caused by an AI system is below the rate of potential damage caused by a prudent human, the AI system in question could still be classified as defective if there are other AI systems on the market that have an (even) lower damage rate. However, such a benchmark would

89 G. Borges, 'Warum eine Kausalhaftung für selbstfahrende Autos gesetzlich geregelt werden sollte' (2016) 4 *Computer und Recht* 272, 275; C. Gomille, 'Herstellerhaftung für automatisierte Fahrzeuge' (2016) 2 *JuristenZeitung* 76, 77.

90 M. Geistfeld, 'A Roadmap for Autonomous Vehicles: State Tort Liability, Automobile Insurance, and Federal Safety Regulation' (2017) 6 *California Law Review* 1611, 1644 ff.

91 S. Kirn and C. D. Müller-Hengstenberg, 'Intelligente (Software-)Agenten: Von der Automatisierung zur Autonomie? Verselbstständigung technischer Systeme' (2014) 4 *Zeitschrift für IT-Recht und Recht der Digitalisierung* (MMR), 225, 229; R. Weisser and C. Färber, Rechtliche Rahmenbedingungen bei Connected Car: Überblick über die Rechtsprobleme der automobilen Zukunft (2015) 8 *Zeitschrift für IT-Recht und Recht der Digitalisierung* (MMR) 506, 511 f.

92 J-S. Borghetti, 'How can Artificial Intelligence be Defective?': in S. Lohsse, R. Schulze and D. Staudenmayer (eds.), *Liability for Artificial Intelligence and the Internet of Things*, Nomos, Baden-Baden 2019, p. 63, 68 f.; G. Wagner, 'Produkthaftung für autonome Systeme' (2017) 6 *Archiv für die civilistische Praxis* 734.

93 G. Spindler, 'Eine kritische Analyse möglicher Haftungsgrundlagen für autonome Steuerungen' (2015) 12 *Computer und Recht* 766, 773 f.

be problematic. If the best available AI system became the absolute reference standard, all other AI systems available on the market would automatically be defective.[94] Since AI systems are constantly improving by way of trial and error, those manufacturers who entered the market first would have an unassailable lead over all other manufacturers who came later.[95]

Alternatively, one could stipulate that an AI system is only defective if it deviates negatively from the best AI system by x%. This approach also raises numerous questions:[96] Which AI system should serve as the reference system? What is the percentage variance from the 'best' AI system that is tolerable? Is a system already defective if it is only 90% or 80% as good as the AI reference system? Or only when the performance of this system is below 50%? – The recognition of an AI reference system is, apart from this, also problematic from the standpoint of fairness, as it can lead to an arbitrary segmentation of markets into two parts: Those manufacturers who deviate from the best AI system by (x + 1) % would be exempt from liability, while manufacturers of AI systems with a performance of (x – 1) % would be liable.[97]

6.3.6 Results

The preceding considerations show that it is anything but easy to determine the safety standard applicable to autonomous vehicles. It can be stated that an AI system should in any case be classified as defective if it violates applicable safety standards and – from an overall perspective – is not suited to surpass the level of safety expected from a human being. Beyond this threshold, however, it is not clear what safety requirements should be imposed on AI systems.

6.4 *Liability for Defective Instructions*

The manufacturer is also liable under the Product Liability Act and section 823(1) Civil Code if there is a defect in instruction. Instruction duties are

---

94 G. Wagner, 'Produkthaftung für autonome Systeme' (2017) 6 *Archiv für die civilistische Praxis* 734, 737; J-S. Borghetti, 'How can Artificial Intelligence be Defective?': in S. Lohsse, R. Schulze and D. Staudenmayer (eds.), *Liability for Artificial Intelligence and the Internet of Things*, Nomos, Baden-Baden 2019, p. 63, 70.

95 M. Geistfeld, 'A Roadmap for Autonomous Vehicles: State Tort Liability, Automobile Insurance, and Federal Safety Regulation' (2017) 6 *California Law Review* 1611, 1680; G. Wagner, 'Produkthaftung für autonome Systeme' (2017) 6 *Archiv für die civilistische Praxis* 734, 737.

96 Cf. J-S. Borghetti, 'How can Artificial Intelligence be Defective?': in S. Lohsse, R. Schulze and D. Staudenmayer (eds.), *Liability for Artificial Intelligence and the Internet of Things*, Nomos, Baden-Baden 2019, p. 63, 70 f.

97 J-S. Borghetti, 'How can Artificial Intelligence be Defective?': in S. Lohsse, R. Schulze and D. Staudenmayer (eds.), *Liability for Artificial Intelligence and the Internet of Things*, Nomos, Baden-Baden 2019, p. 63, 71.

breached if the manufacturer does not (sufficiently) inform customers about the existence and management of potential dangers so that the least informed and competent consumer is able to take notice of potential risks.[98] While for conventional vehicles, the proper use of the vehicle is at least partially ensured by the obligation to obtain a driving license,[99] the same is not the case with autonomous driving. In addition, there is the great potential for damage that exists in the case of insufficient knowledge of proper operation of the autonomous vehicle. Instruction is therefore of paramount importance and the manufacturer must make special efforts to ensure that the user can operate the autonomous vehicle properly.

The German legislator has also recognised the increased need for manufacturer's instruction and standardised various instruction obligations by means of the Act on Autonomous Driving 2021. According to section 1f(3) No. 4 Road Traffic Act, the manufacturer must prepare a system description and an operating manual for every autonomous motor vehicle. In addition, according to section 1f(3) No. 5 Road Traffic Act, the manufacturer must provide training for the persons involved in operation of the vehicle on the technical functioning, in particular, with regard to the driving functions and the tasks to be performed by the technical supervisor.

6.5 *Liability for Defective Monitoring*

While the Product Liability Act does not recognise any product monitoring obligations, manufacturers are obliged under section 823(1) Civil Code to monitor products already placed on the market in order to identify any risks for product users. According to a court ruling, this can result in a duty to warn or to recall the product.[100]

The manufacturer must not merely follow up on complaints that are forwarded to him/her (passive product monitoring). Rather, he/she is required to systematically record and evaluate conceivable warnings on his/her own initiative (active product monitoring).[101] Product monitoring not only covers design defects, but also includes defective instructions that become apparent after the vehicle has been placed on the market. Since the autonomous vehicle

---

98 G. Wagner in F.J. Säcker, R. Rixecker, H. Oetker and B. Limperg (eds.), *Münchener Kommentar zum Bürgerlichen Gesetzbuch*, 8th ed., C.H. Beck, Munich 2020, § 3 ProdHaftG para. 46.

99 L. Lutz, T. Tang and M. Lienkamp, 'Die rechtliche Situation von teleoperierten und autonomen Fahrzeugen' (2013) 2 *Neue Zeitschrift für Verkehrsrecht* 57, 61.

100 BGH, NJW 1994, 3349, 3350 – *Atemüberwachungsgerät*; BGH, NJW 2009, 1080, 1081 – *Pflegebetten*; OLG Frankfurt, NZV 1996, 147 – *Volvo*.

101 U. Foerste in U. Foerste and F. Graf v. Westphalen (eds.), *Produkthaftungshandbuch*, 3rd ed., C.H. Beck, Munich 2012, § 24 para. 376.

is equipped with digital technology, the obligation to active product monitoring can be fulfilled, as far as permitted by data protection law, primarily through the collection and evaluation of vehicle data.[102]

In principle, product monitoring is not limited to the manufacturer's own product, but also extends to possible interactions of the manufacturer's own product with accessories of other manufacturers.[103] Whether this results in an obligation on the part of the manufacturer to observe the interaction of the autonomous vehicle with other (possibly also automated) vehicles has not yet been clarified.[104] However, such an obligation seems reasonable, since the autonomous vehicle must be able to communicate with other vehicles without errors. This is in line with the fact that the manufacturer, according to section 1f(3) No. 1 Road Traffic Act, must ensure that the electronic and electrical architecture of the motor vehicle as well as the infrastructure connected to the motor vehicle is secured against cyberattacks during the entire period of operation.

If a design defect becomes apparent after a product has been placed on the market, the manufacturer must change the current production.[105] For products already on the market, on the other hand, there are duties to instruct[106] and warn.[107]

Whether manufacturers are also obliged to recall products is disputed. If such an obligation is affirmed, manufacturers would have to eliminate all design defects free of charge. In particular, the software would have to be constantly maintained and updated. Such an obligation is rejected by many German scholars citing it as too far-reaching.[108] In contrast, the case law at hand portrays a more generous position. The Federal Court of Justice ruled in its nursing home bed decision that the manufacturer is generally not obliged to recall the product.[109] Nevertheless, manufacturers may not always limit themselves to issuing warnings. According to the Federal Court of Justice,

---

102 Cf. J. Droste, 'Produktbeobachtungspflichten der Automobilhersteller bei Software in Zeiten vernetzten Fahrens' (2015) 3 *Corporate Compliance Zeitschrift* 105, 110.

103 BGH, NJW 1987, 1009 – *Honda*; U. Foerste in U. Foerste and F. Graf v. Westphalen (eds.), *Produkthaftungshandbuch*, 3rd ed., C.H. Beck, Munich 2012, § 25 para. 178 ff.

104 Rejecting G. Spindler, 'Eine kritische Analyse möglicher Haftungsgrundlagen für autonome Steuerungen' (2015) 12 *Computer und Recht* 766, 769.

105 G. Wagner in F.J. Säcker, R. Rixecker, H. Oetker and B. Limperg (eds.), *Münchener Kommentar zum Bürgerlichen Gesetzbuch*, 8th ed., C.H. Beck, Munich 2020, § 823 para. 997.

106 BGH, NJW 1987, 1009 – *Lenkerverkleidung*.

107 G. Wagner in F.J. Säcker, R. Rixecker, H. Oetker and B. Limperg (eds.), *Münchener Kommentar zum Bürgerlichen Gesetzbuch*, 8th ed., C.H. Beck, Munich 2020, § 823 para. 998.

108 See only G. Spindler, 'Eine kritische Analyse möglicher Haftungsgrundlagen für autonome Steuerungen' (2015) 12 *Computer und Recht* 766, 770.

109 BGH, NJW 2009, 1080 – *Pflegebetten*.

far-reaching safety obligations of the manufacturer can be considered in particular if there is reason to believe that the warning is insufficient, because product users would disregard the warning – even deliberately – and thereby endanger third parties.[110] Accordingly, it must be assumed that an obligation of the manufacturer to provide an update exists in any case, if a significant danger to the legal interests of third parties arises due to a software error and other measures (such as warnings) are insufficient.[111]

6.6 *Burden of Proof*

6.6.1 Difficulties to Proof Design Defects

The question of how to prove a product defect is particularly relevant in practice. In particular, proving a design defect poses difficulties here. According to section 1(4)(1) Product Liability Act, the injured party bears the burden of proof for the defect, the damage and the causal link between the defect and the damage. For producer's liability under section 823(1) Civil Code, it is established that it is not sufficient that the injured party claims to have suffered damage due to the nature of a product.[112] Rather, the injured party must additionally prove that the damage was caused by a design defect within the ambit of the manufacturer.[113] In other words, if the injured party proves that the damage was caused by a defective product, the courts presume (rebuttably) the existence of a fault and breach of duty by the manufacturer.[114]

In the case of autonomous driving, such proof is likely to be very difficult for the injured party to present. Traffic accidents with autonomous vehicles do not necessarily have to be caused by a design defect. Rather, if an autonomous vehicle behaves in a way that is contrary to traffic regulations and an accident occurs, this can have very different causes. For example, the accident may have been caused by the transmission of erroneous data from the backend (not operated by the manufacturer), other vehicles (V2V) or the traffic infrastructure (V2I); by the user because he/she failed in his/her duty to carefully maintain

110 BGH, NJW 2009, 1080, para. 11 – *Pflegebetten*.

111 G. Borges, 'Warum eine Kausalhaftung für selbstfahrende Autos gesetzlich geregelt werden sollte' (2016) 4 *Computer und Recht* 272, 276; see also J. Droste, 'Produktbeobachtungspflichten der Automobilhersteller bei Software in Zeiten vernetzten Fahrens' (2015) 3 *Corporate Compliance Zeitschrift* 105, 110.

112 G. Wagner in F.J. Säcker, R. Rixecker, H. Oetker and B. Limperg (eds.), *Münchener Kommentar zum Bürgerlichen Gesetzbuch*, 8th ed., C.H. Beck, Munich 2020, § 823 para. 1016.

113 BGH, NJW 1969, 269, 274 – *Hühnerpest*; BGH, NJW 1981, 1603, 1605 – *Derosal*; BGH, NJW 1991, 1948, 1951 – *HIV*.

114 BGH, NJW 1969, 269, 274 – *Hühnerpest*; BGH, NJW 1981, 1603, 1605 – *Derosal*; BGH, NJW 1991, 1948, 1951 – *HIV*.

and monitor the system; by external software attacks; or by entirely different causes (such as interference by other road users or weather conditions). Moreover, it is possible that the autonomous vehicle makes a specific decision in a traffic situation that was not pre-programmed, but is based on experience that the system has gathered during its operation after being placed on the market, based on data over which the manufacturer had no influence.

Accordingly, the infringement of road traffic regulations does not in itself justify the presumption of a design defect.[115] Such a presumption would ultimately amount to mutating a product and producer's liability into pure strict liability for placing autonomous vehicles on the market.[116] However, such a strict liability is not provided for in the current system of product and producer's liability.[117] Instead, the injured party must prove that the product defect causing the damage originates from the manufacturer beyond reasonable doubt. The mere possibility and presumption that the product defect originates from the manufacturer is not sufficient.[118]

6.6.2 Event Data Recorder

It can be assumed that the problems of proof of fault described above cannot be completely overcome even by the provision for 'data storage' regulated in section 63a Road Traffic Act for highly and fully automated vehicles and section 1g Road Traffic Act for autonomous vehicles.

Although the keeper of an autonomous vehicle involved in an accident is, in principle, obliged under section 1g (7) Road Traffic Act to make available to third parties the operational data required to assert, satisfy or defend claims under section 7(1) Road Traffic Act; decisions made by an intelligent vehicle are unlikely to be fully comprehensible ex post. This is especially true

115 However, this is the case with G. Borges, 'Warum eine Kausalhaftung für selbstfahrende Autos gesetzlich geregelt werden sollte' (2016) 4 *Computer und Recht* 272, 275, with the thesis that a malfunction of the vehicle is to be assumed if there is a driving error according to the rules of road traffic law. Similarly see, Gasser et al, *Rechtsfolgen zunehmender Fahrzeugautomatisierung*, Berichte der BASt, Heft F 83, 2012, p. 22, as well as J. Fleck and A. Thomas, 'Automatisierung im Straßenverkehr: Wohin fahren wir?' (2015) 37 *Neue Juristische Online-Zeitschrift* 1393, 1397.

116 G. Borges, 'Warum eine Kausalhaftung für selbstfahrende Autos gesetzlich geregelt werden sollte' (2016) 4 *Computer und Recht* 272, 277, apparently does not only want to introduce such a causal liability de lege ferenda, but already establish it de lege lata.

117 G. Wagner in F.J. Säcker, R. Rixecker, H. Oetker and B. Limperg (eds.), *Münchener Kommentar zum Bürgerlichen Gesetzbuch*, 8th ed., C.H. Beck, Munich 2020, § 3 ProdHaftG para. 1.

118 BGH, NJW 1969, 269, 274 – *Hühnerpest;* BGH, NJW 1973, 1602, 1603 – *Feuerwerkskörper*; BGH, NJW 1981, 1603, 1605 – *Apfelschorf.*

for systems that not only learn during the development phase (before being placed on the market), but also continue to learn during operation (after being placed on the market) based on accumulated experience. Especially the opacity of many machine learning algorithms makes it difficult to determine the cause of damages.

It is true that in certain cases, in order to establish their claim, the injured parties could invoke the principle that a well-founded and irremovable suspicion of a defect is sufficient to presume a product defect. In the *Boston Scientific case* the ECJ decided that a product can be classified as defective if it is found that products belonging to the same production series have a potential defect.[119] However, it must be acknowledged that the decision concerned pacemakers and defibrillators and thus, certain products with significant risks of harm. For these kind of medical devices, the safety expectations of the general public are particularly high due to the vulnerability of the patients using these devices.[120] In addition, the principle only applies if the risk of damage to the product in question is greater than for comparable products.[121]

It is also rather problematic to prove a prima facie case in the case of autonomous vehicles. It is true that, according to the Federal Court of Justice, such prima facie evidence can be considered in the case of typical sequences of events both in the case of producer's liability in tort and in the context of the Product Liability Act.[122] However, especially in complex cases – such as motor vehicle accidents – the Court is of the opinion that there is often no typical sequence of events that can form the basis for such prima facie evidence.[123]

Moreover, insofar as the courts recognise prima facie evidence in road traffic, the same is only currently limited to the fault of a driver and does not extend to specific defects in the vehicle. For the conduct of autonomous vehicles, on the

---

119 Cases C-503/13 and C-504/13, *Boston Scientific v. AOK Sachsen-Anhalt/Betriebskrankenkasse RWE*, ECLI:EU:C:2015:148, para. 43

120 Cases C-503/13 and C-504/13, *Boston Scientific v. AOK Sachsen-Anhalt/Betriebskrankenkasse RWE*, ECLI:EU:C:2015:148, para. 39; G. Wagner in F.J. Säcker, R. Rixecker, H. Oetker and B. Limperg (eds.), *Münchener Kommentar zum Bürgerlichen Gesetzbuch*, 8th ed., C.H. Beck, Munich 2020, § 3 ProdHaftG para. 54 f.

121 On possible determinants of a risk threshold cf. *G. Wagner*, 'Der Fehlerverdacht als Produktfehler' (2016) 6 *JuristenZeitung* 292, 296 f.

122 G. Wagner in F.J. Säcker, R. Rixecker, H. Oetker and B. Limperg (eds.), *Münchener Kommentar zum Bürgerlichen Gesetzbuch*, 8th ed., C.H. Beck, Munich 2020, § 823 para. 1017 and § 1 ProdHaftG para. 80.

123 Cf. H.J. Kullmann, 'Produkthaftung für Verkehrsmittel: Die Rechtsprechung des Bundesgerichtshofes' (2002) 1 *Neue Zeitschrift für Verkehrsrecht* 1, 7; O. *Meyer and H. Harland*, 'Haftung für softwarebezogene Fehlfunktionen technischer Geräte am Beispiel von Fahrerassistenzsystemen' (2007) 11 *Computer und Recht* 689, 692.

other hand, there are still no principles or set of common standards which are uniformally recognised.[124]

6.7 *Results*

The current law provides a rich arsenal to sanction manufacturing, construction, instruction and product observation errors under civil liability law. In this respect, the assumption discussed at the beginning confirms that the introduction of autonomous vehicles leads to increased litigation risks for manufacturers. Injured parties and liability insurers will try to raise claims against the manufacturer for all damages that occur during the operation of an autonomous vehicle. In particular, the keeper and his liability insurer will try to seek recourse against the manufacturer if a claim is made.

However, there is a risk that product and producer's liability will run dry in complex damage situations if it cannot be determined in retrospect whether the damage is actually due to a malfunction of the autonomous vehicle or other causes that do not fall within the manufacturer's sphere of responsibility. Such problems could probably only be addressed if product and producer's liability were tightened *de lege ferenda* towards stricter liability.[125]

7 Liability of the IT Service Provider

Injured parties may also raise claims for damages against IT service providers, especially back-end operators, if a traffic accident occurs due to defective data.

7.1 *Limitations of Liability under the Telemedia Act*

Claims for damages can only be considered if IT service providers are not exempted from liability under the Telemedia Act. The Telemedia Act, which

124 M.E. Kütük-Markendorf and D. Essers, 'Zivilrechtliche Haftung des Herstellers beim autonomen Fahren: Haftungsfragen bei einem durch ein autonomes System verursachten Verkehrsunfall' (2016) *Zeitschrift für IT-Recht und Recht der Digitalisierung* (*MMR*) 22, 25.

125 In both German and US legal literature, consideration is already being given to tightening the manufacturer's liability for autonomous vehicles *de lege ferenda*. Cf. for German law, esp. G. Borges, 'Warum eine Kausalhaftung für selbstfahrende Autos gesetzlich geregelt werden sollte' (2016) 4 *Computer und Recht* 272, 277 ff.; H. Zech, *Verhandlungen des 73. Deutschen Juristentages – Gutachten A: Entscheidungen digitaler autonomer Systeme*, C.H. Beck, Munich 2020, pp. 98 ff.; G. Wagner, 'Verantwortlichkeit im Zeichen digitaler Techniken' (2020) 12 *Versicherungsrecht* 717, 734 f.; from a US perspective J.K. Gurney, 'Sue My Car Not Me: Products Liability and Accidents Involving Autonomous Vehicles' (2013) *Journal of Law, Technology & Policy* 247, 271 ff.

is based on the fully harmonising E-Commerce Directive 2001/31, stipulates a graduated liability in this respect: The closer the service provider's connection with the respective content, the greater is its liability.[126]

For providers who offer their own information services (content providers), there is no privilege at all under the Telemedia Act (section 7(1) Telemedia Act). The provider is also liable without any exceptions or limitations to their liability for system errors and insufficient cyber security: If a virus or a hacker attack occurs due to security gaps in the system, sections 7–10 Telemedia Act are, accordingly not applicable from the outset, as these deficiencies emanate from the operating realm of the provider, which can only be monitored and controlled by the provider.[127]

On the contrary, if the content amounts to a third-party content, the Telemedia Act differentiates the situation as follows: In principle, the provider neither has a duty to monitor the information which it transmits nor a general obligation to actively seek facts or circumstances indicating an illegal activity (section 7(2)(1) Telemedia Act). However, service providers who store third-party information for a user (host providers) are responsible for any third-party unlawful information if they have actual knowledge of the illegal activity. In these cases, however, host providers are not liable if they immediately remove or disable the access to the information after becoming aware of it (section 10 Telemedia Act). Moreover, if the provider's activity is limited to purely technical processes of data transfer (transmission of data during access or network providing as well as automatic intermediate storage), they are generally exempt from liability (section 8, 9 Telemedia Act).

Whether backend operators fall under the liability privileges of the Telemedia Act has not yet been conclusively clarified. Some authors answer affirmatively, but at the same time consider provider liability to be inappropriate in light of networked autonomous systems and call for an amendment of sections 8–10 Telemedia Act.[128] From a contrarian perspective, some point out that the liability privileges of sections 7 ff. Telemedia Act do not apply at all to the operators of a 'traffic cloud', no matter how it is structured, since such providers are usually to be classified as content providers within the meaning of section 7(1)

126 E. Hilgendorf and B. Valerius, *Computer- und Internetstrafrecht*, 2nd ed., Springer, Berlin/Heidelberg 2012, para. 193 ff.

127 G. Spindler in G. Spindler and P. Schmitz (eds.), *Telemediengesetz*, 2nd ed., C.H. Beck, Munich 2018, Vor § 7 para. 32.

128 B. Kian and A. Tettenborn, 'Ist die Providerhaftung im Lichte vernetzter autonomer Systeme noch zeitgemäß?' in E. Hilgendorf, S. Hötitzsch and L. Lutz (eds.), *Rechtliche Aspekte automatisierter Fahrzeuge*, Nomos, Baden-Baden 2015, pp. 101–20.

Telemedia Act.[129] This view seems to be convincing as the core understanding appears to be that even if the data transmitted via the traffic cloud does not originate directly from the provider, but from third parties, the provider adopts the content as its own if it processes this content and integrates it into its own service in such a way that it is no longer recognisable to the individual user from whom the content initially originated.[130]

7.2 *Contractual Warranty Liability*

Contractual warranty claims can only be considered if a contract has been concluded between the injured party and the IT service provider. Such a contractual relationship for the provision of permanent cloud services is likely to exist regularly between the vehicle owner or keeper and the backend operator, because it can hardly be assumed that vehicle manufacturers (or dealers) commit themselves to provide cloud services required for the operation of the vehicle for the entire period of use without any additional payment.

Insofar as contracts for cloud computing services, whereby data or software is made available for a certain period of time (data as a service, DaaS; software as a service, SaaS) are concerned, the same are classified in different ways. The majority assumes a rental agreement.[131] In contrast, a classification as a service contract[132] is rightly rejected for DaaS and SaaS.[133] In the case of a service contract, the service provider only owes a sincere effort towards the user to provide the contractually owed service and not a guarantee of a demonstrable success. In the case of DaaS and SaaS, however, it is precisely important for the cloud user to receive the contractually owed service. The classification of cloud computing services as a contract for work (section 631 Civil Code) is also

---

129 F.P. Schuster, 'Providerhaftung und der Straßenverkehr der Zukunft' in E. Hilgendorf (ed.), *Autonome Systeme und neue Mobilität*, Nomos, Baden-Baden 2017, pp. 49, 53 ff.

130 On the justification of liability by attributing third-party content, see BGH, GRUR 2010, 616, 619 – *marions-kochbuch.de;* OLG Hamburg, MMR 2016, 269 – *Störerhaftung von YouTube*; F.P. Schuster, 'Providerhaftung und der Straßenverkehr der Zukunft' in E. Hilgendorf (ed.), *Autonome Systeme und neue Mobilität*, Nomos, Baden-Baden 2017, pp. 49, 54 f; vgl. auch B.P. Paal and M. Hennemann in H. Gersdorf and B.P. Paal (eds.), *BeckOK, Informations- und Medienrecht*, C.H. Beck, Munich 1.11.2021, § 7 TMG para. 30 ff.

131 BGH, NJW 2007, 2394 – XII ZR 120/04 (on application software providing); F. Boehm, 'Herausforderungen von Cloud Computing-Verträgen: Vertragstypologische Einordnung, Haftung und Eigentum an Daten' (2016) 2 *Zeitschrift für Europäisches Privatrecht* 358, 365 f.; J.G. Meents, 'Kapitel 4. Haftung und Compliance' in G. Borges and J.G. Meents (eds.), *Cloud Computing*, C.H. Beck, Munich 2016, § 4 para. 45 ff.

132 Thus H. Redeker, *IT-Recht*, 6th ed., C.H. Beck, Munich 2017, para. 1131, who now, however, wants to apply the provisions of the rental agreement by analogy, see H. Redeker, *IT-Recht*, 7th ed., C.H. Beck, Munich 2020, para. 1231 ff.

133 Cf. J.G. Meents, 'Kapitel 4. Haftung und Compliance' in G. Borges and J.G. Meents (eds.), *Cloud Computing*, C.H. Beck, Munich 2016, § 4 para. 53.

not convincing, as the cloud provider usually does not provide a user-specific work, but only standardised services.[134]

Warranty claims against the IT service provider require non-performance. In principle, the parties to a rental contract can define the performance themselves (subjective requirements for conformity). For autonomous driving, however, it is to be expected that the performance to be rendered by the IT service provider will be determined primarily with recourse to objective safety and security standards (objective requirements for conformity).[135]

If the back-end-operator provides defective data to the autonomous vehicle, he/she is liable regardless of fault for initial defects and for subsequent defects occurring during the subsistence of the cloud service contract if he/she or third parties appointed by him/her are at fault.[136]

Since cloud providers face unlimited liability for all consequential damages, they are exposed to high liability risks, especially since it has not yet been clarified that in terms of cloud computing, to what extent liability can be limited or excluded under the general terms and conditions.[137]

7.3 *Tort Liability under Section 823(1) Civil Code*

IT service providers can also be liable towards the injured party under section 823(1) Civil Code. By contrast, strict product liability under the Product Liability Act does not apply to IT service providers. The reason for this is that data from the cloud cannot be regarded as 'product' in the sense of the Product Liability Act due to their lack of embodiment, and the service character is clearly in the foreground in the case of data that is continuously transmitted by a traffic cloud.

The IT service provider is liable under section 823(1) Civil Code, in particular if he/she culpably transmits defective data leading to an accident of the autonomous vehicle. Since the data transmitted by the traffic cloud has a direct influence on the driving of the autonomous system, the requirements for data quality will presumably be very high. Providers must also ensure that

---

134 M. Wicker, 'Vertragstypologische Einordnung von Cloud Computing-Verträgen: Rechtliche Lösungen bei auftretenden Mängeln' (2012) 12 *Zeitschrift für IT-Recht und Recht der Digitalisierung* (*MMR*) 783, 785.

135 Cf. generally on the sale of vehicles BGH, NJW 2007, 759 – VII ZR 72/06.

136 F.P. Schuster, 'Providerhaftung und der Straßenverkehr der Zukunft' in E. Hilgendorf (ed.), *Autonome Systeme und neue Mobilität*, Nomos, Baden-Baden 2017, p. 49, 56.

137 F. Boehm, 'Herausforderungen von Cloud Computing-Verträgen: Vertragstypologische Einordnung, Haftung und Eigentum an Daten' (2016) 2 *Zeitschrift für Europäisches Privatrecht* 358, 370 ff.; J.G. Meents, 'Kapitel 4. Haftung und Compliance' in G. Borges and J.G. Meents (eds.), *Cloud Computing*, C.H. Beck, Munich 2016, § 4 para. 246 ff.

the cloud is sufficiently protected against external attacks (especially viruses and hackers). The responsibility of the IT service provider exists alongside the obligation of the manufacturer who, according to section 1f(3)(1) Road Traffic Act, must also ensure the cybersecurity of the autonomous vehicle and the infrastructure connected to it.

The injured party does not have to prove that the provider was at fault. Rather, according to the principles of producer liability developed by case law, it should be sufficient to show that the provider transmitted defective data that ultimately led to a road traffic accident. The backend operator, may however, exculpate himself/herself by proving that he/she observed the due diligence required in traffic, for example, by showing that the data error was a 'runaway' (Ausreißer) that was unavoidable despite all reasonable precautions.[138] Additionally, liability under section 823(1) German Civil Code is also excluded if the provider can successfully defend himself/herself by claiming that he/she obtained the faulty data from the suppliers and carefully selected and monitored them.[139]

8 Integration of Autonomous Vehicles in the Insurance System

The afore-stated liability of various actors in a road traffic situation is partly accompanied by compulsory insurance in Germany. If such compulsory insurance exists, the injured party has a direct claim against the liability insurer according to section 115 Insurance Contract Act. This claim is accessory to the claim for damages under liability law and therefore cannot go further than the latter.

8.1 *Compulsory Insurance of the Vehicle Keeper*

According to section 1(1) Compulsory Insurance Act, the keeper of a motor vehicle regularly based in Germany is obliged to take out liability insurance for himself/herself, the owner and the driver to cover damage caused by the use of the vehicle. The keeper of an autonomous motor vehicle must additionally take out liability insurance for the technical supervisor, cf. section 1(2) Compulsory Insurance Act. Thus, in the event of liability of the keeper, the driver and/or the technical supervisor, there is a direct claim under section 115 Insurance Contract Act against the keeper's liability insurer.

---

138 G. Wagner in F.J. Säcker, R. Rixecker, H. Oetker and B. Limperg (eds.), *Münchener Kommentar zum Bürgerlichen Gesetzbuch*, 8th ed., C.H. Beck, Munich 2020, § 823 para. 976.

139 G. Wagner in F.J. Säcker, R. Rixecker, H. Oetker and B. Limperg (eds.), *Münchener Kommentar zum Bürgerlichen Gesetzbuch*, 8th ed., C.H. Beck, Munich 2020, § 823 para. 926 f.

Among other situations, section 12(1) Compulsory Insurance Act grants the injured party a right to claim against the compensation fund for damages resulting from motor vehicle accidents in cases where the motor vehicle liability insurance in favour of the keeper, the owner and the driver of the vehicle does not exist despite the legal obligations; the insurance does not grant coverage because the damage was caused intentionally and unlawfully; or the damaging vehicle cannot be identified. According to section 12(2) Compulsory Insurance Act this subsidiary claim is subject to a number of limitations, e.g. immaterial damages are only compensated in the case of particularly serious injuries and only to avoid gross inequities. It is questionable why, in a similar vein, a provision for claiming against the compensation fund was not established under the Autonomous Driving Act 2021, in the event that the insurance cover of the technical supervisor did not exist.[140]

8.2 *No Compulsory Insurance for Manufacturers*

In contrast, there is no general compulsory insurance under German law for the manufacturer of automated and autonomous vehicles. Nevertheless, recognising the above-mentioned advantages of an insurance obligation *de lege ferenda*, various insurance law models are being discussed.[141] An insurance obligation on the part of the manufacturer would, of course, not exempt the injured party from proving the product defect, as due to the accessoriness of the insurance, there is no direct claim against the insurer without a claim for damages under liability law.

9 Final Conclusions

9.1 *Analysis*

Under the current law, injured parties will primarily assert their claims for damages against the vehicle keeper, because the keeper of the autonomous

140 The Federal Council (*Bundesrat*) had pointed out this deficiency during the legislative process and the Federal Government had announced an examination of the proposal (cf. Bundestag, Unterrichtung durch die Bundesregierung zum Entwurf des Gesetzes zum autonomen Fahren, *Stellungnahme des Bundesrates und Gegenäußerung der Bundesregierung zum Entwurf des Gesetzes zum autonomen Fahren*, BT-Drs. 19/28178, 01.04.2021, pp. 12 and 25. Nevertheless, no changes were subsequently made to section 12 Compulsory Insurance Act.

141 Especially see T. Hey, *Die außervertragliche Haftung des Herstellers autonomer Fahrzeuge bei Unfällen im Straßenverkehr*, Springer, Berlin/Heidelberg 2019, pp. 209 ff.

vehicle is liable regardless of any fault according to section 7(1) Road Traffic Act if a damage occurs during the operation of the motor vehicle. This means that the keeper or his/her insurer is liable to pay compensation to the injured party even if the accident occurs due to a product defect.

The manufacturer, on the other hand, will only rarely be successfully held liable, despite the fact that it is primarily the design of the autonomous vehicle (especially its software) that determines how the vehicle moves in road traffic. Although the manufacturer is liable regardless of fault according to the Product Liability Act and also for presumed fault under section 823(1) Civil Code, it will only rarely be possible for injured parties to prove the defect and the causal link between defect and damage, due to the complexity, opacity ('black box problem'), unpredictability, partially autonomous behaviour, and interconnectivity ('many hands problem') of autonomous vehicles.

Thus, it is mainly the keeper of the vehicle who will be held liable. The German legislator has not modified this liability framework in the new rules on highly and fully automated[142] and autonomous[143] driving. Although the most recent legislative act intensified the manufacturer's obligations and introduced a new addressee for liability in the form of a technical supervisor, this however does not result in a shift in liability in view of the existing problems of proof with regard to product defects and the fact that the technical supervisor is only liable depending on the fault.

9.2 *Perspectives*

This raises the question of whether the keeper's strict liability is still appropriate for autonomous vehicles. While the keeper can influence the operational risk of a conventional vehicle by selecting the driver, this form of control does not exist with autonomous driving. This could be argued in favour of removing the current liability under section 7(1) Road Traffic Act for autonomous driving.[144]

142 8th Act Amending the Road Traffic Act of 16.7.2017, BGBl. 2017 I, pp. 1648 ff.

143 Act on Autonomous Driving, BGBl. 2021 I, pp. 3108 ff.

144 In a survey by the industry association, *Bitkom*, the majority of respondents voted for liability of the manufacturers of autonomous vehicles (or the manufacturers of the software), while only a small minority considered the keeper to be responsible; cf. the press release of *Bitkom e.V.* https://www.bitkom-research.de/de/pressemitteilung/wer-haftet-fuer-mein-selbst fahrendes-auto (last accessed 10.1.2022).

Ultimately, there are better reasons for retaining the keeper's liability.[145] On the one hand, the keeper can also decide in the case of autonomous driving whether the vehicle is used. On the other hand, in the case of autonomous driving, the keeper claims many advantages associated with the new technology (higher road safety, lower insurance premiums, comfort, possibly commercial use, etc.). Additionally, keeper's liability also seems appropriate from the perspective of victim protection. Injured parties can turn to the vehicle keeper and the motor vehicle liability insurance company behind it to settle the claims quickly and do not have to deal with other, more distant actors involved (manufacturers) to settle the claim, who often cannot be clearly identified, especially in the case of autonomous driving. Finally, the legal amendments to the Road Traffic Act in recent years, which have imposed more rather than fewer obligations on the keeper,[146] do not lead us to expect any mitigation of the keeper liability in the coming years.

In accordance to the above, if the strict liability of the keeper should remain unamended, the question that then arises is whether the liability of the manufacturer of autonomous vehicles should be adjusted instead. In both, Germany and USA, the legal literature indicates that consideration is already being given to tightening the manufacturer's liability for autonomous vehicles de lege ferenda.[147] Accordingly, the manufacturer – just like the vehicle keeper – should be liable for all damages caused by the operation of autonomous vehicles. Under this liability model, it would no longer be necessary to prove a product defect since the existence of a product defect would simply not be a necessary condition for manufacturer's liability.

Apparently, there are good reasons to support such a liability model. Firstly, the manufacturer is in a better position to limit the risk of damage, not only compared to the user, but also the vehicle keeper, since he/she can

---

145 Also, in favour of maintaining strict owner liability for autonomous vehicles, see C. König, '(Vorerst) Keine Haftungsbefreiung für Halter und Fahrer automatisierter Kraftfahrzeuge' (2017) 7, *Juristische Rundschau* 323, 328 ff.; G. Wagner, 'Verantwortlichkeit im Zeichen digitaler Techniken' (2020) 12 *Versicherungsrecht* 717, 731 f.

146 Cf. section 5.2.

147 For German law with regard to motor vehicles, see esp. G. Borges, 'Warum eine Kausalhaftung für selbstfahrende Autos gesetzlich geregelt werden sollte' (2016) 4 *Computer und Recht* 272, 277 ff. In general for the decoupling from the product defect requirement for digital products, see G. Wagner, 'Verantwortlichkeit im Zeichen digitaler Techniken' (2020) 12 *Versicherungsrecht* 717, 734. From a US perspective, see J.K. Gurney, 'Sue My Car Not Me: Products Liability and Accidents Involving Autonomous Vehicles' (2013) *Journal of Law, Technology & Policy* 247, 271 ff.

ensure through design, instruction and product monitoring that the measures necessary to avoid danger are taken. Secondly, strict liability could provide the right incentives to make the best possible effort in macroeconomic terms to ensure the safe design and manufacture of autonomous vehicles. So long as the vehicle keeper is also liable for the operational risk in addition to the manufacturer, it would also be ensured that there is no unilateral shift of liability onto the manufacturer as such a shift would be inappropriate. On the one hand, the keeper consciously takes advantage of the benefits that come with the new technology (higher road safety, lower insurance premiums, comfort, etc.). Moreover, damage that occurs at the time of the operation of an autonomous vehicle is not always attributable to a product defect. In this respect, it is only appropriate if the manufacturer and the vehicle keeper are jointly and severally liable to the injured party for the operational risk emanating from an autonomous vehicle. Subsequently, in the internal relationship (between the vehicle keeper, his insurance company and the manufacturer as well as his insurance company), the respective liability share (possibly according to risk spheres) could still be determined.

There are two main problems with the tightening of vehicle manufacturer liability. First, the liability risks must remain predictable. Otherwise, manufacturers will refrain from producing autonomous vehicles altogether or only offer them at very high prices – even though society has a keen interest in autonomous vehicles that could potentially reduce the overall number of road accidents.

Second, the discussed reforms in liability law cannot be made in Germany alone. According to the established case law of the ECJ, the Product Liability Directive 85/374 is based on the concept of full harmonisation. The Directive aims at a 'complete harmonisation of the laws, regulations and administrative provisions of the Member States'.[148] Member States are therefore prohibited from going beyond the standard of the Directive and tightening the liability of producers. According to the ECJ in the *González Sánchez* case, Member States may not, in particular, provide for producer's liability in favour of the injured party, where the injured party only has to prove the damage and the causal link, but not – as provided for in Art. 4 Product Liability Directive 85/374 – the defect of the product.

---

148 Case C-402/03, *Skov v. Bilka,* ECLI:EU:C:2006:6; Case C-154/00, *Commission v. Hellenic Republic,* ECLI:EU:C:2002:254, para. 23.

At the European level, discussions have been going on for some time about how European liability law should be adapted to new technologies, in particular AI. The European Parliament has called on the Commission in several initiatives to further develop the European liability framework.[149] Following the evaluation of the Product Liability Directive in 2018[150] and the preparatory work of two expert groups,[151] the Commission identified in 2020, in its White Paper on AI[152] and the accompanying 'Report on safety and liability',[153] the potential problems with liability rules, especially stemming from the specific properties of certain AI systems. At the end of June 2021, the EU Commission launched the initiative 'Civil Liability – adapting liability rules to the digital age and artificial intelligence'. After completion of the public consultation process, the adaptations are to be presented in the third quarter of 2022.[154] These initiatives reveal an insight into the interesting future legal developments that should be buttressed by comparative law study in order to finally achieve an overall European consensus.

---

149 European Parliament Resolution of 16.02.2017 with recommendations to the Commission on Civil Law Rules on Robotics (2015/2103 (INL)), OJ C 252, pp. 239–57, https://eur-lex.europa.eu/legal-content/EN/TXT/PDF/?uri=CELEX:52017IP0051&from=DE (last accessed 10.01.2022); European Parliament Resolution of 20.10.2020 with recommendations to the Commission on a civil liability regime for artificial intelligence 82020/2014 (INL)), OJ C 404, pp. 107–28, https://www.europarl.europa.eu/RegData/seance_pleniere/textes_adoptes/definitif/2020/10-20/0276/P9_TA(2020)0276_EN.pdf (last accessed 10.1.2022).

150 European Commission Evaluation of Council Directive 85/374/EEC of 25.07.1985 on the approximation of the laws, regulations and administrative provisions of the Member States concerning liability for defective products (SWD (2018) 157 final), https://eur-lex.europa.eu/legal-content/EN/TXT/PDF/?uri=CELEX:52018SC0157&from=EN (last accessed 10.1.2022).

151 The *Expert Group on liability and new technologies* set up by the EU Commission consists of two subgroups, the *Product Liability Directive Formation* and the *New Technologies Formation*, see http://ec.europa.eu/transparency/regexpert/index.cfm?do=groupDetail.groupDetail&groupID=3592&NewSearch=1&NewSearch=1 (last accessed 10.1.2022). The report of the *New Technologies Formation* is available at https://ec.europa.eu/news room/dae/document.cfm?doc_id=63199 (last accessed 10.1.2022).

152 European Commission White Paper on Artificial Intelligence (COM (2020) 65 final), https://ec.europa.eu/info/sites/default/files/commission-white-paper-artificial-intelligence-feb2020_en.pdf (last accessed 10.1.2022).

153 European Commission Report on the safety and liability implications of Artificial intelligence, the Internet of Things and robotics (COM (2020) 64 final), https://eur-lex.europa.eu/legal-content/EN/TXT/PDF/?uri=CELEX:52020DC0064&from=en (last accessed 10.1.2022).

154 On this initiative see https://ec.europa.eu/info/law/better-regulation/have-your-say/initiatives/12979-Civil-liability-adapting-liability-rules-to-the-digital-age-and-artificial-intelligence_en (last accessed 10.1.2022).

Annex

Non-official English translation of the most important provisions of the German Road Traffic Act, which the legislator enacted in 2017 for motor vehicles with highly or fully automated driving function and in 2021 for motor vehicles with autonomous driving function in defined operating areas.

Straßenverkehrsgesetz	**Road traffic act**
§ 1a StVG - Kraftfahrzeuge mit hoch- oder vollautomatisierter Fahrfunktion	Section 1a Road Traffic Act - Motor vehicles with highly or fully automated driving function
1. Der Betrieb eines Kraftfahrzeugs mittels hoch- oder vollautomatisierter Fahrfunktion ist zulässig, wenn die Funktion bestimmungsgemäß verwendet wird.	1. The operation of a motor vehicle with a highly or fully automated driving function is permitted if the function is used in accordance with its intended purpose.
2. Kraftfahrzeuge mit hoch- oder vollautomatisierter Fahrfunktion im Sinne dieses Gesetzes sind solche, die über eine technische Ausrüstung verfügen,	2. Motor vehicles with a highly or fully automated driving function, within the meaning of this Act, are those that have a technical equipment:
1. die zur Bewältigung der Fahraufgabe – einschließlich Längs- und Querführung – das jeweilige Kraftfahrzeug nach Aktivierung steuern (Fahrzeugsteuerung) kann,	1. which, in order to perform the driving task – including longitudinal and lateral guidance – can control the respective motor vehicle after activation (vehicle control),
2. die in der Lage ist, während der hoch- oder vollautomatisierten Fahrzeugsteuerung den an die Fahrzeugführung gerichteten Verkehrsvor-schriften zu entsprechen,	2. which, during highly or fully automated vehicle control, is capable of complying with the traffic regulations addressed to vehicle control,
3. die jederzeit durch den Fahrzeugführer manuell übersteuerbar oder deaktivierbar ist,	3. which can be manually overridden or deactivated at any time by the driver of the vehicle,
4. die die Erforderlichkeit der eigenhändigen Fahrzeugsteuerung durch den Fahrzeugführer erkennen kann,	4. which is capable of recognising the need for the driver to control the vehicle manually,
5. die dem Fahrzeugführer das Erfordernis der eigenhändigen Fahrzeugsteuerung mit ausreichender Zeitreserve vor der Abgabe der Fahrzeugsteuerung an den Fahrzeugführer optisch, akustisch, taktil oder sonst wahrnehmbar anzeigen kann und	5. which is capable of indicating to the driver the need for manual control of the vehicle with a sufficient time reserve before the driver is given control of the vehicle by optical, acoustic, tactile or other perceptible signals, and

Straßenverkehrsgesetz | **Road traffic act**

6. die auf eine der Systembeschreibung zuwiderlaufende Verwendung hinweist.

Der Hersteller eines solchen Kraftfahrzeugs hat in der Systembeschreibung verbindlich zu erklären, dass das Fahrzeug den Voraussetzungen des Satzes 1 entspricht.

3. Die vorstehenden Absätze sind nur auf solche Fahrzeuge anzuwenden, die nach § 1 Absatz 1 zugelassen sind, den in Absatz 2 Satz 1 enthaltenen Vorgaben entsprechen und deren hoch- oder vollautomatisierte Fahrfunktionen
   1. in internationalen, im Geltungsbereich dieses Gesetzes anzuwendenden Vorschriften beschrieben sind und diesen entsprechen oder
   2. eine Typgenehmigung gemäß Artikel 20 der Richtlinie 2007/46/EG des Europäischen Parlaments und des Rates vom 5. September 2007 zur Schaffung eines Rahmens für die Genehmigung von Kraftfahrzeugen und Kraftfahrzeuganhängern sowie von Systemen, Bauteilen und selbstständigen technischen Einheiten für diese Fahrzeuge (Rahmenrichtlinie) (ABl. L 263 vom 9.10.2007, S. 1) erteilt bekommen haben.
4. Fahrzeugführer ist auch derjenige, der eine hoch- oder vollautomatisierte Fahrfunktion im Sinne des Absatzes 2 aktiviert und zur Fahrzeugsteuerung verwendet, auch wenn er im Rahmen der bestimmungsgemäßen Verwendung dieser Funktion das Fahrzeug nicht eigenhändig steuert.

6. which warns of any use contrary to the system description.

The manufacturer of such a motor vehicle shall make a binding declaration in the system description to the effect that the vehicle complies with the requirements of sentence 1.

3. The preceding paragraphs shall only apply to such vehicles which are approved in accordance with section 1(1), comply with the specifications as contained in subsection (2), sentence (1), and whose highly or fully automated driving functions:
   1. are described in and comply with international regulations applicable within the scope of this Act, or
   2. have been granted type-approval in accordance with Article 20 of Directive 2007/46/EC of the European Parliament and of the Council of 5 September 2007, establishing a framework for the approval of motor vehicles and their trailers, and of systems, components and separate technical units intended for such vehicles (Framework Directive) (OJ L 263, 9.10.2007, p. 1).
4. A driver is also a person who activates a highly or fully automated driving function within the meaning of paragraph (2) and uses it to control the vehicle, even if he does not steer the vehicle himself within the scope of the intended use of this function.

Straßenverkehrsgesetz	**Road traffic act**

§ 1b StVG - Rechte und Pflichten des Fahrzeugführers bei Nutzung hoch- oder vollautomatisierter Fahrfunktionen
1. Der Fahrzeugführer darf sich während der Fahrzeugführung mittels hoch- oder vollautomatisierter Fahrfunktionen gemäß § 1a vom Verkehrsgeschehen und der Fahrzeugsteuerung abwenden; dabei muss er derart wahrnehmungsbereit bleiben, dass er seiner Pflicht nach Absatz 2 jederzeit nachkommen kann.
2. Der Fahrzeugführer ist verpflichtet, die Fahrzeugsteuerung unverzüglich wieder zu übernehmen,
  1. wenn das hoch- oder vollautomatisierte System ihn dazu auffordert oder
  2. wenn er erkennt oder auf Grund offensichtlicher Umstände erkennen muss, dass die Voraussetzungen für eine bestimmungsgemäße Verwendung der hoch- oder vollautomatisierten Fahrfunktionen nicht mehr vorliegen.
	Section 1b Road Traffic Act - Rights and obligations of the vehicle driver using highly or fully automated driving functions
	1. The driver is allowed to turn away from the traffic situation and the vehicle control during the operation of the vehicle with highly or fully automated driving functions, in accordance with section 1a. While doing so, he must remain perceptive in such a way that he can fulfil his duty in accordance with paragraph (2) at any time.
	2. The driver shall immediately resume control of the vehicle:
	  1. if the highly or fully automated system requests him to do so, or
	  2. if he recognises or must recognise on the basis of the obvious circumstances that the prerequisites for the intended use of the highly or fully automated driving functions no longer exist.

§ 1d StVG - Kraftfahrzeuge mit autonomer Fahrfunktion in festgelegten Betriebsbereichen
1. Ein Kraftfahrzeug mit autonomer Fahrfunktion im Sinne dieses Gesetzes ist ein Kraftfahrzeug, das
  1. die Fahraufgabe ohne eine fahrzeugführende Person selbstständig in einem festgelegten Betriebsbereich erfüllen kann und
  2. über eine technische Ausrüstung gemäß § 1e Absatz 2 verfügt.
	Section 1d Road Traffic Act - Motor vehicles with autonomous driving function in defined operating areas
	1. A motor vehicle with an autonomous driving function within the meaning of this Act is a motor vehicle which:
	  1. can perform the driving task independently, within a defined operating area, without a person driving the vehicle, and
	  2. has technical equipment, in accordance with section 1e(2).

Straßenverkehrsgesetz

2. Ein festgelegter Betriebsbereich im Sinne dieses Gesetzes bezeichnet den örtlich und räumlich bestimmten öffentlichen Straßenraum, in dem ein Kraftfahrzeug mit autonomer Fahrfunktion bei Vorliegen der Voraussetzungen gemäß § 1e Absatz 1 betrieben werden darf.
3. Technische Aufsicht eines Kraftfahrzeugs mit autonomer Fahrfunktion im Sinne dieses Gesetzes ist diejenige natürliche Person, die dieses Kraftfahrzeug während des Betriebs gemäß § 1e Absatz 2 Nummer 8 deaktivieren und für dieses Kraftfahrzeug gemäß § 1e Absatz 2 Nummer 4 und Absatz 3 Fahrmanöver freigeben kann.
4. Risikominimaler Zustand im Sinne dieses Gesetzes ist ein Zustand, in dem sich das Kraftfahrzeug mit autonomer Fahrfunktion auf eigene Veranlassung oder auf Veranlassung der Technischen Aufsicht an einer möglichst sicheren Stelle in den Stillstand versetzt und die Warnblinkanlage aktiviert, um unter angemessener Beachtung der Verkehrssituation die größtmögliche Sicherheit für die Fahrzeuginsassen, andere Verkehrsteilnehmende und Dritte zu gewährleisten.

Road traffic act

2. A 'defined operating area' within the meaning of this Act means the locally and spatially determined public road space in which a motor vehicle with an autonomous driving function may be operated, if the prerequisites in accordance with section 1e(1) are fulfilled.
3. The 'technical supervisor' of a motor vehicle with an autonomous driving function within the meaning of this Act is the natural person who can deactivate this motor vehicle during its operation in accordance with section 1e(2) No. 8 and release the driving manoeuvres for this motor vehicle in accordance with section 1e(2) No. 4 and paragraph (3).
4. For the purposes of this Act, a 'risk-minimised state' is a state in which the motor vehicle with an autonomous driving function, at its own initiative or at the initiative of the technical supervisor, comes to a stop in the safest possible place and activates the hazard warning lights in order to ensure the greatest possible safety for the vehicle occupants, other road users and third parties, taking due account of the traffic situation.

§ 1e StVG - Betrieb von Kraftfahrzeugen mit autonomer Fahrfunktion; Widerspruch und Anfechtungsklage

1. Der Betrieb eines Kraftfahrzeugs mittels autonomer Fahrfunktion ist zulässig, wenn
   1. das Kraftfahrzeug den technischen Voraussetzungen gemäß Absatz 2 entspricht,

Section 1e Road Traffic Act - Operation of motor vehicles with autonomous driving function; objection and action for annulment

1. The operation of a motor vehicle with an autonomous driving function is permitted if:
   1. the motor vehicle meets the technical requirements in accordance with paragraph (2),

Straßenverkehrsgesetz

2. für das Kraftfahrzeug eine Betriebserlaubnis nach Absatz 4 erteilt worden ist,
3. das Kraftfahrzeug in einem von der nach Bundes- oder Landesrecht zuständigen Behörde oder auf Bundesfernstraßen, soweit dem Bund die Verwaltung zusteht, von der Gesellschaft privaten Rechts im Sinne des Infrastrukturgesellschaftserrichtungsgesetzes genehmigten, festgelegten Betriebsbereich eingesetzt wird und
4. das Kraftfahrzeug zur Teilnahme am öffentlichen Straßenverkehr gemäß § 1 Absatz 1 zugelassen ist.

Ein Betrieb eines Kraftfahrzeugs gemäß § 1h und die Zulassung im Übrigen gemäß § 1 Absatz 1 bleiben hiervon unberührt.

2. Kraftfahrzeuge mit autonomer Fahrfunktion müssen über eine technische Ausrüstung verfügen, die in der Lage ist,
   1. die Fahraufgabe innerhalb des jeweiligen festgelegten Betriebsbereichs selbstständig zu bewältigen, ohne dass eine fahrzeugführende Person in die Steuerung eingreift oder die Fahrt des Kraftfahrzeugs permanent von der Technischen Aufsicht überwacht wird,
   2. selbstständig den an die Fahrzeugführung gerichteten Verkehrsvorschriften zu entsprechen und die über ein System der Unfallvermeidung verfügt, das
      c. auf Schadensvermeidung und Schadensreduzierung ausgelegt ist,

Road traffic act

2. an operating permit has been granted for the motor vehicle in accordance with paragraph (4),
3. the motor vehicle is used in a defined operating area approved by the authority responsible under federal or federal state law or, on federal trunk roads where the Federal Government is responsible for administration, by the private-law company within the meaning of the Infrastructure Company Establishment Act, and
4. the motor vehicle is authorised to participate in public road traffic in accordance with section 1(1).

An operation of a motor vehicle in accordance with section 1(h) and the approval in other respects in accordance with section 1(1) shall remain unaffected.

2. Motor vehicles with an autonomous driving function must have a technical equipment which is able to:
   1. perform the driving task independently within the respective defined operating area without a driver intervening in the control system or the technical supervisor continuously monitoring the driving of the motor vehicle,
   2. comply independently with the traffic regulations addressed to the driver of the vehicle and which has a system of accident prevention that:
      a. is designed to prevent and reduce damage,

Straßenverkehrsgesetz

b. bei einer unvermeidbaren alternativen Schädigung unterschiedlicher Rechtsgüter die Bedeutung der Rechtsgüter berücksichtigt, wobei der Schutz menschlichen Lebens die höchste Priorität besitzt, und
c. für den Fall einer unvermeidbaren alternativen Gefährdung von Menschenleben keine weitere Gewichtung anhand persönlicher Merkmale vorsieht,

3. das Kraftfahrzeug selbstständig in einen risikominimalen Zustand zu versetzen, wenn die Fortsetzung der Fahrt nur durch eine Verletzung des Straßenverkehrsrechts möglich wäre,
4. im Fall der Nummer 3 der Technischen Aufsicht selbstständig
   a. mögliche Fahrmanöver zur Fortsetzung der Fahrt vorzuschlagen sowie
   b. Daten zur Beurteilung der Situation zu liefern, damit die Technische Aufsicht über eine Freigabe des vorgeschlagenen Fahrmanövers entscheiden kann,
5. ein von der Technischen Aufsicht vorgegebenes Fahrmanöver zu überprüfen und dieses nicht auszuführen, sondern das Kraftfahrzeug selbstständig in einen risikominimalen Zustand zu versetzen, wenn das Fahrmanöver am Verkehr teilnehmende oder unbeteiligte Personen gefährden würde, eine Beeinträchtigung ihrer Funktionalität der Technischen Aufsicht unverzüglich anzuzeigen,
6. ihre Systemgrenzen zu erkennen und beim Erreichen einer Systemgrenze, beim Auftreten einer technischen Störung, die die

Road traffic act

b. in the event of unavoidable alternative damage to different legal interests, takes into account the importance of the legal interests, with the protection of human life having the highest priority, and
c. in the case of an unavoidable alternative risk to human life, does not provide for any further prioritisation on the basis of personal characteristics,

3. independently bring the motor vehicle into a risk-minimised state, if the continuation of the journey would only be possible by way of a violation of the road traffic law,
4. in the case of number 3, the technical supervisor shall be independently:
   a. suggested possible driving manoeuvres to continue the journey, and
   b. provided data to assess the situation so that the technical supervisor can decide whether to approve the proposed manoeuvre,
5. check the driving manoeuvre specified by the technical supervisor and not carry it out, but independently put the motor vehicle in a risk-minimised state if the driving manoeuvre would endanger persons participating in traffic or uninvolved persons,
6. report any impairment of their functionality to the technical supervisor without delay,
7. recognise its system limits and, in the event that a system limit is reached, if a technical malfunction occurs which

Straßenverkehrsgesetz	Road traffic act
Ausübung der autonomen Fahrfunktion beeinträchtigt, oder beim Erreichen der Grenzen des festgelegten Betriebsbereichs das Kraftfahrzeug selbstständig in einen risikominimalen Zustand zu versetzen,	impairs the exercise of the autonomous driving function, or if the limits of the defined operating area are reached, independently set the motor vehicle to a risk-minimised state,
7. jederzeit durch die Technische Aufsicht oder durch Fahrzeuginsassen deaktiviert zu werden und im Falle einer Deaktivierung das Kraftfahrzeug selbstständig in den risikominimalen Zustand zu versetzen,	8. get deactivated at any time by the technical supervisor or by the vehicle occupants and, in the event of a deactivation, return the motor vehicle autonomously to the risk-minimised state,
8. der Technischen Aufsicht das Erfordernis der Freischaltung eines alternativen Fahrmanövers, der Deaktivierung mit ausreichender Zeitreserve sowie Signale zum eigenen Funktionsstatus optisch, akustisch oder sonst wahrnehmbar anzuzeigen und	9. indicate visually, acoustically or otherwise perceptibly to the technical supervisor the need for activation of an alternative manoeuvre, deactivation with sufficient time reserve as well as signals concerning their own functional status, and
9. ausreichend stabile und vor unautorisierten Eingriffen geschützte Funkverbindungen, insbesondere zur Technischen Aufsicht, sicherzustellen und das Kraftfahrzeug selbstständig in einen risikominimalen Zustand zu versetzen, wenn diese Funkverbindung abbricht oder darauf unerlaubt zugegriffen wird.	10. 10. ensure sufficiently stable radio links protected against unauthorised interference, in particular with the technical supervisor, and set the motor vehicle automatically to a risk-minimised state if this radio link is interrupted or accessed without authorisation.
3. Zur Erfüllung der Anforderungen nach Absatz 2 Nummer 1 bis 4 ist es im Falle sonstiger Beeinträchtigungen, die dazu führen, dass die technische Ausrüstung die Fahraufgabe nicht selbstständig bewältigen kann, auch ausreichend, wenn	3. In order to meet the requirements of paragraph 2, numbers 1 to 4, in the case of other impairments which result in the technical equipment not being able to cope with the driving task independently, it is also sufficient if:
1. die technische Ausrüstung in der Lage ist sicherzustellen, dass alternative Fahrmanöver durch die Technische Aufsicht vorgegeben werden können,	1. the technical equipment is capable of ensuring that alternative manoeuvres can be provided by the technical supervisor,

Straßenverkehrsgesetz	Road traffic act
2. die alternativen Fahrmanöver gemäß Nummer 1 durch die technische Ausrüstung selbstständig ausgeführt werden und	2. the alternative manoeuvres according to number 1 are carried out independently by the technical equipment, and
3. die technische Ausrüstung in der Lage ist, die Technische Aufsicht mit ausreichender Zeitreserve optisch, akustisch oder sonst wahrnehmbar zur Vorgabe eines Fahrmanövers aufzufordern.	3. the technical equipment is capable of prompting the technical supervisor visually, acoustically or otherwise perceptibly with sufficient time reserve to specify a manoeuvre.
4. Liegen die technischen Voraussetzungen gemäß Absatz 2 und die Erklärung des Herstellers nach § 1f Absatz 3 Nummer 4 vor, erteilt das Kraftfahrt-Bundesamt auf Antrag des Herstellers eine Betriebserlaubnis für ein Kraftfahrzeug mit autonomer Fahrfunktion. Laufende Genehmigungsverfahren, die sachlich unter § 1d bis § 1g fallen und in denen der Antrag auf Erteilung einer Betriebserlaubnis inklusive einer Ausnahmegenehmigung bereits gestellt worden ist, bleiben unberührt.	4. If the technical requirements pursuant to paragraph (2) and the manufacturer's declaration pursuant to section 1f(3) No. 4 are fulfilled, the Federal Motor Transport Authority shall grant an operating permit for a motor vehicle with an autonomous driving function at the manufacturer's request. Ongoing approval procedures which are subject to sections 1d to 1g and in which the application for the granting of a type approval including an exemption has already been submitted shall remain unaffected.
5. Widerspruch und Anfechtungsklage gegen den Widerruf oder die Rücknahme einer Betriebserlaubnis für ein Kraftfahrzeug mit autonomer Fahrfunktion haben keine aufschiebende Wirkung.	5. An objection and an action for annulment against the revocation or withdrawal of an operating permit for a motor vehicle with an autonomous driving function shall not have a suspensive effect.
6. Widerspruch und Anfechtungsklage gegen den Widerruf oder die Rücknahme einer Genehmigung eines festgelegten Betriebsbereichs haben keine aufschiebende Wirkung.	6. Objections and actions for annulment against the revocation or withdrawal of a permit of a defined operating area shall not have a suspensive effect.

Straßenverkehrsgesetz	Road traffic act
§ 1f StVG - Pflichten der Beteiligten beim Betrieb von Kraftfahrzeugen mit autonomer Fahrfunktion 1. Der Halter eines Kraftfahrzeugs mit autonomer Fahrfunktion ist zur Erhaltung der Verkehrssicherheit und der Umweltverträglichkeit des Kraftfahrzeugs verpflichtet und hat die hierfür erforderlichen Vorkehrungen zu treffen. Er hat 1. die regelmäßige Wartung der für die autonome Fahrfunktion erforderlichen Systeme sicherzustellen, 2. Vorkehrungen zu treffen, dass die sonstigen, nicht an die Fahrzeugführung gerichteten Verkehrsvorschriften eingehalten werden und 3. zu gewährleisten, dass die Aufgaben der Technischen Aufsicht erfüllt werden. 2. Die Technische Aufsicht über ein Kraftfahrzeug mit autonomer Fahrfunktion ist verpflichtet, 1. ein alternatives Fahrmanöver nach § 1e Absatz 2 Nummer 4 und Absatz 3 zu bewerten und das Kraftfahrzeug hierfür freizuschalten, sobald ihr ein solches optisch, akustisch oder sonst wahrnehmbar durch das Fahrzeugsystem angezeigt wird, die vom Fahrzeugsystem bereitgestellten Daten ihr eine Beurteilung der Situation ermöglichen und die Durchführung des alternativen Fahrmanövers nicht die Verkehrssicherheit gefährdet, 2. die autonome Fahrfunktion unverzüglich zu deaktivieren, sobald dies optisch, akustisch oder sonst wahrnehmbar durch das Fahrzeugsystem angezeigt wird,	Section 1f Road Traffic Act - Obligations of the parties involved in the operation of motor vehicles with autonomous driving function 1. The keeper of a motor vehicle with an autonomous driving function is obliged to maintain the road safety and environmental compatibility of the motor vehicle and must take the necessary precautions to this end. He shall: 1. ensure the regular maintenance of the systems required for the autonomous driving function; 2. take precautions to ensure compliance with other traffic regulations not relating to the driving of the vehicle; and 3. ensure that the tasks of the technical supervisor are fulfilled. 2. The technical supervisor of a motor vehicle with an autonomous driving function shall: 1. assess an alternative driving manoeuvre in accordance with section 1e(2) No. 4 and paragraph 3 and release the motor vehicle for this purpose as soon as he is visually, acoustically or otherwise perceptibly notified of such a manoeuvre by the vehicle system, which the data provided by the vehicle system enables him to assess; and the execution of the alternative driving manoeuvre does not endanger road safety, 2. deactivate the autonomous driving function immediately as soon as this is indicated visually, acoustically or otherwise perceptibly by the vehicle system,

Straßenverkehrsgesetz	Road traffic act
3. Signale der technischen Ausrüstung zum eigenen Funktionsstatus zu bewerten und gegebenenfalls erforderliche Maßnahmen zur Verkehrssicherung einzuleiten und	3. evaluate signals from the technical equipment regarding its own functional status and, if necessary, initiate required road safety measures, and
4. unverzüglich Kontakt mit den Insassen des Kraftfahrzeugs herzustellen und die zur Verkehrssicherung notwendigen Maßnahmen einzuleiten, wenn das Kraftfahrzeug in den risikominimalen Zustand versetzt wird.	4. immediately contact the occupants of the motor vehicle and initiate the measures necessary for road safety when the motor vehicle is placed in the risk-minimised status.
3. Der Hersteller eines Kraftfahrzeugs mit autonomer Fahrfunktion hat	3. The manufacturer of a motor vehicle with an autonomous driving function shall
1. über den gesamten Entwicklungs- und Betriebszeitraum des Kraftfahrzeugs gegenüber dem Kraftfahrt-Bundesamt und der zuständigen Behörde nachzuweisen, dass die elektronische und elektrische Architektur des Kraftfahrzeugs und die mit dem Kraftfahrzeug in Verbindung stehende elektronische und elektrische Architektur vor Angriffen gesichert ist,	1. demonstrate to the Federal Motor Transport Authority and the competent authority throughout the entire development and operating period of the motor vehicle that the electronic and electrical architecture of the motor vehicle and the electronic and electrical architecture connected to the motor vehicle are protected against attacks,
2. eine Risikobeurteilung für das Kraftfahrzeug vorzunehmen und gegenüber dem Kraftfahrt-Bundesamt und der zuständigen Behörde nachzuweisen, wie die Risikobeurteilung durchgeführt wurde und dass kritische Elemente des Kraftfahrzeugs gegen Gefahren, die im Rahmen der Risikobeurteilung festgestellt wurden, geschützt werden,	2. carry out a risk assessment for the motor vehicle and demonstrate to the Federal Motor Transport Authority and the competent authority how the risk assessment has been carried out and that the critical elements of the motor vehicle are protected against hazards identified in the risk assessment,
3. eine für das autonome Fahren ausreichend sichere Funkverbindung nachzuweisen,	3. demonstrate a sufficiently secure radio link for autonomous driving,
	4. prepare a system description for each motor vehicle, an operating manual, a binding declaration to the Federal Motor Transport Authority and declare in the operating manual that the motor vehicle fulfils the requirements of section 1e(2), in conjunction with paragraph 3,

Straßenverkehrsgesetz

4. für jedes Kraftfahrzeug eine Systembeschreibung vorzunehmen, ein Betriebshandbuch zu erstellen und gegenüber dem Kraftfahrt-Bundesamt und im Betriebshandbuch verbindlich zu erklären, dass das Kraftfahrzeug die Voraussetzungen nach § 1e Absatz 2, auch in Verbindung mit Absatz 3, erfüllt,
5. für das Kraftfahrzeug eine Schulung für die am Betrieb beteiligten Personen anzubieten, in der die technische Funktionsweise insbesondere im Hinblick auf die Fahrfunktionen und die Aufgabenwahrnehmung der Technischen Aufsicht vermittelt werden, und
6. sobald er Manipulationen am Kraftfahrzeug oder an dessen elektronischer oder elektrischer Architektur oder an der mit dem Kraftfahrzeug in Verbindung stehenden elektronischen oder elektrischen Architektur erkennt, insbesondere bei einem unerlaubten Zugriff auf die Funkverbindungen des Kraftfahrzeugs, diese unverzüglich dem Kraftfahrt-Bundesamt und der nach Bundes- oder Landesrecht zuständigen Behörde oder auf Bundesfernstraßen, soweit dem Bund die Verwaltung zusteht, der Gesellschaft privaten Rechts im Sinne des Infrastrukturgesellschaftserrichtungsgesetzes mitzuteilen und erforderliche Maßnahmen einzuleiten.

Road traffic act

5. provide training for the persons involved in the operation of the motor vehicle, in which the technical function, in particular, with regard to the driving functions and the performance of the tasks of the technical supervisor, are instructed, and
6. immediately notify the Federal Motor Transport Authority and the competent authority under federal or federal state law or, on federal trunk roads where the Federal Government is responsible for administration, the private law company within the meaning of the Infrastructure Company Establishment Act, as soon as he detects any manipulation of the motor vehicle or its electronic or electrical architecture or of the electronic or electrical architecture connected to the motor vehicle, in particular in the event of unauthorised access to the radio links of the motor vehicle, and initiate the necessary measures.

Straßenverkehrsgesetz	Road traffic act
§ 7 StVG - Haftung des Halters, Schwarzfahrt 1. Wird bei dem Betrieb eines Kraftfahrzeugs ein Mensch getötet, der Körper oder die Gesundheit eines Menschen verletzt oder eine Sache beschädigt, so ist der Halter verpflichtet, dem Verletzten den daraus entstehenden Schaden zu ersetzen. 2. Die Ersatzpflicht ist ausgeschlossen, wenn der Unfall durch höhere Gewalt verursacht wird. 3. Benutzt jemand das Kraftfahrzeug ohne Wissen und Willen des Fahrzeughalters, so ist er anstelle des Halters zum Ersatz des Schadens verpflichtet; daneben bleibt der Halter zum Ersatz des Schadens verpflichtet, wenn die Benutzung des Kraftfahrzeugs durch sein Verschulden ermöglicht worden ist. Satz 1 findet keine Anwendung, wenn der Benutzer vom Fahrzeughalter für den Betrieb des Kraftfahrzeugs angestellt ist oder wenn ihm das Kraftfahrzeug vom Halter überlassen worden ist.	Section 7 Road Traffic Act - Liability of the keeper, unauthorised Driving 1. If, during the operation of a motor vehicle, a person suffers death, the body or health of a person is injured or an object is damaged while operating a motor vehicle, the keeper is obliged to compensate the injured person for the resulting damage. 2. The obligation to compensate is excluded if the accident is caused by the event of force majeure. 3. If anyone uses the motor vehicle without the knowledge and consent of the keeper, he is liable to pay compensation for the damage instead of the keeper.; in addition, the keeper remains liable to pay compensation for the damage if the use of the motor vehicle was made possible through the fault of the keeper. Sentence 1 does not apply if the user is employed by the keeper to operate the motor vehicle or if the keeper has assigned the motor vehicle to the user.
§ 18 StVG - Ersatzpflicht des Fahrzeugführers 1. In den Fällen des § 7 Abs. 1 ist auch der Führer des Kraftfahrzeugs zum Ersatz des Schadens nach den Vorschriften der §§ 8 bis 15 verpflichtet. Die Ersatzpflicht ist ausgeschlossen, wenn der Schaden nicht durch ein Verschulden des Führers verursacht ist.	Section 18 Road Traffic Act - Liability of the driver 1. In the cases of section 7(1), the driver of the motor vehicle is also liable to pay compensation for the damage in accordance with the provisions of sections 8 to 15. The obligation to pay compensation is excluded if the damage is not caused by the fault of the driver.

Straßenverkehrsgesetz	Road traffic act
2. Die Vorschrift des § 16 findet entsprechende Anwendung. 3. Ist in den Fällen des § 17 auch der Führer eines Kraftfahrzeugs zum Ersatz des Schadens verpflichtet, so sind auf diese Verpflichtung in seinem Verhältnis zu den Haltern und Führern der anderen beteiligten Kraftfahrzeuge, zu dem Tierhalter oder Eisenbahnunternehmer die Vorschriften des § 17 entsprechend anzuwenden.	2. The provision of section 16 shall apply accordingly. 3. If, in the cases referred to in section 17, the driver of a motor vehicle is also liable to pay compensation for the damage, then the provisions of section 17 shall apply accordingly, with respect to the driver's relationship with the keepers and drivers of the other motor vehicles involved, with the animal keeper or with the railway operator.

Liability for Traffic Accidents Caused by Highly Automated and Autonomous Vehicles in Light of Hungarian Civil Law

*Réka Pusztahelyi**

> Failure is success in progress.
>
> ALBERT EINSTEIN

'These most modern means of the transport and, behind it, an industry becoming flourishing with an incredible speed in the face of its brief past of about a decade, nowadays are affecting the formation of new legal relationships probably considered by someone to be quite strange in several aspects in the light of the ideology of the existing legal order.' – wrote Bálint Kolosváry,[1] a recognised Hungarian academic writer and scholar in 1908, when the first automobiles appeared on the Hungarian roads. Among the branches of law (administrative law, criminal law, financial law, etc.), he highlighted the importance of the civil liability law, its purpose to strike balance between conflicting interests around the real contact point of the technology and the economy, i.e., the traffic accidents and damage suffered.

One century later, technological development, the use of automated driving systems and other AIS, brings new challenges to the existing institutions of civil law, where the well-tried structures of civil liability regimes are becoming less and less appropriate.

In this article, we concentrate mainly on civil liability issues relating to road accidents caused by highly automated and autonomous vehicles,[2] especially the Hungarian blanket clause of strict liability for hazardous activity which risk-based liability rule prevails in the field of indemnification of damage and losses suffered by victims of road accidents. To provide a fair and complete

* Réka Pusztahelyi, PhD, habil., associate professor, Institute of Private Law, University of Miskolc, Hungary, reka.pusztahelyi@uni-miskolc.hu, ORCID ID: 0000-0002-4779-2290

1 B. Kolosváry, 'Automobilkárok' (1908) 37 Erdélyrészi Jogi Közlöny 397–98.

2 For defining highly automated or autonomous vehicles, we refer to here road traffic vehicles equipped by automated driving system (ADS, see below), and ADS performs the entire dynamic driving task while engaged. According to the categorisation of the SAE International standard No. J3016 these are grouped under Level 3 (Conditional Driving Automation), Level 4 (High Driving Automation) or Level 5 (Full Driving Automation).

 | DOI:10.1163/9789004711891_008

view about the relevant existing Hungarian legislation, the article gives an introduction into the administrative law and criminal law concerning road traffic, as well. In the absence of any special legislative measure to address legal challenges of artificial intelligence systems (AIS), in this work we intended to show and evaluate the possible approaches to the regulatory options mainly from the viewpoint of the contemporary Hungarian legal literature. As observed, the exploitation of AIS being as disruptive technology requires more innovative thinking and a revision of theory of civil liability law based on the works of Gyula Eörsi and Géza Marton, just to mention two genius civilists of the modern Hungarian jurisprudence.

1 The Way Forward to an International Harmonised Framework for Highly Automated Vehicles in the Light of Its Possible Civil Law Implications

In this section, we would like to highlight the challenges and suggestions for amendments in the field of international road traffic law, which fundamentally delineate the forthcoming legislative issues in national law, including the concepts of adapting the rules on civil liability.

The United Nations Economic Commission for Europe (UNECE) fostered several agreements which address each regulatory question relating to road traffic, such as technical requirements of motor vehicles, traffic signs, authorising and mutual recognition of driving licences etc. In the field of automated and autonomous vehicles, the most important questions are regulated in the Vienna Convention on road traffic of 1968. Hungary, a Contracting Party of this Convention, ratified the document on 16 March 1976, and promulgated it in 1980.[3]

Article 8 of the Vienna Convention states that every moving vehicle (or combination of vehicles) shall have a driver. A further general condition is that every driver shall possess the necessary physical and mental ability and be in a fit physical and mental condition to drive.[4]

3 Concerning on the road safety principles, another important document is the 1949 Convention on Road Traffic (Geneva, 19 September 1949), however, this Convention was terminated and replaced by Vienna Convention on road traffic of 1968 in relation of Hungary.

4 Á. Juhász and R. Pusztahelyi, 'Legal Questions on the Appearance of Self-driving Cars in the Road Traffic with Special Regard on the Civil Law Liability' (2016) 12 European Integration Studies 10, 19. http://midra.uni-miskolc.hu/document/27358/22960.pdf.

Furthermore, the European Agreement supplementing the Vienna Convention (concluded in Geneva, on 1 May 1971)[5] added here an amendment and supplement to read the above-mentioned Article 8 as follows: 'Every driver shall have his vehicle under control so as to be able to exercise due and proper care at all times. He shall be acquainted with the road traffic and safety regulations and be aware of the factors which may affect his behaviour such as fatigue, taking of medication and driving under the influence of alcohol and drugs.'

That means Paragraph 5 was further interpreted and detailed by the European Agreement. Therefore, the fact that the UNECE decided to amend the Vienna Convention is extremely important.

As a result of the initiation of several states, Austria, Belgium, France, Germany and Italy, the Vienna Convention was amended in March 2016. The modified text of Article 8 makes possible the participation of driverless cars in public road traffic provided that the defined prerequisites are fulfilled.[6] It means that conformity with the appropriate technical requirements resulted in the conformity with the mandatory driver tasks even in cases when not a human driver carries on this activity (driving), but a vehicle system (See section 5bis: 'Vehicle systems which influence the way vehicles are driven *shall be deemed to be* in conformity with paragraph 5 (…)' or, such systems can be overridden or switched off by the driver).

According to the underlying justification of the amendment, even in the case of automated or autonomous vehicles, the guiding principle of road traffic regulations did not change: the driver is in the superior role. Therefore, overrideability as well as the possibility for the driver to switch systems off ensure that the driver's will is put forth.[7] Nevertheless, as the draft for the new legal instrument–it will be examined in the followings, provides that the involved and responsible human agents will be multiplied, the definition of "driver" should be completed or adjusted.

These above-mentioned "deeming provisions" were also amended and completed by the Revised Amendment proposal, submitted by Belgium, Finland,

5 https://treaties.un.org/doc/Publication/UNTS/Volume%201731/volume-1731-A-17847-English.pdf.

6 Á. Juhász and R. Pusztahelyi, 'Legal Questions on the Appearance of Self-driving Cars in the Road Traffic with Special Regard on the Civil Law Liability' (2016) 12 *European Integration Studies* 10, 13.

7 UNECE Inland Transport Committee, 'Report of the sixty-eighth session of the Working Party on Road Traffic Safety' 17.04.2014. https://unece.org/DAM/trans/doc/2014/wp1/ECE-TRANS-WP1-145e.pdf.

France, Luxembourg, Portugal, Russian Federation, Sweden and Switzerland[8] on 13 January 2021.

Relating to Article 34 of Vienna Convention, the terminology for automated or autonomous vehicles were also being forged. Under the proposed Amendment, two definitions should be inserted among the definitions in Article 1 of the convention, the "automated driving system" and the "dynamic control",[9] which reflect the SAE International standard No. J3016. According to that, automated driving system (ADS) refers to a vehicle system that uses both hardware and software to exercise dynamic control of a vehicle on a sustained basis.[10]

Under the proposed Amendment, a new Article (34bis) was also inserted.[11] It provides that "automated driving" means that the requirement that every moving vehicle or combination of vehicles shall have a driver is *deemed to be satisfied* while the vehicle is using an automated driving system which complies with: (a) domestic technical regulations, and any applicable international legal instrument, concerning wheeled vehicles, equipment and parts which can be fitted and/or be used on wheeled vehicles, and (b) domestic legislation governing operation.

Accordingly, in addition to the domestic and international technical regulations, the level of domestic legislation is targeted in defining the legal requirements of operation. Therefore, this Article manages the problem of discrepancy between international road traffic law and the domestic rules. However, it does not solve safety challenges that might emerge in cross-border situations (e.g. automated vehicle causes accident in country other than country of registration, the vehicle was controlled or monitored from country other than country of registration, etc.) the further international harmonisation is unavoidable. Since the effect of this Article 34bis is to be limited to the territory of the contracting party where the relevant domestic technical regulations and legislation governing operation apply. According to the explanatory memorandum this limitation ensures that no contracting party is obliged to accept, or to take action to prevent, the use of automated driving systems in its territory

8 ECE/TRANS/WP.1/2020/1/Rev.1.

9 *Automated driving system* refers to a vehicle system that uses both hardware software to exercise dynamic control of a vehicle on a sustained basis, and *dynamic control* refers to carrying out all the real-time operational and tactical functions required to move the vehicle. This includes controlling the vehicle's lateral and longitudinal motion, monitoring the road, responding to events in the road traffic, and planning and signalling for manoeuvres.' Cf. ECE/TRANS/WP.1/2020/1/Rev.1.

10 Cf. also B. W. Smith, 'Automated Vehicles Are Probably Legal in the United States' (2014) 1 *Texas A&M Law Review* 411. https://doi.org/10.37419/LR.V1.I3.1

11 The Amendment entered into force on 14 July 2022.

merely because another party allows them.[12] It must also be clarified here that Vienna Convention also stipulates that all vehicles in international traffic must meet the technical requirements in force in their country of registration when they first entered into service.

After the submission in 2021, in September 2022, the Global Forum for Road Traffic Safety (WP.1) adopted a resolution (Resolution 2022) on safety considerations for activities other than driving undertaken by the driver when the automated driving system is exercising dynamic control. In this resolution not only the activities other than driving are of importance, but also the duties charged on the driver which enriches the concept of driver, and the relevant article 5 of the Convention with further details. To sum up, the driver shall pay attention and care even in automated or autonomous mode, and he or she shall refrain from activity other than driving to maintain the safety and controlled operation of the vehicle.[13] The Resolution 2022 reacts to very dangerous situations, where the driver should retake the actual control over the vehicle since the automated driving system is unable to continue performing the driving tasks in the changed circumstances. These situations had already risen severe safety and liability concerns.[14] It should be noted here that Resolution 2022 contains recommendations for manufacturers of automated driving systems and manufacturers of vehicles equipped with automated driving systems issuing transition demands, since these recommendations might have an effect on the legal obligations of manufacturers and their liability for defective products.

Since the international harmonisation of rules governing road traffic safety, design, and operation of the automated vehicles is necessary, the Global Forum for Road Traffic Safety (WP.1) established a Group of Experts in 2021 to draft a new legal instrument on the use of automated vehicles in traffic (LIAV) which is expected to complement the 1949 and 1968 Conventions on Road Traffic.[15]

12 Cf. ECE/TRANS/WP.1/2020/1/Rev.1. point 9.

13 https://unece.org/sites/default/files/2021-07/ECE-TRANS-WP1-2021-2e.pdf; and https://unece.org/sites/default/files/2022-08/ECE-TRANS-WP.1-2021-2-Rev.1e.pdf

14 Á. Juhász, 'Transition of the driver's rights and duties in light of the automation of vehicles.' In: Jozef, Suchoza; Ján, Husár; Reginá, Hucková (szerk.) Law, Commerce, Economy IX: Collection of Papers presented at an international scientific symposium, LAW – COMMERCE – ECONOMY held from 23rd-25th of October 2019 in High Tatras, Kosice: Univerzita Pavla Jozefa Šafárika v Košiciach (2019) pp. 393–404.

15 Programme of work of the Group of Experts on drafting a new legal instrument on the use of automated vehicles in traffic. ECE/TRANS/WP.1/GE.3/2022/3.

The Group of Experts had already prepared and submitted to the session of WP.1 in December 2022[16] the 'Zero-draft – Skeleton of new international legal instrument (Convention) on the use of automated vehicles in traffic' (hereinafter Zero Draft LIAV) which does not contain concrete paragraphs nor written proposals for articles, only aims to serve as a compact draft. It envisaged that the appropriate legal instrument would be a Convention[17], instead of Protocols or Amendments, and should cover not only the Vienna Convention of 1968 but also the Geneva Convention of 1949 on road traffic. Building upon the UNECE Resolutions and the current proposals concerning automated driving,[18] drafting the scopes of duties (tasks) and responsibilities for the involved human and artificial agents is of a high importance in the light of civil liability issues. It defines general responsibilities of the user of a vehicle with ADS. The human may have a dynamic control over the vehicle or may delegate the dynamic driving tasks to the ADS. In the latter case he or she would remain a user in charge.[19] Despite the fact that several questions were left open in this draft, we can remark the growing scope of the responsibilities of the other entities to ensure the safe behaviour of the automated vehicle, such as manufacturers, software developers, or remote management operators (mostly linked to automated passenger and freight transport services). As for ADS capabilities, these issues are touched upon as general functional requirements for the automated driving systems, so, as a part of safety design and technical regulations.

Here it comes to play the need for the international commonality of technical regulations. Just to mention one problem that emerges from the different

16 Informal document No. 1 / GE.3-05-01; https://unece.org/sites/default/files/2022-12/ECE-TRANS-WP.1-GE.3-2022-1-inf.1%20GE.3-05-01.pdf

17 After the long debate upon the binding nature, the Sweden proposal on the serial approach for drafting a new legal instrument seems promising. See https://unece.org/transport/documents/2024/09/working-documents/serial-approach-group-experts-drafting-new-legal

18 2018 Resolution is for Global Forum for Road Traffic Safety (WP.1) Resolution on the deployment of highly and fully automated vehicles in road traffic, available at https://unece.org/transport/publications/resolution-deployment-highly-and-fully-automated-vehicles-road-traffic. 2022 Resolution is for Global Forum for Road Traffic Safety (WP.1) Resolution on safety considerations for activities other than driving undertaken by drivers when automated driving systems issuing transition demands exercise dynamic control, available at https://unece.org/transport/publications/resolution-safety-considerations-activities-other-driving-undertaken-drivers. Furthermore, the Uniform automated operation of vehicles act refers to Uniform automated operation of vehicles act, drafted by National Conference of Commissioners of Uniform State Laws (ULC), 2019 and Automated Vehicles refers to Summary of joint report: Automated Vehicles: Summary of joint report, Law Commission, 26 January 2022.

19 Cf. Zero Draft LIAV Article 11.

Human Machine Interfaces is one of the different types of vehicles.[20] We also observed the tendency that the international technical regulations play a decisive role, as far as the interaction between the relevant international conventions and the national regulations is concerned. Judit Fazekas highlighted[21] the importance of the EU's membership of the UN Agreement of 1958 concerning the Adoption of Harmonized Technical United Nations Regulations for Wheeled Vehicles, Equipment and Parts[22] and the importance of the EU legislation, thus, among them, the role the Regulation (EU) 2018/858 on vehicle type-approval.[23]

Added to the latter, in August 2022, an implementing regulation was published relating to the type-approval of the automated driving system (ADS) of fully automated vehicles.[24] Despite the fact that this regulation is applicable only for limited cases of use of fully automated vehicle,[25] one important conclusion can be made from its provisions, especially from the rules providing obligations of the on-board operator and the remote intervention operator. Besides their defined tasks, none of them may drive the fully automated vehicle. Therefore, in these use cases, there is no human who would be deemed as a driver at all, and accordingly, who would be held responsible for the problems that possibly occurred during the actual dynamic driving tasks.

---

20 Group of Experts, *Road Safety Challenges Posed by the Use of Automated Vehicles*, Informal document No. 4 (GE.3-03-04). Available at https://unece.org/transport/events/ge3-group-experts-drafting-new-legal-instrument-use-automated-vehicles-traffic-3rd.

21 J. Fazekas, 'Az autonóm mobilitás stratégiai és szabályozási keretei az Európai Unióban' in J. Fazekas and G. Kecskés (eds), *Az autonóm járművek és intelligens rendszerek jogi vonatkozásai,* Universitas-Győr Nonprofit Kft, Győr 2020, p. 236.

22 UN Agreement of 1958 concerning the Adoption of Harmonized Technical United Nations Regulations for Wheeled Vehicles, Equipment and Parts which can be Fitted and/or be Used on Wheeled Vehicles and the Conditions for Reciprocal Recognition of Approvals Granted on the Basis of these United Nations Regulations (Revision 3) E/ECE/TRANS/505/Rev.3.

23 Regulation (EU) 2018/858 of the European Parliament and of the Council of 30 May 2018 on the approval and market surveillance of motor vehicles and their trailers, and of systems, components and separate technical units intended for such vehicles.

24 Commission Implementing Regulation (EU) 2022/1426 of 5 August 2022 laying down rules for the application of Regulation (EU) 2019/2144 of the European Parliament and of the Council as regards uniform procedures and technical specifications for the type-approval of the automated driving system (ADS) of fully automated vehicles.

25 Namely, to the type-approval of fully automated vehicles of category M and N, with regard to their automated driving system, for the following use cases: (a) Fully automated vehicles (including dual mode vehicles, designed and constructed for the carriage of passengers or carriage of goods on a predefined area); (b) 'Hub-to-hub' driving and (c) 'Automated valet parking'.

As a result of the application of the above-mentioned *"deeming provisions"*, when the required standard of conduct is being established, the classic approach to the driver's 'subjective' responsibility (i.e. elements of the subjective fault and personal reprehensibility) should not be equated with the standard of conduct set for the on-board operator or the remote intervention operator. Considering the aforementioned Zero Draft LIAV, these roles are rather considered as 'users in charge' not as a driver, with the following special exception. According to EU regulation no. (EU) 2022/1426, in the case of dual-mode vehicles, the human driver may drive them in manual driving mode, however, the transition between manual driving mode and fully automated driving mode may only occur when the vehicle is at standstill. This provision envisages the possibility, that, in general, in all use cases of fully automated vehicles we cannot speak 'transition request in action/underway' issue, and therefore the special duty charged on the human driver, that is, (expectation to be ready and) to answer for a transition request of ADS is not on the table when the liability implications are discussed in the case of fully automated vehicles, not even if they are designed and structured for dual operation mode. Since human oversight should be maintained and the human user in charge cannot lose his or her capacity to intervene to the functioning of the ADS,[26] when the ADS is deactivated, the vehicle should stop. In our opinion, in the framework of the road traffic law, the concept of the driver cannot be extended to cover other roles of human individuals, such as oversight and control of the functioning of ADS, it should be limited to fulfilling active and dynamic driving tasks.

To sum up, the international road traffic law not only provides the technical and administrative framework for licensing the roadworthiness and the lawful use of highly automated or fully automated vehicles on roads but also could ensure a (renewed) conceptual framework of human agents involved.

In light of these amendments and proposals, we agree with several Hungarian authors' statements. Although the driver tasks may be transmitted to the automated driving system, partially or fully, the human control or oversight is essential, and the human responsibility may not be diminished.[27]

---

26 The European Parliament Resolution on Framework of ethical aspects of artificial intelligence, robotics and related technologies also refers to the ethical principle of the respect of human autonomy, oversight relating to transport, point 105.

27 See among them e.g., S. Udvary, 'A non-humán ágensek (intelligens rendszerek) jogi szabályozása – robotok, dedikált rendszerek (önvezető autók)' [Legal framework for non-human agents (intelligent systems) – robots, dedicated systems (self-driving cars)], in Á. Homicskó (ed.), *A digitalizáció hatása az egyes jogterületeken, Acta Caroliensia*, KRE ÁJK, Budapest 2020, p. 249.

However, the existing liability (and third-party insurance) system has not yet reflected the multiplicity of the human and artificial agents and the differences in tasks and responsibilities directly or indirectly linked to driving.

2 Administrative Law Concerning Highly Automated Vehicles on Public Roads in Hungary

In Hungary, the body of administrative law on road traffic is not amended yet in order to address problematic issues possibly emerging from the use of highly automated or autonomous vehicles on public highways. The road traffic law consists of the following main administrative law instruments: the Law-Decree No. 3 of 1980 on promulgation of 1968 Vienna Convention on Road Traffic, the Act I of 1988 on Public Road Traffic and the Joint KPM – BM Ministerial Decree No. 1/1975 (II. 5.) laying down the rules governing road traffic (i.e., Highway Code).

2.1 *Hungarian Act on Road Traffic and the Relevant Provisions of the Highway Code*

In Hungary, Act I of 1988 on Road Traffic serves as the general legislation for road traffic. Joint KPM – BM Decree No. 1/1975 (II. 5.) laying down the rules governing road transport (hereinafter: Highway Code) is commissioned to define the detailed regulations of individual types of vehicles and the regulatory base of the Hungarian road traffic law.[28] It means that it serves as a common framework of legal norms for criminal offences, infractions,[29] and administrative penalties,[30] as well.

The most important provisions are the notion of driver and the conditions of driving. According to the Annex 1 of the Highway Code, the driver is the person who drives a vehicle on the road.[31] Section 5 (1) of this law determines

28 B. Csitei, 'Autonomous and Automated Vehicles in Germany and Hungary, with Special Attention to the Question of Civil Liability' (2021) 10 *Acta Univ. Sapientiae, Legal Studies* 55.

29 Act II of 2012 on infractions, infraction procedure and the infraction records system.

30 Government Decree No 410/2007 (XII. 29.) on traffic offences subject to an administrative fine, the amount of fines that may be imposed for offences, the rules governing the use of such amounts and the conditions of participating in control activities and Government Decree No. 156/2009 (VII. 29.) on the fines to be levied in case of the breach of certain provisions related to public road goods and passenger transport, public road traffic and the administrative tasks related to the levying of fines.

31 Part III, Point (a) of Annex I.

the personal conditions of vehicle driving as follows: (1) the driver should have a valid driving permit prescribed by law and should not be subject to driving ban (when the driving privileges are suspended), (2) he should be in suitable state for operating a vehicle in a safe manner and (3) he should not be under influence of drug with detrimental effect on his driving capabilities and he should not have any trace of alcohol from spirit drink in his system.

This tripartite set of personal conditions is complied with the Vienna Convention.[32] Nevertheless, it seems to be elastic enough to expand its interpretation for the operation of automated and autonomous vehicles. However, the concept of a driver is continuously bound to a natural person, even though these driving tasks could be allocated to an automated driving system (ADS). In light of the above-mentioned EU Regulation no. (EU) 2022/1426 on type-approval of the automated driving system (ADS) of fully automated vehicles, the national law concept of the driver should obviously be limited also to the cases when the natural person actually drives (fully or partially). It is also true for the special rule for driving school—i.e. during the driving instruction and the subsequent practical test, the instructor is considered the driver—since the instructor can also use pedals and steering wheel.

However, we should mention here another theoretical solution: If these driving tasks are allocated to the ADS and therefore the system might be deemed as a driver, one of the possible legal consequences is that the concept of driver and the vehicle may merge into each other.[33] In addition, some propose to distinguish between traditional (or automated) vehicles and autonomous vehicles, and to create a sui generis legal regime for autonomous vehicles and for its "participation" in the road traffic circulation. In this viewpoint the legal personality of highly sophisticated artificial intelligence comes into play,[34] however, the ADS will never be endowed with such a capacity, in our opinion.

According to section 3(1) the Highway Code the participants (not only the driver of a vehicle) of the road traffic circulation have a duty (1) to comply with the relevant statutory provisions, (2) to fulfil instructions of the road signs and

---

32 M. Hodula, 'Az autonóm járművek hatása a közlekedési büntetőjog fejlődésére' [2021] 7 MTA Law Working Papers, AI and Law Series 1, 6–7. http://jog.tk.mta.hu/mta lwp.

33 S. Udvary, 'Vehere necesse est – az önvezető gépjárművekhez kapcsolódó jogi kérdések körvonalazása' in: K. Gellén and M. Görög (eds.) Lege et fide, Iurisperitus, Szeged 2016, p. 646.

34 T. Klein, 'Homonculum regulare necesse est: Adalékok egy jövendő robotjog elé, különös tekintettel a jogalanyiság és a felelősség kérdésére' (2018) 9 *Jogtudományi Közlöny* 380–91. For critics cf. I. Stefán, 'Examining the Issues of Legal Personhood of Artificial Intelligence and Robots' (2020) 38 *Publicationes Universitatis Miskolcinensis Sectio Juridica et Politica* 467–86.

commands of the authorities controlling and monitoring the road traffic, and (3) to participate in the traffic circulation such a way not endangering persons or property and not unduly obstructing or disturbing others in the circulation. In our opinion, this rule would be applied to not only pedestrians or cyclists, but also participants with any new roles created alongside the concept of the driver and relating to control or oversight upon the functioning of the ADS system of an automated or fully automated vehicle.

In order to support the development of the highly automated driving system testing on test tracks and open public highways, two decrees of the Minister for Transport, Communication and Construction were amended between 2015 and 2018, namely the ministerial Decree No. 5/1990. (IV. 12.) of the Minister of Transport, Communications and Construction (KöHÉM) on Technical Inspections of Road Transport Vehicles (henceforth as decree No 5/1990 KöHÉM) and the ministerial Decree No 6/1990 (IV. 12.) of the Minister of Transport, Communications and Construction (KöHÉM) on the technical conditions for placing and keeping road vehicles in circulation (hereinafter: decree No 6/1990 KöHÉM).

According to section 2 subsection 3b of decree No 6/1990 KöHÉM and within the application scope of the decree, the expression "non – autonomous vehicle for development purposes" means vehicles for development purposes in which a driver is on board and carries out control with hands over the manoeuvres of the vehicle. The notion "autonomous vehicle for development purposes" means a vehicle dedicated for developing wholly or partly automated functions and which is occupied by a test pilot (test driver) on board deemed as driver of the vehicle who is carrying out (direct) control over the vehicle with hands either depending on the level of the automatization or in any situation jeopardising the road traffic safety, to the extent necessary to the functioning, and who is capable to take over the control in any time.

According to section 2 subsection 4 point k) of decree No 5/1990 KöHÉM the test driver is a vehicle driver who monitors the testing of an autonomous vehicle for developing purposes being on board in the vehicle, and, being capable to overtake the control in any time without delay. According to the next point, the testing of a vehicle for development can be carried out the following ways: testing on roads with no access from the general public, on reserved test tracks (In Zalaegerszeg, Hungary),[35] or in the open traffic circulation on public highways. During the proving, the examinations determined by the vehicle

35 Automotive proving ground for vehicle testing in Hungary is at Zalaegerszeg: AVL ZalaZONE Proving Ground, ZalaZONE Tér No 1, Zalaegerszeg, Hungary H-8900 https://dewesoft.com/daq/list-of-automotive-proving-grounds#hungary.

developer are to be carried out, monitored and controlled by the test driver sitting in the vehicle as a driver, in the driving seat.

The administrative responsibility for operating the vehicle for the purpose of development lies with the vehicle developer.[36]

Another ministerial decree No. 6/1990 KöHÉM regulates the technical and operating conditions, and the categorisation of the vehicles for development purposes (in Appendix 18). The categories of the decree are equivalent to the SAE 2016 standards. Group I (non-autonomous vehicles for development purposes) consists of the SAE level 0 (non-automated), SAE level 1 (driver support system) and SAE level 2 (as partially automated vehicles with one or more driver support features). The group II (autonomous vehicle for developing partially automated driving features) comprises SAE level 3 as conditional automatisation and level 4 as high-level automatisation (it does not require to driver to take over driving). And group III (autonomous vehicle for developing fully automated driving features) for SAE level 5 (full automatisation: feature can drive everywhere for all conditions).

To sum up, in Hungary the administrative law on road traffic circulation contains only provisions relating to the vehicles for developing purposes and the involved participants such as developer companies and test drivers. The Highway Code has not changed yet.

The Hungarian literature recommended to use the concept of the test driver to any driver of fully or partially autonomous vehicles outside of test driving cases,[37] or it could be reasonable to amend the Highway Code with the following provisions: a person shall be deemed as a driver who switches on the vehicle into autonomous functioning/operation or who is the owner of the vehicle, or the concept of driver could be expanded to the passengers.[38] The authors also highlighted the problem that the owner could be a legal person, as well. For the conformity of this situation, the wording of the rules of crimes, traffic offences and infractions should be amended where a legal person could be a perpetrator of the traffic offences.

According to the more detailed proposal, within the framework of the Highway Code, the amendment of the concept of the driver would be the following: Driver of the vehicle is a natural person who operates a vehicle of 0–3 level of automatisation with his own activities directly carried on. In other cases,

36 Section 16/B(8).

37 A. Ambrus, 'Autonóm járművek, a büntetőjog különös része és a kiberbűnözés egyes összefüggései' in J. Fazekas and G. Kecskés (eds), *Az autonóm járművek és intelligens rendszerek jogi vonatkozásai*, Universitas-Győr Nonprofit Kft, Győr 2020, pp. 21–23.

38 Ibid.

the driver is the person who refrains from carrying on driving tasks complying with the rules when he activates and uses the automated or autonomous mode of operation within normal use.[39] In this latter case, the driver should remain in an appropriate state to be capable of taking back the driving tasks without delay and take a position (in a driving seat) in the vehicle to ensure that. In addition, the concept of passenger should also be revised: the person who refrains from fulfilling driving tasks while sitting in the vehicle.[40]

This theoretical proposal above seems to be appropriate in a two-faceted (driver or passenger) conceptual framework, tailored for the existing administrative or criminal legal solutions. However, taking into consideration the alternative way that the international traffic law seems to have chosen, the right answer would not be a simple choice between the role of a driver or not driver (i. e. passenger). Nevertheless, we agree with some authors that the revision of the Hungarian road traffic law depends on the detailed technological requirements and technical regulations or standards provided by the international and/or EU law. We observed the same problem in the case of the amendment of the Vienna Convention of 1968.

In light of the aforementioned Zero Draft LIAV and the EU implementing regulation on fully automated vehicles, we stress that the concept of driver should be limited to the natural person who carries out actual dynamic driving tasks, fully or partially. However, the existing legal framework may be found to be insufficient, unless the concept of driver will not be completed with other roles (user-in-charge, on-board operator, remote intervention operator, etc.). As far as administrative and criminal responsibility is concerned, however, there is a danger that the multiplicity of responsible actors and their changing roles may render the entire system opaque, undermine legal certainty, and make it even more difficult to find the responsible individual.

3 On Civil Liability Questions

3.1 *General Considerations*

In the following several general issues should be reviewed first before entering the detailed examination of the Hungarian civil liability rules.

39 Just to mention here: The Hungarian Highway Code also prohibits drivers and cyclists to use mobile phones holding in hands underway.

40 R. Busa, 'A vezető és az utas fogalmainak újraértelmezése' in J. Fazekas and G. Kecskés (eds), *Az autonóm járművek és intelligens rendszerek jogi vonatkozásai*, Universitas-Győr Nonprofit Kft, Győr 2020, pp. 35–53.

Nevertheless, this work is limited to the examination of non-contractual liability questions. The first is the question of further harmonisation of tort law regarding indemnification of damage caused by the use of artificial intelligence or other emerging technologies. The second is the question of whether the harmonisation of substantive tort law regarding road traffic is necessary, or, whether the adjustment of the EU legislation of the motor insurance system is appropriate. The third, in our opinion, is how to strike an optimal balance between the two main governing systems of liability relating to road accidents, namely liability for defective products and liability for highly dangerous activity, since the shift of control over AIS from user (operator) to manufacturer is induced by the technology and both rules can provide victims with a good position to claim damages provided that the conditions are established. From the viewpoint of the motor-propelled nature of automated vehicles, the general rule of delictual liability for damages seems to be of secondary importance. The fourth question relates to the so-called non-cumul rule which prevents the party to a contract from basing the claim for damages other than the contractual relationship, introduced by the Hungarian Civil Code of 2013.

In our opinion, it is required that the national laws on technical issues of road traffic will be harmonised. On the contrary, there is still a question of the necessity and the possibility for broadening the scope of regulation to the field of substantive liability law at EU level, in order to harmonise the traffic law as a whole. Or, the national liability rules relating to road traffic will remain untouched, and the indemnification of road accident victims injured by highly automated or autonomous vehicles would be provided through harmonised compulsory liability insurance system. Preserving significant divergences of the national tort law systems, it would be reasonable to create a unified compensation system, through compulsory liability insurance schemes instead of the harmonisation of substantive tort law.

However, the European Union has already taken steps towards the unification of substantive tort law relating to artificial intelligence.

We recognise as important progress that the Expert Group on Liability and New Technologies set by the European Commission in 2018 published its report, in December 2019, 'Liability for Artificial Intelligence and Other Emerging Digital Technologies'. This report not only laid down the principles and the rationales but also elaborated a detailed proposal for provisions to be created or amended, developing a new multi-layered liability and compensation system from the existing Union and national rules.

In 2021, Karner, Koch and Geistfeld published their comparative law work: 'Comparative Law Study on Civil Liability for Artificial Intelligence', dedicating a special chapter for the national liability issues of operating automated driving systems.[41]

In October 2020, the European Parliament (EP) adopted its Resolution relevant to a civil liability regime for artificial intelligence (hereinafter referred to as EP Resolution).[42] The EP called on the Commission to elaborate special strict liability rules according to the system drafted in that document based on the above-mentioned report of the New Technologies Formation.

In the light of the Commission's Proposal for the regulation laying down harmonised rules on artificial intelligence (hereinafter: Proposal of Artificial Intelligence Act; i.e. AI Act),[43] published in April 2021, the sectoral approach can be observed at the level of the European Union, as the AI Act would be applicable only in an indirect way to the intelligent road transport systems, as it is interpreted.[44] At present, the AI Act, i.e. the Regulation (EU) 2024/1689 is now adopted.

On 28th September 2022, the European Commission published two proposals on directives on liability for defective products[45] and on adapting

41 E. Karner, B. A. Koch and M. A. Geistfeld, *'Comparative Law Study on Civil Liability for Artificial Intelligence'*, European Commission, Luxemburg, 2021. pp. 65–80.

42 P9_TA(2020)0276, Civil liability regime for artificial intelligence, European Parliament Resolution of 20 October 2020 with recommendations to the Commission on a civil liability regime for artificial intelligence (2020/2014(INL)).

43 COM(2021) 206 final Artificial Intelligence Act, Proposal for a Regulation of the European Parliament and of the Council: Laying down harmonised rules on Artificial Intelligence and amending certain union legislative acts. The adopted text is the Regulation (EU) 2024/1689 of the European Parliament and of the Council of 13 June 2024 laying down harmonised rules on artificial intelligence.

44 Under Art. 2 (2) of the proposed AI Act, the Regulation "shall not apply to high-risk AI falling within the scope of certain EU Regulations, including Regulation (EU) 2018/858 of 30 May 2018 which would be the pertinent place to regulate AI issues in the future with the context of autonomous vehicles." Cf. S. J. Geibel, 'The Commission's Proposal for an Artificial Intelligence Act: a suitable legal "Framework" for Autonomous Mobility Systems?' (2021) 5 *Zeitschrift für das Privatrecht der Europäischen Union*, 194–99. https://doi.org/10.9785/gpr-2021-180503. The adopted text of AI Act maintained this approach. By amending the above mentioned regulations nos. (EU) 2018/858 and (EU) 2019/2144, it ensured that the requirements for high-risk AI systems (see Chapter 3 section 2 of AI Act) should be embedded into the technical requirements for the relevant systems of vehicles, alongside with clarifying the limited applicability of the provisions of the AI Act.

45 Proposal for a directive of the European Parliament and of the Council on liability for defective products, COM/2022/495 final.

non-contractual civil liability rules to artificial intelligence (AI Liability Directive)[46] Thus, the Commission has partly fulfilled the Parliament's request, it took one step towards harmonizing substantive tort law issues in addition to liability questions for defective products. Nevertheless, the proposal for AI Liability Directive provides only a semi-processual, semi-substantive tool for facilitating the victims' positions claiming compensation, that is the revised burden of proof concerning fault and the causal link between tortious conduct and damage where the use of AI would essentially make difficult the proving process since it is interposed between human activity and the negative results of AI system. Moreover, this Directive aims only to harmonise fault-based liability, the strict liability implications for high-risk use cases of AI systems were not considered, nor any other substantive conditions or elements of delictual liability.[47]

As mentioned above, it could have been assumed that the European product liability regime should be revised at first in order to ensure a well-balanced interplay between the strict liability rule for operating high-risk AI systems and the strict liability of the producer for AI systems as 'defective' products, before to make the next step towards creating strict liability rule for damage caused AI. Now, revising the producer-centred liability rules for defective products, and adjusting to the emerging innovative technologies, the digitalisation and use of AI, the European Union is moving towards renewed harmonised system of product (and producer) liability. The new Product Liability Directive (Directive on liability for defective products) is being under elaboration, the European Parliament adopted its legislative resolution (first reading) on 14 March 2024, so the ordinary legislative procedure is about to close.

In the following, this work relies on these important documents.

As stated above, the next question arises whether the sector of automated or autonomous driving systems requires special liability rules or not. First of all, the aforementioned multiplicity of human agents involved in the functioning of ADS of an automated vehicle requires unambiguous regulation of responsibility. This fact may generate not only problems how to establish tort liability on the basis of general (fault-based) liability rule, but also problems how to find the responsible person, i.e. operator to be held liable on the ground of strict liability rule for highly dangerous activity.

---

46 Proposal for a directive of the European Parliament and of the Council on adapting non-contractual civil liability rules to artificial intelligence (AI Liability Directive), COM/2022/496 final.

47 Recital 10 of AI Liability Directive.

The multi-layered characteristic of the liability system[48] is especially true for the indemnification issues stemming from road traffic accidents, where the following parties may get involved:

- the injured party, who can be either the driver or any other person, who travelled in the automated vehicle (passenger);
- other persons who are entitled to claim compensation (e.g. by assignment or succession), or have a right to recourse, or reimbursement;
- the driver or the operator (keeper, owner) of the vehicle;
- other 'human agents' besides of driver, such as user-in-charge, on-board operator and the remote intervention operator etc.;
- the manufacturer or importer of the car (or distributor in the case of the final product);
- the software developer, which manufactured the ADS system or a part of it, as (intermediate) product developer;
- the operator of database or network since the automated vehicles connected by wireless technology;
- any other person who was involved in the accident;
- the insurer companies of the above-mentioned persons.[49]

In Hungary, there are no specific civil liability rules in the field of traffic law to address the compensation claims emerging from traffic accidents on roads. In the absence of special liability rule in place for motor vehicles, according to the Hungarian Civil Code (Act V of 2013, hereinafter HCC),[50] the general clause of liability for highly dangerous activities is applied, as a rule, for the claims for damages caused by highly automated or autonomous vehicles, as it is applied to any other motor-propelled road vehicles.[51] In the judicial practice of accident compensation claims this strict risk-based liability rule is strengthened, and, at the same time, modified by the compulsory third-party liability insurance system based on the EU directive on insurance against civil liability in respect of the use of motor vehicles motor insurance (Motor Insurance

48 G. Comandé, 'Multilayered (Accountable) Liability for Artificial Intelligence' in: S. Lohsse, R. Schulze and D. Staudenmayer (eds), *Liability for Artificial Intelligence and the Internet of Things*. Münster Colloquia on EU Law and the Digital Economy IV, Nomos, Baden-Baden 2019, pp. 165–83.

49 Á. Juhász and R. Pusztahelyi, 'Legal Questions on the Appearance of Self-driving Cars in the Road Traffic with Special Regard on the Civil Law Liability' (2016) 12 *European Integration Studies* 10, 19. http://midra.uni-miskolc.hu/document/27358/22960.pdf.

50 For official translation cf. https://njt.hu/translation/J2013T0005P_20210701_FIN.PDF.

51 There is only a narrow group exception where the motor has very low performance, mainly electronic motors, see below for details.

Directive, henceforth: MID).[52] The broad judicial interpretation[53] of the scope of the Directive amplifies the strictness of the liability rules, as the liability insurance law and the tort law interact on the level of practice.[54]

The provision of HCC does not limit the extent of the liability, neither by reducing the range of compensable harm nor by capping damages.[55] However, the above-mentioned provisions of the mandatory motor insurance do cap the compensable damage.[56] In the following the compensation claims for loss and injury also includes and the notion of damage refers not only to the pecuniary damage, but also non-pecuniary losses or harms suffered through the violation of any personality right[57] and therefore, the claim for its pecuniary restitution (grievance award, solatium doloris, see Section 2:52 HCC). According to the Hungarian legislative act implementing the MID, i.e., Act No. LXII of 2009 on motor insurance, the direct compensation claim against the liability insurer does not depend on which statutory rule of liability serves as its base.

Theoretically, the risk-based liability rule does not exclude the applicability of the general liability rule based on fault, not even in the field of compensation claims stemming from traffic accidents. In practice, however, its application is radically confined to the following special questions. First, to the recourse claim brought by the liability insurer of the operator (keeper) of the vehicle

52 Directive 2009/ 103/ EC of the European Parliament and the Council of 16 September 2009 relating to insurance against civil liability in respect of the use of motor vehicles, and the enforcement of the obligation to ensure against such liability [2009] OJ L 263/ 11.

53 A number of judgments of the Court of Justice of the European Union, e.g., Vnuk judgment (C-162/13 Damijan Vnuk v Zavarovalnica Triglav d.d. ECLI:EU:C:2014:2146), Rodrigues de Andrade Judgement (C-514/16, ECLI:EU:C:2017:908), Torreiro Judgement (C-334/16, ECLI:EU:C:2017:1007), have clarified the scope of the Directive. Cf. Proposal for a Directive of the European Parliament and of the Council COM(2018) 336 final (Brussels, 24.5.2018) 2018/0168 (COD).

54 T. Baker, 'Liability Insurance as Tort Regulation: Six Ways that Liability Insurance Shapes Tort Law in Action' (2005–2006) 12 *Connecticut Insurance Law Journal* 1–16.

55 However, in the case law of strict liability the *'deep-pocket'* rule and the economic capacity to bear the burden are assessed.

56 'In connection with any claim, regardless of the number of victims, in the case of damage to property, the insurance company shall cover up to the forint equivalent of one million two hundred and twenty thousand euro per claim, and in the case of personal injury up to the forint equivalent of six million and seventy thousand euro per claim, including any and all related claims arising out of or in connection with the accident, the costs of enforcement of the claim (including legal expenses), and interest for the period until the settlement payment is in fact made.' Cf. Section 13 (1) of Act LXII of 2009 on Insurance Against Civil Liability in Respect of the Use of Motor Vehicles (Hungary).

57 Under S 2:52 (1) HCC Any person whose rights relating to personality had been violated shall be entitled to restitution for any non-material violation suffered.

(or the National Bureau or the manager of the Compensation Fund) against the driver, with the restrictions laid down in the motor insurance act. Second, to the case of collision of cars where the driver's conduct and fault would be attributed to the operator in order to compensate losses mutually caused by both drivers of the involved vehicles to each other or by both of them to the third-party victim. The third case where the fault-based liability is applied is the contributory negligence of the claimant.

The Hungarian motor insurance regulation does not even exclude the application of other special strict liability rules, such as product liability. Like the liability based on fault, the product liability plays a secondary role in case of traffic accidents, especially when the insurer brings recourse claim against the manufacturer because of the defect (malfunction) of the vehicle (or its part) involved in the accident. To strengthen the subrogation claims pursued by insurance company, it is necessary to review the provisions of product liability. Nevertheless, the AV manufacturers are interested in a smooth compensation system, as well, as the insurers could cease offering insurance products to the highly automated or autonomous vehicles if their recourse claims against manufacturers would continuously be rejected.[58]

In extraordinary cases, the general clause of liability for highly dangerous activity might provide victims of traffic accidents an "easier" way to the compensation even if the vehicle causing the damage or harm is not under the scope of the law on compulsory motor insurance. Accordingly, in the case when there is even no possibility to claim compensation against any insurer, the operator of the vehicle is still held liable for the damage caused. It means that, the dangerousness of the operation of a given vehicle, thus, what is more, the applicability of the strict liability rule is independent from the administrative taxonomy of road vehicles[59] and from the scope of compulsory motor insurance. The more expanded the scope of application is and the lower the level

58 Cf. A. Vermes, 'Autonóm járművek kiberkockázatainak biztosítási jogi vonatkozásai' in J. Fazekas and G. Kecskés (eds), *Az autonóm járművek és intelligens rendszerek jogi vonatkozásai*, Universitas-Győr Nonprofit Kft, Győr 2020, 32747. Cf. Centre for Connected and Autonomous Vehicles: Pathway to Driverless Cars: Insurance Cars: Insurance for Automated Vehicles. p 9. https://assets.publishing.service.gov.uk/government/uploads/system/uploads/attachment_data/file/589800/pathway-driverless-cars-impact-assessment.pdf.

59 For the terminology of the motor insurance act: motor vehicle' shall mean motor vehicles, trailers, semi-trailers, agricultural tractors, four-wheeled motorized cycles (quad), slow-moving vehicles and motorized mechanical equipment for which official authorization and marking is required under Point II. b) of Appendix I to Decree No. 1/1975 (II. 5.) KPM-BM on Traffic Regulations as a precondition for use on public roads, as well as power assisted bicycles for which no official authorization and marking is required. Cf. Section 3 point 10 of Act LXII of 2009.

of dangerousness required to trigger strict liability is, the more participants of road circulation could be held liable for the damage caused without setting in motion the liability rule based on fault. For example, the operators of segways, electric scooters or electric bicycles (motor-assisted pedelecs)[60] of low maximum design-speed and low motor wattage[61] could face compensation claims based on strict liability without having any compulsory liability insurance in the background.[62] Nevertheless, according to the amended Art. 28 of MID, the Member States can expand the scope of mandatory insurance to any new light electric "vehicles", as well, beyond the scope of MID. The Hungarian legislator did not take this step further.

Some of the fundamental changes of the Hungarian Civil Code of 2013 (in effect from date 15 Match 2014;) should be mentioned here.

First, the provision of HCC draws a line between the two regimes of contractual and delictual liability for damages and excludes alternative compensation claims: 'The obligee may also (sic!) enforce his claim for damages against the obligor in accordance with the rules on liability for damage caused by breach of contract, even if the damage gives rise to the obligor's extra-contractual liability.' – i.e. *principle of non-cumul.*[63] As a general rule, the mere existence of

60 On the problem of classification cf. I. Ambrus and N. Orosz, 'Száguldó elektromos rollerek és segway-ek nyomában – a 21. századi közlekedési eszközök egyes szabályozási problémái' (2020) 1 *Magyar Jog*, 1–12; and cf. R. Pusztahelyi, 'A gépjármű-felelősségbiztosítás és a veszélyes üzemi felelősség egyes interakciói, különös tekintettel a gépjármű és a forgalomban való részvétel fogalmakra' in J. Barta (ed.), *Biztosítás több szem-szögéből. Ünnepi kötet Újváriné dr. Antal Edit c. egyetemi docens 65. születésnapja tiszteletére*. Patrocinium, Miskolc-Budapest 2019, pp. 163–72.

61 In case when it is not deemed as a moped.

62 As far as the light electric vehicles concerned, these vehicles now fall under the conceptual scope of vehicle of the Motor Insurance Directive as amended by the Directive (EU) 2021/2118 of the European Parliament and of the Council of 24 November 2021, with the condition of having a maximum design speed of more than 25 km/h or only a maximum design speed between 14 km/h and 25 km/h but with a maximum net weight of more than 25 kg.

63 Alternative translation of Section 6:145 HCC: *The obligee* shall *enforce his claim for compensation against the obligor in accordance with the provisions on liability for damages for loss caused by non-performance of an obligation even if the obligor's non-contractual liability also exists.* For the problem of non-cumul Cf. R. Pusztahelyi, 'Igényhalmazatok a szerződésszegési jogkövetkezmények rendszerében, különös tekintettel a Ptk. 6:145. §-ára' [Cumulation of Causes of Remedies for Non-performance and other Claims, with Special Regard to the Section 6:145. of Civil Code] (2016) 2 *Pro Futuro* 60–78. https://doi.org/10.26521/Profuturo/2016/2/5132; L. Leszkoven, *Szerződésszegés a polgári jogban,*[Breach of contract in Civil Law] Wolters Kluwer, Budapest 2016. p. 167.; J. Fazekas, '"Cumul ou non-cumul?" Avagy a felelősségi igények kumulációjának tilalma az új Polgári Törvénykönyvben' (2018) in J Benke and T. Fabó (eds), *A puro pura defluit aqva. Ünnepi*

the contractual relationship between the claimant and the tortfeasor might prevent the claimant to base his claim against the other party on the extracontractual strict liability rule.[64] This interpretational problem of the provision of HCC become relevant especially in cases of public transport accidents.

In the field of traffic accidents, this problem has seemed to be resolved through the amendment of the above-mentioned Hungarian motor insurance act. According to Section 27 of the Hungarian motor insurance act "insurance companies, the manager of the Compensation Fund, the National Bureau, claims representatives, and the Claims Organization shall provide compensation *in accordance with this Act for losses and injuries caused by motor vehicles.* Such compensation shall not apply to other claim enforcement options the injured party may have based on liability for damages for loss caused by non-performance of an obligation under the Civil Code." As the explanatory memorandum further clarifies, the damage caused during the use of vehicle is deemed as extracontractual damage, therefore the contractual relationship does not exclude the liability for damages on the base of strict liability. However, this interpretation is quite arguable. As Ádám Fuglinszky highlighted the amending act and its explanatory memorandum should not have such an importance and power to derogate the binding nature of the *principle of non-cumul.*[65]

Contrary to proposals for amending civil liability rules of French Code Civil which treat the principle of non-cumul with great caution[66] the Hungarian Civil Code does not specify further the application scope of this rule, though, the Hungarian judicial practice and the legal literature provided some 'handrails'.[67]

---

tanulmányok Nochta Tibor professzor 60. születésnapja tiszteletére, Pécsi Tudományegyetem Állam- és Jogtudományi Kara, Pécs 2018, pp. 107–19.

64 Á. Fuglinszky, 'Legal Transplants: Snapshots of the State of the Art and a Case Study from Central Europe – Post Transplantation-adjustment of Contractual Liability in the New Hungarian Civil Code' (2020) 2 *European Review of Contract Law*, 26799. https://doi.org/10.1515/ercl-2020-0014.

65 Á. Fuglinszky, *Kártérítési jog*, [*Law on Liability for Damages*] HVG-ORAC, Budapest 2015, p. 103.

66 Cf. Articles 1233 paragraphs (1) and (2) of the Proposition de Loi portant réforme de la responsabilité civile https://www.senat.fr/leg/ppl19-678.html.

67 For the problem of non-cumul Cf. R. Pusztahelyi, 'Igényhalmazatok a szerződésszegési jogkövetkezmények rendszerében, különös tekintettel a Ptk. 6:145.§-ára' [Cumulation of Causes of Remedies for Non-performance and other Claims, with Special Regard to the Section 6:145. of Civil Code] (2016) 2 *Pro Futuro* 60–78. https://doi.org/10.26521/Profuturo/2016/2/5132; L. Leszkoven, *Szerződésszegés a polgári jogban*, [Breach of contract in Civil Law] Wolters Kluwer, Budapest 2016. p. 167.; J. Fazekas, '"Cumul ou non-cumul?" Avagy

Thus, some judicial fora in Hungary[68] ruled that the principle of non-cumul is not applied in cases of free transport. Otherwise, the law would provide for a passenger being transported for free at a significantly lower protection[69] than the level of strict liability based on either contractual or extracontractual liability rule.[70] Nor is it justified that the operator of a hazardous activity can be exempted from liability on the basis of the more lenient contractual liability rules applicable solely as a result of the non-cumul principle, and merely because of the contractual relationship with the victim.[71]

We assessed this decision as a return to the substantive evaluation of the state of fact, moving from the principle of *Gesetzeskonkurrenz*(*concurrence of laws*) to *Anspruchnormenkonkurrenz* (*competing bases of a claim*)[72] and putting some limits on the applicability of non-cumul rule. As László Villányi-Fürst put it, 'in deciding the question of the conflicts of law, elements of the facts may also become irrelevant which resonate with the abstract facts of the disregarded rule'.[73]

As far as the contractual liability is concerned, the HCC established a rather strict liability regime for contractual damages. According to Section 6:142 of HCC the person who causes damage to the other party by breaching the contract shall be liable for such damage. The party shall be exempted from liability if he or she proves that the breach of contract was caused by a circumstance that was outside of his control and was not foreseeable at the time of concluding the contract, and he could not be expected to have avoided that circumstance or averted the damage. The consequential losses indirectly emerged

a felelősségi igények kumulációjának tilalma az új Polgári Törvénykönyvben' (2018) in J Benke and T. Fabó (eds), *A puro pura defluit aqva. Ünnepi tanulmányok Nochta Tibor professzor 60. születésnapja tiszteletére*, Pécsi Tudományegyetem Állam- és Jogtudományi Kara, Pécs 2018, pp. 107–19.

68 Szeged Regional Court of Appeal (Szegedi Ítélőtábla) case no. BDT2019. 4078.

69 Cf S 6:147 HCC *Liability for damages in connection with gratuitous contracts* on the case of gratuitous performance of a contract, liability for damages in the subject matter of the service shall apply if the obligee.

70 Á. Fuglinszky, 'Legal Transplants: Snapshots of the State of the Art and a Case Study from Central Europe – Post Transplantation-adjustment of Contractual Liability in the New Hungarian Civil Code' (2020) 2 *European Review of Contract Law*, 267, 294, https://doi.org/10.1515/ercl-2020-0014.

71 Szeged Regional Court of Appeal (Szegedi Ítélőtábla) case no. BDT2019. 4078.

72 Cf. Ch. Von Bar, (et al.) (eds.): Principles, Definitions and Model Rules of European Private Law. Draft Common Frame of Reference (DCFR) Outline Edition. Prepared by the Study Group on a European Civil Code and the Research Group on EC Private Law (Acquis Group) Based in part on a revised version of the Principles of European Contract Law. Sellier, Munich, 2009, 3013–3014.

73 L. Fürst, *A magánjog szerkezete* Grill, Budapest 1934, pp. 176–77.

from the non-performance are limited to the heads and to the extent of the amount being foreseeable at the time of the conclusion of the contract, except for cases of intentional tortious conducts where the principle of full compensation prevails.

3.2 *General Liability Rule Based on Fault in the Hungarian Civil Liability Regime*

Similar to the French (§1382, Code Civil) and the Austrian Civil Codes (§1295, ABGB), Section 6:519 of HCC is one of the most general tort law provisions ever drafted. The general fault-based liability rule is not only applicable in the absence of any special liability rule, but the claimant also can base his claim for damages on the fault-based liability parallel with the special strict liability rule. In special cases, where the special shorter prescription period set by statutory law for the claim for damages based on strict liability had already expired,[74] the claimant is still entitled to claim compensation on the ground of fault-based liability within the general prescription period of 5 years. Being as a default and backup liability rule, theoretically, this rule can be applied for compensation claims for damage caused by highly automated or autonomous cars, however one might hardly prove the legal conditions of the statutory rule (causal link, tortious conduct of the tortfeasor, damage) in the given case. Nevertheless, the Hungarian tort law rule has some characteristics which help the victim to claim compensation with success.

As a rule, all torts are prohibited by law, therefore, shall be considered unlawful, in the absence of any ground of justification. It can be said that Hungarian law of tort presumes the unlawfulness of all tortious conducts. It could be interpreted as, that the damaging nature of the conduct is sufficient to trigger unlawfulness, however, it is debated in the Hungarian literature.[75] According to Section 6:519 of HCC, any person who causes damage to another person wrongfully shall be liable for such damage.

The concept of fault is recognised by law with a relatively objective meaning: 'Unless otherwise provided for by this Act, in civil law any reference to what can be expected of or by a person, or in a particular situation, is a reference to what can reasonably be expected.'[76]

74 For example, cf. S 6:538 HCC: The period of limitation for claiming damages in connection with liability for hazardous operations shall be three years.

75 Cf. B. Landi, *A jogellenesség eszme- és forrástörténete a magyar magánjogban*, Szent István Társulat, Budapest 2021.

76 Section 1:4 (1) HCC.

The tortfeasor shall be exempted from liability if he proves that he was not at fault.[77] Therefore, Hungary belongs to the group of jurisdictions where the burden of proving fault is generally shifted on the defendant.[78] The reversed burden of proving fault is general, is not only attached to the increased level of danger, therefore it complies with the new rule of reversed burden of proof proposed by the "New Technologies Formation" report,[79] provided that the victim has successfully proven that an emerging digital technology caused the damage or harm.

The Proposal for AI Liability Directive provides that—in given conditions—the user (or provider) should disclose relevant evidence at its disposal about a specific high-risk AI system that is suspected of having caused damage. The refusal of this request may trigger a rebuttable presumption of non-compliance with the relevant duty of care.[80] As the Proposal states that this provision aims to harmonise the national civil fault-based liability, as far as the presumption of fault is concerned, Hungary has no harmonisation duty. When the mere duty to disclose relevant evidence comes into play, it seems to be rather a procedural question than of substantive law which should be implemented into the national law.

Nevertheless, the second provision in Article 4 relating to presumption of the causal link between the fault of the defendant and the output produced by the AI system or the failure of the AI system to produce an output requires national legislator of an active and careful implementation, in particular as regards to the first mandatory condition, i.e. fault.[81] Because for the fault it refers only to the above-mentioned situations, where either the claimant has demonstrated or the court has presumed the fault, however, only pursuant to Article 3(5) of the Directive. That means, in the absence of the national legislator's express decision,[82] the presumption of causal link will not be established

77 Section 6:519 HCC: General rule on liability.

78 E. Karner and B. A. Koch, 'Civil Liability for Artificial Intelligence A Comparative Overview of Current Tort Laws in Europe' in E. Karner, B. A. Koch and M. A. Geistfeld, *Comparative Law Study on Civil Liability for Artificial Intelligence'*, European Commission, Luxemburg 2021, p. 43.

79 Liability for Artificial Intelligence and Other Emerging Digital Technologies. Report from the Expert Group on Liability and New Technologies – New Technologies Formation. 2019.

80 Article 3 paragraph (5) AI Liability Directive.

81 Article 4 paragraph (1) point a) AI Liability Directive.

82 Member States may adopt or maintain national rules that are more favourable for claimants to substantiate a non-contractual civil law claim for damages caused by an AI system, provided such rules are compatible with Union law. Article 1(4) AI Liability Directive.

merely on the base that Hungarian general rule of fault-based liability is underpinned by reversed burden of proof of fault.

In addition, the Article 3 paragraphs 2 and 3 further limit the applicability of this presumption in case of high-risk AI system by referring the obligations of provider and user imposed by the AI Act Proposal (referring here to the text version of the AI Act of year 2022).

Only the breach of one of the listed obligations makes for the claimant possible to successfully rely on the presumption of the causal link. Now, the question emerges again whether the scope of AI Act Proposal is intended to cover AI systems of automated vehicles, and to what extent. Or, the obligations of provider or user will be imposed by sectoral rules mainly as a part of international traffic law.

To sum up, in light of AI Liability Directive, we may presume that the meaning of fault or the presumption of the causal link will depend on the compliance with the international standards and obligations imposed to the driver, to the user-in-charge or to other human participants. However, it is not only the non-compliance with a given obligation that counts when the fault is being assessed, even if the PETL principle is also true for the Hungarian civil liability, namely 'rules which prescribe or forbid certain conduct have to be considered in establishing the required standard of conduct.'[83]

In the case of automated and autonomous vehicles, the driver's liability might be based on the general rule of liability. However, the significance of the fault-based liability rule seems to be decreased due to multiple factors. First, the assisted driving technologies and the autonomous driving systems serve a common goal to limit the number of human errors in road traffic circulation, therefore, the personal fault of the driver will be diminished. Second, it should be also mentioned that there is a strange connection between the level of autonomy of a given AI system and the level of human control over it. In case of high-risk AI systems, on the one hand, the operator (who might be the driver) is expected to act with great diligence and to exercise significant and continuous control over the source of risk generated by the operation of an AI system. On the other hand, the more sophisticated an AI system is, the more autonomous its behaviour and decision-making is. That is, the real human control falls more and more back to the level where the liable person has got no tools, means to interrupt the sequence leading to damage or harm started by an error in operation.[84] In this situation, it is understandable that

83 Art. 4:102 paragraph 3 of Principles of European Tort Law (PETL).

84 R. Pusztahelyi, 'Towards a European AI Liability System' (2021) 11(5) *Multidiszciplináris Tudományok* 11:5 pp. 317–324. https://doi.org/10.35925/j.multi.2021.5.35 The human

the exemptions (defences) should be reviewed how the user (operator) could exempt himself from the liability. This problem also emerges in the cases of vehicles at automatisation level 3[85] (SAE), where the automated driving feature requires the driver to take back the control, despite that the phenomenon of *"out-of-the-loop"* is scientifically proved, and it is hard to determine a safe transition period for the drivers in dangerous situations.[86] Third, the identified new risks[87] entailing the driving automatisation, such as software failure, network failure, hacking, cybercrime, and risk relating to programming choices,[88] traditionally fall outside the drivers' tasks and their sphere of control.

The above-mentioned Group of Experts commissioned by UNECE WP. 1 has also listed the special risks connected to highly automated vehicles. Just to name a few: lack of commonality in Human Machine Interface, mode confusion, overtrust, driver monitoring, problems of interaction with vulnerable road users, and remote operation as backup.[89]

In addition, one more source of risk can be added to this list. The situations of mixed traffic circulation should also be taken into consideration where driverless and traditional human-driven cars participate in the same traffic and they have effect on the behaviour of each other. Thus, the interaction and any forms of appropriate or imperfect communication between human and AI (non-human) participants generates a new risk never experienced before, and it might exceed the inherent dangerousness of traditional traffic situations.

---

control over AI functioning is also criticised by G. Karácsony: Cf. G. G. Karácsony, 'Inkább bízzunk a robotokban? A mesterséges intelligencia döntéseiért való emberi felelősség kritikája' (2020) *Jog–Állam–Politika* 2020. special issue https://jap.sze.hu/images/lapsz%C3%A1mok/2020/K%C3%BCl%C3%B6nsz%C3%A1m/JAP_2020_KOLONSZAM_g-karacsony-gergely.pdf.

85 SAE International standard No. J3016 Levels of Driving Automation.

86 Cf. Á. Juhász, 'Transition of the driver's rights and duties in light of the automation of vehicles' in: J. Suchoza, J. Husár and R. Hucková (eds) *Law, Commerce, Economy IX: Collection of Papers presented at an international scientific symposium Law – Commerce – Economy held from 23rd-25th of October 2019 in High Tatras,* Univerzita Pavla Jozefa Šafárika v Košiciach, Košice, 2019, pp. 393–404.

87 EPRS Study on *EU Common Approach on the Liability Rules and Insurance related to the Connected and Autonomous Vehicles.* PE 615.635. p 25.

88 Cf. R. Pusztahelyi, 'Strict liability implications of autonomous vehicles with a special view to programming choices. in: J. Suchoza, J. Husár and R. Hucková (eds) *Law, Commerce, Economy IX. : Collection of Papers presented at an international scientific symposium Law – Commerce – Economy held from 23rd-25th of October 2019 in High Tatras,* Univerzita Pavla Jozefa Šafárika v Košiciach, *Košice* 2019, pp. 468–78.

89 Road Safety Challenges Posed by the Use of Automated Vehicles. Informal document No. 4 (GE.3-03-04).

Putting the questionable (culpable) human conduct in the focal point, the driver (the user or as a matter of fact, the passenger) might exempt himself from liability proving the absence of his conduct, because the artificial/non-human agent acted instead of him or her.[90] The question arises also who is considered to be a driver in the case of full automatisation, who would be targeted by the insurance company's recourse claim, if all passengers sitting in the vehicle have the same tasks and therefore possibilities, and, none of them has a special role or responsibility to control the vehicle and other 'passengers' conduct. As envisaged above, the changing role of the driver, the role of user-in-charge and the other participants would be a solution to find one or more persons to be held liable in the light of civil liability. This multiplicity of human actors/agents would result in the liability of multiple tortfeasors, and special causality questions such as alternative causes. In our opinion, the differences between their obligations and between their professional or non-professional use should also be taken into account establishing the appropriate standard of care (i.e. fault).

In the absence of human conduct, according to the EP Resolution (on civil liability regime for artificial intelligence) the operator (de facto)[91] is obliged to compensate the damage and harm occurred, independently the question whether there was a given human action to which the cause of the damage can be successfully traced back, or, failing that, it can only be proved that the given AI system 'acted' in an autonomous way and this event – 'the behaviour of a machine' – caused damage or harm: 'The operator shall not be able to escape liability by arguing that the harm or damage was caused by an autonomous activity, device or process driven by his or her AI-system'.[92]

It should be mentioned here that, in our opinion, this new liability rule for AI systems will not replace the general fault-based rule in the compensation cases relating to AI-caused damage, rather create a new focal point, a person to whom the damaging events and acts of artificial agents can be attributable, i.e. the operator. This concept of operator is much wider than the concept that Hungarian strict liability rule for highly dangerous activity applies. This divergence between conceptual questions shall be taken into consideration when the strict

90 Cf. S. Udvary, 'A non-humán ágensek cselekvésének polgári jogi értékelésének egyes kérdései' (2021) 3 *Közjegyzők Közlönye* 5, 6.

91 In order to distinguish between the legal concept of operator attached to strict liability rule and the notion of operator used by the EP Resolution, we added an expression 'de facto' to the latter one.

92 See EP Resolution Article 8 Section 2.

liability rule will be assessed, and the capacity of the operator will be compared to the doubled concept of backend and frontend operators (de facto).

3.3 *Strict Liability Based on Risk: Liability for Highly Dangerous Activity*

3.3.1 Hungarian General Clause for Strict Liability Rule

The Hungarian Civil Code applies a blanket clause (*Generalklausel*) to establish strict liability for hazardous (highly dangerous) activities, leaving undefined the types of activities to be deemed as highly dangerous. Under Section 6:535(1) of HCC 'a person carrying out hazardous activities shall compensate for the resulting damage.'

Thus, the categories of hazardous activities are unspecified by legislation (except for special laws e.g. on nuclear power plants and besides, except for some statutory references e.g. keeping dangerous animals or pollution of the environment which are stipulated by law as highly dangerous activities). However, it is specified by jurisprudence of the courts (e.g. motor propelled vehicles or machinery, explosive or toxic materials, firearms, etc.). As a rule, it is the activity pursued by the operator, and not merely a dangerous thing (e.g. a substance or a motor engine) as such to which the strict liability is attached. Nevertheless, the judicial practice often points out the source of inherent risk (the momentum/virtuality of dangerousness) in the nature of an object or substance (e.g. combustion engine, poisonous substance, firearms etc.). Therefore, in judicial practice, the *use* of given objects or materials is considered dangerous as such.

In European countries this general approach to dangerous activities is quite unique, only a few countries (e.g. Hungarian, Italian, Croatian, Estonian, Czech and Portugal Law) have a blanket clause for risk-based strict liability rule covering a large scale of highly dangerous activities. However, another factor having an impact on the applicability of the rule should be examined here. Namely, whether these legislations have a special liability rule for damages caused by the circulation of vehicles or road transport. As it is aforementioned, the Hungarian blanket clause covers even damages emerging from road traffic circulations. According to the special liability rules of other countries the driver or the operator of means of transport or vehicle is at issue. It means that the rule determining accountability is quite flexible to adapt to one of the main challenging questions of the artificial intelligence liability law: who is liable for damages caused by AIS, in particular, highly automated or autonomous vehicles.

According to the EPRS Study on Civil liability regime for artificial intelligence, the Hungarian regime belongs to the group of national legislations determined as open legislation which relies on broad principles and thus may be considered most open to adjusting to new situations.[93]

In judicial practice, in order to assess the highly dangerous nature of an activity, one should consider the characteristic features of the device applied in the course of the activity and the potential consequences of the events triggered by this activity. It should be determined case by case whether a slight abnormality occurring under normal conditions of use can cause damage in a disproportionately wide range or disproportionately large amount.[94]

Gyula Eörsi pointed out that the ground of this liability rule is the restricted danger inherent in certain activities and the possibility of preventing damage which could be incentivised by the means of civil liability.[95]

The judicial assessment of the dangerousness of an activity at issue is independent from administrative law regulations applying to it (relating to authorisation, administrative duties, requirements of the competent authorities, any risk assessment method or administrative categorisation of highly dangerousness etc.).[96]

Highly automated or autonomous vehicles are often said to be far safer than the traditional ones. However, they are also motor-propelled, moreover, instead of human errors, their operation entails a wide range of new risks, as listed above, and unknown types of risk, in particular. Most of them can function in a traditional/manual way, with automated or autonomous features switched off. For these reasons, we insist that operating these new types of vehicles is also considered a highly dangerous activity.

According to the results of our previous research,[97] the judicial practice of the blanket clause is quite flexible to cover the liability for damage caused by artificial intelligence. We observed also that the criterion "highly dangerous" means less and less risk of damage within normal circumstances and this liability rule in practice also successfully competes with other strict liability rules

93 T. Evas, *Civil liability regime for artificial intelligence. European Parliamentary Research Service Study*, European added value assessment. September 2020. PE 654.178 p 13.

94 Court of Appeal of the Capital City of Budapest (Fővárosi Ítélőtábla) decision No. BDT 2010. 2358.

95 Gy. Eörsi, 'Über die Grundfragen der Verantwortlichkeit für die mit erhöhter Gefahr verbundenen Tätigkeit' (1960) 2 *Annales Universitatis Scientiarium Budapestinensis de Rolando Eötvös Nominatae* 3, 10.

96 R. Pusztahelyi, 'Hatósági előírások betartása és az üzembentartó mentesülése a kártérítési felelősség alól – a bírói gyakorlat tükrében [Carrying out of the Official Licensing and the Defence of Civil Law Liability – With an Outlook on Judicial Practice] (2019) 1 *Pro Publico Bono: Magyar Közigazgatás* 21429. doi: 10.32575/ppb.2019.1.11.

97 R. Pusztahelyi, *A veszélyes üzemi felelősség szabályozási környezete*, Nemzeti Közszolgálati Egyetem, Államtudományi és Közigazgatási Kar, Budapest 2019.

(e.g. product liability for malfunctioning medical devices, liability for animals). Although the relevance and appropriateness of the traditional differentiation between subjective fault-based and objective (no-fault) liability are fading away, in this viewpoint, the strict liability rule is nearly as abstract as the general fault-based rule.

Every new risk of technological development can be subjected to this rule, provided that there is some kind of increased level of danger attached to that. The new cases are often solved with the help of analogical thinking (i.e. on the basis of the precedent/with the reference of the earlier judgements), where the speciality of a given application of new technology requires the judge to take a greater step than merely applies the blanket clause of strict liability.[98] For example, it was observed in the aircraft model case where the damaging cause was an interference between different spectrum users rendering the aeroplane model uncontrollable.[99]

In this respect, both the causality and the set of conditions for exoneration show special features in the field of risk-based liability. As far as the causal link is concerned, the prevailing legal opinion emphasises some kind of presumption of the causality. If the material harm (damage) is one of the normal or predictable consequences of this activity, it falls under the scope of inherent danger of this hazardous operation. Therefore, the causal link is supposed to be existing, with the exception that there are more concurrent possible causes from which the damage could have been occurred.

It should be mentioned that Section 6:521 of HCC refers to the principle of foreseeability: No causal relationship shall be deemed to exist in respect of any damage that the tortfeasor could not and should not have foreseen. The judicial practice and the literature interpret it as an interruption of the causal link, however, the interplay between this rule and the unavoidability of the damaging cause as an element of exoneration clause of strict liability has not been clarified yet.

98 'Der Platz und die Rolle der Analogie in der Rechtsanwendung wird somit nicht vom Typischen im Inhalt der Rechtsnorm, sondern vom Atypischen des Rechtsfalles im Vergleich zum Typus begründet.' – wrote Vilmos Peschka. Cf. V. Peschka, 'Typus und Analogie im Recht' (1980) 66 *Archiv Für Rechts- Und Sozialphilosophie/Archives for Philosophy of Law and Social Philosophy* 85, 99. http://www.jstor.org/stable/23679367.

99 Court of Appeal Pécs, decision No. BDT 2010. 2236. Cf. P. Miskolczi-Bodnár, 'Felelősség az új technológiák alkalmazása során keletkezett károkért', in A. Tóth (ed.), *Technológia jog. Új globális technológiák jogi kihívásai*, Károli Gáspár Református Egyetem Állam- és Jogtudományi Kar, Budapest 2016, p. 211.

3.3.2 Exoneration from Strict Liability: External and Unavoidable Cause

Special rule of defence is connected to this strict liability: the operator can exonerate himself from the liability only if he proves that the damage occurred due to an *unavoidable* cause that falls *beyond* the realm (the scope) of the highly dangerous activity.[100] These two conditions are cumulative, therefore not only the unavoidability but at the same time, the external nature of the damaging event should be proved.

The unavoidability will be established if there is no possibility of preventing the damaging event, in an objective sense, taking into consideration the level of the technological development and the financial carrying capacity of the economy.[101] Taking into consideration the case law, this exoneration clause often includes some subjective elements connected to the subjective factors of avoidability (foreseeability and due care) as the current legal literature shows it.[102] Considering the regulation of the EP Resolution relating to strict liability for high-risk AI system – 'Operators of high-risk AI-systems shall not be able to exonerate themselves from liability by arguing that they acted with due diligence or that the harm or damage was caused by an autonomous activity, device or process driven by their AI-system.' – this subjective feature will become of less important. Despite the original aim of the Hungarian liability rule, the group of the external and unavoidable damaging events might be diminished to the scope of objective *vis maior* (force majeure) in order to comply with the rule of the EP Resolution.

In case law of traffic accidents, the scope of the hazardous activity is considered particularly large and comprehensive. The legal practice has already shaped an axiom: the scope of the dangerous activity should not be determined by the momentary situation, but by means of the whole course of the operation.[103]

This is especially true for the collision of vehicles. According to S 6:539 of HCC, where damage is caused by one hazardous operation to another, the operators shall be liable to provide compensation as commensurate according

100 Under Section 6:535 (1) HCC he shall be exempted from liability if he proves that the damage was caused by an unavertable event outside the scope of the hazardous activity.

101 Cf. P. Havasi, 'Commentary of Section 6:535 HCC' in Gy. Wellmann (ed), *Az új Ptk. magyarázata* Vol. VI./VI. HVG-ORAC, Budapest 2013, p. 466. Cf. Curia decisions No. BH2003.321. and No. EBH2002. 748.

102 Á. Kőhídi, 'Az elháríthatatlanság fogalmának relativizálódása a magyar polgári jogban' in: B. A. Keserű, and Á. Kőhídi (eds..), *Tanulmányok a 65 éves Lenkovics Barnabás tiszteletére*. Széchenyi István Egyetem Deák Ferenc Állam- és Jogtudományi Kara, Budapest-Győr 2015, pp. 225–42.

103 Decision of Curia of Hungary, No. BH 1977. 491.

to attributability. (1) If hazardous operations cause damage to each other, the operators shall compensate for the damage caused to each other in proportion to their degree of fault. If damage has been caused de facto by a person other than the operator, the operator shall be liable for damages based on the fault of the person causing damage de facto. (2) If neither party is at fault for causing the damage, compensation for damages shall be paid by the person in whose scope of hazardous activities the irregularity resulting in the damage occurred. (3) If damage caused to each other can be traced back to an irregularity that occurred in the scope of hazardous activities of both parties, or, if no such irregularity can be established for either of the parties then, in the absence of fault, each party shall bear his own damage.

Where the damage is not attributable to either party due to lack of fault, the malfunction that occurred in one's sphere of activity becomes of high importance. Heightened by compulsory liability insurance, in these cases the judicial practice defines the sphere quite extended, including the road surface (e.g., case of stone chip) or the traffic situation as a whole.

If both highly automated or autonomous vehicle and traditional vehicle would be involved in a traffic accident, the first rule comparing the fault of the de facto tortfeasors (drivers) of both vehicles may turn out to be rather inappropriate to apply.

If the malfunction of the automated driving feature is occurred, it is deemed as an irregularity in the own sphere of activity of the operator which may trigger the obligation of the liability insurer company to compensate damage and loss of other parties involved, and the insurance company may pursue a recourse claim against the producer.

The next question is whether (or how) the scope of the hazardous operation of the automated or autonomous car should be extended to damage emerging from new risks such as the interconnected nature (e.g malicious software, some cyberattack, or what is more, defective data ensued from AVs may cause damage or harm to another person)[104] and data-dependency.[105] In our opinion, the

104 Connected to the features (complexity, opacity, openness, autonomy, predictability, data-drivenness, vulnerability) identified by the Expert Group Report on Liability for Artificial Intelligence and Other Emerging Digital Technologies: doi:10.2838/573689.

105 We do not go into details in data protection issues, however, we observed the legal challenges. Cf. G. Deli and N. Muhari, 'A jövő technológiája és az adatvédelem' in J. Fazekas and G. Kecskés (eds), *Az autonóm járművek és intelligens rendszerek jogi vonatkozásai*, Universitas-Győr Nonprofit Kft, Győr 2020, pp. 75–96. For a comprehensive study on civil liability implications of cybersecurity problems cf. V. Bocsok and L. Buttyán, 'Automotive cybersecurity – Is the legal framework ready for the challenge? – part 2: Overview of the Hungarian legislation' (2022) 78 *Infokommunikáció és Jog*, 8–19.

interaction between compulsory liability insurance and liability for damages caused by motor vehicle shall play a determining role in this question. How will the concept of the use of a motor vehicle in terms of compulsory third-party insurance change? A possible solution might be: 'the damage is caused by automated or autonomous vehicle as a motor vehicle'.[106]

3.3.3 Identifying the Operator

Therefore, the core issue of the strict liability rule is determining the person who is held liable, or more precisely, to whom the damaging event will be attributed and therefore, who will be obliged to compensate the damage occurred.

It is the operator who carries out the highly dangerous activity. As a legal status, the notion of operator of an ultrahazardous activity (an operation of AI system) determines the human who must carry the risk that the AI causes damage, regardless of his (or the driver's) personal conduct or blameworthiness. The Hungarian open concept of operator does not exclude the possibility to define more than one operator of a given activity and to establish their joint and several liability towards the injured party.

In the absence of statutory definition, the judicial practice elaborated and fixed the concept of the operator decades ago under the old HCC of 1959 (Act IV of 1959). The operator is the person who maintains and operates continuously the hazardous operations, under whose oversight, management and/or control the hazardous operation would be realised. In addition, he may be the owner of the hazardous thing, but it is not required.

Within the meaning-scope of the operator, the HCC of 2013 brings some novelty. The HCC now defines the concept of operator: 'The person in whose interest the hazardous operations are carried out shall be considered a person carrying out the hazardous activity.'[107] Nevertheless, according to the judicial practice and the literature the former concept will continue to apply, because this provision refers to only one element of the concept,[108] or, it also includes the former case-law concept.[109]

---

106 Contrary to EP Resolution, the liability for traffic accident caused by artificial intelligent system, i.e., the operation at issue should be limited to the cases where it takes place or happens physically. Cf. EP Resolution Preamble point 11.

107 Section 6:536 (1) HCC.

108 T. Lábady, 'A deliktuális felelősség fontosabb változásai az új Ptk.-ban' (2014) 4 *Jogtudományi Közlöny* 16979. http://real.mtak.hu/108752/1/jk1404_1.pdf.

109 Cf. P. Havasi, 'Commentary of Section 6:535 HCC' in Gy. Wellmann (ed), *Az új Ptk. magyarázata* Vol. VI./VI. HVG-ORAC, Budapest 2013, p. 466.

The operator of a motor vehicle is also settled by the well-established case-law. Although, it is obvious that, there is an inconsistency between the registered person and the person who exercises control over the vehicle.[110] In the case of the motor vehicles, this definition corresponds to the comparative law observations: the operator is who has actual and economic control over the vehicle but who is not necessarily its legal owner.[111]

Thus, as far as the operator of a vehicle registered in the public record (motor vehicle registry under the Act LXXXIV of 1999 on Road Transport Register) is concerned, the interplay between administrative law and civil liability should be examined again. It is true that the content of the public registry has an effect on the interpretation of operator status applying to civil liability rules, in several ways, thus, from the obligation to register with a short period of 30 days after the transfer of ownership or any change in custody to the obligation to conclude third party liability insurance contract. As a rule, in civil litigation the registered operator (keeper) of the vehicle might be considered as the operator of the dangerous activity. However, the judicial practice showed that the notion of the operator may be determined independently from the content of the registry, the person of the operator should be defined case by case on the ground of civil law.

One more special question should be added here which relates to the change in the usage, especially in connection with shared use of automated or autonomous vehicles in the light of sharing economy. The operator (owner of the AV fleet e.g. car rental company, taxicab, public utilities etc.) should exercise high level of due care to oversight the usage of AV fleet, according his/her active interest, even his/her real and direct control over AV fleet is decreasing or missing. In the cases of short-term leases or purchases, the user is rather not deemed as operator, because he lacks the active interest in the continuity of activity, despite exercising direct and actual control over the vehicle. However, the permanent or long-term change of the user results in the change of the legal status of operator,[112] irrespectively of ownership or registered status. Now, not merely the sphere of control but also the active interest shall be assessed.

---

110 For the discrepancies between the administrative and the civil law concept cf. R. Pusztahelyi, 'Az üzembentartó polgári jogi fogalma és a közigazgatási bírság „címzettje" – gépjárművek üzemben tartása' [Civil Concept for Operators of Motor Vehicles and the Person Subjected to the Objective Administrative Sanctions] (2018) 3 *Pro Publico Bono: Magyar Közigazgatás* 216–29.

111 E Karner, 'A Comparative Analysis of Traffic Accident Systems' (2018) 2 *Wake Forest Law Review* 365, 370.

112 E.g car rental; c.f. P. Havasi, 'Commentary of Section 6:535 HCC' in Gy. Wellmann (ed), *Az új Ptk. magyarázata* Vol. VI/VI, HVG-ORAC, Budapest 2013, p. 469; cf. T. Nochta, *Kártérítési jog*, Budapest, Lex Praxis 2016, p. 122.

The actual control of the operator progressively diminishes over the autonomous or highly automated vehicles. Therefore, this classic identifying test to find the operator needs to be revised. Even if, the new users of the highly automated or autonomous vehicles will be expected to have special knowledge about the operation or decision-making process (thus, about the foreseeable behaviour of the self-driving car in given situations) and therefore they have well-grounded and not overestimated expectation of the intelligent robot. Due to the black-box nature and the unknown risks of this kind of newly introduced technology, these persons are not able to control and correct all the malfunctions of the autonomous system. They are lacking in foresight of the possible outcomes and therefore they might fail to take preventive measures.

As anticipated, the effective human control falls more and more back to the level where the liable person has got no tools, no power to interrupt the sequence leading to damage or harm started by an error in operation. Moreover, the operation of the AI system is hardly understandable, untraceable or uncontrollable for him or her, particularly in the case of the black-box phenomena. In our opinion in this point of development, the concept of operator within the above-mentioned classic scope of meaning will begin to become inappropriate for application to AI technology. Therefore, when one of these the above-mentioned new types of risk[113] manifest as the cause of the damage, the operator has got less opportunity to take protective measures or act promptly.

In the field of AI liability, the concept of the operator should reflect the changed level of human control, and therefore it should be assessed in the connection with the possible ground for exoneration from liability. It means that the subjective factors in assessing the avoidability of the external cause will become of less importance, the ground for exoneration will be limited to the core concept of vis maior (force majeure), corresponding to the Art. 4 point 3 of the EP Resolution: 'Operators shall not be held liable if the harm or damage was caused by force majeure.'

In our opinion this phenomenon leads not only to an objective liability rule where actual human conduct becomes of less (or no) importance, but also to a changed concept of operator in the field of strict liability, as the

113 Risks relating to the failure of the operating software that enables the AVs to function, risks relating to network failures, risks relating to hacking and cybercrime, and risks/externalities relating to programming choice.

human-in-the-loop approach will be replaced by the human-in-command approach in the human-computer interactions.[114]

This change would be assessed as a shift towards the principle of active interest (who is the person gaining benefits from the operation of the ultra-hazardous activity; and what is more, who has an active interest to bear the cost of risk-avoidance) and in our opinion towards the risk allocating function of the liability rule and the risk management approach (who is the cheapest cost avoider).[115]

3.3.4 Doubled Concept of Operators (de facto) in the Light of the Strict Liability Rule

In this point, the new doubled concept of operators (de facto) from the Report of the New Technologies Formation and from the EP Resolution may serve as a solution.

According to the EP Resolution, the concept of operator (de facto) splits into two groups: the frontend and the backend operators. Under Art. 3 Point (e) EP Resolution 'frontend operators' means any natural or legal person who exercises a degree of control over a risk connected with the operation and functioning of the AI-system and benefits from its operation. Under point (f) 'backend operator' means any natural or legal person who, on a continuous basis, defines the features of the technology and provides data and an essential backend support service and therefore also exercises a degree of control over the risk connected with the operation and functioning of the AI-system. These scopes of control and activities might be inseparable; thus, these two persons might be the same one. If there is more than one operator (de facto) of an AI system, they shall be jointly and severally liable with the possibility to pursue a recourse action.

As mentioned above, the proper operation of the autonomous vehicles requires a stable network, backend support service and interconnectivity. One of the major risks emerging from these new technologies is the network system failure. It is particularly true for motor vehicles that the sphere of control covers not only the mere operation of the motor vehicle, but also the whole environment which affects the operation.[116] In these cases, the provider of the

---

114 Cf. HLEG: Ethics Guidelines for Trustworthy AI. p 16 https://ec.europa.eu/digital-single-market/en/news/ethics-guidelines-trustworthy-ai.

115 Cf. G. Marton, *Les fondements de la responsabilité civile*. Librairei de Recueil Sirey, Paris, Debrecen 1938, p. 344. The principle of active interest shares the common goal of the principle of prevention, as it targets the person who has the most effective means to prevent harm taking preventive measures.

116 I.e., the broaden sphere of control.

network system as backend operator (de facto) would be held liable for damages. In the following the ground of his liability will be examined.

In the field of contractual liability for damages, the above-mentioned rule non-cumul (Section 6:142 of HCC) and the provisions concerning breach of contract and the lack of conformity[117] are to be applied. Here, the scope of HCC was completed by the special legislative act on consumer sale of good and contracts for supplying digital content or digital service, i.e., the Government Decree No 373/2021 (VI.30.) implementing the Directives 2019/770 (EU) and 2019/771 (EU).

In the absence of contractual relationship between the network system provider (as defendant) and the claimant, the strict liability for hazardous operation under Section 6:535 of HCC might be considered to apply, provided that the maintenance of network system will also be deemed as hazardous activity. With the help of analogical thinking, the following interpretational problem may come into play. The EU-promoted vertical separation between track maintenance and operation brought a significant change in the liability issues relating to railway accidents. In its decision of 2016, the Curia (Supreme Court of Hungary) held that the track maintenance is not considered as hazardous activity, thus, the infrastructure manager company would only be held liable under the general fault-based liability rule, contrary to companies carrying out raid transport services.[118] In this regard, the strict liability of network provider for damages caused by AVs should be clearly established by law. It should be added here, that the Hungarian Act implemeting the EU NIS2 directive (Act XXIII of 2023 on cybersecurity certification and cybersecurity supervision) entered into force on 19 October 2024 and provided stricter risk management rules for the providers of intelligent transport systems, being a part of crititical infrastructure of road transport.

One may argue that if the two spheres of operation (backend and frontend) extend to the whole operation and its environment the spheres of control of the two operators (de facto) can hardly be separated. This question is also connected to switching vehicles between traditional and autonomous modes. In theory, there will be a possibility to separate the human's failure and ADS's one with the help of the event recording/logging device. It means that the human

117 Cf. D. Eszteri, 'Liability for operation and damages caused by artificial intelligence – with a short outlook to online games' (2016) *Studia Iuridica Auctoritate Universitatis Pecs Publicata*. 5774.

118 Decision of Curia (supreme court of Hungary) No. BH2016. 115. Cf. Á. Fuglinszky, 'Die Eisenbahnhaftung in Ungarn und die Auswirkungen der Liberalisierung auf die Haftung der Eisenbahngesellschaften' in H. Koziol (ed), *Die Haftung von Eisenbahnverkehrs- und Infrastrukturunternehmen im Rechtsvergeich*, Jan Sramek Verlag, Wien 2019, p. 253.

or non-human agent (or the backend operator) who is actually takes the control of the vehicle, so the operator of the ultrahazardous activity within the framework of strict liability could change from time to time, practically. In our opinion, the legal concept of operator also requires some stability and continuity, so the distinction between frontend and backend operator might bring unwanted implications.

Attached to one single hazardous operation, the legal notion of the operator should also be a single and homogeneous concept. This concept theoretically excludes that another person, as an operator could be held liable for damages caused by the hazardous activity, at the same time and on the same liability ground, except for the case when more persons' interests are common.

From the viewpoint of the active interest, the backend and frontend operators (de facto) do not share the same interest in the operation. Thus, if both of them would be deemed as operators it could hardly justify their joint and several liability, as well, because the two realms of hazardous activity are not the same, only just overlap each other. However, we can invoke the analogical thinking and the former Hungarian case law concerning aerial spraying of agricultural chemicals. The court ruled that the customer (the farm owner as the orderer of the service) and the operator of the helicopter spraying chemicals were held liable jointly and severally. It was one single highly dangerous activity which caused damage, however, the operator of the helicopter carried on the activity for the sake of interest of the farm owner.

As far as the backend operator (de facto) is concerned who provides data and essential backend support service, another strict liability rule should also be highlighted, i.e. the strict liability of data controller and processor according to the Act No. CXII of 2011 on the right to informational self-determination and on the freedom of information. Under Section 24 the controller or the processor acting on behalf of, or instructed by, the controller shall be liable for compensating any damage (or for paying grievance award) which another person may suffer as a result of processing that infringes the provisions laid down in laws or the binding legal act of the European Union on the processing of personal data. The controller shall be exempted from liability for damage and from the obligation to pay the grievance award if he proves that the damage or the violation of the data subject's personality rights occurred as a consequence of an unavertable reason falling outside the scope of processing.[119]

In addition, relating to programming choices (pre-programmed choice-structure or preferences) and ethically aligned design of decision-making, the

119 For official translation https://njt.hu/translation/J2011T0112P_20200101_FINrev.pdf.

manufacturers (software developers) have more opportunity and means to determine better the behaviour of the AV in advance than the user could. The question arises as to whether the liability rule for highly dangerous activity is appropriate in order to establish the liability of software developer/provider, or whether these problems need an innovative approach to liability rules. First, if this person would be considered as the operator of the AI device, the scope of the activity would be largely extended and, the liability would not have any deterrence effect. As Wagner noted, the manufacturer is far removed from the accident scene and is unable to influence the behaviour of the vehicle in the relevant situation.[120] Second, as Sherer delineated,[121] the four features of AI research and development which are the discreetness, diffuseness, discreteness, and opacity may obstruct to clearly establish the liability of the developer.

In addition, it could also be observed that being backend operator (de facto), in these cases, the developer's liability is distinguished from the strict liability rule for defective product. It is not the defectiveness as such; however, the inherent and unknown (or unknowable) risk, i.e., the unpredictable behaviour of AVs is the matter of fact.

Besides, the Hungarian blanket clause does cover the upcoming new risks emerging from new technologies, and as a rule, it does not even exclude liability for unknowable risk entailing, yet liability for harm is nonetheless imposed.[122] We observe here a slight connection to the so-called development risk defence of product liability. If it will turn out to be a persuasive argue that the so-called development risk defence would not be attached to the product liability for emerging technologies, the same policy shall govern the strict liability for hazardous activity.

When a manufacturer (a producer of the product) is being held liable for damages as backend operator according to the EP Resolution, the concurrence

120 G. Wagner, 'Robot Liability' in: S. Lohsse, R. Schulze and D. Staudenmayer (eds), *Liability for Artificial Intelligence and the Internet of Things*. Münster Colloquia on EU Law and the Digital Economy IV, Nomos, Baden-Baden 2019, p. 38.

121 M. U. Scherer, 'Regulating Artificial Intelligence Systems: Risks, Challenges, Competencies, and Strategies' (2016) 29 *Harvard Journal of Law & Technology* 354, 369. http://dx.doi.org/10.2139/ssrn.2609777.

122 However, we agree with Hogg's opinion: In general, strict liability is seldom employed, as it contravenes an intuitive moral sense that people who could not reasonably have behaved other than they did should be excused liability for harm caused by them. Cf. M. Hogg, 'Liability for unknown risks: A common law perspective', (2016) 7 *Journal of European Tort Law* pp. 1–32. https://doi.org/10.1515/jetl-2016-0007. In addition, 'nonetheless, it is fair to provide for stricter liability if at least the impossibility of knowing about the danger is known, ie a known potential risk area is at issue.' Cf. H. Koziol, *Basic Questions of Tort Law from a Germanic Perspective*, Jan Sramek Verlag, Wien, 2012, p. 231.

between strict liability for hazardous activity and product liability could emerge, and the meaning of defectiveness will be at the focal point.[123]

The Court of Justice of the European Union already ruled that any national strict liability rule is excluded from being applied instead of product liability where its function is likewise to grant protection against defective products.[124] It means that, the Hungarian rule of strict liability for hazardous activity cannot serve a base to establish the producer's liability as operator provided that the identity of the defendant and the factual situation of the case are the same and the relevant strict liability rules are equivalent.[125] Especially, the liability rule for hazardous operation provides better protection for the victims in the above-mentioned cases of unknown risks granting more favourable burden of proof and avoiding the development risk defence.[126]

3.4 *Product Liability*

Implementing the Council Directive 85/374/EEC of 25 July 1985 on the approximation of the laws, regulations and administrative provisions of the Member States concerning liability for defective products (hereinafter Product Liability Directive), the Hungarian Civil Code already contains provisions on product liability in its Chapter LXXII, Sections 6:550–559.[127]

As the proposal for directive on the revised product liability had been anticipated with a great interest, and welcomed with great expectations in September 2022, the Hungarian literature had also pointed out the significant inadequacies of the product liability regulation in force relating to its applicability to AIS, correspondingly the international academic writings and documents.[128] However, in the absence of any implementing process of the adopted

123 In our opinion, the defectiveness is not equal to dangerousness, even if the two notions meet in the malfunction of the operation.

124 Cf. Curia case No. ECJ C-183/00, María Victoria González Sánchez v Medicina Asturiana SA.

125 For critics of the NTF Report cf. A. Bertolini and F. Episcopo, 'The Expert Group's Report on Liability for Artificial Intelligence and Other Emerging Digital Technologies: A critical assessment' (2021) 12 (3) *European Journal of Risk Regulation*, 644–59. doi:10.1017/err.2021.30.

126 In its Resolution, the EP created a system, where the PLD is applicable only in cases when there are frontend and backend operators at the same time, and the backend operator is also deemed as the producer of the given AI application. In the cases where there is only a frontend operator who is the producer, as well, and in the cases where there is only one operator, the proposed regulation should prevail over the Directive.

127 For official translation cf. https://njt.hu/translation/J2013T0005P_20210701_FIN.PDF.

128 Cf. J. Fazekas, 'Hannibal ante portas! Autonóm járművekTermékfelelősségBiztosítás.' in J. Barta (ed.), *Biztosítás több szem-szögéből. Ünnepi kötet Újváriné dr. Antal Edit c. egyetemi docens 65. születésnapja tiszteletére*. Patrocinium Kiadó, MiskolcBudapest 2019,

new Product Liability Directive, the domestic legislation and judicial practice are still lacking the means to articulate the right answers to the challenges of AIs, since the Directive aimed at the maximum harmonisation[129] in this field, only with some expressed exceptions. Therefore, the national legislator is not empowered to amend or create new strict liability solutions for defective products. Despite the fact that the manufacturer's fault-based liability supplementing the product liability had been accepted by several jurisdictions for a long time,[130] the Hungarian legislation or practice did not reflect this. In general, the strict liability for highly dangerous activity could absorb cases where the product liability may be also established.[131]

Where the claimant and the defendant (producer) are in contractual relationship, the above-mentioned *non-cumul* rule comes into play again. However, in our opinion, it may not be applied to claim based on product liability, since these latter rules appear in the Hungarian civil law due to the European harmonisation, and this national rule of *non-cumul* would derogate the enforcement of the harmonised product liability law.[132]

In the realm of indemnification of loss or damage suffered in road traffic accidents, the victims prefer to claim damages against insurance companies (on the base of liability insurance) and the cases have marginal significance where the victim sues producer (or his insurer) on the base of product liability.[133] Nevertheless, if the operator or the owner (or its liability insurer) of the autonomous vehicle has no possibility to pursue a recourse claim against the manufacturer of the defective product, an unfair situation comes into existence. It means that the road traffic accidents also induced the appropriate

---

pp. 139–62.; Cf. Á. Kőhidi and P. Somkutas, 'Az önvezető autó szoftvere magas szintű szellemi alkotás vagy kifinomult károkozó?' (2017) 6 *In Medias Res* pp. 232–69.

129 Cf. A. Menyhárd, 'A Legfelsőbb Bíróság elvi határozata a termékfelelősségről' (2010) 1 *Jogesetek Magyarázata* 19, 22.

130 CF. M. Ebers, 'Autonomes Fahren: Produkt- und Produzentenhaftung' In B.H. Oppermann and J. Stender-Vorwachs (eds.), Autonomes Fahren. Rechtsfolgen, Rechtsprobleme, technische Grundlagen, C.H.Beck, München 2017, pp. 93–125.

131 E.g. case of malfunctioning kidney stone crusher (treatment of shock wave lithotripsy) BDT2016.3459. C.f. R. Pusztahelyi, *A veszélyes üzemi felelősség szabályozási környezete*, Nemzeti Közszolgálati Egyetem, Államtudományi és Közigazgatási Kar, Budapest 2019, p. 52.

132 Cf. E. Újváriné Antal, 'Termékfelelősség' in J. Barta, T. Barzó and Cs. Csák (eds), *Magyarázat a kártérítési jogról*, Wolters Kluwer, Budapest 2018, p. 161. Similarly, cf. Á. Fuglinszky, *Kártérítési jog*, HVG-ORAC, Budapest 2015, p. 590.

133 Á. Kőhídi, 'Az önvezető járművek vezetőjére és üzemeltetőjére vonatkozó felelősségi szabályok a német, osztrák, angol és magyar jogban' (2020) 1 *Jog–Állam–Politika* 41–52.

revision of the Product Liability Directive, and the possible mandatory liability insurance of the manufacturers.[134]

In the following we strive to highlight some of the main problematic issues, in a non-exhausitive manner. The most debatable question is the notion of the product. Starting from the CJEU jurisprudence, and slightly departing from that, the Hungarian literature discuss whether a software can be deemed as a product, outside the cases where it is only a component of the autonomous car and its producer will be held liable for the defectiveness.

The defect of the vehicle driving system, thus, the software as a defective product would gain a special role in the case when the compensation claim of the car owner is considered. As to an opinion appeared in the Hungarian legal literature, damage which occurred in the vehicle due to the defect of an intermediate product (a component, a software) shall be deemed as a damage occurred in other thing, therefore – under the product liability rules – it shall be compensated.[135]

The second issue to be worth mentioning is the possibility to derogating from the rule of the so-called development risk defence. The recognisability of the error in functioning of the intelligent driving system would be problematic according to the current state of scientific and technical knowledge. Furthermore, due to the feature of openness, the AI system is capable to self-learning and self-development which may affect its decision-making and behaviour in the future and may generate obstruction against proving the original defect at the time when the product was put into the circulation. The omission of updating the software or the use of corrupted data may cause similar problems. The defect may also be detected in the abnormal vulnerability of the driving system against cyberattacks and malwares.

According to Article 15 of PLD in force the Member State may by way of derogation from Article 7 (e), maintain or, subject to the procedure set out in paragraph 2 of this Article, provide in this legislation that the producer shall be liable even if he proves that the state of scientific and technical knowledge at the time when he put the product into circulation was not such as to enable the existence of a defect to be discovered. In Hungary, under Section 6:555 (3) HCC (3) in the event of damage caused by the administration of pharmaceuticals in accordance with their prescriptions, the producer shall not be exempted from liability by relying on this defence. One may argue that the Hungarian

134 See: European Parliament legislative resolution of 12 March 2024 on the proposal for a directive of the European Parliament and of the Council on liability for defective products (P9_TA(2024)0132).

135 Á. Fuglinszky, *Kártérítési jog*, HVG-ORAC, Budapest 2015, p. 641.

legislator has an opportunity to take a step forward to the user-friendly AI law. Abolishing the development risk defence, he could address problems stemming from the unpredictable nature of AI systems. However, the strict liability rule may have chilling effect upon innovation.

4 Some Thoughts on Criminal Liability Relating to Autonomous Vehicles

The criminal law of Hungary is not prepared to encompass all the possible relevant problematic issues relating to the harmful operation of automated vehicles or any special crimes or infractions[136] where the exploitation of the autonomous decision-making feature of the AV is at issue (e.g. cyberattacks). This reform is closely connected with other offences relating to digitalisation, however, in the following we are only focusing to possible answers provided by the criminal law for the legal consequences of traffic accidents where an autonomous or highly automated vehicle is involved.

According to the Hungarian literature, by the middle of the 20th century, the age of modern industrializing and motorization of the transport induced reforms of the criminal law. Compared to the strict nature of civil liability, the criminal law reacted differently to the inherent high level of dangerousness and the great potential of risk. At the beginning, the conduct of the perpetrator was in the focal point, whether the criminal offence (causing an accident) was committed negligently or intentionally. Later on, in the middle of the 20th century, a new criminal offence of professional misconduct was introduced which was a type of "crimes of danger" (actual injury is not necessary for completion of the offence, it is enough that the conduct jeopardise the legally protected interest) and paved the way for its application to the traffic accidents, where the driver violated the traffic regulations. In the field of driving offences, the criminalization of the direct endangerment of life or physical integrity as a sui generis offence was regulated since 1971, i.e., dangerous driving. Meanwhile, the period of penalty for homicide was increased, and the driving ban as a new penalty was introduced as well. The Hungarian Criminal Code in effect (Act C of 2012 on the Criminal Code; hereinafter Criminal Code)[137] contains the following crimes in Chapter XXII (Offences Against Traffic Regulations): offences against transport security (S 232), endangerment of railway, air or water transport systems (S 233), dangerous driving (S 234), causing a road accident (S 235),

136 Act II of 2012 on infractions, infraction procedure and the infraction records system.

137 For official translation: https://njt.hu/translation/J2012T0100P_20210708_FIN.pdf.

driving under the influence of alcohol (S 236), driving under the influence of drugs (S 237), unlawful conveyance of operating a vehicle (S 238), hit and run (S 239), driving an illegally converted vehicle for the carriage of passengers (S 239/A), driving a vehicle under suspension of driving privileges (S 239/B).

According to Section 234 (1) of Criminal Code (dangerous driving) a person who exposes the life or physical integrity of one or more other persons to direct danger on a public road or a publicly accessible private road by violating the rules of road traffic is guilty of a felony and shall be punished by imprisonment for up to three years.

Ambrus et al. put that the application of criminal rules relating to offences against traffic regulations may diminish gradually, as it can be prognosticated that the number of traffic offence cases will drop dramatically because of the elimination of human errors and recklessness. In this scenario, on account of the diminishing number of traffic offences the question arises that the justification ground, a ground for total exemption from criminal liability, i.e. the so-called "allowable risk" can comprise the cases where the AV caused serious injuries in autonomous mode. Thus, despite harmful consequences, there is a proof that the AV performed within the allowable parameters of risk for the particular manoeuvre, the perpetrator (driver, keeper or producer of AV) shall be considered exempted from any criminal liability.[138]

The 'allowable risk' defence gains its justificative nature from the thought that there are cases where the social benefits – expected from the activity – are greater than the risk threatened with harm to legally protected interests.[139]

In our opinion, this possible solution is intertwined with the question of who is to blame, who is the perpetrator. One could differentiate between the following approaches to the subject of the criminal responsibility: direct liability of AI as an independent legal entity, the special responsibility of covert offender in case of preparation-by-another, the commander responsibility, and the liability for natural and probable consequences.[140]

In addition, as the consequences of opacity and unpredictability of the operation and decision-making of AV or an unforeseen malfunction,[141] no one should be held liable for unpredictable events.[142] In the Hungarian literature,

138 I. Ambrus, G. Kovács and I. Németh, 'Az önvezető járművek kapcsán felvethető általános büntetőjogi problémák' (2018) 2 *Jura*, 13, 17–18.

139 Ibid.

140 Ibid.

141 M. Hodula, 'Az autonóm járművek hatása a közlekedési büntetőjog fejlődésére' [2021] 7 MTA Law WorkingPapers, AI and Law Series 1, 6–7. http://jog.tk.mta.hu/mta lwp.

142 B. Miskolczi and Z. Szathmáry, *Büntetőjogi kérdések az információk korában*, HVG-ORAC, Budapest 2018, pp. 58–65.

we hardly find author who would promote the concept of the direct criminal responsibility of AI system (as an individual entity).

The co-authors Miskolczi and Szathmáry touched the strict civil liability rule, the liability for highly dangerous activity to stress upon the objective nature of the responsibility. However, expanding the objective (absolute) or strict liability for created risk of a high-level to the field of criminal law would tumble the doctrinal foundations of the criminal law. In our opinion, in the field of offences against traffic rules the human individual's duty to supervise or control the functioning of the automated features is of high level, however, it should be adjusted to the harm relative to road exposure of different participants of the road traffic. According to Ethics of Connected and Automated Vehicles,[143] AVs may then be calibrated by manufacturers and deployers to reduce strong disparities in the ratio of harm-relative-to-road-exposure between different road users.[144] The risk management approach has an effect upon the thinking about criminal liability and it may strengthen the natural and probable consequence doctrine.

In general terms, all authors noticed the problematic questions relating to the general conditions of the criminal offences. Under S 4 of Criminal Code 'criminal offence' means any conduct that is committed intentionally or – if negligence also carries a punishment – with negligence, and that is considered potentially harmful to society and that is punishable under this Act. Questions arose about the conduct of the AI system, furthermore about its subjective feature (intention or negligence). The material elements constituent criminal offence can be assessed and trigger criminal liability even in the absence of subjective intention, that is, the culpability could be dropped out from criminal rules relating to offences caused, i.e., 'committed' by AVs.[145]

As far as the potential harmfulness to society is concerned, the completion of the factual elements results in illegality as a general rule. Beside the above-mentioned rule of allowable risk, the justifiable defence and the means of last resort were discussed in detail in the Hungarian literature. Ambrus et al.

143 European Commission, Directorate-General for Research and Innovation, *Ethics of connected and automated vehicles: recommendations on road safety, privacy, fairness, explainability and responsibility*, Publications Office, 2020, https://data.europa.eu/doi/10.2777/966923

144 Ibid p. 30.

145 I. Ambrus, 'A mesterséges intelligencia és a büntetőjog' (2020) 61 *Állam- és Jogtudomány* 4, 17.

suggested to enact the 'allowable risk' defence into the Criminal Code with detailed conditions instead of developing in the judicial practice.[146]

The latter one was connected to the so-called tram/trolley dilemmas. In our point of view, these special 'lose-lose' situations could be assessed as a limited case of risk management.

According to Ethics for CAV, adherence to the above-mentioned principles of risk distribution should ensure that the behaviour of the CAV does not conflict with basic ethical and legal principles.[147] That means, complying with the duty of care (with supervising, controlling and programming, as well) excludes the illegality of the harmful behaviour of AVs.

From this viewpoint and taking into consideration the ultima ratio nature again, we may prognosticate rather the decrease and diminish of the applicability or importance of the criminal law in the field of the road traffic accidents involving AVs where no human recklessness or negligence is observed. In this context, Ambrus et al. promote to amend/transform the present crimes of danger into crimes of harm.[148]

Only in cases where the AV causes harm or harmful results, it is necessary to maintain the state authority to impose criminal penalties (ius puniendi). Otherwise, the criminal law may have chilling effect on the innovation. It may result in the decrease of the development of such technology which is to be an effective mean to fight against the high rate of road traffic accidents with death or serious injuries.[149]

Furthermore, we should also mention here, that the mass-market roll-out of the highly automated or autonomous vehicles needs to review and amend the traffic regulations which serve as a framework legislation of the offences against traffic regulations.

To serve the ultima ratio nature of the criminalisation, beside the Criminal Code, the offences not constituting the necessary risks and dangers for the society to be punished as criminal offences are considered to be traffic offences as infractions, regulated in special act, Act II of 2012 on infractions, infraction procedure and the infraction records system.

---

146 I. Ambrus, G. Kovács and I. Németh, 'Az önvezető járművek kapcsán felvethető általános büntetőjogi problémák' (2018) 2 *JURA*, 13, 18.

147 European Commission, Directorate-General for Research and Innovation, *Ethics of connected and automated vehicles: recommendations on road safety, privacy, fairness, explainability and responsibility*, Publications Office, 2020, p. 32.

148 I. Ambrus, G. Kovács and I. Németh, 'Az önvezető járművek kapcsán felvethető általános büntetőjogi problémák' (2018) 2 *Jura*, 13, 19.

149 Ibid.

5 Closing Remarks

Contrary to United Kingdom or Germany, the Hungarian law system have not yet been adjusted to the legal challenges brought by a branch of disruptive technologies, namely the introduction of automated driving systems, and the appearance of self-driving cars on the public road of Hungary. Except for product liability, the cases of presumed fault and causal link and special consumer contract law rules, even the legislation of the European Union had not yet brought significant changes into the very national field of law, concerning civil liability, where the Member States intend to preserve their legal traditions.

Nevertheless, the existing judicial practice, strengthened by compulsory liability insurance had already elaborated a relatively comprehensive legal environment where the possibility to adjust civil liability rules to the special risks of the operation of the automated or autonomous vehicles is given. The Hungarian blanket clause of liability for highly dangerous activity is quite flexible to serve an effective tool in the accident compensation, even if each element of the statutory rule is required to be reviewed. Besides, it does not exclude the existence of a multi-layered liability system and therefore it does not generate so-called morality gaps among the persons involved in any stage of the life-cycle of this special application of AI technologies.

Civil Liability for Autonomous Vehicles in the Netherlands

*K.A.P.C. van Wees**

1 Introduction

Self-driving vehicles have been predicted, promised, and desired for decades.[1] It is projected that their introduction will have numerous advantages in terms of safety, convenience, mobility, and environmental impact, relative to their conventional counterparts. And although the introduction of (fully) self-driving cars takes longer than developers earlier predicted, major car manufacturer and tech-companies keep being heavily involved in their development.

Given the projected societal benefits and the pace of the technological developments, an urgent question is whether (and to what extent) today's legal and regulatory frameworks are fit to accommodate the introduction of automated driving technology. Much debate, both in the Netherlands and elsewhere, has been focused on the liability implications of automated vehicles.[2] Notwithstanding the potential to reduce the number of traffic accidents by eliminating

* Kiliaan van Wees is associate professor of law at Vrije Universiteit Amsterdam and researcher at the Amsterdam Centre for Comprehensive Law (ACCL).

1 S.E. Shladover, Connected and automated vehicle systems: Introduction and overview, *Journal of Intelligent Transportation Systems, Technology, Planning, and Operations*, 2018, pp. 190–200.

2 See for the Dutch literature, among others: N.E. Vellinga, Productaansprakelijkheid en de komst van zelfrijdende auto's: klaar voor een bestuurderloze toekomst? *Ars Aequi* 2021, pp. 957–61. K.A.P.C. van Wees & A.J. Akkermans, 'Naar een toekomstbestendig compensatiesysteem voor verkeersongevallen, Over zelfrijdende auto's, herstelgerichte schadeafwikkeling en de mogelijkheden van een systeem van directe schadeverzekering', *Tijdschrift voor Vergoeding van Personenschade* 2020, pp. 75–93; N.E. Vellinga, 'Met autonome auto's de weg op: enkele vragen van aansprakelijkheid', *Maandblad voor Vermogensrecht* 2020, pp. 196–203; K.A.P.C. van Wees, 'Voertuigautomatisering en productaansprakelijkheid', *Maandblad voor Vermogensrecht* 2018, pp. 112–22; E. Engelhard, 'Wetgever, pas op! De (vrijwel) autonome auto komt eraan', *Ars Aequi* 2017, pp. 230–36; T. Hartlief, 'Een kwart eeuw later: van benzinemonster naar rijdende iPad', in W.H. van Boom et.al. (eds), *Een kwart eeuw. Privaatrechtelijke opstellen, aangeboden aan prof. mr. H.J. Snijders ter gelegenheid van zijn emeritaat*, Kluwer, Deventer 2016, pp. 127–135; T.F.E. Tjong Tjin Tai & S. Boesten, 'Aansprakelijkheid, zelfrijdende auto's en andere zelfbesturende objecten', *Nederlands Juristenblad* 2016, pp. 656–64, A.I. Schreuder,

 | DOI:10.1163/9789004711891_009

many of the mistakes that human drivers routinely make, technology will not be flawless. Future accidents may involve the failure of hardware or software components, poor system-operator interaction, hacking[3] or – in case of connected and cooperative systems – poor communication with/flawed data from other road users or the infrastructure.

Increasing automation of the driving task will challenge the liability system in a number of ways. Where today's accidents are mainly caused by human drivers, tomorrows accidents will be mostly attributable to features of the vehicle itself and less and less by the conduct of drivers. This narrows the scope of fault-based liability which, for many traffic victims in the Netherlands, is currently the applicable liability ground for compensation. And although victims in the future may attempt to seek compensation from other defendants, such as vehicle manufacturers, it is anticipated that certain key characteristics of automated driving systems (its technical complexity, autonomy, opacity and potential interconnectivity with the outside world) will seriously complicate the application of current liability rules to the (potential) threats of the new technology.[4]

This may lead to uncertainty about the legal liability of various actors involved (drivers, vehicle owners, car manufacturers, system developers, etc.) and, as a result to time-consuming, cumbersome and cost-demanding claims settlement procedures. Introduction of automated driving technology may thus not only result in uncertainty for developers and manufacturers but also in a lower level of protection for consumers and traffic victims, which may diminish public acceptance of automated driving technology.[5]

This national report reviews the Dutch body of law that prescribes the legal liabilities of those primarily involved in producing and operating motor vehicles (car manufacturers, vehicle owners/keepers and drivers) when these devices injure people or property and it considers how these rules may apply

---

'Aansprakelijkheid voor "zelfdenkende" apparatuur', *Aansprakelijkheid Verzekering & Schade* 2014/20.

3 N.E. Vellinga, Connected and vulnerable: cybersecurity in vehicles, International Review of Law, Computers & Technology 2022, pp. 1–20.

4 See among others E. Karner, B.A. Koch & M.A. Geistfeld, Comparative Law Study on Civil Liability for Artificial Intelligence, European Commission 2020, especially pp. 65–80 (Use Case 'Autonomous vehicles'); T. Evas, A common EU approach to liability rules and insurance for connected and autonomous vehicles. European Added Value Assessment, European Parliamentary Research Service 2018, and the Annex I thereto (p. 38 ff), E.F.D. Engelhard & R.W. de Bruin, EU Common Approach on the liability rules and insurance related to Connected and Autonomous Vehicles.

5 R.W. de Bruin, 'Regulating Innovation of Autonomous Vehicles: Improving Liability & Privacy in Europe, Doctoral Thesis, Utrecht University 2022, p. 60 ff.

to automated vehicles (AVs). Underlying question is whether existing legal frameworks are sufficiently equipped to provide a fair and efficient allocation of risks or that changes are needed to find a proper equilibrium in between accident prevention, compensation and innovation.

2 Present State of Technology and Future Perspectives

Terms as "autonomous" and "self-driving" are widely used to describe vehicles equipped with driving task automating systems being developed, tested or introduced on the market. However, the use of this terminology is not always accurate and sometimes misleading, fuelling unrealistic expectations about the current state of technology.[6] "Autonomous" and "self-driving" strongly imply a complete replacement of the driver, but in reality most of the automated vehicle systems to which these terms have been applied continue to require a driver to monitor the driving environment and to compensate for the technology's shortcomings or to perform the driving task for part of the trip. The reality is that the introduction of fully self-driving vehicles in road traffic – entirely removing the need for a driver – is not to be expected in the short term, at least for consumer owned and 'operated' road vehicles.

To legitimately label a vehicle to be fully autonomous or self-driving implies that the vehicle is able to do all the things a human driver needs to do to safely operate a vehicle in daily life traffic. This implies that the vehicle is able to sense and interpretate the driving environment (detecting, recognizing, and classifying objects and events and preparing to respond as needed) and to execute an appropriate response to deal with all situations that may be encountered in daily life traffic including all types of road conditions (road works, potholes, roadway debris, etc.) and wetter conditions (rains, snow, storm, etc.) and all kinds of other 'unusual' situations (crossing animals, emergency vehicles, signalling police officers, etc.). Ideally, software should be designed in such a way that a system would function in a predictable and safe manner under all of these circumstances. Fact is however, that, whilst automated driving systems may have critical advantages over humans (they can respond more quickly than human drivers, they can draw upon a much wider range of sensor technologies than human eyes, and they do not get tired or distracted), and whilst we can expect advances in both sensor technology and (machine

6 Law Commission & Scottish Law Commission, Autoomated Vehicles. joint report (Law Com No. 404, Scot Law Com No 258), London/Edinburgh 2022, p. 2.

learning) perception algorithms, matching the performance of a competent and careful human driver under *all* conditions is still a research challenge.[7]

And although robo-taxis have been recently introduced in some US and Chinese cities, the introduction of a fully autonomous vehicle for conventional, privately owned cars is not expected in the near future.

In this context one could identify two different development paths.[8] One is based on adding automated features to consumer vehicles, potentially leading to dual mode vehicles that can be driven either manually or in automated mode. The automated mode will initially be restricted to special conditions (such as specific speed ranges or weather conditions) or certain environments (such as well-maintained, well-mapped and well-marked motorways on which vehicle flows are more organized, and bicyclists and pedestrians are generally absent), making autonomous driving only suitable for parts of the trip.[9] A human driver is still required to drive te car for the remainder of the trip. We can call this *parttime* self-driving.[10] One of the first systems of this type to enter the consumer market was the Mercedes' Drive Pilot system which is able to automatically drive the vehicle without constant supervision of the driver, but only on limited access highways in good weather conditions and below 40 mph (traffic jam conditions).[11] When traffic clears up, road works occur or weather conditions deteriate the car signals the driver to take over. If he fails to do so, the systems will automatically bring the vehicle to a controlled stop turning in the hazard warning lights.

The other development path involves deploying driverless vehicles in limited local contexts (robo-taxis, automated shuttles), rather than private car ownership. These transport services may involve vehicles which cannot be

---

7 C. Tennant & J. Stilgoe, 'The attachments of 'autonomous' vehicles', *Social Studies of Science* 2021 (51), pp. 846–70.

8 *Automated and Autonomous Driving: Regulating Uncertainty*, OECD/ITF 2015, p 5.

9 The conditions under which an automated driving system is designed to operate is usually called the "Operational Design Domain" (ODD) as used in the .

10 This corresponds with Level 3 ('Conditional Driving Automation') within the well-known SAE Taxonomy for driving automation systems (https://www.sae.org/standards/content/J3016_202104).

11 The Drive Pilot system is designed to operate the vehicle under certain conditions on fully access-controlled highways, such as Interstate Freeways. Under these conditions, the driver can engage the system to operate the vehicle and afterward relax and focus on non-driving tasks provided by the vehicle's multimedia system. When it's time to leave the freeway, or if an unusual situation develops, such as approaching a crash scene or the occurrence of a malfunction, the system will alert the user to resume driving, while maintaining vehicle control until the user is able to do so. See https://group.mercedes-benz.com/dokumente/innovation/sonstiges/2023-03-06-vssa-mercedes-benz-drive-pilot.pdf

operated by a human driver and therefore may lack the in-vehicle driving controls used by human drivers, such as steering wheels and brake pedals (such as passenger shuttles in central business districts or driverless delivery vehicles).

3 Present State of Legal Reform

Legislative steps in the Netherlands have so far been restricted to enabling testing with automated vehicle systems on public roads. In 2015 legislation came into force that made it possible to grant exemptions from certain laws if these exemptions are useful for the testing of automated vehicle functions.[12] This was followed in 2019 by the so-called *Experimenteerwet zelfrijdende auto* (law governing the experimental use of self-driving vehicles) that made it possible to conduct experiments with self-driving vehicles without a driver being physically present in the vehicle.[13]

So far the Dutch government, unlike surrounding countries as Germany[14] and the United Kingdom,[15] has not undertaken legislative action to prepare for future market introduction.

4 Dutch Traffic Liability Law[16]

4.1 *Introduction*

Dutch traffic liability, understood as liability related to the use of a motor vehicle, is a mix of (quasi-)strict liability and fault-based liability and is flanked by

12 Stb. 2015, 248.

13 Stb. 2019, 240.

14 Modification of the German Road Traffic Act introduced regulations for so-called highly and fully automated vehicles, clarifying the rights and duties of drivers during the automated driving phase (BGBI 2017 I, pp. 1648 ff) and to establish a regulatory framework for autonomous, driverless vehicles to be allowed to operate in determined operational areas (BGBI.2021 I, pp. 3108 ff).

15 The Automated and Electric Vehicles Act 2018 (available at: https://www.legislation.gov.uk/ukpga/2018/18/pdfs/ukpga_20180018_en.pdf?msclkid=f0830ff3c70011ecb3190e70277e90b3) introduced legislative provisions to smooth the path to compensation for those injured by an automated vehicle (AV). The AEV Act provides that each listed AV must carry insurance. The insurer of the AV must then pay compensation for any damage caused by a vehicle while it is driving itself. The insurer may in his turn bring a secondary claim against any person or body responsible for the incident.

16 See for publications about Dutch traffic liability law in English: C. van Dam & G. van Manen, 'Development of Traffic Liability in the Netherlands', in W. Ernst (ed), *The*

a system of compulsory third party liability insurance.[17] A specific motor vehicle liability is laid down in Art. 185 Dutch Road Traffic Act (*Wegenverkeerswet*; hereafter: WVW). This liability provision only applies to accidents involving a motor vehicle on the one hand and a non-motorized road user (such as pedestrians and cyclists) on the other. Under Art. 185 WVW the owner/keeper of a motor vehicle is liable unless he proves that it was probable that the accident was caused by force majeure (*overmacht*). Force majeure is being interpreted very restrictively by the Dutch Supreme Court (*Hoge Raad*), making this a rather strict liability.

Art. 185 WVW, however, does not apply to accidents between motor vehicles, and is therefore not applicable to the majority of road traffic accidents. Motorized traffic victims have to rely on other legal grounds when they seek compensation for their injuries or damage. As most accidents are caused by driver error, and a specific driver liability is absent in Dutch law, they normally have to rely on the general, fault-based liability rule of Art. 6:162 Dutch Civil Code (*Burgerlijk Wetboek*; hereafter: BW). In the more exceptional case that a vehicle defect caused the accident, the injured party might also chose to direct a claim towards the owner/keeper of the vehicle, who can be held strictly liable in terms of Art. 6:173 BW.[18] It should be noted that, from the injured party's perspective, a distinction between the different insured tortfeasors is of little practical relevance. This is because the compulsory motor vehicle liability insurance (to be further discussed in the next section) must cover all claims arising out of liability to which the use of motor vehicle can give rise, whether

Development of Traffic Liability, Cambridge, Cambridge University Press 2014, p. 131 ff.; M. Slimmen & W.H. van Boom, *Road Traffic Liability in the Netherlands*, 2017 (available at: https://papers.ssrn.com/sol3/papers.cfm?abstract_id=2975796).

17 Transport services, characterized by a contractual relationship, are governed by specific liability rules. These are laid down in Art. 8:105 and Art. 8:1147 BW (death and bodily injury) and Art. 8:106 and Art. 8:1150 BW (luggage) for bus and tram operators and taxi operators (Art. 8:80 BW). Here, the contract doctrine of force majeure is the only exculpation ground (Art. 8:1148 and Art. 8:82 BW). See also B.M. Dikker, 'Passagiersbescherming in het autonoom (openbaar) personenvervoer: leidt toenemende autonomie van het vervoermiddel tot een stevigere rechtspositie van de passagier?', *Tijdschrift Vervoer & Recht* 2018, pp. 113–21.

18 Under certain conditions, the authority responsible for the road may be liable under Art. 6:174 BW. If it is established that the road did not meet the standards that which in the given circumstances could be set for such roads. This is a strict liability, in so far that it not require fault of (or knowledge of the defect by) the road authority. See in relation to AVs: N.E. Vellinga, *Legal Aspects of Automated Driving. On Drivers, Producers, and Public Authorities*, dissertation Groningen 2020 (available at: https://research.rug.nl/nl/publications/legal-aspects-of-automated-driving-on-drivers-producers-and-publi?msclkid=2c26eb0dc21511ec88373871738e4618), pp. 180–82.

directed against the vehicle's owner/keeper or its driver, and the injured party has a direct right to compensation against the liability insurer of the vehicle, meaning that the later serves as a singular contact point for his claim.

4.2 *Motor Vehicle Liability Insurance and the Claim Settlement Process*

4.2.1 Mandatory Motor Vehicle Liability Insurance

Of particular importance for both the victim friendly way liability for motor vehicles has developed, as for the actual compensation of traffic accident victims and the handling of their liability claims, is the compulsory vehicle liability insurance regime as harmonised by the European Motor Insurance Directive (hereafter: MID).[19] In The Netherlands the MID is implemented through the Dutch Motor Vehicle Liability Insurance Act (*Wet aansprakelijkheidsverzekering motorrijtuigen*; hereafter: WAM).

Conform the MID, the WAM provides for compulsory insurance for liability to which a motor vehicle can give rise.[20] It must cover liability of every possessor, keeper and driver of the insured motor vehicle, as well as the passengers of this vehicle, with the exclusion of a thief or a person who obtained the vehicle through an act of violence, as long as the victim can present a claim to the guarantee fund.[21] As aforementioned, the injured party has a direct right to compensation against the liability insurer of the vehicle (*action directe*), meaning that the later serves as a singular contact point for the injured party's claim.[22]

The compulsory insurance must cover liability for personal injury and property damage. There are no limitations to the compensable damages (other than the allowed maximum amount of € 6.450.000 per event), provided there

19 Directive 2009/103/EC of the European Parliament and of the Council of 16 September 2009 relating to insurance against civil liability in respect of the use of motor vehicles, and the enforcement of the obligation to insure against such liability, OJ L263/11.

20 Art. 7 MID. Art. 2 WAM provides that the owner of a motor vehicle and the registered holder of the vehicle registration are obliged to take out liability insurance as laid down in the WAM .

21 Art. 3 (1) WAM. It is pointed out that hostile takeover could in the future happen from a distance via hacking. If this were deemed equal to the more traditional forms of carjacking liability of the keeper would be excluded under the afore-mentioned exclusion unless he failed to install security updates or take similar measures within his control. Although this seems reasonable from the perspective of the otherwise liable party, in order to secure the protection of injured parties, it would be crucial to ensure that they could at least reroute their claims in such cases against a compensation fund (cf. art. 25 MID). See E. Karner, B.A. Koch & M.A. Geistfeld, *Comparative Law Study on Civil Liability for Artificial Intelligence*, European Commission 2020 pp. 77–78.

22 Art. 6 WAM.

is a causal connection between the act that caused the injury and the damage or loss sustained. Only the driver and loss suffered by occupants other than bodily injury can be excluded.[23] In practice drivers are indeed excluded from cover of the WAM in the insurance policy which means that the driver does not have a direct right to compensation against the insurer of the vehicle he or she was driving in.

The Dutch market for motor vehicle insurance is open and competitive and free of premium regulation. The ex ante risk differentiation is mostly limited to a few classification variables (i.e. age, place of residence, profession and type of car). Insurers use a self-regulatory 'bonus malus' system of stepped premium ladders based on customers claim history.[24]

4.2.2 The Claim Settlement Process

Road accidents are mainly handled by liability insurance companies who are the actual defendants in compensation claims.[25] Therefore their actions will, to large extent, determine how traffic liability law works out in practice. In the course of time, the growing number of road accidents made it imperative to adopt a swifter, more efficient way of handling the compensation issue.[26] The claim settlement behaviour of insurance companies is not only influenced by rules of tort and insurance law, but also standard procedures and codes of conduct within the community of insurers. Relevant examples of such insurance industry codes of conduct are the so called *Bedrijfsregelingen* issued by the Dutch Association of Insurers.

Recently, the Dutch Association of Insurers adopted a new Bedrijfsregeling, called 'Direct claim adjustment' (*Directe schadeafhandeling*). According to this code of conduct motor vehicle liability insurers shall compensate damage to vehicles of their own policyholder, thus on a first party basis. However, for damage to be compensated third party liability is required (first party, but not no fault). The motivation for this procedural system change, is that it is more

23 Art. 4 WAM/Art. 12 MID.

24 M. Slimmen & W.H. van Boom, *Road Traffic Liability in the Netherlands*, 2017 (available at: https://papers.ssrn.com/sol3/papers.cfm?abstract_id=2975796), para. 7.

25 Traffic damage compensation claims seldomly end up in court. It is estimated that 95-99% of all personal injury claims is settled out-of-court. See W.C.T. Weterings, *Efficiëntere en effectievere afwikkeling van letselschadeclaims. Een studie naar schikkingsonderhandelingen in de letselschadepraktijk, normering en geschiloplossing door derden*, Den Haag: Boom Juridische uitgevers 2004, p. 20.

26 This 'bureaucratization' is a common feature in different legal systems. W. Ernst, 'General introduction', in *The Development of Traffic Liability*, Cambridge, Cambridge University Press 2014, p. 7.

consumer friendly if vehicle owners can turn to their 'own' liability insurer instead of the insurer of the third party who is liable for his damage. Recourse procedure between insurers are governed by simplified settlement schemes (*Overeenkomst vereenvoudigde schaderegeling*).

Worth mentioning here are also more ad hoc agreements between insurers in cases of catastrophic pile-up collisions. Motor vehicle liability insurers on several occasions agreed to cover the loss of the occupants of the 'own' vehicle, regardless of whether any persons can be held tortiously liable for their damage; in effect, this mirrors first-party (no-fault) indemnity insurance. This prevents victims from not being able to recover their damage because of the complex nature of accidents such as these (accident reconstructions often do not provide sufficient facts to attribute fault). Such a protocol has been applied to pile-up collisions several times since 1993, including the catastrophic multiple collision on the A58 on 16 April 2014.[27]

4.3 *Motor Vehicle Liability towards Non-motorized Traffic Victims*

4.3.1 Strict Liability of the Owner/Keeper of the Vehicle Based on Art. 185 WVW

Art. 185 WVW provides that the owner or the keeper[28] of a motor vehicle is liable for damage caused in a road traffic accident to non-motorized persons (mostly pedestrians and cyclists), *unless* he proves that it was probable that the accident was caused by force majeure (*overmacht*) (which includes acts of a person or persons for whom the owner/keeper is not liable). Thus, liability is, prima facie, placed on the owner/keeper of the motor vehicle for the (presumed) tortious act of the vehicle driver. The owner/keeper may only avoid liability if he proves 'force majeure'.

Over the years, the options available for successfully invoking force majeure have been strongly limited by the Supreme Court (*Hoge Raad*), thus providing more protection to victims of road traffic accidents. As far back as 1942 the Supreme Court ruled that a defect in a vehicle could not amount to a force majeure defence, even if neither the keeper or the owner, nor someone for whom he is liable, was to blame.[29] Furthermore, the Supreme Court has held that the defence of 'overmacht' can only be successfully invoked if the driver

---

27 G. Hulsbergen, 'Innovatieve aanpak bij kettingbotsing in dichte mist', *Verkeersrecht* 2016/77.

28 Art. 185 WVW mentions the owner as the liable person first, but only if there is no keeper (houder), who in essence is defined by Article 1(1) under o) WVW as someone who has the lasting use of the vehicle. The 'houder' is someone who uses the vehicle for a longer period of time such as a lessee but not someone who rents a car for a week.

29 HR 16.04.1942, *NJ* 1942, 394 (*Torenbout*).

shows a complete absence of fault on his part and that the fault of the victim (in the framework of Art. 185 WVW, pedestrians and cyclists) was so unlikely that he could not reasonably have taken them into account whilst driving. Case law shows that this standard is set very high. For example, a driver needs to anticipate that pedestrians and cyclists ignore a red traffic light, change direction without indicating, cross the road without looking or cycle at night without lights.[30] In cases involving children up to 14 years of age, the standard is set even higher, limiting the defence to the youngster's intentional behaviour or recklessness bordering on intent.[31] This standard virtually abolishes the defence of 'overmacht' towards juvenile pedestrians and cyclists.[32]

The protection provided under Art. 185 WVW was further extended by court decisions via the avenue of restricting the possibilities to invoke a contributory negligence defence.[33] Towards victims under the age of fourteen the defence is limited to cases in which the child had acted intentionally or with recklessness bordering on intent, which is the same standard that applies to the defence of 'overmacht'.[34] As this renders the behaviour of the driver irrelevant, it actually amounts to no-fault liability. The defence of force majeure is virtually impossible. This means that in practice young pedestrians or cyclists who are hit by a motorized vehicle get all of their damage compensated, even if they were contributory negligent in causing the accident. This is called the 100% rule.

The 100% rule does not apply to persons of fourteen years and older. However, also towards these non-juvenile victims the defence of contributory negligence has been strongly restricted. By means of a general rule, the injured pedestrian or cyclist is entitled to claim at least 50% of his damage, unless he acted intentionally or with wilful recklessness.[35]

4.3.2 Art. 185 WVW Applied to AVs

All-in all it can be assumed that the growing automation of the driving task and the introduction of AV's will, from the perspective of victim compensation, not lead to significant problems under this liability regime.[36] As a result of the restrictive interpretation of force majeure in the context of Art. 185 WVW, the

30 R. Rutten & V. Oskam, 'Overmacht in het verkeer; een zeldzaamheid of toch niet?', *Verkeersrecht 2016/126*.

31 HR 31.05.1991, *NJ* 1991,721 (*Marbeth van Uitregt*).

32 Asser/Sieburgh 6-IV 2019/285.

33 Art. 6:101 BW.

34 HR 01.06.1990, *NJ* 1991, 720 (*Ingrid Kolkman*).

35 HR 28.02.1992, *NJ 1993/566* (*IZA/Vrerink*).

36 T.F.E. Tjong Tjin Tai & S. Boesten, 'Aansprakelijkheid, zelfrijdende auto's en andere zelfbesturende objecten', *Nederlands Juristenblad* 2016, p 659; K.A.P.C. van Wees,

owner/keeper of the vehicle basically is liable for any damages resulting from the operation of a motor vehicle, and this will not be different for AV's. It is not required that owner/keeper himself was the driver or that he was in control of the vehicle.[37] A technical malfunction of the vehicle could not amount to a force majeure defence, even if neither the owner/keeper or the owner, nor someone for whom he is liable, was to blame.[38] Furthermore, case law indicates that unsolved causes, as well as an unfortunate confluence of circumstances, will not exclude the owner/keeper of the vehicle from liability.[39] The risks of the new technology are thus basically for the owner/keeper('s liability insurer)[40] who in his turn is able to seek recourse if the accident can be traced back to some hardware or software failure for which the producer can be held liable on the basis of product liability law.

Nonetheless, some debate about the (preferable) scope of this liability regime in relation to automated vehicle systems is still possible.

Under Art. 185 WVW the owner/keeper only avoids liability if the driver shows that the presence or behaviour of the victim was so unforeseen and unpredictable that he could not reasonably have anticipated this whilst driving. The question has been posed whether, given the predicted overall safety benefits that automated vehicles may bring, a more technology friendly performance standard should be applied. However, applying a more technology friendly standard, widening the possibility to successfully invoke a force majeure defence, would not match well with the victim protecting rationale of Art. 185 WVW. It would also lead to the strange result that victims would be better protected when injured by a conventional, human driven vehicle than by a self-driving vehicle.[41]

Another, more or less mirror image question is whether a more stringent, technology oriented interpretation of force majeure, should apply as far as technology is (normally) able to out-perform human drivers. For example, sensor technology makes it possible to detect cyclist and pedestrians in situations in which human driver would fall short (for example detecting pedestrians in

'Aansprakelijkheidsaspecten van (deels) zelfrijdende auto's', *Aansprakelijkheid Verzekering & Schade* 2015, p. 175.

37 B.E. Tichelaar, 'Aansprakelijkheidsvraagstukken bij zelfrijdende auto's', *Aansprakelijkheids- en Verzekeringsrecht in de Praktijk* 2018, p. 31.

38 HR 16.04.1942, *NJ* 1942, 394 (*Torenbout*).

39 HR17.11.2000, *NJ* 2001, 260.

40 Compare N.E. Vellinga, 'Civielrechtelijke aansprakelijkheid voor schade veroorzaakt door een autonome auto', *Verkeersrecht* 2014/151.

41 T.F.E. Tjong Tjin Tai & S. Boesten, 'Aansprakelijkheid, zelfrijdende auto's en andere zelfbesturende objecten', *Nederlands Juristenblad* 2016, p. 659.

the dark or behind bushes through infrared sensors). Opinions differ on the matter.[42]

Furthermore, if automated vehicles are connected to the outside world vehicle owners/keepers (and their liability insurers) may, under certain conditions (for example, a complete network failure, cutting of automated vehicles from backbone data while on the road, or in case the vehicle received flawed data from other vehicles or the infrastructure), also argue that the accident was not caused by a defect in the vehicle but by an *external* factor, opening the possibility for a force majeure defence.[43] In the context of Art. 185 WVW, the likely success of such a defence, however, should be judged as minimal.[44] Although it is not entirely clear yet whether courts would qualify such conditions as force majeure, given the narrow interpretation that is applied in case law it is to be expected that courts would consider that these risks fall within the sphere of risk resulting from the operation of a motor vehicle that can be allocated to the owner/keeper of the (self-driving) vehicle. The automobile insurer might in his turn seek compensation from another party actually responsible. In other words: who eventually has to bear the costs of the accident is left to the mechanism of recourse.

4.4 *Liability between Motorized Road Users*

4.4.1 Fault-based Liability (Art. 6:162 BW)

Art. 185 WVW does not apply to damage to persons or property transported in the vehicle itself or to damage to another motorized vehicle or its occupants or property transported in this vehicle.[45] Therefore, motorized traffic victims (i.e. passengers or drivers of motor vehicles) will not be able to profit from this victim friendly liability regime. Although under certain limited conditions, for example in case a vehicle defect or an unreasonable unsafe road, one of the strict liability provisions laid down in the Dutch Civil Code may come in to view, as most of the accidents between cars are caused by driver error, and

42 Tjong Tjin Tai & Boesten (T.F.E. Tjong Tjin Tai & S. Boesten, 'Aansprakelijkheid, zelfrijdende auto's en andere zelfbesturende objecten', *Nederlands Juristenblad* 2016, p. 659) think this is reasonable; Lavrijssen & Weitering (N. Lavrijssen & M. Weitering, 'De zelfrijdende auto en het overmachtsverweer van art. 185 WVW', *Verkeersrecht* 2019, pp. 170–71) believe that tightening of the force majeure defence should be a matter for he legislator to decide.

43 E. Karner, B.A. Koch & M.A. Geistfeld, Comparative Law Study on Civil Liability for Artificial Intelligence, European Commission 2020, p. 76.

44 K.A.P.C. van Wees, *Intelligente voertuigen, aansprakelijkheid en veiligheidsregulering*, Trail Research School 2004, pp. 121 ff.

45 Art. 185(3) WVW.

therefore the most obvious tortfeasors will be drivers of motor vehicles, they have to seek compensation under the general tort liability rule of Art. 6:162 BW, substantiating that another person's unlawful act caused the accident.

Filing a claim on the basis of Art. 6:162 BW means proving that the driver of the vehicle committed an unlawful act (*onrechtmatige daad*) that is imputable to the actor. The most important ground for imputation is blameworthiness (*schuld*), meaning that the person acting could and should have acted in a different fashion.[46] In other words, some element of negligent behaviour is required. In case of traffic accidents this negligent behaviour will typically take the form of violating certain traffic rules or more generally breaching the standard of conduct of a carefull driver. Dutch courts tend to apply very strict standards of conduct, taking a highly careful driver or even the 'perfect driver' as the standard. This can be illustrated by the landmark case of the crossing deer.[47] The case concerned a driver who was suddenly confronted with a crossing deer and swerved to left lane, into the oncoming traffic. This was humanly an understandable reaction. However, it was legally blameworthy because the driver could have chosen a better (safer, less dangerous) reaction by swerving onto the hard shoulder or even colliding with the animal. This is not a normal objective reasonableness standard, but rather one of the 'perfect driver' who knows and foresees almost everything and is able to avoid almost all possible risks.[48]

4.4.2 Fault-Based Liability in Relation to AVs

It will be clear that, given the high standard of conduct applied to drivers, an absence-of-fault defence will not be accepted if a careful driver could (and should) have avoided the accident. This implies that the use of vehicle automation systems that still require constant monitoring and, if needed, immediate corrective action by the driver (e.g. current semi-autonomous systems such as the Tesla Autopilot system) generally cannot serve as a basis for a successful absence-of-fault defence.[49] However, shortcomings in self-driving car technology that should not or could not be corrected by the driver/operator (even the

46 According to art. 6:162(3) BW an act might also be imputated on the basis of a statutory provision or the opinion of society (*verkeersopvattingen*).

47 HR 11.11.1983, *NJ* 1984,331 (*Meppelse ree*).

48 C. van Dam & G. van Manen, 'Development of Traffic Liability in the Netherlands', in W. Ernst (red.), *The Development of Traffic Liability*, Cambridge, Cambridge University Press 2014, p. 142.

49 Whether certain system limitations might render the system a 'defective product' for which the manufacturer may be held liable is another and separate question. See section 5.3.3.

most careful one) cannot be attributed on the basis of fault. If, for example, a vehicle with an automatic collision avoidance system suddenly slams on the brakes while driving on the highway without an objective reason to do so, fault of the driver could not be established as even the most careful driver would not be able to prevent this from happening or be able to correct such an undesirable action of the automatic system. This example makes clear that increasing automation of the driving task will narrow the scope of fault based liability in practice[50] This may already occur with some of autonomous driver assistance systems currently used on our roads, but it will be exacerbated if automated driving systems are introduced that will no longer require the driver's constant monitoring (and immediate corrective action if needed) which is the case with parttime or fully self-driving cars.[51]

Unlike under the liability regime of Art. 185 WVW, liability on the basis of Art. 6:162 BW does not imply that it has to be guaranteed that the functioning of the motor vehicle is without defects. Unexpected technical failures will not be attributable, unless they were the result of flaws in in the maintenance of the vehicle. This can be illustrated by the recent decision of the (sub)district court Gelderland.[52] The case concerned a crash between two cars on the highway. One of the cars had a tire blowout, swerved to the right and hit the other car, leading to a severe crash. The court held that, given the fact that the tires were recently replaced (and thus in good condition) and given the fact that the driver, due to the blow out, was not able to control the vehicle, the driver/owner could successfully invoke a force majeure defence.

Increasing automation of the drivers tasks thus narrows the scope of fault liability for traffic accidents. If an injured parties' damage was caused by an accident involving a (parttime) self-driving car, to claim under Art. 6:162 BW will require that he proofs that the driver/operator or keeper has breached some residual duty of care, for example not adequately reacting to a system request to take over the driving task, or failing to properly maintain or update the system (to the extent that such a duty of care can be assumed).

50 E. Karner, B.A. Koch & M.A. Geistfeld, *Comparative Law Study on Civil Liability for Artificial Intelligence*, European Commission 2020, pp. 67–68.

51 It should be noted that it will require legal clarification which type of automated driving systems can be considered to be self-driving, allowing the driver to divert his attention from the driving task, and to indicate what is still required of him in terms of receptivity. It will be up to each jurisdiction to decide on the civil and criminal consequences of (different types of) automated driving system. Law Commission & Scottish Law Commission, *Automated Vehicles: joint report* (Law Com No 404, Scot Law No 258), London/Edinburgh 2022, p. 17 and Chapter 3 (p. 35 ff).

52 District court Gelderland, 29.9.2021 (ECLI:NL:RBGEL:2021:5120).

4.4.3 Strict Liability of the Keeper of a Moveable Object (Art. 6:173 BW)

At first glance, one might expect that the 'liability gap' to be created by the introduction of (partly) self-driving vehicles could simply be filled by the strict liability imposed on the keeper of, shortly speaking, a 'defective' moveable object. Under Art. 6:173 BW the keeper (*bezitter*)[53] of a movable object – a motor vehicle qualifies as such[54] – which is known to constitute a special danger for persons or things if it does not meet the standards which, in the given circumstances, can be set for such a thing, is liable if this danger materializes. Fault on the part of the user (in terms of insufficient maintenance or improper use) is not a requirement. The fact that the keeper was not aware of the defect will not provide a valid defence.

Nowadays, only a small fraction of accidents is caused by technical defects, and the provision is of little practical relevance, also because in a substantial number of cases, these technical defects will be attributable to poor maintenance by the vehicle keeper, making him liable under 6:162 BW. However, as automobiles become increasingly automated, accidents will be caused more and more by features of the car itself and less and less by the conduct of drivers or poor maintenance of vehicle keepers. As a result, it is to be expected that the practical relevance of Art. 6:173 BW will increase.

Somewhat remarkably, however, the Dutch legislator has chosen to channel liability exclusively to the producer in the case of concurrence of liability of the keeper based on Art. 6:173 BW and liability of a producer of a defective product on the basis of product liability (Art. 6:185 BW ff).[55] Because the defectiveness standard under Art. 6:173 BW largely resembles the defectiveness standard applied in product liability law (Art. 6:186 BW), as will be further discussed in section 5.4.3, this exculpation ground for the keeper might substantially compromise the added value of the strict liability of the keeper of the vehicle on the basis of Art. 6:173 BW. If the product was already defective at the time of supply, then liability would rest solely on the producer, notwithstanding the fact that this product would also qualify as a defective moveable object for the purposes of Art. 6:173 BW. The rationale of this channelling provision is twofold. On the one hand, concentrating liability on one subject, instead

53 This is usually the owner. If the movable object is used to carry on a business, liability rests on the person carrying on the business (Art. 6:181 BW).

54 Art. 6:173 BW, which came into force in 1992, was made applicable to motor vehicles in 2005.
Motor vehicles were initially excluded because it was decided to await a new liability regime for motor vehicles. A legislative proposal was presented to the Dutch Parliament in 1997 but was later withdrawn because it met too much criticism.

55 Art. 6:173(2) BW.

of extending it to multiple tortfeasors will save costs, inter alia because only one has to take out insurance. On the other hand, the legislator thought it to be unfair if the keeper could be held liable in the same circumstances as those in which a producer could successfully invoke one of the defences provided in Art. 6:185 BW.[56] Given that a defective movable object for the purposes of Art. 6:173 BW (a thing does not meet the standards which, in the given circumstances, can be set for such a thing) in most cases will also qualify as a defective product under Art. 6:186 BW (a product which does not provide the safety a person is entitled to expect), liability of the manufacturer will become the main rule.[57] It is generally assumed that the injured person who claims from the keeper of the defective moveable object has to state and, in principle, also has to prove that the defect did not exist when the product was put into circulation. This might turn out to be a serious hurdle. Much will depend on how courts will handle the burden of proof.[58]

An important argument to abolish the channelling provision of Art. 6:173 (2) altogether is that the most important motive to incorporate it in Art. 6:173 BW (channelling is a way of saving costs by avoiding multiple tortfeasors having to take out insurance) is not convincing in relation to motor vehicles, given the system of compulsory liability insurance based on the WAM. Furthermore, one could argue that exculpation of the keeper in case of a product defect weakens the protection of traffic victims that the WAM is aiming to offer. This is because the producer is not included in the circle of parties whose liability should be covered under the policy.[59] The injured person who has to turn to the producer to recover his damages is therefore also deprived of the safeguards and benefits

56 Parl. Gesch. Inv., pp. 1386–1387.

57 H. Rossel, 'De invloed van de regeling inzake produktenaansprakelijkheid op de aansprakelijkheid ex Art. 6:173 en Art. 7:24 BW' (I), *Weekblad voor Privaatrecht, Notariaat en Registratie*, 1992 (nr. 6057), p. 535.

58 Courts may lighten the injured party's burden of proof by assuming a defect on the basis of the circumstances of the case, leaving it to the keeper to provide counter-proof to rebut this presumption. For example, based on the fact that a vehicle has been in use for many years, the judge may easily assume that the failing of the brakes was the result of insufficient maintenance, rather than a product defect. Whether, and to what extent, such presumptions can be applied with regard to self-driving cars is a somewhat open question. This will depend on how plausible it could be, given all the circumstances of the case, that the defect in question did not originate from the production or design process but rather from insufficient maintenance or servicing (which may include taking care of required software updates).

59 The Dutch WAM provides that the compulsory insurance must cover liability of every possessor, keeper and driver of the insured motor vehicle, as well the passengers of this vehicle (Art. 3 WAM).

associated with the WAM (such as a direct right to compensation, limited possibilities for exclusions, victim-friendly claim settlement procedures, etc.) In this context, it should also be emphasised that abolishing the channelling provision, making the keeper (co-)liable in case of a product defect, does not mean that the producer is left unburdened. The WAM insurer might in his turn seek compensation from the manufacturer.

5 Product Liability[60]

5.1 *Liability Regimes*

In the Netherlands, product liability – i.e. tortious liability[61] of manufacturers/suppliers of products in respect of death, personal injuries and damage to property – can essentially be based on two legal grounds. The first one being the liability regime based on the European Product Liability Directive (hereafter: PLD) and the second one being the general tort law regime (Art. 6:162 BW).[62]

The PLD has been implemented in the Dutch Civil Code without substantial textual changes in section 6.3.3 BW (Art. 6:185–193 BW).[63] In the Netherlands this has become the primary cause of action in product liability litigation. A claim based on general tort law (Art. 6:162 BW) may particularly be considered

60 See for publications about Dutch product liability law in English: E. de Jong, I. Giesen, & T. Muslat. The State of the Art of Product Liability in The Netherlands, in H.J. Kullmann e.a., Produzentenhaftung, Erich Smidt Verlag, Berlin 2017, nr. 5000; A.L.M. Keirse, 'Product Liability in the Netherlands', in P. Machnikowski (Ed.), *European Product Liability: An analysis of the State of the Art in de Era of New Technologies*, Intersentia, Cambridge 2016, pp. 311–58.

61 The injured person can also decide to hold the seller liable under contract law (especially Art. 7:17 BW; non conformity), but if there is a personal injury, a contractual fault also constitutes a tort under general tort law. Furthermore, Art. 7:24 BW stipulates that if a good is sold by a professional to a consumer and the defect falls under the scope of Art. 6:185 ff. BW, it is not the seller but (solely) the producer that is liable, unless the seller knew or should have known the defect, guaranteed the absence of the defect, or the claim consists of material damage which cannot be claimed under the products liability regulations because the damage is less than the minimum amount of 500 Euro.

62 Council Directive 85/374/EEC of 25 July 1985 on the approximation of the laws, regulations and administrative provisions of the Member States concerning liability for defective products, OJ 1985, L. 210/29.

63 The PLD granted the Member States some regulatory option within the framework of the Directive, including the possibility to eliminate the so called development risk defence and the possibility to include of a maximum liability ceiling of 70 million Euro for damage resulting from death or personal injury. The Dutch legislator did not make us of these regulatory options.

when an action based on the PLD-regime is impossible, for example when the right to action under this regime has expired, in situations in which the damages do not fall under the definition of Art. 6:190 BW or when an obligation to warn users or recall a product was breached in case certain product dangers only became apparent after the product was brought onto the market.

The major distinction between general tort law regime (Art. 6:162 BW) and the PLD-regime (Art. 6:185–193 BW) is that the former focuses on the conduct of the manufacturer or supplier (the claimant must identify someone whose act or omission has caused harm and must prove that this was attributable to that person's negligence or by the negligence of an employee), whereas the latter focuses on the characteristics of the product, more specifically on whether the product has a "defect" that causes damage. The second recital of the preamble to the Directive explains the motivation for this:

> Whereas liability without fault on the part of the producer is the sole means of adequately solving the problem, peculiar to our age of increasing technicality, of a fair apportionment of the risks inherent in modern technological production

However, despite this 'strict liability' rhetoric, most commentators in the Netherlands and elsewhere, agree that this supposed 'strict' character of the liability regime of the Directive should be regarded to be rather limited, primarily as a consequence of the problems of establishing defectiveness and causation and because of the various defences available under the PLD, including the development risk defence.[64] The PLD-regime can best be characterised as combining elements of both fault-based liability and strict liability.

The same combination of fault and strict liability elements seems to apply to products liability under the general tort law regime (art. 6:162 BW). Case law has to a large extent created convergence between the two regimes. The Dutch Supreme Court has moulded the standard for liability of the producer under general tort law according to the standard of product liability under the PLD-regime. And although, in theory, under Art. 6:162 BW the producer can escape liability by proving that he complied with his duty of care, in practice court law indicates that putting a defective product on the market will be

64 L. Dommering-van Rongen, *Productaansprakelijkheid, Een rechtsvergelijkend overzicht*, Kluwer, Deventer 2000, p. 36; D. Fairgieve & R. Godlberg, *Product Liability* (third edition), Oxford University Press, Oxford 2020, p. 330.

attributable to the producer because generally accepted standards justify such attribution.[65]

5.2 *Overview of the PLD-Regime (Art. 6:185–193 BW)*

Under the PLD-regime the producer shall be liable for damage caused by a defect in his product.[66] 'Product' means all movable objects even if they are incorporated into another movable or into an immovable.[67] 'Producer' includes, inter alia, the manufacturer of a finished product, the producer of any raw material, or the manufacturer of a component part and any person who, by putting his name, trademark or other distinguishing feature on the product presents himself as its producer.[68] This means that manufacturers are not able to 'hide' behind their suppliers. The manufacturer of an end product is also liable for a defect in his product if this defect can be traced back to a component that was produced by an independent system or component supplier.[69]

A product is considered defective when it does not provide the safety a person is entitled to expect, taking all circumstances into account including the presentation of the product, the expected use of the product, and the time when the product was placed on the market.[70] As such, 'defect' is defined in terms of consumer expectations.

The Directive applies to damage caused by death or by personal injuries and to damage caused to an item of property other than the defective product itself intended for private use or consumption.[71] It does not apply to damage relating to the product itself.[72]

The PLD-regime provides the producer with several defences, including the so-called development risk defence (i.e. that the state of scientific and technical knowledge at the time of marketing was not such as to enable the existence

65 HR, 22 October 1999, NJ 2000, 159 (*Koolhaas/Rockwool*). Compare also HR, 6 December 1996, NJ 1997, 219 (*DuPont/Hermans*).

66 Art. 185 BW/Art. 1 PLD.

67 Art. 187(1)BW/Art. 2 PLD.

68 Art. 187(2)/Art. 3 (1) PLD

69 Art. 6:189 BW provides (in conformity with Art. 5 of the PLD) that where, as a result of the provisions of this Directive, two or more persons are liable for the same damage, they shall be liable jointly and severally.

70 Art. 186(1) BW/Art. 6(1) PLD.

71 Art. 6:190 BW/Art. 9 PLD. With regard to property damage in a private setting a threshold of 500 Euro applies.

72 Damage relating to the product itself will normally be recoverable on based on a breach of contract regime against the seller of the product (Art. 7:17 BW in conjunction with Art. 7:24 BW).

of the defect to be discovered to be discovered) and the option of proving that the defect causing the damage came into being after the product was put into circulation by him.[73] In addition the producer may also invoke the victim's contributory negligence, but not the act or omission of a third party.[74]

5.3 *A New Product Liability Directive*

On 18 November 2024 a new product liability directive (hereafter: new PLD) was published. Member States must implement this directive in their national laws by December 2026.[75] The new PLD entails a comprehensive revision of the existing framework of product liability within the EU. The PLD dates back to 1985, and although the PLD was drawn up on the basis of the technological neutrality principal, it has become clear that some key concepts underpinning the PLD regime poorly match with emerging digital and AI based technologies.[76] Key aspects of the PLD's liability regime were influenced by the contemporary perception of products as material objects (defining products as moveable objects), which the manufacturer puts into the distribution system and from then on loses contact with them.[77] These traditional product an business model perceptions are also reflected in the principle laid down in the PLD that defectiveness of a product is assessed according to its state at the time it was put on the market, as well as in two of the provided defences, namely the defence that the defect causing the damage came into being after the product was put into circulation and the so-called development risk defence. Several characteristics of emerging digital and AI based technologies put the existing

73 The producer is freed from all liability if he proves that one or more of the following defences (laid down in Art. 6:185(1) BW) is applicable: (a) that he did not put the product into circulation; (b) that the defect causing the damage came into being after the product was put into circulation by him; (c) that the product was neither manufactured nor distributed in the course of his business; (d) that the defect is due to compliance of the product with mandatory regulations issued by the public authorities; (e) that the state of scientific and technical knowledge at the time when he put the product into circulation was not such as to enable the existence of the defect to be discovered to be discovered; or (f) in the case of a manufacturer of a component of the final product, or that the defect is attributable to the design of the product or to the instructions given by the product manufacturer.

74 Art. 185(2) and (3)/Art. 8(1) and (2) PLD.

75 Directive (EU) 2024/2853 of the European Parliament and of the Council of 23 October 2024 on liability for defective products and repealing Council Directive 85/374/EEC, OJ L, 18.11.2024.

76 Expert group on Liability and New Technologies, *Liability for Artificial Intelligence and other emerging digital technologies*, European Commission 2019, pp. 27–29.

77 P. Machnikowski,'Producers' Liability in the EC Expert Group Report on Liability for AI', *Journal of European Tort Law*, 2020 (11), p. 139.

product liability regime to the test in several respects. An important aim of the new PLD is to bring the European product liability regime up to speed with the digital age. Important elements of the new PLD are the expansion of its scope of application to include software (of all kinds) as well digital services and the extension of liability to defects caused by the manufacturer after placing the product on the market, in particular through software updates and upgrades.[78]

5.4 *The PLD-Regime Applied to AVs*

5.4.1 Introduction

The PLD dates back to 1985, a time when automated vehicles seemed pure science fiction. And although the PLD was drawn up on the basis of the technological neutrality principal, it has become clear that some key concepts underpinning the PLD regime poorly match with emerging digital and AI based technologies, such as autonomous vehicles.[79] Key aspects of the PLD's liability regime were influenced by the contemporary perception of products as material objects (defining products as moveable objects), which the manufacturer puts into the distribution system and from then on loses contact with them.[80] These traditional product an business model perceptions are also reflected in the principle laid down in the PLD that defectiveness of a product is assessed according to its state at the time it was put on the market, as well as in two of the provided defences, namely the defence that the defect causing the damage came into being after the product was put into circulation and the so-called development risk defence.

Several characteristics of automated vehicle technology, and of emerging digital and AI based technologies in general, put the existing product liability regime to the test in several respects concerning notions of product and defect and the interpretation of the development risk defence.

5.4.2 The Concept of Product in Relation to AV-technology

The functioning (and behaviour) of AV's, is largely software based, and therefore their introduction will go hand in hand with the likelihood that injury or damage is caused by software failure. However, the definition of product, by

78 See G. Wagner, 'Liability Rules for the Digital Age, Aiming for the Brussels Effect', *Journal of European Tort Law* 2022 (13), pp. 191–243.

79 Expert group on Liability and New Technologies, *Liability for Artificial Intelligence and other emerging digital technologies*, European Commission 2019, pp. 27–29.

80 P. Machnikowski, 'Producers' Liability in the EC Expert Group Report on Liability for AI', *Journal of European Tort Law*, 2020 (11), p. 139.

reference to the concept of a moveable thing, raises questions about qualifying software as product. Software (computer code) is intangible: you cannot hold an algorithm in the palm of your hand.[81] In essence it is digitally stored information. This raises the question to what extent software does fall within the scope of the PLD. There is broad consensus, both in the Dutch literature as elsewhere, that software that is 'embedded' in the end product is part of that product and therefore the PLD will apply.[82] More debate exists, however, about whether the PLD applies to software as such, regardless of whether or not it is incorporated in a physical (end) product or stored on a tangible device. This question is particularly relevant in relation to 'over-the-air' software updates. Tesla vehicles, for example, regularly receive over-the-air software updates that add new features and functionality[83] or, as Tesla did after a deadly crash in Florida in 2016, modify the software to keep the driver in the loop (no longer allowing the driver to keep his hands of the steering wheel for longer periods of time).[84] Such developments pose the question whether the liability regime of the Directive should also be applicable to such after sales moderations and justifies the same liability as defectiveness of the original product?[85] And, if the answer is affirmative, how does this relate to the fact that the Directive ties assessment of a product's defect in various ways to the moment when it is put on the market?[86]

Several authors, both in the Netherlands as elsewhere, argue that software should be qualified as a product, regardless of whether it is stored on a tangible

81 N.E. Vellinga, *Legal Aspects of Automated Driving. On Drivers, Producers, and Public Authorities,* dissertation Groningen 2020 (available at: https://research.rug.nl/nl/publications/legal-aspects-of-automated-driving-on-drivers-producers-and-publi?msclkid=2c26ebodc21511ec88373871738e4618), p. 152.

82 P. Machnikowski (Ed.), *European Product Liability: An analysis of the State of the Art in de Era of New Technologies*, Intersentia, Cambrigde 2016, p. 47. Where software is stored on a tangible medium (DVD, Flash-drive or in) the European Commission has stated, in answer to a parliamentary question, that such software counts as a product. Written Question No 706/88 by Mr Gijs de Vries to the Commission: Product liability for computer programs, Official Journal (OJ) C 114, 8.5.1989, 42.

83 Tesla has also been selling customers a Full Self Driving package which is a promise that in the future, they will get that ability through software updates.

84 We may expect that also other manufacturers will extend their 'grip' on their vehicles during its lifecycle. The combination of remote data collection and over-the-air software updates may allow developers to quickly identify and correct certain types performance issues and to influence the functionality (and behaviour) of a self-driving car. B.W. Smith, 'Automated driving and product liability', *Michigan State Law Review* 2017 (1), p. 15.

85 P. Machnikowski (Ed.), *European Product Liability: An analysis of the State of the Art in de Era of New Technologies*, Intersentia, Cambrigde 2016, p. 700.

86 Ibid. p. 695.

device.[87] It seems not very rational that liability for software should be dealt with differently depending upon the fact whether it was already embedded in the vehicle at the time of purchase or that new features and functionalities were added after the vehicle was sold to the consumer. It can be argued, at the level of general principles, that in relation to mass-produced software, the underlying policy considerations for strict liability are applicable because such software represents a method of distribution analogous to the mass distribution of any product. And since the underlying policy considerations of the PLD are applicable, the same liability regime should be imposed on the producers of mass-produced software.[88]

Under the new PLD any doubts as to the application of the European product liability regime to software will be resolved. In Art 4(1) of the new PLD software is explicitly included into the scope of the directive. Another relevant extension of the scope of the directive is achieved by the inclusion of digital services via Art 4 (4) and (3) of the new PLD. Any digital service, that is integrated into, or inter-connected with, a product by the manufacturer of that product or within that manufacturer's control qualifies as a 'component' of the end product. As a consequence, the manufacturer of the end product (as well as the service provider as component manufacturer) is liable under the

87 See for a short overview N.E. Vellinga, *Legal Aspects of Automated Driving. On Drivers, Producers, and Public Authorities,* dissertation Groningen 2020 (available at: https://research.rug.nl/nl/publications/legal-aspects-of-automated-driving-on-drivers-producers-and-publi?msclkid=2c26ebodc21511ec88373871738e4618), pp. 155–57.

88 D. Fairgieve & R. Godlberg, *Product Liability* (third edition), Oxford University Press, Oxford 2020, p. 302–03. Qualifying software as a product in combination with the possibility of after-market over-the-air software updates also raises questions in relation to the defence provided under the PLD regime that the producer is not liable if it is probable that the defect causing the damage came into being after the product was put into circulation (Art. 6:185(1)(b) BW/Article 7(b) PLD). This means that the producer could successfully argue that the defect did not exist when he put the vehicle into circulation. An affirmative answer would mean that the producer of the automated vehicle could avoid liability under the PLD-regime by offering software updates not before, but after the vehicle has been put into circulation. It is argued that, given the fact that the producer can still greatly influence his product after a product was put into circulation through providing software updates, the underlying rationale of this defence does not apply, and therefore the producer should not be able to invoke the defence. It can also be argued that in the case of an extensive software update, which provides the vehicle with substantial new features, a whole new product comes into existence. See overview N.E. Vellinga, *Legal Aspects of Automated Driving. On Drivers, Producers, and Public Authorities,* dissertation Groningen 2020 (available at: https://research.rug.nl/nl/publications/legal-aspects-of-automated-driving-on-drivers-producers-and-publi?msclkid=2c26ebodc21511ec88373871738e4618), pp. 168–69. Art. 186(1) BW/Art. 6(1) PLD.

product liability regime for defects of the connected service. For example, the manufacturer of an autonomous vehicle will be liable for errors in the cloud-based map material, or the continuing provision of traffic data.[89]

5.4.3 Defectiveness Standard and Development Risk Defence

5.4.3.1 *Introduction*

The most important element of the PLD-regime is the notion of a defect. It constitutes the trigger for liability. A product is considered defective when it does not provide the safety a person is entitled to expect, taking all circumstances into account including the presentation of the product, the expected use of the product, and the time when the product was placed on the market.[90] This standard is an objective one, which means that the expectations of the individual consumer are not significant except for the extent to which they are a reflection of more general level of public expectations.[91] The defectiveness standard can also be considered a normative one as it takes the *legitimate* expectations of the general public, not to the actual expectations as the basis for assessment.[92] Therefore it is finally up to the courts to establish the level of safety the public is entitled to expect, regardless of whether its actual safety expectations are higher or lower.[93]

5.4.3.2 *Typology of Defects*

In this context a distinction can be made between manufacturing defects, on the one hand, and design and presentation/instruction defects, on the other. Although the PLD-regime does not make a distinction between different types of defects, such a distinction has been used in legal doctrine.[94]

---

89 Directive (EU) 2024/2853, recital 17.

90 Art. 186(1) BW/Art. 6(1) PLD. Art 7(1) of the new PLD extends the criteria for the assessment of defectiveness in order to adapt them to the requirements of digital products and to the specific marketing practices that have emerged in the digital era by specifying, inter alia, that the ability of the product to continue to learn after deployment must be taken into account when assessing defectiveness. This extension, however, does not alter the concept of defectiveness.

91 L. Dommering-van Rongen, *Productaansprakelijkheid, Een rechtsvergelijkend overzicht*, Kluwer, Deventer 2000, p. 43.

92 P. Machnikowski (Ed.), *European Product Liability: An analysis of the State of the Art in de Era of New Technologies*, Intersentia, Cambrigde 2016, p. 52

93 D. Wuyts, 'The product liability directive: more than two decades of defective products in Europe' *Journal of European Tort Law*, 2014 (5), p. 9.

94 See for example C.J.J. Stolker (ed.), *Onrechtmatige Daad*, Kluwer, Deventer, Art. 6:186, aant. 1 (online resource; updated until 02.12.2021); Courts of several European Union Member States, particularly France, Poland, Spain and Portugal have referred to this distinction in

A manufacturing defect exists when a product does not meet the manufacturers' own product specifications. In other words, the product deviates from the product-line-standard. For example, if in the production if an autonomous driving system some badly produced sensors somehow slipped through quality control, there will be little debate about the defectiveness of such a system in terms of the PLD-regime.[95] Determining a breach of consumers' legitimate expectations will normally not raise specific problems in relation to manufacturing defects. Furthermore, there seems to be consensus among scholars and courts that the development risk defence is not applicable in cases of manufacturing defects.[96]

5.4.3.3 *Design Defects*

More challenging, however, is assessing the defectiveness under the PLD-regime in relation to design defects. It was already stated that due to limitations in current sensor technology and perception algorithms, it is still a technical challenge to design autonomous driving systems that are able to deal with all situations that may be encountered in daily life traffic.[97] Ideally, such systems should be designed in such a way that they would function in a predictable and safe manner under all of these circumstances. However, conditions in real life traffic will always be more varied than was foreseen in the most comprehensive design and testing process.[98] Full pre-circulation screening would be, if feasible at all, astronomically expensive.[99]

One approach used to improve the performance autonomous driving systems is to apply machine learning, that is to let the system gather lots of data

their cases. M.Santos Silva, D. Fairgrieve, P. García, P. Machnikowski, J-S Borghetti, A.L.M. Keirse, P. Del Olmo, E. Rajneri, Ch. Schmon, V. Ulbeck, V. Vallone & H. Zech., 'Relevance of Risk-benefit for Assessing Defectiveness of a Product: A Comparative Study of Thirteen European Legal Systems'. *European Review of Private Law* 2021 (29), p. 127.

95 K.A.P.C. van Wees, 'Voertuigautomatisering en productaansprakelijkheid', *Maandblad voor Vermogensrecht* 2018, p. 116.

96 D. Wuyts, 'The product liability directive: more than two decades of defective products in Europe' *Journal of European Tort Law,* 2014 (5), p. 32; D. Fairgieve & R. Godlberg, *Product Liability* (third edition), Oxford University Press, Oxford 2020, p. 513.

97 C. Tennant & J. Stilgoe, 'The attachments of 'autonomous' vehicles', *Social Studies of Science* 2021 (51), pp. 858–59.

98 In the words of Smith: "Anything that could conceivably happen on the road will eventually happen – as well and many things that cannot be conceived in advance." See B.W. Smith, 'Automated driving and product liability', *Michigan State Law Review* 2017 (1), p. 31.

99 N. Kalra & S.M. Paddock, 'Driving to Safety: How Many Miles of Driving Would It Take to Demonstrate Autonomous Vehicle Reliability?' *Transportation Research Part A: Policy and Practice* 2016 (94), p. 182–193.

on its surroundings from cameras and other sensors, search for patterns in these data, and make highly educated guesses in correctly interpreting the situation, for example whether an object is a duck or a human.[100] The system is 'learning by doing', so to speak. However, machine learning also means that outcomes are less predictable by either the operator-owner or by the original programmers. In fact, systems with self-learning capabilities are essentially 'unpredictable by design', also referred to as the black-box effect.[101]

This brings us to the following key-issue: although automated driving might substantially reduce traffic accidents, not only by eliminating routine human failures but also by outperforming careful and competent drivers, limitations in current sensor technology and perception algorithms and possible 'learning mistakes' may lead AV's to incidentally cause an accidents that a careful driver could have (and should have) avoided.[102] Or in other words: an automated vehicle will sometimes make mistakes that a human driver would/should not make (and the other way around).[103] This may be illustrated with the following (fictitious) example. A self-driving vehicle is able to detect objects and automatically take action if a collision is imminent. However, the car's sensors can't (under all possible conditions) tell if the obstacle is a child or a crumpled piece of paper, so it may react to both in the same way. If there is indeed a child in the path of the vehicle then hitting the brakes to make an emergency stop will be desirable and justified. If it is a crumpled piece of paper, however, slamming the brakes might create dangerous situation, an may well be, if done by a human driver, considered unlawful (especially when this happens on the highway and there is a tailgater). Does such a *false positive* make the system defective for the purposes of PLD-regime? The same question can of course be raised for missing an object that should have been detected (*false negative*).

---

100 N.E. Vellinga, *Legal Aspects of Automated Driving. On Drivers, Producers, and Public Authorities,* dissertation Groningen 2020 (available at: https://research.rug.nl/nl/publications/legal-aspects-of-automated-driving-on-drivers-producers-and-publi?msclkid=2c26ebodc21511ec88373871738e4618), p. 139.

101 K. Chagal-Feferkorn, 'The Reasonable Algorithm', *Journal of Law, Technology & Policy* 2018, pp. 133–135; Expert group on Liability and New Technologies, *Liability for Artificial Intelligence and other emerging digital technologies*, European Commission 2019, p. 33.

102 K.A.P.C. van Wees, 'Voertuigautomatisering en productaansprakelijkheid', *Maandblad voor Vermogensrecht* 2018, p. 118.

103 N.E. Vellinga, *Legal Aspects of Automated Driving. On Drivers, Producers, and Public Authorities,* dissertation Groningen 2020 (available at: https://research.rug.nl/nl/publications/legal-aspects-of-automated-driving-on-drivers-producers-and-publi?msclkid=2c26ebodc21511ec88373871738e4618), p 160.

5.4.3.4 *Development Risk Defence*

A preliminary question in this context is whether the manufacturer is able to successfully invoke a so-called development risk defence. Despite that a product does not provide the safety the public would objectively expect from that product, the producer is able to free himself from liability 'if he proves that the state of scientific and technical knowledge at the time when he put the product into circulation was not such as to enable the existence of the defect to be discovered.'[104] As was stated above, the harmful effects of AVs may result from the fact that conditions in real life traffic will always be more varied than was foreseen in the most comprehensive design and testing process and that full pre-circulation screening is not practically feasible. An important question therefore is whether the exoneration applies only to absolute undiscoverability of such product risks or also to a mere undiscoverability by reasonable means.[105] The same question arises in relation to the use of machine learning, as this, by its nature, implements a degree of unpredictability of systems' outcomes (black-box effect).

It is doubtful that courts dealing with these types of cases will accept a development risk defence in such cases. In the Dutch literature there is broad consensus that this defence must be interpreted narrowly.[106] The aim and scope of the defence is to prevent the producer from being burdened with the consequence of harmful events which, in the light of human knowledge, are completely unpredictable. This is not the case for these hazardous AV-product characteristics. They are predictable in a general fashion (in abstracto), i.e. not in terms of their specific occurrence and content, but in terms of their likelihood of occurrence.[107]

---

104 Art. 6:185(1) under e)/Art. 7(e) PLD. The ECJ expressly declared that the rule refers to the "objective state of scientific and technical knowledge, including the most advanced level of such knowledge, without any restriction as to the industrial sector concerned". Case C-300/95 *Commission vs UK*, ECLI:EU:C:1997:255.

105 F.P. Patti, 'The European road to autonomous vehicles', *Fordham International Law Journal* 2019 (43), p. 141.

106 C.J.J. Stolker (ed.), *Onrechtmatige Daad*, Kluwer, Deventer, Art. 6:185, aant. 2.5.2 (online resource; updated until 02.12.2021).

107 P. Machnikowski, 'Producers' Liability in the EC Expert Group Report on Liability for AI', *Journal of European Tort Law*, 2020 (11), p. 147. It should be noted that the new PLD provides for a more dynamic point in time that is decisive for the assessment of defectiveness Article 7(1)(e) of the new PLD explicitly refers to the 'moment in time when the product left the control of the manufacturer' as the relevant time for assessment. Digital products often remain accessible (and therefore under control) for manufacturers after they have been placed on the market, for example through 'over the air' software modifications. However, this shift to a point in time after the product was placed on the

5.4.3.5 *Two Approaches*

This leads us to the following question: what standard of defectiveness should be applied in relation to AVs? There are basically two approaches in determining the safety a person is entitled to expect from an automated driving system. One in which the systems' performance is compared with a human driver (the system should be considered not to provide the safety the public is entitled to expect if a careful and competent human driver could have done better under the same circumstances), and one that is more technology oriented, in which risk-benefit considerations are taken into account in determining the system's defectiveness. Under this approach AV-performance is statistically compared with human driven vehicles and with other (hypothetical) automated driving systems. The system should be considered not to provide the safety the public is entitled to expect if overall accident rate is not (substantially) lower than that of human driven vehicles or if it is considered below the state of the industry in autonomous driving technology. These two approaches are not necessarily mutually exclusive. They might also complement each other.

5.4.3.6 *Human Driver Standard*

Comparison with a human driver seems to fit most naturally with the consumer expectation test. After all, the user AV, and the broader public or road users, is likely to expect that the automated system will perform at least as well as she would in any give situation.[108] This would basically mean that a human driver negligence test would be applied to assess the defectiveness. The negligence test would focus on the autonomous vehicle's act instead of its design, and in a sense, it would treat a computer tortfeasor as a person rather than a product.[109]

Applying a reasonable human driver standard as a minimum safety standard seems especially appropriate as long as AVs are going to operate together with conventional vehicles. In a mix situation both types of vehicles will be subject to the same traffic rules. This might change in a future where only AV's

---

market should be restricted to the security features of the last update or upgrade itself, but not to the whole product. G. Wagner, 'Liability Rules for the Digital Age, Aiming for the Brussels Effect', *Journal of European Tort Law* 2022 (13), p. 206.

108 B.W. Smith, 'Automated driving and product liability', *Michigan State Law Review* 2017 (1), p. 46.

109 R. Abbott, 'The Reasonable Computer: Disrupting the Paradigm of Tort Liability', *George Washington Law Review* 2018 (86), pp. 24–26.

will circulate on the roads. In such a future scenario the hypothetical behaviour of a human driver will no longer be relevant for resolving issues of liability.[110]

5.4.3.7 *Risk-Benefit Approach*

Applying a human driver negligence test is being criticised because it would be inappropriate to compare self-driving car technology with a human.[111] Technology should be compared to technology and therefore a more technology-oriented concept of defect should be applied. The assumption is that automated driving will substantially reduce traffic accident, not only by eliminating routine human failures but also by outperforming careful and competent driver (above perfect driver driving standard). Under a risk-benefit approach a manufacturer may argue that, given the state of technology it is not reasonably possible for an automated driving system to meet a prudent driver standard under all possible circumstances, and that unavoidable incidental 'below careful and competent driver' performance of the system should be accepted because of the substantial benefits the system overall provides. In other words: risk-benefit considerations should be taken into account in determining the system's defectiveness.

Although the PLD defines a 'defect' in terms of consumer expectations and does not provide an explicit defence based on risk-benefit considerations, the fact that article 6 refers to the legitimate expectations ('entitled to expect') implies that the PLD does not prevent the judge from taking a balancing of the benefits and risk of a certain product into account as one of the elements to determine defectiveness.[112]

There are however several problems with a risk-benefit approach. First of all it would require statistics on the large scale use of AV's to proof that the automated car produced by the manufacturer is statistically safer than a human driven vehicle. Such statistics will not be available for some time. Serious road accidents are (luckily) relatively rare events, and it would take hundreds of

---

110 F.P. Patti, 'The European road to autonomous vehicles', *Fordham International Law Journal* 2019 (43), p. 146.

111 N.E. Vellinga, *Legal Aspects of Automated Driving. On Drivers, Producers, and Public Authorities,* dissertation Groningen 2020 (available at: https://research.rug.nl/nl/publications/legal-aspects-of-automated-driving-on-drivers-producers-and-publi?msclkid=2c26ebodc21511ec88373871738e4618), p 160; G. Wagner, *Robot Liability,* 2018 (available at: https://papers.ssrn.com/sol3/papers.cfm?abstract_id=3198764), p. 13.

112 C.J.J. Stolker (ed.), *Onrechtmatige Daad,* Kluwer, Deventer, Art. 6:186, aant. 2.11 (online resource; updated until 02.12.2021); M. Santos Silva et al., 'Relevance of Risk-benefit for Assessing Defectiveness of a Product: A Comparative Study of Thirteen European Legal Systems'. *European Review of Private Law* 2021 (29), p. 128.

millions of miles for self-driving cars to persuasively demonstrate improved average safety over human driving.[113] However, even if substantive overall safety improvements are unarguable, this would not simply mean that residual risks are acceptable. Peoples' willingness to accept technological risk is not only governed by actual numerical risk calculations, but also by other factors such as the (perceived) degree of control over these risks.[114] Research suggests that the public wants self-driving cars to be many times safer than conventional cars.[115] It seems that humans more easily accept mistakes from other humans than from machines.

All in all it is doubtful that courts dealing with system 'glitches' would allow a manufacturer to defend itself on the basis of a risk-benefit argument.[116]

Several arguments speak against the inclusion of risk-benefit considerations in defectiveness equation in such cases.[117] Firstly, inclusion would be to the detriment of the aforementioned underlying goal of the PLD as formulated in the second recital in de Preamble:

> strengthening the position of the victim by establishing a liability without fault because this is the sole means of adequately solving the problem, peculiar to our age of increasing of technicality, of a fair apportionment of the risks inherent in modern technological production.

To allow a manufacturer to defend itself on the basis of a risk-benefit argument, i.e. that the general benefits to society outweigh these incidentally and unpredictably manifesting system flaws, would mean that the risks are simply allocated to the poor fellow who tragically 'discovered' their existence. One can argue that the general public is not entitled to expect the safety the product actually has, which can be not 100% glitch-free, but is entitled to expect the

---

113 N. Kalra & S.M. Paddock, 'Driving to Safety: How Many Miles of Driving Would It Take to Demonstrate Autonomous Vehicle Reliability?' *Transportation Research Part A: Policy and Practice* 2016 (94), pp. 182–193.

114 J. Stilgoe, Ethics and Information Technology 2021, (23), p. 638.

115 How Safe Is Safe Enough for Self-Driving Vehicles? – Liu – 2019 – Risk Analysis – Wiley Online Library.

116 K.A.P.C. van Wees, 'Voertuigautomatisering en productaansprakelijkheid', *Maandblad voor Vermogensrecht* 2018, p. 120.

117 M. Santos Silva et al., 'Relevance of Risk-benefit for Assessing Defectiveness of a Product: A Comparative Study of Thirteen European Legal Systems'. *European Review of Private Law* 2021 (29), p. 128–29; N.E. Vellinga, *Legal Aspects of Automated Driving. On Drivers, Producers, and Public Authorities,* dissertation Groningen 2020 (available at: https://research.rug.nl/nl/publications/legal-aspects-of-automated-driving-on-drivers-producers-and-publi?msclkid=2c26eb0dc21511ec88373871738e4618), pp. 170–71.

safety the public ought to have, and therefore is entitled to expect AVs to be without glitches.[118]

Support for this view can be found in English and Dutch court cases relating to blood transfusions with contaminated blood. In A v National Blood Authority, concerning transfused blood containing the hepatitis C virus, it was held that, even though one could argue that the actual expectations of the public probably were that some transfused blood was infected with viruses, a recipient could legitimately expect that the blood he got would be perfectly safe.[119] In a similar case where a patient received HIV-infected blood during heart surgery, the district court of Amsterdam reached the same conclusion. The court held that, taking into account the importance of blood products and the lack of an alternative, the general public is entitled to expect that blood products in the Netherlands have been 100% HIV-free for some time. Even if there was a small statistical chance of infection, this does not relate to the legitimate expectations of the public.[120]

In addition, it can be argued that these cases presents the very same factor that justifies the application of a strict liability rule in manufacturing defect cases. This factor is the foreseeability of the risk of damage in advance in statistical terms. Therefore, the balance between the interests of the injured parties and those of the producers settled by the Directive is not altered.[121] Manufacturers can obtain insurance coverage for these risks and are able to incorporate the associated costs in the price of the product (and by doing so, spreading these costs over the community of product users). If there are serious indications for a 'chilling effect' of product liability exposure for such risks, obstructing the societal harvesting of technical progress, then the solution to this problem should not be sought in restricting producers liability at the cost

118 C.C. van Dam, *European Tort Law* (2nd edition), Oxford, Oxford University Press 2013, para. 1408-2; M.Santos Silva et al., 'Relevance of Risk-benefit for Assessing Defectiveness of a Product: A Comparative Study of Thirteen European Legal Systems'. *European Review of Private Law* 2021 (29), pp. 130–131. Within the context of the Dutch Civil Code one could also draw parallels with strict liability for animals and children. See T.F.E. Tjong Tjin Tai, Nederlands Tijdschrift voor Handelsrecht 2017, p. 127 ff. However, within the framework of the PLD-regime such parallels with national law are without direct relevance for its interpretation.

119 A v National Blood Authority [2001] 3 All ER 289.

120 Rb Amsterdam 3 February 1999, NJ 1999, 621. The court, however, allowed the defendant's 'development risks' defence (Art. 7(e), which decision rather seems to conflict with the narrow interpretation of this defence that is broadly adhered (see Section 5.3.3.4).

121 M. Santos Silva et al., 'Relevance of Risk-benefit for Assessing Defectiveness of a Product: A Comparative Study of Thirteen European Legal Systems'. *European Review of Private Law* 2021 (29), p. 128.

of denying compensation to victims of road traffic accidents, but rather in finding alternative ways of compensating these victims.[122]

5.5 *Post Marketing Product Monitoring and Control*

Obligations to warn consumers for risk that become apparent after bringing the product into circulation or recall products can not arise from the PLD regime. This regime only offers liability for the bringing onto the market and not the keeping of dangerous products in circulation of dangerous products. The PLD regime explicitly provides that the producer is freed from all liability if he proves that the defect causing the damage came into being after the product was put into circulation by him.[123]

If however these product related dangers could have been limited or entirely prevented by warnings or a product recall, the producer who chooses not to act might be successfully hold liable under art. 6:162 BW. Whether a duty to warn or recall exists will depend on the specific circumstances of the case, especially the gravity of the danger (in terms of potential damage) and the onerousness and costs of precautionary measures.[124]

As was observed earlier, The combination of remote data collection and over-the-air software updates may allow developers to quickly identify and correct certain types of performance issues and to improve the functionality (and behaviour) of an entire fleet of AVs.[125] The fact that AVs could entail great risks for the personal safety of passengers and other road users and the relatively low costs of a 'virtual' recall through an over the air software update are circumstances in favour of assuming a duty to fix the previously unknown problem with respect to the entire fleet of AVs.[126] It should also be noted that the possibility of such a duty to monitor and act upon risks that become apparent after bringing the product into circulation also narrows the liability gaps

---

122 N.E. Vellinga, *Legal Aspects of Automated Driving. On Drivers, Producers, and Public Authorities,* dissertation Groningen 2020 (available at: https://research.rug.nl/nl/publications/legal-aspects-of-automated-driving-on-drivers-producers-and-publi?msclkid=2c26eb0dc21511ec88373871738e4618), p. 171; A.I. Schreuder, 'Aansprakelijkheid voor "zelfdenkende" apparatuur', *Aansprakelijkheid Verzekering & Schade* 2014/20 section 2.1.4.

123 Art. 6:185(1)(b) BW/Art. 7(b) PLD.

124 E. de Jong, I. Giesen & T. Muslat. The State of the Art of Product Liability in The Netherlands, in H.J. Kullmann e.a., Produzentenhaftung, Erich Smidt Verlag, Berlin 2017, nr. 5000, pp. 59–60.

125 See Section 5.3.2.

126 F.P. Patti, 'The European road to autonomous vehicles', *Fordham International Law Journal* 2019 (43), p. 148; Expert group on Liability and New Technologies, *Liability for Artificial Intelligence and other emerging digital technologies*, European Commission 2019, p. 43.

the may be created by manufacturers successfully invoking a development risk defence.

The fact that the Directive does not recognize liability for the breach of product monitoring obligations post market will change under the proposed new version of the directive. Not only does Art. 7(1)(e) of the new PLD include updates and upgrades installed after the product was placed on the market into the criteria for the assessment of defectiveness, more importantly Art 11(2)(c) removes the exemption from liability granted by art 11(1)(c), according to which, the manufacturer may exonerate himself if he proves that the product defect did not exist at the time when the original product was placed on the market, if 'the lack of software updates or upgrades necessary to maintain safety' led to the defectiveness of the product. In effect, this means that there is a product liability-based duty upon the manufacturer to continuously update and upgrade the software of his products even after they were put into circulation.[127]

6 Conclusions

6.1 *Liability for AVs under Current Law*

From a victim compensation perspective a distinction can be made between motorized and non-motorized traffic participants. Non-motorized traffic victims profit from the (quasi-)strict liability of the vehicle keeper as provided in Art. 185 WVW (Dutch Road Traffic) Act. It stipulates that the keeper of a motor vehicle is liable for damage caused to non-motorized persons (mostly pedestrians and cyclists), unless he proves that the accident was caused by force majeure. As a result of the very narrow interpretation of force majeure in the context of this provision, the keeper of the vehicle basically is liable for any damages resulting from the operation of a motor vehicle, whether his vehicle is a conventional human driving vehicle or an AV.

The situation is different for motorized traffic victims (e.g. occupants of a motor vehicle). They are not able to benefit from this highly victim friendly (and AV-proof) liability regime for motor vehicles. In current practice, this normally means that the injured party has to substantiate a claim based on the general fault liability regime of Art. 6:162 BW (Dutch Civil Code) against an involved driver (or other person who's conduct was causative for the accident). This means that he has to prove what actually happened, and how the

127 G. Wagner, 'Liability Rules for the Digital Age, Aiming for the Brussels Effect', *Journal of European Tort Law* 2022 (13), p. 208.

accident occurred. Furthermore, this implies that shortcomings in self-driving car technology that should not or could not be corrected by the driver (even a prudent and careful one) cannot be attributed to the driver or keeper on the basis of fault and increasing automation of driver tasks therefore narrows the scope of fault based liability. The driver that is freed of the active vehicle control when the vehicle is autonomous mode cannot act with fault, unless he fails to resume control despite having been urged to do so, or has breached some other residual duty of care (for example not taking care of essential software updates) .

And although the Dutch Civil Code contains a strict liability for the keeper (*bezitter*) of a defective moveable object (including motor vehicles) laid down in Art. 6:173 BW, in practice this liability regime may turn out to be of little help for the victim. As a result of the exculpation ground provided in Art. 6:173(2) BW the keeper will avoid liability if the defect already existed at the time that the product was put into circulation, which seems the most likely scenario with AVs.

Of course, the victim may also decide to seek compensation on the basis of product liability. One might even argue that vehicle automation would simply lead to a shift from a driver negligence-based personal injury regime to a product liability-based personal injury regime.[128] However, notwithstanding the fact that the new PLD promises to significantly improve the situation of the injured party seeking redress through the product liability system, due to the many questions the PLD-regime raises in relation to AV-technology (e.g. which standard of defectiveness can be applied?) and the expertise needed to prove necessary condition are met, a claimant that will attempt to successfully recover his damage from the producer will be confronted with numerous challenges, especially in relation to design defects. Moreover, a person who has to turn to the manufacturer to recover his damage is also deprived of the safeguards and benefits associated with the established claim settlement arena under the MID-based obligatory motor vehicle liability insurance (such as a direct right to compensation, limited possibilities for exclusions, victim-friendly claim settlement procedures, etc.).[129]

It will be clear that, especially with regard to complex technical risks such as the ones that may manifest themselves in self-driving cars, it will be unacceptable to burden the 'fortuitous' victim with the burden of finding an accountable party from whom they are able to successfully claim compensation, at the

128 It can also be argued that such a shift corresponds best with the goals of corrective justice and a socially responsible cost allocation.

129 See section 4.2.

risk of eventually ending up empty-handed. In this context one should realize that criticism of the current traffic liability law, especially the fault-based liability that applies to accidents between motorists, can also be explained from the viewpoint that even traditional road traffic (without the use of automated vehicle technology) can be regarded a 'system', i.e. a constellation of interrelated and mutually dependent elements, characterised by a high level of 'interactive complexity'.[130] Victims are far too often forced to go through cumbersome, time-wasting and cost-demanding claim settlement procedures.

6.2 *Which Way to Go?*

In short, the legal challenge is how to safeguard appropriate access to means of compensation for victims, while not: 1) overly exposing developers and manufacturers to liability to prevent a stifling effect on innovation nor; 2) under-exposing them to liability as this would undermine prevention and fairness. In national and international literature different arrangements have been proposed to address the 'liability problem', ranging from (variations and combinations of) product liability reform, expending strict liability for owners/keepers of motor vehicles to no-fault compensation systems.[131] This is not the place to elaborate on the pros and cons of all these options. From a standpoint of safeguarding adequate means of compensation for victims, a compensation system that (prima facie) 'channels' the risks of self-driving cars towards the (insurer of the) owner/keeper of the vehicle, rather than towards developers and producers, seems the preferred option. Channelling towards the (insurer of the) owner/keeper of the vehicle has the big advantage that it fits well in existing traffic accident compensation frameworks and practices. Furthermore, liability for motor vehicles until now has escaped European harmonization, leaving Member States room to manoeuvre.[132]

---

130 A.J. Hoekema, De rechtsreactie op massaschade bekeken vanuit rechtssociologisch oogpunt, in Moerkoert, e.a, *Massaschade*, Lelystad 1996, pp. 77–96; W. Ernst, 'General introduction', in *The Development of Traffic Liability*, Cambridge, Cambridge University Press, 2014, p. 7.

131 See among others: E.F.D. Engelhard & R.W. de Bruin, 'EU Common Approach on the liability rules and insurance related to Connected and Autonomous Vehicles', Annex I to T. Evas, *A common EU approach to liability rules and insurance for connected and autonomous vehicles. European Added Value Assessment*, European Parliamentary Research Service 2018, p. 104 ff.

132 Although harmonising national regimes of traffic liability would promote an equal legal position of traffic victims within the community and could provide a level playing field for producers (who, in member states that impose risk-based liability on car owners, will be faced with less claims than in member states in which traffic liability is exclusively fault-based), 'full-fletched' harmonisation in the sense of introducing one single, EU-wide

One might object, however, that making (insurers) of vehicle owners/keepers liable for accidents that may occur with AV's, does not correspond with the goals of corrective justice and a socially responsible cost allocation, as it will be the system designer or manufacturer that is primarily responsible for 'behaviour' of the AV.[133] It should be noted, however, that a prima facie channelling of accident costs towards vehicle keepers and their insurers, does not (necessarily) exclude the automobile insurer from seeking compensation from a third part who is actually responsible through a right of recourse. Nonetheless, the manufacturer will be largely shielded from direct liability claims by road users (dampening the potential chilling effect of product liability[134]) and automotive insurers and manufacturers do not have to deal with recourse claims on a case by case basis and might (collectively) negotiate about subrogation in relation to automated driving systems to come to efficient and innovation friendly arrangements.[135]

Strengthening the position of victims by creating a compensation system in which the risks of self-driving cars are (initially) channelled towards the (insurer of the) owner/keeper of the vehicle can, roughly speaking, be done in two ways: expanding liability for motor vehicles and/or creating a compensation system (partially) based on mandatory first party (no-fault) insurance against loss resulting from road accidents. Although the later entails a more fundamental and therefore more complex 'system switch', it seems to be the most complete solution as the insurance holds many advantages, including cost efficiency and victim-friendly claim settlement. Furthermore, it is the only option under which damages of the injured owner/keeper of the AV also fall under the scope of the mandatory insurance.

---

liability for motor vehicles does not seem politically achievable, given the current differences in the level of protection offered to traffic victims in the different Member States. E.F.D. Engelhard & R.W. de Bruin, 'EU Common Approach on the liability rules and insurance related to Connected and Autonomous Vehicles', Annex I to T. Evas, *A common EU approach to liability rules and insurance for connected and autonomous vehicles. European Added Value Assessment*, European Parliamentary Research Service 2018, p. 124.

133 R. Rijnhout, 'De directe verkeersverzekering in het Nederlandse systeem van schadeafwikkeling: waarom nu wel?' *Aansprakelijkheid, Verzekering & Schade* 2021/31 section 5.3.

134 M. Schellekens, Self-driving cars and the chilling effect of liability law, Computer Law & Security Review 2015 (31), p. 516.

135 K.A.P.C. van Wees & A.J. Akkermans, 'Naar een toekomstbestendig compensatiesysteem voor verkeersongevallen, Over zelfrijdende auto's, herstelgerichte schadeafwikkeling en de mogelijkheden van een systee m van directe schadeverzekering', *Tijdschrift voor Vergoeding van Personenschade* 2020, p. 92.

6.2.1 Expand Liability for Motor Vehicles

An option for the legislator would be to provide for a specific, victim friendly and AV-proof, liability regime for motor vehicles. Such a liability regime, might, for example, entail the rule that victims are entitled to compensation on the sole ground that the vehicle was *involved* in the accident, as is the case in France.[136] Such a regime shall preferably exclude force majeure and the act of a third party as valid defences against liability, providing an almost absolute liability for traffic accidents. The physical involvement of the motor vehicle will be sufficient to establish liability towards pedestrians, cyclists and passengers. It therefore avoids any legal debate about the exact cause of the accident, giving it a strong element of technology-independence.[137] At the same time, this would not mean that other parties who could be considered as primary or co-wrongdoers would be left unburdened. The automobile insurer might in his turn seek compensation from another party actually responsible, for example the manufacturer in case of a product defect. In other words: who eventually has to bear the costs of the accident is left to the mechanism of recourse.

6.2.2 Compulsory First-Party Insurance (Traffic Insurance)

Another option to safeguard adequate means of compensation would be to set up a system of compulsory *first-party* insurance for victims of traffic accidents (traffic insurance). Such a first-party insurance shall cover the loss of victims, regardless of whether anyone could be held tortiously liable for the damage. Under such a system persons travelling in a motor vehicle who are injured in a traffic accident are referred to the traffic insurance of their 'own' vehicle to recover insurance compensation and they only have to prove that he incurred damages because of the realization of a 'traffic risk'.[138] The compensation of

---

136 G. Viney & A. Guégan-Lécuyer, 'Development of Traffic Liability in Franc', in W. Ernst (red.), *The Development of Traffic Liability*, Cambridge, Cambridge University Press 2014, pp. 60–74.

137 M. Schellekens, Self-driving cars and the chilling effect of liability law, Computer Law & Security Review 2015 (31), p. 516.

138 This system is used in Sweden (See S. Friburg & B.W. Dufwa, 'Development of Traffic Liability in Sweden', in W. Ernst (red.), The Development of Traffic Liability, Cambridge, Cambridge University Press 2014, pp. 203–227) The Dutch Association of Insurers sees a traffic insurance as a possible solution to (inter alia) the liability issues that come along with the rapid progress in the development of autonomous vehicles. According to a report published by the Dutch Association of Insurers, a first party liability offers opportunities to put the customer at the centre stage, to settle damages more efficiently and at the same time to get more grip on the assessment and control of personal injuries. *Toekomstvisie Automotive, onderweg naar morgen*, Verbond van verzekeraars 2015 (https://www.verzekeraars.nl/actueel/nieuwsberichten/Documents/2015/November/Onderweg%

accidental damage is thus withdrawn from liability law, at least from the perspective of the victim, making it relatively easy for them to receive compensation for their damage (as there is no need to go into the question of driver negligence or product defectiveness).[139] The most likely party to fall under the statutory obligation to take out the no-fault insurance would be owner/keeper of the vehicle.[140]

Providing access to means of compensation by way of (compulsory) first-party, no-fault insurance is particularly relevant for the owner/keeper of the vehicle.[141] This person becomes a potential victim of her own car.[142] Expanding liability for motor vehicles as described in the previous section would not create better compensation options for the owner/keeper of the vehicle that caused the accident, because it does not eliminate the need to find a responsible defendant to bring his claim against.[143] The UK government choose to

20naar%20morgen.pdf). Recently the Dutch Association of Insurers took a first step in this direction by adopting a new code of conduct (Bedrijfsregeling), called 'Direct claim adjustment', according to which the motor vehicle liability insurer shall compensate damage to vehicles of their own policyholder, thus on a first party basis. However, the right to compensation is still depending on third party liability. See section 4.2.2.

139 Voluntary first party insurance covering damage caused by personal injuries or property damage resulting from traffic accidents are available, but in cases of serious injuries they seldom offer full compensation. Furthermore, the Dutch Supreme Court has developed a specific duty for employers, based on the good employer doctrine (art. 7:611 BW), to buy first-party insurance for employees who drive motor vehicles in the performance of their work. This first-party insurance is especially relevant in the case of unilateral traffic accidents.

140 But it might also be another party, for example the producer. See M. Schellekens, No-fault compensation schemes for self-driving vehicles, *Law, Innovation and Technology* 2018 (10), pp. 324–25.

141 K.A.P.C. van Wees & A.J. Akkermans, 'Naar een toekomstbestendig compensatiesysteem voor verkeersongevallen, Over zelfrijdende auto's, herstelgerichte schadeafwikkeling en de mogelijkheden van een systeem van directe schadeverzekering', *Tijdschrift voor Vergoeding van Personenschade* 2020, p. 80. If the legislator were to consider introducing a system of traffic insurance, it could therefore be decided to limit the scope of such a mandatory first-party scheme to include only the owner/keeper of the vehicle, possibly in addition to expanding liability for motor vehicles as described in the previous section.

142 F.P. Patti, 'The European road to autonomous vehicles', *Fordham International Law Journal* 2019 (43), p. 131.

143 Secondly drivers are allowed to be excluded (and in practice are being excluded) from the cover of this mandatory liability insurance (See section 4.2.1). A relevant question in this context is to what extent the 'driver' of a self-driving vehicle can (under all circumstances) be considered the driver for the purposes of this allowed exclusion. The decision of the Dutch Roermond District Court provides a useful illustration (Rb Roermond 12.02.2014, *Verkeersrecht* 2014/178). Person A drives person B home. B, who had drunk a considerable amount of alcohol, slept for part of the drive, woke up and then suddenly

address this problem in the Automated and Electric Vehicles Act (AEVA), by introducing a specific insurance solution for AVs.[144] According to sec. 2(1) AEVA, the insurer is liable for damage suffered by the insured or any other person as a result of an accident caused by an insured automated vehicle driving in the self-driving mode.[145] This, in effect, includes a first-party insurance coverage for damage caused to the user of a self-driving car. Under the AEVA the insurer may in his turn seek recourse based on tort liability, through which the ultimate distribution of losses can take place.

Next to safeguarding the right to compensation for persons that may otherwise may be left empty-handed, there are more (potential) advantages to a first-party insurance based system. These additional advantages might also plea in favour of not restricting such a system to self-driving vehicles (which is the case under the UK Automated and Electric Vehicles Act), but to all motor vehicles (which is, already since the 1970s, the case in Sweden). As a first-part insurance claim is not dependent on the liability of a third party, legal discussions between (an insurer of) a defendant tortfeasor and the injured party are avoided. This will lead to savings in settlement cost. Furthermore, it will accelerate the procedure of claim settlement and the direct link between the insurer and the injured party opens up important potential for a more victim friendly settlement process with may facilitate a more speedy recovery from the accident.[146] Another advantage of first-party traffic accident insurance is that an insurer covering the damage of the passengers of the vehicle – instead of covering the damages of the passengers of the car that has been hit by the insuree – can more effectively stimulate measures aimed at prevention.

---

pulled the handbrake on. The question to be answered was whether A must be regarded the driver of the vehicle for the purposes of Art. 4 WAM (the provision in the Dutch Motor Vehicle Insurance Act in which the allowed exclusion is adopted). The court ruled that, at the moment of the accident, A could not be regarded as such, because B caused the accident by suddenly pulling the handbrake on, which action left A unable to effectively control the vehicle. For this reason A, from the moment that B pulled handbrake on (and thus also at the time of the accident), can no longer be qualified as the driver. This leads to the conclusion that A does not fall under the exclusion of Art. 4 WAM.

144 https://www.legislation.gov.uk/ukpga/2018/18.

145 According to sec 8(1) under a) AEVA, 'a vehicle is "driving itself" if it is operating in a mode in which it is not being controlled, and does not need to be monitored, by an individual'

146 A.J. Akkermans, 'Achieving justice in personal injury compensation: The need to address the emotional dimensions of suffering a wrong', in P. Vines & A. Akkermans (red.), Unexpected consequences of compensation law, Oxford: Hart Publishing 2020, pp. 15–37. See also K.A.P.C. van Wees & A.J. Akkermans, 'Naar een toekomstbestendig compensatiesysteem voor verkeersongevallen, Over zelfrijdende auto's, herstelgerichte schadeafwikkeling en de mogelijkheden van een systeem van directe schadeverzekering', *Tijdschrift voor Vergoeding van Personenschade* 2020, pp. 80–82.

Under a first-party insurance scheme there is a stronger economic stimulus for insurers to stimulate the purchase of saver vehicles and promote saver driving behaviour through their acceptance policy and their premium settings.[147]

A potential disadvantage of a first-party compensation system might be the costs. As more people can claim damage under such a system total paymants may increase. However, if self-driving cars will fulfil their promise to importantly reduce the number and severity of traffic accidents, then this effect may be completely levelled out.

Annex: Relevant Code Provisions

Art. 185 WVW (Liability for Motor Vehicles)

1. If a motor vehicle which is being driven on a road is involved in a traffic accident which causes damage to persons or goods not carried by that motor vehicle. The owner of the motor vehicle, or – if there is a keeper of the motor vehicle – the keeper is obliged to compensate that loss, unless it is plausible that the accident is due to force majeure, even where it is caused by someone for whom the owner or keeper is not liable.
2. The owner or keeper, who does not drive the motor vehicle himself, is liable for the conduct of the person whom he causes or allows to drive the motor vehicle.
3. Paragraphs 1 and 2 do not apply to damage caused by a motor vehicle to unleashed animals, to another moving motor vehicle or to persons or goods which are being transported by the motor vehicle.
4. This article leaves unimpaired the liability following from other statutory provisions.

Article 6:162 BW ('Tortious Act')

1. A person who commits an unlawful act against another which is attributable to him, must repair the damage suffered by the other in consequence thereof
2. Except where there are grounds for justification, the following are deemed unlawful: the violation n of a right and an act or omission breaching a duty imposed by law or a rule of unwritten law pertaining to proper social conduct

147 K.A.P.C. van Wees & A.J. Akkermans, 'Naar een toekomstbestendig compensatiesysteem voor verkeersongevallen, Over zelfrijdende auto's, herstelgerichte schadeafwikkeling en de mogelijkheden van een systeem van directe schadeverzekering', *Tijdschrift voor Vergoeding van Personenschade* 2020, p. 88.

3. A wrongdoer is responsible for the commission of an unlawful act if it is due to his fault or to a cause for which he is accountable by law or pursuant to generally accepted principles.

Article 6:173 BW (Liability for Dangerous Movable Things)

1. A keeper of a moveable thing which is known to constitute a special danger for persons or things if it does not meet the standards which, in the given circumstances, may be set for such a thing, is liable if this danger materialises, unless, pursuant to Section 1, there would have been no liability if the keeper would have known the danger at the time it arose.
2. If the thing does not meet the standards referred to in paragraph 1 because of a defect as referred to in Section 3, there shall be no liability on the basis of paragraph 1 for damage referred to in that section, unless
   a. taking all circumstances into consideration, it likely that the defect did not exist when the product was put into circulation, or that the defect arose at a later date
   b. it concerns damage to any item of property other than the defective movable thing (product) itself, to the point of which under Section 6.3.3 6 of the Civil Code no right of compensation exists on the basis of the threshold as regulated in that Section.
3. The previous paragraphs do not apply to animals, ships and aircraft.

Article 6:185 *BW* (Liability for Defective Products)

1. The producer is liable for damage caused by a defect ('safety defect') in his product, unless he proves: a. that he did not put the product into circulation on the market; b. that, having regard to the circumstances, it is probable that the defect which caused the damage did not exist at the time when the product was put into circulation on the market by him or that this defect came into being afterwards, or; c. that the product was neither manufactured by him for sale or any form of distribution for economic purpose nor manufactured or distributed by him in the course of his professional practice or business, or; d. that the defect is due to compliance of the product with mandatory regulations issued by the public authorities, or; e. that the state of scientific and technical knowledge at the time when he put the product into circulation was not such as to enable the existence of the defect to be discovered, or; f. in the case of a manufacturer of a component, that the defect is attributable to the design of the product in which the component has been fitted or to the ms given by the manufacturer of the product.
2. The liability of the producer may be reduced or disallowed when, having regard to all the circumstances, the damage is caused by both, a defect in

the product and the fault of the injured person or any person for whom the injured person is liable.

3. The liability of the producer is not reduced when the damage is caused by both, a defect in the product and the act or omission of a third person.

Article 6:186 *BW* (Definition of a Defective Product)

1. A product is defective when it does not provide the safety which a person is entitled to expect, taking all circumstances into account, especially: a. the presentation of the product; b. the use that could reasonably be expected to be made of the product; c. the time when the product was put into circulation on the market.
2. A product is not considered to be defective for the sole reason that afterwards a better product has been put into circulation on the market.

Self-Driving Cars Facing the Law: Answers at Law – Applicable and Prospective Looking into the Future with Today's Glasses? (Poland)

*Łukasz Żelechowski**

1 Introduction

The prospect of increasing use of self-driving cars poses obvious legal challenges regarding various aspects, such as civil and criminal liability, insurance against civil liability or personal data protection. The existing legal framework is essentially designed to regulate such issues with regard to conventional motor vehicles driven by humans. This raises the question whether this framework can properly fulfil its function and purpose also concerning the self-driving cars. This contribution discusses possible adjustments of this legal framework from the Polish perspective either through the interpretation of the existing applicable provisions by courts or through legislative changes. While the topic at hand is discussed with some interest in the Polish legal literature, the development of Polish case law concerning this topic remains a matter of the future for the time being.

Section of the report 2 briefly stresses the relevance of international and EU regulations in this area. Section 3 outlines the national legislation pertaining to 'autonomous' cars which allows carrying out test drives of such cars on public roads. It examines the national definition of an autonomous car and discusses its possible relation to different levels of car automation which are distinguished in international discourse. Section 4 explores the issues of civil liability for self-serving cars under Polish law and its possible evolution,[1] while Section 5 does the same with regard to criminal liability. Section 6 discusses, in turn,

* Dr habil., Professor at University of Warsaw, Faculty of Law and Administration, Department of Intellectual Property Law, Warsaw, Poland.

1 The author of this contribution explored in more depth the issue of civil liability for autonomous vehicles in his paper – 'Civil Liability for Damages Caused by Autonomous Car Vehicles: the Polish Perspective', in: Rapports Polonais. XXIe Congrès International de Droit Comparé. XXIst International Congress of Comparative Law. Asunción 23-28 X 2022, D. Skupień, B. Lewaszkiewicz-Petrykowska (eds.), Łódź 2022, pp. 57–85. Conclusions contained in the cited paper were also used in this contribution which, however, includes the more recent EU developments concerning the reformed product liability regime (cf Section 4.2) and proposed new legislation on civil liability for artificial intelligence (cf Section 4.3).

 | DOI:10.1163/9789004711891_010

the topic of integration of self-driving cars in the insurance industry. Section 7 is dedicated to the issues of data protection in connection with exploitation of self-serving cars. The final Section 8 briefly points to ethical issues of the so called 'trolley problem' with regard to the functioning of self-driving cars.

2 Relevance of International and EU Law

The cross-border nature of the technological development of self-driving cars is surely a stimulus for developing supra-national rules in that regard. A manifestation of this development could be the changes introduced to the Vienna Convention on Road Traffic of 8 November 1968[2] which entered into force on 23 March 2016.[3] The added Art. 8 section 5bis *in fine* of the Convention permits the use of vehicle systems that influence the way vehicles are driven, provided that such systems can be overridden or switched off by the driver. This marks a departure from the previous position under the Convention that required the driver to control the vehicle at all times. In other words, Art. 8 section 5bis of the Convention can be read as permitting the participation of partly autonomous vehicles in road traffic.[4] This change was further enhanced by a new Article 34bis (in force from 14 July 2022) which considers the requirement for the driver's presence to be satisfied when the vehicle is using an automated driving system that complies with the respective technical regulations and legislation governing operation of the vehicle. The effect of this Article is limited to the territory of the Contracting Party where the relevant domestic technical regulations and legislation governing operation apply. Next, this amendment has been supplemented by adding the definitions of 'automated driving system' and 'dynamic control' and (Art. 1 (ab) and (ac) of the Convention).[5]

Additionally, the present contribution has a wider scope than the cited paper, as it also covers other aspects than civil liability.

2 Cf https://treaties.un.org/pages/ViewDetailsIII.aspx?src=TREATY&mtdsg_no=XI-B-19&chapter=11 (*access 25 October 2024*), *cf also Dziennik Ustaw* 1988, No. 5, position 40.

3 Cf https://unece.org/fileadmin/DAM/trans/doc/2014/wp1/ECE-TRANS-WP1-145e.pdf – the proposed amendments and https://treaties.un.org/doc/Publication/CN/2015/CN.529.2015.Reissued.06102015-Eng.pdf – the acceptance of amendments (access 25 October 2024).

4 J. Loranc-Borkowska, 'Civil Liability for Damage Caused by a Physical Defect of an Autonomous Car in Polish Law' (2020) 5 (vol. XXIX) Studia Iuridica Lubliniensa, 165, 169.

5 Cf https://unece.org/sites/default/files/2021-01/ECE-TRANS-WP.1-173-Add1e.pdf – the proposed amendments and https://treaties.un.org › doc › CN.26.2022-Eng.pdf – the acceptance of amendments (access 25 October 2024).

Furthermore, from the perspective of Poland as a member of the European Union, the EU dimension of the issue is of course also important, because at least some liability regimes relevant in the context of the topic of this chapter are harmonized on the EU level. This applies in particular to the Defective Product Liability Directive 85/374/EEC (hereinafter Dir. 85/374)[6] and the Directive 2009/103 relating to insurance against civil liability in respect of the use of motor vehicles, and the enforcement of the obligation to insure against such liability (hereinafter Dir. 2009/103).[7] Moreover, the EU Commission simultaneously proposed in September 2022 a major reform of the liability for defective products (cf Section 4.2 of this paper) and new legislation concerning harmonization of civil liability for artificial intelligence (cf Section 4.3 of this paper). Both proposals were designed as a package ensuring the essential adaptation of civil liability standards to the digital age and AI, which surely has a significance also in the context of liability for autonomous vehicles. While the future of the AI Liability Directive Proposal remains uncertain (as of October 2024), the compromise text of the new Product Liability Directive (hereinafter: PLD) was agreed in December 2023[8]. It was adopted by the European Parliament on 12 March 2024 followed by the Council on 10 October 2024. The new PLD will enter into force 20 days after its publication in the Official Journal of the European Union, and Member States will have 24 months after its entry into force to implement the reformed standards. The perspective of EU law is also of fundamental importance for the protection of personal data collected by self-driving vehicles due to the existence of a directly applicable EU legal act, i.e. the General Data Protection Regulation 2016/679[9] (hereinafter GDPR, cf section 8). Apparently, a further development of the legal framework concerning self-driving vehicles should optimally take place – at least in the aforementioned areas – on the EU level.

---

6 Council Directive 85/374/EEC of 25 July 1985 on the approximation of the laws, regulations and administrative provisions of the Member States concerning liability for defective products [1985] OJ L210/29.

7 Directive 2009/103/EC of the European Parliament and of the Council of 16 September 2009 relating to insurance against civil liability in respect of the use of motor vehicles, and the enforcement of the obligation to insure against such liability [2009] OJ L263/11.

8 https://www.europarl.europa.eu/news/en/press-room/20231205IPR15690/deal-to-better-protect-consumers-from-damages-caused-by-defective-products; for the compromise text – cf. the document of the European Parliament of 31 January 2024, PE758.731V01-00 (access 25 October 2024).

9 Regulation (EU) 2016/679 of the European Parliament and of the Council of 27 April 2016 on the protection of natural persons with regard to the processing of personal data and on the free movement of such data, and repealing Directive 95/46/EC (General Data Protection Regulation) [2016] OJ L119/1.

3 Polish Legislation Pertaining to 'Autonomous' Vehicles

Specific legal rules which are aimed at including self-driving cars in road traffic are contained in the Road Traffic Law of 20 June 1997 (hereinafter referred to as RTL).[10] These rules were introduced by the Act of 11 January 2018 on Electromobility and Alternative Fuel[11] which simultaneously contained amendments to the RTL by adding Section 6 entitled 'Use of roads for the purposes of research works concerning autonomous vehicles' (Arts. 65k–65n RTL) to Part II, Chapter 5 of the RTL. The regulation in the RTL concerns exclusively carrying out research works in road traffic on public roads, in particular for the use of autonomous vehicles in public transport and other public tasks, on condition that the safety requirements are met and the permission to carry out these works has been obtained by the organizer of research works (Art. 65l section 1 RTL). Therefore, Polish law does not currently allow for the regular use of autonomous vehicles on public roads.[12]

The provisions of RTL employ the term 'autonomous vehicle' which is defined as a car vehicle equipped with systems that control the motion of the vehicle and enable this motion without intervention on the part of the driver who may take control of the vehicle at any moment (Art. 65k RTL). This definition does not make any reference to any internationally acknowledged taxonomies of levels of automated driving systems, such as the classification elaborated by the SAE (Society of Automotive Engineers).[13] The latter classification provides for the scale of vehicle automation from level 0 to level 5 (level 0 – no automation, level 1 – driver assistance, level 2 – partial driving automation, level 3 – conditional driving automation, level 4 – high driving automation, level 5 – full driving automation). Naturally, a question can be raised about the interdependence between the national definition of autonomous vehicle in RTL and the aforementioned levels of car automation. However, this matter is not unequivocal, as the content of the national definition itself raises doubts. It is not clear, to what extent an autonomous car, as defined in the RLT, would be allowed to move without human interference, and in particular, whether the requirement

10 *Ustawa – Prawo o ruchu drogowym*, 20 June 1997, consolidated text: *Dziennik Ustaw* 2024, position 1251, with subsequent amendments.

11 *Ustawa o elektromobilności i paliwach alternatywnych*, 11 January 2018, cf Art. 55 of this act in the original version published in *Dziennik Ustaw* 2018, position 317.

12 G. Urbanik, 'Odpowiedzialność za szkody wyrządzone przez pojazd autonomiczny w kontekście art. 446 k.c.' (2019) 2 (vol. 25) *Studia Prawnicze. Rozprawy i materiały* 83, 88.

13 SAE International's standard J3016: Taxonomy and Definitions for Terms Related to Driving Automation Systems for On-Road Motor Vehicles J3016_202104, https://www.sae.org/standards/content/j3016_202104 , (access 25 October 2024).

that the driver must be capable of taking control of the car implies that the car must be equipped with a steering system including a steering wheel, gas pedal, and brakes.[14] Article 65n section 1, point 2 RTL sheds more light on this issue, as it stipulates that the organizer of research works is obliged to ensure that during test drives there is always a person authorized to drive the autonomous vehicle who is seated in the seat intended for the driver and who can take control of the vehicle at any time, in particular in the event of a danger to road safety. In the light of the above requirement it is justified to assume that vehicles operating without the participation of a driver (or rather an 'operator' understood as the 'successor of the driver'[15]) which are not equipped with a steering system and other elements serving to take control by a human, cannot be considered admissible on Polish roads, even if such vehicles were to be used only for testing purposes.[16]

Due to the lack of clarity of the requirement concerning the scope of necessary participation of the vehicle operator in the national definition, it is not clear, how this definition would fit into a classification of levels of car automation, such as the SEA's classification. This lack of clarity can be a source of problems because pursuant to the respective national implementing regulation concerning autonomous vehicles, the report on the research works related to the testing of autonomous vehicles should contain the indication of the level of autonomy of the vehicle according to the SAEJ3016_201609 classification.[17] According to the restrictive view, the national definition does not

14 M. Czenko, 'O testowaniu samochodów autonomicznych (krytycznych) słów kilka' https://www.transport-publiczny.pl/wiadomosci/o-testowaniu-samochodow-autonomicznych-krytycznych-slow-kilka-57672.html (access 25 October 2024); A. Wilk, 'Odpowiedzialność za szkody wyrządzone przez ruch tzw. pojazdów autonomicznych. Czy polskie prawo nadąża za rozwojem techniki?' (2019) 2 *Edukacja Prawnicza* 23, 24.

15 L. Helińska, B. Paczocha, A. Piskorz, 'Prawne aspekty ochrony konsumenta oraz odpowiedzialności za szkody w kontekście samochodów autonomicznych' (2020) 7 *Internetowy Kwartalnik Antymonopolowy i Regulacyjny* 34, 39.

16 M. Czenko, 'O testowaniu samochodów autonomicznych (krytycznych) słów kilka' https://www.transport-publiczny.pl/wiadomosci/o-testowaniu-samochodow-autonomicznych-krytycznych-slow-kilka-57672.html (access 25 October 2024), where the author seems to require that these other elements include the gas and brake pedal; cf also J. Kuźmicka-Sulikowska, 'Nowe wyzwania dla odpowiedzialności deliktowej przewidzianej w polskim prawie – wybrane uwagi w związku z funkcjonowaniem tak zwanych pojazdów autonomicznych' (2020) 11 *Wrocławsko-Lwowskie Zeszyty Prawnicze* 169, 175; G. Urbanik, 'Odpowiedzialność za szkody wyrządzone przez pojazd autonomiczny w kontekście art. 446 k.c.' (2019) 2 (vol. 25) *Studia Prawnicze. Rozprawy i materiały* 83, 88.

17 *Rozporządzenie Ministra Infrastruktury w sprawie wzoru sprawozdania z prac badawczych związanych z testowaniem pojazdów autonomicznych oraz ich wyposażenia*, 17 October 2018, *Dziennik Ustaw* 2018, position 2023, attachment, p. 3, point 2.14.

apply to vehicles on SEA's levels 4 and 5, but only to vehicles on levels 2 and 3.[18] According to a more liberal approach, only advanced autonomous vehicles classified on level 5 are excluded from the national definition.[19] The view is also presented that the national definition encompasses autonomous vehicles from level 3 to 5, save for vehicles that are only under remote control as such vehicles would not comply with the statutory requirement concerning the presence of a driver in the vehicle. According to this view, the definition in the RTL does not exclude vehicles with very limited participation of the driver, e.g. cars with a 'kill-switch' mechanism, i.e. a mechanism which only enables the operator to immediately stop the car, and vehicles in the 'platooning' model in which vehicles are driven together in a group whereas the driver sits only in the vehicle at the head of the group.[20]

4 Civil Liability and Its Possible Evolution

4.1 *Tort Liability of Car Possessors*

4.1.1 Strict Liability (Art. 436 § 1 Civ. Code)

The first potential basis of liability is Art. 436 of the Polish Civil Code (hereinafter: Civ. Code)[21] which regulates tort liability for damage caused by the motion of a mechanical means of transport propelled by natural forces. Article 436 § 1 Civ. Code addresses liability for damages caused by a vehicle's motion (in conjunction with Art. 435 § 1 Civ. Code, which in turn regulates the liability for damages caused by an enterprise or establishment set in motion by natural forces, such as steam, gas, electricity, liquid fuels, etc.). According to the prevailing view, the concept of a vehicle's motion is not limited to strictly kinetic motion but is understood widely, meaning that the vehicle is in motion from the moment its operation has been initiated.[22] A view has been expressed that

18 J. Loranc-Borkowska, 'Civil Liability for Damage Caused by a Physical Defect of an Autonomous Car in Polish Law' (2020) 5 (vol. XXIX) *Studia Iuridica Lubliniensa*, 165, 169–170; the author believes that thus the concept of an autonomous car in the RTL is consistent with the definition contained in Art. 8(5bis) of the Vienna Convention.

19 J. Kuźmicka-Sulikowska, 'Nowe wyzwania dla odpowiedzialności deliktowej przewidzianej w polskim prawie – wybrane uwagi w związku z funkcjonowaniem tak zwanych pojazdów autonomicznych' (2020) 11 *Wrocławsko-Lwowskie Zeszyty Prawnicze* 169, 175.

20 G. Urbanik, 'Odpowiedzialność za szkody wyrządzone przez pojazd autonomiczny w kontekście art. 446 k.c.' (2019) 2 (vol. 25) *Studia Prawnicze. Rozprawy i materiały* 83, 87–88.

21 *Ustawa – Kodeks cywilny* of 23 June 1964, consolidated text: *Dziennik Ustaw* 2024, position 1061, with subsequent amendments.

22 Supreme Court, Resolution of the Board of 7 Judges – Civil Chamber, 14 January 2022, III CZP 7/22, Legalis no 2651258, concerning directly the provisions on motor insurance, but elaborating also on Art. 436 Civ. Code.

liability for vehicle-caused damages should be separated from the requirement of 'motion', as the risks posed by vehicles are not only linked with their motion, regardless of whether understood widely or narrowly (as kinetic motion). While this position has been argued for both conventional and autonomous vehicles, its advantages have been emphasized in the context of autonomous vehicles. It has been suggested that in this case civil liability should be conditional on an autonomous vehicle's 'active existence,' such as logging on or data processing.[23] Since Art. 436 § 1 Civ. Code clearly links civil liability with vehicle's motion, it appears that such a change – if justified – would necessitate legislative intervention. There are, however, other potential bases of civil liability for damages caused by autonomous vehicles that do not expressly require the damage to be caused by the vehicle's motion.

The general rule regulated in Art. 436 § 1 Civ. Code is the strict (risk-based) liability of an independent (owner-like) possessor of a vehicle or a dependent (e.g. lessee-like or usufructuary-like) possessor. Tort liability of the actual driver of the vehicle is possible, regardless of whether she or he is the possessor of the vehicle, under Art. 415 Civ. Code which contains the general basis of tort liability. Given, however, that Art. 415 Civ. Code requires the existence of fault of the perpetrator, at least in the form of unintentional fault caused by failure to exercise proper care, Art. 436 § 1 Civ. Code provides a considerably more convenient basis for the aggrieved party to claim compensation.

There is no doubt that strict liability regulated in Art. 436 § 1 Civ. Code applies also to possessors of self-driving cars. The broad concept of a motor vehicle set in motion by the forces of nature applies to all vehicles equipped with engines that process natural forces. Self-driving cars fall within this category,[24] regardless of whether they are equipped with internal combustion, electric, or hybrid engines.[25]

The possessor of a vehicle is exempted from liability in three situations listed in Art. 435 Civ. Code (in conjunction with Art. 436 § 1 Civ. Code), namely when the damage is caused, first, by force majeure; second, exclusively by the fault of the person who sustained damage, and, third, exclusively by the fault of the third party for whom the possessor of the vehicle is not responsible.

---

23 W. Robaczyński, 'Czy „ruch pojazdu" powinien być przesłanką odpowiedzialności za pojazd autonomiczny?' (2022) 4 *Przegląd Sądowy* 7, 14–15, summary in English – 17–18.

24 K Panfil, in: K. Osajda (ed) *Kodeks cywilny. Komentarz*, C.H. Beck, Warszawa 2024, 33rd edition (online), Art. 436, comment no 15; M. Matusiak-Frączczak, Ł. Frączczak, 'Odpowiedzialność cywilna za wypadki komunikacyjne z udziałem pojazdów autonomicznych' (2019) 11 *Państwo i Prawo* 114, 120.

25 J. Kuźmicka-Sulikowska, 'Nowe wyzwania dla odpowiedzialności deliktowej przewidzianej w polskim prawie – wybrane uwagi w związku z funkcjonowaniem tak zwanych pojazdów autonomicznych' (2020) 11 *Wrocławsko-Lwowskie Zeszyty Prawnicze* 169, 172.

Doubts arise, as to how these exemptions should be construed, if a damage is caused by a defect of the car. According to the traditional view concerning 'conventional' vehicles, a technical failure of a vehicle is neither a manifestation of force majeure,[26] nor could it be considered as resulting from the sole fault of a third party, even if it were caused by a faulty conduct of the car's manufacturer.[27] In the latter case the car possessor who was liable for the damage, has the right to recourse against the manufacturer.[28] The question is, whether this traditional approach should remain valid also for self-driving cars. While both – conventional and self-driving cars – may have technical defects, the limitation, or even elimination, of the driver's participation in the motion of self-driving vehicles increases the importance of technical defects of a car over faulty decisions of the driver as possible causes of damage caused by such cars, even if statistically self-driving vehicles might turn out to be safer.[29]

It seems justified to take the view that the 'force-majeure' exemption could not be applied to defects of self-driving cars, as such defects are inherent in the car. Therefore, they cannot be classified as external, unavoidable circumstances which are characteristic of the 'force-majeure' exemption.[30] The assessment is less obvious with regard to inapplicability in such a situation of the exemption concerning a sole fault of a third party.[31] The growing relevance of tech-

---

26 M Safjan, in: K. Pietrzykowski (ed) *Kodeks cywilny. Komentarz* (vol. I), C.H. Beck, Warszawa 2020, 10th edition, Art. 436, comment no 10; G. Urbanik, 'Odpowiedzialność za szkody wyrządzone przez pojazd autonomiczny w kontekście art. 446 k.c.' (2019) 2 (vol. 25) *Studia Prawnicze. Rozprawy i materiały* 83, 89.

27 M Safjan, in: K. Pietrzykowski (ed) *Kodeks cywilny. Komentarz* (vol. I), C.H. Beck, Warszawa 2020, 10th edition, Art. 436, comment no 12, in case law – Supreme Court, 4 October 1966, II CR 328/66, Legalis no 12809.

28 J. Kuźmicka-Sulikowska, 'Nowe wyzwania dla odpowiedzialności deliktowej przewidzianej w polskim prawie – wybrane uwagi w związku z funkcjonowaniem tak zwanych pojazdów autonomicznych' (2020) 11 *Wrocławsko-Lwowskie Zeszyty Prawnicze* 169, 177.

29 K. Ludwichowska-Redo, 'Samochody autonomiczne – wyzwanie dla polskiego prawa cywilnego?', in: A. Olejniczak, M. Orlicki, J. Pokrzywniak (eds) *Z badań nad prawem prywatnym. Księga pamiątkowa dedykowana Profesorowi Andrzejowi* Kochowi, Wydawnictwo *Naukowe* UAM, Poznań 2017, p. 207.

30 K. Ludwichowska-Redo, 'Samochody autonomiczne – wyzwanie dla polskiego prawa cywilnego?', in: A. Olejniczak, M. Orlicki, J. Pokrzywniak (eds) *Z badań nad prawem prywatnym. Księga pamiątkowa dedykowana Profesorowi Andrzejowi* Kochowi, Wydawnictwo *Naukowe* UAM, Poznań 2017, p. 208.

31 In this vein K. Ludwichowska-Redo, 'Samochody autonomiczne – wyzwanie dla polskiego prawa cywilnego?', in: A. Olejniczak, M. Orlicki, J. Pokrzywniak (eds) *Z badań nad prawem prywatnym. Księga pamiątkowa dedykowana Profesorowi Andrzejowi* Kochowi, Wydawnictwo *Naukowe* UAM, Poznań 2017, p. 209; G. Urbanik, 'Odpowiedzialność za szkody wyrządzone przez pojazd autonomiczny w kontekście art. 446 k.c.' (2019) 2 (vol. 25) *Studia Prawnicze. Rozprawy i materiały* 83, 89–90; J. Loranc-Borkowska, 'Civil Liability

nical defects as a possible cause of accidents in the case of self-driving cars, as opposed to conventional cars where the main cause of accidents still appears to be resting upon the imperfections of human conduct, might justify at least raising doubts regarding the utility of this traditional approach in the context of self-driving cars. A possible departure from the traditional approach would, however, require a precise determination of the circumstances justifying a different treatment of technical defects of a conventional vehicle (no exemption available) as opposed to a self-driving vehicle (exemption available). The question should be considered whether the fact that in the case of self-driving vehicles the cause of the damage might statistically turn out to be mostly the defectiveness of the vehicle and not the driver's error, would be a sufficient reason justifying a shift from the traditional view when one takes into consideration that liability under Art. 436 § 1 Civ. Code, already in its present shape, is not dependent on human conduct.

Technological aspects of the operation of self-driving cars could open up new scenarios for the application of the exemptions. For example, if the damage could be solely attributed to the failure of the systems remotely controlling the motion of advanced, self-driving cars that resulted from the fault on the part of the system administrator,[32] the 'third-party fault' exemption could likely be applied. The same could be said in a situation when the sole cause of the damage would be the cyber-attack (hacking) on a self-driving vehicle.[33]

---

for Damage Caused by a Physical Defect of an Autonomous Car in Polish Law' (2020) 5 (vol. XXIX) *Studia Iuridica Lubliniensa*, 165, 175 in fn. 54; J. Kuźmicka-Sulikowska, 'Nowe wyzwania dla odpowiedzialności deliktowej przewidzianej w polskim prawie – wybrane uwagi w związku z funkcjonowaniem tak zwanych pojazdów autonomicznych' (2020) 11 *Wrocławsko-Lwowskie Zeszyty Prawnicze* 169, 184; differently, in a more liberal direction – A. Michalak, *Odpowiedzialność cywilnoprawna w obrocie oprogramowaniem komputerowym w erze sztucznej inteligencji*, C.H. Beck, Warszawa 2021, pp. 409–410; A. Wilk, 'Odpowiedzialność za szkody wyrządzone przez ruch tzw. pojazdów autonomicznych. Czy polskie prawo nadąża za rozwojem techniki?' (2019) 2 *Edukacja Prawnicza* 23, 25, the latter author does not, however, clearly specify whether, in her opinion, the possessor's liability is excluded due to the sole fault of a third party (producer) or force majeure.

32 Cf J. Kuźmicka-Sulikowska, 'Nowe wyzwania dla odpowiedzialności deliktowej przewidzianej w polskim prawie – wybrane uwagi w związku z funkcjonowaniem tak zwanych pojazdów autonomicznych' (2020) 11 *Wrocławsko-Lwowskie Zeszyty Prawnicze* 169, 185–186.

33 A. Michalak, *Odpowiedzialność cywilnoprawna w obrocie oprogramowaniem komputerowym w erze sztucznej inteligencji*, C.H. Beck, Warszawa 2017, p. 409, indicating that autonomous vehicles are more vulnerable to cyber-attacks than non-autonomous vehicles. Against the application of an exemption in this situation – K. Ludwichowska-Redo, 'Samochody autonomiczne – wyzwanie dla polskiego prawa cywilnego?', in: A. Olejniczak, M. Orlicki, J. Pokrzywniak (eds) *Z badań nad prawem prywatnym. Księga pamiątkowa dedykowana Profesorowi Andrzejowi* Kochowi, Wydawnictwo *Naukowe* UAM, Poznań

Further, in the case of the malfunction of the self-driving car that could not be attributed to anyone's fault, but to natural phenomena disturbing the work of the digital components of the car (e.g. the IT-system that supervises the motion of a remotely controlled vehicle), the 'force-majeure' exception would likely be applicable.

In conclusion, while Art. 436 § 1 Civ. Code could be applied to self-driving cars, certain adjustments might be necessary to improve its aptitude for this purpose. A legislative intervention concerning this particular provision does not seem, however, to be absolutely indispensable, as necessary changes could take place in case-law.

4.1.2 Fault-Based Liability (Art. 436 § 2 Civ. Code)

Article 436 § 2 Civ. Code provides an exception from Art. 436 § 1 Civ. Code as it moves away from strict liability towards fault-based liability in two situations. First, it stipulates that in the case of a collision of mechanical means of transport, the persons identified in Art. 436 § 1 Civ. Code, i.e. owner-like or dependent car possessors, may claim from each other the redress of damages only on the basis of the general principles of tort liability, which basically require the existence of a fault on the part of the perpetrator. The fault should take at least the form of negligence (a lack of proper care). The liability of possessors of colliding cars towards third parties, in particular pedestrians, remains unchanged – it is the strict liability regulated in art. 436 § 1 Civ. Code. Second, possessors of vehicles also bear fault-based liability towards those whom they have transported out of courtesy.

The application of fault-based liability in situations envisaged by Art. 436 § 2 Civ. Code inevitably requires the presence of human conduct which led to the harmful event and which could be assessed in terms of a possible fault. It seems that the key to assessing the perspectives of applicability of Art. 436 § 2 Civ. Code to self-driving cars is the degree of the autonomy of vehicles. The possible liability of the driver (or rather the operator) of a self-driving vehicle based on fault could come into play if the circumstances indicated that there was a need to take control of the vehicle by the operator and the design of the vehicle made it possible, but the operator failed to take action in a timely and appropriate manner.[34] It should, however, be considered that along with

2017, p. 209, who assumes that the car possessor will be liable jointly and severally with the hacker (the latter would undisputedly bear a fault-based liability under Art. 415 Civ. Code).

34 A. Wilk, 'Odpowiedzialność za szkody wyrządzone przez ruch tzw. pojazdów autonomicznych. Czy polskie prawo nadąża za rozwojem techniki?' (2019) 2 *Edukacja Prawnicza* 23,

the technological advancement of self-driving vehicles, the operator's influence on the vehicle's motion may be further reduced, and ultimately may be eliminated. Such a development of self-driving vehicles would best serve the idea of automated road traffic vehicles, e.g. in the case of use of vehicles designed for people, who are disabled to a degree rendering them completely incapable of operating a vehicle, or people under the influence of alcohol or other intoxicants.[35] An attempt to establish the fault of an operator would be rather pointless in the case of fully advanced automatic self-driving cars.

As far as collisions involving self-driving cars are concerned various scenarios are possible. In the case of a collision between a conventional and a self-driving car when the cause of the collision was solely the fault of the possessor of the conventional car, the latter party would be liable under Art. 436 § 2 Civ. Code.[36] Assessment of other scenarios under Art. 436 § 2 Civ. Code is, however, much more complicated, either in the case of a collision between self-driving and conventional cars, as well as between self-driving cars only. Basically, if no fault could be attributed to the possessor of the self-driving car this would leave the possessor without a possibility of requesting a redress for damage, if she or he bore no fault and the accident would be solely caused by malfunction of the self-driving car. Even worse would be a situation in which one could not completely deny the existence of fault on the part of the possessor of the conventional car, but it would only play a contributing factor in the causation leading up to the accident, where the major cause would be the malfunction of the self-driving car. In this case not only would the possessor of the conventional car have to bear the burden of her or his own damage, but she or he would also be liable for damage against the possessor of the self-driving car. Similar problems and consequences could arise in the case of a collision involving self-driving vehicles only when a faulty conduct of any of the possessors could not be established, but the collision would be caused solely by a technical malfunction of one or both of the vehicles. Under existing rules there would be no civil liability in the described scenario of possessors of any of the cars against one another and also – consequently – no liability of their

25–26; G. Urbanik, 'Odpowiedzialność za szkody wyrządzone przez pojazd autonomiczny w kontekście art. 446 k.c.' (2019) 2 (vol. 25) *Studia Prawnicze. Rozprawy i materiały* 83, 90, the latter author indicates that this would be possible in a semi-automatic vehicle.

35 A. Michalak, *Odpowiedzialność cywilnoprawna w obrocie oprogramowaniem komputerowym w erze sztucznej inteligencji*, C.H. Beck, Warszawa 2017, p. 412 in fn 89.

36 M. Matusiak-Frączczak, Ł. Frączczak, 'Odpowiedzialność cywilna za wypadki komunikacyjne z udziałem pojazdów autonomicznych' (2019) 11 *Państwo i Prawo* 114, 122.

insurance companies.[37] Moreover, as far as the second exception provided for in Art. 436 § 2 Civ. Code is concerned, an operator of a self-driving car would bear no liability towards persons transported out of courtesy, since she or he could not be held to be at fault for the accident.

These scenarios demonstrate that unsuitability of the fault-based liability under Art. 436 § 2 Civ. Code to self-driving vehicles could lead in such situations to results that might seem unjust, considering the proper distribution of risk between the parties involved. This might tempt to consider introducing legislative changes in this respect which would allow applying a more balanced assessment of liability in the case of collisions involving self-driving cars, taking, however, risk-based liability as a rule. Such a development would correspond to these views expressed in the Polish legal literature which generally – not necessarily in a direct reference to self-driving vehicles – critically assess the criterion of fault as a decisive criterion in the light of Art. 436 § 2 Civ. Code and posit adopting strict liability in mutual relations between possessors of colliding cars,[38] as well as towards persons transported out of courtesy.[39]

4.2 *Liability for a Self-Driving Car as a Defective Product*

The unsuitability of fault-based liability in its current shape under Art. 436 § 2 Civ. Code to self-driving cars increases the potential importance of manufacturer's liability for a defective product.[40] This regime of liability is regulated in Arts. 449^1 et seq. which implement the EU standards that are still contained

37 K. Ludwichowska-Redo, 'Samochody autonomiczne – wyzwanie dla polskiego prawa cywilnego?', in: A. Olejniczak, M. Orlicki, J. Pokrzywniak (eds) *Z badań nad prawem prywatnym. Księga pamiątkowa dedykowana Profesorowi Andrzejowi* Kochowi, Wydawnictwo *Naukowe* UAM, Poznań 2017, pp. 212–213.

38 K. Ludwichowska-Redo, 'Samochody autonomiczne – wyzwanie dla polskiego prawa cywilnego?', in: A. Olejniczak, M. Orlicki, J. Pokrzywniak (eds) *Z badań nad prawem prywatnym. Księga pamiątkowa dedykowana Profesorowi Andrzejowi* Kochowi, Wydawnictwo *Naukowe* UAM, Poznań 2017, p. 210; cf also M. Wilejczyk, 'Odpowiedzialność cywilna w razie zderzenia się pojazdów de lege ferenda', in: E. Bagińska, W. Mogilski, M. Wałachowska, M. P. Ziemiak (eds) *O dobre prawo dla ubezpieczeń. Księga jubileuszowa Profesora Eugeniusza Kowalewskiego*, Towarzystwo Naukowe Organizacji i Kierownictwa. Dom Organizatora, Toruń 2019, p. 551–561, citing further views in this vein in Polish legal literature.

39 K. Ludwichowska-Redo, 'Samochody autonomiczne – wyzwanie dla polskiego prawa cywilnego?', in: A. Olejniczak, M. Orlicki, J. Pokrzywniak (eds) *Z badań nad prawem prywatnym. Księga pamiątkowa dedykowana Profesorowi Andrzejowi* Kochowi, Wydawnictwo *Naukowe* UAM, Poznań 2017, pp. 213–214.

40 A. Michalak, *Odpowiedzialność cywilnoprawna w obrocie oprogramowaniem komputerowym w erze sztucznej inteligencji*, C.H. Beck, Warszawa 2017, p. 414.

in the Dir. 85/374.[41] This Directive is to be replaced in near future by the new Product Liability Directive in its final compromise text referred to in Section 1.

The fact that self-driving cars are a technological novelty, might, somewhat intuitively, lead to treating them as hazardous products. Self-driving cars should not, however, be considered unsafe products as such.[42] For a specific self-driving vehicle to be considered as a defective product in the legal sense, it is necessary to define the level of safety that can be expected from an abstract model of such a vehicle (Art. 449^1 § 3 Civ. Code). It is not the level of safety of the car vehicle in general, but the level of safety of the self-driving vehicle.[43] It also seems that the abstract model of a non-defective self-driving vehicle should be construed taking account of the varying levels the vehicle's automation. The original shape of the product liability regime as regulated in Dir. 85/374 has shown, however, numerous deficiencies concerning its utility for autonomous vehicles. The compromise text of the new Product Liability Directive (hereinafter: PLD Compromise Text),[44] addresses these deficiencies to a considerable extent, which will be pointed out below.

The major problem that appears with regard to the current liability for the defective product in the context of self-driving cars is caused by the lack of clarity under the Dir. 85/374 and the respective provisions of the Civ. Code concerning the status of intangible elements contained in the car. The concept of a 'product' within the meaning of the product liability regime is essentially oriented at tangible objects and a self-driving car is certainly a tangible object (a moveable).[45] It is, however, a very unique moveable, since computer software is essential for its functioning. According to the prevailing view, computer programs as such (standalone software) are not at present products within the meaning of Art. 449^1 § 2 Civ. Code, as they are intangible objects. If they are, however, incorporated into a product (movable), then they may determine its hazardous properties.[46] As a consequence, while the liability of software

41 In the Polish regulation, the term 'hazardous product' (*produkt niebezpieczny*) has been employed, but for the sake of terminological consistency with the Dir. 85/374, the term 'defective product' will be used hereinafter.

42 L. Helińska, B. Paczocha, A. Piskorz, 'Prawne aspekty ochrony konsumenta oraz odpowiedzialności za szkody w kontekście samochodów autonomicznych' (2020) 7 *Internetowy Kwartalnik Antymonopolowy i Regulacyjny* 34, 42.

43 Ibid.

44 Proposal for a Directive of the European Parliament and of the Council on liability for defective products, 28 September 2022, COM/2022/495 final.

45 In the light of Polish civil law things – movables or immovables – are only tangible objects (art. 45 Civ. Code).

46 Among others N. Baranowska, P. Machnikowski, 'Odpowiedzialność za produkt wobec rozwoju nowych technologii' (2017) 2 *Studia Prawa Prywatnego* 35, 39–40, pointing out

producer as the 'producer of the product' should be ruled out, the liability of producer of the self-driving car (in case it is a different party than the producer of software) for damages caused by the vehicle and resulting from defects of the software installed in it, cannot be ruled out. This interpretation is, however, merely a proposal and does not have a solid grounding in the current legislative text.

Next, it has been argued that *de lege lata* the liability of the producer of software could, still be considered from another perspective, namely as the liability of the producer of a 'component part' of a defective product. Such party bears the same liability as the producer of the product unless the sole cause of the damage was the defective construction of the product or the instructions of the product's producer (Art. 449^5 § 1 Civ. Code, Art. 9(b) Dir. 85/374). In that regard has been pointed out that while in the light of the Dir. 85/374 the concept of the product relates only to tangible objects, the Dir. 85/374 does not contain any wording stating that a component part within the meaning of the Directive must be a tangible object.[47] Considering the needs arising from technological development, it is justified to apply the provisions concerning the liability for defective products borne by producers of component parts also to producers of software and digital content used in movables (such as self-driving vehicles), if they are defective and cause malfunction of the moveable. While this option appears justified, a valid argument has been put forward that adopting such a solution currently without simultaneously recognizing standalone software as a product within the meaning of the Dir. 85/374 would lead to legal inconsistency since the producer of the digital content would not be liable for damages caused by placing it on the market otherwise than on a tangible medium, but could be liable as the producer of the component part.[48]

For the sake of avoiding a lack of clarity regarding the notion of the product and its component part the scope of a legislative clarification of those concepts has been suggested.[49] In this vein, the PLD Compromise Text includes

---

that this issue has not been clearly resolved under the Dir. 85/374; L. Bosek, Perspektywy rozwoju odpowiedzialności cywilnej za inteligentne roboty (2019) 2 *Forum Prawnicze* 3, 8.

47 N. Baranowska, P. Machnikowski, 'Odpowiedzialność za produkt wobec rozwoju nowych technologii' (2017) 2 *Studia Prawa Prywatnego* 35, 44.

48 In this vein N. Baranowska, P. Machnikowski, 'Odpowiedzialność za produkt wobec rozwoju nowych technologii' (2017) 2 *Studia Prawa Prywatnego* 35, 44.

49 According to the *Report on the safety and liability implications of Artificial Intelligence, the Internet of Things and robotics* from the European Commission, February 19, 2020, COM(2020) 64 final, p. 14: 'Although the Product Liability Directive's definition of product is broad, its scope could be further clarified to better reflect the complexity of emerging technologies and ensure that compensation is always available for damage caused

in the definition of a 'product' also 'digital manufacturing files' and 'software' (Art. 4(1)).[50] Next, the concept of a 'component' is also modified to include 'any item, whether tangible or intangible, (...) or any related service, that is integrated into, or inter-connected with, a product by the manufacturer of that product or within that manufacturer's control' (Art. 4(3) of the PLD Compromise Text).[51] These changes would have obvious relevance in the context of self-driving vehicles.

The issue of self-driving cars as defective products also arises in the context of damage caused by the operation of updated software installed in such cars. This is actually a wider problem of the possible defectiveness of goods with digital content, which include self-driving cars. In such a situation it would not seem justified to hold the producer of the entire product responsible for damages caused by the updated software,[52] and the liability should rest with the producer of the update (if this is a different party then the car producer). Under the current regime of the Dir. 85/374 economic operators have been able to free themselves from liability by invoking the so-called 'later defect defence' and pointing out to the probability that the defect which caused the damage did not exist at the time when the product was put into circulation and that this defect came into existence afterwards (Art. 7(b) Dir. 85/374, Art. 449[1] § 3, 1st sentence). Next, the economic operator may raise that the state of scientific and technical knowledge at the time when the product was put into circulation was not such as to enable the existence of the defect to be discovered; Art. 449[1] § 3, 2nd sentence, Civ. Code, Art. 7(e) Dir. 85/374). It is worth noting, however, that Art. 15 (1)(b) Dir. 85/374 allows Member States to deviate from Art. 7(e) Dir. 85/374 and maintain or, subject to the procedure set out in Art. 15 (2) Dir. 85/374, provide in their domestic laws that the producer shall be liable even if the state of scientific and technical knowledge at the time the product

by products that are defective because of software or other digital features. This would better enable economic actors, such as software developers, to assess whether they could be considered producers according to the Product Liability Directive'.

50 The concept of 'digital manufacturing file' employed in Art.4(1) of the PLD Compromise Text, is subsequently defined in Art. 4(2) as meaning 'a digital version or a digital template of a movable, which contains the functional information necessary to produce a tangible item by enabling the automated control of machinery or tools'.

51 A 'related service' is in turn defined in Art. 4(4) of the PLD Compromise Text as meaning a digital service that is integrated into, or inter-connected with, a product in such a way that its absence would prevent the product from performing one or more of its functions;

52 N. Baranowska, P. Machnikowski, 'Odpowiedzialność za produkt wobec rozwoju nowych technologii' (2017) 2 *Studia Prawa Prywatnego* 35, 44–45, making an exception for cases where an update was needed to remove a defect that had already existed at the time the product was placed on the market.

was put into circulation was not such that the existence of a defect could be discovered. The Polish lawmaker did not take this latter opportunity.

It has been suggested that the notion of 'putting into circulation' that is currently used in the Dir. 85/374 could be revisited to consider the fact that products may change and be altered.[53] A proposal for a respective adjustment could consists in introducing the obligation to consider also the state of knowledge when the defect occurred.[54] Furthermore, the issue of updating software used in self-driving vehicles could concern not only positive updates but also the lack of an update necessary to ensure the safety of a product, e.g. for protection against new threatening forms of cyberattacks.

The PLD Compromise Text seems to address these suggestions to some extent, as it rules out the 'later defect defence' (regulated in Art. 10(1)(c) of the PLD Compromise Text), where the defectiveness of the product is caused by 'software, including software updates' or 'the lack of software updates or upgrades necessary to maintain safety' provided these circumstances are within the manufacturer's control (Art. 10(2)(b) and (c) of the PLD Compromise Text). Additional ground excluding the 'later defect defence' which was not included in the original Commission's proposal, but is included in the final compromise text, is the 'substantial modification' of a product as long as it takes place within the manufacturer's control (Art. 10(2)(ca) of the PLD Compromise Text). The concept of 'substantial modification' is defined in Art. 4(17b) of the PLD Compromise Text. These changes will without a doubt have relevance in the context of self-driving cars.

A further drawback of applying the product liability regime of in its current form to self-driving vehicles is the existence of significant exemptions from liability for damage to property (Art. 9 Dir. 85/374; Art. 449^2 and Art. 449^7 Civ. Code).[55] The PLD Compromise Text addresses these concerns only partly, as it no longer excludes compensation for property damage valued below EUR 500 (currently Art. 9(b) *in fine* Dir. 85/374). Other exemptions that were provided for in Art. 9 Dir. 85/374 have apparently been, at least in principle, maintained. The major difference rests, however, in the framing of these limitations. While

53 Cf *Report on the safety and liability implications of Artificial Intelligence, the Internet of Things and robotics* from the European Commission, February 19, 2020, COM(2020) 64 final, p. 15.

54 N. Baranowska, P. Machnikowski, 'Odpowiedzialność za produkt wobec rozwoju nowych technologii' (2017) 2 *Studia Prawa Prywatnego* 35, 44.

55 K. Ludwichowska-Redo, 'Samochody autonomiczne – wyzwanie dla polskiego prawa cywilnego?', in: A. Olejniczak, M. Orlicki, J. Pokrzywniak (eds) *Z badań nad prawem prywatnym. Księga pamiątkowa dedykowana Profesorowi Andrzejowi* Kochowi, Wydawnictwo *Naukowe* UAM, Poznań 2017, p. 216.

Art. 9 Dir. 85/374 positively enumerates instances in which damage to property caused by a defective product is recoverable, Art. 5a(1)(b) of the PLD Compromise Text contains, by contrast, a general rule that a harm to, or destruction of any property, is recoverable and, next, lists out in points (i) to (iii) exceptions to this rule. In addition, Art. 5a(1)(c) of the PLD Compromise Text considers 'loss or corruption of data that is not used for professional purposes' as a form of recoverable damage. Article 9(2) of the PLD Compromise Text contains presumptions of the defectiveness of the product and the causal link between the defectiveness and the damage in the situations specified in this provision. This allows for some alleviation of the burden of proof for the claimant under the product liability regime. On the other hand, as for an opposite direction, that is limiting the scope of liability, it has been suggested in domestic legal literature – in the context of autonomous cars – to introduce a specific limitation allowing a shift of liability from the producer to the vehicle operator if the producer could prove that the operator was in a position to avoid the accident by taking control of the vehicle, especially when the vehicle signaled an imminent danger.[56] Next, it has been raised that possible contributory negligence on the part of the user of the car consisting in a failure to download a safety update might also need considerations.[57] It appears that aspects linked with contributory actions of the party who sustained damages are covered by Art. 12(2) of the PLD Compromise Text.

4.3 *Other Aspects of Non-contractual Liability Linked with the Motion of Self-Driving Cars*

Pursuant to Art. 65l section 4, p. 1 RTL the organizer of research works relating to the testing of autonomous vehicles on public roads must attach to the application for a respective permit a document confirming the conclusion of a compulsory insurance contract covering the liability of the organizer. The provisions of civil law do not contain, however, any separate basis for the civil liability of the organizer of such works. In this case the liability could surely be based on the general basis of tort liability (Art. 415 Civ. Code). It seems, however, that the organizer could bear strict liability based on Art. 435 Civ. Code. The latter provision regulates the liability of a person who runs on her or his account an enterprise or an establishment set in motion by natural forces (steam, gas, electricity, liquid fuels, etc.). Such a person is liable for any

56 M. Matusiak-Frączczak, Ł. Frączczak, 'Odpowiedzialność cywilna za wypadki komunikacyjne z udziałem pojazdów autonomicznych' (2019) 11 *Państwo i Prawo* 114, 122.

57 N. Baranowska, P. Machnikowski, 'Odpowiedzialność za produkt wobec rozwoju nowych technologii' (2017) 2 *Studia Prawa Prywatnego* 35, 44.

personal or property damage caused by the operation of the enterprise or the establishment, unless the damage is due to force majeure or solely to a fault on the part of the aggrieved party or a third party for whom the person running an enterprise or an establishment is not responsible.

With regard to possible liability of entities operating car traffic control centers that would operate remotely controlled self-driving vehicles it is posited to implement rules regulating the liability, if the malfunction of IT-systems leads to damage, which could supersede the liability of car possessors.[58] It seems, however, that also in this case the respective basis for liability of such entities could be found in the above-mentioned Art. 435 Civ. Code regarding the strict liability for damages caused by the functioning of an enterprise that relies, inter alia, on the use of electricity in its operational activity. Introducing a separate basis of liability would be justified, if such liability should be even stricter (e.g. take the form of absolute liability without the possibility of relying on a 'force-majeure' exemption). It could also be an open question whether such unique liability regime would only constitute an alternative to the liability of the possessor of a self-driving vehicle, or would supersede this liability.

The EU Commission presented in September 2022 the proposal for the AI Liability Directive[59] with the view of harmonizing civil liability for artificial intelligence, which was presented in one package with the PLD proposal. This legislative action could surely have relevance in the context of self-driving vehicles. However, as of October 2024, the future of this proposal remains uncertain. The proposal adopts fault-based liability with some alleviation of the burden of proof. Therefore, it does not follow the more nuanced approach in the resolution of the European Parliament of 20 October 2020 which recommended introducing strict civil liability for damages caused by 'high-risk' AI systems,[60] which are likely to be relevant to at least some extent for the functioning of autonomous cars[61] and fault-based liability for 'other" AI systems. As the future of the AI Liability Directive Proposal remains uncertain, and the

58 J. Kuźmicka-Sulikowska, 'Nowe wyzwania dla odpowiedzialności deliktowej przewidzianej w polskim prawie – wybrane uwagi w związku z funkcjonowaniem tak zwanych pojazdów autonomicznych' (2020) 11 *Wrocławsko-Lwowskie Zeszyty Prawnicze* 169, 185 and 190.

59 Proposal for a Directive of the European Parliament and of the Council on adapting non-contractual civil liability rules to artificial intelligence (AI Liability Directive), 28 September 2022, COM/2022/496 final.

60 [2021] OJ C404/107.

61 Cf *Report on the safety and liability implications of Artificial Intelligence, the Internet of Things and robotics* from the European Commission, February 19, 2020, COM(2020) 64 final, p. 16.

proposal is not just directed at the liability for self-driving vehicles, a wider discussion of this issue can be left out of this chapter[62].

4.4 *Liability of the Seller of a Self-Driving Car under the Warranty Regime*

The seller of the self-driving car can be liable for its defects under the warranty regime (Arts. 556 et seq. Civ. Code). This special regime of strict contractual liability offers a wider range of rights to the buyer than just compensation for damages (Arts. 560, 561 and 566 Civ. Code), as the buyer may even withdraw from the sales contract. Rights under the warranty regime are vested in the seller against the buyer. They are not granted to third parties who suffered damage resulting from the defects of the sold item; in such cases, third parties may only seek the redress of damage under the regime of tort liability and liability for a defective product discussed in earlier sections of the chapter.[63]

The situation in which the automatic functions of a self-driving car do not work properly can be classified as a defect, occurring when the sold item does not have the properties that a thing of that type should have, given the aim specified in the contract or arising from circumstances or the purpose of the item (Art. 556^1 § 1, point 1 Civ. Code).[64] It seems that defects of a self-driving car could also be established in the situation in which a self-driving car would not have properties of which the seller has assured the buyer (Art. 556^1 § 1, point 2 Civ. Code) or would not be fit for the purpose that the buyer informed the seller of at the time the sales contract was concluded and the seller did not make reservations regarding this purpose (art. 556^1 § 1, point 3 Civ. Code).

Malfunction of a self-driving car can, however, be in many instances attributed to defects of the software. Against this background, the question arises whether the concept of a defect of a vehicle also includes a defect of the software installed in it, as the software is an intangible object. In these instances, this would have to be a physical defect: while as of January 1, 2023, Arts. 556 and 556^1 Civ. Code no longer expressly contain the adjective 'physical', Art. 556^3 Civ. Code, which defines a 'legal' defect, stipulates that all other defects are 'physical' defects. Indeed, a self-driving car is a very complex device

62 For a preliminary analysis of this aspect cf W.J. Kocot, 'Pozaumowna odpowiedzialność za szkody wyrządzone przez „sztuczną inteligencję" – próba analizy na przykładzie samochodowych pojazdów autonomicznych', in: K. Szczepanowska-Kozłowska (ed) *Odpowiedzialność deliktowa*, C.H. Beck, Warszawa 2024, p. 199 et seq.

63 There is no need to consider in this contribution the debated question as to whether or not the liability regime for a defective product belongs to the tort regime.

64 J. Loranc-Borkowska, 'Civil Liability for Damage Caused by a Physical Defect of an Autonomous Car in Polish Law' (2020) 5 (vol. XXIX) *Studia Iuridica Lubliniensa*, 165, 170.

that combines elements of software and hardware. This does not, however, change the fact that a self-driving vehicle is first and foremost a thing (tangible object) that is the subject of the sales agreement. For this reason, it would not be appropriate to construe defects of a self-driving vehicle caused by malfunction of the digital content as pure software defects. These are rather defects of a tangible item with digital content as a single complex object of sale. Thus, the liability for such defects of a vehicle should be linked with the warranty regime under the sales contract. A significant change in this direction as regards the sales contract between a consumer and a professional seller, is provided for in the Directive 2019/771 on certain aspects concerning contracts for the sale of goods (Dir. 2019/771).[65] The domestic act of 4 November 2022 implementing this Directive, entered into force on 1 January 2023.[66] Article 2, point 5b of the amended Law on Consumer Rights of 30 May 2014 (hereinafter: CRL)[67] defines 'goods with digital elements' as items that incorporate or are inter-connected with digital content or a digital service in such a way that the absence of that digital content or digital service would prevent them from performing their functions (implementation of Art. 2(5)(b) Dir. 2019/771). Subsequent provisions regulate liability of the seller of goods with digital elements for a lack of conformity of such goods with the sales contract[68] and the additional 2-year liability of the seller when the sales contract provides for a continuous supply of the digital content or digital service over a period of time.[69] The implementation of the Dir. 2019/771 into Polish law should be of importance for establishing the basis for liability of the seller of self-driving cars in the event of defects resulting from the malfunction of the software installed in the vehicle. Surely, because this national implementation is still recent, courts are yet to confirm this significance.

---

65 Directive (EU) 2019/771 of the European Parliament and of the Council of 20 May 2019 on certain aspects concerning contracts for the sale of goods, amending Regulation (EU) 2017/2394 and Directive 2009/22/EC, and repealing Directive 1999/44/EC [2019] OJ L136/28.

66 *Ustawa o zmianie ustawy o prawach konsumenta, ustawy – Kodeks cywilny oraz ustawy – Prawo prywatne międzynarodowe*, 4 November 2022, Dziennik Ustaw 2022, position 2337.

67 *Ustawa o prawach konsumenta*, 30 May 2014, consolidated text: Dziennik Ustaw 2023, position 2759, with subsequent amendments.

68 Art. 43b CRL, in particular Art. 43b(1)(1) and 2(2), Art. 43(3); cf Art. 10(1), 2nd sentence, Dir. 2019/771.

69 Art. 43c CRL, cf Art. 10(2) Dir. 2019/771.

5 Criminal Liability and Its Possible Evolution

The provisions of Polish criminal law do not contain separate regulations concerning criminal liability relating to the use of self-driving vehicles. This raises the question of application to such vehicles of the existing provisions of Chapter XXI of the Polish Criminal Code (hereinafter: Cr. Code),[70] entitled 'Offences against safety in traffic'. Notably, consideration should be given to the possibility of a self-driving vehicle 'operator' committing the offense of causing disaster in road traffic (Art. 173 Cr. Code) or causing an accident (Art. 177 Cr. Code). The offense of causing disaster in road traffic endangers to a significant degree the life or health of many people or the property. This offense may be committed not only with wilful misconduct (in the basic type, pursuant to Art. 173 § 1 Cr. Code) but also unintentionally (Art. 173 § 2 Cr. Code). Causing an immediate danger of a disaster to road traffic is also an offense (art. 174 § 1 Cr. Code) and it can also be committed unintentionally (art. 174 § 2 Cr. Code). Next, Art. 177 Cr. Code regulates an offence of causing an accident in which another person suffers a bodily injury, in a situation where the cause of the accident results from a breach, even unintentionally, of the safety rules for i.a. road traffic. In the case of all aforementioned offenses, it is necessary to establish human conduct taking either the form of causing a disaster (or a danger of disaster) or – in the case of an accident – violating safety rules. Next, it is necessary to establish at least the unintentional guilt of the perpetrator.

Establishing the above circumstances with regard to the operator of self-driving vehicles encounters similar difficulties, which have already been discussed above concerning the determination of perpetrating conduct and fault in the area of civil liability. The degree of vigilance required of the operator of a self-driving vehicle will be a key issue in relation to the attribution of guilt to her or him. This degree will depend on the technical characteristics of the vehicle in terms of operator's possible interference with the movement of the vehicle.[71] In the case of self-driving cars, which are equipped with certain control elements allowing the operator to react in an emergency (e.g. a kill-switch), the attribution of guilt to the operator cannot be ruled out. The operator can then be considered an 'emergency driver' who is not driving but must stay alert. In this regard, an analogy can be drawn to a driving instructor

70 *Ustawa – Kodeks karny*, 6 June 1997, consolidated text: *Dziennik Ustaw* 2024, position 17 with subsequent amendments.

71 M. Niemiec, *Przestępstwo wypadku drogowego w pytaniach i odpowiedziach*, Wolters Kluwer Polska, Warszawa 2019, p. 165; K.J. Pawelec, 'Koncepcje odpowiedzialności karnej za wypadki drogowe. Próba syntezy i oceny' (2021) 16 Monitor Prawniczy 844, 854.

who, in the light of the current regulations, may be held criminally liable for a road accident in the absence of her or his appropriate interference in the student's actions.[72] To assess the correctness of the operator's response, 'black boxes' installed in self-driving vehicles in order to record the course of their movement may be of significant importance.

On the other hand, the possibility of determining the guilt of the vehicle operator should be completely excluded in the case of self-driving cars without control systems or with the operation of such systems turned off (e.g. 'alcohol interlock'), in which the operator's decision will be limited only to issuing a travel order from point A to point B. For the same reasons, it appears that an operator in such a situation could not be capable of committing another offence of driving a car in a state of insobriety or under the influence of an intoxicant (Art. 178a Cr. Code).[73]

In conclusion, it seems that with the increasing sophistication of self-driving vehicle automation and the reduction of the role of the vehicle operator, the difficulties in determining the operator's guilt, which is crucial for criminal law, will also increase. As a consequence, the criminal liability of the operator of self-driving cars may be marginalized, and the strict civil liability and the liability of insurers will be of major importance.

Apart from the issue of the operator's criminal liability for offenses, it is worth mentioning briefly about contraventions (petty offenses). First, the operator of a fully self-driving car should not be liable for a contravention of exceeding the speed limit (art. 92a of the Polish Code of Contraventions[74]), as long as she or he has no possibility of controlling and reducing the speed of the car. One cannot rule out completely, however, the liability of the operator of a self-driving for a general contravention of violating road traffic laws (art. 97 of the Code of Contraventions.) which can be committed by anybody present within the traffic area, as well as by the owner or possessor of the vehicle. This view is illustrated by an example where a self-driving car is called to a parking lot and thus set in motion by an operator who uses the remote control even though the vehicle is at a red light crossing and the operator is aware of it.[75]

There is also the issue of criminal liability of persons other than the vehicle operator, e.g. persons responsible for the operation of the remote vehicle traffic

---

72 K. Mamak, *Prawo karne przyszłości*, Wolters Kluwer Polska, Warszawa 2017, p. 93 et seq.

73 J. Kaczmarek, A. Sampolski, 'Wybrane zagadnienia odpowiedzialności karnej pojazdów autonomicznych' (2018) 9 *Monitor Prawniczy* 490, 493.

74 *Ustawa – Kodeks wykroczeń*, 20 May 1971, consolidated text: *Dziennik Ustaw* 2023, position 2119.

75 J. Kaczmarek, A. Sampolski, 'Wybrane zagadnienia odpowiedzialności karnej pojazdów autonomicznych' (2018) 9 *Monitor Prawniczy* 490, 494.

management system, for the development of software used in the vehicle and for its updates, self-driving vehicle service technicians, and finally, hackers. It seems that one should not rule out the possibility of committing an offense by the above-mentioned persons of causing a disaster in road traffic (art. 173 Cr. Code). This offense can be committed by anyone who takes actions that affect road traffic, and, therefore, it is not necessarily just the vehicle operator. Of course, in such cases, proving guilt can also be problematic, although it may be the least difficult in the event of a hacking attack. Moreover, it is even proposed to add a provision separately regulating the offense relating to the impact on the motion of a motor vehicle by breaking or bypassing electronic, magnetic, IT, or other special security measures.[76] The question of the liability of the above-mentioned persons for the offense of causing an accident would also be open (Art. 177 Cr. Code). The position on this aspect depends, however, on the approach towards the issue of the scope of persons that may commit this offense. According to a narrow interpretation, this could only be a participant of a road traffic,[77] while according to a broader interpretation, it can be anyone, therefore, also a person who 'externally' exerts an influence on road traffic and violates traffic safety rules.[78] In this vein, the Supreme Court decided that the offense in question may be committed by persons who are not direct participants of the traffic, among others railway workers responsible for traffic safety (e.g. traffic dispatchers, people employed in signal boxes or at level crossings), or people allowing a disabled vehicle to operate.[79] This broader interpretation could also be relevant in the context of criminal liability under Art. 177 Cr. Code of persons managing the safety of self-driving vehicle traffic or servicing such vehicles.

6 Issues of Integration of Self-Driving Cars in the Insurance Industry

There are no specific rules concerning the integration of self-driving cars in the insurance industry, which means that such cars are not treated any differently from conventional cars as regards motor insurance. Therefore, self-driving vehicles, like all vehicles, must be covered by the compulsory motor liability

76 K. Mamak, *Prawo karne przyszłości*, Wolters Kluwer Polska, Warszawa 2017, p. 93 et seq.

77 A. Marek, *Kodeks karny. Komentarz*, LEX Wolters Kluwer Business, Warszawa 2010, Art. 177, comment no 8.

78 R. Hałas, in: A. Grześkowiak, K. Wiak (eds) *Kodeks karny. Komentarz*, C.H. Beck, Warszawa 2021, Art. 177, comment no 2.

79 Supreme Court, 26 September 1972, V KRN 379/72, Legalis no 16553.

insurance of car possessors, as requested by Act of 22 May 2003 on compulsory insurance, the Insurance Guaranty Fund, and the Polish Office of Motor Insurers[80] and the EU Directive 2009/103.[81] Claims for compensation of damages caused by the motion of a motor vehicle are therefore satisfied by the insurance company under the compulsory third-party liability insurance of motor vehicle possessors or by the Insurance Guaranty Fund; in the latter instance – in the situations where no insurance cover exists that are listed in Art. 98 of the abovementioned domestic Act. In practice, the insurer (or the Fund) is the first point of the claim for compensation for personal injury or material damage and this is the easiest way for the injured party to get compensation.

The question arises as to the need to introduce separate rules for the insurance covering damages caused by self-driving vehicles. The reason for considering such a solution is the fact that the influence of the vehicle's operator on the vehicle's motion is then limited or could even be eliminated. This increases the importance of other potential events causing damage in connection with the motion of such vehicles, such as software defects, lack of software updates, break-in into the vehicle's information system, failure of navigation systems, or the inability to take control by a human in the event of an imminent accident. These factors may justify a wider delineation of the scope of parties on which the insurance obligation should be imposed than just possessors of self-driving vehicles, e.g. car manufacturers or software suppliers.[82] It is also proposed to create a separate insurance fund for autonomous vehicles, similar to the existing Insurance Guaranty Fund, compensating damages where no insurance cover existed, in which, apart from vehicle possessors, also vehicle manufacturers and software suppliers should participate.[83] To some extent, the need to extend the scope of parties required to obtain civil liability insurance is reflected by the already applicable requirement for an insurance contract to be concluded by a party applying for a permit to conduct research works concerning autonomous vehicles.

---

80 *Ustawa o ubezpieczeniach obowiązkowych, Ubezpieczeniowym Funduszu Gwarancyjnym i Polskim Biurze Ubezpieczycieli Komunikacyjnych*, 22 May, 2003, consolidated text: *Dziennik Ustaw* 2023, position 2500, with subsequent amendments.

81 Directive 2009/103/EC of the European Parliament and of the Council of 16 September 2009 relating to insurance against civil liability in respect of the use of motor vehicles, and the enforcement of the obligation to insure against such liability [2009] OJ L263/11.

82 A. Wilk, 'Odpowiedzialność za szkody wyrządzone przez ruch tzw. pojazdów autonomicznych. Czy polskie prawo nadąża za rozwojem techniki?' (2019) 2 *Edukacja Prawnicza* 23, 26, pointing to efforts to develop a new shape for self-driving vehicle insurance in the UK.

83 G. Urbanik, 'Odpowiedzialność za szkody wyrządzone przez pojazd autonomiczny w kontekście art. 446 k.c.' (2019) 2 (vol. 25) *Studia Prawnicze. Rozprawy i materiały* 83, 91–92.

Respective changes could also be provided for in the EU law since the issues of insurance against civil liability in respect of the use of motor vehicles are already harmonized in the Dir. 2009/103. Article 28c(2)(a) Dir. 2009/103, as amended by Dir. 2021/2118,[84] sets out the Commission's obligation to review the application of Dir. 2009/103 in light of technological developments, including the increased use of autonomous and semi-autonomous vehicles, and include conclusions in the report submitted no later than 24 December 2030. Next, a legislative action with regard to insurance against liability caused by robots and AI systems was highlighted as being of interest to the European Parliament[85] and the Commission.[86] The AI Liability Directive Proposal, however, does not introduce any mandatory insurance. Instead, it introduces an obligation of the Commission to produce, within 5 years of the transposition date, a report reviewing the application of that directive, which should take into account the issue of the need for insurance coverage of operators of AI systems (Art. 5(1) and (2) of the proposal).

7 Self-Driving Cars and Personal Data Protection

During the operation of self-driving cars, a significant amount of data is collected by the vehicle and external servers. It can be both personal data within the meaning of Art. 4 (1) GDPR (e.g. data concerning the location of vehicle operators and passengers, their biometric data or data of other road users, including pedestrians), as well as non-personal data (e.g. information on weather or condition of the road surface). In the document 'Guidelines 1/2020 on processing personal data in the context of connected vehicles and mobility related application. Version 2.0' adopted by the European Data Protection Board, it was stated that data generated by vehicles connected via electronic communication networks, can mostly be considered as personal data relating

84 Directive (EU) 2021/2118 of the European Parliament and of the Council of 24 November 2021 amending Directive 2009/103/EC relating to insurance against civil liability in respect of the use of motor vehicles, and the enforcement of the obligation to insure against such liability (Text with EEA relevance), [2021] OJ L430/1. Cf also recital 39 of Directive 2021/2118.

85 European Parliament resolution of 16 February 2017 with recommendations to the Commission on Civil Law Rules on Robotics, [2018] OJ C252/239, paras. 57–58.

86 Cf *Report on the safety and liability implications of Artificial Intelligence, the Internet of Things and robotics* from the European Commission, February 19, 2020, COM(2020) 64 final, p. 16.

to drivers or passengers.[87] Legal problems linked with the protection of personal data are the subject of EU provisions contained in the GDPR and the correlated national Act on the Protection of Personal Data of 10 May 2018.[88] The primary point of reference for assessing this issue are therefore the directly applicable provisions of the GDPR and not specific national regulations. The need for a standardized EU approach to the analysis of self-driving vehicles from the GDPR perspective may be confirmed by the adoption of the aforementioned Guidelines of the European Data Protection Board on connected cars.

In Polish legal literature, the particular interest arose in the context of profiling personal data collected by self-driving vehicles (Art. 4(4) GDPR) and the information obligations of the data controller in this regard (Art. 13(2)(f) GDPR).[89] It has been pointed out that although the use of profiling based on the prior consent of a natural person is not a new phenomenon, self-driving vehicles will become a new means of obtaining consent and using data, aimed at optimizing the prices of the offered products (e.g. vehicle insurance) or personalizing the advertising message targeted at vehicle operators and passengers (e.g. based on geolocation data that allow conclusions to be drawn about their lifestyle, interests, political views or sexual orientation). Against this background, the possible occurrence of undesirable effects during the above processes is signaled. They can take the form of, for example, discriminatory optimization of insurance prices based on the analysis of places visited in the past by the vehicle owner or the possibility of irregularities occurring in the process of collecting consent for profiling. It is possible that such activities could be assessed from the perspective of the provisions of the Unfair Commercial Practices Directive 2005/29.[90]

87 Cf https://edpb.europa.eu/our-work-tools/our-documents/guidelines/guidelines-012020-processing-personal-data-context_en para. 3 and para. 62 et seq. (access 25 October 2024).

88 Ustawa o ochronie danych osobowych 10 May 2018, consolidated text: *Dziennik Ustaw* z 2019, position 1781.

89 A. Nowak, M. Węgłowska, M. Gapsa, 'Profilowanie na podstawie danych osobowych konsumentów przetwarzanych przez pojazd autonomiczny' (2020) 7 *Internetowy Kwartalnik Antymonopolowy i Regulacyjny* 46 et seq.

90 Directive 2005/29/EC of the European Parliament and of the Council of 11 May 2005 concerning unfair business-to-consumer commercial practices in the internal market and amending Council Directive 84/450/EEC, Directives 97/7/EC, 98/27/EC and 2002/65/EC of the European Parliament and of the Council and Regulation (EC) No 2006/2004 of the European Parliament and of the Council ('Unfair Commercial Practices Directive'); [2005] OJ L149/22; cf A. Nowak, M. Węgłowska, M. Gapsa, 'Profilowanie na podstawie danych osobowych konsumentów przetwarzanych przez pojazd autonomiczny' (2020) 7 *Internetowy Kwartalnik Antymonopolowy i Regulacyjny* 46, 55–59.

8 Other Issues: Self-Driving Cars and the 'Trolley Problem'

The development and the prospect of popularization of self-driving vehicles might prompt us to consider the aspect situated on the border of legal and ethical issues. In the case of conventional vehicles, the driver is sometimes faced with the need to undertake a quick and dramatic decision on the balancing of interests in a situation where victims are unavoidable (the so-called 'trolley problem'). For example, it may be a choice between a head-on collision with an oncoming vehicle occupied by just one person or driving over to the side of the road and hitting a group of pedestrians. In the context of self-driving vehicles, the question arises of how these dilemmas will be resolved. Most likely, decisions in such situations will be taken by IT systems that control the motion of the vehicle, but the question arises how to shape the algorithms that allow such systems to make choices that have so far been made by humans.[91] This question becomes especially relevant in the context of advanced self-driving vehicles, where the operator's role is marginal or completely eliminated.

91 G. Urbanik, 'Odpowiedzialność za szkody wyrządzone przez pojazd autonomiczny w kontekście art. 446 k.c.' (2019) 2 (vol. 25) *Studia Prawnicze. Rozprawy i materiały* 83, 90.

Self-Driving Cars Facing the Law, in Romania: Answers at Law – Applicable or/and Prospective

Looking into the Future with Today's Glasses?

Florin I. Mangu and Irina Sferdian**

1 Are There Specific Legal Rules which Aimed at Including Self-Driving Cars in Road Traffic or In-Town Circulation?

In Romania, traffic on public roads of vehicles, pedestrians and other categories of road users, the rights, obligations and duties of natural and legal persons, as well as the duties of public administration authorities, institutions and organizations are regulated by Government Emergency Ordinance (GEO) no. 195/2002 (republished in the Official Gazette of Romania, Part I, no. 670/03 August 2006), approved by Law no. 49/2006 (published in the Official Gazette of Romania, Part I, no. 246/20 March 2006 and rectified in the Official Gazette of Romania, Part I, no. 519/15 June 2006, giving the texts a new numbering). The provisions of GEO no. 195/2002 are applicable starting from 1 February, 2003. The republished form of the Government Emergency Ordinance no. 195/2002 on traffic on public roads, as approved with amendments and completions by Law no. 49/2006 became applicable from the date of entry into force of the latter, respectively on 20 September 2006.

These legal provisions are to be completed with those of the Regulation implementing the Government Emergency Ordinance no. 195/2002, approved by the Decision of the Romanian Government no. 85/2003 (published in the Official Gazette of Romania, Part I, no. 58/31 January 2003, republished in the Official Gazette of Romania, Part I, no. 876/26 October 2006), which entered into force on 1 February 2003, in its initial form, and in its republished form, on 20 October 2006.

The declared purpose of GEO no. 195/2002 and, implicitly, that of the Regulation implementing it is to ensure the fluent and safe operation of traffic on public roads, as well as the protection of the life, bodily integrity and health of persons participating in traffic or in the area of public roads, the protection of the rights and legitimate interests of the persons concerned, of public and private property and the environment.

* Faculty of Law, West University of Timișoara.

 | DOI:10.1163/9789004711891_011

Regarding the range of persons concerned, these legal provisions apply, according to para. 5 of art. 1 of GEO no. 195/2002, to all road users, as well as to the authorities having duties in the field of traffic and safety on public roads and in the field of environmental protection.

Art. 6 point 6 of GEO no. 195/2002 circumscribes the notion of motor vehicle, that is deemed to be any vehicle equipped with a propulsion engine, commonly used for the transport of persons or goods on the road or for towing, on the road, vehicles used to transport persons or goods. Vehicles traveling on rails, called trams, as well as agricultural or forestry tractors are not considered motor vehicles. Trolleybuses are considered vehicles. At point 35 of the same legal text, the vehicle is defined as the mechanical system that travels on the road, with or without self-propelled means, currently used for the transport of persons and / or goods or for the performance of services or works.

Art. 7 of GEO no. 195/2002 provides that any vehicle traveling on public roads shall comply with the technical rules on road safety, environmental protection and use, following its destination.

According to art. 12 of GEO no. 195/2002, vehicles traveling on public roads shall be registered or registered, and it is forbidden to drive on public roads other vehicles than those to be registered or registered, vehicles pulled or pushed by hand, bicycles and electric scooters.

Art. 9 point 1 of the same act stipulates that, in order to be registered or admitted for circulation, agricultural or forestry vehicles and tractors, trailers and trams must be approved in accordance with the law, driving a vehicle that does not correspond from a technical point of view on a public road being prohibited, according to art. 10 para. 1.

Art. 13 para. 4 of GEO no. 195/2002 provides that, upon request, legal persons which manufacture, assemble, bodywork or test vehicles, trailers or agricultural or forestry tractors may receive, until registration, for the use of public roads, special authorizations and numbers.

Art. 20 of GEO no. 195/2002, stipulates that, in order to drive agricultural or forestry vehicles, trams or tractors on public roads, drivers must have an appropriate driving license. Para 10 f art. 21 of the same act requires drivers of motor vehicles, agricultural or forestry tractors or trams to possess the necessary driving knowledge and skills and to be medically and psychologically fit. Only persons who hold a valid driving license, corresponding to the category to which the vehicle belongs, or a proof of holding a licence conferring that right, according to art. 23, para. 1 of GEO no. 195/2002, have the right to drive a motor vehicle, agricultural or forestry tractor or tram on public roads.

Para. 1 in art. 35 of GEO no. 195/2002 stipulates that traffic participants must behave in a manner that does not affect the fluency and safety of traffic, does not endanger the life or bodily integrity of persons and does not harm public or private property.

Art. 148 of the Regulation implementing GEO no. 195/2002 point 12 stipulates that drivers of a motor vehicle, agricultural or forestry tractor or tram shall not leave the steering wheel, handlebars or control lever unattended while it is in motion, nor stop the engine or disengage the transmission gear while it is in motion.

According to art. 95 para. 1 of GEO no. 195/2002, violation of the provisions of this emergency ordinance, other than those that satisfy the elements of an offense, constitutes a contravention and is sanctioned with a warning or fine as the main sanction and, if applicable, one of the complementary sanctions provided for the commission of a contravention by art. 96 para. (2) of the same act.

Thus, art. 99 of the same act establishes, at para. 1 point 13, that leaving, while the vehicle is in motion, the steering wheel, handlebars or the control lever of the vehicle unattended constitutes a contravention and is sanctioned with a fine. The same sanction applies for the contravention consisting in driving an agricultural or forestry vehicle and tractor with a driving license whose validity has expired, according to art. 101 para. 1, point 1 of GEO no. 195/2002. It also constitutes a contravention and is sanctioned with a fine, according to art. 101 para. 1, point 11 of the same emergency ordinance, the driving of a motor vehicle, agricultural or forestry tractor, trailer or tram with major deficiencies in the braking system or steering mechanism, in the lighting or audible warning system, or when these are missing, and the driving on public roads of a vehicle that has dangerous deficiencies or whose term of validity of the periodic technical inspection has expired, according to art. 102, para. 1, point 1 of the same act. The same regulation similarly sanctions, at point 39, the driving of a vehicle whose registration is suspended. Article 102 para. 3, letter (b) similarly penalizes the driving of a vehicle with dangerous deficiencies in the braking system or the steering mechanism. Art. 105 point 11 of GEO no. 105/2002 stipulates that the contravention consisting in the absence of the specific endowments necessary for the admission and maintenance into circulation of a vehicle is sanctioned with a fine. Art. 112 of the same emergency ordinance states that the vehicle registration certificate shall be retained by the traffic police, as a complementary measure to that of the fine applied, in cases where the contravention committed consists in driving on public roads a vehicle that: does not have the valid periodic technical inspection or this has been annulled; has major or dangerous deficiencies in: the service braking system, the safety or parking braking system, the lighting-signalling systems, the steering mechanism; lacks bodywork elements or is in an advanced state of degradation. Article 117 para. 1, letter (a) of GEO no. 195/2002 stipulates that the act consisting in driving an unregistered vehicle is also sanctioned with the immobilization of the vehicle by the traffic policeman.

The text of art. 122 of GEO no. 195/2002 provides that the Ministry of Transport has, among other duties, the following ones: (g) the establishment of the technical and methodological conditions of approval for the circulation on public roads of vehicles, as well as technical roadworthiness testing of vehicles; (k) the approval of vehicles for circulation.

As a general observation, all the norms contained in both GEO no. 195/2002, as well as in its Implementing Regulation, which refer to the driving of a (motor) vehicle on public roads, i.e. establish traffic rules, provide obligations for drivers of (motor) vehicles or cars, as well as the other road traffic participants. None of the traffic rules set out in the two regulations is impersonal, all being addressed to the human person as a traffic participant, regardless of whether he or she is a driver of a vehicle, a pedestrian, a driver of a bicycle, an electric scooter, etc.

Regarding autonomous systems, they are characterized as systems able of making decisions independently of human intervention,[1] while facing uncertainty.[2] Such systems are also the basis of autonomous vehicles, which rely on Artificial Intelligence, sensors and databases to analyse information, adapt to changing circumstances and cope with complex situations, replacing human judgment, the latter no longer being necessary for certain operations performed by conventional vehicles, such as: lane change, parking, collision avoidance and braking.[3] The mode of operation of autonomous vehicles is perceived as superior to that of human drivers, as they are equipped with high-performance computing systems that allow them to process, learn and adapt their guidance and operating systems in accordance with the changes in external conditions in which they operates at a much higher speed than a human driver, being, at the same time, supplemented with systems of communication with other

1 J.S. Brodsky, Autonomous Vehicle Regulation: How an Uncertain Legal Landscape May Hit the Brakes on Self-Driving Cars, Berkeley Technology Law Journal (2016) 31(2), pp. 851–878, https://btlj.org/data/articles2016/vol31/31_ar/0851_0878_Brodsky_WEB.pdf.

2 D. Danks, A.J. London, Regulating Autonomous Systems: Beyond Standards, Expert Opinion (2017), Carnegie Mellon University, p. 88, https://www.andrew.cmu.edu/user/ddanks/papers/DanksLondon-Regulating_Autonomy.pdf.

3 D.M. West, Moving Forward: Self-driving Vehicles in China, Europe, Japan, Korea, and the United States, Center for Technology Innovation at Brookings (September 2016), p. 3, https://www.brookings.edu/wp-content/uploads/2016/09/driverless-cars-3-ed.pdf.

vehicles, as well as with the infrastructure on which they operate, which allows them to learn from the other vehicles.[4]

There are two major types of autonomous vehicles: semi-autonomous and fully autonomous. The National Highway Traffic Safety Administration of the United States of America divides autonomous vehicles according to four levels, each of which differs according to the benefits they offer and the risks they present. Semi-autonomous vehicles are to be found in the first three levels, and, in the fourth, the fully autonomous ones. The Society of Automotive Engineers (SAE International) categorizes autonomous vehicles into five classes, based on their degree of automation: first class, human-assisted automation; second class, partial automation; in terms of the dynamic driving tasks, vehicles in both classes are operated by a human driver. In third – fifth class vehicles, all dynamic driving tasks are performed by the automatic driving system. In the third class (conditional automation), the human driver is sometimes required to check the vehicle, when human judgment is needed to adapt the mode of operation to changing road and/or environmental conditions. The fourth and fifth classes include fully autonomous vehicles. Fourth class, with high automation, in which the automatic driving system performs all the dynamic tasks of driving, in certain road, traffic and environmental conditions, even if a human driver does not respond adequately to a request to intervene. Fifth class, fully automated,[5] in which the automatic driving system performs all dynamic driving tasks on its own, in any road, traffic and environmental conditions in which a human driver could operate.[6]

4 A. Taeihagh, H. Si Min Lim, Governing Autonomous Vehicles: Emerging Responses for Safety, Liability, Privacy, Cybersecurity, and Industry Risks, Transport Reviews (2019) 39: 1, p. 105, Full article: Governing autonomous vehicles: emerging responses for safety, liability, privacy, cybersecurity, and industry risks (tandfonline.com).

5 D. Milakis, B. van Arem, B. van Wee, Policy and Society Related Implications of Automated Driving: A Review of Literature and Directions for Future Research, *Intelligent Transportation Systems* (2017), pp. 1 – 25, https://www.tandfonline.com/doi/full/10.1080/15472450.2017.1291351?scroll=top&needAccess=true.

6 M. Channon, L. McCormick, K. Noussia, The Law and Autunomous Vehicles, Routlege, 2019, nr. 1.7, https://books.google.ro/books?hl=ro&lr=&id=L3yCDwAAQBAJ&oi=fnd&pg=PT6&dq=autonomous+vehicles+AND+LAW&ots=-Pd2U6HNOe&sig=iUvzOO3FXbVEGcX40AeRkLvmT9I&redir_esc=y#v=onepage&q=autonomous%20vehicles%20AND%20LAW&f=false; V. Ilkova, A. Ilka, Legal Aspects of Autonomous Vehicles – an Overview, *21st Proceedings International Conference on Process Control* (PC), June 6-9, 2017, Štrbské Pleso, Slovakia, Chalmers Publication Library (CPL), p. 429, Legal Aspects of Autonomous Vehicles – an Overview (chalmers.se); M. Martinez-Diaz, F. Soriguera, Autunomous Vehicles: Theoretical and Practical Challenges, in *Transportation Research Procedia* 33 (2018), Elsevier, p. 276, https://reader.elsevier.com/reader/sd/pii/S2352146518302606?token=891752B20505213AF1F076D15

Semi-autonomous vehicles therefore involve human control along with certain automatic functions, such as: autopilot, speed control, automatic parking, emergency braking, reversing signals, respectively lane keeping technology. All these features allow the car to operate automatically but, at the same time, give the driver the opportunity to cancel them, taking full control of the vehicle, which is a significant benefit of these types of vehicles, as one can intervene in their mode of operation whenever they perceive a change in the external circumstances in which the car is operating, which requires the assistance of human judgment.[7]

Fully autonomous motor vehicles are characterized by the fact that they operate without a driver, being able to drive safely, without supervision, in any circumstance.[8] This type of motor vehicle is characterized by the fact that it is completely controlled by automatic systems such as Artificial Intelligence, automatic braking system, automatic learning, lane keeping technology, deep learning. In some such vehicles, the steering wheel, the accelerator pedal and the brake pedal are removed, so Artificial Intelligence makes all the decisions. On-board computers analyse data from a multitude of sensors, lasers, and cameras to implement motion, speed, and direction decisions. The benefits of these fully automated vehicles are the lack of human discretion of the driver, the absence of a driver who sends messages or talks on the phone or listens to music, or the inability to drive under the influence of alcohol or other psychotropic substances. Also, unlike semi-autonomous vehicles, fully autonomous vehicles do not present the risk of drivers giving over-confidence to semi-autonomous technology, engaging in other activities that distract them, often not being prepared to take over the driving activity, when the vehicle is facing a change in the external circumstances in which it operates, which requires human judgment.[9]

Analysing the Romanian legislation regarding traffic on public roads of (motor) vehicles, from the above mentioned texts of GEO no. 195/2002 and of the Regulation of its implementation, we deduce that it is perfectly

---

2F6D2914277D14376F176D245EDB403AB3AB3CA4509C16FC5B069F28AB0942A5D6D44E4&originRegion=eu-west-1&originCreation=20211202094343.

7 D.M. West, Moving Forward: Self-driving Vehicles in China, Europe, Japan, Korea, and the United States, *Center for Technology Innovation at Brookings* (September 2016), p. 5, https://www.brookings.edu/wp-content/uploads/2016/09/driverless-cars-3-ed.pdf.

8 P. Lin, Why Ethics Matters for Autonomous Cars, *Autonomous Driving*, Springer, Berlin, Heidelberg (2016), pp. 69–85, https://link.springer.com/chapter/10.1007/978-3-662-48847-8_4.

9 D.M. West, Moving Forward: Self-driving Vehicles in China, Europe, Japan, Korea, and the United States, *Center for Technology Innovation at Brookings* (September 2016), p. 6, https://www.brookings.edu/wp-content/uploads/2016/09/driverless-cars-3-ed.pdf.

compatible with the introduction and maintenance into circulation, in Romania, of semi-autonomous vehicles. In this regard, the law deals with all the issues that the circulation of any non-autonomous or semi-autonomous vehicle raises: ensuring the safety of both passengers and other road users, traffic flow, and the need to protect the rights and interests of traffic participants, public and private property and the environment. In this respect, obligations are imposed, on the one hand, on the acquisition, certification and verification, along the way, of the knowledge and skills of drivers, on driving on public roads, attested by holding a valid driving license. On the other hand, obligations and conducts are imposed on drivers of motor vehicles, but also on all other road users, in the form of clear traffic rules, respectively standards of conduct required in various situations. Last but not least, the legislator unequivocally regulates the conditions under which a mechanical system can run on public roads, requesting as preconditions in this regard its approval, respectively its registration / registration as a vehicle, respectively as a motor vehicle, qualities certified with the help of identity card and (vehicle) registration certificate, granting, for this purpose, attributions to the central public authority represented by the Ministry of Transport, through the territorial subsidiaries of the Romanian Auto Registry, which thus ensures that no mechanical system is put in place or maintained which does not meet the technical requirements for approval.

As we have already noticed, the entire legislation in the field, which establishes traffic rules, imposes obligations on traffic participants, addressing, at the same time, drivers, pedestrians, drivers of bicycles, electric scooters, vehicles pushed or pulled with the hand. None of the legal norms that form part of the relevant normative acts is impersonal, in the sense of laying down certain traffic rules for motor vehicles in the operation of which the human driver is not involved. The best example in this sense is the norm contained in art. 148 of the Regulation implementing GEO no. 195/2002, cited above, by which, it is forbidden in general terms for drivers of any vehicle to leave the steering wheel unattended while driving, it being understood that, on public roads in Romania, it is not possible to put and keep into circulation a motor vehicle whose operation is not (at least) supervised and even directed by a human person. Moreover, the legal texts cited and not only these, as the philosophy of all road legislation in our country is that any vehicle or set of vehicles in motion must have a driver, respectively that each driver must have permanent control of his vehicle, are in perfect harmony with that of art. 8, points 1 and 5 of the Vienna Convention on Road Traffic. From this perspective, the current legislation in this field is, in our opinion, incompatible with the putting and keeping into circulation of fully autonomous vehicles.

Then, the very notions of vehicle or motor vehicle, respectively, as circumscribed in the legal texts mentioned above, do not include, in our opinion, fully autonomous motor vehicles. These types of vehicles are characterized, as we have already seen, by the coexistence of two systems: a mechanical one (which is specific to any type of vehicle) and an Artificial Intelligence one (which replaces the human component – the driver of non-autonomous or semi-autonomous vehicle). A fully autonomous vehicle cannot be designed without the Artificial Intelligence component capable of operating, on any road, traffic and environmental conditions, like the human driver, and even at higher parameters, the mechanical system together with which it constitutes a unit: mechanical-electronic-informational integrated system. Or the notions described in point 6, respectively in point 35 of art. 6 of GEO no. 195/2002 refer to a (motor) vehicle as exclusively a mechanical system, precisely because, according to the law in question, it lacks the technological component of Artificial Intelligence, whose functions are performed by the human person – the driver of the vehicle.

De lege lata, autonomous vehicles cannot be put into circulation on public roads in Romania not even for tests, because the provisions of art. 13 para. 4 of GEO no. 195/2002, applicable in this case, use the same notion of motor vehicle as the one circumscribed by art. 6 points 6 and 35 of GEO no. 195/2002.

In the same sense, Order no. 2.135 of 8 December 2005 for the approval of the Regulations on the approval and certification of products and operating materials used in road vehicles and the conditions of placing them on the market – RNTR 4, issued by the Ministry of Transport, Construction and Tourism (published in the Official Gazette of Romania, part I, no. 1.168 / 22 December 2005, entered into force on January 1, 2006) does not define the road vehicle differently than GEO no. 195/2002.

Regulations of 8 December 2005 on individual approval, issuance of identity card and certification of authenticity of road vehicles – RNTR 7, issued by the Ministry of Transport, Construction and Tourism (published in the Official Gazette of Romania, Part I, No. 1160 / 21 December 2005, entered into force on the date of publication) define the motor vehicle as a vehicle that moves by its own propulsion, i.e. exactly in the manner in which GEO no. 195/2002 circumscribes the same notion. In the same Regulations, the road vehicle is defined as a mechanical system that travels on the road, with or without self-propelled means, and that is normally used for the transport of people and/or goods or the performance of services or works. Therefore, the notion of road vehicle with which the Regulations on the individual approval of such vehicles operates is similar to the one with which the legislator also gives in GEO no. 195/2002.

In conclusion, the legislation in force in Romania, in the field of traffic on public roads, contains no legal provision that would allow the possibility to put and keep into circulation a fully autonomous vehicle.

2 Could Regulations for Self-Driving Cars Be National or Should They Be Continental or International through the Vienna Convention?

The Vienna Convention of 8 November 1968 on Road Traffic was ratified by Romania by Decree no. 318/14 October 1980 (published in the Official Gazette of Romania, Part I, no. 86/20 October 1980).

The stated purpose of this Convention, according to its short preamble, is to facilitate international road traffic and to increase road safety by adopting uniform traffic rules.

Art. 3 points (1) and (2) of the Convention, entitled Obligations of the Parties, stipulate that 1. (a) The Contracting Parties shall take appropriate measures to ensure that the rules in force in their territory are the provisions of Chapter II of the Convention. Provided that they are not in any way contrary to the provisions of the Convention:

i. these rules may not include those provisions which apply to situations which do not occur in the territory of the Contracting Parties;
ii. these rules may contain provisions not provided for in this Chapter II.

b) The provisions of this paragraph shall not oblige the Contracting Parties to provide for criminal sanctions for any violation of the provisions of Chapter II set out in their traffic rules.

2. (a) The Contracting Parties shall also take appropriate measures to ensure that the rules in force in their territory concerning the technical conditions which automobiles and trailers must meet comply with the provisions of Annex no. 5 of the Convention; these rules may contain provisions not set forth in this Annex, provided that they are not in any way contrary to the safety principles underlying the above provisions. In addition, they shall take appropriate measures to ensure that the cars and trailers registered in their territory comply with the provisions of Annex no. 5 when in international circulation.

(b) The provisions of this paragraph do not impose any obligation on the Contracting Parties with regard to the rules in force in their territory concerning the technical conditions which motor vehicles other than automobiles within the meaning of the Convention must satisfy.

Chapter II of this Convention regulates the rules applicable to road traffic.

The comparative study of the rules applicable to road traffic in Romania and of the same rules drawn up by the Convention reveals, without a doubt, the fact that the legislation in our country is adapted to the Convention.

However, the same comparative analysis of the two sets of rules reveals that, as long as the Convention contains general rules, universally valid, internationally, applicable to all signatory and/or ratifying parties to the Convention, Romanian law prescribes, as it is expected, rules applicable exclusively on the territory of our country. So, the Vienna Convention includes (not only) a set of traffic rules applicable to international road traffic – vehicles in international traffic on the territory of a signatory and/or ratifying state of the Convention – and GEO no. 195/2002, together with the Regulation for its implementation, rules applicable to national road traffic. In this sense, art. 1, letter b of the Convention stipulates that a vehicle is considered to be in international circulation in the territory of a State when: (i) it belongs to a natural or legal person having their habitual residence outside that State; (ii) is not registered in that State; (iii) and is temporarily brought into the territory of that State, and any Contracting Party being able not to consider in international circulation a vehicle which would remain in its territory for more than one year without a significant interruption of a duration which may be fixed by the Contracting Party. The two sets of traffic rules do not overlap perfectly, the text quoted above of art. 3, point 1, letter (b) of the Convention leaving the signatory and/or ratifying parties free to insert in their national road traffic laws additional rules to those contained in the Convention, providing only a minimum set of uniform traffic rules, which are intended to favour, to facilitate the circulation of motor vehicles (and not only) in the territories of all signatory and/or ratifying States. The application in the territory of a signatory/ratifying State of the Convention, of the rules provided for therein shall not exclude the application of the traffic rules of that State which become applicable as soon as the driver its territory, while driving on the roads and until they leave its territory, as the Convention has no direct applicability, does not produce direct effects for the natural or legal persons of its signatory/ratifying States. Thus, each of the two sets of traffic rules – those established by the Convention, respectively the national ones – has its importance. The first set is imposed on the signatory / ratifying state of the Convention in the sense that it obliges it to observe and apply, in its territory, its component rules, taking all legislative measures necessary to adapt domestic law to the content of conventional law.[10] The second

10 M. Niciu, *Drept internațional public*, Servosat, Arad, 1997, pp. 42–43.

set is directly imposed on drivers traveling on the territory of the signatory/ratifying state of the Convention, regulating the general legal regime of road traffic throughout the territory of that state; therefore, only the latter rules can be imposed with the help of the state coercive force, their violation being sanctioned with civil, contravention or criminal penalties, as the case may be.

Therefore, the rules governing the circulation of autonomous vehicles on public roads must, first of all, be laid down in the national law of each State, with direct applicability on any driver of such a vehicle in the territory of that State.

Of course, in view of the stated purpose of the Vienna Convention, which is to establish a minimum, uniform legal framework for road traffic in the territory of its signatory/ratifying States, it is highly justifiable and useful for this Convention to include rules on traffic, including for autonomous vehicles.

With regard to the establishment of such rules for the circulation of autonomous vehicles at continental level, account must be taken of the instruments available in public international law, respectively European Union law aiming to establish a set of binding rules for several countries in a given geographical area, there being the possibility (for example, for European Union regulations) to issue legislation with general, binding and direct applicability in all countries (members of the European Union, for the given example). Of course, the overwhelming importance of an identical, general legal regime for road traffic at the continental level is undeniable, insofar as the legislative instrument used is able to ensure the uniform (perhaps even direct) application of its component traffic rules.

What should be borne in mind, however, is that autonomous vehicles use (for the time being) the same infrastructure as non-autonomous or semi-autonomous vehicles, which makes it desirable that, at this time, if necessary, the rules on traffic on public roads of the former be integrated into the acts that regulate road traffic both at the level of each state and at the international level, as long as there is no legislative act with general, binding and direct applicability in all countries.

3 Are There in Romanian Law Different Levels of Automated Driving Systems?

As already concluded, the legislation in force in Romania is not compatible with the approval, putting and keeping into circulation of autonomous vehicles, as there are no legal rules that expressly concern such vehicles, and classify them.

Any vehicle operating under the supervision and command of a human driver, i.e. both non-autonomous and semi-autonomous vehicles, in the sense given to the latter by the most relevant international classifications, shown above, may be approved, put and kept into circulation on Romanian public roads.

The legal norms governing road traffic on public roads in Romania make absolutely no distinction between the types of vehicles approved, put and kept into circulation from the perspective of their degree of automation, respectively autonomy, the same rules being applicable to all vehicles which could be approved, put and kept into circulation by law.

4 What Could Be the Evolution of Civil Liability and Criminal Liability Laws in Romania?

4.1 *The Perspective of Civil Liability*

As expected, given the above conclusions, currently, the Romanian legislation on civil tort liability is compatible with and applicable to all unlawful civil acts committed in connection with road traffic on public roads in the country.

As motor vehicles currently under the control of a human being during their operation are now in question, the damage caused by traffic accidents can be the negative consequence of two causes: either an unlawful act of the human driver or a defect (of manufacture or occurred while into circulation) of the vehicle.

In the first case, tort liability is traditionally a subjective one, based on the vehicle driver's fault, regardless of its form (negligence or intent) or degree (very light, light, serious fault). It is regulated by the provisions of art. 1349, art. 1351–1371, art. 1381–1395 of the Civil Code (Law no. 287/2009, published in the Official Gazette of Romania, Part I, no. 511/24 July 2009, republished in the Official Gazette of Romania, Part I, no. 505/15 July 2011, rectified in the Official Gazette of Romania, Part I, No. 246/29 April 2013, entered into force on October 1, 2011) texts which establish both the general conditions of the occurrence of the legal relation of tort liability for one's acts in case of natural persons (article 1349, articles 1357–1359, article 1366–1371) of the Civil Code), as well as the content of this legal relationship, from the perspective of the remoteness of damage (art. 1381–1393 of the Civil Code), the causes of exemption of liability (art. 1351–1356, art. 1360–1364 of the Civil Code), as well as the extinction by expiry of the time limit allowed to take action by the victim or the person entitled to compensation against the tortfeasor or the person civilly liable (art. 1394–1395 of the Civil Code). All these articles constitute the general law in the field of civil tort liability for the acts of natural persons. The legal relationship of tort liability arises when the tortfeasor wrongfully commits an unlawful act consisting in the traffic accident resulting in damage to property or injury to passengers in the vehicle or other road users or their property, when the accident is the result of the driver's failure to comply with the traffic rules. The driver of the vehicle who wrongfully caused the traffic accident is responsible for repairing all damage caused by that accident to third parties involved in traffic, regardless of the type, form and remoteness of the damage, the financial situation of the victim or of the tortfeasor.[11] Where several vehicles were involved in the traffic accident, each driver will be liable to each other for the damage which they have caused, their liabilities not compensating one another; in this respect, each driver will be required to repair the damage caused to the driver(s) of the vehicle(s) with which he collided, depending on the actual contribution of their vehicle's action to the detrimental consequences, i.e. directly proportional to the size, the weight and speed of the two vehicles at the time of the collision, the strength of the materials, their age and wear and tear, as well as the material part of the vehicle which was actually and materially hit and damaged;[12] by exception, according to the provision of art. 1376 para. 2, part two of the Civil Code, the duty of repairing all damage will fall only on the one whose culpable act meets, in respect of the other drivers of the vehicles involved in the collision, the conditions of force majeure, as defined in art. 1351, para. 2 of the Civil Code: as any external event, unpredictable, absolutely invincible and inevitable.

If the driver guilty of causing the accident is a subordinate, then the principal may be held liable by the victim of the damage, according to the provisions of art. 1373 of the Civil Code, being able, after its reparation, to file a recourse action against the subordinate, for the recovery of the sums of money paid as compensation to the victim of the traffic accident. In such a case, the victim will have the right to choose between filing an action only against the subordinate who wrongfully caused the traffic accident, on the basis of liability

---

11 L. Pop, I.F. Popa, S.I. Vidu, *Drept civil. Obligațiile*, revised and amended second edition, Universul Juridic, Bucharest, 2020, pp. 347–374; 431–448; L. Pop, *Tratat de drept civil. Obligațiile. Volumul III. Raporturile obligaționale extracontractuale*, Universul Juridic, Bucharest, 2020, pp. 199–333; 484–543; P. Vasilescu, *Drept civil. Obligații*, revised second edition, Hamangiu, Bucharest, 2017, pp. 591–662; 692–703; C. Jugastru, *Drept civil. Teoria generală a o-bligațiilor*, Universul Juridic, Bucharest, 2017, pp. 139–168; 191–251; L. R. Boilă, *Noul Cod civil. Perspective privind răspunderea civilă delictuală*, C. H. Beck, Bucharest, 2012, pp. 1–59; 188–228; F.I. Mangu, *Răspunderea civilă. Constantele răspunderii civile*, Universul Juridic, Bucharest, 2014, pp. 114–270.

12 I. Lulă, Observații asupra stabilirii răspunderii civile în cazul coliziunii autovehiculelor, in *Studii de drept privat*, Universul Juridic, Bucharest, 2011, pp. 136–144.

for one's own acts, holding vicariously liable for the negligence committed the superior, on the basis of strict liability for the acts of another, or holding liable, on those two different grounds, at the same time, the person who has actually committed the act and the principal, who, in this situation, will be jointly and severally liable to the victim, according to arts. 1382–1384 of the Civil Code.

In the second case, the civil tort liability is a strict one, independent of the driver's fault, the fact generating the damage constituting it, this time, being not an illicit human conduct, but an anomaly in the operation of the vehicle, caused, in its turn, either by a manufacturing defect (including design), or by a defect caused by the improper use or even normal wear and tear. The legal relationship in case of civil tort liability arises from the occurrence of a traffic accident, as a result of the failure of the vehicle, which causes damage to third parties – either passengers or other road users. The person responsible is the legal guardian of the vehicle – the one who, according to the law, a contract or even a fact, independently exercises control and supervision over the vehicle and uses it in their own interest, according to art. 1376 para. 1, para. 2, part I and art. 1377 of the Civil Code. The owner of the vehicle is presumed by law, until proven otherwise, according to art. 1377 of the Civil Code, as also being its legal guardian, being responsible as such, as a rule, for the damage caused by a traffic accident caused by a manufacturing defect of the vehicle. If he or she proves that the vehicle has been entrusted to another person to control and supervise it, to operate it independently and to use it in their own interest, and that the traffic accident was caused by a defect caused by the improper use of the vehicle by that person or even its normal wear and tear, he or she will be held liable for all damage caused to third parties, according to art. 1376–1377 of the Civil Code. If, however, the person to whom the vehicle was entrusted does not use it independently and in their interest, but under the control and supervision of another person, for their benefit, then the latter will be the legal guardian of the vehicle (being, in fact and in law, the 'superior' of the driver, who is his 'subordinate'), and will be held liable for the damage caused by the traffic accident, pursuant to art. 1376–1377 of the Civil Code. In this case also, in the event of a vehicle collision, each of the drivers, who are both the victim and the legal guardian of the vehicles involved in the traffic accident, will have to repair the concrete causal contribution to the damage, except in the case of proof of the fault of one of them, who meets, in relation to the other drivers, the conditions of force majeure, a situation in which only that driver will be held liable to repair the damage caused to all the other road users.[13]

13 L. Pop, I.F. Popa, S.I. Vidu, *Drept civil. Obligațiile*, revised and amended second edition, Universul Juridic, Bucharest, 2020, pp. 394–402; L. Pop, *Tratat de drept civil. Obligațiile.*

Situations in which the damage (regardless of its type, form and extent) suffered by any traffic participant (including the driver) is the result of a traffic accident caused by a design/manufacturing defect of the vehicle may, optionally, be solved based on Law no. 240/2004 on the liability of producers for damage caused by defective products (published in the Official Gazette of Romania, Part I, No. 552/22 June 2004, republished in the Official Gazette of Romania, Part I, No. 313/22 April 2008, entered into force on 22 July 2004) which does nothing but transpose into Romanian legislation Directive no. 85/374/EEC on liability for defective products – Council Directive of 25 July 1985 on the approximation of the laws, regulations and administrative provisions of the Member States relating to liability for defective products (OJ L 210, 7.8.1985, p. 1) 29–33). The victim of the damage has this right of option provided for by art. 9 of Law no. 240/2004: to file an action against the legal guardian of the vehicle (usually, its owner is the legal guardian over the structure of the vehicle) or against any of the persons responsible under Law no. 240/2004, as they are described in art. 2, lit. a) of this act, all being assimilated, from this perspective, to the vehicle manufacturer: 1. the manufacturer of the finished product of a raw material or component parts of the product; 2. persons who introduce themselves as a manufacturer by affixing their name, mark or other distinguishing sign to the product; 3. any other person who imports a product into Romania for sale, rental, purchase or other form of alienation in the course of their trading activity within the company; 4. any other person who imports a product from the Union 5. any other person who imports a product from the European Union for sale, hire, purchase or other alienation in the course of their business; whereas, if the manufacturer of a product cannot be identified, each supplier of that product will be treated as a manufacturer if he or she does not communicate to the aggrieved consumer, within a reasonable time, the identification data of the manufacturer or if the product is supplied, this provision also being applicable in case of an imported product, if the product does not indicate the identity of the importer, even if the name of the manufacturer is specified. The legal relationship of civil liability arises, pursuant to art. 6 of this act, simultaneously with causing the damage by a traffic accident due to a defective vehicle, as this notion is defined in art. 2, letter (d) of Law no. 240/2004, which stipulates that the defective product is: the product that does

Volumul III. Raporturile obligaționale extracontractuale, Universul Juridic, Bucharest, 2020, pp. 404–451; P. Vasilescu, *Drept civil. Obligații*, revised second edition, Hamangiu, Bucharest, 2017, pp. 677–686; C. Jugastru, *Drept civil. Teoria generală a obligațiilor*, Universul Juridic, Bucharest, 2017, pp. 179–183; L.R. Boilă, *Răspunderea civilă delictuală obiectivă*, second edition, C. H. Beck, Bucharest, 2014, pp. 164–231; F.I. Mangu, *Răspunderea civilă delictuală obiectivă*, Universul Juridic, Bucharest, 2015, pp. 177–258.

not provide the safety that the injured person is entitled to expect, taking into account all the circumstances, including: 1. the presentation of the product; 2. all foreseeable uses of the product; 3. the date of release of the product. The victim's right of option also exists in the situation where the damage is determined, cumulatively, by the defect of product and by the action or omission of a third party, whether it is another traffic participant or even the driver of the vehicle, according to art. 4, sentence I of Law no. 240/2004. In such cases, however, the manufacturer who has fully repaired the damage suffered by the victim of the traffic accident will have a recourse action against the one whose culpable wrongdoing contributed to the damage, along with the design / manufacturing defect of the vehicle, according to the provisions of art. 4, sentence II of the same act.[14]

In factual situations characterized by the concurrent causal role in the occurrence of the damage of both the wrongful act committed by the driver of the vehicle and a defect of the latter, fault of the driver will absorb the fortuitous event, so that the basis of the civil tort liability will be someone's fault for their own act, bringing about the liability to repair the entire damage. The strict liability of the producer, arising based on art. 1376–1377 of the Civil Code, for the damage caused by traffic accidents and keeping liable the legal guardian of the vehicle, is, in all cases, a liability for a fortuitous event, independent of fault, so that the presence in the causal link of a wrongful act is likely to make it impossible to retain, at the same time, the fortuitous event,[15] as defined in art. 1351, para. 3 of the Civil Code: an event that cannot be foreseen or prevented by the person who would have been held liable if the event had not occurred. The driver's wrongful act implies (at least) the possibility of predicting the negative consequences of their act, including the occurrence of an anomaly in the operation of the vehicle (of the defect which thus contributes to the damage), which excludes the fortuitous nature of this anomaly. In such a situation, accordingly, it is no longer important who is the legal guardian of the vehicle, but only the driver's fault, as he or she alone will be responsible for all the damage caused by the traffic accident.

All the above solutions concern the tortious liability for the damage caused by accidents of non-autonomous or semi-autonomous vehicles, in the control of which a human driver is always involved. As long as the degree of

---

14 L.R. Boilă, *Răspunderea civilă delictuală obiectivă*, second edition, C. H. Beck, Bucharest, 2014, pp. 235–307; M. Józon, *Răspunderea pentru produse defectuoase în Uniunea Europeană*, C. H. Beck, Bucharest, 2007, p. 7–202.

15 I. Lulă, Observații asupra stabilirii răspunderii civile în cazul coliziunii autovehiculelor, in *Studii de drept privat*, Universul Juridic, Bucharest, 2011, p. 144.

automation, respectively the autonomy of the vehicle, however, involves its supervision and direction (control) by a human person, the legislation in force in Romania on civil tort liability or the damage caused by car accidents is capable to provide solutions for any factual situation in the matter.

In view of the approval, putting and maintenance into circulation in Romania of autonomous vehicles, the legitimate question that arises is whether the current legislation on tort liability for the damage arising from traffic accidents caused by such vehicles is sufficient or requires an adaptation or even new provisions to be added?

The first and most pertinent observation that can be made is that, as autonomous vehicles are no longer controlled by human beings, one can no longer talk about the civil liability of a driver for their own wrongful act consisting in causing a car accident as a result of a traffic rule violation.

The human driver is replaced by Artificial Intelligence, which controls the vehicle under any road, traffic and environmental conditions. Although it performs all the functions that the human driver would have performed in the operation of the vehicle, enjoying, in this sense, a potential autonomy in decision-making (as the car is guided by a succession of automatisms, it places it in – an area of potential autonomy in decision-making, not real autonomy), based on the ability to act, Artificial Intelligence is not a person, a subject of law, so it cannot be held accountable, much less on a subjective basis, because, as long as a human being, in the process of forming the will to commit the unlawful act, reasons personally, intimately, uniquely about the illegitimate character of the act, as well as its negative consequences, wherefrom their fault for their conduct, Artificial Intelligence always takes objective decisions, automatically, according to algorithms, starting from the analysed data, using serial analysis, equations, rules, clusters, structural (graphical) data, which facilitates a decision-making process independent of the rules created by human persons, but still imprinted by a set of instructions derived from the software of an immaterial nature, a human creation[16].

The mechanical system, which is partly the autonomous vehicle, remains in the equation, so that whenever it can be proven that the damage is the result of a traffic accident caused by a defect in this system, it may be possible to engage either the strict liability for things of the legal guardian of the vehicle, based on art. 1376–1377 of the Civil Code, or the manufacturer's liability for defective products, based on the provisions of Law no. 240/2004, as necessary, the solutions advanced above remaining valid.

16 L. Viaut, Responsabilité et intelligence artificielle, Actu-Juridique, 22.01.2021, p. 1, https://www.actu-juridique.fr/civil/responsabilite-civile/responsabilite-et-intelligence-artificielle/.

In fact, whatever the cause of the traffic accident, the victim of the injury certainly prefers to take legal action against the legal guardian of the vehicle against whom there is a relative legal presumption of causation between the abnormal "behaviour" of the vehicle and the injury, arising from the neighbouring and related fact of the participation of the vehicle in the occurrence of the damage (which is required to be proven by the victim), especially when the participation took the form of material contact between the vehicle and the injured person or their damaged property (though such contact is not necessary in case of the liability of the legal guardian).[17] Although not expressly regulated by the law, this presumption is easily deduced from the corroborated interpretation of the provisions of arts. 1376, 1377 and 1380 of the Civil Code, the latter text stating that liability based on the first two texts can be excluded only where the legal guardian proves that the damage is the result of a case of force majeure, a cause of exemption from liability that intervenes in the realm of causality.

However, the very notion of legal guardianship should suffer, with regard to autonomous vehicles, an adaptation to their mode of operation: the definition of legal guardianship contained in art. 1377 of the Civil Code is no longer applicable, as the owner or any other person who, by virtue of a legal provision, a contract or even in fact, uses the autonomous vehicle in their own interest, independently exercises supervision over it, has only partial control over it, as they share it with the Artificial Intelligence. The autonomous vehicle will only be programmed by its legal guardian to cover a certain distance, between two points in space, possibly on a certain route, but the Artificial Intelligence will be the one to decide the speed, as well as any manoeuvres calculated as necessary for the performance of its tasks, depending on the specific traffic, road and environmental conditions. Thus, the attempt to calibrate the liability for traffic accidents caused by autonomous vehicles requires the adaptation of the institution of legal guardianship to the reality of the partial control that human beings have over such object, respectively to the inability of a person to direct the operation of the vehicle in order to perform the task assigned to it. And this is necessary even in the event that the damage occurred, from the perspective of causation, due to a defect in the mechanical structure of the vehicle, without any connection with the Artificial Intelligence that controls its mode of operation, because one of the reasons why guardians are held liable for the things in their custody is precisely their control over the thing, which they exercise independently, and which entails the complete, total direction of the operation of

17 I. Lulă, Câteva probleme specifice raportului de cauzalitate în materia răspunderii pentru fapta lucrului, in *Studii de drept privat*, Universul Juridic, Bucharest, 2011, p. 134.

the thing. Art. 148 of the Regulation implementing GEO no. 195/2002, in accordance with art. Article 8(5) of the Vienna Convention states very clearly that every driver must have permanent control of the vehicle he or she is driving. The notion of control is therefore cardinal in relation to the lawful operation of non-autonomous or semi-autonomous vehicles, and this notion is based, among other things, on the driver's civil tort liability for the damage caused by an accident which is the result of their breach of traffic rules; we are talking here of a direct, material control, which involves a substantial connection with the vehicle whose mode of operation is imprinted by the action of the human driver over its command. However, control, as a prerogative of the legal guardian over the vehicle, does not necessarily imply direct, material contact with the work, which is specific to the *de facto* guardian (the driver can be, as the case may be, either legal or *de facto* guardian), but is limited to the power to direct intellectually the mode of operation of the respective thing: the legal guardian can direct to the *de facto* guardian the coordinates in which he or she operates the respective thing. Or, in case of autonomous vehicles, the entire prerogative of organizing the way in which the task is carried out belongs to the Artificial Intelligence, the human being having no control over it.

However, the person who independently supervises the autonomous vehicle and uses it in their own interest has the theoretical possibility of preventing any damage due to the manifestation of a defect in the mechanical system which forms part of such vehicle, by performing in a timely manner and rigorously the regular technical inspections required by law, through the proper maintenance of the system, so that it is fully justified to hold them liable for the damage caused by the defect. In this respect, the person has full control over the vehicle he or she is supervising and uses in his or her own interest, having, at all times, both the prerogative and the duty to ensure that the mechanical system of the autonomous vehicle operates at optimal parameters. This is the reason why the person who uses the mechanical system of the autonomous vehicle in their own interest and who exercises supervision over it independently can be considered without reserve the legal guardian, as long as they have the possibility, but also the general obligation to ensure themselves and all other road users (including the passengers of the vehicle under their legal custody) that, as long as it operates under their supervision and control and use that vehicle in their interest, the operation of the mechanical system will not cause any harm to anyone.

Returning to the preferences of the victim, for whom the cause of the traffic accident detrimental to their person or property is of no interest, an eventual action in civil tort liability for the damage caused by the autonomous vehicle based on the provisions of arts. 1376–1377 of the Civil Code, filed against its legal guardian, will put him or her in the position to prove that it was not the malfunctioning of the mechanical system of the vehicle, at the origin of the damage, but the way in which it was directed by the actions of Artificial Intelligence to accomplish the task for which it was programmed. Will such evidence be able to exempt the legal guardian of the mechanical system of the autonomous vehicle from liability to the victim of the damage?

As we have already concluded, civil tort liability for the damage caused by things, based on the provisions of art. 1376–1377 of the Civil Code, is a form of strict liability, for a fortuitous event, where the fortuitous event represents the very functional anomaly of the thing that was, as concerns us, the basis of the traffic accident causing the damage. So, the legal guardian is responsible for a fact that is internal to the thing for which he or she is called to answer. Thus, a defect in the mechanical system of the autonomous vehicle will always bring about the liability of its legal guardian, except in cases where they manage to prove that the damage was caused exclusively by the act of the victim or a third party or is the result of a case of force majeure, according to art. 1380 and art. 1351 of the Civil Code. Artificial Intelligence operating the autonomous vehicle can neither be the victim of the damage caused by the traffic accident, nor a third party, within the meaning of the civil law in force, since, as we have already shown, it is not a person, a subject of law. It remains that a so-called Artificial Intelligence defect that was the basis for the traffic accident will be classified as force majeure, assuming that the answer to our previous question is an affirmative one. But force majeure, according to art. 1351 para. 2 of the Civil Code, in addition to the other requirements that must be fulfilled by the event in which it is embodied (unpredictability, invincibility and inevitability), shall also meet the condition of exteriority. Is Artificial Intelligence that operates the autonomous vehicle exterior to it? Artificial Intelligence has an immaterial existence, (seen in the simplest way possible) it consists of data, algorithms, instructions, that are not contained in the mechanical system of the autonomous vehicle, and are created, systematized and implemented by a third party. But Artificial Intelligence equips the autonomous vehicle, accordingly having a common body with its mechanical system, and forming a unit, a mechanical-electronic-informational system, as we have already shown. A vehicle not endowed with Artificial Intelligence is not autonomous, this very quality depending on the symbiosis that its mechanical system attains with the Artificial Intelligence system that operates it. In this way, Artificial Intelligence cannot, in our opinion, be perceived as an entity external to the autonomous vehicle, but, on the contrary, it is integrated into it, a solution that excludes the condition of externality of the force majeure event and, so, the possibility that the legal guardian of the vehicle's mechanical system relieve themselves of liability by invoking, against the injured victim, as a cause of the damage consisting in the malfunctioning of the Artificial Intelligence system. The opposite solution would, correspondingly, be profoundly unfair for the victim: in relation to the victim, the person responsible for repairing the damage caused by the traffic accident is the legal guardian of the autonomous vehicle put by him or her into circulation, and seen as a unit. By agreeing to operate and maintain an autonomous vehicle dependent on Artificial Intelligence operating it, the legal guardian shall be deemed to have assumed legal protection not only over the mechanical component of the vehicle, which they may independently supervise and control and in its entirety, but also over its electronic-informational component. The supervision which they exercise over the autonomous vehicle as a unit presupposes, on the one hand, the prerogative and, on the other hand, the duty of the legal guardian to ensure the optimum functioning of the vehicle as a unit; thus, the periodic testing of its operation requires, implicitly, the inspection of its operation, in different road, traffic and environmental conditions; in other words, the periodic technical inspection of the autonomous vehicle will have to cover not only its mechanical system, which can indeed be checked individually, but also the way this system responds to commands received from Artificial Intelligence, as well as the functional accuracy of the latter. Pursuant to this obligation of supervision, the legal guardian, accordingly, has the obligation to periodically make, at least at intervals of time established by law, a complete diagnosis of the autonomous vehicle which they use in their interest. In this way, they will be able to ensure partial control of the vehicle, maintaining it permanently in an optimal technical condition, adequate for traffic on public roads. It remains that, ultimately, the legal guardian of such vehicle will not be able to fully independently control the actual operation of the vehicle in the field, as they will not be able to influence in any way the decision-making process of Artificial Intelligence. However, this is a minus that the law must consider accepted by the person who owns and uses in their own interest an autonomous vehicle, under whose legal protection the vehicle therefore enters in its entirety, as an integrated mechanical-electronic-informational system, since Artificial Intelligence, although fulfilling all the functions of a driver, is not a person, a subject of law, an entity endowed with legal personality, respectively with a criminal capacity against which the victim of the damage can file a tort action; Artificial Intelligence that operates an autonomous vehicle works in symbiosis with its mechanical system, being, in the end, only an intangible asset which, under the conditions shown above, may be subject to legal protection, not individually, but exclusively as a component part of the autonomous vehicle because, without the mechanical system it operates, Artificial Intelligence destined to fulfil such a function cannot make its presence felt in the material world, thus, not being able to cause damage; the decision of Artificial Intelligence, which can be provoked in laboratory conditions, remains without any material effect, respectively without any legal significance if it is not objectified in the action it commands the mechanical system it operates, thus causing, as a single organism, the traffic accident.

The fairness of the solution of retaining the strict liability of the legal guardian of the autonomous vehicle for the entire damage caused to the victim, according to arts. 1376–1377 of the Civil Code, is also based on the fact that, in the end, he or she is the one who uses the respective vehicle in its entirety, benefiting not only from the mechanical system, but also from the Artificial Intelligence that operates it; he or she enjoys an autonomous vehicle and all the benefits it can bring as a unit. It is also fair for them to bear the burdens created by such a vehicle. Therefore, irrespective if we either consider as the foundation of the strict civil tort liability of the legal guardian of the autonomous vehicle, based on the texts of arts. 1376–1377 of the Civil Code, the obligation of guarantee to all other participants in traffic, but also to other holders of subjective civil rights and legitimate interests that could be harmed by a traffic accident, in the sense that, as long as it is under their legal protection, the vehicle in question will not cause any harm to anyone, operating optimally, or we retain their liability as a response to the risk they pose to society by using such a vehicle controlled by Artificial Intelligence, or we hold them liable in exchange of the benefits derived from using an autonomous vehicle, it is fair and just that the legal guardian be liable to the injured party for the damage caused by the traffic accident, whether it was based on a defect of the mechanical system of the vehicle or a functional anomaly of the Artificial Intelligence system operating it.

At the same time, the option of liability based on the provisions of Law no. 240/2004 remains open to the victim of the damage, whenever the required conditions are met against the manufacturer of the autonomous vehicle, but also to the legal guardian of the vehicle, who, after compensating the victim, can prove that the traffic accident produced by the respective vehicle was due to a defect, within the meaning of art. 2 para. 1, letter (d) of Law no. 240/2004. In this respect, neither the legal guardian of the autonomous vehicle, who has previously compensated the victim for the damage caused by the traffic accident, nor the injured victim should be interested in which component of the vehicle in question worked defectively, causing the accident; the autonomous vehicle is a finished product consisting of a mechanical component, respectively an electronic-informational one, and only an expert could detect, with the help of technical means, devices, including information technology, the source of the defect; this, because the mechanical component has integrated, at the level of each subassembly, an electronic component meant to implement the impulses transmitted by the Artificial Intelligence system, which, in turn, receives information and controls a set of computers. Neither the victim of the damage nor the legal guardian of the autonomous vehicle should be subjected to an obligation to bring such evidence, as they are not experts and do not have the means to analyse in detail the operation of the autonomous vehicle; putting on them the burden to give concrete evidence of the defect of the vehicle would be profoundly unfair and would involve advancing significant costs, considerable time and efforts from their part, with a view to finding and employing an expert for that purpose. Thus, the provisions of art. 6 of Law no. 240/2004, which require the injured party to prove, in addition to the proof of the damage, the defect and the causal relationship between the defect and the damage, must be understood as being sufficient for the injured party to prove an anomaly in the operation of the autonomous vehicle, which was the basis for the occurrence of the traffic accident, i.e. the execution of a manoeuvre inappropriate to road, traffic and environmental conditions, compared to a manoeuvre required by law, in the same circumstances, for a diligent and prudent superior human driver, who would have operated a non-autonomous or semi-autonomous vehicle[18]. In this sense, the provisions of art. 2 para. 1, letter (d) of Law no. 240/2004 state that a product is considered defective if it does not provide the security that the person is entitled to expect, taking into account all the circumstances, including: 1. the presentation of the product; 2. all foreseeable uses of the product; 3. the date of release of the product. Or one can expect from an autonomous vehicle at least the safety that a non-autonomous or semi-autonomous one offers in traffic in the conditions in which it is operated by a diligent and prudent superior human driver, taking into account that this type of product appears, as we have shown, as an integrated mechanic-electronic-information system and that its foreseeable use is for the purpose of driving on public roads providing traffic safety to any participant in it, including passengers, and any other person holding subjective rights and legitimate interests. We have chosen to rely on the standard of the prudent and diligent superior driver as such vehicle endowed with Artificial Intelligence

18 *Contra:* A. Bonnet, La Responsabilité du fait de l'intelligence artificielle. Réflexion sur l'émergence d'un nouvel agent générateur de dommages, Université Panthéon-Assas Paris II, 2015, p. 25, https://docassas.u-paris2.fr/nuxeo/site/esupversions/90fcfa29-62e4-4b79-b0b4-d1beacc35e86?inline, in the sense that the defect of the autonomous vehicle cannot be inferred from the mere fact that it has demonstrated behaviour which a human driver would never have adopted in the same conditions of road, traffic and environment.

is expected to offer a higher degree of safety than that offered by the average prudent and diligent driver in traffic. The very reason for putting and keeping an autonomous vehicle into circulation is that of its superior efficiency compared to the average prudent and diligent human driver. The victim, as well as the legal guardian of the autonomous vehicle have the option to file an action based on civil liability against several producers, i.e. the manufacturer of the finished product together with one or more manufacturers of its components, according to the provisions of art. 2 para. 1, letter a, respectively of art. 7 para. 2 and art. 5 of Law no. 240/2004, in which case all those responsible for repairing the damage are bound to cover it jointly and severally, a solution that is in full accordance with the general law in the matter, i.e. arts. 1382–1384 of the Civil Code. It remains that, after the manufacturer of the autonomous vehicle (as defined in art. 2 paragraph 1, letter (a) of Law no. 240/2004) or the manufacturers of its components have been held liable in such conditions, the person who has fully compensated the injured party will have the right to file an action in civil liability (often on a contractual basis, taking into account the legal relations between the manufacturers of the components and the manufacturer of the finished product in which these have been assembled) against the manufacturer of that component of the vehicle which was the cause of the traffic accident, as the vehicle had a manufacturing defect.

An obstacle in this respect could lie, however, in the legal nature of Artificial Intelligence, which could raise the legitimate question whether Artificial Intelligence is a defective product, in the view of the provisions of Law no. 240/2004. But such question should not affect the legal guardian of the autonomous vehicle nor the victim of the damage caused by the traffic accident, as we have seen, as one cannot, in a fair and just manner, hold them liable to bring proof of the defects of the Artificial Intelligence system, as a separate component of the autonomous vehicle, being sufficient, as far as they are concerned, to prove a functional anomaly of the vehicle, as a unit, which was the cause of the harmful traffic accident. Law no. 240/2004 provides, in art. 2 paragraph 1, letter (b) that the product means any movable property, even if it is incorporated in another movable or immovable property; the product also contains electricity. So, an intangible movable good, such as electricity is the express object of the provisions of the law. Artificial Intelligence is, in its turn, an intangible asset, and may be expressly included in the scope of the goods products referred to by Law no. 240/2004. The difficulty raised by Artificial Intelligence, however, consists, ironically, in the fact that it is not a common, but an intelligent, self-taught thing, which learns and adapts, and develops in time, from the interactions with the environment, with the infrastructure on which the vehicle it equips runs, with other vehicles and the other traffic participants.

Under such conditions, in which the product changes internally from one day to the next, it is particularly difficult to prove a manufacturing defect, though not impossible, if the defect originates from or is objectified in the very way in which the product has been designed (for example, the proven existence of a computer virus present from the moment of manufacture of the product or of a manifestly erroneous instruction or incorrectly entered data, etc.). However, in so far as Artificial Intelligence operates an autonomous vehicle, in relation to the victim injured by the traffic accident or the legal guardian of the vehicle, who has previously compensated the victim for the entire damage suffered, it is not fair and just that the particular legal nature of Artificial Intelligence constitute a cause of exemption from liability of any of the persons who may be included in the scope of the manufacturers of the vehicle, who have put it into circulation and who should guarantee any person who uses the product, as well as any other traffic participant, but also any other holder of subjective rights and legitimate interests, with respect to the safety of its use consisting in putting and keeping it into circulation on public roads. Conversely, as a manufacturer of the autonomous vehicle – finished product, the person who puts it into circulation also has the possibility to control *a priori* its future behaviour, thus being able to identify and correct a certain deviant behaviour, has as such the power to prevent the damage. Last but not least, the person who puts the finished product into circulation is the one who gets the whole price, and thus reaps all the benefits of the affair. Regardless of the basis of their liability – guarantee, risk, profit, power to prevent the occurrence of the damage – it is fair and equitable that, before the person injured by the traffic accident or the legal guardian of the autonomous vehicle that previously compensated them, the person who placed the vehicle on the market be responsible, in the first place. Along with them, for the same reasons and on the basis of the same grounds, any person who falls within the scope of those described at art. 2 para. 1, lit. a) of Law no. 240/2004 shall also be held liable.

Thus, this issue of proving the defect in the Artificial Intelligence system remains the business of the manufacturer of the autonomous vehicle – finished product, who was obliged to repair the entire damage caused by the traffic accident, in a possible liability action against the manufacturer of the intelligent component of the vehicle, a contractual action (taking into account either the contractual liability for one's own act or that of another) based on a contract consisting of one or more clauses setting forth the civil liability regime of the manufacturer of the product, as well as clauses according to which the manufacturer of the finished product – the autonomous vehicle – shares with the manufacturer of Artificial Intelligence the risk posed by any burdens arising from the damage caused by traffic accidents caused by that vehicle.

As regards, however, the proof of the fact that the defect which caused the traffic accident belongs to the Artificial Intelligence system, proof which, in the absence of a contractual arrangement in this regard, must ultimately be brought by the person who sues the manufacturer of this thing, we have already advanced the idea that it could involve calibrating the functioning of Artificial Intelligence, i.e. the decision it has taken under certain road, traffic and environmental conditions, with that of the diligent and prudent superior driver conduct, as the level of reliability expected from Artificial Intelligence is superior to that of the average prudent and diligent person. But this is precisely why it has been argued that the result of the actions of Artificial Intelligence – i.e. of the decision taken by it – should be compared with that of an Artificial Intelligence of the same nature, placed in an identical context[19]. In relation to this view, we should, however, ask ourselves the question: how is Artificial Intelligence calibrated, which itself constitutes a standard for the one whose action is being analysed? Who sets the standards that Artificial Intelligence should meet under the given conditions, so that, based on them, we establish the abnormality of the functioning of the calibrated AI? Would we not be in a vicious circle from which a human person alone is able to emerge? The human mind cannot think, however, like the artificial neural network, the latter maybe being, at the beginning, inferior to the former, but certainly reaching, in a record time, depending on the real experiences it faces, superior. Thus, a human person is unable to identify the proper behaviour of an Artificial Intelligence of the same nature as the calibrated one, as one cannot know how far the latter would have gone, in terms of knowledge, respectively of the ability to decide and act in certain given conditions. Being in a permanent internal development, Artificial Intelligence, in theory, knows no limits (than those imposed by the processor with which it runs), which is why human persons can only arbitrarily establish the standard with which the decision, the actions of Artificial Intelligence should be compared, at a given moment, in some context. However, in such an attempt, in the operation of simulating the context, it is enough for a single date be mistakenly entered, relative to a tiny unit of measurement, for the decision of Artificial Intelligence to change compared to the one it would have taken if it were in the exact context in which the traffic accident occurred. Human persons have no way of knowing what would have been the action of calibrated Artificial Intelligence, unless one remakes in the

19 A. Bonnet, La Responsabilité du fait de l'intelligence artificielle. Réflexion sur l'émergence d'un nouvel agent générateur de dommages, Université Panthéon-Assas Paris II, 2015, p. 39, https://docassas.u-paris2.fr/nuxeo/site/esupversions/90fcfa29-62e4-4b79-b0b4-d1beacc35e86?inline.

laboratory the exact environment, road and traffic conditions in which calibrated Artificial Intelligence acted and endows the former with all the experiences faced by the latter. The action that standard Artificial Intelligence will take in such context is the one to which the action taken by the calibrated Artificial Intelligence will relate. But the result of the experiment conducted under laboratory conditions (under the purely hypothetical condition of exact contextual simulation) is dependent on the type of standard Artificial Intelligence: is it identical to the calibrated one or is it a later, improved version, or is it another model, is it created by the same manufacturer or by another? Each of the answers received to these questions is a variable that can change the decision and the action taken by the standard Artificial Intelligence. These are some reasons why we appreciate that the standard of the prudent and diligent superior driver is that which the human mind itself can perceive and configure, on the one hand, and, on the other hand, that the standard of conduct of such driver is expected from any traffic participant or any other holder of subjective rights and legitimate interests, from the Artificial Intelligence system operating an autonomous vehicle. This is the highest standard of safety and efficiency that the human mind can perceive in relation to the road, traffic and environmental conditions in which the traffic accident in which such a vehicle was involved occurred. After all, is not this why Artificial Intelligence was created: to make the best decision in a given context, the decision that the human mind can perceive as the optimal one?

Another pertinent question that one can ask, in the same matter, is whether, being extremely difficult to prove a manufacturing defect in the Artificial Intelligence system, it is not enough to prove the absence of a defect of the autonomous vehicle regarding its mechanical component, respectively the electronic one? These can be examined much more easily than Artificial Intelligence, so that the traffic accident caused by an autonomous vehicle that does not have any manufacturing defect in its mechanical structure or electronic component, an accident that still indicates a malfunction of the vehicle, compared to the conduct of the prudent and diligent superior driver, could be presumed to have been caused by a defect in the Artificial Intelligence system. In other words, in such circumstances, starting from the neighbouring and related fact consisting in the absence of any production defect of the mechanical and electronic system of the autonomous vehicle, one can presume that, at the basis of the traffic accident, there was a defect in the Artificial Intelligence system. Such a complex of presumptions would certainly alleviate the burden of proof in what concerns the manufacturer of the autonomous vehicle who has previously compensated the injured victim or the legal guardian of the vehicle, who, in turn, has previously covered the damage suffered by the victim. There would be, in fact, two presumptions: one of the defect in the Artificial Intelligence system, and one of the causality between the defect and the traffic accident. Of course, such a presumption, in order to be effective, is legally, but, on the other hand, relatively established, so as to enable the manufacturer of Artificial Intelligence to prove that the product has no manufacturing defects or that, although it has a defect they detected, could not have caused the traffic accident[20]. Of course, in any circumstance, the manufacturers of Artificial Intelligence can exempt themselves from liability by proving one of the causes expressly provided for in this regard by art. 7 para. 1 of Law no. 240/2004: (a) he or she is not the one who put the product into circulation; (b) depending on the circumstances, the defect that caused the damage did not exist on the date on which the product was put into circulation or occurred after the product was put into circulation, due to causes not attributable to it; (c) the product was not manufactured for marketing or any other form of distribution for the economic purpose of the manufacturer and was not manufactured or distributed in the course of their professional activity; (d) the defect is due to the observance of some obligatory conditions, imposed by the regulations issued by the competent authorities; (e) the level of scientific and technical knowledge existing at the time of putting the product into circulation did not allow it to detect the defect in question; (f) the defect is due to non-compliance by the consumer with the instructions for use provided in the technical documents accompanying the product, demonstrated on the basis of specialized technical expertise. In turn, manufacturers of the component (which could be exactly the manufacturer of Artificial Intelligence, compared to the entire autonomous vehicle it operates), according to para. 2 of the same legal text, are exempted from liability if they prove that the defect is attributable to the wrong design of the assembly in which it was mounted or to the instructions given by the manufacturer of the product intended for the consumer.

It remained for us to discuss, from the perspective of the need to adapt national legislation to the reality of putting and keeping into circulation autonomous vehicles, the issue of civil tort liability of the principal for the act of the subordinates, in light of art. 1373 of the Civil Code. If the major premise of the reasoning is that, in question, remain the autonomous vehicles of the fourth and fifth classes, respectively, in which the role of the human driver is completely excluded, the issue of liability of the principal for the acts of

20 V. Ilkova, A. Ilka, Legal Aspects of Autonomous Vehicles – an Overview, *21st Proceedings International Conference on Process Control* (*PC*), June 6–9, 2017, Štrbské Pleso, Slovakia, Chalmers Publication Library (CPL), p. 431, Legal Aspects of Autonomous Vehicles – an Overview (chalmers.se).

the subordinate only arises in the legal relationship at the beginning of the production chain of the autonomous vehicle, if it is of interest to the person injured by the traffic accident to file such an action in tort liability against one or more manufacturers of the finished product – the autonomous vehicle – or its components, action which involves the prior identification of the person directly responsible for the defect of the autonomous vehicle (for example, the person who created the algorithms for the operation of Artificial Intelligence), as well as their unlawful acts, wrongfully committed and having a causal part in the occurrence of the damage. Thus, in such conditions, the injured person will be able to sue the employer of the respective person together with the latter, claiming their joint and several liability to repair the damage suffered, pursuant to art. 1382 of the Civil Code, following that, after he or she has fully compensated the victim of the damage, the principal will have the right to an action, based on art. 1383–1384 of the Civil Code, against the subordinate, aimed at recovering the sums of money which they advanced as compensation for the unlawful act wrongfully committed by the latter.

Thus, the current legislation on civil tort liability in Romania can be calibrated, without significant changes, likely to disturb the legal institution, to meet the social and legal needs of repairing the damage caused by traffic accidents caused by autonomous vehicles without a driver.

In this sense, as we have shown, it is necessary, first of all, in light of arts. 1376–1377 of the Civil Code, to adapt the institution of legal guardianship to the specifics of the control exercised over the autonomous vehicle, more precisely, the way in which it operates, by the person who supervises it independently and uses it in their own interest.

Secondly, it would be necessary to include, in the sphere of products for which one can be held liable under Law no. 240/2004, the autonomous vehicles or, at least, the component of Artificial Intelligence, as an incorporeal product susceptible of having defects.

Thirdly, especially from the perspective of the provisions of Law no. 240/2004, which requires, among the conditions of incurring civil liability under it, including proof of the product defect, defect in a causal relationship with the damage suffered by the victim, starting from the neighbouring and related fact consisting in the proven absence of any defect of production of the mechanical and electronic system of the autonomous vehicle, it would be beneficial to regulate two relative legal presumptions, in the sense that, at the basis of the traffic accident, there was a defect of the Artificial Intelligence system; it is, accordingly, a question of a presumption of a defect in the Artificial Intelligence system, respectively of a causal one between its defect and the traffic accident causing the damage.

Last but not least, the legislative adaptation will be imposed on acts that regulate the traffic on public roads, in a close connection with the texts of the law on liability for the damage caused by car accidents. One of the significant changes that these acts have to undergo is that of circumscribing the notion of control over a vehicle, because, in situations where such a vehicle is susceptible to a certain degree of human control, even remotely, wirelessly, the scope of those who control it should be neither restricted nor unfoundedly widened, but should be strictly limited to the person(s) who can effectively exercise, in real time, control over the vehicle into circulation on public roads, in order at least to prevent traffic accidents.

4.2 *The Perspective of Criminal Liability*

From the perspective of criminal law, the discussion on liability for crimes against the person or against property should also begin with the distinctions we made regarding the level of automation, respectively the degree of autonomy of the vehicles.

Thus, regarding the non-autonomous vehicles, respectively the semi-autonomous ones, in the light of the provisions of art. 148 of the Regulation implementing GEO no. 195/2002, as well as of art. 8 point 5 of the Vienna Convention, as long as the driver of the vehicle must have permanent control over it, any crime that he or she commits by a traffic accident will bring their personal criminal liability. The Penal Code in force in Romania (Law no. 286/2009 on the Penal Code, published in the Official Gazette of Romania, Part I, no. 510/2009) regulates and sanctions crimes against the person, of which this study concerns, first, the crime of involuntary manslaughter, the most common criminal offense that results in the killing of a person in a traffic accident.[21] This crime is set forth by art. 192 of the Penal Code which provides that:

---

21 C.S.J., s. pen., dec. no. 1797/20.04.2000, in *Buletinul Jurisprudenței*, 2000, p. 277; C.S.J., s. pen., dec. no. 2375/26.05.2000, in *Buletinul Jurisprudenței*, 2000, p. 278; C.S.J., s. pen., dec. no. 251/25.01.2000, in *Buletinul Jurisprudenței*, 2000, p. 281; C.S.J., s. pen., dec. no. 1638/28.04.1999, in *Buletinul Jurisprudenței*, 1999, p. 232; C.S.J., s. pen., dec. no. 896/10.03.1999, in *Buletinul Jurisprudenței*, 1999, p. 235; C.S.J., s. pen., dec. no. 1620/11.06.1998, in *Buletinul Jurisprudenței*, 1998, p. 449; C.S.J., s. pen., dec. no. 730/20.03.1998, in *Buletinul Jurisprudenței*, 1998, p. 488; C.S.J., s. pen., dec. no. 47/20.11.1995, in *Buletinul Jurisprudenței*, 1995, p. 177; C.S.J., s. pen., dec. no. 2088/04.08.1995, in *Buletinul Jurisprudenței*, 1995, p. 179; C.S.J., s. pen., dec. no. 765/26.06.1990, in *Probleme de drept din repertoriul Curții Supreme de Justiție 1990 – 1992*, p. 360; Tr. suprem, dec. no. 163/18.09.1980, in *Culegere de decizii*, 1980, p. 291; Tr. suprem, dec. no. 1496/29.07.1977, in *Culegere de decizii*, 1977, p. 266; Tr. suprem, dec. no. 3489/14.06.1971, in *Culegere de decizii*, 1971, p. 308; Oradea Court of Appeal, dec. no. 299/R/20.03.2012, www.portal.just.ro, all cited and commented in V. Pușcașu, *Noul Cod penal adnotat*, Hamangiu, Bucharest, 2014, pp. 397–406.

(1) The killing of a person by negligence shall be punished with imprisonment from one to five years. (2) The killing of a person by negligence due to the failure to comply with laws or measures for the provision of a profession or trade or to perform an activity shall be punished with imprisonment for 2–7 years. When violation of the law or of precautionary measures is itself a crime rules governing concurrent offences shall apply. (3) If the act that was committed caused the death of two or more persons, special limits of the sentence provided in par. (1) and (2) shall be increased by half. The legal provisions cover all those cases in which the crime of involuntary manslaughter can be retained as being committed by a human being who had control of a motor vehicle or even only supervised its operation, being liable to intervene and take control of the vehicle under their control, whenever human judgment is necessary to prevent/manage an imminent danger situation, whose act or omission was the cause of a traffic accident, which resulted in the loss of one or several human lives of the victim(s) of that accident.

Secondly, in the sphere of the same crimes one can also include causing involuntary bodily injuries, crime provided for by art. 196 of the Penal Code,[22] according to which (1) The act referred to in art. 193 para. 2 (that of hitting or other violence which causes injuries or damage to health of a person whose gravity is measured by no more than 90 days of medical care), committed by fault by a person under the influence of alcohol or a psychoactive substance or carrying out an activity that is itself a crime punishable by imprisonment from three months to one year or a fine. (2) The action referred to in art. 194 para. 1 (that of committing bodily injury that caused any of the following: to) disability; (b) injuries or damage to health of a person which needed to cure more than 90 days of medical care; (c) serious and permanent aesthetic injury; (d) abortion; (e) endangering the life of the person) committed by fault is punished with imprisonment from 6 months to 2 years or fine. (3) When the offense provided for in para. 2 has been committed as a result of failure to comply with laws or precautions necessary for the exercise of a profession or trade or to perform a certain activity, the penalty shall be imprisonment from six months to three years or a fine. (4) If the consequences provided in paras. 1–3 were produced to two or more persons, the special limits of the penalty shall

22 I.C.C.J., dec. no. 26/2009, in the Official Gazette of Romania, no. 284/30.04.2010; ICCJ, dec. no. 1/2004, in the Official Gazette of Romania, no. 404/06.05.2004; Tr. suprem, dec. no. 8/1973; C.S.J., dec. no. 1710/14.06.1995, in *Buletinul Jurisprudenței*, 1995, p. 168; Tr. suprem, dec. no. 1579/17.08.1977, in *Culegere de decizii*, 1977, p. 271; Tr. Suprem, dec. no. 166/04.08.1970, in *Culegere de decizii*, 1970, p. 344; Bacău Court of Appeal, dec. no. 710/20.11.2008, www.portal.just.ro, all cited and commented in V. Pușcașu, *Noul Cod penal adnotat*, Hamangiu, Bucharest, 2014, pp. 428–432.

be increased by one third. (5) If noncompliance with laws or precautionary measures or the carrying out of the activity that led to the commission of the acts in paras. 1–3 is itself an offense rules governing concurrent offences shall apply. (6) Criminal proceedings shall be initiated upon prior complaint of the injured person.

A traffic accident produced with the contribution of a non-autonomous or semi-autonomous vehicle may be the cause of the crime against the patrimony consisting in the destruction by negligence, set forth by art. 255 of the Penal Code, according to which (1) The destruction, degradation or bringing into disuse, by fault, of a good, even if it belongs to the offender, if the offense is committed by arson, explosion or any other similar means and is likely to put in danger other persons or property, shall be punished with imprisonment from three months to one year or a fine. This offense can be charged to the driver of the vehicle in the event that the traffic accident caused arson, the explosion of the property of a third party or even of the vehicle, which damaged the property to such an extent that it became unusable.

In light of the legal provisions mentioned above, it is imperative to legally clarify the juridical significance, from a criminal point of view, of the notion of control over the vehicle. Who exactly has this prerogative or obligation? It is clear that, first and foremost, the driver of the non-autonomous vehicle who is right behind the wheel and who must keep their hands on the steering wheel at all times, fully manage its driving mode, regardless if, depending on the road, traffic or environmental conditions, there is a potential danger of a traffic accident. However, things can be more complicated in the case of semi-autonomous vehicles in which, although the human driver has to supervise the operation of the vehicle and intervene whenever noticing or being warned of an imminent danger in the sense of a traffic accident, should not control, in its entirety, the running of the vehicle, which can operate, under certain road, traffic and environmental conditions, alone. In such a case, in the event of a traffic accident, a very careful analysis of the actual possibility the driver of the vehicle had to take control of it, taking into account the moment when they should have noticed the risk of the accident or, even more challenging if, in the absence of a warning, they were to receive from the vehicle they were driving and they did not receive, when they should have noticed the need to take over its manual operation, the clear determination, beyond any doubt, of a fault in this respect being the only thing able to bring about their criminal liability.

With regard to autonomous vehicles, the elimination from the equation of the criminal liability of the human driver, who is no longer in control, even partially, of the vehicle, raises the question of the possible transfer of the liability to one or more legal persons, respectively to identify the role these collective entities fulfil in the chain of production – approval – marketing – distribution – supply – possible control of the driving of autonomous vehicles operating, interconnected, in a network.

The Romanian Penal Code regulates in art. 135 the criminal liability of the legal person, as a general liability,[23] for any act provided for by the criminal law, regardless of the form of fault required by the legal provisions,[24] as long as the crimes were committed in carrying out the activity or in the interest or on behalf of the legal person,[25] by any natural person acting under these conditions, and not only by its bodies or representatives.[26] The criminal liability of the legal person is, *de lege lata*, a direct, personal and subjective liability, for one of its activities, carried out through another and determined by the corporate structure,[27] so that, in order to engage it, it is necessary to prove that the decision-making structure of the legal person has sought, known, foreseen or at least could reasonably have foreseen the commission of the act or that there is, at the decision-making level, a tolerant and passive policy towards the commission of such acts,[28] thus establishing, in concrete terms, the existence of the fault of the legal person itself, distinct from that of the natural person(s) who committed the act, in the form required by law.

So, should one identify an element of fault, in the form required by law (usually, as we have already seen, in the form of negligence), in respect of any of the legal persons which had a role in the chain of activities which allowed putting and keeping into circulation the autonomous vehicle, which caused someone's death, bodily injury or a destruction, in the conditions in which the crime was committed either in the accomplishment of its object of activity, or in its interest or on its behalf of the legal person, the latter will have to be held criminally liable.[29]

In the same conditions, the liability of a legal person which also has as an object of activity the transport of persons and / or goods, and which operates,

---

23 F. Streteanu, Răspunderea penală a persoanei juridice potrivit Legii nr. 278/2006, in *Caiete de drept penal*, no. 3/2006, p. 18.

24 L. M. Stănilă, *Drept penal. Partea generală II. Curs universitar*, revised and amended second edition, Universul Juridic, Bucharest, 2021, p. 141.

25 V. Pașca, *Modificările Codului penal. Legea nr. 278/2006. Comentarii și explicații*, Hamangiu, Bucharest, 2007, p. 22.

26 Statement of reasons concerning the draft Penal Code, p. 31, www.avocatnet.ro.

27 F. Streteanu, R. Chiriță, *Răspunderea penală a persoanei juridice*, Rosetti, Bucharest, 2002, p. 50.

28 L. M. Stănilă, *Drept penal. Partea generală II. Curs universitar*, revised and amended second edition, Universul Juridic, Bucharest, 2021, p. 145.

29 V. Cioclei, *Drept penal. Partea specială I. Infracțiuni contra persoanei și infracțiuni contra patrimoniului*, C. H. Beck, Bucharest, 2021, pp. 21, 58, 421.

in its carrying out, autonomous vehicles, may be engaged for the commission of the same offenses.

Given the mode of operation of autonomous vehicles, a functional anomaly may result not only in the death or injury of a person or the destruction of property as a result of a traffic accident, but also in the illegal deprivation of liberty of passengers carried in such a vehicle, an act criminalized by art. 205 of the Penal Code, for which, also, under the conditions indicated above, the criminal liability of a legal person[30] or of the user of the vehicle – natural person may be engaged.

Also, either a legal person in the above category or a natural person, third party to any process of production – approval – distribution – putting or keeping into circulation of an autonomous vehicle, may be held criminally liable for the crime of computer fraud regarding Artificial Intelligence that operates the autonomous vehicle or any other computer component thereof, an act criminalized by art. 249 of the Penal Code, according to which the introduction, transmission, changing or deleting of data, restricting access to such data or hindering in any way the operation of a computer system in order to obtain a benefit for himself or another, whether it caused damage a person is punishable with imprisonment for 2–7 years.

The offenses against the security and integrity of computer data and systems, provided for by arts. 360–365 of the Penal Code may also engage the criminal liability of either the legal or natural persons who commit them in connection with an autonomous vehicle, illegally accessing its computer system (art. 360), illegally intercepting a computer data transmission that it performs during its operation (art. 361), altering the computer data integrity that it uses for its operation (art. 362), disrupting its operation system (art. 363), transferring without authorisation data from a computer system of the autonomous vehicle or of the network in which it operates (art. 364), performing other illegal operations with the devices or computer programs that form part of the autonomous vehicle or contributing to its operation (art. 365).

Criminal liability for the offenses of involuntary manslaughter, causing involuntary bodily injuries or destruction may also be incurred in respect of the natural person who uses an autonomous vehicle in their own interest, insofar as, at the basis of the traffic accident caused by the vehicle, the wrongful act of this person consists either in failure to perform, on time or in the conditions required by law, the periodic technical inspection of the vehicle, or in its non-maintenance according to its user manual, respectively the use,

30 Ibid., p. 135.

commissioning and maintenance of a vehicle which does not meet the legal requirements for the safety of its operation in traffic.

The crime of failure to fulfil the duties of technical verification or repairs, provided for by art. 340 of the Penal Code, consisting in the defective performance or non-performance of verification or technical periodical inspection of motor vehicles or of those on carrying out repairs or technical interventions by persons who have such powers, if, due to the technical condition of the vehicle, traffic safety on public roads was endangered or a traffic accident that has resulted in injury to the bodily integrity or health of one or more persons, is likely to bring the criminal liability of both natural and legal persons that have such duties regarding both non-autonomous and semi-autonomous vehicles, but also autonomous ones.

Therefore, the criminal legislation in force does not require abrupt changes in order to adapt the putting into circulation, on public roads in Romania, of autonomous vehicles, criminalizing most of the acts that can be committed with the contribution of such vehicles.

Like civil tort liability, criminal liability can only be incurred in respect of a subject of law – natural or legal person – there is no possibility of prosecuting Artificial Intelligence operating the autonomous vehicle or the network in which it operates, intelligence which, despite this characteristic that makes it human-like, remains an intangible good, and does not have the status of a person. Therefore, any breach of a social value protected by criminal law, through or by the contribution of an autonomous vehicle, will bring about the criminal liability of a subject of criminal law – natural or legal person – whose action or omission, committed with the form of fault required by law, meets the elements of an act criminalized by law.

5 What Could Be the Distribution of Risk and Liability Depending on the Degree of Risk and/or the Implication of "Drivers"?

Shortly resuming the classification of motor vehicles according to their characteristics in relation to the degree of automation, and the degree of autonomy, according to SAE International, there are five classes of automated vehicles, partially or fully autonomous, and the sixth class, in which the automatic component, respectively the autonomous one, is completely missing. We called the latter, in this paper, non-autonomous. First and second class vehicles are characterized by the fact that the dynamic driving tasks, such as the operational and tactical aspects, are performed by the human driver, these vehicles being equipped with automatic systems that ensure their assisted autonomy (first class), respectively a partial autonomy (second class). Third, fourth and fifth class vehicles are characterized by the fact that all dynamic driving tasks are performed by the automatic driving system. Third class vehicles enjoy a conditioned autonomy, the human driver being required to take over the task of driving them occasionally, whenever necessary, being warned as such by the automatic driving system or noticing themselves. In this paper, we have called the first, second and third class semi-autonomous vehicles. The fourth and fifth classes include fully autonomous vehicles, those in the fourth class enjoying a high autonomy, and those in the fifth class, total autonomy. Of these, those in the fifth class can operate without a human driver on any road, traffic and environmental conditions. Those in the fourth class operate entirely without a human driver, only under certain road, traffic and environmental conditions.

Currently, 90% of traffic accidents are caused due to human error,[31] in the conditions of a quasi-unanimous vehicle fleet of non-autonomous and semi-autonomous vehicles.

Putting into circulation (highly/full) autonomous vehicles (of the fourth and fifth classes, described above) can reduce or even eliminate the cause of traffic accidents with the highest incidence – human error – but, although equipped with high technology – Artificial Intelligence system – meant to increase the degree of security, respectively traffic efficiency, autonomous vehicles themselves cause new problems in this regard, related to security. Eliminating human error from the equation does not imply eliminating the error of the Artificial Intelligence system that operates in place of the human driver of the autonomous vehicle. The more complex the technology, the higher the probability of technical errors that tend to compromise the expected safety of the autonomous vehicle, Artificial Intelligence used so far proving the inability to avoid a traffic accident in certain concrete contexts.[32] Perhaps the biggest

---

31 National Centre for Statistics and Analysis, U.S. Department of Transportation, National Highway Traffic Safety Administration, Critical Reasons for Crashes Investigated in The National Motor Vehicle Crash Causation Survey, *Traffic Safety Facts, a Brief Statistical Summary*, Washington, DC, DOT HS 812 115 (February 2015), pp. 1–2, https://crashstats.nhtsa.dot.gov/Api/Public/ViewPublication/812115; B.W. Smith, Human error as a cause of vehicle crashes, Centre for Internet and Society, 18th of December 2013, available online at http://cyberlaw.stanford.edu/blog/2013/12/human-error-cause-vehicle-crashes; Y. Sun, D. Olaru, B. Smith, S. Greaves, A. Collins, Road to Autonomous Vehicles in Australia: A Comparative Literature Review, *Conference: 38th Australasian transport research forum 2016*, Melbourne, Australia, 16–18 November, https://www.researchgate.net/publication/317738466_Road_to_autonomous_vehicles_in_Australia_an_exploratory_literature_review.

32 V.A. Banks, K.L. Plant, N.A. Stanton, Driver Error or Designer Error: Using the Perceptual Cycle Model to Explore the Circumstances Surrounding the Fatal Tesla Crash on 7th May

problems are caused by programming Artificial Intelligence with collision algorithms in situations where traffic accidents are inevitable, cases in which the reaction of Artificial Intelligence operating the autonomous vehicle must be programmed in such a way as to be able to solve moral dilemmas about saving the bodily integrity or even the lives of road users, including passengers, without giving priority to one category or the other, but making the most socially beneficial decision, depending on several factors.[33] However, this goal can only be achieved in time, based on the experience gained by Artificial Intelligence systems in the real world, which raises a new problem: the acceptance, by the general public, of this new technology.[34] These are the risks, mainly but not only, connected to the safety that autonomous vehicles offer in traffic, civil liability faces in the field of repairing the damage arising from traffic accidents caused by the autonomous vehicles.

Given the characteristics of automation, respectively the autonomy of vehicles, and their classification according to these criteria, as we have already seen, the issue of sharing liability and risks arising from the manufacture, placing on the market, supply and use of vehicles must be treated separately, depending on the type of vehicle in question.

Thus, non-autonomous vehicles require a human person's (theoretical) complete control of their mode of operation – the driver. In such a situation, the tortious, prejudicial, culpable wrongful act, i.e. the accident caused due to the violation of the traffic rules, will incur the driver's civil tort liability towards the injured party or another person entitled to compensation, constituting the source of their legal relationship, according to art. 1349, art. 1357 of the Civil Code.

In the event that the driver of the self-driving car performed the task of driving it in his capacity as agent, the same tort committed by him will be liable both to him and to his principal, who will be held liable, to the injured victim, in solidarity with the driver in charge (the agent), according to art. 1373 of the Civil Code. In this case, the principal's liability for the act of his agent being

---

2016, *Safety Science* (2018) 108, pp. 278–285, https://eprints.soton.ac.uk/416674/1/Pure_PCM_of_the_Tesla_Crash.pdf.

33 I. Coca-Vila, Self-Driving Cars in Dilemmatic Situations: an Approach Based on the Theory of Justification in Criminal Law, *Criminal Law and Philosophy* (2018)12(1), pp. 59–82, https://link.springer.com/article/10.1007%2Fs11572-017-9411-3.

34 P. Bansal, K. M. Kockelman, A. Singh, Assessing Public Opinions of and Interest in New Vehicle Technologies: an Austin Perspective, *Transportation Research Part C* (2016) 67, pp. 1–14, https://www.researchgate.net/publication/295675936_Assessing_public_opinions_of_and_interest_in_new_vehicle_technologies_An_Austin_perspective#fullTextFileContent.

an objective one, it may be based on the idea of risk involved in choosing and using, in his own or another one's interest, the person in charge (the agent), to perform certain tasks or activities, agent over whom the principal exercises direction, supervision and control, benefits and prerogatives whose reverse consists in bearing any task that the risk introduced in society imposes on him.

Also objectively, on the idea of risk, as we have already seen, can be based the liability of the legal guardian (Articles 1376–1377 of the Civil Code) and, respectively, that of the manufacturer (Law no. 240/2004) of the self-driving car.

The former is to bear the risk of using, in society, an instrument with a potentially abnormal, harmful behaviour, due, this time, to the 100% unpredictability of the actual operation of the mechanical system itself, respectively to the intensity, the significant extent of the damage that such a vehicle can cause by means of a traffic accident, due to the mechanical work developed by the mass, speed and strength of the materials of which it is composed.

The latter is required to bear the risk of placing on the market, homologation and trading of a vehicle with possible manufacturing defects, undetected during the manufacturing and testing processes, with the potential to manifest itself during the use of the vehicle in circulation, defects that represent possible causes of traffic accidents leading to damages.

These considerations remain valid also for the semi-autonomous vehicles of the first and second classes, in whose driving the role of the human driver remains crucial, from the perspective of the provisions of art. 148 of the Regulation implementing GEO no. 195/2002, which, in point 12, provides that the driver of a vehicle, agricultural or forestry tractor or trams prohibited from letting the steering wheel, the handlebars or the control lever free while driving, from stopping the engine or disengaging the transmission while driving, respectively of art. 8, point 5 of the Vienna Convention, which requires every driver at all times to be able to control his vehicle while driving on public roads.

Third-class semi-autonomous vehicles require, in order to circulate on public roads, the same involvement on the part of the human person, in the light of the same legal provisions (art. 148, point 12 of the Regulation implementing GEO no. 195/2002 and art. 8, point 5 of the Vienna Convention), whereas, although they may be driven exclusively automatically or autonomously, under certain road, traffic and environmental conditions, they do require total and prompt implication of the driver, who must take control of the vehicle, there being, in this sense, a manual control which, once actuated, removes the vehicle from the automatic mode of operation. The only problem that arises in this scenario is the cause of the driver's failure to do so at the optimal time and the avoidance of a traffic accident, depending on how the vehicle is equipped with a warning system of the imminent occurrence of such an event, system that worked within normal parameters or not, respectively the vehicle is not equipped so, the driver having to detect the potential danger himself and take control of the car. If the vehicle is equipped with such a warning system, it has been found that the human driver tends to be more relaxed behind the wheel, losing concentration, and performing activities that diminish or even annihilate his attention.[35] If the warning system operates normally and the warning is triggered in time, the human distracted from the driving activity will lose, however (it was found that approximately 25–40 seconds), a certain period of time until he becomes aware of the danger he is warned about, takes control of the car and acts accordingly. If the warning system does not work, there is a risk, due to the same attitude of the driver, that the danger will not be noticed or will be realized too late, therefore the accident will be imminent. The lack of such a warning system in the car is able to require the driver to pay more care and attention, but not to the parameters that would be required by the driving of a non-autonomous car, as the mere automatic, semi-autonomous operation of the vehicle is likely to cause such a relaxed behaviour of its driver. In all the above cases, however, in the light of the legal provisions invoked, applicable without distinguishing between non-autonomous and semi-autonomous vehicles, the driver will be guilty of a traffic accident, as he was not prudent enough to observe the imminent danger in time, respectively diligent enough to avoid the accident, although he had a legal obligation to be permanently in control of the vehicle, namely to supervise, including in the automatic, semi-autonomous mode of operation, its functioning. With regard to the evidence to be brought in order to prove the guilt of the human driver behind the wheel of the vehicle, it has been suggested, to the detriment of the right to privacy of the passengers from the vehicle, which would be limited, to equip the car with a black box similar to those from aircrafts, which shall record and keep all data relating to the circumstances of the accident.[36] This means that the above advanced solutions for first and second class semi-autonomous vehicles remain valid for third-class semi-autonomous vehicles as well.

The only difference that needs to be mentioned, between the risks to be borne in respect of non-autonomous and semi-autonomous vehicles, is that the risk assumed either by the legal guardian of the vehicle or by its manufacturer

35 A. Taeihagh, H. Si Min Lim, Governing Autonomous Vehicles: Emerging Responses for Safety, Liability, Privacy, Cybersecurity, and Industry Risks, *Transport Reviews* (2019) 39: 1, p. 110, Full article: Governing autonomous vehicles: emerging responses for safety, liability, privacy, cybersecurity, and industry risks (tandfonline.com).

36 V. Dhar, Equity, Safety, and Privacy in the Autonomous Vehicle Era, *Computer* (2016) 49(11), pp. 80–83, https://ieeexplore.ieee.org/stamp/stamp.jsp?tp=&arnumber=7742291.

also includes the manner of operation of the automatic system, which gives the vehicle its semi-autonomy.

However, fourth- and fifth-class autonomous vehicles offer a different perspective on the problem, as their operation does not involve the presence of a human driver at all, as they are driven entirely by the Artificial Intelligence with which they are equipped. This means that, from the chain of those liable for the damage caused by the traffic accident, a legal subject disappears, one who carried a patrimonial liability, for his own deed committed with guilt: the driver of the vehicle. Therefore, the options regarding the objective liability that can be exercised either against the legal guardian of the vehicle or against its manufacturer, who bear the risk of putting and keeping in circulation, respectively of using such a thing, remain open to the injured victim. However, the disappearance of the driver from the sphere of responsible persons is compensated by the emergence within it of one or even several legal subjects acting as producers of the Artificial Intelligence who operated the vehicle that caused the traffic accident, a component that, although systemically integrated in the vehicle, before its completion, constituted a separate, incorporeal product, delivered to the vehicle manufacturer or incorporated in it by its manufacturer; thus, the realization and placement on the market of the Artificial Intelligence system that has made a common body with the mechanical one usually involves the co-participation of several legal subjects: the manufacturer, the supplier, the software provider, the software operator, etc., the most difficult task being that of identifying and separating, from all the different components, the one(s) that caused the functional anomaly of the system.[37] However, this should not be a problem for the person injured as a result of the traffic accident, nor for the legal guardian of the vehicle, who has fully compensated the former, both of whom being able to bring an action against any of the persons identified as manufacturer of the vehicle in question, in the light of Law no. 240/2004. A possible liability of one of these persons will open the way for them to claim a right of recourse (usually, contractually) against that business partner whom they identify as responsible for the manufacture of the defective component. Therefore, in this scenario, the victim of the injury has a right of option in engaging the tort of any of the persons who has either the quality of legal guardian, or that of manufacturer of the autonomous vehicle (self-driving car), all of these persons bearing, in relation to the victim, the risk posed by the task of repairing the damage inflicted by the road accident caused

37 L. Collingwood, Privacy Implications and Liability Issues of Autonomous Vehicles, *Information & Communications Technology Law* (2017) 26(1), pp. 32–45, https://eprints.kingston.ac.uk/id/eprint/37341/1/Collingwood-L-37341-AAM.pdf.

by the autonomous vehicle. This risk will be later allotted either to the legal guardian of the vehicle or its manufacturer, to the extent that a manufacturing defect of the car may be identified or not, either in its mechanical or in its electronic or Artificial Intelligence components.

6 What Would Be the Integration of Self-Driving Cars in the Insurance Industry?

In Romania, the civil liability insurance for damages caused to third parties by vehicle or tram accidents (hereinafter, "RCA") is regulated by Law no. 132/2017 (published in the Official Journal of Romania, Part I, no. 431/12 June 2017) and its application rules issued by the Financial Supervisory Authority (Rule no. 20/2017 on car insurance in Romania, published in the Official Journal of Romania, Part I, No. 624/1 August 2017, amended by Rule no. 7/2018 and Rule no. 36/2020; Rule no. 22/2017 on the methodology for calculating the reference tariffs for the compulsory car insurance civil liability for damages caused to third parties by vehicle and tram accidents, published in the Official Journal of Romania, Part I, no. 717/5 September 2017). These are supplemented by the provisions of the GEO no. 195/2002 regarding traffic on public roads.

The special law regulates as mandatory the conclusion of the insurance contract by the natural or legal persons who own vehicles subject to registration in Romania, as well as trams, with RCA insurers authorized by the Financial Supervisory Authority (art. 3 of Law no. 132/2017). However, the insurance contract can also be concluded by a simple user of the vehicle who has been granted the right of use, for a certain period, based on a contract concluded with the owner of the vehicle. The owners of vehicles used exclusively for the purposes of training, racing, competitions or rallies are exempted from the obligation to conclude the contract, provided that they are legally organized (art. 4 of Law no. 132/2017). The owners of these categories of vehicles or the organizers of the competition may voluntarily insure themselves for the specific risks of accidents occurring in such competitions.

The territorial limits for coverage of the RCA insurance are, according to art. 1 point 18 of Law no. 132/2017, the territory of Romania, the territories of the Member States of the European Union, of the Parties to the Agreement on the European Economic Area Economic, and the territory of the Swiss Confederation; the territories of the States directly joining two Member States of the European Union, in which there is no national motor insurers' bureau and the territories of the states under the competence of the national motor insurers' bureaux signatories of the Multilateral Agreement.

Compensation will be awarded regardless of whether the accident occurred on or off public roads, in an enclosure or in any other place, regardless of whether the insured vehicle was on the move or parked, provided that the insured risk occurred within the territorial limits included in the RCA policy.

Until the entry into force of Law no. 132/2017, the RCA insurance had the particularity that it met all the conditions required by law to be considered a forced contract, both the conclusion and the content of the contract being mandatory and regulated by law. The qualification of the RCA insurance as mandatory resulted from the fact that it fulfilled the requirements of art. 3 of Law no. 136/1995 on insurance and reinsurance in Romania. According to these provisions, currently repealed, mandatory was "that insurance in which the relations between the insured and the insurer, the rights and obligations of the parties, were provided by law". In the content of art. 4 of the same law, the RCA insurance was expressly mentioned as belonging to this category. The forced nature of the RCA contract, as it resulted from the applicable legal provisions, prohibited the intervention of the insured in the establishment of the contractual clauses.

At present, the provisions of art. 5, para. (5) of Law no. 132/2017 allow the parties to agree to insert within the contract additional clauses, other than those established in the law and in the regulations issued by the FSA. The only clauses prohibited are those which restrict the rights of injured third parties. It follows that a clause whereby the insurer assumes an extended liability, by taking risks which are not expressly regulated, would be lawful. The only limitation imposed by the legislator is the avoidance of any stipulations that would infringe the rights of the victims of traffic accidents. It is not possible to limit, by means of an agreement, the liability of the insurer provided by law.

Following the amendments introduced by Law no. 132/2017, which allow the inclusion in the contract of clauses negotiated by the parties, we can no longer speak of RCA insurance as a contract in which all the rights and obligations of the parties are stipulated by law, but certainly all the rights and obligations stipulated by law enter into the content of the RCA contract. In other words, the contract contains at least those rights and obligations provided under the special law and the rules on its application, and its content may be extended, provided that it does not infringe the rights of third parties who are victims of traffic accidents.

The question is whether it is possible to extend the liability of the RCA insurer by a simple agreement of the parties, in order for the insurer to take on risks that have nothing to do with the insured person or the driver, but are related to the control of the vehicle by means of Artificial Intelligence. This extension, by means of an agreement, being narrow, cannot be in the interest of the insurers. The risks in insurance are taken over mutually, which implies a reporting to a multitude of risks of the same type that can affect the potential insured. With this data, insurers can make actuarial calculations to find out the probability and intensity of the occurrence of risks, parameters according to which the insurance premiums are also calculated. In these circumstances, the stipulation of clauses in the insurance contract by which the RCA insurer assumes a risk that does not meet the condition of being insurable, i.e. was not statistically assessed in terms of probability and intensity of its occurrence in relation to a large number of people, cannot be considered to fall within the scope of freedom of negotiation allowed by art. 5, para. (5) of Law no. 132/2017.

In other words, the bearing of a risk related to an event which, in relation to the subjective attitude of the perpetrator (the driver of the vehicle), would constitute a fortuitous event (although internal or inherent to the vehicle, it falls outside the immediate control of the driver, it is unpredictable and inevitable) must be justified by the probability and intensity of its occurrence. The risk which respects the traits of being taken over mutually is an insurable risk. In the conditions in which the law will expressly provide for the RCA insurer to assume this risk, then, by means of the conclusion of the contract, it will become an insured risk.

Under the RCA contract, the parties are not free to include clauses regarding the bearing in warranty by the insurer of risks that have not been mentioned by the special law. In these circumstances, it is necessary to verify whether the risk related to the Artificial Intelligence used in the case of semi-autonomous or autonomous vehicles, and which intervenes in the causal field of traffic accidents, is, according to the special legislation in Romania, an insurable risk.

The risks for which the RCA insurer will pay the compensation of third parties injured by traffic accidents are stipulated by the provisions of art. 11, para. (3) and (4) of Law no. 132/2017. According to this text, regardless of where the vehicle accident occurred – on public roads, on roads that are not open to public traffic, in premises and in any other places, both while moving, and when the insured vehicle was stationary, the RCA insurer shall grant compensation up to the limit of liability set out in the RCA contract for: (a) the damage caused by any devices or installations with which the vehicle was equipped, including for the damage caused due to the accidental detachment of the trailer, semi-trailer or the side-car pulled by the vehicle; (b) the damage caused by the fault of the insured vehicle's driver, (c) the damage caused by the thing itself, when the damage is caused by the characteristics or by the action or inaction of the vehicle, by another thing displaced by the vehicle's movement, by the leaking, spilling or accidental fall of substances, materials or objects carried; the (d) damage caused to third parties as a consequence of opening the vehicle doors while travelling or by its passengers when the vehicle is stopped or stationed, without making sure that the safety of the other road users is not endangered, (e) the damage caused to third parties as a consequence of driving the vehicle under the influence of alcohol or drugs. The provisions of para. (3), letter (b) shall also apply in cases where the driver of the vehicle, on the date of the accident: (a) was driving the vehicle without the explicit or implicit consent of the insured person; (b) does not have a license to drive such vehicle; (c) did not comply with the technical legal obligations regarding the condition and safety of such vehicle.

Under the current Romanian legislation, based upon the insurance contract, the insurer will be forced to compensate the victim when, as a result of the traffic accident, a subjective or objective tort will be established (in the presence of the conditions of birth of this liability: the illicit deed of the insured person or of the persons included in the insurance, their fault or the fortuitous event, the damage and the causal relationship between the illicit deed and the damage). Unlike property insurance, where the fault of the insured usually exonerates the insurer from liability, in the case of motor third party liability insurance, except for the liability for damage caused by the thing itself, the fault becomes a precondition for the payment of the insurance indemnity. Those deeds committed with serious fault (misconduct) are not covered by the policy unless expressly provided.

The insurer will also compensate the third party victim of the traffic accident when the insured is forced to repair the damage under objective tort liability, based on the idea of warranty/risk, either as principal or as legal guardian of the insured vehicle.

Therefore, the RCA insurance covers not only the liability for the insured's own deed, but also the liability for the deed of another (agent, child, etc.) or the liability for the deed of the thing itself stipulated in the contract (insured vehicle). As the liability insurance must repair the damage caused to a third party, it is only natural that the insurer does not compensate the insured for the damages he has caused to himself. The insured or other persons covered by the insurance may receive compensation, in this case, only if they have concluded an optional insurance of goods or persons.

In order to hold liable the RCA insurer against the victims of a traffic accident, the following conditions must be met, cumulatively: (a) the vehicle involved in the accident must be validly identified and insured; (b) the accident to have caused damage to the property, bodily integrity or life of a third party; (c) to establish civil liability in the burden of a certain person, regardless of whether or not this person is identified and regardless of whether or not this person is the insured person; (d) the accident is not caused by the exclusive fault of the victim, of a third party or by a force majeure event.

Among these conditions, the last two are relevant for the liability of the insurer when self-driving cars are involved in the accident.

The third condition suggests a somewhat depersonalized nature of this liability insurance, because, in order to engage the insurer's liability, it is essential to involve the insured vehicle in the accident, and not the person of the insured.

The fact that the insurer's liability towards the victims of a traffic accident may be incurred whether or not the person driving the insured vehicle is identified, and whether or not the latter is the insured person, strengthens the social function of this contract and gives it an *intuitu rei* character, the main condition for liability being that the vehicle involved in the accident be identified and insured. Nevertheless, the insurer's liability will only be incurred when the subjective tort liability of the driver (the insured or another person driving the vehicle), or the objective tort liability of the insured, is established.

The liability of the insured towards the third party is, in all cases, tortious. The liability of the insurer towards the insured is contractual, and that of the insurer towards the third party is tortious, being established by law, based on the direct action of the third party against the insurer. The contractual liability of the insurer towards the insured is a conditional one, the insurer being forced to pay the insured's compensation only if the latter can prove that he has compensated the third party. The insurer is jointly and severally liable with the insured against the third party for that part of the damage which the former is forced to cover under the law and within the limits of the insurance contract.

Firstly, the insurer is forced to pay the injured party's compensation regardless of where the vehicle accident occurred (on public roads, on roads not open to public traffic, in an enclosure and in any other place), both while on the move and when the insured vehicle is parked, regardless of whether the accident occurred due to the installations or devices with which the vehicle was equipped, whether it was caused by the trailer, semi-trailer or the side-car pulled by the vehicle, including in case of their accidental detachment from the vehicle. Compensation is also paid by the insurer for damages caused to third parties as a result of the opening of the vehicle doors by the passengers, while driving or when the vehicle is stopped or stationed, without ensuring that the safety of other road users is not endangered.

Secondly, the insurer is forced to repair the damage when it is caused by the fault of the driver of the vehicle, including in cases where, at the time of the accident, the driver of the vehicle found himself in one of the following situations: (a) was driving the vehicle without the explicit or implicit consent of the insured person, (b) does not have a license to drive such vehicle or (c) did not comply with the technical legal obligations regarding the condition and safety of such vehicle.

Thirdly, the insurer's liability also covers the damage caused by a fortuitous event, accident, i.e. it is caused by the characteristics or by the action or inaction of the vehicle, by another thing displaced by the vehicle's movement or by the leaking, spilling or accidental fall of substances, materials or objects carried.

We note that none of the risks provided by art. 11, para. (3) of Law no. 132/2017 does not expressly refer to the damage caused by the Artificial Intelligence involved in ensuring the operation of autonomous vehicles, partially (in the case of semi-autonomous vehicles) or totally (in the case of autonomous vehicles). But, in art. 11, para. (3), letter (a), is mentioned the damage caused by the devices or installations with which the vehicle was equipped, and letter (c) refers to the damage caused by the thing itself, when the damage has its origin in the characteristics, action or inaction of the vehicle.

The damage caused by Artificial Intelligence can be both that caused by the device incorporating Artificial Intelligence, the one with which the vehicle is equipped, and that caused by the action or inaction of the vehicle, which actually manifests the control exercised by Artificial Intelligence. Regardless of whether we are referring to semi-autonomous or autonomous vehicles, the decision taken by Artificial Intelligence is materialized, in the case of traffic accidents, either in an action or inaction of the vehicle. The liability of the RCA insurer for damage caused by Artificial Intelligence, in the case of accidents involving semi-autonomous or autonomous vehicles, would be justified by including the Artificial Intelligence used in the operation of the vehicle in the category of causes related to the characteristics, action or inaction of the vehicle.

However, it is certain that, at the time of the drafting of the special law or its implementing rules, the legislator did not take into account the technological development in the field of vehicle control by means of Artificial Intelligence, which is clear from the importance given to sanctioning the perpetrator's fault. An express provision for the assumption of the risk caused by the use of Artificial Intelligence would, in our view, be appropriate. The text would include covering the damage caused by the action or inaction of the vehicle as a result of the operation of the built-in Artificial Intelligence, even if this warranty, in the current regulation, would seem implied, given the objective liability of the insured as legal guardian of the good. The insured must guarantee the victim compensation for the damage caused by the thing itself, and a defect at the level of built-in Artificial Intelligence, even if it is proved to be the exclusive fault of the manufacturer, must be considered as a defect of the vehicle as a whole, which entails the liability of the insured, in his quality of legal guardian of the vehicle and, implicitly, of his liability insurer towards third parties. In order for the damage to be covered by the RCA insurer, it is sufficient for it to be caused in the accident in which the insured vehicle is involved.

It follows that some clarifications are needed in future regulations relating to the fortuitous event *lato sensu*, namely that the deed of the vehicle, determined by its characteristics, action or inaction, which would entail the liability of the insured in his capacity as legal guardian, may also be the result of the decision of the Artificial Intelligence incorporated in the vehicle. This is explained by the fact that the ultimate agent who intervenes in the causal field is the insured, who uses that vehicle in circulation. Obviously, this solution is in the interest of the victim, but we must not forget that this form of insurance has a strong social character, seeking the protection of third parties who are victims of traffic accidents. The latter must enjoy a facilitated compensation for the damage caused by the vehicles found in circulation, without being subject to chain litigations that further delay the payment. The victim of the accident aims to be compensated quickly, being less important who is the one that compensates and who was at fault or even if someone was at fault.

In our opinion, even in the absence of an express provision regarding the damage caused by Artificial Intelligence, the current regulations in Romania would be sufficient to engage the liability of the RCA insurer for this type of damage also. However, the express mention of the liability for damage caused as a result of an equipment or installations mounted on the vehicle also when Artificial Intelligence is involved, as well as the mention that liability is also incurred for the damage caused by the thing itself, which is the consequence of its characteristics and in which built-in Artificial Intelligence must be included, would prevent the exemption from liability of the insurer on the grounds that it is a case of exclusive liability of the manufacturer for defective products.

If we understand the liability for the Artificial Intelligence incorporated in the vehicle as a form of liability of the legal guardian for the fortuitous event *lato sensu*, then the insured, and, therefore, the civil liability insurer also, will not be exonerated from liability by invoking the exclusive fault of a third party, i.e. the manufacturer of defective products. Thus, in the Romanian legislation, in accordance with the provisions of art. 12 of Law no. 132/2017, insurers do not grant compensation in the following situations:

a. the cases where the vehicle's owner, user or driver at fault for the accident is not civilly liable, if the accident occurred: (i) in a force majeure event; (ii) due to the exclusive fault of the injured party; (iii) due to the exclusive fault of a third party, except for the situations set out in art. 11 para. (3) letter (d);

b. for the damage caused to goods belonging to the vehicle's driver responsible for the occurrence of the accident and those caused by the driver's personal injury or death, regardless of who claims such compensation;
c. in the following situations: (i) the damages were caused to goods belonging to natural or legal persons, if they were caused by a vehicle with RCA insurance, owned or used by the same natural or legal person and which is driven by an agent of the same legal person or by another person for whom the natural or legal person is responsible; (ii) the damaged property and the insured vehicle are part of the spouses' community property; (iii) the damaged property is used by the owner of the insured vehicle that caused the damage;
d. for the damage caused in the cases where the validity of the compulsory RCA insurance is not proven at the time of the event or the RCA insurer is not liable;
e. for the part of the damage in excess of the limits of liability set out in the RCA contract, occurred in the same accident, regardless of the number of injured parties and the number of persons liable for the accident;
f. for any fines and criminal law related expenses that the insured vehicle's owner, user or driver, responsible for the damage, would have to pay;
g. for the expenses incurred in the criminal lawsuit by the insured vehicle's owner, user or driver, responsible for the damage, even if the civil part of the trial was also settled in the criminal lawsuit;
h. for the amounts that the vehicle driver responsible for the damage must pay to the owner or user who entrusted the insured vehicle to him, for damaging or destroying the vehicle;
i. for the damage caused to the goods carried, if at the time of the accident there was a contractual relationship between the owner or user of the vehicle that caused the accident or the driver responsible and the injured parties;
j. for the damage caused to the persons or goods inside the vehicle that caused the accident if the RCA insurer may prove that the injured parties were aware of the fact that the vehicle was stolen;
k. for the damage caused by the devices or installations fitted on vehicles when they are used as working installations or machinery, which represent risks of the professional activity;
l. for the damage caused by accidents occurred during the loading or unloading operations, which represent risks of the professional activity;
m. for the damage caused further to the transport of hazardous products: radioactive, ionizing, flammable, explosive, corrosive, combustible products, which caused or aggravated the damage;

n. for the damage caused by the use of a vehicle during a terrorist attack or a war, if the event is directly connected with such attack or war.

In summary, the most important exonerating causes are: (a) causes that originate in the RCA insurance contract (the insurance does not exist or is not valid); (b) causes related to the subjective attitude of the perpetrator (with the clarification that intent in producing the damage is not an exonerating cause, but one leading to a right of recourse of the insurer, after compensation of the third party); (c) causes related to the victim's contribution to the causal link (the victim's contribution to the damage will determine a proportionate liability of the insurer; if the contribution of those involved in the accident cannot be exactly determined, then the damage will be repaired in equal proportion); (d) causes in which the risk is uninsurable (the accident was caused by a force majeure event, through the exclusive fault of the injured person or through the exclusive fault of a third person or in the exercise of a profession).

Among the abovementioned cases of exoneration of liability, those provided by art. 12, letter a), point (i) and point (iii), art. 12, letter k), and art. 12, lit. l) of the Law would seem to interfere with the operation of Artificial Intelligence specific to semi-autonomous or autonomous vehicles.

With regard to the possible assimilation of the impact of Artificial Intelligence with that of force majeure, in the case of traffic accidents involving semi-autonomous or autonomous vehicles, it should be noted that the way in which Artificial Intelligence manifests itself is completely different. Force majeure is an external and absolutely unpredictable and invincible event, while Artificial Intelligence is intimately integrated into vehicles and is one with the other technical elements, causing any sideslip in functioning to manifest itself through a deed of the thing itself, an action or inaction causing damages. Therefore, the liability that is covered by the insurance contract is a liability for the damage caused by the thing itself, for a fortuitous event, which in entailed by the insured as owner of the vehicle.

As regards the exemption from liability due to the exclusive fault of a third party, it should be noted that the fault of the manufacturer in the production of Artificial Intelligence cannot be considered as fault of a third party capable of exonerating the RCA insurer from liability. The third party, in the syntagm used by the legislator, when referring to the "exclusive fault of a third party", is a person totally foreign to the vehicle placed in circulation. Or the vehicle manufacturer cannot be a third party as long as his very own product is involved in the accident. The manufacturer is the creator of that characteristic of the vehicle which caused the harmful action or inaction.

Regardless of the nature of the vehicle or the degree of automation involved, its use during professional activities excludes the guarantee compensation payment based on RCA insurance. For such professional activities, professional liability insurances can be concluded that take into account the particularities of each risk. This explains the risk exclusions regulated by art. 12, letters (k) and (l) of Law no. 132/2017. Risks of professional activity become uninsurable risks in MTPL insurance. Thus, the RCA insurer shall not be liable for damage caused at the workplace by devices or installations fitted to vehicles when used as working installations or machinery, or for damage caused by accidents occurred during loading or unloading operations.

Consequently, in the absence of the identification of an exonerating cause for the liability of the RCA insurer in connection to the use of Artificial Intelligence in the operation of the vehicles and taking into account that this type of insurance covers liability for the damage caused by the thing itself, for the action or inaction of the vehicle, the RCA insurer will be forced to repair the damage caused to third parties in traffic accidents through the intervention of vehicle-incorporated Artificial Intelligence. The specification by law of the liability of the RCA insurer for the fortuitous event generated by the vehicle-incorporated Artificial Intelligence would, however, remove any doubt regarding the incurring of liability.

In RCA insurance, the insurer's right of recourse is not possible in all cases, precisely because the insurer makes a payment in execution of a contractual obligation, following the takeover of the risk caused by the culpable behaviour of the insured.

Art. 25 of Law no. 132/2017 provides the following situations in which the insurer is entitled to recover the compensation paid, which are strictly related to the subjective attitude of the vehicle driver in the occurrence of the accident and represents a manner of sanctioning the latter's conduct: (a) the accident was caused deliberately; (b) the accident occurred in the commission of facts punishable under the criminal law on road traffic as criminal offences committed with intent, even if these they were not committed on such roads or while committing other criminal offences with intent; (c) the accident occurred while the person who had committed the criminal offence was attempting to escape from the forces of law and order; (d) the person responsible for the damage was driving the vehicle without the permission of the policyholder; (e) the insured unreasonably refused to fulfil his obligations thereby preventing the RCA insurer to conduct its own investigation, and the insurer is able to prove that this fact has led to the undue payment of the compensation.

The recourse cases regulated by art. 25 of Law no. 132/2017 are mandatory and aim to sanction the culpable attitude of the driver of the vehicle. Although it assumes liability for covering the damages caused by the insured's fault, the legislator does not seek to exonerate the latter from the obligation to pay the compensation, if found in one of the situations mentioned in the text.

Therefore, even if the insurer will indemnify the victim of the accident, he has the right to subrogate to the rights of the paid third party and to file a recourse action, in these special situations, against the driver of the vehicle. These cases of legal subrogation are provided as an exception, because by means of the insurance contract, the insurer assumes the risk of damage, out of culpable behaviour or fortuitous event, caused to the victims of the traffic accident.

In none of the situations provided in art. 25 of Law no. 132/2017, the insurer is not exonerated from the payment of compensation to a third party, if these are discovered by the insurer before making the payment. The obligation to pay compensation must be fulfilled, as this is the only way to ensure real protection for traffic accident victims. If the insured has first indemnified the third party and subsequently goes against the RCA insurer, the latter will refuse payment if the insured has been in any of the cases triggering a right of recourse, provided by law.

If we accept the fact that the liability of the RCA insurer also arises for the fortuitous event which consists in a manifestation of the vehicle-incorporated Artificial Intelligence, then it is necessary to see if, although the insurer assumes liability towards the victim, the former is entitled to bring an action for recourse against the vehicle manufacturer, i.e. the person who ordered and incorporated the respective software and placed the vehicle into circulation.

With regard to accidents caused by autonomous vehicles, it should be noted that a partial autonomy in the driving of the vehicle will engage the subjective liability, based on fault, of the driver of the vehicle. Once established the fault of the driver, it should be indifferent to the RCA insurer whether the mode of operation of the autonomous coordination had an impact on the causal chain or not. Furthermore, it would not matter whether the driver's attitude was determined or influenced by a malfunction of the Artificial Intelligence incorporated in the control of the vehicle.

The insurer's liability for damage caused by fault will occur in the case of non-autonomous and semi-autonomous vehicles, but its engaging is not excluded in case of partial fault of the insured even in the case of fully autonomous vehicles, if the latter has not taken measures for the supervision and control of the technical qualities of the vehicle, through periodic evaluations by professionals. Therefore, even in the case of autonomous vehicles, one could establish a fault of the insured, which will join the action or inaction corresponding to the incorporated Artificial Intelligence.

In these circumstances, the fault of the insured is linked to the causal relationship, although his act (the failure to take measures to verify the technical qualities of the vehicle) is not the action or inaction that triggers the damage. It may be a contributing factor, but the way in which the Artificial Intelligence that controlled the vehicle actually worked represents the trigger for the damage.

If no fault can be attributed to the insured, he will still be liable for the damage caused by the thing itself as a result of the incorporated Artificial Intelligence.

The RCA insurer, compelled to repair the damage regardless of whether it is caused by the fault of the insured or the fortuitous event, consisting in the action or inaction of the vehicle, will be interested to know the potential contribution of the vehicle manufacturer in the causal nexus. At this level, a regulation of the RCA insurer's right of recourse against the manufacturer of defective products is absolutely necessary. Although the RCA insurer is compelled to repair the damage by fortuitous event, recourse against the vehicle manufacturer responsible for the defective products will be justified when the conditions regulated by Law no. 240/2004 are met.

The distinction between the tort liability that would fall to the insured and the liability based on the warranty/risk that would fall to the vehicle manufacturer is important from the perspective of the right of recourse to which the RCA insurer is entitled. The RCA insurer has never assumed responsibility for the deed of the manufacturer of defective products. Once the victim of the accident in which the insured vehicle was involved has been compensated, the RCA insurer subrogates to the former's rights and will bring an action in recourse against the vehicle manufacturer, whose liability will be incurred if the conditions provided by Law no. 240/2004 are met. The manufacturer of defective products will be able, in their turn, to take recourse action against the culpable party, for example the author of the software incorporated in the semi-autonomous or autonomous vehicle.

The risk caused by the entry into circulation of a vehicle whose control software does not guarantee the safety of the vehicle is the type of risk that does not cause damage only occasionally and individually, but will cause mass damage, likely to seriously disrupt the balance sheet of insurance companies. Regulating the RCA insurer's right of recourse against the manufacturer of defective products, when the damage is caused by a defect in the Artificial Intelligence, seems to us absolutely necessary.

Finally, we shall make one last remark regarding some procedural impediments.

In our legislation, there are three ways to obtain compensation by a third party who is the victim of a car accident, which we will not detail, but only list: from the car liability insurer, amicably or by direct action in court (the insurer may even refuse payment directly to the insured, unless the insured proves that he has compensated the third party), from the property insurer (which will bring a recourse action against the civil liability insurer of the person responsible for the accident) and even from his car liability insurer by way of direct settlement (which will afterwards bring a recourse action against the car liability insurer of the responsible person). The last two ways to obtain compensation offer enhanced mechanisms to guarantee and promptly compensate the victim of traffic accidents. With regard to direct settlement, this is based on the prior agreement of the insurers regarding the action for recourse, by which they also agree on the opposability of the expertise carried out, amicably or during litigation, towards the insurer who has to bear the recourse.

With regard to the RCA insurer's recourse against the manufacturer of defective products for malfunctions in the vehicle-incorporated Artificial Intelligence, a prior agreement between the RCA insurer and the manufacturer or their liability insurer would facilitate a rapid recourse and the opposability of the expertise establishing the cause of damage. Otherwise, the manufacturer and their insurer must be parties to the proceedings, next to the RCA insurer, in order for the judgment to be enforceable against them. If not, a chain of disputes could follow, in which the manufacturer will be able to request their exoneration from liability, will invoke exceptions, will be able to request new expertises, and the result will be the postponement of receiving compensation, thus disregarding the finality pursued by the legislator through this type of insurance.

7 How Would the Romanian Legal System Be Coping with Data Security Needed for Using Self-Driving Cars?

In Romania, Regulation (EU) 2016/679 of the European Parliament and of the Council of 27 April 2016 on the protection of individuals with regard to the processing of personal data and on the free movement of such data and repealing Directive 95/46/EC (General Data Protection Regulation, published in OJ L 119, 4.5.2016, pp. 1–88) finds its general, mandatory and direct application.

Law no. 190/2018 on measures for the implementation of Regulation (EU) 2016/679 of the European Parliament and of the Council of 27 April 2016 on the protection of individuals with regard to the processing of personal data and on the free movement of such data (published in the Official Journal of Romania,

Part I, no. 651/26 July 2018, entered into force on August 31, 2018) establishes the measures necessary for the implementation at national level, mainly, of the provisions of art. 6 para. (2), art. 9 para. (4), arts. 37–39, 42, 43, art. 83 para. (7), art. 85 and of art. 87–89 of Regulation (EU) 2016/679.

Also, the protection of individuals with regard to the processing of personal data by the competent authorities for the purpose of preventing, detecting, investigating, prosecuting and combating crime or the execution of sentences, educational and security measures and the free movement of such data is regulated by Law no. 363/2018 (published in the Official Journal of Romania, Part I, no. 13/7 January 2019, entered into force on 10 January 2019).

Both Law no. 190/2018 and Law no. 363/2018 align the Romanian legislative framework with the requirements of Regulation (EU) 2016/679.

In principle, the rules laid down in Regulation (EU) 2016/679, as well as in the legislation concerning, on the territory of each Member State of the European Union, the harmonization of the national legal provisions with those of this Regulation, prohibit any automated decision that significantly affects EU citizens, including techniques that evaluate a person's performance at work, economic situation, health, personal preferences, interests, reliability, behaviour, location, or movements.[38]

EU Member States cannot adopt any law contrary to or even slightly more permissive than Regulation (EU) 2016/679.

Autonomous vehicles are in dire need, in order to operate optimally, first and foremost, of high-definition, current maps (created with the help of rotating lasers that build a detailed picture of the world, a combination of dozens of sonar, radar and cameras intended to capture and provide additional data that make autonomous vehicles aware of their surroundings),[39] in each moment the vehicle is running on public roads. Strict application of the rules laid down in Regulation (EU) 2016/679, as well as in the national legislation on the protection of personal data, makes it very difficult to incorporate Artificial Intelligence into autonomous vehicles from the perspective of creating, updating, storing and using high-definition maps, which facilitate, in the process of operating these vehicles, the performance of location tracking and car movement, respectively. In the absence of such maps containing geo-coded data, as well as of the Artificial Intelligence algorithms that might use them, autonomous

38 C. Metz, Artificial Intelligence is Setting Up the Internet for a Huge Clash with Europe, *Wired* (July 11, 2016), https://www.wired.com/2016/07/artificial-intelligence-setting-internet-huge-clash-europe/.

39 L. Collingwood, Privacy Implications and Liability Issues of Autonomous Vehicles, *Information & Communications Technology Law*, 03.01.2017, p. 9, http://www.tandfonline.com/doi/full/10.1080/13600834.2017.1269871.

vehicles will not be able to run in Europe, Regulation (EU) 2016/679 placing, from this perspective, as well as from that of the protection of other personal data used by Artificial Intelligence incorporated in an autonomous vehicle, the manufacturers of such vehicles in the EU at a disadvantage compared to other manufacturers in the world.[40]

In addition to these high-definition maps, autonomous vehicles are in a permanent connection with any wireless device (phone, tablet, etc.), that they use to warn them of any potential traffic hazards, in order to obtain real-time data from traffic, regarding road conditions, the rest of the infrastructure, the environment, data that allow autonomous vehicles to avoid traffic jams, respectively to avoid dangers, such as slippery roads, floods, broken bridges, etc. Also, autonomous vehicles will use their wireless connection (without which they cannot operate the shortest possible distance or any short amount of time) in order to drive without any passengers, reaching a certain location where they were called (also with the help of wireless communication technologies), or leaving the passengers they are transporting right at the door of the building they wanted to reach, and then parking at any distance from that building. The same technology will make it possible to operate taxis without a driver.

Any operation by which the autonomous vehicle associates the data collected with the identity of a person turns that data into personal information about that person.[41]

The reverse of the benefits of the technology used by autonomous vehicles is the permanent possibility of any other tracking device to locate them,[42] as well as the risk of that the information regarding the history of passenger movement and those seen by them, as well as their future planned trips, be accessed and used by unauthorized persons for illegal purposes. The category of information that can be accessed for illegitimate purposes, by unauthorized persons, also includes the location of the night car park used by the user of the autonomous vehicle, which can be used in order to outline a profile of the user of the vehicle, their financial status, in order to influence them in their choices regarding their free time (where to eat, where to shop, where to relax, etc.).

40 D. M. West, Moving Forward: Self-driving Vehicles in China, Europe, Japan, Korea, and the United States, *Center for Technology Innovation at Brookings* (september 2016), p. 18, https://www.brookings.edu/wp-content/uploads/2016/09/driverless-cars-3-ed.pdf.

41 D. Glancy, Privacy in Autonomous Vehicles, *Santa Clara Law Review* (2012), volume 52, nr. 4, pp. 1171–1176, https://digitalcommons.law.scu.edu/cgi/viewcontent.cgi?referer =&httpsredir=1&article=2728&context=lawreview.

42 T. Lee, Self-Driving Cars Are a Privacy Nightmare. And It's Totally Worth It, *Washington Post*, Washington (21 May 2013), https://www.washingtonpost.com/news/wonk/wp /2013/05/21/self-driving-cars-are-a-privacy-nightmare-and-its-totally-worth-it/.

One of the biggest dangers of collecting and processing a significant amount of data regarding a particular person is the ability to create, on the basis of this information, a surrogate profile of that person, potentially to be used online.[43] Also, the information on the movement of the user of the autonomous vehicle in space (with the respective vehicle, obviously) can be used to organize his/her illegal surveillance, which might lead even to mass surveillance of groups or populations.[44]

In such a context, the placing and maintenance in circulation of autonomous vehicles will require the adaptation of the current legislative framework on the restrictions regarding the location of persons in space (which, currently, covers the technologies currently on the market: cell phones and watches with a permanent Internet connection, tablets, personal computers, etc.). Some of the possible solutions, in order to remove the dangers of misusing this data, are also to minimize at a maximum the storage period of this data, once used exclusively for the purpose of operating the autonomous vehicle, to delete this data or to revise it for deletion, to restrict their future processing, beyond the limits strictly set for their use by the Artificial Intelligence incorporated in the autonomous vehicle, to restrict the collection, processing and use of data other than those strictly necessary for the operation of the autonomous vehicle, of the cyber security of the Artificial Intelligence system that processes them, as well as the one that operates them remotely, as the case may be, solutions that Regulation (EU) 2016/679, as well as Laws no. 190/2018 and no. 363/2018, are already advancing.

Other legislative solutions concern the homologation of autonomous vehicles, while their manufacturers should be required to program the Artificial Intelligence operating such vehicles in order to ensure a minimum amount of data collected, processed and generated, strictly necessary for their operation, encryption and mixing of data, so that they should be protected against any illegal accessing (which, however, could raise another issue: that of the prevention, hindrance or detection of certain illegal activities), possibly, equipping each vehicle with a black box similar to those used in the aviation industry, in which to store those encrypted data that should be kept, stipulating, in the manual of each autonomous vehicle, the specific types of data that it collects,

43 A. Madrigal, I'm Being Followed: How Google – and 104 Other Companies – Are Tracking Me on the Web, *The Atlantic* (29 February, 2012), http://www.theatlantic.com/technology/archive/12/02/im-being-followed-how-google-and-104-other-companies-are-tracking-me-on-the-web/253758/.

44 D Glancy, Privacy in Autonomous Vehicles, *Santa Clara Law Review* (2012), volume 52, nr. 4, pp. 1208, 1212, https://digitalcommons.law.scu.edu/cgi/viewcontent.cgi?referer=&httpsredir=1&article=2728&context=lawreview.

processes, stores, uses,[45] information on the data collected and processed that are transmitted outside the autonomous vehicle, either to the operational centre, or to other autonomous vehicles with which the respective vehicle is in constant contact, in a network (which either provides it with all the necessary information about the road conditions, traffic and the environment in which it runs, so that the autonomous vehicle decides how it will operate, or controls the very operation of each vehicle connected to the network), and restricting the volume of such data to the maximum necessary for its operation. At the same time, it is necessary to equip the autonomous vehicle itself with a technology that can instantly detect, block and report any attempt to steal data or to take control of it.[46] The aim is therefore to transform the protection of data with the help of which the autonomous vehicle operates into a component part of its very own architecture[47].

Legislative interventions are also called for in the area of interdependent autonomous vehicle operators (operating permanently connected to a network), which must be required to implement clear, strict and effective procedures regarding the security of the data carried (both in relation to other autonomous vehicles linked to the network, and to the controlling entity, but also to unauthorized third parties), their encryption, the anonymisation of the persons described by the respective data, the quantity, type and quality of data that they can store and process, and, respectively, use, the length of time they can be stored, the deletion of data.

In addition to adaptations of the legislation regarding autonomous vehicles directly, their operators, their circulation on public roads, legislative interventions are needed in the area of cybersecurity standards in which wireless technologies operate, in general; this is currently the case for Wi-Fi connections, which usually are not encrypted and therefore are relatively easy to compromise.[48]

---

45 L. Collingwood, Privacy Implications and Liability Issues of Autonomous Vehicles, *Information & Communications Technology Law*, 03.01.2017, pp. 10–15, http://www.tandfonline.com/doi/full/10.1080/13600834.2017.1269871.

46 A. Taeihagh, H. Si Min Lim, Governing Autonomous Vehicles: Emerging Responses for Safety, Liability, Privacy, Cybersecurity, and Industry Risks, *Transport Reviews* (2019), 39: 1, p. 116, Full article: Governing autonomous vehicles: emerging responses for safety, liability, privacy, cybersecurity, and industry risks (tandfonline.com).

47 D. Glancy, Privacy in Autonomous Vehicles, *Santa Clara Law Review* (2012), volume 52, number 4, pp. 1238, https://digitalcommons.law.scu.edu/cgi/viewcontent.cgi?referer=&httpsredir=1&article=2728&context=lawreview.

48 D.M. West, Moving Forward: Self-driving Vehicles in China, Europe, Japan, Korea, and the United States, *Center for Technology Innovation at Brookings* (september 2016), p. 23, https://www.brookings.edu/wp-content/uploads/2016/09/driverless-cars-3-ed.pdf.

Academie Internationale de Droit Comparé, Asuncion 2022 – Rapport Turc

Vehicules Autonomes En Droit Turc

Pınar Altinok Ormanci and Arif Barış Özbilen***

Introduction

En droit turc, il n'existe pas de dispositions qui réglementent directement la responsabilité civile du conducteur ou de l'exploitant des véhicules autonomes au niveau législatif. Pourtant, l'article 29 de la Loi turque sur le Trafic Routier qui prévoit les conditions pour la mise en circulation des véhicules à moteur est aussi applicable en ce qui concerne les caractéristiques indispensables des véhicules autonomes. Selon cette disposition, « *En termes de construction et d'utilisation, les véhicules doivent être conformes à la structure de la route et à la sécurité routière. Le ministère de l'Industrie et du Commerce est autorisé à émettre le Règlement d'approbation de type des véhicules* ». Conformément à cet article, le ministère de l'Industrie et du Commerce, dans le cadre du processus d'harmonisation de l'Union européenne (basé sur le Règlement (UE) 2019/2144 du Parlement Européen et du Conseil Européen) a adopté un règlement relatif aux véhicules autonomes eu égard à l'approbation du type : « Règlement relatif aux prescriptions applicables à la réception par type des véhicules à moteur et de leurs remorques, ainsi que des systèmes, composants et entités techniques distinctes destinés à ces véhicules, en ce qui concerne leur sécurité générale et la protection des occupants des véhicules et des usagers vulnérables de la route ».

D'après ce Règlement, les véhicules autonomes sont divisés en deux catégories : les véhicules automatisés et les véhicules entièrement automatisés. Le véhicule automatisé est un véhicule à moteur conçu et construit pour se déplacer de façon autonome pendant certaines périodes de temps sans supervision continue de la part du conducteur, mais pour lequel l'intervention du conducteur demeure attendue ou requise (art. 3/1-t). Par contre, le véhicule entièrement automatisé est un véhicule à moteur qui a été conçu et construit

* Université Bilkent Faculté de Droit, Ankara Turquie
** Université Ankara Medipol, Faculté de Droit, Ankara Turquie

 | DOI:10.1163/9789004711891_012

pour se déplacer de façon autonome sans aucune supervision de la part d'un conducteur (art. 3/1-z).

Ces dispositions concernent surtout les nécessités techniques pour le lancement des véhicules autonomes en circulation. Cependant, il n'existe pas aujourd'hui une disposition légale en droit turc concernant seulement les véhicules autonomes et directement applicable en droit de la responsabilité civile. Néanmoins, on ne peut pas distinguer nettement les dispositions relatives aux exigences techniques des dispositions sur les obligations des conducteurs, c'est-à-dire sur leur responsabilité. Car, les particularités du véhicule doivent être prises en considération pour déterminer l'étendue des obligations du conducteur et si celui-ci est fautif ou non.

Le véhicule est défini dans la loi sur le trafic routier turc. Selon l'article 3 de cette loi, véhicule est le nom général des véhicules motorisés, non motorisés et à usage spécial qui peuvent être utilisés sur la route, ainsi que des engins de construction et des tracteurs à roues en caoutchouc. Par conséquent, **les véhicules autonomes** seront évalués dans le cadre des véhicules à moteur et seront inclus dans cette définition.

Quant aux niveaux d'autonomie des véhicules, c'est une société internationale, la société des ingénieurs de l'automobile (*Association of Automotive Engineers*) qui a déterminé six catégories différentes d'autonomie. Bien que ces catégories ne soient pas juridiquement contraignantes, elles sont largement utilisées dans l'industrie automobile et dans l'élaboration des réglementations connexes. On voit que ces catégories qui constituent une langue internationale commune, sont également adoptées en droit turc.

1 La Responsabilité Civile de l'Exploitant de Véhicule Automobile

1.1 *Les Concepts d'« Exploitant » et de « Conducteur » de Véhicule en Droit Turc*

En droit turc, c'est « l'exploitant » du véhicule qui est principalement tenu responsable des dommages causés par les accidents de la circulation. L'origine de la responsabilité de l'exploitant d'un véhicule automobile est la loi sur le trafic routier. Avant de passer à la réglementation de la loi sur la responsabilité, il est nécessaire d'expliquer la notion d'exploitant de véhicule.

L'exploitant est celui qui a le droit de propriété sur le véhicule, ou celui qui est inscrit au registre en tant qu'acheteur dans la vente, à condition de conserver la propriété, ou bien l'emprunteur, le locataire ou encore le créancier qui dispose du droit de gage en cas de de prêt, de location de longue durée ou de gage du véhicule. Toutefois, s'il est prouvé qu'une autre personne conduit le véhicule à son propre compte et à ses risques et périls et qu'il dispose effectivement du véhicule, cette personne est réputée être l'exploitant[1].

Comme on peut le remarquer, les concepts d'« exploitant » et de « conducteur » de véhicule peuvent coïncider ou différer l'un de l'autre, selon que l'exploitant conduit ou non le véhicule.

L'exploitant est responsable des actions de tout conducteur autorisé. Un conducteur autorisé est la personne qui conduit le véhicule à moteur avec le consentement exprès ou tacite de l'exploitant. Le premier type de conducteur dont l'exploitant est responsable, est le conducteur professionnel à qui l'exploitant laisse volontairement le véhicule, généralement sur la base d'un contrat de service[2]. En dehors de cela, les autres conducteurs dont les actions relèvent de la responsabilité de l'exploitant sont les conducteurs accidentels et temporaires. Ces types de conducteurs comprennent les membres de la famille, les employés ou les amis de l'exploitant à qui l'exploitant a laissé le volant pendant que le véhicule était en mouvement, avec son consentement[3].

1.2 Le Fondement de la Responsabilité de l'Exploitant du Véhicule

La responsabilité de l'exploitant du véhicule automobile est réglementée à l'article 85 de la présente loi. Selon cet article, si par suite de l'emploi d'un véhicule automobile[4], une personne est tuée ou blessée ou qu'un dommage matériel est causé, l'exploitant du véhicule automobile et le propriétaire de l'entreprise à laquelle l'exploitant est affilié sont solidairement responsables. (Art. 85/I)

Comme on peut le voir, il s'agit d'une responsabilité sans faute (objective)[5]. Le fondement de la responsabilité objective prévue pour l'exploitant est la responsabilité dérivant du danger[6]. Étant donné que la conduite du véhicule

---

1 Loi sur le trafic routier Art. 3.

2 F. Eren, *Borçlar Hukuku Genel Hükümler*, 21st ed.,Yetkin Yayınları, Ankara 2017, p. 710; K. Oğuzman and T. Öz, *Borçlar Hukuku Genel Hükümler,* Vol. 2, 12th ed.,Vedat Kitapçılık, İstanbul 2016, p. 206.

3 A. M. Kılıçoğlu, *Borçlar Hukuku Genel Hükümler,* 15th ed.,Turhan Kitabevi, Ankara 2012, p. 375.

4 "L'emploi d'un véhicule automobile" signifie que ce véhicule a été mis en circulation. En d'autres termes, un véhicule en circulation doit être considéré comme étant en emploi même si le moteur ne tourne pas. Voir Eren, *Borçlar Hukuku,* p. 712 et s.; Kılıçoğlu, p. 378.

5 Kılıçoğlu, p. 360; H. Tandoğan, *Kusura Dayanmayan Sözleşme Dışı Sorumluluk Hukuku,* Turhan Kitabevi, Ankara 1981, p. 208; E. Özsunay, 'Karayolları Trafik Kanunumuzdaki Büyük Bir Boşluk: Çalınan veya Araç Sahibinin İzni Dışında Kullanılan Motorlu Taşıt Araçlarının Sebep Olduğu Zararlardan Doğan Hukuki Sorumluluk' (1964) 30 İstanbul Üniversitesi Hukuk Fakültesi Mecmuası 827, 851.

6 S. S. Tekinay, S. Akman, H. Burcuoğlu and A. Altop, *Borçlar Hukuku Genel Hükümler,* Filiz Kitabevi, İstanbul 1993, p. 524; B. Bolatoğlu, *Karayolları Trafik Kanunu'na göre Motorlu*

automobile contient intrinsèquement un facteur de danger, le principe de la responsabilité objective de l'exploitant a été adopté[7]. Pour cette raison, la gravité de la faute ou l'absence de faute de l'exploitant ou du propriétaire de l'entreprise à laquelle il est affilié, n'affecte pas le fondement de la responsabilité. En d'autres termes, la responsabilité n'est pas déterminée sur la base de la faute[8]. Cependant, l'existence et la gravité de la faute sont importantes pour déterminer le montant de l'indemnisation.

Si un accident de la circulation est causé par un véhicule automobile qui n'est pas à l'emploi (Art. 85/III), la responsabilité civile de l'exploitant est engagée lorsque le lésé prouve que l'exploitant ou des personnes dont il est responsable ont commis une faute ou qu'un trouble du véhicule a contribué à l'accident.

L'exploitant est également responsable, dans la mesure fixée par le juge, des dommages consécutifs à l'assistance prêtée lors d'un accident dans lequel son véhicule automobile est impliqué, si l'accident lui est imputable ou si l'assistance a été prêtée à lui-même ou aux passagers de son véhicule. L'exploitant répond de la faute du conducteur et des auxiliaires au service du véhicule comme de sa propre faute (Art. 85/IV).

Compte tenu du premier alinéa de l'article 85, il est entendu que l'exploitant peut être tenu responsable de l'accident objectivement dans tous les cas où les raisons systémiques liées au véhicule autonome donnent lieu à l'accident. Le trouble qui a joué un rôle dans l'accident peut être dû à une erreur de fabrication, de réparation ou d'entretien. Si l'accident est causé par un dysfonctionnement du système autonome, on peut supposer que l'accident a été causé par un dysfonctionnement du véhicule.

De nombreuses raisons telles qu'un dysfonctionnement du système de conduite autonome, un calcul incorrect de la distance avec les autres véhicules par le système radar utilisé dans le véhicule autonome, l'impossibilité de détecter le piéton qui passe ou le fait que la carte enregistrée utilisée par le système

---

Araç İşletenin Hukuki Sorumluluğu, Kazancı, Ankara 1988, p. 1; Oğuzman and Öz, p. 199; H. N. Nomer, '2918 Sayılı Karayolları Trafik Kanununa Göre Motorlu Araç İşletenin Hukuki Sorumluluğu' (1992) 66 İstanbul Barosu Dergisi 36, 39; H. Karacan Çetin, *Karayolları Trafik Kanununda Hukuki Sorumluluk (Türk, İsviçre ve Alman Hukukları Karşılaştırmalı)*, Seçkin, Ankara 2016, p. 13; C. Ercan, 'Robotların Fiillerinden Doğan Hukuki Sorumluluk Sözleşme Dışı Sorumluluk Hallerinde Çözüm Önerileri' (2019) 40 *Türkiye Adalet Akademisi Dergisi* 19, 43.

7 F. Eren, 'Karayolları Trafik Kanununa Göre Motorlu Araç İşletenlerin Akit Dışı Sorumluluğunun Hukuki Niteliği ve Unsurları' (1987) 39 *Ankara Üniversitesi Hukuk Fakültesi Dergisi* 159, 159; Oğuzman and Öz, p. 198.

8 B. Kınıkoğlu, Y. Hamzaoğlu and M. Hamzaoğlu, 'Otonom Araçların Neden Olduğu Kazalardaki Hukuki Sorumluluk Rejimi' (2021) 66 *Adalet Dergisi* 333, 355.

autonome ne correspond pas à l'état actuel de la route, peuvent provoquer l'accident du véhicule autonome et causer des dommages[9]. De la même manière, la défaillance des capteurs du véhicule ou le fait que les caméras ou capteurs ne détectent pas les objets qui gênent la conduite, apparaissent comme des problèmes et des erreurs provenant du système autonome. Si ces problèmes et erreurs provoquent un accident, cela signifie que l'accident a été causé par un dysfonctionnement du véhicule. À notre avis, l'exploitant peut être tenu objectivement responsable de l'accident dans tels cas.

1.3 *L'Atténuation ou l'Exclusion de la Responsabilité Civile de l'Exploitant du Véhicule*

Selon la loi sur le trafic routier, l'exploitant est libéré de la responsabilité civile s'il prouve que l'accident a été causé par la force majeure ou par une faute grave du lésé ou d'un tiers sans que lui-même ou les personnes dont il est responsable aient commis de faute et sans qu'une défectuosité du véhicule ait contribué à l'accident (Art. 86/I).

Si néanmoins l'exploitant ou le propriétaire de l'entreprise à laquelle il est affilié ne peut se libérer en vertu de l'alinéa 1 mais prouve qu'une faute du lésé a contribué à l'accident, le juge fixe l'indemnité en tenant compte de toutes les circonstances (Art. 86/II).

Cet article nous montre que pour s'échapper de toute responsabilité, l'exploitant ou les personnes dont il est responsable ne doivent pas avoir commis de faute[10]. De nombreux problèmes différents, spécifiques aux véhicules autonomes, peuvent entraîner la faute de l'exploitant. Par exemple, en supposant que l'exploitant soit responsable d'effectuer les mises à jour liées au système autonome, dans le cas où la défaillance des mises à jour logicielles ou systèmes liées au véhicule autonome provoque un accident, l'exploitant ne peut prétendre qu'il n'est pas fautif et ne peut pas se dégager de la responsabilité[11].

Une autre condition pour que l'exploitant soit exonéré de responsabilité est que l'accident ne soit pas causé par un dysfonctionnement / une défectuosité du véhicule[12]. Si l'accident est causé par un défaut du véhicule, l'exploitant ne peut se soustraire à sa responsabilité[13]. De même, dans les véhicules autonomes,

---

9 K. Deviren, 'Yapay Zekânın Fiillerinden Sorumluluk', in S. Oktay Özdemir, A. Arkan Serim and A. Altop (eds), *Prof. Dr. Halûk Burcuoğlu'na Armağan, Vol. I,* Filiz Kitabevi, İstanbul 2020, p. 624.

10 Kılıçoğlu, p. 388; Eren, *Borçlar Hukuku,* p. 724.

11 Kınıkoğlu, Hamzaoğlu and Hamzaoğlu, p. 360.

12 Kılıçoğlu, p. 389.

13 C. Pekmez, 'Alman Karayolları Trafik Kanunu'nda 20 Haziran 2017'de Yapılan Değişiklikler Çerçevesinde Türk/İsviçre Hukuku'nda Araçların Otonomlaştırılmasının İşletenin

une défaillance du système dans le véhicule ne doit pas dégager l'exploitant de sa responsabilité. Par exemple, en cas d'une évaluation défectueuse ou erronée du système informatique ou du logiciel de conduite autonome, l'exploitant ne peut pas échapper à sa responsabilité.

En dernier lieu, l'exploitant doit prouver que l'accident a été causé par la force majeure ou la faute grave du lésé ou du tiers pour qu'il puisse échapper à sa responsabilité[14]. En d'autres termes, il doit être prouvé que le lien de causalité a été rompu (voir ci-dessous D, 2)

1.4 *Le Concept de « Conducteur » et Sa Place dans la Mise In Œuvre de la Responsabilité Civile*

1.4.1 Convention de Vienne sur la Circulation Routière

La Convention de Vienne de 1968 sur la circulation routière à laquelle la Turquie est également partie, a été élaborée sur la base du concept de « conducteur » et non de « l'exploitant ». L'article 8 de la Convention de Vienne stipule que tout véhicule en mouvement ou tout ensemble de véhicules en mouvement doit avoir un conducteur et que tout conducteur doit constamment avoir le contrôle de son véhicule. Le même article dispose également que tout conducteur doit posséder les qualités physiques et psychiques nécessaires et être en état physique et mental de conduire. On peut en déduire que, selon la Convention, le conducteur est la personne qui conduit le véhicule et cette personne ne peut être qu'un être humain.

Bien que les règles de circulation présentent des différences nationales ou régionales, la Convention de Vienne est une réglementation internationale qui fournit des règles globales pour la circulation et la sécurité routière. Les réglementations de cette Convention sont basées sur les véhicules utilisés par le conducteur. Cependant, le rôle de la conduite dans les véhicules autonomes est partiellement ou totalement transféré du conducteur au véhicule autonome. Or, dans les véhicules autonomes, la fonction de conduite (du conducteur) est partiellement ou totalement reprise par le système autonome.

Le niveau d'autonomie du véhicule peut s'élever jusqu'au point où un conducteur n'est pas du tout nécessaire. A l'inverse, à un niveau d'autonomie du véhicule inférieur, il peut y avoir un conducteur dans le véhicule. Cependant, cela ne signifie pas toujours que le conducteur contrôle la conduite et est en mesure de prendre la décision de la conduite[15].

Sorumluluğuna Etkisi' (2019) 77 İstanbul Hukuk Mecmuası 153, 169; Eren, *Borçlar Hukuku,* p. 725.

14 Eren, *Borçlar Hukuku,* p. 726.

15 Pekmez, p. 162.

D'autre part, un nouveau paragraphe a été ajouté à l'article 8 de la Convention de Vienne en 2016. Avec le paragraphe ajouté, il est admis que les systèmes embarqués ayant une incidence sur la conduite du véhicule sont réputés conformes au paragraphe 5 de l'article 8 de la Convention, à condition que les systèmes affectant la conduite du véhicule soient conformes aux normes techniques internationales ou que le contrôle de ces systèmes puisse être neutralisés ou désactivés par le conducteur. Par conséquent, la possibilité que le conducteur soit toujours prêt à effectuer toutes les commandes de conduite a été prise en compte dans le cadre de la Convention et l'utilisation de tels systèmes de conduite a ainsi été harmonisée avec la Convention. En revanche, la Convention de Vienne ne couvre pas les systèmes autonomes dans lesquels le conducteur est complètement privé de contrôle.

1.4.2 Le Droit Turc

En droit turc, le conducteur est défini dans la loi sur le trafic routier. Selon l'article 3 de la loi, le conducteur est la personne qui dirige et gère un véhicule motorisé ou non motorisé sur la route. À l'article 36 de la même loi, il est prévu que les véhicules à moteur peuvent être utilisés par des personnes titulaires d'un permis de conduire. Les réglementations concernant le conducteur dans la loi sur le trafic routier sont basées sur l'hypothèse que le conducteur du véhicule sera un être-humain, conformément à la Convention de Vienne[16].

En ce qui concerne les véhicules autonomes, la conduite s'effectue partiellement ou totalement via des systèmes autonomes indépendants de l'homme. Pourtant, l'utilisation d'un système autonome dans les véhicules ne signifie pas toujours qu'il n'y a pas de conducteur dans le véhicule. Dans les cas où le véhicule est contrôlé par le système autonome, la relation entre le conducteur et le système autonome doit être prise en compte et la responsabilité civile doit être déterminée en fonction de cette relation.

Dans les véhicules autonomes, la personne qui active ou désactive la conduite ou qui peut prendre le contrôle du véhicule peut être considérée comme conducteur, donc cette personne doit être responsable de la direction et de la gestion du véhicule.

Lorsque le conducteur a causé un dommage par sa faute ; la partie lésée peut intenter une action en réparation contre le conducteur seul ou en tant que défendeur solidaire avec l'exploitant et le propriétaire de l'entreprise à laquelle il est affilié, selon l'article 49 du Code des obligations turc[17].

---

16 Kınıkoğlu, Hamzaoğlu and Hamzaoğlu, p. 367.

17 M. S. Çekin, 'Otonom Araçlar ve Hukuki Sorumluluk' (2018) 33 *Türkiye Adalet Akademisi Dergisi* 283, 290.

Dans les cas où le conducteur est considéré comme exploitant, il sera objectivement responsable en vertu de l'article 85 de la loi sur le trafic routier, comme nous l'avons mentionné plus haut. Par conséquent, dans de tels cas, la faute du conducteur – qui est également l'exploitant – n'a pas à être prouvée.

Si l'accident est causé par le système autonome, il devient important de savoir si le véhicule est sous le contrôle du système autonome ou sous le contrôle du conducteur au moment de l'accident. Lorsque la commande du véhicule est prise en charge par le système autonome, il faut conclure que l'accident a été causé par le système autonome.

Dans un accident qui se produit sous le contrôle du système autonome, il est nécessaire d'accepter par principe que l'accident est causé par le système autonome et de n'attribuer aucune faute au conducteur. Cependant, à ce stade, les caractéristiques de conduite autonome et le niveau d'autonomie du véhicule doivent être pris en compte dans les conditions spécifiques de l'accident.

Par exemple, dans une voiture autonome de Niveau 3 (automatisation conditionnée), le fait que le conducteur n'ait pas pris le contrôle du véhicule malgré un avertissement de prise de contrôle, devrait signifier que l'accident a été causé par la faute du conducteur. De même, si on tente d'utiliser le véhicule de manière autonome, dans des conditions où il ne doit pas être utilisé de cette manière selon le manuel d'utilisation, la faute du conducteur doit être évoquée[18].

Il faut souligner que l'accident causé par un dysfonctionnement du véhicule n'enlève pas la responsabilité objective de l'exploitant (dans le cas où le conducteur est aussi l'exploitant du véhicule). Selon le droit turc, deux faits doivent être prouvés pour que l'exploitant ou le propriétaire de l'entreprise soit dégagé de toute responsabilité. Le premier est de prouver que l'accident a été causé par la force majeure ou la faute grave du lésé ou du tiers. Deuxièmement, il doit être prouvé que l'accident n'a été causé ni par la faute de l'exploitant ou du propriétaire de l'entreprise ou celle des personnes dont ils sont responsables, ni par une défectuosité du véhicule. En d'autres termes, le simple fait de prouver que le lien de causalité a été rompu ne dégage pas l'exploitant (ou le propriétaire de l'entreprise) de sa responsabilité.

Outre la preuve de la rupture du lien de causalité, l'exploitant doit également prouver que l'accident n'a pas été causé par sa propre faute ou par la faute des personnes dont il est tenu responsable et que l'accident n'a pas été causé par une défectuosité du véhicule. Par cette disposition, on voit que la loi a mis une

18 Kınıkoğlu, Hamzaoğlu and Hamzaoğlu, p. 363.

présomption de faute à l'encontre de l'exploitant ou du propriétaire de l'entreprise et une présomption de vice pour le véhicule[19].

2 La Responsabilité Civile du Fait des Produits

En ce qui concerne la responsabilité du fait des produits en droit turc, la Loi sur la Sécurité des Produits et Les Réglementations Techniques est entrée en vigueur en mars 2020. L'article 6 de cette loi stipule que si le produit cause des dommages à une personne ou à un bien, le fabricant ou l'importateur de ce produit est tenu d'indemniser les dommages. Pour que la responsabilité du fabricant ou de l'importateur soit engagée, la personne lésée doit prouver le dommage subi et le lien de causalité entre la non-conformité et le dommage. Il y a « non-conformité », quand le produit n'est pas conforme à la réglementation technique ou à la législation générale sur la sécurité des produits.

Selon l'article 6 de cette loi, si plusieurs fabricants ou importateurs sont responsables des dommages causés par le produit, ils sont solidairement responsables. Les clauses des contrats qui excluent ou réduisent la responsabilité du fabricant ou de l'importateur sont nulles.

Concernant les véhicules autonomes, lorsque la cause du dommage est due à un défaut (non-conformité) du véhicule, la responsabilité du fabricant peut être engagée[20]. Par exemple, si une erreur logicielle liée au véhicule autonome est découverte, cela peut être considéré comme un défaut de conception dont le fabricant peut être tenu responsable. De même, le fait que l'intelligence artificielle dans les véhicules autonomes soit ouverte aux dangers extérieurs (danger de piratage, cyber-attaque), doit également être considéré comme un défaut de conception.

Cependant, les erreurs de développement doivent être traitées différemment. Les erreurs de développement sont définies comme des risques inconnus pendant la phase de production et d'utilisation du produit[21]. Ici, comme le risque qui constitue la source de l'erreur n'est pas connu exactement, il ne peut pas non plus être empêché[22].

19 Eren, *Borçlar Hukuku,* pp. 723–724.

20 M. Ebers (Trad. Z. Başer Erdoğan), 'Yapay Zekâ İçin Sözleşmeden Kaynaklanmayan Sorumluluk – Temel Sorunlar' (2019) 16 *Rechtsbrücke – Hukuk Köprüsü* 75, 85.

21 B. Baysal, *Haksız Fiil Hukuku – BK m. 49–76,* On İki Levha Yayıncılık, İstanbul 2019, p. 292.

22 K. B. Kapancı, 'Özel Hukuk Perspektifinden Bir Değerlendirme: Yapay Zekâ ve Haksız Fiil Sorumluluğu' in E. E. Aksoy Retornaz and O. G. Güçlütürk (eds), *Gelişen Teknolojiler ve Hukuk II: Yapay Zeka,* On İki Levha Yayıncılık, İstanbul 2021, p. 177.

Il est très difficile pour le fabricant qui respecte strictement les réglementations techniques en vigueur au moment de la production d'être tenu responsable, en vertu de « la Loi sur la Sécurité des Produits et Les Réglementations Techniques », des erreurs de développement qui peuvent survenir bien des années après la production. Car, il ne sera pas possible pour la partie lésée de prouver facilement que le fabricant a réalisé une production contraire à la réglementation technique en vigueur au moment de la production.

Pour cette raison, il est soutenu[23] dans la doctrine turque que ladite loi reste insuffisante pour répondre aux exigences des lésés à propos des défauts de développement, et c'est pour cette raison que la responsabilité en cas de danger, prévue dans le Code des obligations turc, peut être appliquée à ce type de défauts.

Selon cette disposition (CO turc art. 71) intitulée « Responsabilité en cas de danger », lorsqu'un dommage découle de l'activité d'une entreprise qui présente un danger important, le propriétaire de l'entreprise et l'exploitant sont solidairement responsables. D'après cette disposition, compte tenu de la nature de l'entreprise ou des matériaux, ou bien des outils utilisés dans l'activité, s'il est conclu que l'entreprise est susceptible de causer des dommages fréquents ou graves, même si tout le soin attendu d'un spécialiste de ces travaux est pris, cette entreprise est considérée comme une entreprise qui présente un danger important.

Bien que ce type d'activité d'une entreprise qui présente un danger important soit autorisé par l'ordre juridique, ceux qui ont subi des dommages peuvent demander une compensation pour les dommages causés par les activités de cette entreprise à un prix approprié (CO turc art. 71/IV).

Dans ce contexte, les mauvaises « décisions » prises par les systèmes de conduite des véhicules autonomes, capables d'autodétermination et d'apprentissage, peuvent être considérées comme un risque de développement. Bien qu'il ne semble pas possible de tenir le fabricant responsable en raison des risques de développement dans le cadre de la « Loi sur la Sécurité des Produits et Les Réglementations Techniques », il est maintenu[24] que l'article 71 du Code des Obligations turc est applicable afin de résoudre le problème. Ainsi, même si les mauvaises décisions prises par le système du véhicule autonome sont considérées comme un défaut de développement, la responsabilité du fabricant peut être engagée aux termes de l'article 71 du Code des Obligations.

L'une des raisons importantes pour lesquelles le fabricant de véhicules autonomes est tenu responsable dans le cadre de l'article 71 du CO turc est que la

---

23 S. Okur, *Otonom Araçlarda Sözleşme Dışı Hukuki Sorumluluk,* Adalet Yayınevi, Ankara 2021, p. 497.

24 Okur, p. 499; Kapancı, p. 168.

domination et l'activité du fabricant sur le programme qui gère le véhicule se poursuivent même après le lancement du véhicule. En d'autres termes, l'activité dangereuse du fabricant de véhicules autonomes ne s'arrête pas après la mise sur le marché du véhicule.

En conséquence, le fabricant peut être soumis aux dispositions qui régissent la responsabilité en cas de danger prévue par le Code des obligations, limitées aux défauts de développement. La solution la plus raisonnable pour ne pas empêcher les développements technologiques est de soumettre le fabricant à une obligation d'assurance obligatoire pour les défauts de développement qui résultent de telles activités et qui ne peuvent pas être évités dans le cadre de la science et de la technologie actuelle.

3 L'Assurance

Conformément à l'article 91 de la loi sur le trafic routier, les exploitants de véhicules doivent souscrire une assurance responsabilité civile pour couvrir leurs responsabilités. En dehors de cette disposition, il n'existe pas de réglementation d'assurance concernant la responsabilité pour les accidents causés par les véhicules autonomes. Cependant, il est certain qu'une telle règlementation sera nécessaire à l'avenir[25].

Il existe un avis suggérant que le fabricant du véhicule autonome devrait être soumis à une assurance obligatoire tout comme l'exploitant pour le cas où l'accident est causé par un dysfonctionnement technique du véhicule autonome[26]. Selon cet avis, le fabricant devrait être tenu responsable, à moins qu'il ne puisse prouver que l'accident n'a pas été causé par un dysfonctionnement du véhicule.

4 La Responsabilité Pénale

En droit turc, le fondement de la responsabilité pénale est un acte illégal émanant d'êtres humains[27]. En fait, ce qui est important en matière de droit pénal, c'est que l'acte qui constitue une violation de la loi soit d'origine

25 B. Bak, 'Medeni Hukuk Açısından Yapay Zekânın Hukuki Statüsü ve Yapay Zekâ Kullanımından Doğan Hukuki Sorumluluk' (2018) 35 *Türkiye Adalet Akademisi Dergisi* 211, 226.

26 Okur, p. 541.

27 H. Aksoy, 'Yapay Zekâlı Varlıklar ve Ceza Hukuku (2021) 4 *International Journal of Economics, Politics, Humanities & Social Sciences*, 10, 20.

humaine et le produit d'une certaine volonté[28]. Le principal argument pour ne pas accepter la responsabilité pénale des personnes morales ou les créatures autres que les êtres humains est qu'elles ne peuvent pas agir sur la base du libre arbitre[29].

Les véhicules autonomes peuvent apprendre et prendre des décisions comme les être-humains. Cependant, il faut accepter que les compétences d'apprentissage et les capacités de prise de décision ne suffisent pas à créer un libre arbitre[30]. Pour cette raison, il faut dire qu'ils n'ont pas de faculté qu'a l'être humain de se déterminer et d'agir librement et ne peuvent être considérés comme une entité ayant une responsabilité pénale[31].

Bien que le véhicule autonome n'ait pas de responsabilité pénale, il ne faut pas hésiter à engager une responsabilité pénale pour le conducteur qui utilise ce véhicule. À ce stade, le niveau d'autonomie du véhicule doit être pris en compte dans l'évaluation de l'obligation de diligence du conducteur, notamment en matière de délits de négligence. Par exemple, le degré de diligence attendu du conducteur d'un véhicule autonome de niveau 3, devrait être bien supérieur à celui d'un conducteur utilisant des véhicules autonomes de niveau 4 et 5[32].

5 La Protection des Données Personnelles Indispensables au Fonctionnement des Véhicules Autonomes

La donnée, qui est un élément important de l'économie d'aujourd'hui, est considérée comme une donnée personnelle lorsqu'elle concerne une personne physique identifiée ou identifiable. Dans ce contexte, toute information

28 Ö. F. Eminağaoğlu, 'Ceza Hukukunda İsnat Yeteneği ve Yaş Küçüklüğü' (1991) 2 *Türkiye Barolar Birliği Dergisi* 214, 219.

29 N. Toroslu and H. Toroslu, *Ceza Hukuku Genel Kısım*, Savaş Yayınevi, Ankara 2021, p. 407; H. Toroslu, *Ceza Hukukunda İsnat Yeteneği*, Savaş Yayınevi, Ankara 2015, p. 21.

30 C. Özbek and V. Özbek, 'Yapay Zekânın Dâhil Olduğu Suçlar Bakımından Ceza Hukuku Sorumluluğunun Belirlenmesi' (2019) 14 *Ceza Hukuku Dergisi* 603, 615.

31 Aksoy, p. 20.

32 T. Kelep Pekmez, 'Otonom Araçların Kullanımından Doğan Cezaî Sorumluluk: Türk Hukuku Bakımından Genel Bir Değerlendirme (Criminal Responsibility Arising From Usage of Autonomos Vehicles: A General Review in the context of Turkish Penal Law)' (2018) 6/2 *Ceza Hukuku ve Kriminoloji Dergisi-Journal of Penal Law and Criminology* 173, 190.

appartenant à une personne physique est un élément de la vie privée de l'individu et a le caractère de donnée personnelle[33].

Du point de vue du droit positif, il faut commencer par le paragraphe 3 de l'article 20 de la Constitution turque. Selon cette disposition « *chacun a le droit d'exiger le respect de ses données personnelles. Ce droit comporte notamment le droit de prendre connaissance, d'avoir accès à ses données personnelles, de demander leur rectification et leur suppression et de savoir si celles-ci sont utilisées conformément aux objectifs prévus. Les données personnelles ne peuvent être traitées que dans les cas prévus par la loi ou avec le consentement des personnes concernées. Les principes et les procédures concernant la protection des données personnelles sont déterminés par la loi* ». En outre, cette question est régie en droit turc par une réglementation spécifique : « Loi sur la protection des données personnelles ». D'autre part, la Turquie est également partie à la Convention n° 108 du Conseil de l'Europe sur la protection des personnes à l'égard du traitement automatisé des données à caractère personnel.

Toutes ces réglementations susmentionnées déterminent le cadre juridique et les limites du traitement des données personnelles[34]. Le traitement de données personnelles est définie comme toute opération effectuée sur des données personnelles telles que la collecte, l'enregistrement, le stockage, la conservation, la modification, l'adaptation, la divulgation, le transfert, la récupération, la mise à disposition pour la collecte, la catégorisation ou le blocage de leur utilisation par des moyens entièrement ou partiellement automatiques ou autres que par les moyens automatiques faisant partie d'un système de classement (Loi turque sur la protection des données personnelles art. 3/I-e).

L'intelligence artificielle remplit sa fonction principalement en traitant des données personnelles protégées par la Constitution et d'autres lois et cela crée un conflit d'intérêts entre la personne dont les données sont traitées et la personne qui traite ces données[35]. Les intérêts conflictuels sont équilibrés en principe par la notion de consentement[36]. La loi turque sur la protection

33 Y. Çelik, 'Özel Hayatın Gizliliğinin Yansıması Olarak Kişisel Verilerin Korunması Ve Bu Bağlamda Unutulma Hakkı' (2017) 32 *Türkiye Adalet Akademisi Dergisi* 391, 395; B. Özçelik, 'Yapay Zekanın Veri Koruma, Sorumluluk ve Fikri Mülkiyet Açısından Ortaya Çıkardığı Hukuki Gereksinimler' (2021) 66 *Adalet Dergisi* 87, 94.

34 N. Başalp, 'Avrupa Birliği Veri Koruması Genel Regülasyonu'nun Temel Yenilikleri' (2015) 21 *Marmara Üniversitesi Hukuk Fakültesi Hukuk Araştırmaları Dergisi* 77, 84.

35 M. V. Dülger, 'Yapay Zeka Teknolojileri ve Veri Koruma Hukuku (Artificial Intelligence Technologies and Data Protection Law)' [2021] https://ssrn.com/abstract=3792333 or http://dx.doi.org/10.2139/ssrn.3792333.

36 U. Dal, 'Avrupa Birliği Genel Veri Koruma Tüzüğü'nün Ülke Dışı Uygulama Yetkisi ve Bu Yetkinin Uluslararası Hukukta Meşruiyeti' (2019) 1 *Kişisel Verileri Koruma Dergisi* 21, 22.

des données personnelles pose le principe que les données personnelles ne peuvent être traitées sans le consentement explicite de la personne concernée et définit le consentement explicite comme un consentement fondé sur le fait d'être informé sur un sujet particulier et qui s'exprime avec le libre arbitre. Ainsi, dans les cas où la personne concernée a donné un consentement explicite, le traitement de ses données personnelles est considéré comme licite en règle générale[37].

L'article 4 de loi turque sur la protection des données personnelles instaure les principes généraux qui doivent être respectés lors du traitement des données personnelles. Selon cet article, le traitement des données personnelles doit être conforme à la loi, pertinent, limité et proportionné aux finalités pour lesquelles les données sont traitées. Les données personnelles doivent également être traitées pour des finalités déterminées, explicites, légitimes et doivent être conservées uniquement pour la durée désignée par la législation en vigueur.

L'utilisation des **véhicules autonomes** oblige les personnes à partager certaines de leurs données personnelles avec les systèmes électroniques de ces véhicules[38].

Par exemple, l'intelligence artificielle d'un véhicule autonome disposera d'informations de localisation en mémorisant les endroits où la personne s'est rendue avec son véhicule, stockera des informations sur l'utilisation du véhicule telles que la vitesse, la fréquence de freinage, obtiendra des données telles que la musique écoutée et les jeux joués dans le véhicule en connectant au véhicule des appareils comme le téléphone et l'USB, sera capable de détecter combien de personnes voyagent dans le véhicule, ainsi que leurs poids, et de stocker ces données.

Il ne fait aucun doute que la collecte de ces données présente de nombreux avantages. Par exemple, grâce à la reconnaissance du visage et de la voix du conducteur par l'intelligence artificielle, le véhicule autonome peut identifier le conducteur, et il peut ainsi détecter des situations dangereuses comme l'endormissement soudain ou l'ivresse du conducteur au volant et peut l'en avertir. De même, grâce à la saisie par le conducteur des informations de localisation dans le système, il est possible d'atteindre la destination souhaitée de manière la plus rapide et la plus confortable.

Cependant, à côté des avantages de la collecte de ces données personnelles, il existe également des inconvénients notables. Dans ce cadre, étant

37 Özçelik, p. 95.

38 S. Yetim, 'Sürücüsüz Araçlar ve Getirdiği / Getireceği Hukuki Sorunlar' (2016) 1 *Ankara Barosu Dergisi* 127, 153.

donné que les informations de localisation du conducteur enregistrées par le véhicule autonome exposent le quartier où cette personne habite, travaille ou fait ses courses, cette situation peut indirectement créer le danger de commercialisation des informations sur le statut social et le statut économique du conducteur, par exemple, auprès des agences de publicité. De même, il peut être possible de partager illégalement avec les compagnies d'assurance les informations indiquant si le véhicule respecte ou non les limitations de vitesse, les informations sur les habitudes de freinage brusque du conducteur ou sur la fréquence des accidents. En effet, ces informations sont importantes pour les compagnies d'assurance afin de déterminer le montant des primes d'assurance.

Comme on peut le voir, les véhicules autonomes ont une structure qui contient les données personnelles de nombreuses personnes. C'est pour cette raison que le fabricant du véhicule autonome et les autres personnes (par ex. les techniciens, les réparateurs…) qui ont accès aux données personnelles du conducteur ou des passagers, sont tenus de protéger ces données dans le cadre des principes que nous avons mentionnés ci-dessus. Les personnes qui ne remplissent pas cette obligation s'exposent à des sanctions pénales prévues dans le Code pénal turc.

Bibliographie

Aksoy H., 'Yapay Zekalı Varlıklar ve Ceza Hukuku (2021) 4 *International Journal of Economics, Politics, Humanities & Social Sciences*, 10–27.

Bak B., 'Medeni Hukuk Açısından Yapay Zekânın Hukuki Statüsü ve Yapay Zekâ Kullanımından Doğan Hukuki Sorumluluk' (2018) 35 *Türkiye Adalet Akademisi Dergisi* 211–232.

Başalp N., 'Avrupa Birliği Veri Koruması Genel Regülasyonu'nun Temel Yenilikleri' (2015) 21 *Marmara Üniversitesi Hukuk Fakültesi Hukuk Araştırmaları Dergisi* 77–106.

Baysal B., *Haksız Fiil Hukuku – BK m. 49–76*, On İki Levha Yayıncılık, İstanbul 2019.

Bolatoğlu B., *Karayolları Trafik Kanunu'na göre Motorlu Araç İşletenin Hukuki Sorumluluğu*, Ankara 1988.

Çekin M. S., 'Otonom Araçlar ve Hukuki Sorumluluk' (2018) 33 *Türkiye Adalet Akademisi Dergisi* 283–301.

Çelik Y., 'Özel Hayatın Gizliliğinin Yansıması Olarak Kişisel Verilerin Korunması Ve Bu Bağlamda Unutulma Hakkı' (2017) 32 *Türkiye Adalet Akademisi Dergisi* 391–410.

Dal U., 'Avrupa Birliği Genel Veri Koruma Tüzüğü'nün Ülke Dışı Uygulama Yetkisi ve Bu Yetkinin Uluslararası Hukukta Meşruiyeti' (2019) 1 *Kişisel Verileri Koruma Dergisi* 21–33.

Deviren K., 'Yapay Zekânın Fiillerinden Sorumluluk', in S. Oktay Özdemir, A. Arkan Serim and A. Altop (eds), *Prof. Dr. Halûk Burcuoğlu'na Armağan*, Vol. I, Filiz Kitabevi, İstanbul 2020, 603–638.

Dülger M. V., 'Yapay Zeka Teknolojileri ve Veri Koruma Hukuku (Artificial Intelligence Technologies and Data Protection Law)' [2021] https://ssrn.com/abstract=3792333 or http://dx.doi.org/10.2139/ssrn.3792333.

Ebers M. (Trad. Z. Başer Erdoğan), 'Yapay Zekâ İçin Sözleşmeden Kaynaklanmayan Sorumluluk – Temel Sorunlar' (2019) 16 *Rechtsbrücke – Hukuk Köprüsü* 75–109.

Eminağaoğlu Ö. F., 'Ceza Hukukunda İsnat Yeteneği ve Yaş Küçüklüğü' (1991) 2 *Türkiye Barolar Birliği Dergisi* 214–245.

Ercan C., 'Robotların Fiillerinden Doğan Hukuki Sorumluluk Sözleşme Dışı Sorumluluk Hallerinde Çözüm Önerileri' (2019) 40 *Türkiye Adalet Akademisi Dergisi* 19–51.

Eren F., 'Karayolları Trafik Kanununa Göre Motorlu Araç İşletenlerin Akit Dışı Sorumluluğunun Hukuki Niteliği ve Unsurları' (1987) 39 *Ankara Üniversitesi Hukuk Fakültesi Dergisi* 159–212.

Eren F., *Borçlar Hukuku Genel Hükümler*, Yetkin Yayınları, Ankara 2017. (Eren, *Borçlar Hukuku*)

Kapancı K. B., 'Özel Hukuk Perspektifinden Bir Değerlendirme: Yapay Zekâ ve Haksız Fiil Sorumluluğu' in E. E. Aksoy Retornaz and O. G. Güçlütürk (eds), *Gelişen Teknolojiler ve Hukuk II: Yapay Zeka*, On İki Levha Yayınları, İstanbul 2021, 127–194.

Karacan Çetin H., *Karayolları Trafik Kanununda Hukuki Sorumluluk (Türk, İsviçre ve Alman Hukukları Karşılaştırmalı)*, İstanbul 2015.

Kelep Pekmez T., 'Otonom Araçların Kullanımından Doğan Cezaî Sorumluluk: Türk Hukuku Bakımından Genel Bir Değerlendirme (Criminal Responsibility Arising From Usage of Autonomos Vehicles: A General Review in the context of Turkish Penal Law)' (2018) 6/2 *Ceza Hukuku ve Kriminoloji Dergisi-Journal of Penal Law and Criminology* 173–195.

Kılıçoğlu A. M., *Borçlar Hukuku Genel Hükümler*, Turhan Kitabevi, Ankara 2012.

Kınıkoğlu B., Y. Hamzaoğlu and M. Hamzaoğlu, 'Otonom Araçların Neden Olduğu Kazalardaki Hukuki Sorumluluk Rejimi' (2021) 66 *Adalet Dergisi* 333–377.

Nomer H. N., '2918 Sayılı Karayolları Trafik Kanununa Göre Motorlu Araç İşletenin Hukuki Sorumluluğu' (1992) 66 İstanbul Barosu Dergisi 36–89.

Oğuzman K. and Öz T., *Borçlar Hukuku Genel Hükümler*, Vol. 2, Vedat Kitapçılık, İstanbul 2017.

Okur S., *Otonom Araçlarda Sözleşme Dışı Hukuki Sorumluluk*, Adalet Yayınevi, Ankara 2021.

Özbek C. and Özbek V., 'Yapay Zekânın Dâhil Olduğu Suçlar Bakımından Ceza Hukuku Sorumluluğunun Belirlenmesi' (2019) 14 *Ceza Hukuku Dergisi* 603–622.

Özçelik B., 'Yapay Zekanın Veri Koruma, Sorumluluk ve Fikri Mülkiyet Açısından Ortaya Çıkardığı Hukuki Gereksinimler' (2021) 66 *Adalet Dergisi* 87–116.

Özsunay E., 'Karayolları Trafik Kanunumuzdaki Büyük Bir Boşluk: Çalınan veya Araç Sahibinin İzni Dışında Kullanılan Motorlu Taşıt Araçlarının Sebep Olduğu Zararlardan Doğan Hukuki Sorumluluk' (1964) 30 İstanbul Üniversitesi Hukuk Fakültesi Mecmuası 827–860.

Pekmez C., 'Alman Karayolları Trafik Kanunu'nda 20 Haziran 2017'de Yapılan Değişiklikler Çerçevesinde Türk/İsviçre Hukuku'nda Araçların Otonomlaştırılmasının İşletenin Sorumluluğuna Etkisi' (2019) 77 İstanbul Hukuk Mecmuası 153–184.

Tandoğan H., *Kusura Dayanmayan Sözleşme Dışı Sorumluluk Hukuku,* Ankara 1981.

Toroslu H., *Ceza Hukukunda İsnat Yeteneği,* Savaş Yayınevi, Ankara 2015.

Toroslu N. and Toroslu H., *Ceza Hukuku Genel Kısım,* Savaş Yayınevi, Ankara 2021.

Yetim S., 'Sürücüsüz Araçlar ve Getirdiği / Getireceği Hukuki Sorunlar' (2016) 1 *Ankara Barosu Dergisi* 127–184.

Self-Driving Cars Facing the Law: the Case of China

*Ding Chunyan**

1 Introduction

In China, self-driving cars are categorized into six levels of automation: Level 0 vehicles have no driving automation, Level 1–3 vehicles offer low-level driving automation and still require human control and supervision, while Level 4–5 vehicles (hereinafter "highly self-driving cars") can independently perform all driving tasks in specific environments and road conditions, or under conditions that a human could reasonably handle.[1] Highly self-driving cars, seen as the future of transportation, are expected to significantly improve road safety, reduce emissions, and alleviate traffic congestion.[2] They are anticipated to transition from a traditional product-oriented market to a service-oriented passenger vehicle market. However, they have sparked intense debates regarding ethical and legal challenges. A shared global concern is how to reach ethically acceptable and legally sound solutions to these challenges.

The Chinese government has strongly supported the advancement of self-driving car technologies. In September 2019, the Central Committee of the Chinese Communist Party and the State Council jointly issued the "*Outline for Building a Strong Transportation Nation.*"[3] Article 3(1) of this enactment emphasizes the need to enhance the research and development of intelligent networked vehicles (including intelligent vehicles, self-driving technology, and cooperative vehicle infrastructure systems) to establish an independent, controllable, and comprehensive industry chain. In February 2020, the National Development and Reform Commission, along with ten other governmental

* Professor, the School of Law of City University of Hong Kong.

1 The Society of Automotive Engineers, Taxonomy of Definitions for Terms Related to Driving Automation Systems for On-Road Motor Vehicles (Revised on 16 June 2018). The Chinese government also adopts the same standards; see the *Taxonomy of Driving Automation for Vehicles* (汽车驾驶自动化分级) issued by the State Administration for Market Regulation in September 2021, <https://www.chinabuses.com/uploadfile/2020/0310/20200310123023480.pdf> accessed 12 Oct 2024.

2 Jeremy A. Carp, 'Autonomous Vehicles: Problems and Principles for Future Regulation' (2018) 4 U. PA. J.L. & PUB. AFF. 81, 87–92.

3 The *Outline for the Construction of Nation with Strong Transportation System* (交通强国建设纲要), <http://www.gov.cn/zhengce/2019-09/19/content_5431432.htm> accessed 12 Oct 2024.

 | DOI:10.1163/9789004711891_013

departments, released the "*Innovative Development Strategy for Intelligent Vehicles*."[4] Furthermore, in December 2020, the Ministry of Transport unveiled the "*Guiding Opinions on Promoting the Development and Application of Self-driving Technologies in Road Traffic*".[5] China has set a target for 2025 to achieve significant progress in smart vehicle technology innovation, industry ecosystem development, infrastructure enhancement, regulatory framework establishment, and product supervision and data security systems. Up to 2021, there were over twenty testing and demonstration areas nationwide for road testing and practical showcases of self-driving cars. Additionally, more than 108 companies in twenty-five Chinese cities have obtained licenses to conduct road tests for self-driving vehicles.[6]

This report delves into the legal aspects of self-driving cars within the Chinese context, comprising seven parts. Part two comprehensively reviews the legislation governing self-driving cars at both national and local levels. Parts three to five offer a critical examination of three specific legal issues: (1) the market entry and traffic safety regulations concerning self-driving cars; (2) legal liabilities arising from traffic accidents involving self-driving cars; and (3) the data protection and security concerns related to connected self-driving cars. Part six considers various types of insurance relevant to self-driving cars. Finally, part seven concludes by briefly exploring China's commitment to participating in global efforts to standardize regulations for self-driving cars.

2 Laws on Self-Driving Cars at the National and Local Levels

2.1 *National Level*

At the national level, while the National People's Congress and its Standing Committee (the national legislature) have not enacted any laws specifically addressing self-driving cars, various departments of the State Council have

4 The *Innovative Development Strategy for Intelligent Vehicles* (智能汽车创新发展战略), <https://www.ndrc.gov.cn/xxgk/zcfb/tz/202002/P020200224573058971435.pdf> accessed 12 Oct 2024.

5 The *Guiding Opinions on Promoting the Development and Application of Self-driving Technologies in Road Traffic* (关于促进道路交通自动驾驶技术发展和应用的指导意见), <http://www.gov.cn/zhengce/zhengceku/2020-12/30/content_5575422.htm> accessed 12 Oct 2024.

6 Feng Jipeng, "The Status Quo of China's Development of Automated Vehicles and the Analysis on the Reform of Comprehensive Transportation System" (我国自动驾驶发展现状及对综合交通体系的变革分析) (2021) 3 *Communication & Shipping* (交通与港航) 62, 65.

issued a series of departmental regulations on the matter. These regulations can be categorized into the following four groups.

The first category concerns road testing of self-driving cars, that is, the *Rules for the Administration of the Road Testing and Demonstrative Application of Intelligent Connected Vehicles (for Trial Implementation)*.[7] This was jointly issued by the Ministry of Industry and Information Technology, the Ministry of Public Security and the Ministry of Transport in July 2021.

The second category is about production licenses for self-driving cars, such as the *Opinion on Strengthening the Administration of the Access of Intelligent Connected Vehicles Manufacturers and Products*[8] issued by the Ministry of Industry and Information Technology in July 2021. Another set of departmental rules titled the *Guidelines on the Administration of the Access of Intelligent Connected Vehicles Manufacturers and Products (for Trial Implementation)*[9] was issued by the same governmental department for public consultation in April 2021.

The third category is concerned with data protection and security regarding connected self-driving cars, such as the *Several Provisions on the Management of Automobile Data Security (for Trial Implementation)*[10] jointly issued in August 2021 by five departments of the State Council: the Cyberspace Administration of China, the National Development and Reform Commission, the Ministry of Industry and Information Technology, the Ministry of Public Security and the Ministry of Transport. Moreover, the Ministry of Industry and Information Technology issued the *Notice on Strengthening the Work on Network Safety and Data Security of Connected Vehicle Network*[11] in September 2021 and the

---

7 The Rules for the Administration of the Road Testing and Demonstrative Application of Intelligent Connected Vehicles (for Trial Implementation) (智能网联汽车道路测试与示范应用管理规范（试行）), <https://www.gov.cn/zhengce/zhengceku/2021-08/03/content_5629199.htm> accessed 12 Oct 2024.

8 The *Opinion on Strengthening the Administration of the Access of Intelligent Connected VehiclesManufacturersandProducts*(关于加强智能网联汽车生产企业及产品准入管理的意见), <http://www.gov.cn/zhengce/zhengceku/2021-08/12/content_5630912.htm> accessed 12 Oct 2024.

9 The *Guidelines on the Administration of the Access of Intelligent Connected Vehicles Manufacturers and Products (for Trial Implementation)* (智能网联汽车生产企业及产品准入管理指南（试行）), available at <https://www.miit.gov.cn/jgsj/zbys/qcgy/art/2021/art_67412baef004441a9cafe0a440a928a2.html> accessed 12 Oct 2024.

10 The *Several Provisions on the Management of Automobile Data Security (for Trial Implementation)* (汽车数据安全管理若干规定（试行）), available at <http://www.cac.gov.cn/2021-08/20/c_1631049984897667.htm> accessed 12 Oct 2024.

11 The *Notice on Strengthening the Work on Network Safety and Data Security of Connected Vehicle Network* (关于加强车联网网络安全和数据安全工作的通知), <https://www.gov.cn/zhengce/zhengceku/2021-09/16/content_5637709.htm> accessed 12 Oct 2024.

Guideline on the Construction of the Standard System for Network Safety of Connected Vehicle Network (Intelligent Connected Vehicles)[12] in February 2022.

The fourth category pertains to the road traffic safety of self-driving cars. Although there is currently no specific law addressing this issue, the Department of Public Security released a draft of the Amendments to the *Road Traffic Safety Law*[13] for public feedback in March 2021. Article 155 of the draft outlines the safety standards for vehicles equipped with self-driving capabilities and the legal responsibilities in the event of traffic accidents caused by such vehicles. However, when the Standing Committee of the National People's Congress amended the *Road Traffic Safety Law*[14] in April 2021, this provision from the draft was not included.

2.2 *Local Level*

At the local level, cities such as Beijing, Shanghai, Shenzhen, Chongqing, and Zhejiang Province have been at the forefront of introducing road tests for self-driving cars and implementing local regulatory frameworks. For instance, Beijing issued its local departmental rules titled the "*Detailed Implementation Rules of Beijing on the Administration of Road Testing of Self-driving Cars (for Trial Implementation)*"[15] in December 2017, which underwent amendments in 2018, 2019, and 2020. Following the announcement of the *Innovative Development Strategy for Intelligent Vehicles* by the Central Government in 2020, more local governments have introduced their own departmental rules governing self-driving cars. Notably, the governments of Shanghai and Chongqing have enacted local administrative rules with stronger legal authority compared to their departmental regulations. For example, Shanghai introduced the "*Measures of Shanghai on the Administration of the Test and Application of Intelligent Connected Vehicles*" (hereinafter "Shanghai Measures")[16] in December 2021.

---

12 The *Guideline on the Construction of the Standard System for Network Safety and Data Security of Connected Vehicle Network* (车联网网络安全和数据安全标准体系建设指南), <https://www.gov.cn/zhengce/zhengceku/2022-03/07/5677676/files/86bf96e577cb4af7bd8c2fea745d63e1.pdf> accessed 12 Oct 2024.

13 The *Amendments to the Road Traffic Safety Law* (道路交通安全法 (修订建议稿)), <http://www.gov.cn/xinwen/2021-04/03/content_5597682.htm> accessed 12 Oct 2024.

14 The *Road Traffic Safety Law* (道路交通安全法), <http://tzb.jiaxing.gov.cn/art/2021/9/13/art_1229203411_58811623.html> accessed 12 Oct 2024.

15 The *Detailed Implementation Rules of Beijing on the Administration of the Road Testing of Self-driving Cars (for Trial Implementation)* (北京市自动驾驶车辆道路测试管理实施细则 (试行)), <https://jtw.beijing.gov.cn/xxgk/tzgg/201808/P020191218698549779406.pdf> accessed 12 Oct 2024.

16 The *Measures of Shanghai on the Administration of the Test and Application of Intelligent Connected Vehicles* (上海市智能网联汽车测试与应用管理办法), <https://jtw.sh.gov.cn/2021nszfgz/20240509/098d1b1152cb4931a97188472l3d03a9.html> accessed 12 Oct 2024.

Moreover, the People's Congress of Shenzhen passed the first local regulation titled "*Regulations of Shenzhen on the Administration of Intelligent Connected Vehicles*" (hereinafter "Shenzhen Regulations")[17] on June 23, 2022, which came into effect on August 1, 2022.

Taking the Shenzhen Regulations as an example, typical local legislation concerning self-driving cars generally comprises six key components: (1) guidelines for road testing and practical showcases of self-driving cars; (2) rules on market entry for self-driving cars; (3) safety regulations for self-driving cars; (4) rules about network security and data protection; (5) specifications for road infrastructure catering to self-driving cars; and (6) rules addressing legal responsibilities in the event of traffic accidents. Being the first local regulation on self-driving cars established by the local people's congress, the Shenzhen Regulations are likely to serve as a blueprint for other local legislatures in the years ahead.

2.3 *Summary*

National laws regarding self-driving cars establish general principles and guidelines, while local laws outline more specific and detailed regulations. The experiences gained from local legislation are expected to serve as valuable reference points for future national lawmaking endeavours. It is important to note that the current statutory provisions primarily address the stage of road testing and practical demonstrations of self-driving cars within the country. While these laws offer valuable insights into addressing legal challenges that may arise from the widespread adoption of highly autonomous vehicles as a future mode of transportation, they are not exhaustive or firmly established. Therefore, they are likely to undergo review and modification to develop effective legal solutions for long-term challenges.

3 Market Access and Traffic Safety Regulation

3.1 *Market Access of Self-Driving Cars*

Similar to conventional vehicles, self-driving cars are subject to market access requirements. However, there is currently no legislation that establishes clear and specific standards in this regard. At the national level, the "*Opinion on Strengthening the Administration of the Access of Intelligent Connected Vehicles Manufacturers and Products*" outlines three key areas that self-driving

17 The *Regulations of Shenzhen on the Administration of Intelligent Connected Vehicles* (深圳经济特区智能网联汽车管理条例), <https://finance.sina.com.cn/china/dfjj/2022-07-11/doc-imizmscv0970497.shtml> accessed 12 Oct 2024.

car manufacturers need to prioritize: (1) data and network security, (2) online software updates, and (3) product safety. This highlights the complex nature of self-driving cars, which consist of integrated hardware structures and sophisticated software systems. The inclusion of post-circulation software services is essential to ensure consumers' proper utilization of self-driving vehicles. This software-centric aspect not only impacts the standards for market access but also necessitates a redefinition of the terms "manufacturers" and "products" within the realm of self-driving cars.[18]

The Shenzhen Regulations mandate the local department of industry and information technology to establish local market access standards for self-driving cars. They also encourage the self-driving car industry to develop cutting-edge and innovative industrial standards by drawing inspiration from internationally advanced benchmarks.[19] Article 22 of the Shenzhen Regulations outlines the fundamental criteria for the local standards: (1) align with the evolving trends in self-driving car technologies; (2) accommodate various technological development paths; and (3) promptly update standards in line with advancements in self-driving car technologies. The provision employs broad and open-ended language, indicating that legislators intended to allow for adaptation to the dynamic technological landscape of self-driving cars.

3.2 *Traffic Safety Regulation of Self-Driving Cars*

While there is no national legislation governing the traffic safety of self-driving cars, local laws do provide relevant regulations. For instance, the Shenzhen Regulations establish a registration system for self-driving cars. The controller or owner of a self-driving vehicle must seek a registration certificate from the local public security authority before the vehicle can be operated on the road.[20] The registration requirements include (1) the vehicle being listed in the National Automobile Product Catalog or the Shenzhen Intelligent Connected Vehicle Product Catalog; (2) ensuring that data collected by in-vehicle equipment (such as vehicle driving data recording equipment, in-vehicle video equipment, vehicle location equipment, and vehicle networking equipment) is transmitted to the government's monitoring platform; (3) the owner or controller's purchasing compulsory motor vehicle traffic accident liability insurance and third-party motor vehicle liability insurance;[21] and (4) the owner

18 This will be discussed in detail in 4.2 below.

19 Art.21 and Art.23 of Shenzhen Regulations.

20 Art.27 of Shenzhen Regulations.

21 The equivalent provision of the Shenzhen Regulations (Draft) required "an insurance amount of no less than five million *yuan*", but it was removed from the Shenzhen Regulations.

or controller's obtaining liability insurance for passengers if the vehicle has passenger-carrying capabilities.[22] Additionally, if self-driving cars are used for transportation services, the operator must apply for a transport business license from the local transport authority.[23]

The Shenzhen Regulations also stipulate that level-3/4 self-driving cars must have a driver present.[24] The driver is required to be seated in the driver's seat and be prepared to take control of the vehicle promptly upon receiving a takeover request or if the car encounters conditions unsuitable for autonomous driving.[25] Level-5 self-driving cars are restricted to specific areas or road sections designated by the local public security authority.[26] While level-5 self-driving cars do not necessitate a driver, they must activate hazard warning lights immediately, move to a non-obstructive location, or reduce speed in case of breakdowns, unsuitability for autonomous driving, or other abnormal conditions affecting traffic safety.[27]

Furthermore, the Shenzhen Regulations mandate that self-driving cars must continuously and comprehensively record and retain data (including location, vehicle operational status, driving mode, and internal and external surveillance footage) collected at least 90 seconds prior to a traffic accident or breakdown.[28] This data must be preserved for a minimum of 30 days.[29] Additionally, owners or operators are required to regularly maintain the autonomous driving systems and other safety-related facilities and equipment of intelligent connected vehicles.[30] Similar to conventional vehicles, self-driving cars must undergo an annual safety inspection.[31]

The Shenzhen Regulations outline various requirements that manufacturers and sellers must adhere to in order to enhance traffic safety. Manufacturers are obligated to include detailed solutions to common issues in their user guides.[32] In the event of identifying any safety-critical defects in their self-driving cars, they must promptly investigate and analyze the situation and

22 Art.28 of Shenzhen Regulations.

23 Art.39 of Shenzhen Regulations.

24 Art.34(1) of Shenzhen Regulations. The equivalent provision of the Shenzhen Regulations (Draft) required "such drivers should hold a self-driving-car driving licence", but it was also removed from the Shenzhen Regulations.

25 Art.35(2) of Shenzhen Regulations.

26 Art.34(2) of Shenzhen Regulations.

27 Art.35(3) of Shenzhen Regulations.

28 Art.37(1) of Shenzhen Regulations.

29 Art.37(2) of Shenzhen Regulations.

30 Art.38(1) of Shenzhen Regulations.

31 Art.38(2) of Shenzhen Regulations.

32 Art.31(1) of Shenzhen Regulations.

transparently report the findings to the municipal market supervision administration. Furthermore, they should cease production, sales, or imports of any defective self-driving cars and initiate a recall once the safety-threatening defect is confirmed.[33] Manufacturers and sellers are also accountable for the product safety of the self-driving cars they produce or sell, and are required to establish a quality and safety tracking mechanism.[34] They must develop and enhance their after-sales service procedures, providing timely and adequate technical support or rescue services upon request to safeguard the personal and property safety of owners, operators, drivers, or passengers of self-driving cars during serious safety incidents or emergencies.[35] Additionally, sellers and other operators of self-driving cars are required to immediately halt the sale, lease, or use of any defective vehicles and assist manufacturers in executing recalls.[36]

3.3 *Summary*

The existing market access standards and traffic safety regulations for self-driving cars outlined in local laws are relatively broad. The national *Road Traffic Safety Law*, which primarily governs conventional vehicles, does not include any provisions specifically addressing self-driving cars. While local laws touch upon road infrastructure considerations for self-driving vehicles, they lack specific regulations regarding road access conditions and detailed guidelines for dedicated paths tailored for self-driving cars. This gap may be attributed to the fact that the deployment of self-driving cars is currently limited to road testing and practical demonstrations, with numerous technical challenges that must be addressed before they can be widely adopted for everyday transportation.

China has adopted a two-phase legislative approach to effectively regulate and promote the self-driving car industry. Initially, local governments are encouraged to formulate their own regulatory frameworks for self-driving cars with guidance and oversight from relevant State Council departments, notably the Ministry of Industry and Information Technology, the Ministry of Public Security, and the Ministry of Transport. Subsequently, building upon local regulations and industry advancements, the Central Government will establish national standardized criteria for market entry and traffic safety regulations. Given the substantial differences between self-driving cars and conventional vehicles, incremental modifications to the *Road Traffic Safety Law* are deemed

33 Art.33(1) of Shenzhen Regulations.

34 Art.30 of Shenzhen Regulations.

35 Art.31(2) of Shenzhen Regulations.

36 Art.33(2) of Shenzhen Regulations.

inadequate. Therefore, the author recommends that the national legislature develop a distinct traffic safety law dedicated to delineating comprehensive regulatory guidelines for market access standards and traffic safety in the realm of self-driving cars.

4 Traffic Accident and Legal Liabilities

It is crucial to take into account the varying levels of automation in self-driving cars when assessing responsibility for traffic accidents. In cases where a self-driving car requires a human driver to be present (such as level-3/4 self-driving cars as specified in the Shenzhen Regulations), the liable parties may include the driver and/or the manufacturer. Legal actions in such scenarios typically involve claims of negligence and/or product liability. By contrast, in instances where a vehicle is fully autonomous (such as a level-5 self-driving car), the manufacturer is usually held accountable, and the appropriate legal recourse is typically based on product liability.[37] Apart from civil liability, serious traffic accidents involving self-driving cars may also lead to criminal liability.

4.1 *Liability for Negligence of the Driver of Self-Driving Cars*

Firstly, the current legal principles regarding liability for negligence involving drivers of conventional vehicles are primarily outlined in two key legal sources. One source is Chapter Five, titled "Liability for Motor Vehicle Traffic Accident", found in Book Seven on Tort Liability of the *Civil Code*.[38] The other source is Chapter Five, titled "Handling of Traffic Accidents", within the *Road Traffic Safety Law*. Similarly to drivers of traditional cars, drivers of level-3/4 self-driving cars are obligated to exercise a duty of care towards both external road users and passengers inside the vehicle.[39] For instance, Article 53 of the Shenzhen Regulations explicitly states that the driver of a level-3/4 self-driving car is responsible for compensatory liability in the event of being found accountable for a traffic accident.

37 Mark A. Geistfeld, 'A Roadmap for Autonomous Vehicles: State Tort Liability, Automobile Insurance, and Federal Safety Regulation' (2017) 105 CALIF. L. REV. 1611, 1691.

38 The *Civil Code* (民法典) was made by the National People's Congress on 28 May 2020, effective on 1 January 2021, <https://www.gov.cn/xinwen/2020-06/01/content_5516649.htm> accessed 12 Oct 2024.

39 See Art.35(1) of Shenzhen Regulations.

Secondly, concerning issues of breach of duty and causation, the liability of drivers in traditional car accidents is typically based on negligence. A driver will only be held accountable for compensating accident victims if they are found to have been negligent, meaning they failed to meet the standard expected of a reasonable driver in the given circumstances. It is the responsibility of the victim to prove both the breach of duty and the causal link between the negligence and the accident. While the same legal principles apply to drivers of self-driving cars, the complexities surrounding breach of duty and causation in accidents involving self-driving vehicles are heightened. This is due to the fact that level-3/4 self-driving cars can operate either through an automatic control system or manual control by the driver at the time of the accident. Consequently, victims face a heavy burden in determining the precise technical causes of the accident and establishing that the accident resulted from the driver's negligent operation during manual control mode.[40]

As per Articles 70, 72, and 73 of the *Road Traffic Safety Law*, parties involved in a traffic accident are required to report the incident to the traffic administrative department of the local public security authority. Subsequently, the department should promptly dispatch traffic police officers to the accident site to conduct an investigation, gather evidence, and provide a timely written conclusion or inspection report detailing the basic facts, causes of the accident, and the liabilities of the parties involved. Similarly, Article 52(1) of the Shenzhen Regulations stipulates that the driver of level-3/4 self-driving cars must immediately park the vehicle and secure the scene. In cases where the accident results in personal injury or fatality, the driver must promptly assist the victim and report the incident to the traffic police. However, if the traffic police officers are unable to reach a conclusion due to a lack of evidence or other factors, the burden falls on the victim to cover the additional costs associated with gathering evidence on complex technical issues related to the driver's negligence in operating a level-3/4 self-driving car and establishing a causal link between the driver's negligence and the damages incurred in the accident. Failure to do so may result in the victims bearing the losses themselves, as the current law places the burden of proof on them.

It is important to highlight that Chinese tort law shifts the burden of proof concerning breach of duty and causation in cases of environmental pollution and ecological damage. Article 1230 of the *Civil Code* specifies that in disputes

---

40 Germany's Road Transportation Act amended in 2017 requires a "black box" to be installed in self-driving cars to get more information and clarify the conditions of traffic accidents, see Antonios E. Kouroutakis, 'Autonomous Vehicles: Regulatory Challenges and the Response from Germany and UK' (2020) 46 MITCHELL HAMLINE L. REV. 1103, 1115.

related to environmental pollution or ecological harm, the burden lies on the actor responsible to demonstrate that they are not liable or that their liability can be mitigated as per the law, and to establish the absence of causation between their actions and the damage incurred. This reversal of the burden of proof is justified by the significant disadvantage faced by plaintiffs in gathering evidence compared to defendants in such complex cases. Likewise, in instances where individuals such as pedestrians, drivers, or passengers of non-motor vehicles or traditional cars are victims of a traffic accident involving a level-3/4 self-driving car, they encounter similar challenges in obtaining evidence related to breach and causation issues compared to the self-driving car operators. Therefore, the author proposes that the law should consider adopting a similar approach by requiring drivers of level-3/4 self-driving cars to assume the burden of proof for breach and causation in traffic accident cases. However, in situations where a traffic accident involves two self-driving cars, the burden of proof should not be shifted, and it should remain the responsibility of the plaintiff to establish breach and causation. This proposed adjustment of the burden of proof concerning breach of duty and causation for self-driving car accidents could align the Chinese legal framework more closely with the German approach to determining liability in self-driving car accidents, where the driver is held jointly liable with the keeper (who bears strict liability for accidents) unless the driver can demonstrate that they did not intentionally or negligently cause the accident.[41]

Thirdly, Article 76 of the *Road Traffic Safety Law* outlines the legal principles of comparative negligence in traditional traffic accidents, categorizing the responsibilities based on the type of victim involved. In cases where a traffic accident occurs between motor vehicles, the party found to be at fault is held liable, and if both parties share fault, they are each responsible for their respective portion of the liabilities. When a traffic accident involves a motor vehicle and a non-motor vehicle driver or a pedestrian, if there is evidence indicating a fault on the part of the non-motor vehicle driver or pedestrian, the liabilities of the motor vehicle driver may be reduced proportionally based on the degree of fault. Still, if the motor vehicle is not at fault, the motor vehicle driver shall bear no more than 10 percent of the liability for compensation. While the legislators of the *Road Traffic Safety Law* did not specifically address traffic accidents involving self-driving cars, Article 76 can be applied by analogy in the following manner. In cases of traffic accidents between motor vehicles, whether traditional or self-driving cars, the parties responsible for the accident

41 Francesco Paolo Patti, 'The European Road to Autonomous Vehicles' (2019) 43 FORDHAM INT'L L.J. 125, 134.

are accountable for compensation based on the extent of their fault in causing the accident. In scenarios where a traffic accident occurs between a level-3/4 self-driving car and a pedestrian or non-motor vehicle, the principle of contributory negligence comes into play. The driver of the self-driving car may seek a reduction in compensation if the victim is found to be at fault either in contributing to the accident or the resulting damage. Even if the driver of the self-driving car is not at fault, they are still required to bear no more than 10 percent of the damages suffered by the victim.

4.2 *Liability for Compensation in Traffic Accidents Caused by Fully Autonomous Self-Driving Cars*[42]

In a level-5 self-driving car, there is no human driver involved. When such a vehicle is involved in a traffic accident that causes harm to victims, whether they are road users outside the car or passengers inside the car, two contentious issues arise: (1) the nature of the tortious liability in this scenario – is it liability for a traffic accident or product liability? (2) who are the potentially liable parties for providing compensation?

Regarding the first issue, the fundamental distinction between these two forms of tortious liability is twofold. Firstly, liability for a traffic accident arises when a motor vehicle driver fails to meet the standard of a reasonable driver, resulting in harm to other road users. Conversely, product liability arises when the manufacturer or seller produces or sells a defective product, leading to personal injury and/or property damage for the consumer. Secondly, under Chinese law, liability for a traffic accident is based on negligence, whereas product liability is based on strict liability, where the fault of the actor is irrelevant. However, there are certain exemptions from product liability as provided by law. In cases where a level-5 self-driving car operates through an automatic control system (without human intervention) and a traffic accident occurs due to a defect in the hardware structures or software systems of the car, victims seeking compensation should pursue a claim under product liability.[43]

Regarding the second issue, concerning product liability, the potentially liable parties in the case of a self-driving car under current Chinese law include both the manufacturer and the seller. According to Article 1202 of the *Civil Code*, if a defective product causes harm to another individual, the manufacturer is held accountable for tort liability. Furthermore, Articles 1203 and 1204 of the *Civil Code* stipulate that the injured party has the right to seek compensation

42 The discussion equally applies to any product liability involving level-3/4 self-driving cars.

43 The same analysis applies to the cases where a traffic accident occurs to a level-3/4 self-driving operating in autonomous mode.

from either the manufacturer or the seller of the product, as both parties share joint liability for the product defect, irrespective of which party caused the defect or whether the defect resulted from the actions of a third party, such as a transporter or warehouse. Moreover, as outlined in Article 1206 of the *Civil Code*, if a product defect is identified after the product has entered the market, the manufacturer or seller must promptly implement corrective actions, such as halting sales, issuing warnings, or recalling the product. Failure to take timely or effective remedial measures, resulting in the exacerbation of damages, renders them liable for the aggravated portion of the harm. Moreover, under Article 1207 of the *Civil Code*, the manufacturer and seller are obligated to pay punitive damages to the injured party if they knowingly manufacture or sell a defective product or fail to take required remedial actions, leading to the death or severe injury of the affected individual.

In principle, the existing legal principles of product liability are applicable to self-driving cars. However, the unique characteristics of self-driving cars present five specific issues that require special consideration.

Firstly, unlike traditional vehicles, self-driving cars integrate hardware structures, software systems within industry-grade toolchains, and network-based data-driven information systems. The hardware and software components of self-driving cars may not be released simultaneously. Therefore, the concept of "manufacturers" of self-driving cars needs to be redefined to cover not only the manufacturer of the hardware structures but also the provider of the complex software systems embedded in these vehicles. This means that the post-circulation upgrade of embedded software systems, including over-the-air upgrades for wheels, should be considered part of the manufacturing process of self-driving cars. Moreover, connected self-driving cars rely on data from an intricate network-based system that gathers traffic-related information from both internal and external sources. Consequently, the controller and processor of these traffic-related information systems should also be recognized as manufacturers of self-driving cars.

Secondly, by the same token, the scope of the concept of "defects" in self-driving cars needs to be broadened. It should not be restricted solely to physical hardware issues, such as sensor malfunctions in self-driving vehicles. Instead, it should encompass flaws in the software systems embedded in self-driving cars, such as design defects in the software operating system that result in a failure to effectively respond to specific traffic risks or software crashes.[44] Additionally, defects originating from network-based data-driven

44 Sunghyo Kim, 'Crashed Software: Assessing Product Liability for Software Defects in Automated Vehicles' (2017-2018) 16 DUKE L. & TECH. REV. 300, 303.

information systems, such as inaccuracies in data or cybersecurity vulnerabilities, should also be considered. To ascertain whether a self-driving car is free of defects, the hardware structures, software systems, and information systems must meet the quality standards stipulated by law or industry regulations. Articles 1206 and 1207 of the *Civil Code* mandate that manufacturers must promptly implement appropriate remedial actions, such as halting sales, issuing warnings, or recalling vehicles, upon discovering any defects in self-driving cars post-sale.[45] Failure to take timely remedial measures may result in liability for the aggravated part of damages, and manufacturers may be required to pay punitive damages in cases where traffic accidents lead to death or severe personal injury to victims.

Thirdly, all manufacturers and sellers of self-driving cars should collectively assume strict liability for any product defect that leads to a traffic accident, irrespective of which party – manufacturer or seller – caused the defect or whether it resulted from the actions of a third party, such as hackers. This approach mirrors the concept of "common enterprise liability" proposed by Professor Vladeck.[46] To seek compensation successfully, the victim only needs to demonstrate that they have suffered damages in a traffic accident caused by a faulty self-driving car, typically by utilizing the official report from traffic police officers following their examination and investigation of the incident. Essentially, the victim of the traffic accident can pursue compensation from any of the manufacturers involved, including the hardware manufacturer, software system provider, and the controller and processor of the information systems.

Among the multiple manufacturers sharing joint and several liabilities, the apportionment of responsibility should be determined based on the level of contribution by each party responsible for the defect. Given the intricate combination of hardware and software components and the sophisticated algorithmic technologies in self-driving cars, the joint and several liability mechanism aids the victim in circumventing the practical challenges of pinpointing the specific party accountable for the defect that caused the traffic accident. Furthermore, Article 1203 of the *Civil Code* mandates that the seller of a self-driving car also assumes joint and several liabilities with the manufacturers, facilitating the victim in promptly identifying the defendant and targeting additional liable parties in their compensation claim.

---

45 Also see Art.24 of Shenzhen Regulations.

46 David C. Vladeck, 'Machines without Principals: Liability Rules and Artificial Intelligence' (2014) 89 Wash. L. REV. 117, 149.

Furthermore, concerning the joint liability for defective self-driving cars, the author proposes that the question of whether owners or operators of self-driving cars should share responsibility for traffic accidents resulting from a defect in the vehicle must be examined by distinguishing the nature of the owner or operator. If the owner or operator of a self-driving car is an individual consumer who acquired the vehicle for personal use, they should not be held accountable for a traffic accident caused by a defective self-driving car unless they misused the vehicle and contributed to the accident. In contrast, if the owner or operator of a self-driving car is a business entity that procures and utilizes self-driving cars for commercial purposes, such as operating a transportation business, they should assume joint liability for compensating the victim in cases where a defect in their self-driving car leads to a traffic accident.

However, according to Article 53(2) of the Shenzhen Regulations, in cases where a traffic accident is attributed to a level-5 self-driving car, the owner or operator of the self-driving car is initially responsible for compensating the victim. They retain the right to seek recourse against the manufacturer or seller if a defect in the self-driving car leads to an accident, as outlined in Article 54 of the Shenzhen Regulations. Similarly, the driver of a level-3/4 self-driving car is also mandated to assume vicarious liability for compensating the victim on behalf of the manufacturer or seller in instances of product liability.[47]

Nevertheless, as discussed earlier, the author proposes that these provisions should be narrowly interpreted to apply solely to commercial drivers, owners, or operators of self-driving cars. It is unreasonable to impose vicarious product liability on a consumer-driver, owner, or operator of a self-driving car for three reasons. First, vicarious liability is typically imposed on a party with greater financial resources to compensate victims, who benefits from an activity that led to a tort, and who creates the risk of the tort. This party also has some level of control over the wrongdoer. However, these criteria do not align with consumer drivers, owners, or operators of self-driving cars in product liability cases. Second, individuals in these roles lack the means and capabilities to rectify defects in self-driving cars. Third, imposing vicarious product liability on consumer drivers, owners, or operators of self-driving cars could stifle consumer demand and limit choices in the self-driving car market due to the heightened legal risks and burdens they would face.[48] This could ultimately undermine the collective interests of the self-driving car industry.

Presently, Articles 53 and 54 of the Shenzhen Regulations may not present immediate challenges since, during the road testing and practical

47 Art.53(1) and Art.54 of the Shenzhen Regulations.

48 Ruru Hoong, 'Autonomous Vehicles and Torts: A Behavioral Economic Analysis' (2019) 7 PENN UNDERGRADUATE L.J. 32, 32.

demonstration phase, the drivers, owners, or operators of self-driving cars are typically companies engaged in testing and advancing self-driving technology. These parties are poised to transition into manufacturers once the widespread adoption of self-driving cars is realized. However, it is imperative that the law does not mandate consumer drivers, owners, or operators of self-driving cars to share joint product liability with manufacturers and sellers.

Fourthly, while current Chinese law requires that the burden of proof falls on the victim of a defective product regarding two crucial aspects – establishing the product defect and demonstrating the causal link between the defect and resulting damage – proving a defect in a self-driving car and its connection to a subsequent traffic accident is exceedingly challenging and costly for individuals without specialized expertise. Given the intricate technologies and algorithmic decision systems employed in self-driving cars, laypersons face significant hurdles in meeting these evidentiary requirements. In contrast, Chinese law shifts the burden of proof onto the defendant in cases of environmental pollution and ecological damage to facilitate victims in seeking legal redress. Similarly, victims of defective self-driving cars find themselves in a comparable predicament, as they are unlikely to secure compensation when burdened with proving the defect and causation issues. The defendant, on the other hand, possesses advantages in obtaining complex technical evidence, financial resources, and a stronger ability to manage risks and losses. Therefore, the author proposes that the law should consider transferring the burden of proof concerning the defect and causation to the manufacturer and seller of self-driving cars. This approach would incentivize the self-driving car industry to prioritize vehicle safety, instill consumer trust, and allocate the legal risks and losses associated with the intricate and uncertain nature of self-driving car technologies to the industry rather than burdening vulnerable victims.

Finally, despite the three exemptions outlined in Article 41 of the Product Liability Law that absolve manufacturers from product liability, these exemptions should not be applicable in the context of self-driving cars. Specifically, Article 41 of the Product Quality Law delineates three scenarios for exempting manufacturers from product liability: (1) the product has not entered the market; (2) the defect in question did not exist when the product entered the market; and (3) the defect in question was undetectable at the time of market entry due to scientific and technological limitations (referred to as the "state-of-the-art defense").[49] The manufacturer should bear the burden of proof

49 The *Product Quality Law* (产品质量法) was made by the Standing Committee of the National People's Congress on 22 February 1993, effective 1 September 1993, amended in 2000, 2009, and 2018, <https://www.cnipa.gov.cn/art/2019/7/31/art_104_67810.html> accessed 12 Oct 2024.

regarding these exemptions. However, current local regulations concerning self-driving cars, particularly during the road testing and practical demonstration phases before they are officially launched, render the first exemption mood. For instance, Article 49(2) of the Shanghai Measures stipulates that victims have the right to seek compensation from manufacturers or sellers in cases where intelligent connected vehicles are involved in accidents or cause damage due to product defects. Similarly, Article 54 of the Shenzhen Regulations reaffirms the product liability of manufacturers and sellers in the realm of self-driving cars.

Although the second and third exemptions absolve manufacturers from product liability for defects that were non-existent or unknown due to technological limitations at the time of market entry, whether they should be applied to self-driving cars needs to be carefully considered. The software systems integrated into self-driving cars necessitate ongoing updates even after the vehicles are purchased by consumers. Additionally, software-driven self-driving cars rely on network-based data structures for operation. Essentially, manufacturers, particularly those providing software systems and overseeing traffic-related information systems, continue to refine the product of self-driving cars post-sale. Unlike traditional vehicles, manufacturers of self-driving cars are obligated to identify and rectify defects that arise after the vehicles enter the market, even if these defects were previously unknown. Moreover, Article 1206 of the *Civil Code* requires that manufacturers or sellers promptly address any discovered defects in a product after it has been released to the market, extending their product liability beyond the initial market entry. Therefore, the author proposes that manufacturers of self-driving cars should be held accountable for defects that were non-existent or unknown at the time of market entry.[50] This approach would bolster consumer confidence in utilizing self-driving cars.

4.3 *Criminal Liability for Traffic Accidents Caused by Self-Driving Cars*

In addition to civil liability, serious traffic accidents involving self-driving cars may give rise to criminal liability for the parties involved. Firstly, the driver of a level-3 self-driving car could be held accountable for traffic violations, including severe infractions, as outlined in Article 133 of the *Criminal Law*,[51] or for dangerous driving offenses under Article 134 of the *Criminal Law*. Secondly,

50 However, the damages occurring between the time of circulation and the time of discovering a defect should be excluded from the scope of product liability.

51 The *Criminal Law* (刑法) was made by the National People's Congress on 6 July 1979, effective 1 January 1980, amended in 1997, 1998, 1999, 2001, 2002, 2005, 2006, 2009, 2011, 2015,

in cases where a non-conforming self-driving car leads to significant consequences, the manufacturer of the vehicle may be charged with the offense of manufacturing or selling products that do not meet safety standards, as stipulated in Article 146 of the *Criminal Law*. As previously mentioned, the scope of "manufacturers" of self-driving cars should encompass not only the hardware manufacturer but also the provider of the software system and the controller and processor of traffic-related information systems. Each of these parties could potentially face criminal liability in the event of a serious traffic accident caused by a defect in a self-driving car for which they bear responsibility.

Thirdly, given that self-driving cars operate within road traffic conditions and infrastructures specifically tailored for them, the designers, construction firms, supervisors, and administrators responsible for these specialized infrastructures may be held liable for a severe engineering safety accident under Article 137 of the *Criminal Law*. Fourthly, in cases where a serious traffic accident involving self-driving cars is triggered by disruptions or damage to network-based information systems, individuals or groups responsible for such interference (such as hackers targeting or compromising the information systems of interconnected self-driving cars) may be charged with the offense of illegal intrusion or control of computer systems under Article 285 of the *Criminal Law*.

While statutory provisions exist for offenses related to traffic accidents involving self-driving cars, courts are likely to face legal and practical challenges in their application. This is because the drafters of the *Criminal Law* did not anticipate the emergence of self-driving cars at the time of its creation. If the current criminal law proves inadequate in addressing criminal liability for accidents involving self-driving cars, it may be necessary for the national legislature to consider amending the *Criminal Law* to introduce specific offenses tailored to such incidents.

4.4 *Summary*

While self-driving cars are intended to improve road safety, the potential for traffic accidents remains due to the intricate combination of hardware and software structures, sophisticated software systems embedded in self-driving cars, and the network-based data-driven information systems utilized by connected self-driving cars. The existing legal frameworks are helpful in addressing legal liability for driver negligence in level-3/4 self-driving cars and product defects in self-driving cars across all levels of automation. However, adjustments are

2017, and 2020, <https://yjt.hunan.gov.cn/yjt/xxgk/zcfg/gjfg/202101/t20210126_14278916.html> accessed 12 Oct 2024.

needed to align the current legal principles with the unique characteristics of self-driving cars, which significantly differ from traditional vehicles, and to align with the government's objective of promoting the advancement and utilization of highly autonomous vehicles as the future of transportation. For instance, legal considerations may include shifting the burden of proof to drivers of level-3/4 self-driving cars for breach and causation issues in traffic accident cases. Regarding product liability for self-driving cars, interpretations or modifications are required for concepts such as "manufacturer" and "defect", the allocation of joint and several liabilities for product defects, the burden of proof for product defects and causation, and the conditions for exemption. While the current criminal law contains relevant offenses that could be applied to serious traffic accidents involving self-driving cars, adherence to the principle of *nullum crimen sine lege* suggests that it would be beneficial for the national legislature to introduce specific crimes related to the safety of self-driving cars by amending the Criminal Law in due course.

5 Data Protection and Security

Connected self-driving cars rely on data sourced from network-based data-driven information systems established and shared across the industry. Consumers of self-driving vehicles not only provide their personal information to these systems but also access and utilize the personal information of other consumers concurrently. The key sources of national laws governing this area include the *Personal Information Protection Law*[52] and the *Several Provisions on the Management of Automobile Data Security* (*for Trial Implementation*) (hereinafter "Automobile Data Provisions"). While the latter may have a lower level of legal enforceability because it was jointly promulgated by the departments of the State Council, it offers more comprehensive and precise regulations concerning data protection and security for self-driving cars.[53]

52 The *Personal Information Protection Law* (个人信息保护法) was made by the Standing Committee of the National People's Congress on 20 August 2021, effective 1 November 2021, <https://www.gov.cn/xinwen/2021-08/20/content_5632486.htm> accessed 12 Oct 2024.

53 Although the local laws on self-driving cars address the importance of the Internet and data security issues, they only provide general provisions and lack detailed practical rules.

5.1 *Automobile Data, Data Processors, and Data Processing*

Article 3 of the Automobile Data Provisions outlines a series of key concepts related to automobile data: (1) "Automobile data" encompasses personal information and significant data involved in various aspects of automobile design, production, sales, usage, operation, and maintenance, among others. (2) "Automobile personal information" includes all types of information pertaining to identified or identifiable vehicle owners, drivers, passengers, and individuals outside vehicles, among others, that are electronically or otherwise recorded, excluding anonymized data. (3) Concerning automobile personal information, "automobile sensitive personal information" refers to information that, if leaked or unlawfully utilized, could lead to discrimination against vehicle owners, drivers, passengers, or individuals outside vehicles, or pose a serious threat to personal or property safety. This category includes data such as vehicle trajectory, audio, video, images, biometric identification features, and other sensitive information. (4) "important automobile data" encompasses data that, if tampered with, destroyed, leaked, or unlawfully accessed or utilized, could jeopardize national security, public interests, or the legal rights and interests of individuals or organizations.

Furthermore, "important automobile data" encompasses various types of critical information, including (1) geographical data, personnel and vehicle movement details of sensitive areas like military zones, national defense facilities, and government offices at or above county level; (2) data related to economic activities such as vehicle and logistics operations; (3) operational data from vehicle charging networks; (4) external video and image data capturing faces and license plates; (5) personal information involving over 100,000 individuals; and (6) any other data identified by the national cyberspace administration, as well as relevant State Council departments (such as departments of development and reform, industry and information technology, public security, and transportation), that could jeopardize national security, public interests, or the legal rights of individuals or organizations.

Article 3 of the Automobile Data Provisions broadly defines "automobile data processing" as encompassing activities such as collection, storage, use, processing, transmission, provision, and disclosure of automobile data. It also identifies "automobile data processors" as organizations engaged in these activities, including automobile manufacturers, component and software suppliers, dealers, maintenance providers, ride-hailing and sharing services, among others. Consequently, various parties involved in the production and operation of self-driving cars fall under the purview of automobile data regulations.

Based on the statutory definitions provided, Chinese law emphasizes two key aspects of automobile data: personal information protection and national security. These two dimensions are discussed separately below.

5.2 *Data Protection of Automobile Personal Information*

According to Article 4 of the Automobile Data Provisions, automobile data processors are mandated to handle automobile data in a lawful, legitimate, specific, and transparent manner, directly for the purposes of vehicle design, production, sales, use, operation, and maintenance. Specifically, regarding the collection of personal information, outlined in Article 7 of the Automobile Data Provisions, automobile data processors must inform consumers through user manuals, on-board display panels, voice prompts, vehicle-related applications, or other conspicuous methods about: (1) the types of personal information processed, such as vehicle trajectory, driving habits, audio, video, images, and biometric data; (2) the specific circumstances and methods for collecting personal information, including how to opt out of collection; (3) the purposes, uses, and processing methods of personal information; (4) the storage location and duration of personal information, or the criteria for determining these matters; (5) procedures for enquiring, accessing, copying, and deleting personal information within vehicles, as well as requesting deletion of information transmitted from vehicles; (6) contact details of individuals responsible for addressing user rights and interests; and (7) any other notifications required by laws and regulations.

In relation to sensitive personal information, Article 9(2) of the Automobile Data Provisions states that data processors are prohibited from collecting biometric data, such as fingerprints, voiceprints, facial features, and heart rhythms, unless such data processing is essential for ensuring driving safety and is deemed sufficiently necessary. Because Article 7 of the Automobile Data Provisions focuses on outlining the notification requirements for data processors as mandated by Article 17 of the *Personal Information Protection Law* concerning the collection of automobile data, additional considerations may encompass aspects such as "methods of personal information processing" and "procedures for data subjects to exercise other rights granted by the *Personal Information Protection Law*", even if not explicitly stated in the Automobile Data Provisions. However, as outlined in Article 8(2) of the Automobile Data Provisions, in cases where personal information from external sources is collected without the consent of the relevant data subject for the purpose of ensuring driving safety and shared with parties outside the vehicle, such information must be anonymized. This process may involve deleting identifiable images or videos or applying partial facial contour processing to facial information in images or videos.

In terms of processing personal information related to automobiles, Article 8(1) of the Automobile Data Provisions mandates that data processors either obtain consent from the data subject or operate within the parameters outlined in laws or administrative regulations. Article 9(1) establishes more stringent criteria for processing sensitive personal information, requiring that: (1) it must be processed to serve the direct benefit of the data subject, such as enhancing driving safety, intelligent driving, and navigation; (2) the data subject must be informed of the necessity and potential impacts, through means like user manuals, on-board displays, voice prompts, and vehicle-related applications; (3) the data subject must provide separate consent and has the autonomy to set the duration of consent; (4) the data collection process must be transparent to enable the data subject to cease collection without compromising driving safety; and (5) if the data subject requests the deletion of sensitive personal information, the automobile data processor must comply within ten working days.

Moreover, Article 6 of the Automobile Data Provisions reiterates that data processors must utilize automobile personal information in a legal, reasonable, and effective manner. It outlines the following principles that data processors should adhere to when handling automobile personal information: (1) the principle of processing data within vehicles, unless it is essential to transmit the data externally; (2) the default principle of non-collection, which means that data should not be collected when the vehicle is driven unless the driver actively changes the settings; (3) the principle of applying accuracy parameters, where the coverage and resolution of cameras and radars should align with the accuracy requirements of the functions and services offered; and (4) the principle of desensitization and anonymization, emphasizing the need to de-identify and anonymize data to the greatest extent possible.

In the context of self-driving cars, Article 24 of the *Personal Information Protection Law* establishes the principles of fairness and transparency regarding the use of personal information for automated decision-making. It stipulates that data processors utilizing personal information for automated decision-making must ensure transparency in the decision-making process, as well as fairness and impartiality in the outcomes. Moreover, they are prohibited from providing unjustifiably different treatment to individuals in terms of trading prices or other trading conditions.

While the Automobile Data Provisions serve as a specialized law for safeguarding the personal information of self-driving car users, in instances where this law is silent, the general statutory provisions outlined in the *Personal Information Protection Law* remain applicable. These include the data protection principles in Chapter Two, the rights of data subjects in personal information processing activities in Chapter Four, and the responsibilities of data processors in Chapter Five of the *Personal Information Protection Law*.

5.3 *Data Security of Important Automobile Data and Personal Information*

Data security is paramount for both automobile personal information and critical data, which may be linked to national security in certain scenarios. As a result, data processors are subject to rigorous oversight by the relevant public authorities in this regard.

Article 5 of the Automobile Data Provisions mandates that when engaging in automobile data processing activities utilizing the Internet or other information networks, data processors must implement network security measures and adhere to specified regulations to enhance automobile data protection and fulfill data security obligations as required by law. Additionally, Article 10 stipulates that when handling important data processing tasks, data processors must conduct a risk assessment in line with relevant guidelines and submit the assessment reports to the cyberspace administrations and pertinent departments of provinces, autonomous regions, and municipalities directly under the Central Government. These reports should detail the type, quantity, scope, storage location and duration, and usage methods of the important data processed, as well as the status of data processing activities, any third-party disclosures, identified data security risks, and corresponding mitigation strategies.

Furthermore, according to Article 13 of the Automobile Data Provisions, data processors handling important data must annually submit automobile data security management information to the cyberspace administration and relevant departments of the province, autonomous region, or municipality directly under the Central Government by December 15 of each year. This information should include details including (1) the names and contact information of the individuals responsible for automobile data security management and the designated contact person for addressing user's rights and interests; (2) the type, scale, purpose, and necessity of the automobile data being processed; (3) security protection and management measures for automobile data, including storage location and duration; (4) the sharing of automobile data with domestic third parties; (5) incidents involving automobile data security breaches and the corresponding response measures; (6) user complaints related to automobile data and the actions taken to address them;

and (7) any additional automobile data security management information specified by the national cyberspace administration in collaboration with the departments of industry and information technology, public security, transportation, and other relevant state council departments.

Article 11(1) of the Automobile Data Provisions establishes the principle of storing data within the territory, unless stipulated otherwise by any international treaty or agreement to which China is a party. In cases where it is deemed necessary to transfer such data to an overseas recipient for business purposes, the data processor must successfully pass a security assessment conducted by the national cyberspace administration in collaboration with relevant State Council departments. However, data processors are prohibited from sharing any important data with overseas recipients beyond the specifications outlined in the data-exit security assessment, including the purpose, scope, method, type, and scale of the data. To ensure compliance, the relevant authorities conduct random inspections as outlined in Article 12 of the Automobile Data Provisions.

Furthermore, Article 13 mandates that data processors providing important data to overseas recipients must furnish additional information to the cyberspace administration and relevant government departments, including (1) basic information about the recipient; (2) details regarding the type, scale, purpose, and necessity of outbound automobile data; (3) information on the location, duration, scope, and method of storing automobile data abroad; (4) handling of user complaints related to automobile data shared abroad; and (5) any other pertinent information specified by the national cyberspace administration in collaboration with relevant State Council departments. For the cross-border transmission of non-important automobile personal information, the data-exit security assessment mechanism outlined in the *Personal Information Protection Law* is applicable.

5.4 *Legal Liabilities for Data Infringements*

There are several ways for addressing data breaches. Firstly, in accordance with Article 17 of the Automobile Data Provisions, automobile data processors should establish complaint channels and accessible reporting portals to promptly handle user complaints and reports. Secondly, in cases of data breaches, Article 69 of the *Personal Information Protection Law* shifts the burden of proof regarding fault from the data subject to the data processor. If liability is established, the data processor is obligated to compensate for damages based on the losses suffered by the data subject or the benefits gained by the data processor. In situations where determining the losses or benefits is challenging, the court may exercise discretion in determining the amount of damages based on the specific circumstances of the case. Thirdly, Article 70 of the *Personal Information Protection Law* empowers procuratorates, consumer protection organizations designated by law, and organizations identified by the national cyberspace administration to initiate public interest litigation against data processors who unlawfully process personal information, thereby infringing upon the rights and interests of a large number of data subjects. Lastly, if a data breach violates public security administrative laws or constitutes a criminal offense, the data processor may face administrative or criminal liability as outlined in Article 71 of the *Personal Information Protection Law*.

6 Insurance Related to Self-Driving Cars

Insurance for self-driving cars is crucial and fundamental for mitigating legal liabilities and dispersing losses, thereby encouraging the growth of the self-driving car industry and bolstering consumer trust in utilizing autonomous vehicles. In accordance with Chinese regulations, there are three primary types of insurance, and one alternative option linked to self-driving cars.

The first type of insurance is compulsory motor vehicle traffic accident liability insurance. For instance, Article 28 of the Shenzhen Regulations and Article 40(1) of the Shanghai Measures mandate that the operator or owner of a self-driving car must obtain compulsory motor vehicle traffic accident liability insurance. In the event that an insured self-driving car is involved in a traffic accident, regardless of the driver's negligence, the insurance provider is obligated to compensate for the personal injury or property damage suffered by victims other than passengers and the policyholder within the specified coverage limit, unless the victims are found to have intentionally caused the accident. While the *Regulation on Compulsory Motor Vehicle Traffic Accident Liability Insurance*[54] primarily applies to traditional motor vehicles, its provisions can be extended to encompass self-driving cars with the aim of ensuring victim compensation in road motor vehicle accidents and promoting overall road traffic safety.

The second type of insurance is commercial third-party motor vehicle liability insurance, which covers the driver's liability for the negligent operation of self-driving cars. For instance, Article 28 of the Shenzhen Regulations

54 The *Regulation on Compulsory Motor Vehicle Traffic Accident Liability Insurance* (机动车交通事故责任强制保险条例) was made by the State Council on 21 March 2006, effective 1 July 2006, amended in 2012, 2016, and 2019, <http://www.gov.cn/gongbao/content/2019/content_5468886.htm> accessed 12 Oct 2024.

mandates that the operator or owner of a self-driving car must also acquire third-party motor vehicle liability insurance. Additionally, as neither compulsory motor vehicle traffic accident liability insurance nor commercial third-party motor vehicle liability insurance covers passengers inside the vehicle, Article 28 of the Shenzhen Regulations further stipulates that the operator or owner of a self-driving car equipped with passenger-carrying capabilities must purchase passenger liability insurance. Similarly, Article 40(1) of the Shanghai Measures requires the operator of a self-driving car to obtain commercial insurance or provide a letter of guarantee for a specified amount.

While the first two types of insurance cover driver-based liabilities, the third type of insurance related to self-driving cars is product-based liability insurance. For traffic accidents resulting from any defects in a self-driving car, the potentially responsible parties, including manufacturers and sellers of self-driving cars, are required to obtain product liability insurance. A collective product liability insurance framework, akin to the concept of "manufacturer enterprise responsibility" proposed by Professor Abraham and Professor Rabin,[55] aligns well with the Chinese legal landscape, where multiple manufacturers and sellers of self-driving cars are collectively responsible for compensating injured parties in accidents arising from autonomously conducted driving tasks. Although Article 10(1) of the Shenzhen Regulations merely encourages the insurance industry to develop comprehensive insurance policies covering the design, production, use, management, algorithmic services, and other product risks associated with intelligent connected vehicles, Chinese law should consider mandating product liability insurance for manufacturers and sellers of self-driving cars due to the relatively higher risk of product liability compared to driver-based liability in the event of a self-driving car collision.[56] Furthermore, Article 40(2) of the Shanghai Measures also promotes insurance industry innovation by urging the development of new insurance products tailored to the unique characteristics of connected self-driving cars, such as insurance coverage against the risk of hacking incidents.

Lastly, as an alternative to insurance, the State may establish a social assistance fund or the self-driving car industry may create a social risk fund. Article 24 of the *Regulation on Compulsory Motor Vehicle Traffic Accident Liability Insurance* outlines the establishment of a social assistance fund for accidents involving traditional motor vehicles to provide compensation to victims in cases where compulsory motor vehicle traffic accident liability insurance is

---

55 Kenneth S. Abraham & Robert L. Rabin, 'Automated Vehicles and Manufacturer Responsibility for Accidents: A New Legal Regime for a New Era' (2019) 105 VA. L. REV. 127, 147.

56 Patti, n 41, at 140.

unavailable or insufficient to cover the damages.[57] While this fund does not currently cover self-driving cars, the author proposes that a similar social assistance fund be considered as self-driving cars become more prevalent. During the current phase of road testing and practical implementation of self-driving cars, establishing a social risk fund by the self-driving car industry appears to be a more viable option. For instance, Article 40(3) of the Shanghai Measures encourages relevant associations and companies involved in manufacturing intelligent connected vehicles to collaboratively establish a social risk fund. This fund would offer compensation to victims of accidents involving intelligent connected cars in situations where prompt compensation is not feasible due to unascertainable liabilities or other factors.

7 Conclusion

Highly self-driving vehicles represent the future of transportation, yet, similar to other countries, software-driven connected self-driving cars have presented legal complexities in China. During the phase of road testing and practical demonstrations of self-driving cars, both national and local laws have been crafted to tackle these legal challenges, focusing primarily on four key areas: market access and traffic safety regulations, legal responsibilities in the event of traffic accidents, data protection and security, and insurance. China has adopted fundamental strategies to address these challenges: first, by adapting existing road traffic safety and product liability laws with necessary adjustments to accommodate the unique aspects of self-driving cars; and second, by encouraging local governments to explore innovative legal solutions to surmount these challenges. This approach allows the Central Government to evaluate the effectiveness of these solutions and utilize them as a crucial reference point for formulating a comprehensive national law governing self-driving cars. While the current regulations may be considered broad, nascent, and experimental, with the increasing commercial utilization of self-driving cars and a deeper comprehension of the legal risks involved, more detailed legal frameworks tailored specifically for self-driving cars will be developed in due course.

Regarding the international harmonization of laws for self-driving cars, although China is not a signatory to the *Vienna Convention on Road Traffic*,

57 This reassembles the "public victim compensation funds"; see Tracy Hresko Pearl, 'Compensation at the Crossroads: Autonomous Vehicles & Alternative Victim Compensation Schemes' (2019) 60 WM. & MARY L. REV. 1827, 1870.

which has been amended to incorporate automated driving technologies, the Chinese government has demonstrated a willingness to participate in and align with global initiatives aimed at harmonizing regulations for self-driving cars.[58] For instance, Article 11(2) of the Automobile Data Provision stipulates that in cases of cross-border automobile data transmission, any conflicting provisions in international treaties or agreements ratified or joined by China will take precedence, with the exception of clauses for which China has expressed reservations. However, it is premature to make definitive assessments regarding the success of these endeavors at this stage.

---

58 Michael Chatzipanagiotis & George Leloudas, 'Automated Vehicles and Third-Party Liability: A European Perspective' (2020) U. ILL. J.L. TECH. & POL'Y 109, 116. However, the issue of whether driverless self-driving cars are within the Convention remains open for discussion; see Nynke E. Vellinga, 'Automated Driving and Its Challenges to International Traffic Law: Which Way to Go?' (2019) 11(2) Law, Innovation and Technology 257–278.

Self Driving Cars Facing the Law: Answers at Law – Applicable and/or Prospective

National Report: India

*Saloni Khanderia**

1 Self-Driving Cars and the Indian Legal System: an Overview[1]

Although India is not unfamiliar with automated driving systems, it has expressed great scepticism in permitting self-driving cars that can operate in any manner without a driver. In 2020, the Road Transport and Highways Minister, Nitin Gadkari, vehemently opposed the introduction of self-driving cars given the lack of infrastructure and the threat that such vehicles would impose on India's employment rate were some reasons that were given for the country's aggressive opposition to driverless cars.[2] Their introduction is feared to adversely impact employment and cause a potential loss of jobs to 2.2 million commercial drivers in the Republic.[3]

In general, self-driving cars that permit the system to take any amount of control have not found favour in a country like India. The Republic has merely sanctioned vehicles that operated at Level 1 of automation to function on its roads. Unlike more advanced levels of automation – and, particularly those functioning at levels 3 and above, cars at this level are not enabled to drive by themselves. Instead, they require constant engagement on the driver's part by enabling the automated system in the car to take limited control of specific situations such as through automatic braking and accelerating or adaptive cruise control. In contrast, levels 3 and above are designed to gradually reduce the

---

* Professor, OP Jindal Global University (Jindal Global Law School), Sonipat (India). Email: skhanderia@jgu.edu.in

1 The research has been funded by the Alexander von Humboldt Organisation, Bonn as per the Experienced Research Fellowship that has been awarded to the author to pursue research at the Chair of Civil Law, International Private Law and Comparative Law, LMU, Munich.

2 See, Speech by Union Minister Nitin Gadkari, 'Driverless Cars must not be allowed in India' Economic Times, 25 July 2017, available at: https://economictimes.indiatimes.com/industry/driverless-cars-wont-be-allowed-in-india-nitin-gadkari/articleshow/59744519.cms (accessed on 13 Aug 2021).

3 See, KPMG, 2020 Autonomous Vehicles Readiness Index [AVRI], p. 40, available at https://assets.kpmg/content/dam/kpmg/xx/pdf/2020/07/2020-autonomous-vehicles-readiness-index.pdf.

 | DOI:10.1163/9789004711891_014

driver's role in the vehicle. Accordingly, while levels 3 and 4 enable the vehicle to perform most tasks with the assistance of a driver, level 5 has been designed to eliminate the driver's role altogether. Surprisingly, the rationale for not permitting automated cars at level 2, which, akin to systems at level 1, enable the car to have limited control, remains unknown.

Research demonstrates that India is among the worst-performing countries in terms of self-driving cars.[4] In this respect, KPMG's 2020 Autonomous Vehicles Readiness Index [AVRI] reports that the Republic is the second-least prepared country for such vehicles, compared to 29 other jurisdictions across the globe.[5] The abysmal performance is justified by the Republic's poor infrastructure, technology and legal regulations that would be required to be in place before introducing self-driving cars at any level (with or without a driver) that enables the system to replace the role of the driver in any manner.[6] While India's roads are notoriously of poor quality,[7] the country will also have to battle through a maze of hurdles – especially in terms of its legal regulations, which, as demonstrated below, are undeniably non-conducive to accommodate new inventions such as these. Research indicates India to be one of the least-ready legal systems in the world to permit self-driving cars on its roads, given the lack of future orientation of the government in this regard.[8] In a related vein, studies have shown that the country is one of the most inefficient legal systems to challenge regulations needed to govern self-driving cars.[9] That said, the fact that the Republic has the lowest customer acceptance of such vehicles is not surprising.[10]

2 The Adjudication of Disputes

2.1 *Claims Involving Self-Driving Cars and the Jurisdiction of Indian Courts*

In general, the rules to establish the jurisdiction of Indian courts in disputes that may arise in relation to self-driving cars are relatively sound, predictable and generally in conformity to the regulations on the subject in other major

4 ibid, p. 1.
5 ibid.
6 ibid.
7 See, ibid, p. 58, which places India at Rank 29 among 30 countries in terms of the quality of infrastructure.
8 ibid, p. 52.
9 ibid.
10 ibid, pp. 28, 40 and 60.

jurisdictions such as the European Union [E.U.],[11] Australia[12] and Canada.[13] Courts in India would, therefore, be empowered to adjudicate such disputes if they satisfy the prerequisites of Sections 19 and 20 of the Code of Civil Procedure, 1908 [CPC].[14] The aggrieved party – presuming it is the person who has been injured by the vehicle – may initiate the dispute before the court within whose territorial limits the cause of action occurred.[15] In disputes such as these that primarily involve tortious claims because of the injury they cause to any person, the cause of action is interpreted to refer to the place where the harmful act or a part of it occurred.[16] By this principle, the victim may choose to initiate the dispute before any court within whose jurisdiction the harmful behaviour or eventual injury occurred, according to their preference and convenience. These apart, the victim may initiate the dispute before the court within whose jurisdiction the defendant was actually and voluntarily residing, personally working for gain or carrying on business at the time of the commencement of the proceedings.[17] In such circumstances, the jurisdiction of the court within whose territorial limits the harmful act occurred would be ousted.

Scholarly writings indicate that, in disputes with a foreign element, a court in India would also be empowered to adjudicate such disputes when it does not satisfy the criterion indicated above if the parties have concluded a forum selection clause in its favour.[18] The nexus or connection of the Indian court with the parties and the incident would be irrelevant in such disputes (with a foreign element).[19] Although there is no direct dictum to this effect, the decision of *Modi Entertainment Network and Another v. W.S.G. Cricket P.T.E. Ltd*, in which the Indian Supreme Court refused to exercise jurisdiction because of

11 See in this respect, Articles 4, 7, 24 and 25 of the Brussels Convention on Jurisdiction and Enforcement of Judgments in Civil and Commercial Matters, 27 September 1968 [the Brussels Convention].

12 See in this respect, Davies *et al.*, *Nygh's Conflict of Laws in Australia*, 9th edn, LexisNexis Butterworths, Australia 2020, p. 25.

13 See in this respect, Walker *Halsbury's Laws of Canada: Conflict of Laws*, LexisNexis, 2011, pp. 299–320.

14 Act No 5 of 1908.

15 Section 20(c) of the CPC.

16 CK Takwani, *Civil Procedure with Limitation Act 1963*, 8th edn, Eastern Book Company, 2017, p. 143.

17 Sections 19 and 20(a) and (b) of the CPC.

18 See in this respect, S Jolly and S Khanderia, Indian Private International Law – Asia Series, Hart Publications, 2021 Forthcoming.

19 ibid.

the parties' forum selection clause in favour of the English courts,[20] enunciates the respect of Indian courts towards such agreements.[21]

2.2 *Determining the Liability in Disputes Involving Self-Driving Cars*

In contrast to the rules on jurisdiction, the principles of its substantive law are unpredictable, uncertain and not appropriate for application in disputes involving self-driving cars, which are likely to be more complex – given the nature of the claims. Such disputes are most likely to include claims on product liability given the risks inherent with the technology employed in driverless cars.[22] As opposed to traditional disputes where the cause of the accident may be attributed to speeding, drunken driving, lack of focus and other similar reasons,[23] incidents involving self-driving cars are likely to include issues such as the failure of the software, hardware or other technical infrastructure that prevents the collection of data from other vehicles or the environment.[24] In such circumstances, it becomes necessary to consider the circumstances in which the manufacturer may be held liable for any harm that any party suffers due to a malfunction of the vehicle – considering the limited or even negligible role of a driver.[25] The need for succinct legal regulations on self-driving cars is further amplified by the fact that disputes involving such vehicles are likely to be international, primarily when they concern product liability claims insofar as they would involve a foreign element. Most (if not all) of the self-driving cars such as Tesla, Google or Uber that are in the market to date would be manufactured

20 1990 (3) SCC 481.

21 For a detailed discussion on the subject, see, S Khanderia, 'The Hague Convention on Choice of Court Agreements and the Enforcement of Forum-Selection Clauses in Indian Private International Law' (2019) 9(3) *International Journal of Private Law* 125; and S Khanderia, 'The Hague Judgments Project: Assessing its Plausible Benefits for the Development of the Indian Private International Law' (2019) *Commonwealth Law Bulletin* 452, 452–457.

22 See, TK Graziano, 'Cross-Border Traffic Accidents in the EU – the Potential Impact of Driverless Cars' (2016) *European Parliament, Directorate-General for Internal Policies, Policy Department C: Citizens' Rights and Constitutional Affairs*, PE 571.362, p. 37, available at https://www.europarl.europa.eu/ReData/etudes/STUD/2016/571362/IPOL_STU(2016)571362_EN.pdf.

23 See, L Griggs, 'A Radical Solution for Solving the Liability Conundrum of autonomous Vehicles' (2017) 25 *Competition and Consumer Law Journal* 151, pp. 152–153.

24 See, TK Graziano, 'Cross-Border Traffic Accidents in the EU – the Potential Impact of Driverless Cars' (2016) *European Parliament, Directorate-General for Internal Policies, Policy Department C: Citizens' Rights and Constitutional Affairs*, PE 571.362, p. 37, available at https://www.europarl.europa.eu/RegData/etudes/STUD/2016/571362/IPOL_STU(2016)571362_EN.pdf.

25 ibid, pp. 37–51.

overseas. The manufacturer's liability would, therefore, chiefly depend on the law that would govern the dispute. Although the Indian court may have to invoke foreign law to determine the rights and liabilities of the parties, the need for predictable rules remains indispensable if Indian law is applied to such disputes – regardless of whether they are is national or international.

That said, Indian law does not contain any special rules to address the complexities in claims involving self-driving cars. India is one of the founding signatories to the Geneva Convention on Road Traffic, 1949 [the Geneva Convention].[26] However, the Republic is not a signatory to the Vienna Convention on Road Traffic, 1968 [Vienna Convention].[27] Nonetheless, neither of these Conventions apply to situations where highly automated self-driving cars, such as those operating at level 5, which are designed to function without a driver.

According to the present principles of Indian law, when introduced on the Indian roads, self-driving cars will predominately be governed by the provisions of the Motor Vehicles Act, 1988[28] (MVA), which stipulates the legal principles applicable to all motor vehicles in India.

The legislation defines the expression 'motor vehicle' as

> *any* mechanically propelled vehicle adapted for use upon roads whether the power of propulsion is transmitted thereto from an external or internal source and includes a chassis to which a body has not been attached and a trailer, but does not include a vehicle running upon fixed rails or a vehicle of a special type adapted for use only in a factory or in any other enclosed premises or a vehicle having less than four wheels ...[29]

By this principle, self-driving cars will be subject to the same rules applicable to other motor vehicles to ascertain the civil and criminal liability of any person that may arise from its use.

2.2.1 Civil Liability for Injuries Caused by Self-Driving Cars

2.2.1.1 *Domestic Claims*

The rights and liabilities of the parties to any dispute that may arise for the harm caused by the self-driving car will be determined according to the

26 The list of signatories to the Geneva Convention on Road Traffic, 1949 is may be accessed at https://treaties.un.org/doc/Treaties/1952/03/19520326%2003-36%20PM/Ch_XI_B_1_2_3.pdf. India ratified the Geneva Convention on 9 March 1962.

27 The list of signatories to the Vienna Convention on Road Traffic is available at: https://treaties.un.org/doc/Treaties/1977/05/19770524%2000-13%20AM/Ch_XI_B_19.pdf.

28 Act No. 59 of 1988.

29 Section 2(28) of the MVA.

principles of strict liability[30] and no-fault liability[31] - that will apply depending on the severity of the injury.

2.2.1.1.1 Minor Injuries and the Application of the Strict Liability Rule

According to Indian law, claims for minor injuries - short of death or permanent disablement – caused to the victim will be subject to the common law principle of strict liability.[32] A victim will be considered to be permanently disabled if the injury has resulted in the

a. permanent privation of the sight of either eye or the hearing of either ear or privation of any member of the joint; or
b. destruction or permanent impairing of the powers of any member or joint; or
c. permanent disfiguration of the head or face.[33]

Other injuries that are fatal or result in the permanent disablement of the victim would be subject to the statutory principle of no-fault liability under the M.V.A.[34]

As such, the M.V.A. does not explicitly incorporate the principle of strict liability. Nonetheless, the decision of the Indian Supreme Court in *Kaushnuma Begum and Ors v The New India Assurance Co. Ltd*[35] confirms the applicability of this principle to disputes arising from the use of motor vehicles. The court in the present case referred to the English dictum in *Rylands v Fletcher*[36] while determining the liability of the driver of a jeep in a dispute that arose as a result of the death of a pedestrian when the wheel of the vehicle burst. According, it stated that, as a general rule,

> the person who, for his own purpose brings on his land, and collects and keeps there anything likely to [make] mischief if it escapes, must keep it in at his peril; and if he does not do so, is *prima facie* answerable for *all* the damage, which is the natural consequence of its escape.[37]

30 See in this respect, the decision of the Supreme Court in *Kaushnuma Begum and Ors v The New India Assurance Co. Ltd,* AIR 2001 SC 485.

31 See in this respect, Sections 140 and 163A of the MVA.

32 See, Section 140 of the MVA which clarifies that injuries caused by motor vehicles that result in death or permanent disablement will be subject to the no-fault liability principle.

33 Section 142 of the MVA.

34 ibid, Sections 140 and 163A.

35 AIR 2001 SC 485.

36 (1868) LR 3 HL 330, 339, 340. Also see, Akshay Sapre, *Ratanlal & Dhirajlal: The Law of Torts,* 28th edn, LexisNexis 2018, pp. 498 *et seq.*

37 ibid.

The court justified the application of the principle of strict liability to determine the liability of the owner in accidents caused by motor vehicles. Thus, it stated that

> in view of the fast and constantly increasing volume of traffic, the motor vehicles upon the road may be regarded to some extent as coming within the principle of liability defined in *Rylands v Fletcher*. From the point of view of the pedestrian, the roads of this country have been rendered by the use of the motor vehicles highly dangerous … Where a pedestrian without negligence on his part is injured or killed by a motorist, whether negligently or not, he or his legal representatives, as the case may be, should be entitled to recover damages if the principle of social justice should have any meaning at all. In order to meet, to some extent, the responsibility of the society to the deaths and injuries caused in road accidents, there has been a continuous agitation throughout the world to make the liability for damages arising out of motor vehicles accidents as a liability without fault.[38]

By this principle, victims of accidents caused by self-driving cars would be able to hold the owner liable for any injury that the use of the vehicle has caused. The principle raises several concerns in the context of self-driving cars. In particular, it reduces or even eliminates the manufacturer's accountability for accidents caused by a failure in the software – insofar as it continues to hold the owner responsible. Considering that Indian law obligates the insurance of all motor vehicles, the owner's liability for the injuries caused to any party by their self-driving car will invariably fall on the insurer[39] - unless the vehicle was not insured at the time of the incident. The insurance company's liability to indemnify the owner extends to circumstances where the latter, being the insured, has themselves suffered any bodily injuries.[40] In such circumstances, although the principle enables the owner to claim compensation for injuries that he or she may have sustained, it correspondingly mandates them to bear the costs of such payment (of compensation) – albeit indirectly through the insurance company. In this manner, the strict liability principle in its present form will not effectively accommodate 'one-sided accidents' that result in

38 Ibid, para. 18, referring to *Gujarat State Road Transport Corporation, Ahmedabad v. Ramanbhai Prabhatbhai & Anr.* [1987] (3) SCC 234.

39 Section 146 of the MVA.

40 ibid, Section 147(1)(b)(i).

injuries to the owner and are not *per se* attributed to another person[41] - but are caused by a failure in the software in the vehicle.

Moreover, in certain circumstances, the responsibility to bear the loss for the harm caused to any person would fall exclusively on the owner – regardless of whether the self-driving car has been insured. This would be the position when an employee of the owner has suffered bodily injuries due to a failure in the automated system in such vehicles to perform effectively.[42] In this respect, the present principles of Indian law do not obligate the insurance company to indemnify the owner for any bodily injuries that are sustained by the latter's employee when he or she was (a) hired as a driver of the vehicle or (b) a conductor responsible for examining tickets if the self-driving car is being used for public purposes or (c) was being carried in the vehicle which was being used as a goods carriage at the time of the accident – unless it is otherwise indicated in the contract.[43] In such circumstances, it becomes significant to consider the role and liability of the manufacturer within the scope and ambit of the strict liability rule in India.

In all other circumstances, the insurer may avoid liability if (a) policy was cancelled at the time of the incident;[44] or (b) the injury was caused by a breach of any condition stipulated in the insurance policy.[45] Accordingly, an insurer would not be liable for the damage caused by the insuree's self-driving car if it can demonstrate that the vehicle had, at the time of the injury, violated the conditions of the policy in any of the following ways:

a. when it was used for hire or reward, where the vehicle is on date of the contract of insurance not covered by a permit to ply for such purposes;[46]
b. when it was used for racing and speed testing;[47]
c. when it was used for any other purpose not allowed by the permit if it is being used as a transport vehicle;[48]
d. it was being driven by a person who is not holding a valid driving licence or who has been disqualified for holding or obtaining one during the period of the accident;[49]

41 See, M Schelleken, 'No-Fault Compensation Schemes for Self-Driving Vehicles' (2018) 10 *Law, Innovation and Technology* 314, p. 317.
42 Section 147(1) of the MVA.
43 Ibid.
44 Section 149(1) of the MVA.
45 ibid, Section 149(2).
46 ibid, Section 149(2)(a)(i)(a).
47 ibid, Section 149(2)(a)(i)(b).
48 ibid, Section 149(2)(a)(i)(c).
49 ibid, Section 149(2)(a)(ii).

e. the injury was caused or contributed by conditions of war, civil war, riot or civil commotion;[50] or
f. the policy was void as it was obtained by the non-disclosure of material information or by misrepresentation.[51]

The owner or the insurance company, as the case may be, will be liable to pay a compensation of Rupees (INR) 20,000 to the victim for the injuries caused by the self-driving car.[52] As indicated by the notification of the Central Government of India in 2018, the amount of the compensation would increase five per cent annually with effect from 2019.[53] For instance, the victim would be eligible for a compensation of INR 23,000 if he or she has suffered minor injuries from a self-driving car in 2022 (considering that the compensation amount would increase by 15 per cent).

2.2.1.1.2 *Defences Available to the Owner*

An owner may avoid liability by invoking the defences available at common law.[54] In doing so, the owner must demonstrate the existence of any one of the following circumstances enumerated as follows.

1. The damage was caused by the consent of the plaintiff.[55] The defence employs the principle of *volenti non-fit injuria* and, thus, empowers the owner to avoid liability if the injury was caused after receiving the victim's consent. Although the court did not illustrate the applicability of this principle to motor vehicles, it seems that the defence may be employed to govern disputes where the injury is caused by self-driving cars that are being used for racing or other similar purposes. By this principle, a victim of an accident would be ineligible to recover damages under Indian law if he or she was a participant in a car racing contest such as Grand Prix and the injuries were caused by a self-driving car in the race.
2. The self-driving car was being used for the common benefit of the plaintiff and the defendant.[56] The decision similarly does not indicate the circumstances in which any motor vehicle may be construed to have been used for the common benefit of the parties to the dispute. It seems

50 ibid, Section 149(2)(a)(iii).

51 ibid, Section 149(2)(b).

52 See, Para. 1(c) of the Notification by the Central Government of India, F. No. RT-11021/65/2017-MVL, dated 22 May 2018, available at: https://morth.nic.in/sites/default/files/notifications_document/Notification_no_S_O_2022E_dated_22_05_2018_regarding_Revision_of_Second_Schedule_0.pdf.

53 ibid, para. 2.

54 AIR 2001 SC 485, para. 14, referring to the decision of *Rylands v Fletcher,* (1868) LR 3 HL 330.

55 ibid.

56 ibid.

that the defence may govern situations where the self-driving car, which is involved in the accident, is being used for purposes such as rental, car-pooling and other similar reasons which may be construed to be for the common benefit of the plaintiff and the defendant – if the plaintiff was a passenger in the vehicle. To illustrate, the defence may be invoked in a dispute which arises between A – the driver and the owner of the self-driving car and B – a passenger of the vehicle as a result of injuries (such as a broken limb) that is caused by the failure of a car to locate an object in front of it – if the vehicle was being used for car-pooling – which may be construed as a purpose which is for the common benefit. Conversely, the defence may not be invokable if B was not a passenger of the vehicle – but was merely a pedestrian. In such circumstances, A would not be able to invoke the defence insofar as the self-driving car was not being used for a purpose that is for the common benefit to him or her and B, the victim. The predicament with this interpretation is that it enlarges the sphere for non-liability – such as when the self-driving car is being used for public purposes such as by rental companies.

3. that the injury was caused by the act of a stranger.[57] In general circumstances, a person may be eligible to avoid civil liability under Indian law if the damage that their property has caused is a result of an act of a third party (i.e. a person who is not a party to the suit). Thus, the owner in a suit for an accident caused by his or her motor vehicle may be permitted to avoid liability if he or she can demonstrate that the victim suffered injuries because of the act of a stranger. For instance, A – the owner of a non-autonomous vehicle may invoke this defence if he or she can prove that B – the victim suffered injuries due to C's act of disconnecting the wires of the brake.

   In accidents caused by self-driving cars, the applicability of this defence raises several questions insofar as it deems to imply that the owner of such a vehicle would not be liable if the accident is caused by the failure of technology in the car – which may be interpreted as 'an act of a stranger' – namely the manufacturer in such cases. At the same time, the principle implies that the victim may be remediless in the absence of a corresponding principle in Indian law that imposes liability on the manufacturer of the car.

4. The injury was unforeseeable and was a result of the act of God or *vis major*.[58] In general circumstances, the plaintiff may avoid liability if the

57 ibid.

58 ibid.

damage caused by his or her property results from events such as a flood or lightning, which would be construed as an act of God. The defence excludes the application of the strict liability principle in such circumstances. Thus, the owner of any motor vehicle, including a self-driving car, would be able to avoid liability if the injuries caused to the victim are attributed to circumstances such as those indicated above.

5. The injury was caused solely by an act or default of the plaintiff.[59] The principle of strict liability will be inapplicable if the injuries caused to the victim are attributable to any fault or negligence on the latter's part. For instance, A – the owner of a motor vehicle may avoid liability for injuries caused to B – a pedestrian at a crossroad if the accident is a result of the latter's decision to cross at an inappropriate time (i.e. without waiting for the indication that permits pedestrians to cross) at the traffic signal. At the same time, the applicability of the principle to self-driving cars may result in some unnecessary problems that render the victim remediless if the vehicle fails to stop even in circumstances where an ordinary (i.e. non-autonomous car) would have stopped.
6. The consequences are remote.[60] The owner may avoid liability if he or she can demonstrate that the injury caused to the victim was not a result of the self-driving car – and was, instead, caused by other means.

The satisfaction of any of the circumstances indicated above would invariably render the victim as remediless in injuries that may be suffered due to a defect in the automated system of a self-driving car. Therefore, it becomes increasingly crucial to consider the role and the consequent liability of the manufacturers of such vehicles in such disputes through cogent and coherent legal principles on product liability.

In their current form, the provisions of Indian law on the subject do not enable it to co-exist with the product liability rules in the country. The recent amendment to the Consumer Protection Act [CPA] in 2019[61] introduces provisions on product liability. It holds the manufacturer or the seller of a product liable for the harm caused by a defect in the goods or any deficiency in the services.[62] In doing so, the CPA supersedes the previous principles of Indian law as espoused under the common law decision of *Donoghue v Stevenson* which limited the manufacturer's liability for the harm caused by a dangerous – but not a defective product.[63] In contrast, the existing principles

59 ibid.
60 ibid.
61 Act No. 35 of 2019.
62 Section 2(35) of the CPA.
63 1932 AC 562, p. 599.

under the CPA authorise the victim to claim compensation before the District, State or National Commission as the case may be, for injuries that have been caused by defective products.[64] Although the provisions of the CPA do not expressly indicate whether the statute is intended to have extraterritorial effect and will, thus, govern foreign manufacturers, sellers or service providers, a close examination demonstrates that the statute enables any victim to claim compensation as long as he or she has been harmed by the products sold or services offered.[65]

According to the provisions, the manufacturer of a product will be liable for any harm that is caused by

1. a defect in the goods (including their design),[66]
2. a deviation from the manufacturing specifications, the non-conformity with the express warranty;[67] or
3. by the improper or incorrect usage of the goods because the product did not contain adequate instructions regarding the correct use.[68]

The seller will be held liable in circumstances where the manufacturer of the product that has harmed a person in any manner indicated above cannot be found or cannot be served with a summons for some reason.[69] The seller would also be liable for the harm caused by a product if it had exercised substantial control over the manufacturing, designing, testing, packaging or labelling[70] or because of the modifications or alterations that were carried out in the merchandise.[71]

In a related vein, the legislation holds the service provider (and not the manufacturer or the seller) liable if the product injured the victim due to faulty, imperfect, deficient or inadequate quality of service that was required under any law in force in India.[72]

64 Section 2(36) of the CPA.

65 See in this respect, Sections 82–87 of the CPA.

66 ibid, Section 84(a) and (b).

67 ibid, Section 84(c).

68 ibid, Section 87(2)(a). But see, Section 87(b)–(d) which absolve the manufacturer from liability if (i) the goods were sold as a component to be incorporated in another product and necessary instructions were given for the use of the same but the harm was caused by the end product; (ii) sufficient instructions or warnings were given to the effect that the products were legally meant to be used by or under the supervision of an expert, or (iii) the victim was under the influence of drugs or alcohol which have not been prescribed by a medical practitioner.

69 ibid, Section 86(d).

70 ibid, Section 86(a).

71 ibid, Section 86(b) read along with Section 87(1).

72 ibid, Section 85(a).

As indicated above, accidents caused by self-driving cars are likely to involve product liability claims. However, in the absence of a clarification on the relationship between the provisions of the MVA and the CPA, the provisions of the former will continue to place the liability on the owner, thus, adversely impacting the customer acceptance of such vehicles.

2.2.1.1.3 Major Injuries and the Application of the No-Fault Liability Rule

Other injuries of a fatal nature or those that permanently disable the victim will be subject to the principle of no-fault liability under Sections 140 and 163A of the MVA. The owner of the vehicle will similarly be held responsible for any accident that occurs due to the use of the self-driving car. At the same time, unlike in the case of strict liability, the principle of no-fault liability prevents the owner from avoiding liability under any circumstance – regardless of whether the injury has been caused by the consent of the plaintiff (namely, the victim); has been contributed by the latter, or has been caused by an act of God.[73] In other words, the defences available in case of strict liability do not extend to no-fault liability. The notion of contributory negligence is, thus, irrelevant and enables the victim to claim compensation despite any wrongful act, neglect or default on his or her part.

The remedies under Sections 140 and 163A are two-pronged and are aimed to provide immediate redress to the victim in case of serious injuries such as those indicated above. The compensation provided to the victim is fixed and, thus, minimises recourse to courts. While the remedy under Section 140 is in the form of an interim measure, the redress under Section 163A is final.[74] Although the provisions of the MVA and, in particular, Sections 141(1) and 163B indicate that the compensations payable under Section 140 and 163A are mutually exclusive[75] – the Supreme Court has

---

73 See the decision of the Supreme Court in *K Nandakumar v Managing Director, Thanthal Periyar Transport Corp*, 1996 ACJ 555; *Raphik Mehbub Pakhali v Anantkumar Pravinkumar Jajal*, [1996] 1 ACC 641; and *Rajan Kuttil Nayar v TNSTC Ltd*, 2007 (3) TLNJ 457.

74 See the decision of the Supreme Court in *Oriental Insurance Co Ltd v Hansrajbhai v Kodala*, 2001 ACJ 827.

75 See in this respect Section 141(1) of the MVA which states:

> The right to claim compensation under section 140 in respect of death or permanent disablement of any person shall be in addition to 1 [any other right, except the right to claim under the scheme referred to in section 163A (such other right hereafter] in this section referred to as the right on the principle of fault) to claim compensation in respect thereof under any other provision of this Act or of any other law for the time being in force.

Section 163B provides:

clarified otherwise.[76] Thus, while the MVA prohibits applications for two consecutive interim awards for compensation under Section 140 and 163A, it does not prevent the aggrieved party from seeking an interim and a final compensation under Sections 140 and 163A, respectively.[77]

The ambit of Section 140 is broad and enables the victim to seek redress in every plausible circumstance when the death or the permanent disablement is a result of using the self-driving car. Therefore, it will be irrelevant whether the vehicle was stationary and was not in motion – as long as a causal connection can be demonstrated and 'the accident was reasonably proximate to the use.'[78] In such circumstances, the owner will be liable for the payment of compensation under Section 140.[79] Judicial dicta indicate that the owner will be responsible under Section 140 even when the injuries indicated above occur during the loading or the unloading of the vehicle – for instance, due to the escape of any material inside (such as logs of wood)[80] or when a passenger is beaten up when the car is allegedly involved in an accident.[81] Likewise, the owner will be equally liable under Section 140 when any person suffers an injury caused by a fire or explosion of the self-driving car after it has already been involved in an accident and is lying stationary on the road.[82]

The owners of each vehicle will be jointly and severally liable under Section 140 in scenarios where two or more self-driving cars have been involved in the (same) accident.[83] In a related vein, a corporation that has rented the self-

Option to file claim in certain cases.— Where a person is entitled to claim compensation under section 140 and section 163A, he shall file the claim under either of the said sections and not under both].

76 See the decision of the Supreme Court in *Oriental Insurance Co Ltd v Hansrajbhai v Kodala*, 2001 ACJ 827.

77 ibid, paras. 3 and 21.

78 Kannan and Vijayaraghavan, *Motor Vehicles Laws*, 16th edn LexisNexis Publication, Chapter X, para. 140.3(b), referring to the decision of the Madhya Pradesh High Court in *Runabai v Mannala*, 2003 ACJ 1493 (MP).

79 See, Section 140(1) of the MVA.

80 See, Kannan and Vijayaraghavan, *Motor Vehicles Laws*, 16th edn LexisNexis Publication, Chapter X, para. 140.3(a), referring to the decisions of *Kanhel Rana v Gangadhar Swain*, 1997 AIHC 207 (Ori); *RSRTC v Chandi Bai*, [1989] 2 RajLW 427; *Maqbul Hussain Kitabullah v Kulvinder*, 1995 AIHC 24 (Bom); and *Babu v Remesan*, AIR 1996 Ker 95.

81 See, Kannan and Vijayaraghavan, *Motor Vehicles Laws*, 16th edn LexisNexis Publication, Chapter X, para. 140.3(a), referring to the decision of *Iffco Tokio General Insurance Co Ltd v Joes Anthony*, 2019 ACJ 689.

82 See, Kannan and Vijayaraghavan, *Motor Vehicles Laws*, 16th edn LexisNexis Publication, Chapter X, para. 140.3(c), referring to the decision of *Shivani Dayanu Patil v Vatschala Uttam More*, AIR 1991 Bom 436.

83 Section 140(1) of the MVA. Also see, Kannan and Vijayaraghavan, *Motor Vehicles Laws*, 16th edn LexisNexis Publication, Chapter X, para. 140.10.

driving car for public purposes – for instance, for car-pooling passengers on a particular route on payment of a fee - will similarly be jointly and severally liable along with the owner.[84] There is no clarity on whether the principle mentioned above is equally applicable in circumstances where the self-driving car has been hired for private purposes – such as on holiday.

In circumstances where the owner and the driver are different persons, the former will continue to remain liable.[85] Indian law will not preclude the driver of the self-driving from claiming compensation under Section 140 of the MVA if he or she suffers any injuries indicated above – even if he or she is responsible for the accident.[86] The owner may avoid liability only if he or she can prove that the car was stolen at the time of the accident.[87]

The owner, or as the case may be, the insurer would be liable to pay a compensation of Rs 50,000 (INR fifty thousand) in case of the death of the victim, which may be claimed by the relatives of the deceased and Rs 25,000 (INR twenty-five thousand) in case of permanent disablement.[88]

The compensation that will be awarded by the Claims Tribunal under Section 140 will be based on a summary – as opposed to a detailed assessment.[89] Although the legislation is silent on the matter, the decision of the Supreme Court in *Oriental Insurance Co Ltd v Hansrajbhai v Kodala*[90] clarifies that the compensation awarded under Section 140 is in the form of an interim measure. It essentially entails reducing the burden of the victim or his or her dependents in case of exceptional circumstances such as these by providing expeditious remedies pending a full-fledged trial. At this (interim) stage, the Tribunal will be prohibited from engaging in any examination – except whether the accident from the use of the self-driving car took place, the vehicle of the owner was involved and if the victim suffered any of the injuries

---

84 See, Kannan and Vijayaraghavan, *Motor Vehicles Laws*, 16th edn LexisNexis Publication, Chapter X, para. 140.10(g).

85 See in this respect, Sections 140 and 163A of the MVA.

86 See, Kannan and Vijayaraghavan, *Motor Vehicles Laws*, 16th edn LexisNexis Publication, Chapter X, para. 140.4, referring to the decisions of *Oriental Insurance Co Ltd v Miba Paul*, 2003 (111) ACJ 2142; and *Oriental Insurance Co Ltd v Krishnan*, 2004 (111) ACJ 1790 (Mad).

87 See, *Miriammal v M Ramasubramaniam*, [1998] 2 Mad LJ 199.

88 See, Sections 140(2) and 147(1)(b)(i) of the MVA .

89 See the decisions of the Madhya Pradesh High Court in *Abhayram v Sumitrabai*, [1991] 2 ACC 604; and *S Vimala v Chikkahanumanthaiah Bin Laxmanaooa*, AIR 1999 Karn 150 and the decisions of the Bombay High Court in *New India Assurance Co Ltd v Minguel Lourenco Correia*, [1987] 1 ACC 524; and *Joao Carbal v Mira Namdev Naik*, [1991] 70 Com Cas 471.

90 2001 ACJ 827.

covered within the scope of Section 140.[91] At this (interim) stage, the insurer will similarly be precluded from raising any pleas or defences, such as the self-driving car was being used in violation of the terms of the policy. Accordingly, the insurer is liable to indemnify the owner for injuries that have been caused by the use of the self-driving car – as long as the vehicle was insured at the time of the accident.

The victim may claim final compensation under Section 163A of the MVA. The compensation granted under Section 163A will be determined after deducting the amount that was initially awarded on an interim basis under Section 140.[92]

Prior to MVA's amendment in 2019, the compensation awarded under Section 163A was calculated according to a structured formula basis stipulated in the Second Schedule of the legislation. In essence, the criteria for calculating the compensation were based on the annual income and the age of the victim, which was multiplied by a pre-determined indicator stipulated in the Second Schedule. For instance, the compensation of a victim who is 15 years old would have been INR 45,000 if he or she had an annual income of INR 3,000 when he or she was eligible for compensation under Section 163A. The compensation was derived by calculating the annual income by 15. In a related vein, the compensation awarded to a person above 65 years with a yearly income of INR 40,000 would have been INR 2,00,000 – because the earnings of a person of this age were multiplied by 5.

In addition, the survivors of the victim were eligible to receive INR 24,500 to compensate for the funeral and medical expenses (that were incurred before the death), loss of estate and loss of consortium if the victim was a spouse. Likewise, the victim was eligible to receive an additional sum of INR 20,000 and INR 16,000 to compensate for the pain and suffering and medical expenses in case of grievous and non-grievous injuries that did not result in the death.

While on the one hand, the Second Schedule attempted to provide a more wholesome compensation, it suffered from severe defects. The mechanism was certainly not appropriate to calculate the damages for injuries caused by any motor vehicles – especially those such as self-driving cars that incorporate complex technology and may, thus give rise to unprecedented challenges.

91 See, *Shabir Hussain v Abdul Rehman Driver*, [1991] 1 ACC 286; *New India Assurance Co Ltd v Minguel Lourenco Correia*, [1987] 1 ACC 524; and *Joao Carbal v Mira Namdev Naik*, [1991] 70 Com Cas 471.

92 See in this respect, Kannan and Vijayaraghavan, *Motor Vehicles Laws*, 16th edn LexisNexis Publication, Chapter X, para. 141.1, referring to the decision of the Punjab and Haryana High court in New India Assurance CoLtd v Ind Kaur, AIR 1986 P&H 153; and the Guwahati High Court in *Babban Tiwari v Usha Ranjan Chakraborty*, [1988] 1 ACC 130.

Firstly, the formula consisted of several arithmetical errors. For instance, in the illustration indicated in the previous paragraph, the compensation awarded to a victim who is 15 years old, whose annual income is INR 3,000, should have been INR 45,000 insofar as the schedule indicated that the earnings should be multiplied by 15. However, the Second Schedule stipulated that the minimum compensation that would be awarded would be INR 50,000. In doing so, it stipulated that INR 3000, when multiplied by 15, would be INR 60,000 – as opposed to INR 45,000. The Second Scheduled suffered from other similar errors. It stated that the compensation awarded to a victim who is above 15 but less than 20 years and has an annual income of INR 9,000 would be INR 1,71,000 because the earnings should have been multiplied by 16. However, it stipulated that the compensation awarded to such persons should be INR 1,44,000.

Moreover, academic writings demonstrated that tribunals across India frequently employed different criteria to calculate the compensation even when the injuries were of a similar nature. Secondly, the schedule merely made provision for calculating compensation for injuries caused to persons whose annual income was up to INR 40,000. Therefore, persons earning more than INR 40,000 would also be covered within those limits – regardless of whether their yearly income was much higher. For instance, the compensation awarded to a person who is 36 years old with an annual salary of INR 1,00,000 that has suffered a permanent disablement would continue to be deemed INR 40,000 – even when the income was much higher. The compensation awarded to the former and the latter would have been INR 6,40,000.

A notification issued by the Central Government of India in 2018 does away with the complex (and embarrassingly incorrect) compensation structure stipulated under the Second Schedule.[93] It must be noted that the right to compensation under Section 140 remains untouched.

According to the notification, the victim's legal representatives shall be awarded a fixed sum of INR 5,00,000 for death caused by the use of any motor vehicle – regardless of the age or the annual income of the victim.[94] On the other hand, the compensation for permanent disablement would be INR 5,00,000, which will be multiplied by the percentage of the disability that the

93 See, Para. 1(a) of the Notification by the Central Government of India, F. No. RT-11021/65/2017-MVL, dated 22 May 2018, available at: https://morth.nic.in/sites/default/files/notifications_document/Notification_no_S_O_2022E_dated_22_05_2018_regarding_Revision_of_Second_Schedule_0.pdf.

94 ibid, para. 1(b).

victim suffers as a result of the injury.[95] Thus, if 50 per cent of the victim's body is burnt due to an explosion of a self-driving car, he or she will be eligible for a compensation of INR 250,00,000 (INR 5,00,000 * 50). The amount of the compensation will increase five per cent annually with effect from 2019. Thus, as of 2021, the compensation for death that has been caused as a result of a self-driving car would be INR 5,50,000. The notification does not indicate if the compensation includes damages for mental pain and agony and the expenses incurred towards the funeral, medical treatment, the loss of estate – as was done under the now-repealed Second Schedule.

A subsequent amendment to the M.V.A. in 2019 merely indicates the abolishment of the structured formula system under the 1988 Act. Still, it does not make any mention or reference to the 2018 notification of the Central Government. The Act is silent on the new mechanism that will be employed to calculate the compensation for no-fault liability for accidents caused by motor vehicles. However, it is presumed that the final compensation under Section 163A for injuries caused by self-driving cars would be calculated according to the mechanism indicated in the Central Government's notification.

The insurer will similarly be liable to indemnify the owner up to the sum assured under the terms of the policy for the death or permanent disablement of any person (including the owner) that the use of the self-driving car has caused. At this stage (of the final proceedings), the insurer may avoid its liability under the (insurance) contract if the court or the Claims Tribunal has failed to notify it of the proceedings before the commencement of the same. However, the insurer may avoid its liability if the (insurance) policy was cancelled at the time of the injury or if the self-driving car was being used for a purpose that was not authorised under the terms of the policy. The insurer may avoid its liability to indemnify the owner on the same grounds as those applicable under the principle of strict liability. This will be the position when *inter alia*, the self-driving car was being driven by a person without a valid licence or was being used for hire or reward or racing and speed testing when the same was not permitted under the policy. In such circumstances, the liability will continue to remain with the owner of the self-driving car – who would instead be liable to (additionally) compensate the insurer by way of special costs up to INR 1,000 - if the self-driving car was being driven on a policy which was void,[96] but not if the vehicle was being used in violation of the terms.[97]

95 ibid.

96 See, Section 172(1)(a) and (2) of the MVA.

97 Note that Section 172 of the MVA is silent on the liability of the owner of the vehicle towards the insurer for any other form of violation of the policy.

2.2.1.4 *Claims Arising Overseas*

2.2.1.4.1 The Application of the 'Double-Actionability' Rule

In accidents occurring overseas, the rights of the victim and his or her ability to claim redress of the injuries would depend on the satisfaction of the criteria stipulated under the doctrine of double actionability – which found its genesis in the English decision of *Phillips v Eyre*.[98] In essence, the rule would be applicable in situations such as those where the owner and the victim are residents of India and have been involved in an accident from the use of a self-driving car overseas.

There is no codified rule or Supreme Court dictum to confirm the applicability of the double actionability rule for acts committed overseas. However, the decisions of the High Courts of Rajasthan in *Kotah Transport Ltd v Jhalawar Transport Services Ltd*[99] and Punjab and Haryana in *Sona Devi v Anil Kumar*[100] which are disputes that arose from accidents caused by motor vehicles, persuasively indicate that this rule will apply to disputes involving self-driving cars with a foreign element.

According to this principle, the owner of a self-driving car would not be liable in tort unless the act – namely, the injuries caused are actionable as a (a) tort under Indian law *and* (b) as a wrong 'though not necessarily as a tort'[101] under the law of the place where the accident causing the injury occurred (*lex loci delicti commissi*).[102] In other words, the victim or his or her dependents in case of the former's death would have to demonstrate the concurrent liability of the owner under two legal systems – India and the foreign country where the accident occurred.

The principles of strict and no-fault liability would be applicable to determine the actionability of the act under Indian law of tort. However, the plaintiff (namely, the victim or his or her dependents) need not prove that the owner was liable under the law of tort of *locus delicti*.[103] It will suffice if the victims or the dependants prove that the act constituted a wrong (as opposed to a crime) in some way under the law of that country. Instead, it is sufficient if the victim demonstrates that the indicate merely constituted a tort under Indian law. To illustrate, consider a dispute arising from an accident that occurred when a

---

98 [1870] LR 6 QB 1.

99 AIR 1960 Raj 224.

100 [2011] 3 TAC 552.

101 ibid.

102 *Kotah Transport Ltd v Jhalawar Transport Services Ltd*, AIR 1960 Raj 224, paras 31 and 32; and *Sona Devi v Anil Kumar*, [2011] 3 TAC 552, para. 6.

103 See in this respect, the remarks of the court in *Sona Devi v Anil Kumar*, [2011] 3 TAC 552 at para. 6.

self-driving car driven by A fractures B's – who is A's partner's arm. The accident occurred when A and B were on holiday in Sri Lanka. Both the parties are residents of India. The actionability of B's claim in an Indian court will depend on whether the act was actionable as a tort under Indian law. Accordingly, B would have to demonstrate that A is liable under the strict liability principle. However, B may be unable to raise a successful claim if A invokes any of the defences to the strict liability rule – for instance, by demonstrating that B contributed to the negligence in some manner. Even if the defences are inapplicable, B would not be able to successfully raise a claim unless he or she demonstrates that A's negligence constituted a wrong in some manner under Sri Lankan law.

That said, whether the Indian courts will concurrently invoke the laws of two legal systems after both the criteria indicated above remains nebulous. Under English common law, the double actionability rule (before its abolishment) mandated the concurrent application of the law of the forum (English law) and the *lex loci delictii* if the criteria were fulfilled.[104] In contrast, the court in *Sona Devi*, when called upon to determine the liability of a tour operator for the death of certain pilgrims in Nepal due to the rash and negligent driving of the driver, indicated the exclusive application of Indian law if both the conditions were satisfied.[105]

2.2.1.4.2 The Application of the 'Flexible Exception' Rule

In certain circumstances, the application of the double actionability rule may be displaced in favour of a flexible exception. This will be the position when the law of one country has a more significant relationship with the incident and the parties. As the court in *Sona Devi* clarified,

> for this exception to apply, the connection between the case and the country whose law is to be denied application must be so weak that the law has no interest in being applied to the particular dispute, and no other law should be applied instead.[106]

104 See in this respect, Alex Mills, 'The Application of Multiple Laws under the Rome II Regulation' in John Ahern & William Binchy (eds), *The Rome II Regulation on the Law Applicable to Non-Contractual Obligations: A New Litigation Regime*, Martinus Nijhoff Publishers, 2009, p. 140, referring to the decision of the Queen's Bench in *Phillips v Eyre*, [1870] LR 6 QB 1.

105 *Sona Devi v Anil Kumar*, [2011] 3 TAC 552, para. 6.

106 Ibid, para, 8.

However, unlike English common law, which permits the flexible exception rule to displace the *lex fori* or the *lex loci delicti* depending on the legal system which had a weaker connection with the dispute,[107] the dictum in *Sona Devi*[108] does not make any clarification to this effect. A close examination to the court's remarks and the reference to the English and American decisions in *Harding v Wealands*[109] and *Babcock v Jackson*[110] indicates that the flexible exception would merely permit the displacement of the *lex loci delicti* – and not the *lex fori* while determining the actionability of the accident that has occurred overseas. In both the decisions mentioned above, the courts decided to displace the application of Australian and Ontarian law, respectively, insofar as these legal systems bore a weak connection to the motor vehicle accident that gave rise to the dispute between the parties. In doing so, the court in *Harding*[111] and *Babcock*[112] decided to exclusively invoke the *lex fori* – being English and New York law insofar as it bore a significantly closer connection with the parties and the incident. The relevance of the flexible exception rule is superfluous if it authorises the court to displace the *lex loci delicti* in favour of the exclusive application of the *lex fori* (namely, Indian law) – but not *vice versa* – considering the double actionability principle anyways empowers the application of the *lex fori* if two prerequisites are satisfied. In such circumstances, Indian law on the subject comes across as parochial and chauvinistic because of its excessive focus on the need to invoke the *lex fori*.

Cross-border claims that may arise in the future before an Indian court for the damages caused because of a self-driving car are, thus, likely to fail as a result of the application of the double actionability rule. This is because the provisions of the *lex loci delicti* – and, in particular, in jurisdictions such as the EU,[113] Russia,[114]

---

107 See in this respect, the decision of the House of Lords in *Red Sea Insurance Company Limited v Bouygues SA and Others*, [1995] 1 HKLR 224 at p. 229

108 [2011] 3 TAC 552, para. 8.

109 [2006] UK HL 32.

110 [1963] 2 Ll.R 286.

111 [2006] UK HL 32.

112 [1963] 2 Ll.R 286.

113 See in this respect, Council Directive 85/374/EEC of 25 July 1985 on the approximation of the laws, regulations and administrative provisions of the Member States concerning liability for defective products [Product Liability Directive] and Articles 5 and 14 of the Regulation (EC) No. 864/2007 of the European Parliament and of the Council of 11 July 2007 on the Law Applicable to Non-Contractual Obligations, [2007] OJ L/199/40 [Rome II Regulation]. Articles 5 and 14 of the Rome II Regulation prescribes the rule to determine the applicable law in product liability claims.

114 See, Articles 6, 8, 14, 16, 18, 19 of the Law of the Russian Federation on the Protection of the Consumers' Rights No. 2300-I of February 7, 1992. Also see, Article 1219(3) of the Civil Code of the Russian Federation, 2015 [Civil Code of Russia], which prescribes the rule to determine the applicable law in product liability claims.

China,[115] Australia[116] and Canada,[117] to name a few, are likely to hold the manufacturer of such vehicles as liable for injuries that are caused by a failure in the automated system in the car to function. In contrast, the provisions of Indian law will invariably hold the owner liable in any claim that arises from an accident caused by such vehicles. The claim would fail insofar as the victim would be unable to satisfy the court that the tortfeasor – namely, the owner of the self-driving car had contravened the provisions of the *lex loci delicti* and the *lex fori* (Indian law). Both the legal systems construe different persons as tortfeasors. While the *lex loci delicti* may construe the manufacturer as the tortfeasor, Indian law would exclusively hold the owner of the self-driving car liable.

2.2.2 Criminal Liability

The criminal liability of any person who has harmed or injured anyone from the use of a self-driving car will be ascertained according to the provisions of the Indian Penal Code, 1960[118] [IPC]. In this respect, Section 279 of the statute provides that

> Whoever drives any vehicle, or rides, on any public way in a manner so rash or negligent as to endanger human life, or to be likely to cause hurt or injury to any other person shall be punished with imprisonment of either description for a term which may extend to six months, or with a fine which may extend to one thousand rupees, or with both.

Thus, unlike the rules that are employed to determine the civil liability, the driver, and not the owner of the vehicle, will be liable for any harm or injury that a third party may have suffered as a result of the former's rash and negligent driving under the principles of criminal law in India. At the same time, the expression 'whoever' in Section 279 implies that the application of the provision is limited to human drivers – and is, thus, not wide enough to cover

115 See, Regulations on the Administration of Recall of Defective Automotive Products by the State Council of 22 October 2012. Also see, Article 44(3) of the Law of the People's Republic of China on the Laws Applicable to Foreign-Related Civil Relations, 2010 [Law on the Laws], which prescribes the rule to determine the applicable law in product liability claims.

116 See, Schedule 2 of the Competition and Consumer Act, 2010 which imbibe the provisions on consumer law. Also see, the decision of the Australian court in *Distillers Co (Biochemicals) Ltd v Thompson*, [1971] AC 458, which prescribes the rule to determine the applicable law in product liability claims.

117 See, Sections 5 and 10 of the Motor Vehicles Safety Act, 2018. Also see, the decision of the Canadian court in *Tolofson v Jenson*, [1994] 3 SCR 1022, which prescribes the rule to determine the applicable law in product liability claims.

118 Act No. 45 of 1960.

automated systems in self-driving cars that are responsible to drive the car. The IPC does not contain any other provision to ascertain the criminal liability of any person for the harm that it may have caused with the use of its motor vehicle. As indicated above, the application of Section 279 is limited to situations in which any person has sustained any injury as a result of rash and negligent driving; thus, leaving accidents caused by other means such as the failure of technology or a defect in the product, outside the scope of the provision.

3 Implications on Data Protection in India

At present, India does not have a coherent regime to regulate data protection needed for using self-driving cars. The Personal Data Protection Bill 2019 [PDP Bill],[119] which is predicated on the European Commission's General Data Protection Regulation [GDPR], has not yet come into force. In such circumstances, matters of data protection are currently regulated within the scope and ambit of the Information Technology Act, 2000[120] [ITA] and the Information Technology (Reasonable Security Practices and Procedures and Sensitive Personal Data or Information Rules) 2011 [SPDI Rules].

The current regime prohibits manufacturers of self-driving cars and/or technology companies responsible for designing the automated system in such vehicles from collecting or processing any sensitive personal data except with the consent of the person to whom the information belongs.[121] The expression 'sensitive personal data' is interpreted to include any information concerning the password, financial information, health condition, medical records, sexual orientation, biometric data or any other information relating to the aspects mentioned above.[122] The provisions of the I.T.A. and the SDPI Rules have extra-territorial effect and, thus, prohibit any collecting entity, regardless of whether it is incorporated overseas, from gathering or processing sensitive personal data unless the provider – namely, the user of the self-driving car, has been informed of the fact and purpose of the collection as well as the recipients of the information.[123] The right of the manufacturer to collect,[124] process[125] or

119 The text of the PDB Bill may be accessed at: http://164.100.47.4/BillsTexts/LSBillTexts/Asintroduced/373_2019_LS_Eng.pdf.
120 Act No 21 of 2000.
121 Section 5 of the SDPI Rules.
122 ibid, Section 3.
123 See in this respect, Section 1(2) of the ITA.
124 Section 5 of the SDPI Rules.
125 ibid, Section 6.

transfer[126] sensitive personal data is restricted to necessary information. The data must be collected for a lawful purpose connected with any entity's function or activity.[127] Accordingly, the provider may request for a review of the data gathered by the entity[128] and may withdraw its consent at any time after the data has been shared by giving notice to the entity that has compiled the same under the SDPI Rules.[129] In such circumstances, the seller of the self-driving car would be under no obligation to sell the vehicle to the person who has refused to give his or her consent to the information required for using the vehicle.[130] The legal principles prohibit the manufacturer from sharing or disclosing the data unless the user has agreed to the same or when it is necessary to comply with any legal obligation.[131]

Although the current regime and, in particular, the SPDI Rules attempt to create coherent legal principles for data protection in India, their implementation is weak insofar as they lack an effective enforcement mechanism. The Rules obligate body corporates to appoint a Grievance Officer, from among persons in the company having extensive knowledge in information technology, to address discrepancies and violations of the obligations.[132] Further, the Rules obligate the Grievance Officer to redress the grievance within one month of the date of receipt of the complaint from the aggrieved party.[133] However, they do not penalise the entity for failing to appoint a Grievance Officer. In the absence of any corresponding principles to ensure the appointment of Grievance officers by companies, the law in its present form, lacks teeth and does not effectively ensure the protection of the rights of users of self-driving cars. In a related vein, the Rules do not obligate body corporates (namely, authorities that are responsible for collecting the date) to permanently destroy the data once the purpose for which it was collected is over.

The lacunae are proposed to be addressed with the coming into force of the PDP Act. The statute has been drafted to fulfil the fundamental right to privacy and the corresponding right to be forgotten under the Indian Constitution.[134]

126 ibid, Section 7.
127 ibid, Section 5(2).
128 ibid, Section 5(6).
129 ibid, Section 5(7).
130 ibid.
131 ibid, Section 6.
132 ibid, Section 5(9).
133 ibid.
134 See in this respect, Article 14 of the Constitution of India, 1950 read along with the decision of the Indian Supreme Court in *Justice KS Puttaswamy (Retd) v Union of India*, (2017)

In doing so, the statute will expressly endorse the right to be forgotten.[135] It will, accordingly, prohibit manufacturers of self-driving cars from disclosing the user's personal data when (a) the information has served its purpose or is no longer necessary, (b) the consent to utilise the same has been withdrawn or (c) it was acquired in violation of the provisions of the statute.[136]

The provisions of the PDP Act, being of extraterritorial effect, will regulate activities of foreign manufacturers of self-driving cars or technology companies that are responsible for designing the automated systems in such vehicles insofar as the data has been processed in connection to any business carried out in India or any goods or services offered to any person in the country to whom the data belongs (also referred to as data principal).[137] Such entities will be prohibited from collecting or processing any personal data that is sensitive or critical without the consent of the provider[138] – unless it is for (a) the purpose of the performance of any function of the state that is authorised by law, (b) the compliance of any judgment or order of the court or (c) employment or related purposes or for the prevention of any unlawful activity.[139]

The provisions of the PDP Act will further obligate manufacturers of self-driving cars and/or technology companies responsible for designing the automated system to undertake a 'data protection impact assessment' before collecting such data insofar as such vehicles will involve the processing of new technologies, large scale profiling and the use of sensitive personal data such as genetic data or biometrics that are susceptible to cause significant harm to the users. Manufacturers will, therefore, be obligated to, *inter alia*, assess the potential harm that may be caused to the user whose personal data will be processed and the measures for managing, minimising, mitigating or removing such risks before collecting or processing any such personal data. Moreover, the provisions will prohibit manufacturers from storing data outside India.[140] Manufacturers will be permitted to transfer such data outside India if the user has expressly agreed to the same under a contract.[141] The transfer of the data would be prohibited unless the agreement includes provisions to protect the rights of the users effectively and, consequently, holds the manufacturer (the

10 SCC 1. Also see the decision of the Orrisa High Court in *Subhranshu Rout @ Gugul v State of Odisha*, BLAPL No. 4592 of 2020.

135 Section 20 of the PDP Bill.

136 ibid.

137 ibid, Section 2(A)(c) of the PDP Bill.

138 ibid, Section 11.

139 ibid, Section 12.

140 ibid, Section 33.

141 ibid, Section 34(1).

data fiduciary in such cases) liable for the harm that has been caused for the violation of the agreement.[142] The transfer of any personal data in contravention to the prerequisites indicated above would result in a penalty of up to Rs 150 million or four per cent of the annual turnover of the preceding financial year of the company, whichever is higher.[143]

At the same time, unlike the present principles of Indian law, the coming into effect of the PDP Act will ensure the enforcement of the provisions and will effectively redress the users for any violation of the rights conferred under the statute. The Act envisages creating a Data Protection Authority of India [DPAI] to address grievances in relation to data breaches.[144] Every data fiduciary (namely, the entity or person responsible for determining the means and purpose of processing the personal data) will be obligated to register itself with the DPAI.[145] As indicated above, the current legal principles vide the ITA and the SDPI Rules do not impose any similar obligation on the registration of Grievance Officers to ensure their appointment. The PDP Bill endeavours to fill this gap by mandating the Data Fiduciaries to report any breach of any personal data processed by it to the DPAI.[146] The DPAI would further appoint any data fiduciary as a 'Significant Data Fiduciaries' [SDF] having regard to (a) volume, sensitivity, the risk of harm of the personal data processed; (b) the use of new technology; and (c) turnover of the data fiduciary.[147] Such SDFs would be under a legal obligation to appoint a Data Protection Officer [DPO] to advise the former on matters relating to the fulfilment of the obligations under the Act.[148] Any failure by the SDF to appoint a DPO would result in a hefty penalty of up to Rupees 50 million or two per cent of the turnover, whichever is higher.[149]

4 Looking Forward: Coping with Challenges Introduced by Self-Driving Cars in India

Understanding the implications of national law is crucial before India considers introducing self-driving cars on its roads. The discussion above highlights

142 ibid.
143 ibid, Section 57(2)(d).
144 ibid, the Preamble read along with Section 41.
145 ibid, Section 26(2).
146 ibid, Section 25.
147 ibid, Section 26(1).
148 ibid, Section 30.
149 ibid, Section 57(1).

why India has been ranked as some of the worst-performing in terms of its regulations on the subject and the government readiness for change.[150] Indian law on the subject adopts a narrow concept of persons liable for accidents caused by self-driving cars compared to the laws of some other legal systems such as Japan[151] and Germany.[152] Accordingly, as indicated above, the vehicle owner will be responsible for all injuries caused by a self-driving car – regardless of the circumstances under which the accident may have occurred. In contrast, Japanese law holds the 'operator' of a car liable for the loss that may be caused to other persons from using his or her automobile.[153] The expression 'operator' is wide enough to include the owner and the driver of the vehicle. At the same time, unlike India's strict liability principle, Japanese law does not *prima facie* hold the operator responsible for all injuries caused by the motor vehicle.[154] Instead, it enables the operator to avoid liability if he or she can demonstrate the lack of negligence on his or her part by proving that

a. he or she did not fail to exercise due diligence in operating the vehicle;[155]
b. the victim was intentional or negligent in causing the accident;[156] and
c. the accident did not occur due to a structural defect or functional disorder in the vehicle.[157]

In doing so, Japanese law is futuristic and accommodates changes such as those introduced with the invention of self-driving cars. In contrast, the strict liability principle that applies in India practically constitutes no-fault liability by preventing the owner and eventually the insurer to escape liability unless the victim had a common purpose in the use of the self-driving car that caused the injury; or when the harm was caused by the consent or default of the victim.

Likewise, German law imposes the liability on the 'keeper' of the vehicle – which, akin to Japanese law, is interpreted to include the owner and the driver.[158] The expression 'driver' refers to a person – natural or juristic – who sets the vehicle in motion, keeps it moving, or is responsible for the operation of

150 See, KPMG, 2020 AVRI, p. 40, available at https://assets.kpmg/content/dam/kpmg/xx/pdf/2020/07/2020-autonomous-vehicles-readiness-index.pdf.

151 See in this respect, Article 4 of the Automobile Liability Security Act, 2011.

152 See in this respect, the decision of the Bundesgerichtshof (BGH) (German Supreme Court) 4 StR 592/16, 27 April 2017, ECLI:DE:BGH:2017:270417U4str592.16.0, para. 8.

153 See, Article 3 of the Automobile Liability Security Act, 2011.

154 ibid.

155 ibid.

156 ibid.

157 ibid.

158 See, BGH 4 StR 592/16, 27 April 2017, ECLI:DE:BGH:2017:270417U4str592.16.0, para. 8.

the same.[159] In this manner, German law broadens the sphere of persons that could be liable – and enables the responsibility to be placed on manufacturers of self-driving cars, which are automated at levels 4 or 5, by acknowledging that the driver could be any person who starts or operates the car. The expression 'owner' should accordingly be replaced with 'operator' in the principles employed to determine the civil liability under Indian law to include persons operating the car at the time of the incident.

The present principles raise critical questions on the practicality of holding the owner and, consequently, his or her insurer liable for accidents that may have actually been caused by a failure in the software in a self-driving car. From an insurance perspective, any decision to launch self-driving cars in India would mandate policy-makers to revisit the considerations as mentioned above and examine the plausible role of the manufacturer in being liable to insure the self-driving car. Consequently, the responsibility of the operator to insure a vehicle should be limited to those cars which require a human driver and, in particular, those which operate at levels 1 and 2 of autonomy. The responsibility to insure the vehicle, in self-driving cars operating at all other levels of autonomy, which can function without any assistance from the driver, should exclusively rest on the manufacturer. Although such an approach would not be free of predicaments, it would avoid unnecessary problems and delays that may arise if a process that obligates the operator and the manufacturer to (simultaneously) insure the car and holds the insurer of the person that was driving the vehicle liable to compensate the victim for any injuries that may be sustained from an accident. In other words, accidents caused by self-driving cars would be borne by the operator's insurance company if he or she had taken over the driving task from the system of an automated car at the time of the incident. The manufacturer and, consequently, its insurance company would be liable for accidents caused by the system in the self-driving car is performing the tasks. Although this approach seems to offer the most pragmatic solution, it is susceptible to being contradictory to the very purpose of the no-fault liability rule because of the delays involved in identifying the party from whom the compensation may be claimed before the victim may be redressed for the injuries. The legal principles should accordingly obligate the operator of the vehicle to indemnify the manufacturer if the accident was caused when he or she has taken over the driving tasks from the automated system.

At the same time, imposing the responsibility to insure self-driving cars on the manufacturer is susceptible to other practical difficulties in gathering

159 ibid.

information on the use of the vehicle.[160] Considering that the amount of the insurance premium essentially depends on the vehicle's condition and the claims made in the past, access to such information will become indispensable for the manufacturer at all times long after the sale of the car.[161] In such circumstances, a contributory system of insurance that obligates the operator to self-report for insurance may be considered.[162] Such an approach would particularly be relevant in self-driving cars that are purchased as opposed to rented or leased insofar as they will enable the manufacturer to receive data on the use of the car from the operator.[163] In self-driving cars that are rented or leased, the manufacturer may receive such data from the company renting or leasing such vehicles.[164]

In a related vein, the provisions of the IPC must be amended to sufficiently accommodate situations in which any person may suffer any injury as a result of an accident that is not caused by any negligence on the part of a human driver. In this respect, the expression 'whoever' in Section 279 should be replaced with 'whoever or whatever' to accommodate inventions such as self-driving cars that are driven by an automated system as opposed to a human driver. Thus, the (amended) provision should state:

> *Whoever or whatever* drives any vehicle, or rides, on any public way in a manner so rash or negligent as to endanger human life, or to be likely to cause hurt or injury to any other person, shall be punished with imprisonment of either description for a term which may extend to six months, or with fine which may extend to one thousand rupees, or with both.

The inclusion of the expression 'whatever' would enable the liability to be fixed on the manufacturer of the car. Likewise, a provision must be incorporated to address situations and, consequently, determine the criminal liability for accidents that are caused by situations other than the rash or negligent driving of the driver, such as by a failure or a malfunction in the automated system in the self-driving car.

Therefore, the time is ripe for India to rethink the rules on liability, keeping in mind new inventions such as self-driving cars, which on the one hand,

160 See, M Schelleken, 'No-Fault Compensation Schemes for Self-Driving Vehicles' (2018) 10 *Law, Innovation and Technology* 314, p. 325.
161 ibid.
162 ibid.
163 ibid.
164 ibid.

intend to reduce accidents but introduce unprecedented challenges due to the technology employed in such vehicles. In such circumstances, self-driving cars should be regulated by international instruments such as the Geneva and Vienna Conventions instead of national rules in the interest of uniformity and predictability. However, as indicated above, these international instruments do not, in the present form, stipulate rules to sufficiently accommodate self-driving cars at higher levels of autonomy, such as those at levels 4 and 5, which significantly reduce or even eliminate the role of the driver. Consequently, the provisions of the Geneva and Vienna Conventions overlook the plausible liability of legal – as opposed to natural persons for injuries caused in road traffic accidents.[165] As indicated above, disputes in relation to self-driving cars are likely to *inter alia* question the liability of the manufacturer – who will be a legal person for the injuries sustained by the victim. However, Articles 4 and 1(v) of the Geneva and Vienna Convention seemingly make no room to involve legal entities insofar as they define the expression 'driver' as a person who drives the car. The expression excludes juristic persons such as car manufacturing companies from its scope by mandating the driver to possess a valid driving permit.[166] Articles 10 and 13.1 of the Geneva and Vienna Conventions further obligate the driver to keep the vehicle under his or her control at all times and perform all the manoeuvres that may be required when the car is being driven.

The provisions in their present form clearly indicate that the responsibility to control and perform all the manoeuvres shall be on a human driver. Thus, pending amendment, these Conventions would not regulate the conduct of any person who is not a natural person, such as manufacturing companies of self-driving cars whose automated systems can influence the driving process in any other manner. In doing so, neither the Geneva nor the Vienna Convention would govern accidents caused by a malfunction in a self-driving car's system – as opposed to the negligence of the driver. Moreover, Article 8.6 of the Vienna Convention expressly discourages the driver from performing any other activity apart from driving; thus, clearly excluding self-driving cars are levels 4 and 5 which have the ability to function without a driver from its scope. The provisions are driver-centred and may, thus, be inappropriate to govern self-driving cars that do not have a driver.

In this manner, the provisions of these international instruments are not too different from the present principles of Indian law insofar as they similarly

165 See in this respect Articles 4.1, 8.1, 8.5 and 24 of the Geneva Convention and Articles 1(v), 8.1, 8.3, 8.5, 8.6 and 13.1 of the Vienna Convention.

166 See, Article 24 of the Geneva Convention and Article 41 of the Vienna Convention.

hold a human (namely, a natural person) accountable. While the former holds the driver liable, Indian law holds the owner responsible in one way or the other for all road accidents. Although some scholars opine that the question concerning the person that would be liable for such accidents would be irrelevant in regimes such as India that imbibe the principle of no-fault liability and, thus, compensate the victim as long as he or she has suffered an injury,[167] the answer remains crucial from the perspective of the person who has been held liable for the damage (i.e. the tortfeasor). Holding the owner or a driver or any other human as liable dilutes justice, especially when such persons may not have been responsible for the operation of the automated system in the self-driving car. The scope of the definition has particular implications on self-driving cars that operate at levels 3 and above, which are designed to reduce and, consequently, eliminate the driver's role.

In this respect, the recommendations of the World Economic Forum [WEF] *vis-à-vis* the application of the principles of the Geneva and Vienna Conventions to self-driving cars are relevant.[168] The Organisation encourages the signatories of the Conventions to include clarifications in the domestic regulations to address the lacunae and accommodate the changes introduced by the invention of self-driving cars.[169] In particular, it suggests that the interpretation of the notion should essentially depend on the function performed by the self-driving car at the time of the incident.[170] Thus, the vehicle driver should continue to be held responsible for injuries caused by vehicles that function at levels 1 and 2 – insofar their systems are not designed to take complete control.[171] On the other hand, the driver's liability in vehicles that are automated at levels 3 and 4, should depend on the amount of control that he or she had on the vehicle at the time of the incident.[172] Accordingly, the liability of the driver should be limited to situations in which he or she was performing the

167 See, M Schelleken, 'No-Fault Compensation Schemes for Self-Driving Vehicles' (2018) 10 *Law, Innovation and Technology* 314; and NE Vellinga, Automated Driving and its Challenges to International Traffic Law: Which way to Go? (2019) 11(2) *Law, Innovation and Technology, 257*, p. 258.

168 See, World Economic Forum, *Filling Legislative Gaps in Automated Vehicles*, White Paper, April 2019, available at https://www.weforum.org/whitepapers/filling-legislative-gaps-in-automated-vehicles.

169 ibid, p. 7.

170 ibid, p. 10. Also see NE Vellinga, Automated Driving and its Challenges to International Traffic Law: Which way to Go? (2019) 11(2) *Law, Innovation and Technology*, 257, pp. 266 and 269–271 which suggests a similar approach.

171 ibid.

172 ibid.

driving task at the time of the incident.[173] The driver may execute other activities when the control has been handed over to the system that is consistent with the defined function of the self-driving car, and he or she can respond to the demands from the system.[174] The manufacturer should be held liable in other circumstances where the driver had designated or handed over the control to the self-driving system.[175] In automated systems at level 5, the manufacturer would be liable for all injuries caused by self-driving cars insofar as such vehicles would eliminate the driver's role.[176]

An approach of a similar nature is already found to exist under the domestic laws of Germany[177] and the Netherlands,[178] which are signatories to the Geneva and Vienna Conventions. As indicated above, under German law, the notion is interpreted to include any person who sets or keeps the vehicle in motion or is otherwise generally responsible for the vehicle's operation.[179] In a related vein, Dutch law interprets the expression to any person who can influence the speed and direction of the car.[180] In this manner, the laws of these legal systems are equipped to address the potential liability of legal entities such as manufacturing companies of self-driving cars by stating that the notion of a driver includes any person who is generally able to influence the operation of the car in any manner.

Therefore, despite the shortcomings, regulations for self-driving cars in India should be governed by international instruments such as the Geneva or the Vienna Convention. Thus, the principles of strict and no-fault liability may continue to be applicable subject to incorporating the recommendations of the WEF indicated above under national law.[181] Therefore, as a general rule, the driver (and not the owner) and subsequently the insurer should be liable for injuries caused to any person when the former was in control of the vehicle. The present principles of Indian law that hold the owner responsible for all road accidents as a blanket rule are far-fetched and unjust – especially in

173 ibid.

174 ibid, p. 7.

175 ibid, p. 10.

176 ibid, p. 10.

177 See, BGH 4 StR 592/16, 27 April 2017, ECLI:DE:BGH:2017:270417U4str592.16.0

178 See in this respect, the decision of the Hoge Raad (Dutch Supreme Court), HR 13 August 2005, ECLI:NL:HR:2005:AT7292, NJ 2005, 542.

179 See, BGH 4 StR 592/16, 27 April 2017, ECLI:DE:BGH:2017:270417U4str592.16.0.

180 HR 13 August 2005, ECLI:NL:HR:2005:AT7292, NJ 2005, 542.

181 World Economic Forum, *Filling Legislative Gaps in Automated Vehicles*, White Paper, April 2019, pp. 7, 10. available at https://www.weforum.org/whitepapers/filling-legislative-gaps-in-automated-vehicles.

circumstances when the owner may not be a part of the driving process.[182] However, the liability should shift on the manufacturer and eventually on its insurer in circumstances where the injury has been caused during a time when the system of the self-driving car was in control of the vehicle.

182 See, the decision of the Supreme Court in *Kaushnuma Begum and Ors v The New India Assurance Co. Ltd.*, AIR 2001 SC 485; and Sections 140 and 163A of the MVA.

National Report: Japan

Tomotaka Fujita

1 Introduction

The use of artificial intelligence (AI) is influencing every aspect of our daily lives, and automobiles are no exception. In recent years, automated driving systems have experienced significant innovations due to the development of information technology and the progress made in data use. Vehicles with automated braking and lane-keeping systems are already very common in the automobile market, and driving automation at higher levels is becoming available. Governments and relevant industries are trying to take these features into consideration at rapid speed.

The development of an automated driving system may require the reform of existing legal rules relating to automobile driving, which have, to date, rested on the assumption that a human driver operates an automobile under his or her own responsibility. Although there are many aspects of the existing rules that must be examined, this article mainly focuses on the civil liability for an accident involving a vehicle using an automated driving system.

2 Current Status of Driving Automation in Japan

2.1 *Five Stages of Technological Development*

Before explaining the development of driving automation in Japan, it is useful to explain the terminology for measuring the technological development of automated driving systems. Although different criteria are available, the most frequently used are those established by SAE (Society of Automotive Engineers) International, a nonprofit organization based in the United States. The most recent criteria, known as "J3016,"[1] were published in September 2016 and have been adopted in official documents in Japan and many other states.

J3016 classifies automated driving systems into the following five categories: Level 1: Driver Assistance; Level 2: Partial Driving Automation; Level 3: Conditional Driving Automation; Level 4: High Driving Automation; and Level 5: Full Driving Automation.

1 SAE International "Taxonomy and Definitions for Terms Related to Driving Automaton Systems for On-Road Motor Vehicles", J3016 (2016).

 | DOI:10.1163/9789004711891_015

Although each level is carefully defined using technical terminology in J3016, the basic definitions are as follows: Level 1 (driver assistance) signifies that a driving automation system ("system") executes *either* the lateral *or* the longitudinal vehicle motion control tasks. For example, if a vehicle is at Level 1, it is equipped with an automatic braking system that decelerates and stops the vehicle safely when the system detects an obstacle. If a vehicle is at Level 2 (partial driving automation), the system executes *both* the lateral *and* the longitudinal vehicle motion control tasks. Most automated driving systems available for sale today remain at this level. If a system reaches Level 3 (conditional driving automation), it executes *all* tasks within a certain domain, and users are expected to respond if and only if the system requests them to do so. Although users can rely on the system operating the car at Level 3, there are still two limitations at this stage. First, the user can rely on the system only within a specific domain, such as when driving on an expressway. Second, the user should respond to the system's requests. The user's response is no longer required at Level 4 (high driving automation), although such driving automation remains limited within a specific domain. Finally, Level 5 (full driving automation) allows the user to leave all driving tasks to the system without limitation.

2.2 *Current Status of Driving Automation in Japan*

"Mobility Roadmap 2024: The Basic Concepts and Policy Actions for Commercialization of the New Mobility Service" ("Roadmaps 2024"),[2] published on June 21, 2024, describes the current status of driving automation in Japan as follows.

"The commercial use of driving automation at Level 3 was achieved in 2021, the legal environment was developed towards driving automation at Level 4 by the 2022 Revision of the Road Traffic Act and the first unmanned automated driving service at Level 4 commenced in Eiheiji Town in Fukui Prefecture. The efforts have been steadily made for the social implementation of automated driving."[3]

In short, vehicles with automated driving systems at Level 3 are already commercially available to Japanese consumers, and even unmanned automated driving vehicles at Level 4 (typically unmanned community buses within local regions) are appearing.

---

2 The "Roadmap" is an official document issued each year by the Mobility Working Group of the Digital Society Promotion Council established by the Digital Agency.

3 Roadmap 2024, *supra* note 2, p. 2

2.3 *Legal Environment*

Given this rapid technological progress, it is necessary to establish the legal environment corresponding with driving automation. The regulations surrounding the driving of an automobile consist of different aspects, including (1) traffic rules and safety regulations, (2) criminal liabilities of an accident caused by an automated driving car, and (3) civil liabilities for an accident caused by an automated driving car. The remainder of this paper introduces how current laws and regulations in each aspect respond to the issues arising from the use of automobiles with automated driving systems.

Although the Japanese government has actively participated in creating international standards for driving automation,[4] the regulations discussed in this paper are purely domestic as Japan has no international roads connecting it to other countries.

3 Traffic Rules and Safety Regulations

3.1 *Traffic Rules*

3.1.1 Introduction

The Road Traffic Act[5] provides traffic rules to prevent road hazards and ensure the safety and fluidity of traffic, as well as to contribute to preventing blockages arising from road traffic.[6] If the regulations under the Act do not correspond with the use of automated driving systems, it becomes impossible to drive automated driving vehicles on the public road. While automated driving systems remain at Level 2, their use has not caused problems under the existing Act. However, the use of the automated driving systems at Level 3 or higher may violate the driver's duty under the existing regulations. The Road Trafic Act was amended in 2019 and 2022 to enable the use of automated driving vehicles.

3.1.2 The 2019 Amendment of the Road Traffic Act

The Road Traffic Act was amended in June 2019[7] to accommodate automated driving on Level 3. The most important changes are as follows: (1) the definition

4 Such activities include, for example, participation in the UNECE World Forum for Harmonization of Vehicle Regulations (WP.29), in which the Japanese government has served as co-chair or vice-chair.

5 Act No. 105 of 1960

6 Article 1 of the Road Traffic Act.

7 Act No.20 of 2019

of "driving/operating"; (2) the driver's duty when using automated driving systems; and (3) the new obligation to install an operation status recorder on automated driving vehicles.

3.1.2.1 *Definition of "driving/operating"*

"Driving/operating" is one of the key concepts on which the traffic rules under the Road Traffic Act rests. For example, Article 70 (Safe Driving Obligation) provides that "The driver of a vehicle or streetcar must work the vehicle's or streetcar's steering wheel, brakes, and other equipment in a consistent manner, and must *drive/operate* at a speed and in a manner that poses no hazard to others in consideration of road conditions, traffic conditions, and the condition of the vehicle or streetcar" (emphasis added). The existing definition of "driving/operating"[8] could be interpreted as drivers not "driving" when they do not control the movement of the vehicle themselves. If we allow the use of an automated driving vehicle of Level 3, it is highly problematic if drivers are considered not to "drive/operate" a vehicle under the Act when they leave its operation to an automated driving system. For example, if Article 70 is interpreted as requiring that drivers always operate the vehicle's steering wheel, brakes, and other equipment by themselves, drivers of an automated vehicle of Level 3 who leave its operation to the automated driving system would automatically breach the Article's obligation because they do not drive/operate the vehicle. Article 72 (1) could also be problematic as it requires that a driver involved in an accident must immediately stop "driving/operating" and take the necessary measures.[9] If the use of an automated driving system does not constitute "driving/operating," drivers may leave the accident site relying on the automated driving system.

---

8 Article 2 (xvii) of the existing Road Traffic Act provides "driving/operating: using a vehicle or streetcar (hereinafter referred to as a 'vehicle or streetcar') on a road in keeping with its primary purpose."

9 Article 72(1) "In the event of a traffic accident, the drivers and staff members of the vehicles and streetcars involved in the traffic accident (hereinafter each such person is referred to in this Section as a "driver or staff member") must immediately stop driving and take the necessary measures, such as aiding injured persons and preventing road hazards. In such a case, the driver of a vehicle or streetcar (or a staff member, if the death or injury of the driver compels it; the same applies hereinafter in the following paragraph) must report to a police officer at the scene or at the nearest police station (including police booths and police satellite offices; the same applies hereinafter in the following paragraph) giving the date, time, and place where the traffic accident occurred; the number of injured persons and the extent of their injuries; damaged objects and the extent of the damage; the loads carried by the vehicles and streetcars involved in the accident; and measures taken in connection with the accident."

The amendment explicitly provides that "driving/operating" under the Road Traffic Act includes the use of an "automated driving system."[10] Under the new definition, drivers "drive/operate" a vehicle even when they leave its control to an automated driving system.

3.1.2.2 *Driver's Obligation When Using an Automated Driving System*

An automated driving system at Level 3 or higher controls the movement of the vehicle within the scope[11] in which the system is designed to operate, although human drivers are required to take over the task at the system's request.[12] To enable Level 3-automated driving, drivers should be entitled to leave driving/operation of the vehicle to the system to observe the obligations under the Road Traffic Act imposed on the driver and the vehicle.[13] Article 71-4-2(1) of the revised Act expresses this in a negative manner, providing that "the driver of a vehicle with an automated driving system should not drive/operate the vehicle using the system when the system's condition of use … is not met." The interpretation *per argumentum e contrario* of the Article suggests that the driver may rely on the system within the system's condition of use. The Minister of the Land, Infrastructure, Transport and Tourism provides condition of use specified system by system. Article 71-4-2(2) explicitly allows drivers in vehicles with automated driving systems to use mobile phones or gaze at the screen of the car navigation system when several conditions are met.[14]

3.1.2.3 *Obligation to Install the Operation Status Recorder*

Information on how the automated driving system functioned during the running of the car is vitally important for investigations into the cause of accidents and for detecting defects of the program used in the automated driving system. Article 63-2-2(1) of the revised Road Traffic Act provides that the driver should

---

10 "Automated driving system" is defined in Article 2(1)(xiii-2) of the revised Act, which refers to Article 41(1)(xx) of the revised Act on Vehicles for Road Transportation. See 3.2 below.

11 Expressed in J3016 (*supra* note 1) as ODD (operational design domain).

12 J3016 (*supra* note 1) calls such drivers "fallback-ready users."

13 The obligations include the observance of traffic signals (Article 7), observance of the speed limit (Article 22), duty to maintain the distance between vehicles (Article 26), and the safe driving obligation of the driver (Article 70).

14 Article 71(5)-5 prohibits the driver from using a mobile phone or gazing at the screen of the car navigation system while driving. Article 71-4-2(2) lifts the prohibition for drivers in vehicles with automated driving systems when (1) the vehicle is not poorly maintained, (2) the system's condition of use is met, and (3) the driver can immediately recognize and is ready to take over the driving/operation of the vehicle when conditions (1) and (2) are not met.

not use an automated driving vehicle that is not equipped with a properly functioning "operation status recorder." Users of automated driving vehicles should retain the data recorded by the operation status recorder.[15] In addition, police officers can ask for the submission of the record and take necessary measures, such as suspending the driving of the vehicle.[16]

3.1.3 The 2022 Amendment of the Road Traffic Act

The Road Traffic Act was further amended in 2022[17] to establish a legal framework to enable the use of driving automation on Level 4. A definition of "specified automated driving" was added[18] to the Act which refers to the automated driving on Level 4.

A special permission[19] is required to engage in specified automated driving[20] and the person who obtained the permission for the specified automated driving is called "operator of a specified automated driving."[21] Public Safety Agency of each prefecture gives the permission in accordance with the standard enumerated under the Act[22]. It is worth noting that the standards include the element as to whether the specified automated driving would enhance the convenience and the welfare of the people in the local area where the applied driving is planned[23] and the hearing the views of head of local municipality is required to confirm it.[24] This implicitly suggests that a typical use of Level 4 driving under the amended Act is unmanned transportation service rather than owner-driver cars.

The amended Act requires an operator of a specified automated driving to appoint a "manager of specified automated driving"[25] who monitors the working condition of automated driving system during it is in operation[26], takes necessary measures to comply with the instruction of police officers etc.,[27] and

15 Article 63-2-2(2) of the revised Road Traffic Act

16 Article 63 (1) and (2) of the revised Road Traffic Act

17 Act No.32 of April 27, 2022

18 Article 2(1)(xvii-2)

19 Since the specified automated driving is excluded from the definition of "driving" (Article 2(1)(xvii)), a driver's license is not required.

20 Article 75-12(1)

21 Article 75-16(1)

22 Article 75-13(1)

23 Article 75-13(1)(v)

24 Article 75-13(2)(ii)

25 A manager of specified automated driving does not always have to be on board the vehicle and may remotely monitor the automated driving. Article 75-20(1)(i)

26 Article 75-21

27 Article 75-22

does rescue activities at an accident.[28] Manager of specified automated driving should meet the aptitude requirements prescribed by the Cabinet Office Ordinance.[29] Operators of a specified automated driving owes an obligation to provide necessary education for the manager of specified automated driving and other persons who they use for a specified automated driving.[30]

3.2 *Safety Regulation of Vehicles*

3.2.1 Introduction

The Road Transport Vehicle Act[31] provides the safety conditions for vehicles that drive on the public road. The Act prohibits the use of motor vehicles that do not meet the Safety Standards[32] specified in the ordinance of the Ministry of Land, Infrastructure, Transport and Tourism.[33] Article 41(1) of the existing Road Transport Vehicle Act enumerates the items that the Safety Standards should cover, including motor, wheel, axle, accelerator, steering wheel, and brakes. The Safety Standards prescribe specific conditions on the assumption that human drivers operate these items. Such conditions could work as long as the driving automation remains at Level 2. However, automated driving vehicles at Level 3 or higher are expected to provide safe driving without the intervention of human drivers, and the Safety Standards should specify the conditions for such systems. The Act was amended in June 2019 to accommodate automated driving vehicles at Level 3 or higher.

3.2.2 Addition of Automated Driving System to the Items for the Safety Standards

The 2019 revision of the Road Transport Vehicle Act added "automated driving system" to the items that the Safety Standards cover.[34] According to the Act's definition of "automated driving system,"[35] such a system should have a function to replace all ability of recognition, prediction, decision, and operation that drivers have when they drive a vehicle. In other words, "automated driving system" under the revised Road Transport Vehicle Act means a system of Level

28 Article 75-23
29 Road Traffic Law Enforcement Regulations Article 9-28
30 Article 75-19(1)
31 Act No. 185 of 1951
32 Article 40-42 of the Road Transport Vehicle Act
33 Ministerial Ordinance of Ministry of Transport No. 61, 1951
34 The Article 41(1)(xx)
35 Article 41(2) of the revised Road Transport Vehicle Act gives a technical definition of "automated driving system."

3 or higher.[36] The definition also requires that the "automated driving system" should be equipped with an operation status recorder. After the revision of the Road Transport Vehicle Act, the Ministry of Land, Infrastructure, Transport and Tourism revised the Safety Standards to allow vehicles with an "automated driving system" of Level 3 or higher to drive on the public road if they meet the standards.

3.2.3 Condition of Driving Environment

Automated driving systems at Levels 3 and 4 do not provide unconditional driving automation throughout the entire driving event.[37] Therefore, the conditions for the driving environment should be specified for such systems to make clear whether drivers can safely leave the driving/performance of the vehicle to the automated driving system. The definition of "automated driving system" under Article 41(2) of the revised Road Transport Vehicle Act includes a reference to "when the system is used under the conditions that the Minister of Land, Infrastructure, Transport and Tourism specifies for each system." Such conditions include (i) road conditions (expressway, normal road, number of lanes, etc.), (ii) geographic conditions (urban area, mountainous region, existence of geofencing, etc.), and (iii) climate conditions and night-time restriction.

3.2.4 Updating the Automated Driving System

The most important component of an automated driving system is the software installed in the system that controls the driving/operation of the vehicle. The software for the automated driving system is developed daily and needs to be updated in a timely fashion to ensure safe driving. The revised Road Transport Vehicle Act regulates the updating of the software. It provides that anyone who changes the program installed in the automated driving system through a telecommunications line or other method needs permission from the Minister of Land, Infrastructure, Transport and Tourism.[38] Permission is also required

---

36 An automated driving system at Level 1 or 2 requires monitoring of the driving environment and event response execution by the driver during driving. Such a system does not meet the definition of "automated driving system" under Article 41(1)(xx) of the revised Road Transport Vehicle Act.

37 Using the technical description in J3016, a system at Levels 3 and 4 provides "the sustained and ODD (operational design domain)-specific performance by an ADS (automated driving system)" while a system at Level 5 provides "the sustained and unconditional (i.e., not ODD-specific) performance by an ADS."

38 Article 99-3(1)(i)

to provide a software program by which users update the existing software installed in an automated driving system.[39]

3.3 *Summary*

Both the traffic rules and safety regulations were revised in 2019 to accommodate driving automation at Level 3. Driving automation at Level 4 (e.g., unmanned community buses within local areas) became possible by the 2022 amendment of the Road Traffic Act.[40]

4 Criminal Liability

Unlike traffic rules and safety regulations, there has been no statutory response regarding criminal liability in relation to accidents involving automated driving vehicles. However, it is not clear whether and to what extent criminal liability is imposed on the driver of the automated driving vehicle under the existing law.

The most important statute imposing criminal liability in relation to automobile accidents is the Act on Punishment of Acts Inflicting Death or Injury on Others by Driving a Motor Vehicle, etc.[41] Article 5 of the Act provides that "a person who fails to exercise the due care required in driving a motor vehicle and thereby causes the death or injury of another is subject to punishment by imprisonment with or without work for not more than 7 years or a fine of not more than 1,000,000 yen; provided, however, that the person may be granted an absolute discharge in light of circumstances if the injury is minor." The question is under what circumstances a driver of an automated driving vehicle "fails to exercise the due care required in driving a motor vehicle" and "thereby causes the death or injury of another." Probably drivers are not regarded as having failed to exercise due care as long as they rely on their "driving" of the automated driving vehicle in such a manner as the Road Traffic Act allows. It is highly unlikely that drivers who observe the obligation under the Road Traffic Act is criminally prosecuted. However, the reverse may not be true. Even if drivers do not use an automated driving vehicle that complies

39 Article 99-3(1)(ii)

40 The Road Transport Vehicle Act was unchanged because its 2019 amendment already accommodates the automated driving on Level 4.

41 Act No. 86 of 2013. In theory, provisions in other statutes may be applied under certain circumstances. For example, if a driver hits a person with an intention to kill, he or she will be accused of murder in Article 199 of the Penal Code (Act No. 45 of 1907). In this article, we ignore such extreme situations.

with the regulations under the Road Traffic Act, they may not automatically be held criminally liable. The exact meaning of "exercise the due care required" in connection with automated driving vehicles will be discussed in future cases.

5 Civil Liability Arising from Accidents Involving Automated Driving Systems

5.1 *Introduction*

As in the case of criminal liability, there has been no statutory response regarding civil liability in relation to accidents involving automated driving vehicles. Therefore, one should consider who is responsible for the accident under the existing law.

5.2 *Liability for Loss of Life or Personal Injury*

When an automobile accident causes a victim's loss of life or personal injury, there are two possible defendants for the accident in which an automated driving vehicle is involved: the automobile operator and the automobile manufacturer. The former is liable under the Act on Securing Compensation for Automobile Accidents and the latter under the Product Liability Act.

5.2.1 Liability of "Automobile Operator" under the Act on Securing Compensation for Automobile Accidents

5.2.1.1 Liability of "Automobile Operator" under Article 3

The Act on Securing Compensation for Automobile Accidents[42] provides civil liability for automobile incidents that cause a loss of life or personal injury. The Act imposes liability on "a person that operates an automobile (automobile operator)" for the damage arising from the operation of the automobile. Article 11 of the Act also requires the owner to purchase insurance that covers his or her possible liability under the Act (Compulsory Insurance). Article 3 of the Act on Securing Compensation for Automobile Accidents[43] provides the basis of the automobile operator's liability, which is semi-strict. The operators are

42 Act No. 97 of July 29, 1955

43 Article 3 of the Act provides as follows: "A person that Operates an Automobile for itself shall, if it causes death or bodily injury to another person by Operating the Automobile, be liable to compensate for the damage arising from Operating the Automobile, except where it is proven that such person or the Driver exercised due care in Operating the Automobile, that the event occurred due to the intention or negligence of the victim or any third party other than the Driver, and that there was no defect in automotive structure or function."

not exonerated unless they prove (i) that neither the operator nor the driver exercised due care in operating the automobile, (ii) that the incident occurred due to the intention or negligence of the victim or any third party other than the driver, and (iii) that there was no defect in the automotive structure or function.[44]

5.2.1.2 *Liability of "Automobile Operator" of Automated Driving Vehicle*

An "automobile operator," the responsible party under the Act on Securing Compensation for Automobile Accidents, is defined as a person who has control over and benefits from the operation of an automobile.[45] It should be noted that control over the automobile can be indirect. For example, if an owner of a car employs a driver and lets him drive her car, the owner is an "automobile operator" under the Act on Securing Compensation for Automobile Accidents. She is liable for the loss of life or personal injury arising from any accident caused by her driver as an "automobile operator," unless she can prove the three conditions referred to in 5.2.1.1. Therefore, an "automobile operator" will exist and remain liable even in the case of an automated driving vehicle of Level 3 or higher that is physically controlled by the automated driving system rather than a human driver.

How Article 3 is applicable to automobile operator of an automated driving vehicle? Automobile operators is exonerated if and only if they can prove the three conditions specified in Article 3 of the Act on Securing Compensation for Automobile Accidents. Condition (ii) (the incident occurred due to the intention or negligence of the victim or any third party other than the driver) will be applied irrelevant with the driving automation. Therefore, we can safely concentrate on conditions (i) (the absence of a driver's or an operator's due care) and (iii) (the absence of the defect in the automotive structure or function).

Automobile operators do not breach their duty to exercise due care in operating the automobile simply because they leave the operation of the vehicle to the automated driving system on Level 3 or 4 within its operational design

44 Although the text of the article requires that an automobile operator should prove all three conditions, case law relaxes the burden to some extent. For example, if the specific condition(s) of the automobile has nothing to do with the occurence of an accident in question, the automobile operator does not have to prove it. *Supreme Court Decision Jan. 22, 1970*, Saiko Saibansho Minji Hanreishū (Minshū) [Supreme Court Reporter], v. 24,n.1,p. 40. For example, a victim suddenly rushed out in front of automobile and is hit by it. In this case, (ii) is met. If an automobile operator can prove (i) (it is often not easy), he/she does not have to prove (iii) because the defect of car, if any, has nothing to do with this incident.

45 *Supreme Court Decision September 24, 1968*, Hanrei Taimuzu No.228, p.112

domain (ODD).[46] Therefore, condition (i) may likely be met in many cases. However, an automobile operator is not exonerated if an automobile driving system is not safe enough so that it cannot effectively prevent ordinary incident. An automobile with automated driving system which cannot achieve safe driving within ODD is likely be regarded as "defective" in relation to condition (iii).

In short, when deciding an automobile operator's liability under the Act on Securing Compensation for Automobile Accidents, the focus will shift from "the driver's due care" to "the defects of the automotive structure or function" as the level of driving automation becomes higher.

5.2.2 Liability of the Manufacturer under the Product Liability Act

Another possible defendant when loss of life or personal injury is caused by an automated driving vehicle is the manufacturer of the system, who may be held liable under the Product Liability Act.[47] Article 3[48] of the Act imposes strict liability on manufacturers when defects in their product cause loss of life or personal injury. Although the manufacturer's negligence is not required for the manufacturer to be held liable, the victim of the accident should prove that the automobile in question is defective and that the defect caused the damage. However, it is very difficult to prove that an automated driving vehicle was defective. The mere fact that an automated driving vehicle caused an accident is not sufficient for the proof of defects because even a perfect automated driving system cannot prevent all accidents. Hence, how to determine whether a particular system is so unsafe that it triggers the manufacturer's liability under the Product Liability Act remains a challenging question.

46 Of course, this does not mean that an automobile operator of automated driving vehicle never breaches its obligation to exercise due care. For example, an automobile operator does not exercise due care when he/she does not effectively take over the control of the vehicle of Level 3 after the automated driving system no longer work properly. Human drivers are required to take over the task at the system's request under driving automation on at Level 3. See, 3.1.22 above.

47 Act No. 85 of 1994

48 Article 3 of the Product Liability Act provides: "The manufacturers, etc. are liable to compensate for loss or damage, if death or bodily injury to others or infringement of property of others are caused by a defect in the delivered product, which was manufactured, processed, imported, or on which indications including a name referred to in item (ii) or item (iii) of paragraph (3) of the preceding Article are used; provided, however, that this does not apply if the damage occurs to the product alone."

5.2.3 Report of Ministry of Land, Infrastructure, Transport and Tourism's Study Group

In November 2016, the Ministry of Land, Infrastructure, Transport and Tourism established a Study Group on Civil Liability for Automated Driving Systems[49] to examine whether, and to what extent, the current regulations can work for the compensation of victims when automated driving systems are involved in an accident. The Study Group published its final report ("Study Group Report") in March 2018, which presented the following conclusions: First, the liability of an automobile operator under the Automobile Liability Security Act can be maintained without amendment, even when the automated driving system reaches Level 4.[50] Second, the recourse action by the automobile operator or the insurer who paid compensation to the victim on behalf of the automobile operator should be reinforced. More specifically, Study Group Report makes the following three propositions: (a) encouraging the use of an event data recorder (EDR) capable of analyzing the information accumulated in the device and make it commercially available; (b) establishing cooperation between insurers and automobile manufacturers to analyze and negotiate relevant issues related to accidents in which automated driving systems are involved; and (c) establishing a system to investigate the causes of accidents or research on the safety of automated driving systems and the making the relevant information available in the recourse actions between insurers, automobile operators, and manufacturers.

5.2.4 The Possible Problem of the Solution under the Current Law

As the Study Group Report notes, the Act on Securing Compensation for Automobile Accidents can be applied to the victims of accidents in which automated driving vehicles are involved. Automobile operators will still exist even when highly advanced automated driving systems are used, and they will be liable under the Act on Securing Compensation for Automobile Accidents.

However, possible liability under the Automobile Liability Security Act might lead to undesirable risk allocation when the automated driving system is highly developed. An automobile operator would be held liable for automobile accidents unless they cannot prove that there is no defect in the automated driving system. However, when the automobile operator wishes to claim against the manufacturer for recourse under the Product Liability Act,

---

49 The author was a member of the Study Group.

50 Because the examination of the legal issue relating to automated driving systems at Level 5 is outside the Study Group's mandate, its report is silent on whether an amendment to the Automobile Liability Security Act is necessary for automated driving vehicles at level 5.

he or she bears the burden of proof that the automated driving vehicle has defects. Unfortunately, as automobile operators often lack relevant information on the function of automated driving systems, they cannot prove that the automated driving vehicle is or is not defective. This could lead to the following two consequences: First, the automobile operator is likely to be held liable because he or she cannot prove that there is no defect in the automated driving system, regardless of whether there is a defect in the system. Second, once an automobile operator is held liable, he or she is likely to be unable to make a claim against the manufacturer because he or she cannot prove a defect in the automated driving system.

In short, automobile operators are likely to bear the ultimate cost of automobile accidents where an automated driving system is involved, while manufacturers will not. This is not a desirable risk allocation because automobile operators cannot control the function or quality of the automated driving system, while the manufacturer can. Although the Study Group's report tries to solve this problem by reinforcing the recourse action by the automobile operator or insurer, it is not certain whether the proposed method for reinforcement would work properly for the purpose.

5.3 *Liability for Property Damage*

There is no special legislation with respect to liability for property damage caused by automobile accidents. The drivers of the vehicle or other relevant parties may be liable under the provisions of the Civil Code[51] relating to torts if they are found to be negligent. There remains ambiguity regarding under what circumstances the driver or other relevant parties are negligent in connection with the driving of automated driving vehicles. The Product Liability Act is also applicable to property damage caused by a product defect. However, it would be difficult for the victim to prove that defects in the automated driving vehicle caused the damage.

6 Conclusion

This report has explained the developments in driving automation and the law and regulations that apply to automated driving vehicles in Japan. Traffic rules and safety regulations have been and will be further revised to enable the use of automated driving vehicles at each stage of driving automation. These rules

51 Act No. 89 of 1896

are often technically detailed and specific, and they need fine-tuning depending on the level of technological developments in driving automation. By contrast, the law relating to criminal and civil liability has not been altered at this stage, although there is the possibility of future legislation in these areas.

From a comparative viewpoint, it is probably that traffic rules and safety regulations are more frequently amended to accommodate driving automation compared with regulations on criminal and civil liabilities. The rules on civil liability in particular will develop in a unique manner in each jurisdiction because the legal rules and their risk allocation for automobile accidents involving conventional vehicles vary significantly among jurisdictions. In some jurisdictions,[52] amendments will be inevitable to impose liability on the proper party, while in others, they will not. Japan is a typical example of the latter jurisdiction, although risk allocation may need to be reconsidered in the long run.[53]

52 This is especially true in those jurisdictions that impose fault-based liability on the driver, which would need amendment when the automated driving system reaches Level 3 or higher.

53 See, 5.2.4 above.

Legal Landscape of Self-Driving Cars in Taiwan

*Jing-Huey Shao**

1 Introduction

Self-driving cars, or autonomous vehicles, represent a significant evolution in transportation technologies, posing unique challenges and opportunities for legal systems worldwide. This chapter provides a comprehensive overview of Taiwan's legal framework as it pertains to the integration of these vehicles into public and private spaces.

2 Legal Framework for Operation and Testing of Self-Driving Cars in Taiwan

The legal basis for the operation and testing of self-driving cars in Taiwan is framed by the **Unmanned Vehicles Technology Innovative Experimentation Act (UVT)**, enacted in 2018. This act was specifically designed to foster the development of unmanned vehicle technology through structured and safe experimental conditions.

2.1 Detailed Provisions of the UVT

The UVT is structured into several key components, each addressing different aspects of unmanned vehicle technology:

- **Chapter II: Application and Review Procedures:** Details the procedural requirements for entities seeking to conduct experiments, including submission guidelines and evaluation criteria focused on safety and technological innovation.
- **Chapter III: Management and Safety of Experiments:** Establishes rigorous safety protocols for conducting experiments, mandating ongoing oversight and immediate responsiveness to any emergent issues.
- **Chapter IV: Processing, Revoking, and Reporting of Experiments:** Specifies the administrative processes for ongoing management of approved experiments, including conditions under which approvals may be revoked and requirements for detailed reporting to regulatory bodies.

* National Cheng Kung University, Taiwan

 | DOI:10.1163/9789004711891_016

- **Chapter V: Exemption of Applicable Laws During Experiments:** Outlines specific laws from which experiments may be exempted, allowing for greater flexibility in testing innovative technologies. Key exemptions include certain provisions from the Road Traffic Management and Penalty Act, the Highway Act, and other related legislation, though exemptions are granted on a case-by-case basis, reflecting the complex legal implications of unmanned vehicle technology.

The legal effects and responsibilities concerning unmanned vehicle experiments are stipulated in Article 22,[1] which states that innovative experimentation is not subject to certain laws, regulations, orders, or rules. The non-applicable rules outlined are primarily provisions of administrative regulations that include the Road Traffic Management and Penalty Act, the Highway Act, the

1 UVT Article 22: (Section 1) During the period of innovative experimentation, if the applicant implements the experiments within the scope approved by a competent authority, the innovative experimentation activities are not subject to the applicable laws, regulations, orders or administrative rules that were exempted in the approved decision. However, the provisions of the Money Laundering Control Act, Counter-Terrorism Financing Act and related regulations, orders, and administrative rules will still apply.

(Section 2) The laws in the preceding paragraph may include the following provisions:

1. The provisions of Article 16 Paragraph 1, Article 19, Article 21, Article 21-1, Article 25, Article 31-1 Paragraph 1, Article 32, Article 32-1, Article 34, Article 36, Article 60, Article 63, Article 69-1, Article 72, and Article 73 Paragraph 1 Subparagraph 6 of the Road Traffic Management and Penalty Act;

2. The provisions of Article 63 Paragraph 1, Article 77 Paragraphs 1 to 3, and Paragraph 5 and Article 77-3 of the Highway Act;

3. The provisions of Article 108, Article 110 Paragraph 1, Article 118-1 to Article 118-3 and Article 119-1 of the Civil Aviation Act. The exemption does not apply if aviation safety is breeched or any death or severe injury occurs due to a violation of the provisions of Article 110 Paragraph 1 of the Civil Aviation Act;

4. The provisions of Article 91 Paragraph 2, Article 92, Article 93, Article 95, Article 97 and Article 98 of the Law Of Ships;

5. The provisions of Article 84 Paragraph 1 Subparagraph 1 of the Seafarer Act concerning the violation of provisions of Article 70-1 Paragraph 1 of the same act;

6. The provisions of Article 65 Paragraph 1 Subparagraph 8 to Subparagraph 10 and Paragraph 2 to Paragraph 4 of the same article of the Telecommunications Act;

7. Other applicable laws that should be exempt for the development and application of unmanned vehicle technology. The exemption does not include laws and regulations concerning civil and criminal liability.

(Section 3) As mentioned in the first paragraph, the exemption of applicable laws, regulations, orders, and administrative rules shall be announced by the competent authority in accordance with the decisions of the review meeting.

Civil Aviation Act,[2] the Law of Ships, the Seafarer Act, and the Telecommunications Act. These exemptions are not general but are decided case-by-case according to the relevant authority in accordance with the decisions of the review meeting. The potential non-applicable rules exempt applicants who apply for an innovative experiment in unmanned vehicle technology from administrative liabilities or penalties. However, administrative provisions that are not related to the safety or transportation of the vehicles still apply. These include the Money Laundering Control Act and Counter-Terrorism Financing Act as well as related regulations, orders, and administrative rules.

The UVT does not provide any exemptions from the most concerning civil and criminal liabilities, and the laws and regulations regarding civil and criminal liability still apply despite the exemptions of the aforementioned administrative rules. Therefore, applicants are still potentially liable to compensate those who are negatively impacted.

As for other rules that have an effect on self-driving vehicles, **the Road Traffic Safety Rules (RTSR)** contain detailed rules for applicants who plan to have their self-driving vehicle tested on the road. Article 20[3] and the Annex 21 (Regulations on Applications for the Road Testing of Autonomous Vehicles)[4] of the RTSR stipulates that institutions requiring the operation of conditionally, automated, and fully automated vehicles for research and testing purposes shall apply for a trial license in accordance with the provisions of Annex 21 and comply with relevant road traffic safety regulations with appropriate control measures for driving.

2 The exemption does not apply if aviation safety is breached or if death or severe injury occurs due to a violation of the provisions of Article 110 Paragraph 1 of the Civil Aviation Act, according to Article 22 of the UVT.

3 RTSR Article 20 (no official English translation): (Section 1) Automobile trading, automobile manufacturing, or automobile research institutions may apply to the highway supervision agency for a trial license when they require the testing of a vehicle for business purposes and must abide by the following regulations (omitted).
(Section 2) Businesses or research institutions relating to automobiles that require the operation of conditionally, highly, and fully automated vehicles for research and testing business may apply for a trial license in accordance with the provisions of Annex 21. There should be appropriate control measures when driving, and the applicant shall comply with relevant road traffic safety regulations (omitted).

4 RTSR Appendix 21 (no official English translation): (omitted)… 5. When applying for the test, the applicant should submit the applicant's commitment letter (the format is shown in Appendix 2), agreeing to abide by the following: (omitted)
(4) After the test application is approved, the applicant shall undertake all administrative, civil and criminal responsibilities for any losses caused by the test and resolve not to seek indemnification from the acceptance agency or the Ministry of Communications.

Standards for review of the application cover the following: From technical aspects, the authority shall evaluate whether the number, types, and test methods of test vehicles are suitable for the route and environment within the test range. It shall also confirm that the domestic and foreign test reports submitted by the applicant have a considerable degree of consistency and correlation with the content of the domestic application test with regard to the test route, environment, vehicle conditions, and driving conditions. Additionally, the authority should evaluate the impact analysis of the road traffic environment proposed by the applicant and check whether the applicant has taken sufficient risk control measures for potential accidents. With regard to liability, the law provides no special exemptions to civil and criminal responsibilities for any responsibilities and losses caused by matters related to the applied test. During the application process, the applicant should submit a commitment letter promising to undertake all administrative, civil, and criminal liabilities for any responsibilities and losses caused by matters related to the applied test, and agreeing not to seek indemnification from the relevant authorities. Because there is so far no exemption for civil and criminal liabilities, applicants are required to seek insurance coverage. The authority should review the insurance plan proposed by the applicant and confirm that it at least covers public accident liability, compulsory motor vehicle liability, passenger bodily injury, driver injury, and third-party liability (including property damage and injury) and whether the amount is adequate to cover the risks.[5]

3 Levels of Automated Driving Systems

There is no special law or rigid legal definition stipulating different levels of automated driving systems in Taiwan. Nevertheless, the 0–5 standard of the SAE **(Society of Automotive Engineers)** and the 0–4 standard of the NHTSA **(National Highway Traffic Safety Administration)** are widely recognized as the mainstream classification standards in the self-driving vehicle industry. Since the SAE grading standard was adopted by the NHTSA in 2016, the two

5 RTSR Appendix 21 (no official English translation): … 2. (5) Review the insurance plan proposed by the applicant and evaluate the type of insurance (the plan should cover at least public accident liability, compulsory motor vehicle liability, passenger bodily injury liability, driver injury. and third-party liability [including property damage and injury]) and whether the amount is adequate to cover the risks.

standards have in fact been consolidated into one for SAE grades 0–5. As a result, academics and practitioners in Taiwan generally agree on using the SAE standard as the basis for relevant discussions.

4 Civil and Criminal Liability Laws on Self-Driving Cars

There has been ample discussion regarding how laws should be applied to self-driving vehicles. The laws which apply to strong and weak AI can be very different. Hence, different levels of autonomous vehicles influence the application of laws. The distribution of risk and liability of self-driving vehicles would very much depend on the degree of risk and the definition of a "driver." It is generally accepted that self-driving vehicles under SAE levels 0–3 are still man-operated. As such, the risks and liabilities should fall to the drivers. Because self-driving vehicles under SAE levels 4–5 are almost or fully automated, there is effectively no "driver" in control of the car. While controllability is passed to the vehicle itself, the risks and the liabilities may fall on the designer or manufacturer, as the concept of a special legal entity for AI remains theoretical.

However, a law regarding civil or criminal liability that is specifically made for self-driving vehicles has yet to be seen in Taiwan. This is because it is generally understood that partly automated vehicles can be governed by the current legal system and that further laws are not currently needed. For fully automated vehicles capable of handling the entire driving process without human assistance, however, attributing the relevant liabilities presents a challenge to the fundamentals of the legal system, and further efforts and research are needed to determine how to regulate them.

4.1 Civil Liability

Regarding civil liabilities, self-driving vehicles are an application of artificial intelligence, and how the law should apply is influenced by their controllability. As vehicles under SAE levels 0–3 are still considered to be man-operated, the application of laws would not be much different from other products or vehicles that assist people in their tasks or needs. The Civil Code and Consumer Protection Law (CPL) are the governing laws for product liabilities in Taiwan.

The CPL applies only to situations in which a business offers defected products or services to consumers or the general public. It adopts the concept of strict liability (no-fault liability is subject to the exception of technological defense).[6] On the other hand, the Civil Code applies to all types of private activities, including but not limited to the aforementioned business-consumer transactions. The Civil Code adopts a general negligence rule with a certain type of activities that apply a presumption of negligence.[7] For some activities, the CPL and the Civil Code can both be applicable. Hence, if the liability arises from a defect resulting from the manufacture or design of a self-driving vehicle, the manufacturers or the designers of the vehicle should be responsible unless they can raise a technology defense. On the other hand, if the accident or the liability arises from the control of the drivers of self-driving vehicles, the CPL does not apply. Instead, the general negligence rule should govern.

While there are laws applicable to self-driving vehicles under SAE levels 0–3, determining whether the accident is due to human error or defects from manufacture and design is still problematic. It is also debated whether assistance from a self-driving vehicle reduces an individual's duty of care.

Furthermore, the liability issues for SAE levels 4–5 self-driving vehicles would be even more intriguing in Taiwan. Since self-driving vehicles at SAE levels 4–5 can "drive" by themselves, there is no "driver" in the traditional sense. Pure passengers, who have no control over self-driving vehicles, cannot be held responsible for accidents. Most experts argue that designers or manufacturers should be considered responsible as the creators of these vehicles. However, while this may hold true initially, it becomes less justifiable when considering the potential role of general artificial intelligence in the future. Such AI possesses cognitive abilities and adaptability, applied in transportation systems that utilize big data to evolve beyond specific tasks

6 CPL Article 7: (Section 1) Traders engaging in the design, production, or manufacture of goods or in the provisions of services shall ensure that the goods or services provided meet and comply with the contemporary technical and professional standards with reasonably expected safety requirements when placing the goods into the stream of commerce or at the time of rendering services.
All safety warnings and emergency response manuals shall be marked or labeled conspicuously on goods or services provided which may cause harm to the lives, bodies, health, or property of consumers.
(Section 2) Traders shall be jointly and severally liable in violating the foregoing paragraphs and thereby causing injury or damage to consumers or third parties. Should traders prove that they have not been negligent, the court may reduce damages.

7 E.g., The Civil Code 191-1: An individual engaging in a particular business or other work or activity shall be liable for injury to another if the nature of the work or activity or the implement or manner used might cause harm to another, excepting cases where the injury was not caused by the work or activity or by the implement or manner used, or if the individual has exercised reasonable care to prevent the injury.

and operational domains—capabilities that may not be foreseeable by their designers or manufacturers. These potential applications would challenge the fundamental principles of the legal system in Taiwan, including whether AI can be considered a responsible legal entity and how liabilities are determined under relevant tort theories.

To analyze how to deal with such liability issues, academics in Taiwan believe that there are two phases of questions must to be addressed, the first of which is whether the law should recognize a machine as an independent legal entity. Because machines do not possess self-consciousness, they are not driven by ethics or norms. It may therefore be strange to compare them with humans who have minds to determine their behavior and can comprehend legal consequences. However, when considering that a company is understood as a fictional legal person created by the law, it becomes less unrealistic to regard machines as having the same status. Companies are recognized as legal persons for economic purposes, and it may therefore be possible to afford machines a legal fictional status to meet technological and economic needs. Although the issue has been comprehensively discussed, Taiwanese academics have not yet reached a consensus that could be concluded and formulated into enforceable law.

The question's second phase concerns who should be liable if machines are not recognized as legal entities. As responsibilities here are highly unforeseeable, it is questionable to require manufacturers and designers to assume all responsibility. Allocating unforeseeable responsibilities to manufacturers and designers would deter involvement and investment, hindering the advancement of AI technology. On the other hand, being unable to hold anyone responsible for the consequences would also impede its acceptance by society. While there is so far no conclusion on whether the state is suitable for ultimate responsibility, insurance may be the possible solution at this stage.

4.2 Criminal Liability

Taiwan does not have special criminal liabilities for AI, and the applicable laws are the same as those that apply to humans or corporations. For relatively man-operated cars under SAE levels 0–3, liability shall be borne by the subject that has ultimate control over the offense or accident. The real problem lies within self-driving cars under SAE levels 4 and 5. Supposing, for example, that a fully automated vehicle decides to sacrifice an animal to protect its passenger when no other option is available, how should liability be determined? As the self-driving vehicle has justification for the aforementioned situation, neither the AI nor its designers or programmers can be held liable. However, this still involves deep ethical issues that are difficult to determine, especially when comparing one life with another. One view is that this type of "risk" should be allowed to exist, rather than holding the designer or manufacturer liable, if it advances technology and benefits society.[8] Other views, citing foreign studies,[9] suggest treating AI as a corporation, asserting that there is no reason for treating the two differently. Still, there have been fewer discussions of this type in Taiwan than those concerning civil liabilities.

5 Integration of Self-Driving Cars in the Insurance Industry

While most discussions regarding liability gaps tend to consider insurance as a solution, what insurance can accomplish is still very conventional in Taiwan. According to the UVT, applicants of the testing vehicles must provide an insurance plan in order to begin testing. However, the type of insurance currently available in the market is still incidental to car insurance, including collision insurance or third-party liability insurance. Because typical car insurance is still formulated on the basis of shielding the liabilities of the "driver" of the vehicle, it is disputable that this type of insurance can be applied to fully automated vehicles. For example, when an accident occurs as a result of a fully automated vehicle misjudging its environment, the user is not driving the car and may not be responsible. The insurance company would therefore not be obligated to pay out any compensation. Conversely, the programmer or manufacturer of the vehicle may be responsible. As insurance coverage is still based on the rationale of shielding liabilities from the driver, the risk would not be applied to fully automated vehicles and may not provide adequate coverage for third parties either.

Most academics advocate designing new types of insurance that cover the product liabilities of the designer and manufacturer rather than conventional ones that focus solely on the driver.[10]

---

8 Chang, Li-Ching, Criminal Law Challenges and Correspondence in the Age of Artificial Intelligence: Taking Autonomous Vehicles as an Example [Réngōng zhìhuì shídài de xíngfǎ tiǎozhàn yǔ duìyìng: Yǐ zìdòng jiàshǐ chē wéi lì], The Taiwan Law Review, no 286, 87–103 (2019).

9 Hallevy, Gabriel (2010) "The Criminal Liability of Artificial Intelligence Entities – from Science Fiction to Legal Social Control," Akron Intellectual Property Journal: Vol. 4: Iss. 2, Article 1. Available at: https://ideaexchange.uakron.edu/akronintellectualproperty/vol4/iss2/1.

10 Chiu, Ching-Yi. "Development of Autonomous Vehicles and Its Impact on the Insurance Industry." Insurance Avenue, no. 77, July 3, 2019.

6 Data Security and Privacy

The use of self-driving cars involves the collection and processing of vast amounts of data, necessitating robust data protection measures. Taiwan's **Personal Data Protection Act (PDPA)** provides the legal framework for data security, ensuring compliance with principles of lawfulness, fairness, transparency, purpose limitation, and data minimization that are similar to General Data Protection Regulation (GDPR)[11] in Europe.

6.1 Data Collection and Use

Data for self-driving vehicles can be collected by government agencies or private entities. Authorities must comply with Article 15 of the PDPA, which stipulates that the collection or processing of personal data by a government agency must serve specific purposes and meet one of the following conditions:

1. It is within the necessary scope to perform statutory duties;
2. The data subject has given explicit consent; or
3. The rights and interests of the data subject will not be infringed upon.

As for the use of data, authorities must comply with Article 16 of the Taiwan Personal Data Protection Act (PDPA), ensuring that data is used within the necessary scope of their statutory duties and for the specific purpose for which it was collected. If the authority intends to use the data beyond its original purpose, it must meet at least one of the following conditions:

1. It is expressly required by law;
2. It is necessary for ensuring national security or promoting the public interest;
3. It is intended to prevent harm to the life, body, freedom, or property of the data subject;
4. It aims to prevent significant harm to the rights and interests of others;
5. It is necessary for the compilation of statistics or academic research by a government agency or academic institution for the public interest, provided that the data, as processed by the provider or disclosed by the collector, cannot be used to identify a specific data subject;
6. It is for the protection of the data subject's rights and interests;
7. The data subject has given explicit consent.

The fifth of the aforementioned conditions can be considered as either "anonymous" or "pseudonymous" data processing. A higher level of anonymity makes the data less useful, and vice versa. However, if the data can directly or

---

11 GDPR (EU) 2016/079.

indirectly identify an individual, it will be subject to the PDPA and subject to Constitutional oversight.

While self-driving vehicles inevitably involve data collection and processing, Taiwan's previous debates on the use of personal medical data retrieved from the National Health Insurance system may serve as a useful reference. As personal health insurance data, including highly sensitive special personal information, displays high individual variability, there is a possibility that specific individuals could be indirectly identified. The Constitutional Court of Taiwan ruled that personal health insurance data, whether in its original form or after processing, inevitably constitutes data that can "directly or indirectly identify an individual." Therefore, the individual's right to control such data is protected under the Constitution. The Court emphasized that any actions by the National Health Insurance Administration (NHIA) involving the transmission or provision of personal health insurance data to external parties must comply with statutory requirements and due process. These statutory requirements include proper storage, processing, external transmission, and provision of data in databases. They must also clearly specify the subjects, purposes, requirements, scope, and methods of these actions, along with the organizational and procedural oversight mechanisms.

Given the risk that specific individuals could be indirectly identified, the Court found that there is a lack of clear legal provisions at the statutory level. It instructed the relevant authorities to amend the National Health Insurance Act or other relevant laws, or to enact specific legislation to clearly define these matters. The Court concluded that the current regulations do not meet the requirements of the constitutional principle of legal reservation under Article 23 of the Constitution and infringe upon Article 22, which protects the right to privacy..[12]

Non-government agencies such as manufacturers, designers, or insurance companies are governed by PDPA Article 19[13] in the collection or processing of

---

12 Taiwan Constitutional Court Decision 111-Hsien-Pan-13.

13 PDPA Article 19: Except for the personal data specified under Paragraph 1, Article 6, the collection or processing of personal data by a non-government agency shall be for specific purposes and on one of the following bases:
(1) where it is expressly required by law;
(2) where there is a contractual or quasi-contractual relationship between the non-government agency and the data subject, and proper security measures have been adopted to ensure the security of the personal data;
(3) where the personal data has been disclosed to the public by the data subject or has been made public lawfully;

data and by PDPA Article 20[14] in its use. Both government and non-government agencies should be aware that when using data through the consent of an individual, this consent should be a separate declaration of agreement given by a data subject after they have been informed by the data collector of any purposes other than that originally specified, the scope of other use, and the impact of giving or not giving consent on the rights and interests of the data subject. In other words, clarification and consent should not be mixed through generalized terms and should be specific. However, the collection of data through a self-driving system can very likely be conclusive, making it difficult

---

(4) where it is necessary for the gathering of statistics or academic research by an academic institution in pursuit of the public interest provided that such data as processed by the data provider or as disclosed by the data collector may not lead to the identification of a specific data subject;
(5) where consent has been given by the data subject;
(6) where it is necessary for furthering the public interest;
(7) where the personal data is obtained from publicly available sources unless the data subject has an overriding interest in prohibiting the processing or use of such personal data; or
(8) where the rights and interests of the data subject will not be infringed upon.
A data collector or processor shall on their own initiative or upon the request of the data subject erase or cease processing or using the personal data when they become aware or upon being notified by the data subject that the processing or use of the personal data should be prohibited pursuant to the proviso to Subparagraph 7 of the preceding paragraph.

14 PDPA Article 20: Except for the personal data specified in Paragraph 1, Article 6, a non-government agency shall use personal data only within the necessary scope of the specific purpose of collection; the use of personal data for another purpose shall be only on any of the following bases:
(1) where it is expressly required by law;
(2) where it is necessary for furthering the public interest;
(3) where it is to prevent harm to the life, body, freedom, or property of the data subject;
(4) where it is to prevent material harm to the rights and interests of others;
(5) where it is necessary for the gathering of statistics or academic research by a government agency or an academic institution for the public interest provided that such data as provided by the data provider or disclosed by the data collector may not lead to the identification of a specific data subject;
(6) where consent has been given by the data subject; or
(7) where it is for the data subject's rights and interests.
When a non-government agency uses personal data for a marketing purpose pursuant to the preceding paragraph, upon the data subject's objection to such use, the agency shall cease using the data subject's personal data for marketing.
A non-government agency when using the data subject's personal data for marketing purpose for the first time shall inform the data subject of the ways that they can object to such use, and the agency shall pay the fees therefrom.

to obtain specific consent for particular activities. Alternatively, the passengers may also be required to give consent before using these technologies.

The collection and use of data are necessary for the facilitation of self-driving systems. However, its proper range and usage should have reasonable oversight by authorities. Also, how to balance the cost of obtaining the consent of the data subject and using this technology efficiently is another issue worthy of concern.

7 Ethical Considerations

There are several other points to be considered for self-driving vehicles in Taiwan. First, Taiwan needs to establish a comprehensive set of ethical rules that apply either to self-driving vehicles or to AI in general in addition to the law. This has been seen in some European countries and has been proposed by Taiwanese academics.[15]

In addition, devising laws that are applicable to AI is challenging. It appears that private law may have reached its limits, and public law may be a potential candidate to regulate these technologies. This may not necessarily require the state to be the ultimate entity and bear responsibility. Instead, a solution may be found in a combination of public and private law.

8 Conclusion

As self-driving technology continues to evolve, so too must the legal frameworks that govern it. Taiwan's approach in developing specific regulations for testing autonomous vehicles, such as the UVT and RTSR, provides a preliminary basis for safe and innovative development. However, the continuous advancement of technology will necessitate ongoing revisions and expansions of legal doctrines to address emerging challenges, such as liabilities, as they arise.

15 Li-Ching Chang, Laws and Ethics Policy of Self-driving Cars in Taiwan, Journal of Mechanics Engineering and Automation 11, 149-157 (2021).

Self-Driving Cars Facing the Law: Answers at Law – Applicable or/and Prospective

Looking into the Future with Today's Glasses? National Report for Canadian Common Law and Quebec Civil Law, aidc-iacl Asunción 2022

*Lara Khoury**

1 Introduction

Self-driving cars, or 'autonomous vehicles' (AVs),[1] hold great promise for countries worldwide. Their benefits include the minimization of driver errors – sources report that these cause as much as 94% of collisions – ;[2] reduced traffic congestion and increase in highway capacity; enhanced mobility equity; improved access to transportation; as well as increased convenience and time saved resulting in reduced stress for drivers and commuters.[3] In Canada, interest in AVs is growing, especially among the younger population. A 2018 national online survey of 1,200 Canadian residents 18 years and above showed that while only 37% were interested in using AVs, 54% of millennials (18-34-year-old) stated interest. 50% of those surveyed agreed that road safety would be improved once all vehicles were automated.[4]

However, AVs are not risk-free. Several accidents have already occurred in the United States, Canada and Europe. For instance, in the Canadian province of Ontario, an electric bus operating under a pilot project lost control in December 2021, crashing into a tree and leaving its operator – the only person

* Faculty of Law, McGill University (Montreal, Quebec, Canada). This Chapter is up to date as of January 27th, 2022.

1 This report uses AV to refer to self-driving cars as 'autonomous vehicles' or 'automated vehicles' as this terminology is more common in Canada.

2 Standing Senate Committee on Transport and Communications, 'Driving Change. Technology and the Future of Automated Transportation' (2018) *Senate Canada* p. 3 <https://sencanada.ca/content/sen/committee/421/TRCM/Reports/COM_RPT_TRCM_AutomatedVehicles_e.pdf>.

3 Transport Canada, 'Automated and Connected Vehicles Policy Framework for Canada' (2019) *Transport Canada,* p. 13 <tc.canada.ca/sites/default/files/2021-03/avcv-policy-framework-2019.pdf>.

4 Insurance Bureau of Canada, 'Auto Insurance for Automated Vehicles: Preparing for the Future of Mobility' (2018) at 6, online (pdf): *Insurance Bureau of Canada* <https://a-us.storyblok.com/f/1003207/x/eaf619538e/automated-vehicle-report.pdf>.

 | DOI:10.1163/9789004711891_017

onboard – in critical, but stable, condition. The pilot project has since been suspended pending an investigation into the cause(s) of the crash.[5]

This report discusses liability issues related to the deployment of AVs under Canadian common law and Quebec civil law. It mainly focuses on self-driving cars, i.e. AV's at SAE levels 4 and 5, with occasional comments on level 3 AVs. Canadian policies and the rare regulations have adopted the international classification developed by the Society of Automotive Engineers (SAE) for automated and connected vehicles.[6] This classification centers on the level of automation: '0 (no automation); 1 (driver assistance); 2 (partial driving automation); 3 (conditional driving automation); 4 (high driving automation); and 5 (full driving automation)'.[7] At levels 0 to 3, the person behind the wheel has control of the vehicle and must be ready to intervene.[8] At levels 4 and 5, the person occupying the vehicle, if there is one, is not involved in controlling the vehicle.[9] Only SAE level 5 AVs are fully autonomous.[10] The Insurance Bureau of Canada (IBC) uses the definition provided by the United States Department of Transportation's National Traffic Safety Administration for fully automated vehicles:

> Those in which operation of the vehicle occurs without direct driver input to control the steering, acceleration, and braking and are designed so that the driver is not expected to constantly monitor the roadway while operating in self-driving mode.[11]

---

5 F. Snowdon, 'Autonomous bus crash in Whitby leaves man in critical condition' (17.11.2021), online: *Global News* <globalnews.ca/news/8460203/autonomous-bus-crash-whitby/>.

6 For instance: the Ontario's Regulation 306/15: Pilot Project – Automated Vehicles adopts the classification: Pilot Project – Automated Vehicles, O Reg 306/15, s. 1(2); Transport Canada, 'Automated and Connected Vehicles Policy Framework for Canada' (2019) *Transport Canada* <tc.canada.ca/sites/default/files/2021-03/avcv-policy-framework-2019.pdf>.

7 SAE International 'Taxonomy and Definitions for Terms Related to Driving Automation Systems for On-Road Motor Vehicles – J3016' (2021), online (pdf): *SAE International* <www.sae.org/standards/content/j3016_202104/>.

8 Autorité des marchés financiers, 'Document de réflexion préparer le Québec à l'arrivée des véhicules automatisés et connectés' (2021) at 2, online (pdf): *Autorité des marchés financiers* <www.lautorite.qc.ca/fileadmin/lautorite/consultations/assurance-planification-financiere/2022-01/document-reflexion-vehicule-autonome.pdf>.

9 Ibid.

10 P. Maziarz 'Cars without drivers: examining future regulation of autonomous vehicles', *RegQuest* (04.2020) at p. 6.

11 Insurance Bureau of Canada, 'Auto Insurance for Automated Vehicles: Preparing for the Future of Mobility' (2018) at 5, online (pdf): *Insurance Bureau of Canada* <https://a-us.storyblok.com/f/1003207/x/eaf619538e/automated-vehicle-report.pdf>.

Fully automated cars might not be available in Canada for decades, although some predict an earlier arrival.[12] In 2019, it was reported that only vehicles with levels of automation 0 to 2 were available for purchase in Canada and we have not found any evidence suggesting that level 3 cars are currently available on the Canadian market.[13] However, testing trials in Canada have been in place for at least six years.[14]

2 Specific Rules Concerning Self-Driving Cars in Canada

Canadian regulation of AVs must be understood in light of the federal and provincial governments' shared constitutional jurisdiction over this technology, as well as the necessary collaboration that the federal government must foster among the different levels of governments and the AV industry.[15] Transport Canada, through the *Motor Vehicle Safety Act*,[16] 'establishes safety regulations that apply to the importation of motor vehicles and designated motor vehicle equipment, and the shipment of newly manufactured motor vehicles and designated equipment across provincial/territorial boundaries'.[17] Transport Canada is also responsible for 'exercis[ing] leadership and offer[ing] guidance on new and emerging technologies to promote motor vehicle safety.'[18] In addition, Innovation, Science and Economic Development Canada (ISED) is entrusted with setting and enforcing compliance with technical standards and licencing requirements for the wireless technology integrated in vehicles and roadside

12 Transport Canada, 'Automated and Connected Vehicles Policy Framework for Canada', (2019) *Transport Canada*, p. 3 <tc.canada.ca/sites/default/files/2021-03/avcv-policy-framework-2019.pdf>.

13 Ibid. at p. 2.

14 P. Maziarz 'Cars without drivers: examining future regulation of autonomous vehicles', *RegQuest* (04.2020) at p. 1.

15 Transport Canada, 'Automated and Connected Vehicles Policy Framework for Canada', (2019) *Transport Canada* at p. 14 <tc.canada.ca/sites/default/files/2021-03/avcv-policy-framework-2019.pdf>.

16 *Motor Vehicle Safety Act*, SC 1993, c. 16.

17 Transport Canada, 'Canada Safety Framework for Automated and Connected Vehicles' (2019), *Transport Canada* at p. 7 <tc.canada.ca/sites/default/files/2020-05/tc_safety_framework_for_acv-s.pdf>; Transport Canada, 'Guidelines for testing automated driving systems in Canada' (2021), *Transport Canada* 1.0 Ch 1 <tc.canada.ca/en/road-transportation/innovative-technologies/connected-automated-vehicles/guidelines-testing-automated-driving-systems-canada>.

18 Transport Canada, 'Canada Safety Framework for Automated and Connected Vehicles' (2019), *Transport Canada* at p. 7 <tc.canada.ca/sites/default/files/2020-05/tc_safety_framework_for_acv-s.pdf>.

infrastructure.[19] It also deals with related data and privacy considerations, as well as with fostering 'innovation and skills in the Canadian automotive, transportation digital technology and cyber security sectors.'[20] Notably, the Minister of ISED is responsible for the *Personal Information Protection and Electronic Documents Act* (PIPEDA) (section 6 below).[21] As for Public Safety Canada, it takes charge of Canada's national security and provides leadership, in shared authority, over cyber security in the country.[22] Finally, the Canadian Council of Motor Transport Administrators (CCMTA), whose members are elected from provincial, territorial and federal governments, coordinates matters regarding the regulation and control of motor vehicle transportation and highway safety.[23]

The creation of legislative frameworks for testing and deployment of AVs in road traffic or in-town circulation is within the authority of provinces and territories.[24] Provincial and territorial governments have numerous responsibilities, namely drivers licensing, safe vehicle operation, vehicle maintenance standards, road regulations, vehicle registration and insurance.[25] In a nutshell,

---

19 Canadian Council of Motor Transport Administrators, 'Canadian Jurisdictional Guidelines for the Safe Testing and Deployment of Vehicles Equipped with Automated Driving Systems. Version 2.0' (2022), *Canadian Council of Motor Transport Administrators* at p. 35 <https://www.ccmta.ca/web/default/files/PDF/Canadian%20Jurisdictional%20Guidelines%20%20for%20the%20Safe%20%20Testing%20and%20Deployment%20%20of%20Vehicles%20%20Equipped%20with%20Automated%20%20Driving%20Systems%20Version%202.0.pdf>; Transport Canada, 'Canada's Vehicle Cyber Security Guidance' (2020), *Transport Canada* at pp. 7, 10 <https://publications.gc.ca/collections/collection_2020/tc/T46-61-2020-eng.pdf>.

20 Transport Canada, 'Canada's Vehicle Cyber Security Guidance' (2020), *Transport Canada* at p. 10 <https://publications.gc.ca/collections/collection_2020/tc/T46-61-2020-eng.pdf>.

21 Ibid.; *Personal Information Protection and Electronic Documents Act*, SC 2000, c. 5.

22 Transport Canada, 'Canada's Vehicle Cyber Security Guidance' (2020), *Transport Canada* at p. 10 <https://publications.gc.ca/collections/collection_2020/tc/T46-61-2020-eng.pdf>.

23 Canadian Council of Motor Transport Administrators, 'Canadian Jurisdictional Guidelines for the Safe Testing and Deployment of Vehicles Equipped with Automated Driving Systems. Version 2.0' (2022), *Canadian Council of Motor Transport Administrators* at p. 27 <https://www.ccmta.ca/web/default/files/PDF/Canadian%20Jurisdictional%20Guidelines%20%20for%20the%20Safe%20%20Testing%20and%20Deployment%20%20of%20Vehicles%20%20Equipped%20with%20Automated%20%20Driving%20Systems%20Version%202.0.pdf>.

24 *Constitution Act, 1867* (UK), 30 & 31 vict, c. 3, s. 92(13), reprinted in RSC 1985, Appendix II, No.5.

25 Transport Canada, 'Automated and Connected Vehicles Policy Framework for Canada', (2019) *Transport Canada,* at p. 5 <tc.canada.ca/sites/default/files/2021-03/avcv-policy-framework-2019.pdf>; Transport Canada, 'Canada Safety Framework for Automated and Connected Vehicles' (2019), *Transport Canada* at p. 7 <https://tc.canada.ca/sites/default

the ten provinces and three territories each regulate the safe operation of vehicles on their public roads,[26] which leads to a broad diversity of approaches. They also have the responsibility of approving and overseeing AV trials that take place within their jurisdiction.[27] Therefore, connected and automated vehicles are mostly regulated at the provincial and territorial level.

Municipalities also have a role to play. They are responsible for various aspects of local transportation relevant to the AV context, such as adopting and enforcing by-laws for vehicle movement and the use of local infrastructure, the provision and management of public transportation, and enforcing traffic laws and regulations.[28] They will likely be tasked with planning for the presence of AVs on roads and for ensuring that the necessary infrastructure such as traffic lights and detours are maintained (or that data about them is provided) in order to ensure safe operation.[29] Finally, there is an expectation that the private sector will exercise particular responsibility in ensuring the safe and orderly conduct of AV trials as regards the respect of all laws and regulations applying to testing activities.[30]

Despite shared competency over the different aspects of AV regulation, federal guidelines have called for a common approach to the testing and use of AVs to avoid regional discrepancy, while also being able to align and

/files/2020-05/tc_safety_framework_for_acv-s.pdf>; Transport Canada, 'Guidelines for testing automated driving systems in Canada' (2021), *Transport Canada* 1.0 Ch. 1 <tc.canada.ca/en/road-transportation/innovative-technologies/connected-automated-vehicles/guidelines-testing-automated-driving-systems-canada>.

26 Transport Canada, 'Canada's Vehicle Cyber Security Guidance' (2020), *Transport Canada* at p. 10 < https://publications.gc.ca/collections/collection_2020/tc/T46-61-2020-eng.pdf >.

27 According to Transport Canada: Transport Canada, 'Guidelines for testing automated driving systems in Canada' (2021), *Transport Canada* 1.0 Ch. 1 <tc.canada.ca/en/road-transportation/innovative-technologies/connected-automated-vehicles/guidelines-testing-automated-driving-systems-canada>.

28 Transport Canada, 'Automated and Connected Vehicles Policy Framework for Canada' (2019), *Transport Canada* at p. 21 <tc.canada.ca/sites/default/files/2021-03/avcv-policy-framework-2019.pdf>; Transport Canada, 'Canada Safety Framework for Automated and Connected Vehicles' (2019), *Transport Canada* at p. 7 <tc.canada.ca/sites/default/files/2020-05/tc_safety_framework_for_acv-s.pdf>; Transport Canada, 'Guidelines for testing automated driving systems in Canada' (2021), *Transport Canada* 1.0 Ch. 1 <tc.canada.ca/en/road-transportation/innovative-technologies/connected-automated-vehicles/guidelines-testing-automated-driving-systems-canada>.

29 J. Hooper, 'Civil liability' in N. Baker, *Autonomous Vehicles: Self-Driving Cars and the Law of Canada,* Irwin Law, Toronto, 2021 at pp. 132, 134.

30 Transport Canada, 'Guidelines for testing automated driving systems in Canada' (2021), *Transport Canada* 1.0 Ch 1 <tc.canada.ca/en/road-transportation/innovative-technologies/connected-automated-vehicles/guidelines-testing-automated-driving-systems-canada>.

coordinate with the United States.[31] They also stress the need for all levels of government to work together with national stakeholders to advance 'a cohesive approach for safely testing and deploying AV/CVs on Canadian roads'.[32] Finally, they stress the need to use work done in G7 and OECSD countries in order to develop best practices for Canada.[33]

2.1 *Federal Level Norms*

There are currently no laws or regulations at the federal level applying *specifically* to AVs. However, Transport Canada does impose safety requirements that apply to all vehicles imported and sold in the country; they must comply with the *Motor Vehicle Safety Regulations* under the *Motor Vehicle Safety Act* (MVSA).[34] Moreover, the federal legislature adopted in March 2018 Bill S-2, the *Strengthening Motor Vehicle Safety for Canadians Act*,[35] amending the MVSA to strengthen the Minister of Transport's enforcement and compliance authority with regard to road safety, with the stated objective of 'affording greater flexibility to keep pace with the development of new safety features or new kinds of vehicles, technologies, systems or components'.[36]

At the Canadian level, policy frameworks, guidelines, a guidance, reports and a code of practice exist to ensure the proper adoption of AVs in Canada, in hopes of encouraging a uniform approach. This notably includes Transport Canada's *Automated and Connected Vehicles Policy Framework for Canada* (2019) which applies to vehicles level 3 through 5 and its 2021 *Guidelines for testing automated driving systems in Canada*.[37] These documents, and others, emphasize safety concerns in testing and deployment on public roads.[38] For

31 Transport Canada, 'Automated and Connected Vehicles Policy Framework for Canada' (2019), *Transport Canada* at p. 11 <tc.canada.ca/sites/default/files/2021-03/avcv-policy-framework-2019.pdf>.

32 Transport Canada, 'Canada Safety Framework for Automated and Connected Vehicles' (2019), *Transport Canada* at p. 7 <tc.canada.ca/sites/default/files/2020-05/tc_safety_framework_for_acv-s.pdf>.

33 Ibid. at p. 12.

34 *Motor Vehicle Safety Act*, SC 1993, c. 16.

35 *Strengthening Motor Vehicle Safety for Canadians Act*, SC 2018, c. 2.

36 Transport Canada, 'Automated and Connected Vehicles Policy Framework for Canada' (2019), *Transport Canada* at p. 22 <https://tc.canada.ca/sites/default/files/2021-03/avcv-policy-framework-2019.pdf>.

37 Ibid. at p. 5.

38 E.g., ibid. at p. 1; Transport Canada, 'Guidelines for testing automated driving systems in Canada' (2021), *Transport Canada* <tc.canada.ca/en/road-transportation/innovative-technologies/connected-automated-vehicles/guidelines-testing-automated-driving-systems-canada>; Canadian Council of Motor Transport Administrators, 'Canadian Jurisdictional Guidelines for the Safe Testing and Deployment of Vehicles Equipped

instance, Transport Canada recognises that its role as the entity administering the MVSA, is to 'reduce the risk of death, injury, and damage to property and the environment'.[39] Therefore, it has issued guidelines to provide best practices and technical standards, inspired by those developed by the international community, to 'ensure that trials are conducted in a safe and secure manner, according to a baseline of nationally consistent safety practices'.[40] It has also made funding available to advance connected and automated vehicles, and finances projects dealing with the development of codes, standards and guidance materials; capacity-building and knowledge-sharing activities, as well as research, studies and technology evaluations.[41] The CCMTA also produced voluntary safety guidelines and recommendations for Canadian jurisdictions choosing to regulate testing and deployment of AVs, displaying a concern for a consistent regulatory framework in Canada.[42] CCMTA guidelines insist on the need for continuous data sharing between governments, as well as between governments and the AV industry, so as to ensure safe navigation and operation.[43]

---

with Automated Driving Systems. Version 2.0' (2022), *Canadian Council of Motor Transport Administrators* at p. 9 <https://www.ccmta.ca/web/default/files/PDF/Canadian%20Jurisdictional%20Guidelines%20%20for%20the%20Safe%20%20Testing%20and%20Deployment%20%20of%20Vehicles%20%20Equipped%20with%20Automated%20%20Driving%20Systems%20Version%202.0.pdf>; Transport Canada, 'Canada Safety Framework for Automated and Connected Vehicles' (2019), *Transport Canada* at p. 8 <tc.canada.ca/sites/default/files/2020-05/tc_safety_framework_for_acv-s.pdf>; Transport Canada, 'Safety Assessment for Automated Driving Systems in Canada' (2018), *Transport Canada* at p. 6 <tc.canada.ca/sites/default/files/migrated/tc_safety_assessment_for_ads_s.pdf>.

39 Transport Canada, 'Guidelines for testing automated driving systems in Canada' (2021), *Transport Canada* 1.0 Ch. 1 <tc.canada.ca/en/road-transportation/innovative-technologies/connected-automated-vehicles/guidelines-testing-automated-driving-systems-canada>.

40 Ibid.; See also: Transport Canada, 'Safety Assessment for Automated Driving Systems in Canada' (2018), *Transport Canada* at p. 6 <tc.canada.ca/sites/default/files/migrated/tc_safety_assessment_for_ads_s.pdf>.

41 Transport Canada, 'Program to Advance Connectivity and Automation in the Transportation System' (2019), *Transport Canada* <tc.canada.ca/en/programs/funding-programs/program-advance-connectivity-automation-transportation-system>.

42 Canadian Council of Motor Transport Administrators, 'Canadian Jurisdictional Guidelines for the Safe Testing and Deployment of Vehicles Equipped with Automated Driving Systems. Version 2.0' (2022), *Canadian Council of Motor Transport Administrators* at p. 25 <https://www.ccmta.ca/web/default/files/PDF/Canadian%20Jurisdictional%20Guidelines%20%20for%20the%20Safe%20%20Testing%20and%20Deployment%20%20of%20Vehicles%20%20Equipped%20with%20Automated%20%20Driving%20Systems%20Version%202.0.pdf>.

43 Ibid. at pp. 9–10.

Guidance documents also show concern for cyber security.[44] For instance, Canada's *Vehicle Cyber Security Guidance* was published by Transport Canada to provide insight to 'individuals and organizations designing, manufacturing, supplying, and maintaining systems, software, and services for motor vehicles and motor vehicle equipment'.[45] Preoccupations with ensuring privacy are also addressed in federal guidelines,[46] as well as the need for public outreach and provision of information about, among others, benefits and risks once vehicles get closer to full automation.[47] Finally, a very Canadian concern expressed in policy documents is the necessity for AVs to be operational in extreme conditions, referring to both weather and unexpected construction.[48]

The CCMTA's guidelines recommend that jurisdictions in Canada clearly establish legal responsibility for AV on public roads.[49] However, pan-Canadian policy documents seldom address issues of liability and compensation and some touch briefly on matters relevant to insurance. This could be explained by that fact that liability and insurance issues are under the constitutional authority of the provinces and territories. As an example, the CCMTA recommends that for SAE level 4 and 5 vehicles, the registered owner should be responsible for its safe operation, while noting that this issue will 'continue to be discussed and may evolve over time'.[50] Insurance considerations that

44 E.g., Transport Canada, 'Canada's Vehicle Cyber Security Guidance' (2020), *Transport Canada* at p. 8; Transport Canada, 'Canada Safety Framework for Automated and Connected Vehicles' (2019), *Transport Canada* at p. 3, <tc.canada.ca/sites/default/files/2020-05/tc_safety_framework_for_acv-s.pdf>; Transport Canada, 'Automated and Connected Vehicles Policy Framework for Canada' (2019), *Transport Canada* at pp. 7, 14, <tc.canada.ca/sites/default/files/2021-03/avcv-policy-framework-2019.pdf>.

45 Transport Canada, 'Canada Safety Framework for Automated and Connected Vehicles' (2019), *Transport Canada* at p. 8, <tc.canada.ca/sites/default/files/2020-05/tc_safety_framework_for_acv-s.pdf>.

46 Ibid. at pp. 7, 14; Transport Canada, 'Canada's Vehicle Cyber Security Guidance' (2020), *Transport Canada* at p. 8 < https://publications.gc.ca/collections/collection_2020/tc/T46-61-2020-eng.pdf >.

47 Ibid. at p. 13.

48 Transport Canada, 'Automated and Connected Vehicles Policy Framework for Canada' (2019), *Transport Canada* at p. 7 <tc.canada.ca/sites/default/files/2021-03/avcv-policy-framework-2019.pdf>.

49 Canadian Council of Motor Transport Administrators, 'Canadian Jurisdictional Guidelines for the Safe Testing and Deployment of Vehicles Equipped with Automated Driving Systems. Version 2.0' (2022), *Canadian Council of Motor Transport Administrators* at p. 124 <https://www.ccmta.ca/web/default/files/PDF/Canadian%20Jurisdictional%20Guidelines%20%20for%20the%20Safe%20%20Testing%20and%20Deployment%20%20of%20Vehicles%20%20Equipped%20with%20Automated%20%20Driving%20Systems%20Version%202.0.pdf>.

50 Ibid.

have been addressed thus far include the obligation for trial organizations to hold adequate liability insurance in accordance with provincial and territorial laws.[51] Guidelines also underline the importance of data sharing to support insurance claims processes and of being able to identify the origin of data inputs involved in an automated driving system (ADS) equipped vehicle collision.[52] The CCMTA guidelines more specifically recommend a minimum of $5 million in liability insurance for vehicles authorized for on-road testing.[53] Moreover, testing applications must ensure that testing entities accept full liability and responsibility for damages caused by their vehicles or drivers and that their insurers agree to respond to damage claims regardless of driver or vehicle fault.[54]

2.2 *Provincial Regulations*

Testing in some Canadian provinces has begun, with pilot projects governed by specific regulations or legislative provisions. In Ontario, Canada's most populated province, *Regulation 306/15: Pilot Project – Automated Vehicles* took effect on 1 January 2016, allowing for a 10-year pilot project evaluating the use of SAE levels 3, 4 and 5 on roads under certain conditions.[55] Pilot participants must own the vehicles.[56] The province's *Highway Traffic Act* (HTA)[57] is made applicable to the 'operation of an automated vehicle, to a person who drives an automated vehicle and to the owner of an automated vehicle'.[58] The person who 'drives' an AV is the person seated in the driver's seat whether the automated

51 Transport Canada, 'Guidelines for testing automated driving systems in Canada' (2021), *Transport Canada* 1.3 Ch. 1 <tc.canada.ca/en/road-transportation/innovative-technologies/connected-automated-vehicles/guidelines-testing-automated-driving-systems-canada>.

52 Transport Canada, 'Safety Assessment for Automated Driving Systems in Canada' (2018), *Transport Canada* at p. 19 <tc.canada.ca/sites/default/files/migrated/tc_safety_assessment_for_ads_s.pdf>; Canadian Council of Motor Transport Administrators, 'Canadian Jurisdictional Guidelines for the Safe Testing and Deployment of Vehicles Equipped with Automated Driving Systems. Version 2.0' (2022), *Canadian Council of Motor Transport Administrators* at p. 119 <https://www.ccmta.ca/web/default/files/PDF/Canadian%20Jurisdictional%20Guidelines%20%20for%20the%20Safe%20%20Testing%20and%20Deployment%20%20of%20Vehicles%20%20Equipped%20with%20Automated%20%20Driving%20Systems%20Version%202.0.pdf>.

53 Ibid. at p. 33. A larger sum is advised for vehicles with a large seating capacity.

54 Ibid. Note that no one can exclude their liability for bodily or moral injuries under Quebec civil law: CCQ, art. 1474.

55 *Pilot Project – Automated Vehicles,* O Reg 306/15, s. 1(1)(a) and 3. Some automation level 3 vehicles are not subject to the regulation, however: s.2.

56 Ibid., s. 5.

57 *Highway Traffic Act,* RSO 1990, c. H.8.

58 *Pilot Project – Automated Vehicles,* O Reg 306/15, s. 2.1.

driving system is engaged or not.[59] The Regulation was amended in January 2019 to allow for driving of SAE level 3 AVs that are available for purchase in Canada on Ontarian roads outside of the pilot program.[60] This effectively allows members of the public to purchase and drive SAE level 3 vehicles freely.[61] Specific obligations apply to AVs operated with a driver: they must be equipped with safety alerts in case of automated driving system failure, and, in case of an alert, they must be equipped with a system that either requires the driver to take over AV operation or with a system that moves the vehicle out of traffic, coming to a complete stop, if the driver is unable to take over.[62] Moreover, the driver of an AV 'shall remain at all times in the driver's seat of the vehicle and shall monitor the vehicles' operation',[63] making it illegal under the regulation to be sleeping or distracted by other occupations. Owners must ensure the AV is insured for liability resulting from bodily injury or death, as well as for damage to property, with a minimum coverage of $5 million or $8 million if the vehicle has seating capacity of eight or more passengers.[64]

Interestingly for our purposes, the Ontario *Highway Traffic Act* contains liability provisions which are made applicable to pilot projects by the Ontario Regulation.[65] Any person who sustains loss or damage 'by reason of the use or operation of an automated vehicle that is operating without a driver' can recover from an owner or a lessee of an automated vehicle, but this liability is limited 'to an extent that is not inconsistent with the degree of fault or liability, if any, of the person who sustained the loss or damage'.[66] Although unclear, this seems to allow passengers of driverless AVs, or other persons, to sue owners or lessees of pilot project AVs in negligence while nonetheless shouldering

59 Ibid., s. 1(3).

60 Ontario Ministry of Transportation, 'Automated Vehicle Pilot Program' (2022), online: *Ontario Ministry of Transportation* <https://www.ontario.ca/page/automated-vehicle-pilot-program#:~:text=About%20the%20pilot,-Ontario%20began%20a&text=The%20Automated%20Vehicle%20Pilot%20Program%20was%20updated%20in%202019%20in,truck%20platoons%20under%20certain%20conditions >.

61 S. Holland and J. Kuredjian, 'New Ontario Regulations Give Autonomous Vehicles the Green Light' (05.02.2019) online: *Cassels* < https://cassels.com/insights/new-ontario-regulations-give-autonomous-vehicles-the-green-light/>; *Pilot Project – Automated Vehicles,* O Reg 506/15.

62 *Pilot Project – Automated Vehicles,* O Reg 506/15, s. 12. Specific rules apply to co-operative truck platooning.

63 Ibid., s. 13(1). This requirement does not apply to SAE level 4 and 5 vehicles operated without a driver.

64 Ibid., s. 2.2.

65 *Highway Traffic Act,* RSO 1990, c. H.8, Part XI; *Pilot Project – Automated Vehicles,* O Reg 506/15, s. 2.1.

66 *Pilot Project – Automated Vehicles,* O Reg 506/15, s. 2.1(2).

part of damages in case of contributory negligence. As indicated in the HTA, this liability is based on negligence.[67] However, negligence is presumed, except in the context of a collision between motor vehicle or if the claim is by a passenger.[68] In other words, this presumption benefits cyclists or pedestrians hit by cars. Owners must document collisions with the Registrar of Motor Vehicles and report to the Ontario Ministry of Transport on request about the use of AVs under pilot projects as the Ministry will have to produce a detailed evaluation of AV pilot projects on highways before 1 January 2026.[69]

In the province of Quebec, Bill 165 amending the *Highway Safety Code* ('HSC')[70] was introduced in December 2017 to regulate autonomous vehicles and to subsequently allow for pilot project testing.[71] The HSC defines an AV as a 'road vehicle equipped with an automated driving system that can operate a vehicle at driving automation level 3, 4 or 5'.[72] Similarly to Ontario, only level 3 AVs that are available for sale in Canada can be driven by the general public on Quebec roads.[73] Vehicles that are SAE levels 4 and 5 can be driven by approved applicants through Quebec's pilot projects.[74] Testing began in the summer of 2018 with the piloting of a 100% electric and autonomous shuttle on a 2 km stretch of public road. In the fall of 2018, another 12-passenger autonomous shuttle service was implemented on the grounds of Montreal's Olympic Park.

Finally, in Manitoba, a self-driving snowplough named 'Otto', the first automated snowplough in North America, was unveiled in March 2019 at the Winnipeg Richardson International Airport.[75] The May 2021 *Vehicle Technology*

---

67 *Highway Traffic Act*, RSO 1990, c. H.8, s. 192(1)(3). Exceptions apply: Ibid., s. 192(2)(3). Note that several provinces forbid negligence lawsuits in the context of car accidents.

68 Ibid., s. 193(1)(2).

69 Pilot Project – Automated Vehicles, O Reg 506/15, s. 3(2), 15 and 17. For more information on the Regulation: see P. Maziarz 'Cars without drivers: examining future regulation of autonomous vehicles', RegQuest, (04.2020).

70 Highway Safety Code, CQLR c C-24.2.

71 Bill 165, *An Act to Amend the Highway Safety Code and Other Provisions*, 1st Sess, 41th Leg, Quebec, 2018 (assented to 18.04.2018).

72 Ibid., s. 4.

73 Ibid., s. 492.8.

74 Highway Safety Code, CQLR c C-24.2, s. 492.8, 633.1; See also: L. Gagné, 'What lessons can we take from the fatal accident in Arizona in 2018 involving an autonomous vehicle?' (25.11.2019), online: Lavery <www.lavery.ca/en/publications/our-publications/3192-what-lessons-can-we-take-from-the-fatal-accident-in-arizona-in-2018-involving-an-autonomous-vehicle-.html>.

75 Transport Canada, Automated and Connected Vehicles Policy Framework for Canada, by PPSC Working Group on Automated and Connected Vehicles, Catalogue No. T42-13/2019E-PDF (Ottawa: Transport Canada, 2019), at p. 23 <comt.ca/Reports/AVCV%20Policy%20Framework%202019.pdf>.

Testing Act adapted relevant legislation to the reality of AVs by allowing government to develop regulations and a permit system for testing automated or driverless vehicles on Manitoban roads, as well as to evaluate their safety and performance. [76] The government is also granted with the regulatory power required to deem a person to be the driver of a test vehicle for the purpose of the *Highway Traffic Act*'s application,[77] and to deem this person to be 'performing any dynamic driving tasks performed by the vehicles' automated driving system'.[78]

Two other Canadian provinces, Saskatchewan and Nova Scotia, have proposed amendments to their traffic safety legislation so as to allow for the eventual regulation of AVs. As of January 2022, these provisions have not yet entered into force. In Nova Scotia, the new *Traffic Safety Act* (TSA) will replace the *Motor Vehicle Act*,[79] giving the government the power to regulate AVs and insurance requirements.[80] Its 'Rules of the road' include an obligation that persons authorized to drive a vehicle be positioned at the controls of said vehicle. When the vehicle is on the highway, this authorized person must be personally able to drive the vehicle 'irrespective of whether the vehicle is capable of operating autonomously or in an autonomous mode'.[81] The TSA's section on 'distracted driving' – which forbids, among others, driving while holding a hand-held communication or entertainment device – is also made applicable to a vehicle that is 'capable or is in fact being driven in autonomous mode'.[82] However, due to the amount of data that must be entered into Nova Scotia's new IT system to reflect the new Act, the TSA is years from coming into force.[83] Similarly, the provisions related to AVs in Saskatchewan's *Traffic Safety*

---

76 *The Vehicle Technology Testing Act* (Various Acts Amended), SM 2021, c. 22, adapting inter alia: *The Highway Traffic Act*, CCSM 2022, c. H60; The Insurance Act, CCSM 2022, c. 140; The Manitoba Public Insurance Corporation Act, CCSM 2021, c. P215. See also *The Highway Traffic Act*, CCSM 2022, c. H60, s. 318.13(1); Government of Manitoba, News Release, 'Province Seeks Public Engagement on Automated Vehicle Technology Testing on Public Roads' (25.08.2021), online: *Government of Manitoba* <news.gov.mb.ca/news/index.html?item=52165&posted=2021-08-25>.

77 *The Vehicle Technology Testing Act* (*Various Acts Amended*), , SM 2021, c. 22, s. 318.15(g)(I).

78 Ibid., s. 318.15(g)(II).

79 *An Act Respecting Highways and Traffic Safety*, SNS 2018, c. 29.

80 Ibid., s. 149, 319(a).

81 Ibid., s. 153.

82 Ibid., s. 182(2).

83 K. Doucette, 'Nova Scotia road safety law passed in 2018 still years from taking effect: minister' (22.10.2021), online: *Global News* <globalnews.ca/news/8289413/traffic-safety-act-years-from-taking-effect/>.

Amendment Act, 2020 are not yet in force.[84] They deal with the delivery of permits for the operation of Avs,[85] and subsequently, allow the government to adopt necessary regulations. These include defining who is an AV owner and who may operate AV's, detailing duties incumbent on both drivers and owners, specifying insurance requirements, etc.[86] Similarly to the Ontario Regulation and the Nova Scotia legislation, the Act obliges any person operating an AV on a highway to be positioned at the controls of the vehicle and to be capable of 'personally and lawfully operating the automated vehicle, irrespective of whether the vehicle is capable of operating at a level of automation'.[87] Finally, the amendments make Part XVI of the Saskatchewan *Traffic Safety Act* dealing with rules of road applicable to AVs.[88]

2.3 *Applicability of the Vienna Convention*

Canada is not a signatory to the Vienna Convention on Road Traffic.[89] It has signed of the Geneva Convention on Road Traffic which has not been modified – as the Vienna Convention was – to account for AVs.[90]

3 Evolution of Civil Liability Rules

There is, to our knowledge, no civil liability litigation in Canada concerning autonomous vehicles; however, in December 2020, criminal charges were brought against a man accused of dangerously driving a Tesla Model S on

84 *The Traffic Safety Amendment Act, 2020*, SS 2020, c. 36. See M. Leci, E.C. Vila & G. Rafter, 'Autonomous vehicle laws in Canada: Provincial & territorial regulatory landscape' (12.2021), online: *BLG – The Sensor: Legal Insights into Autonomous Vehicles* <https://www.blg.com/en/insights/2021/12/autonomous-vehicle-laws-in-canada-provincial-and-territorial-regulatory-landscape>.

85 *The Traffic Safety Amendment Act, 2020*, SS 2020, c. 36, s. 10, adding s. 75.2 to the *Traffic Safety Act*, SS 2004, c. T-18.1.

86 Ibid., s. 35, amending s. 287(1) of the *Traffic Safety Act*, SS 2004, c. T-18.1.

87 Ibid., s. 10, adding s. 75.4(1)(a)(b) to the *Traffic Safety Act*, SS 2004, c. T-18.1.

88 Ibid., s. 10, adding s. 75.3 to the *Traffic Safety Act*, SS 2004, c. T-18.1.

89 United Nations Economic Commission for Europe, 'List of Contracting Parties to the Convention on Road Traffic' (2007) *United Nations Economic Commission for Europe* <unece.org/fileadmin/DAM/trans/conventn/CP_Vienna_convention.pdf>.

90 United Nations Treaty Collection, 'Chapter XI Transport and Communication: Road Traffic' (2022), *United Nations Treaty Collection* <https://treaties.un.org/Pages/ShowMTDSGDetails.aspx?src=UNTSONLINE&tabid=3&mtdsg_no=XI-B-23&chapter=11&lang=en>; World Economic Forum, 'Filling Legislative Gaps in Automated Vehicles' (2019) at p. 5, online (pdf): *World Economic Forum* <www3.weforum.org/docs/WEF_Filling_Legislative_Gaps_in_Automated_Vehicles.pdf>.

autopilot after he and his passenger were allegedly caught sleeping, with seats fully reclined, while speeding at 150 km/hr on an Alberta highway. He has also received a speeding ticket and a 24-hour license suspension for fatigued driving.[91]

Existing civil liability rules in the two Canadian legal traditions provide some guidance on how to handle liability flowing from injury caused by an AV. However, they do not provide clear answers to the numerous challenges that may arise in this context, such as the multiplicity of actors involved (AV manufacturer, software designer, AV owner, AV user/occupant/'driver'), the difficult adaptation of fault/negligence-based regimes to artificial intelligence, and the absence of direct human involvement in the operation of fully autonomous vehicles.[92]

One of the liability challenges of AI-operated technology is the fact that the AI's behaviour is not entirely dictated by its initial programing. The technology adapts to circumstance and learns from experience, updating its algorithm through machine learning techniques.[93] Programmers specify goals for autonomous agents to achieve, allowing for training on illustrative examples of tasks, and authoring of its own algorithm through trial-and-error:[94] 'The possibility of error is required for learning and emergent behaviour; it is a feature of learning systems, not a product flaw.'.[95] For this reason, there is a degree of independence between autonomous agents and their programmers.[96] However, this independence is not complete. As Huberman explains, autonomous agents' outputs are defined by the inputs they received, and their goals are those of their designers and users.[97]

Another challenge lies in the fact that AVs have different levels of autonomy. It is therefore difficult to identify a one-size-fit-all approach to liability;

---

91 K. Robinson, 'A legal first': B.C man accused of dangerous driving for sleeping in self-driving, speeding Tesla' [2020], *Global News* <https://globalnews.ca/news/7534323/a-legal-first-b-c-man-accused-of-dangerous-driving-for-sleeping-in-self-driving-speeding-tesla/>.

92 J. Hooper, 'Civil liability' in N. Baker, *Autonomous Vehicles: Self-Driving Cars and the Law of Canada,* Irwin Law, Toronto 2021, at p. 105.

93 P. Huberman, 'Tort Law, Corrective Justice and the Problem of Autonomous-Machine-Caused Harm' (2021) 34 *Can JL & Juris* 105, 108.

94 R. Calo, 'Robotics and the Lessons of Cyberlaw' (2015) 103 Cal L Rev 513, cited in P. Huberman, 'Tort Law, Corrective Justice and the Problem of Autonomous-Machine-Caused Harm' (2021) 34 *Can. J.L. & Juris.* 105, 109.

95 Ibid., 105, 110.

96 Ibid.

97 R. Calo, 'Robotics and the Lessons of Cyberlaw' (2015) 103 Cal L Rev 513, cited in P. Huberman, 'Tort Law, Corrective Justice and the Problem of Autonomous-Machine-Caused Harm' (2021) 34 *Can JL & Juris* 105, 111.

distinctions must be made depending on whether the vehicle is driverless or whether a human driver is expected to maintain ultimate control over some features of the vehicle, such as with SAE level 3 AVs.

While this report focuses on extracontractual liability rules applying in case of AV-caused accidents, contract law rules and consumer protection laws may also apply. This is particularly so under Quebec civil law which imposes a 'no option rule': if the relationship between the plaintiff and the defendant is governed by contract, only contractual liability rules apply.[98] Meanwhile, in Canadian common law, plaintiffs can opt for the application of contract or tort rules. Moreover, it should be noted that three Canadian provinces forbid completely or partially car accident victims from bringing lawsuits in front of courts to obtain compensation for injuries (see section 5).

3.1 *Car Manufacturer's and Software Developer's Liability*

Products' liability is likely to be the main regime at play where AVs cause injury. While Quebec civil law, borrowing from European law, imposes strict liability on manufacturers, product liability in the rest of Canada is governed by the tort of negligence.

Quebec civil law – Under Quebec civil law, the liability of an AV manufacturer for injury to a third party flows from a mere safety defect,[99] without necessity of proving manufacturer negligence. A safety defect exists where the product does not afford 'the safety which a person is normally entitled to expect'.[100] Extracontractual liability thus depends on the users' high (or low) expectations of the product.[101] However, these expectations are assessed on an objective standard, based on a normal user's reasonable expectations given the type of product, and not based on the subjective expectations of a particular user. This regime imposes strict liability on the manufacturer, as well as on the distributor, the supplier (wholesaler or retailer), and the importer.[102]

A safety defect may consist in 'a defect in design or manufacture, poor preservation or presentation, or the lack of sufficient indications as to the risks and dangers it involves or as to the means to avoid them'.[103] In the case of AVs, Vermeys explains that a safety defect could be mechanical, such as with traditional cars, that it could affect the algorithm, or that it could be linked to

98 CCQ, art. 1458.

99 CCQ, art. 1468.

100 CCQ, art. 1469.

101 C. Holder et al., 'Robotics and law: Key legal and regulatory implications of the robotics age (Part I of II)' (2016) 32 *Computer L & Security Rev* 384.

102 CCQ, art. 1468.

103 CCQ, art. 1469.

being based on incomplete data.[104] Manufacturers do not have to compensate a victim who knew or could have known about the defect, or victims that could have foreseen the injury.[105] Such a defence may be hard to argue given that technological innovations, such as AVs, involve risks that are not well-defined. However, this reality also opens the door to the development risk defence, but only so long as the manufacturer warns users about the defect once it is known.[106]

The paragraphs above assume that victims of injuries caused by AVs will often not be in a contractual relationship with the manufacturer. In situations where such relationship does exist with a manufacturer or seller, contract law rules must apply.[107] In assessing a manufacturers' contractual liability, the breach of obligations set out by the contract's terms can lead to liability.[108] The legal warranty of quality against latent defects under Quebec's Civil Code may also apply,[109] as well as consumer protection rules that include, among others, a legal warranty that goods be fit for the purpose for which goods of that kind are ordinarily used and that they conform to the statements or advertisements regarding them made by the merchant or the manufacturer.[110] The applicability of contractual waivers of liability is restricted under Quebec civil law. Liability for bodily or moral injury cannot be excluded at all, and liability for material damage cannot be excluded if gross negligence has been committed.[111] Moreover, a seller cannot waive liability for *personal* acts or omissions and can only limit liability if he has disclosed the defects of which he was aware or could not have been unaware of about the quality of the property sold.[112]

Common law – Canadian common law product liability rules are not as generous as Quebec's strict-liability regime. They are governed by the tort of negligence which requires plaintiffs to prove a breach of the standard of care by the defendant.[113] However, courts have developed specific obligations and legal principles applying specifically to product manufacturers.

104 N. Vermeys, 'La responsabilité civile du fait des agents autonomes' (2018) 30:3 *CPI* 851, 862–63.

105 CCQ, art. 1473.

106 Ibid.

107 CCQ, art. 1458(2).

108 CCQ, art. 1458.

109 CCQ, art. 1726.

110 *Consumer Protection Act*, CQLR, c. P-40.1, s. 37, 41.

111 CCQ, art. 1474.

112 CCQ, art. 1732–33.

113 *Donoghue v. Stevenson*, [1932] All ER Rep 1, [1932] AC 562 at 599 (HL).

The basic elements of the tort of negligence must be proven against the manufacturer, namely that the manufacturer owed a duty of care to the accident victim with respect to the product, that the product in question was defective, that the manufacturer's behaviour breached the standard of care, that the plaintiff suffered compensable injury, that the injury was caused by this breach, and that the injury is not too remote (i.e., the type of injury suffered was reasonably foreseeable).[114] Since *Donoghue v. Stevenson,* manufacturers clearly owe a duty of care to third parties injured by a product defect,[115] as do, generally, the product's distributors and vendors.[116] Nonetheless, recognition of a duty of care may present challenges where the loss is purely economic.[117]

Canadian manufacturers (and suppliers/distributors, such as motor dealers) have a clear tort duty to consumers of their products (including component parts) to ensure there are no defects in the design or the manufacturing which are likely to cause injury in the product's ordinary course of use.[118] Most relevant to AVs are defects resulting from negligent design. Aside from an obvious defect,[119] negligence in design may consist in the fact that the product poses an unreasonable risk of harm when used as foreseeably intended and that this risk stems from a lack of reasonable care on the manufacturer's part. It also requires showing that a reasonable alternative design that is safer and economically feasible exists.[120] These requirements are evaluated in the context of the product's intended use, as well as the environment in which the product is used.[121] To assess whether the manufacturer has exercised reasonable care, Canadian common law courts undertake a risk-utility analysis, weighing the risks of the existing design, such as likelihood of harm and the

114 P. Huberman, 'Tort Law, Corrective Justice and the Problem of Autonomous-Machine -Caused Harm' (2021) 34 *Can JL & Juris* 105, 107–08.

115 *Donoghue v. Stevenson,* [1932] All ER Rep 1, [1932] AC 562 at 599 (HL).

116 T. O'Leary and T. Armfield, 'Adapting to the Digital Transformation' (2020) 58 *Alta L Rev* 249, 260.

117 On the treatment of pure economic losses in Canadian common law, see A.M. Linden et al., *Canadian Tort Law,* 11th ed., LexisNexis, Toronto, 2018, c. 9.6.

118 *Lambert v. Lastoplex Chemicals,* [1972] SCR 569 at 574, [1971] CanLII 27; *Donoghue v. Stevenson,* [1932] AC 562 (HL); P. Huberman, 'Tort Law, Corrective Justice and the Problem of Autonomous-Machine-Caused Harm' (2021) 34 *Can. JL & Juris* 105, 129–30; J. Hooper, 'Civil liability' in N. Baker, *Autonomous Vehicles: Self-Driving Cars and the Law of Canada,* Irwin Law, Toronto 2021, at p 133.

119 Ibid. at p. 111.

120 *Kreutner v. Waterloo Oxford Co-operative Inc.,* [2000] OJ No. 3031 at para. 8, 50 OR (3d) 140, 135 OAC 216 (OntCA).

121 D. Harrison and A. Colangelo, *The Law of Product Warnings and Recalls in Canada,* 2nd ed., LexisNexis Canada, Toronto, 2019 at p. 8 citing *Rentway Canada Ltd. v. Laidlaw Transport Ltd.,* [1989] OJ No. 786 at paras. 53–54, 49, CCLT 150 (OntHCJ), [1994] OJ No. 50 (OntCA).

severity or magnitude of potential harm caused, against the ease, as well as the cost, risk, and loss of utility of a proposed safer design.[122] Courts also consider the state of knowledge and technology at the time of manufacture or distribution.[123] For instance, in the case of a semi-automated vehicle, negligent design could consist of failing to guard against drivers' reasonably foreseeable boredom or distraction when using an 'auto-pilot feature'.[124] For fully automated vehicles, negligence could stem from omitting to comply with industry safety guidelines or failing to respond to safety complaints by developing reasonable risk-curtailing responses.[125]

Manufacturer negligence is assessed in reference to industry standards, including statutory and regulatory standards, codes and practices. This yields a series of challenges, including the fact that standards are still being developed, and that evidence of industry standards requires expert testimony which may be hard to obtain in a competitive market environment with a potentially limited number of experts available to testify.[126] Moreover, as is the case in the pharmaceutical industry, data about AV technology is mainly being developed by the autonomous vehicle industry itself.[127] However, the possibility of proving negligence through inferences may come in handy, especially with a technology for which the manufacturing process may be opaque for victims and judicial decision-makers.[128] Courts tend to apportion liability between manufacturers and consumers where the product has been misused or modified by the consumer, or when the consumer has failed to maintain it.[129]

A negligent product defect may also flow from omission to warn users of the inherent dangers arising from ordinary use of the product. Canadian law imposes a duty on manufacturers to warn consumers of foreseeable risks, i.e., 'dangers inherent in the use of its product of which it has knowledge or ought

122 J. Hooper, 'Civil liability' in N. Baker, *Autonomous Vehicles: Self-Driving Cars and the Law of Canada,* Irwin Law, Toronto 2021, at p. 121.

123 D. Harrison and A. Colangelo, *The Law of Product Warnings and Recalls in Canada*, 2nd ed., LexisNexis Canada, Toronto 2019, at p. 8.

124 J J. Hooper, 'Civil liability' in N. Baker, *Autonomous Vehicles: Self-Driving Cars and the Law of Canada,* Irwin Law, Toronto 2021, at pp. 104, 106, 117–18.

125 Ibid. at pp. 110, 119.

126 Ibid. at pp. 111 and 118.

127 T. O'Leary and T. Armfield, 'Adapting to the Digital Transformation' (2020) 58 *Alta L Rev* 249, 262.

128 J. Hooper, 'Civil liability' in N. Baker, *Autonomous Vehicles: Self-Driving Cars and the Law of Canada,* Irwin Law, Toronto 2021, at p. 112.

129 Ibid. at pp. 127–28.

to have knowledge'.[130] This applies to both to dangers attached to the intended use of the product as well as to any reasonably foreseeable use by the consumer.[131] The warning's nature and scope are dependent on the product's level of danger and what is considered reasonable in the circumstances.[132] This duty is continuous, meaning that it concerns dangers known at time of sale, as well as dangers discovered after the product has been sold and delivered.[133] Warnings must be complete, specific and clear or easily understood, as well as verbalized in terms commensurate with the gravity of the product's potential hazard.[134] It is not necessary to give warnings for risks that a reasonable user is or should be aware of.[135] The duty to warn may present challenges for manufacturers given the complexity of how automated agents operate and the fact that their inner workings are not always completely understood, even by their programmers (see below).

Canadian authors have queried whether the American 'learned intermediary' doctrine should apply to the autonomous vehicles context. This doctrine was incorporated into Canadian law with regard to pharmaceutical and medical products.[136] It allows pharmaceutical companies to only warn the prescribing physician, who acts as a 'learned intermediary' between the manufacturer

---

130 *Hollis v. Dow Corning Corp.*, [1995] 4 SCR 634 at para. 20; *Lambert v. Lastoplex Chemicals*, [1972] SCR 569 at 574, [1971] CanLII 27.

131 J. Hooper, 'Civil liability' in N. Baker, *Autonomous Vehicles: Self-Driving Cars and the Law of Canada*, Irwin Law, Toronto 2021, at p. 126.

132 *Hollis v. Dow Corning Corp.*, [1995] 4 SCR 634 at para. 22; D. Harrison and A. Colangelo, *The Law of Product Warnings and Recalls in Canada*, 2nd ed., LexisNexis Canada, Toronto 2019, at p. 10.

133 *Hollis v. Dow Corning Corp.*, [1995] 4 SCR 634 at para. 20; J. Hooper, 'Civil liability' in N. Baker, *Autonomous Vehicles: Self-Driving Cars and the Law of Canada*, Irwin Law, Toronto 2021, at p. 123.

134 *Hollis v. Dow Corning Corp.*, [1995] 4 SCR 634 at paras. 20, 22; J. Hooper, 'Civil liability' in N. Baker, *Autonomous Vehicles: Self-Driving Cars and the Law of Canada*, Irwin Law, Toronto 2021, at pp. 123, 125. For instance, Hooper includes in risks that should be disclosed those attached to the disabling of AV features: J. Hooper, 'Civil liability' in N. Baker, *Autonomous Vehicles: Self-Driving Cars and the Law of Canada*, Irwin Law, Toronto 2021, at p. 128. Hopper invokes an Uber accident that occurred in Arizona when Uber disabled the feature that automatically applies brakes in dangerous situations so as to ensure a smooth ride for passengers, relying on the human driver, but the system did not alert the driver that the automatic breaking was disengaged. This may imply that the warning should not only be contained in manufacturers' instruction manuals but that the AV itself should provide live warnings during the driving experience, as Hopper argues (Hopper, at p. 131).

135 J. Hooper, 'Civil liability' in N. Baker, *Autonomous Vehicles: Self-Driving Cars and the Law of Canada*, Irwin Law, Toronto, 2021 at pp.105, 127.

136 Hollis v. Dow Corning Corp., [1995] 4 SCR 634.

and the consumer.[137] While this rule has been applied in other circumstances, the Supreme Court of Canada has circumscribed its applicability:

> Generally, the rule is applicable either where a product is highly technical in nature and is intended to be used only under the supervision of experts, or where the nature of the product is such that the consumer will not realistically receive a direct warning from the manufacturer before using the product. In such cases, where an intermediate inspection of the product is anticipated or where a consumer is placing primary reliance on the judgment of a "learned intermediary" and not the manufacturer, a warning to the ultimate consumer may not be necessary and the manufacturer may satisfy its duty to warn the ultimate consumer by warning the learned intermediary of the risks inherent in the use of the product.[138]

Although AVs' inner workings are highly technical, it is unrealistic to expect an intermediary – such as a car seller – to act as a 'learned' intermediary, as they cannot be considered experts in such complex technology. Moreover, Hooper notes that automobile advertising usually invites consumers to rely on company brand and reputation and not on any learned intermediary,[139] making the doctrine hard to apply in the car industry context.

This section focused on the tort liability of AV manufacturers. However, contract law rules are also relevant. These include, under some conditions, implied warranties that the product is fit for its intended purpose and of merchantable quality under sales of goods and consumer protection legislation.[140] If these conditions are not met, sellers could be held liable without victims having to prove negligence. The provisions of purchasing contracts and software agreements will also come into play and liability imposed on defaulting contracting parties should the obligations or warranties they contain be breached.

3.2 *Application of Liability for the Deeds of Things*

Quebec civil law provides a liability regime for the deeds of things which presumes the 'custodian of the thing' to be at fault for injuries caused by

137 Ibid. at para. 27.

138 Ibid. at para. 28.

139 J. Hooper, 'Civil liability' in N. Baker, *Autonomous Vehicles: Self-Driving Cars and the Law of Canada*, Irwin Law, Toronto, 2021 at p. 127.

140 E.g., for *Ontario: Sale of Goods Act*, RSO 1990, c. S.1, s. 15; *Consumer Protection Act*, 2002, SO 2002, c. 30, Schedule A, s. 9.

'autonomous acts' of the thing.[141] At first sight, this seems to be an obvious liability regime applicable to AVs under Quebec civil law. However, autonomous intelligent agents' degree of independence in learning and self-improving raises doubts about whether the conditions for the liability regime for the deeds of things can be met.

A first condition requires demonstration that an AV is a thing. While this raises no issue for the car itself, the argument is more difficult to make regarding the AI system. However, Quebec case law interprets the notion of 'thing' liberally; it has applied it to incorporeal property such as electricity, gas, chemical vapours, and UV rays, but not to fire.[142] The more difficult issue with incorporeal property is determining who has custody over the thing.[143]

The second condition for the presumption of fault to apply requires determining who has custody over the thing. This is a challenge not only for the vehicle's AI system but for the vehicle itself. The custodian is the person who has 'physical' power of supervision, control and management over the thing.[144] This power is often held by the owner of the thing, but this is not always the case.[145] In fact, this determination depends very much on the factual circumstances of each case.[146] The custodian could also be the user of the thing but, again, this is not necessarily so. For instance, Baudouin and colleagues are of the opinion that the custodian of electricity is the company producing it, as opposed to the consumer of said electricity.[147]

Needless to say, SAE level 4 and 5 vehicles complicate this question of custody and control, and especially so at the moment when an accident occurs.

141 CCQ, art. 1465. It is highly unlikely that strict liability torts, such as *Rylands v. Fletcher* (1868), LR 3 HL 330 would apply to AVs, especially given that their level of safety might not make them fulfill the requirement of being 'likely to do mischief' if they 'escape' in the sense that the risk they entail is lower than the background risk related to traditional vehicles (See e.g., Ibid., at pp. 128–31). See also the innovative solution proposed in Canada to impose vicarious liability to deployers (users or distributors) for tortious acts committed by AVs in the course of deployment: P. Huberman, 'A Theory of Vicarious Liability for Autonomous-Machine-Caused Harm' (2021) 58 *Osgoode Hall LJ* 233.

142 J-L. Baudouin, P. Deslauriers and B. Moore, *La responsabilité civile, Volume 1 : Principes généraux*, 9th ed., Éditions Yvon Blais, Montréal 2021, at par. 1-937. According to Nicolas Vermeys, autonomous agents may be considered 'things', simply because they are not persons: N. Vermeys, 'La responsabilité civile du fait des agents autonomes' (2018) 30:3 *CPI* 851, 857.

143 J-L. Baudouin, P. Deslauriers and B. Moore, *La responsabilité civile, Volume 1 : Principes généraux*, 9th ed., Éditions Yvon Blais, Montréal 2021, at par. 1-937.

144 Ibid. at par. 1-958, 1-962.

145 Ibid. at para. 1-959.

146 Ibid. at para. 1-958.

147 Ibid. at para. 1-966.

The Ontario AV Pilot Project Regulation discussed earlier may provide an answer, at least concerning SAE level 3 vehicles: the person in the driver's seat of an automated vehicle 'is considered to be driving the automated vehicle, and to be the driver of the vehicle, with or without the automated driving system being engaged'.[148] The driver of SAE level 3 AVs is 'not required to monitor the environment ... but must be ready to take control of the vehicle at all times',[149] but different manufacturers adopt different approaches as to the extent of the driver's involvement in controlling the vehicle.[150] But does this afford the 'driver' enough power of supervision, control and management to be considered a custodian under the Civil Code? The answer is unclear. Vermeys argues that the owner or 'driver' or 'occupant' of an AV does not possess such a power of control when the programing behind the autonomous features of the car is unknown and inaccessible to the 'driver', especially when internal workings are shielded by a black box.[151] Finally, in the case of SAE level 4 and 5 automations for which no 'back-up' human driver is required, one could even argue that the relevant power is held by the vehicle itself: 'While the preponderance of decision making in SAE Levels 0–2 unambiguously resides with the driver, by Levels 4 and 5, control has shifted to the vehicle.'.[152]

As with electricity, one could argue that the custody of an AV's AI system is not in the hands of the user of the AV, but rather in those of either its promoter (e.g., in a pilot project), its lessor, or its programmer. However, contrary to electricity, and as explained above, deep learning AI systems eventually surpass their initial programming, leaving even their programmer without access to or control over the calculations behind the decision-making of the AV and, therefore, with limited power of, control and management over the system.[153]

Finally, Quebec civil law requires that the thing has acted 'autonomously', a condition that has been described as difficult and artificial,[154] and that even

148 *Pilot Project – Automated Vehicles,* O Reg 306/15, s. 1(3) and 2(2).

149 G. Mordue, A. Yeung and F. Wu, 'The looming challenges of regulating high level autonomous vehicles' (2020) 132 *Transportation Research Part A: Policy & Practice* 174, 177 citing NHTSA, *Automated Driving Systems 2.0: A Vision for Safety* (Department of Transportation, Washington, DC).

150 G. Mordue, A. Yeung and F. Wu, 'The looming challenges of regulating high level autonomous vehicles' (2020) 132 *Transportation Research Part A: Policy & Practice* 174, 177.

151 N. Vermeys, 'La responsabilité civile du fait des agents autonomes' (2018) 30:3 CPI 851, 860.

152 G. Mordue, A. Yeung and F. Wu, 'The looming challenges of regulating high level autonomous vehicles' (2020) 132 *Transportation Research Part A: Policy & Practice* 174, 177.

153 Ibid.

154 J-L. Baudouin, P. Deslauriers & B. Moore, *La responsabilité civile, Volume 1 : Principes généraux*, 9th ed. Éditions Yvon Blais, Montréal, 2021 at para. 1-942.

French civil law has abandoned.[155] This condition is proven, first, by showing the dynamism of the thing when it caused the injury, which means that the thing has not remained purely passive in causing the damage (such as is the case for a patch of ice when someone slips on it).[156] This would normally not be an issue with injuries caused by an AV. Second, the act of the thing must not have been provoked directly by human action or be an extension of human action.[157] The thing must not have been controlled, manipulated, or managed by a human when it caused the injury in question.[158] For that reason, injuries caused by non-autonomous cars driven by humans are generally excluded from the application of this regime.[159] However, Quebec courts have not been rigid in their assessment of this condition and they have based their assessment on how direct or indirect the human intervention is in producing the injury.[160] The more remote this intervention is, the easier it is to prove that the thing acted autonomously.[161]

Baudouin and colleagues provide examples of cases involving automobiles which afford (limited) guidance in the case of AVs. For instance, old decisions have concluded that a car that, without anyone onboard, rolled by itself due to a defect in the braking system was deemed to be acting autonomously, while a car that suddenly lost a wheel (while being driven), or a car with a steering malfunction was not considered to be acting autonomously.[162] With this in mind, the 'autonomous act' condition of Quebec civil law will be easily proven in case of injury caused by a level 4 or 5 automated vehicle. For level 3, the conclusion may depend on whether the fallback-ready user transitioned to a driver proper, due to performance of a driving dynamic task upon a request to intervene from the vehicle at the time the injury was caused.[163] When the AV is fully self-driven, its behaviour is the epitome of the autonomous act of a thing. Indeed, the remoteness of the initial programing makes it reasonable to conclude that

155 Ibid. at para. 1-943, 1-945.

156 Ibid. at para. 1-954.

157 Ibid. at para. 1-943, 1-946, and 1-949.

158 Ibid. at para. 1-947.

159 Ibid. at para. 1-943.

160 Ibid. at para. 1-951.

161 Ibid.

162 Ibid. at para. 1-949-50. These examples are based on old cases given that civil liability lawsuits against persons causing car accidents are forbidden since the adoption of the Quebec *Automobile Insurance Act* in 1978.

163 See SAE International '(R) Taxonomy and Definitions for Terms Related to Driving Automation Systems for On-Road Motor Vehicles – J3016' (04.2021) at 21, online (pdf): *SAE International* <www.sae.org/standards/content/j3016_202104/>.

there is no direct human intervention behind the thing's harmful act.[164] Similarly, Vermeys does not see any issues with considering a self-driving car to be acting autonomously when it causes an accident; the human intervention in designing the artificial intelligence mobilizing the AV is likely to be considered remote enough for the autonomy condition to be met.[165]

Finally, the custodian can rebut the presumption of fault by demonstrating that no fault was committed in their exercise of custody. The level of complexity of autonomous vehicles facilitates this demonstration. For instance, a defendant can argue that a reasonable person could not have detected the risk or danger associated with the thing, especially if it flows from a deep learning mechanism. In other words, 'une personne raisonnablement prudente et diligente ne saurait être supposée maîtriser la complexité d'un réseau de neurones artificiels'.[166] This argument would be more difficult to defend should the AV have caused accidents in the past, however.

3.3 *Liability Based on Fault/Negligence*

Under Quebec civil law, victims also have access to a general regime of extra-contractual liability under article 1457 of the Civil Code. Its closest equivalent in Canadian common law is the tort of negligence which, as we have seen, governs manufacturers liability among others. We examine here how these two fault/negligence-based regimes could apply to the 'fallback-ready user' who has transitioned to a 'driver'[167] in a SAE level 3 AV. Recall that in Ontario, this 'driver' is obliged by regulation to be present and is responsible for the full care and control of the vehicle in a level 3 AV.[168] Some authors are concerned by placing too much emphasis on drivers' liability for operating AVs; they worry that fear of liability may cause 'drivers' to intervene (when possible) in the AV operation in cases where relying solely on the autonomous mode would have been safer, thereby introducing new risks.[169]

164 I make this argument with colleagues regarding AI in general: M. Bourassa-Forcier, L. Khoury and N. Vézina, 'Liability Issues for the Use of Artificial Intelligence in Health Care in Canada – AI and Medical Decision-Making' (2020) 46:2 *Dalhousie Medical J* 7.

165 N. Vermeys, 'La responsabilité civile du fait des agents autonomes' (2018) 30:3 *CPI* 851, 858.

166 Ibid. at p. 861. ((Our translation) 'a reasonably prudent and diligent person would not be expected to have mastered the complexity of an [artificial intelligence's] neural network').

167 Vicarious liability of the driver's employer (which is strict under both common law and civil law in Canada) is also relevant, for instance in the case of a delivery vehicle or taxi but is not discussed in this paper as regular rules would likely apply with little necessary adaptation.

168 *Pilot Project – Automated Vehicles,* O Reg 306/15.

169 P. Maziarz, 'Cars without drivers: examining future regulation of autonomous vehicles', *RegQuest* (04.2020) at p. 6.

To assess extracontractual fault (or, under tort law, negligence), Canadian common law and Quebec civil law both rely on the reasonable person test which asks whether a reasonable person would have foreseen that injury could result from their actions and what kind of precautions the reasonable person would have taken to prevent this foreseeable risk of injury. Subjective circumstances come into play when applying this primarily objective test – therefore, the conditions under which an accident unfolds are important. Under Canadian common law, reasonable precautions are identified using the so-called Learned Hand formula which considers the probability of harm arising, the seriousness of the possible harm's consequences, and the burden of the precautions that could guard against the risk.[170] Uncertainty as to the mechanism underlying injury-causing error may complicate the analysis. Indeed, a first issue arising with regard to negligence-based liability of any technology based on AI is, as explained by Huberman, what is reasonably foreseeable given how AI processes engage with novel circumstances, and the fact that they continue to learn through trial and error in their operating environments.[171] However, it seems likely that explicit norms will develop to guide the conduct of 'drivers' or 'guardians' of AVs as AVs become more prevalent and their possible failures are better understood. In turn, these norms may assist decision-makers in assessing what reasonable conduct constitutes in the circumstances.

Based on what is currently known, negligence could consist in the breach of a regulatory obligation such as the one imposed by Ontario Regulation on drivers of pilot project AVs who must, among other duties, always remain in the driver's seat of the vehicle and monitor the vehicle's operation.[172] Canadian common law does not impose strict liability for the breach of a statutory obligation so negligence would need to be demonstrated.[173] Meanwhile, under Quebec civil law, the breach of a regulation laying down 'elementary standards of care' is deemed to constitute a civil fault.[174] Negligence could also consist

170 L. Klar and C. Jefferies, *Tort Law*, 6th ed, Carswell, Toronto, 2017.

171 P. Huberman, 'Tort Law, Corrective Justice and the Problem of Autonomous-Machine -Caused Harm' (2021) 34 *Can JL & Juris* 105, 111–12.

172 *Pilot Project – Automated Vehicles,* O Reg 306/15, s. 13.

173 *R v. Saskatchewan Wheat Pool,* [1983] 1 SCR 205, 1983 CanLII 21; *Wu v. Vancouver (City)*, 2019 BCCA 23 at para. 43.

174 *Morin v. Blais,* [1977] 1 SCR 570 at p. 580, 1975 CanLII 3. This Supreme Court of Canada also introduces a presumption of causation in such situations: '(i)n cases where such fault is immediately followed by an accident which the standard was expressly designed to prevent, it is reasonable to presume that there is a causal link between the fault and the accident, unless there is a demonstration or a strong indication to the contrary' (Ibid., at p. 580).

in the 'driver' failing to identify a foreseeable risk or danger and their failing to take reasonable precautions to prevent it, such as omitting to respond to built-in warning signals or to maintain the car or update the software.[175] Negligence could also relate to how the vehicle is operated, for instance if it is used in an improper way (for e.g., in an improper location) or if the manufacturer's instructions regarding maintenance or on how to manipulate features are not respected.[176] Analogies with existing case law dealing with liability of product users could be drawn.

While human error may be at play with accidents born out of the action of a SAE level 3 AV, they are less likely in the case of SAE level 4 or 5 AVs. There, accidents may be the result of the AI's independent process of trial and error which may cause the algorithm to become misaligned with programmers' and users' actual goals 'due to inscrutable self-learning mechanisms'.[177] Huberman likens losses caused by inherent features of AI to that of damage caused by natural disasters. And much like the solution applied where injury is caused by natural disasters, AI-caused injuries could be left without compensation under tort law, even if they are purposely deployed by humans. He believes that this an 'intuitively unsatisfactory' position, however.[178]

3.4 *Innovative Avenues: Parallels with Liability for the Deeds of Animals and Recognizing the Legal Personality of AVs*

AI's independent process of trial and error has led Canadian jurists to give heed to the parallel made by a US scholar between AVs and horses,[179] suggesting that autonomous vehicles are like horses in that the rider/driver exercises control over the horse/car, though not at an absolute level. For instance, the horse retains the ability to act independently from its driver.[180] This parallel

175 A. Ross, 'Autonomous Vehicles in Canada: Are Liability Rules Being Affected by Horses, Elevators and Autopilots?' (16.07.2019), online: *Gowling WLG* <https://gowlingwlg.com/en/insights-resources/articles/2019/autonomous-vehicles-in-canada/?utm_source=Mondaq&utm_medium=syndication&utm_campaign=LinkedIn-integration>.

176 P. Huberman, 'Tort Law, Corrective Justice and the Problem of Autonomous-Machine-Caused Harm' (2021) 34 *Can JL & Juris* 105, 117.

177 Ibid. at p. 122.

178 Ibid. at p. 121.

179 D. King, 'Putting the Reins on Autonomous Vehicle Liability: Why Horse Accidents Are the Best Common Law Analogy' (2018) 19 *NC JL & Tech* 127.

180 A. Ross, 'Autonomous Vehicles in Canada: Are Liability Rules Being Affected by Horses, Elevators and Autopilots?' (16.07.2019), online: *Gowling WLG* <gowlingwlg.com/en/insights-resources/articles/2019/autonomous-vehicles-in-canada/?utm_source=Mondaq&utm_medium=syndication&utm_campaign=LinkedIn-integration>. Ross also draws a comparison with autopilots on aircrafts, but notes the analogy is limited by the fact that

leads us to briefly consider another analogy, this time with Quebec's strict liability regime applicable to the acts of animals.[181] Indeed, an option discussed in Quebec is to set up a novel regime of liability focused solely on autonomous agents,[182] inspired by the strict liability regime of liability for the acts of animals. Under this regime, the owner of an animal *and* the person 'making use of the animal' are liable for injury caused by the animal regardless of whether they have acted reasonably in their ownership or use of the animal. It also does not matter 'whether the animal was under [the defendant's] custody or that of a third person, or had strayed or escaped'.[183] This parallel would involve investigating which part of an AV has caused the injury at hand, given that the property rights to different sections of the machine may be held by different persons (Vermeys gives the example of the algorithm which is likely to remain the property of the programmer).[184] It also presents challenges in identifying who the 'user' of the AV is, if the vehicle is considered to be fully autonomous.

International literature and the 2017 European parliament resolution proposing to recognize some form of legal personality for AI, given its level of autonomy, has also attracted attention in Canada.[185] This legal personhood could be founded in the AI's capacity to learn, its autonomy, and its level of intelligence.[186] Opinions vary as to the effect of recognizing AI's legal personhood on liability assessments. Some advance that this could allow the imposition of civil obligations directly on AI systems.[187] Autonomous agents could be seen as committing negligence if their outward behaviours do not conform to what is expected of reasonable persons in the same circumstances. Actions or omissions could be attributed directly to the machine,[188] or it could be seen as

operators of those aircrafts have extensive expert training in dealing with the autopilot features.

181 Canadian authors also discuss an analogy with vicarious liability. See E.g., S. Oliveira, *La responsabilité civile dans les cas de dommages causés par les robots d'assistance au Québec,* Thèse de maîtrise (Université de Montréal, 2016).

182 Adopted, for instance, in the United States: see N. Vermeys, 'La responsabilité civile du fait des agents autonomes' (2018) 30:3 *CPI* 851, 870–71.

183 CCQ, art. 1466.

184 N. Vermeys, 'La responsabilité civile du fait des agents autonomes' (2018) 30:3 *CPI* 851, 873.

185 EC, 'European Parliament resolution of 16.02.2017 with recommendations to the Commission on Civil Law Rules on Robotics (2015/2103(INL))' [2018] OJ, C 252/239. See N. Vermeys, 'La responsabilité civile du fait des agents autonomes' (2018) 30:3 *CPI* 851, 865.

186 Ibid. at p. 868.

187 On this last point, see the critique of M. Lacroix, 'Portrait-robot de la responsabilité du robot' (2021) 99:1 *Can Bar Rev* 1, 21.

188 See N. Vermeys, 'La responsabilité civile du fait des agents autonomes' (2018) 30:3 *CPI* 851, 866.

acting on behalf of other persons or entities.[189] The recognition of legal personhood could present advantages should it be accompanied by compensation or insurance regimes,[190] though these regimes could be applicable notwithstanding this qualification in the context of AVs (see section 5).

Quebec authors criticize this idea. For instance, Vermeys notes that fault-based liability under Quebec civil law is not founded on intelligence or on autonomy, but rather on discernment, i.e., the mental capacity to distinguish right from wrong which, arguably, AI systems do not possess.[191] Lacroix also explains, 'le fait fautif doit émaner d'une volonté libre et consciente ; l'agent doit être capable de comprendre l'acte posé afin de commettre une faute. Il doit avoir la liberté et les moyens d'éviter ce fait'.[192]

3.5 *Regulators' Liability*

As we saw in section 1 above, federal, provincial/territorial governments, as well as municipalities, all share responsibilities in regulating AVs and in preventing and controlling risks connected to this new technology. Consequently, victims could be tempted to sue governments for failing to comply with their different responsibilities or for negligently doing so.

However, there are formidable barriers to suing the state in Canada. Generally speaking, state policy decisions are protected by a partial public law immunity,[193] applicable in both Canadian common law and Quebec civil law.[194] This immunity protects policy decisions made by the state from civil liability, unless the decisions are irrational or made in bad faith. Policy decisions are defined as involving social, political and economic factors and are typically dictated

---

189 See N. Vermeys, 'La responsabilité civile du fait des agents autonomes' (2018) 30:3 *CPI* 851, 866 (as mandataries); P. Huberman, 'Tort Law, Corrective Justice and the Problem of Autonomous-Machine-Caused Harm' (2021) 34 *Can JL & Juris* 105, and 142–43 (as agents or vicariously).

190 See N. Vermeys, 'La responsabilité civile du fait des agents autonomes' (2018) 30:3 *CPI* 851 for a similar idea applicable to robots.

191 N. Vermeys, 'La responsabilité civile du fait des agents autonomes' (2018) 30:3 *CPI* 851, 868–69. See also M. Lacroix, 'Portrait-robot de la responsabilité du robot' (2021) 99:1 *Can Bar Rev* 1, 15, 17.

192 M. Lacroix, 'Portrait-robot de la responsabilité du robot' (2021) 99:1 *Can Bar Rev* 1, 15. ((Our translation) 'the negligent act must emanate from a free and conscious will; the agent must be able to understand the act committed in order to be at fault. He must have the freedom and the means to avoid this fact').

193 In Canadian common law, the assessment of whether this immunity applies occurs in the second stage of the duty of care test under the tort of negligence.

194 Through the operation of CCQ, art. 1376 which imports this common law concept into the civil law of the province. See also *Finney v. Barreau du Québec*, 2004 SCC 36 at para. 34; *Prud'homme v. Prud'homme*, 2002 SCC 85 at paras. 27, 31.

by financial, economic, social and political considerations or constraints.[195] The immunity also prevents the courts from second-guessing executive decisions that deal with the assessment of risks prior to the adoption of regulations and prevents judicial overreach in how governments choose to regulate.[196] However, this immunity does not apply to negligent state actions in the course of *implementing* a policy decision,[197] or where the state has negligently contravened legislation that it has itself adopted or fails to take measures to ensure that state regulation is respected.[198]

Moreover, Canadian common law courts are reluctant to recognize a duty of care owed by the state to specific groups or individuals where the state's legislative duties are to the public at large; this affects the finding of a relationship of proximity between the victim and the state, necessary for duty of care to exist.[199] In matters of state responsibility, the proximity condition usually requires courts to study the legislation governing the state action to determine to whom the state owes a statutory duty.[200] If state powers are exercised by virtue of legislation that imposes duties to act in the public interest, common law courts will not superimpose a private law duty to take into account the specific interests of individuals or groups.[201] While this analysis will require to study the relevant legislation once it develops to govern AVs more precisely, it is to be anticipated that any legislation entrusting safety obligations to governments may impose duties to act in the public's interest.

Finally, some of the legislation we have mentioned above contains legislative immunities against civil liability that could become relevant depending on the situation and on how statutes adapt to the reality of AVs. For instance, the Ontario *Highway Traffic Act* grants immunity to the Minister of Transportation, the Registrar of Motor Vehicles, as well as public servants delegates and

---

195 *Brown v. British Columbia (Minister of Transportation and Highways)*, [1994] 1 SCR 420 at 441, 112 DLR (4th) 1; *R v. Imperial Tobacco Canada Ltd*, 2011 SCC 42 at para. 63.

196 T. Moran, N.M. Ries and D. Castle, 'A Cause of Action for Regulatory Negligence? The Regulatory Framework for Genetically Modified Crops in Canada and the Potential for Regulator Liability' (2009) 6 *UOLTJ* 1, 17, 19, 23.

197 *Brown v. British Columbia (Minister of Transportation and Highways)*, [1994] 1 SCR 420 at 441, 112 DLR (4th) 1; *R v. Imperial Tobacco Canada Ltd*, 2011 SCC 42 at para. 74.

198 See e.g., *Bossé v. Hydro-Québec*, 2012 QCCS 2919 (revoked for lack of evidence: 2014 QCCA 323).

199 The proximity analysis takes place when resolving the first stage of the duty of care test. The second stage, which is preoccupied with residual policy considerations, is where the immunity is considered. See *Cooper v. Hobart*, 2001 SCC 79, at paras. 30–31.

200 *R v. Imperial Tobacco Canada Ltd*, 2011 SCC 42 at para. 43.

201 Exceptions to this rule apply.

agents of the Ministry for canceling in good faith a vehicle permit or driver's licence where false or incorrect information has been provided.[202]

4 Causation

Causation, a condition of liability under all of the regimes discussed above, will likely present extraordinary challenges when it is necessary to identify the specific action of the AI system that led to injury. O'Leary and colleagues have explained the extent of the challenge in those words (references omitted):

> Injury or loss sustained as a result of actions taken by an AI system might be due to a flaw or feature of an underlying algorithm, or in how the various algorithms underlying the system interact with one another. The cause could instead be flawed, or unrepresentative inputs provided to or gathered by the AI system, a failure by the operator to ensure data is up to date, or a defect in some part of a larger product that incorporates the AI system. Similarly, accidents might occur where an algorithmic AI product is used in an environment where it cannot gather appropriate and necessary data for correct and reliable decision-making. The operator may be unaware of the characteristics and possible drawbacks of an AI system in these circumstances. An example might be an autonomous vehicle being unable to read and react to improperly maintained road surfaces or unique external conditions.[203]

It may also be hard to identify whether a defect was caused by erroneous data, given the huge volume of data processed by AI systems.[204] They add that 'it may be possible to isolate flaws in underlying algorithms, incomplete, erroneous, or non-representative data, or other flaws, but tracing back whether one or more of these flaws in fact caused the AI system actions may not be possible'.[205] In fact, the data used by the AI system may have been gathered from sources that are not controlled or controllable by the designer, manufacturer or operator.[206] Finally, judges may face serious challenges in understanding

202 *Highway Traffic Act*, RSO 1990, c. H.8, s. 5.4.

203 T. O'Leary and T. Armfield, 'Adapting to the Digital Transformation' (2020) 58 *Alta L Rev* 249, 262.

204 Ibid. at p. 263.

205 Ibid.

206 Ibid.

AI-based technologies, especially those that incorporate machine-learning capabilities the functioning of which even original programmers may not be able to explain.[207]

Causation must be proven on the balance of probabilities across Canada.[208] While Canadian common law adopts the but-for test in all but exceptional cases,[209] Quebec civil law requires the directness and immediacy of the causal link,[210] relying predominantly on the adequate causation theory to appreciate these conditions. Under both these approaches, difficulties in identifying the origin of the safety failure (in terms of which action of the AI system or which data error was involved, for instance) will make the demonstration of causation complex. However, causation is easier to demonstrate under Quebec's strict product liability regime and regime of liability for the deeds of things. The latter only requires causation between the autonomous act of the thing and the injury. As for matters of manufacturer's liability under Quebec civil law, proving causation only requires the demonstration that the danger associated with the safety defect has materialized and is directly connected to the injury, regardless of the origin of this danger (i.e., the injury is the materialization of the risk associated with the danger inherent in the thing).[211] For instance, when the safety defect is due to a lack of sufficient indications as to the danger, risk, and means to avoid them, the victim does not have to prove causation between the manufacturer's failure to inform and the injury.[212] Rather, the victim must only prove that her injury is the realization of the danger that was not disclosed.[213] This means, for instance, that the causal analysis does not require to demonstrate that the victim would have acted on the information had it been communicated.

207 Ibid. at p. 264.

208 Including in the civil law province of Quebec: CCQ, art. 2804.

209 Under Canadian common law, proving a simple material contribution to the injury is not an option as the Supreme Court of Canada has distanced itself from the material contribution to injury test and reserves it to rare cases of uncertainty where, for instance, it cannot be shown which of several negligent defendants actually caused the injury (i.e., to solve imputability problems in cases of alternative causation): *Clements v. Clements*, 2012 SCC 32.

210 As per CCQ, art. 1607.

211 *Imperial Tobacco v. Quebec Council on Tobacco and Health*, 2019 QCCA 358 at paras 398, 401; *Brousseau v. Abbott Laboratories Ltd.*, 2019 QCCA 801 at paras. 9, 87, 90. The same principle is applicable to proof of causation under section 53 of the *Consumer Protection Act*: *Imperial Tobacco v. Quebec Council on Tobacco and Health*, 2019 QCCA 358 at para. 469.

212 CCQ, art. 1469.

213 *Imperial Tobacco v. Conseil québécois sur le tabac et la santé*, 2019 QCCA 358 at para. 402.

Imputability – It may not always be possible to attribute an accident caused by an AV to a particular actor: 'Due to machine-learning capabilities, harmful effects of autonomous machines may be untraceable to tortious actions of designers, manufacturers, or users'.[214] Moreover, a number of different contributors may have participated in the development of the AV, and clear records of the responsibilities of each may be lacking.[215] Canadian common and civil law have devised mechanisms to tackle imputability problems, but these only apply in alternative causes contexts where all of the alternative possible contributors of the injury are shown to have committed negligence.[216]

5 Distribution of Risk and Liability

Liability could be shared between several stakeholders should an injury be the result of all of their involvement. For instance, a single accident could implicate the liability of the driver (for SAE level 3 vehicles), the manufacturer, the technology/software provider, and even the victim.[217] If the conditions for liability are met, the victim may have a successful claim against all defendants and seek conclusions for joint and several liability.[218] If she chooses to sue only one, that defendant could bring an action in warranty against the others to claim their contributive part in the damage suffered.[219] Between the different defendants (and, if applicable, the victim), liability is apportioned based on the seriousness of their respective fault/negligence, if applicable.[220]

6 Alternatives to Judicially Imposed Liability: Insurance and Compensation Schemes

Many of the challenges we discuss above may be avoided should the compensation of victims of AV accidents be managed through compulsory insurance or state-run compensation funds. These schemes will be an interesting

214 P. Huberman, 'Tort Law, Corrective Justice and the Problem of Autonomous-Machine -Caused Harm' (2021) 34 *Can JL & Juris* 105, 105.

215 T. O'Leary and T. Armfield, 'Adapting to the Digital Transformation' (2020) 58 *Alta L Rev* 249, 264.

216 CCQ, art. 1480; *Clements v. Clements*, 2012 SCC 32.

217 Ibid.

218 CCQ, art. 1478 and 1525 and, for the common law, e.g.: *Negligence Act*, RSO 1990, c. N-1, s. 1.

219 In civil law: CCQ, art. 1478 and, for the common law, e.g.: *Negligence Act*, RSO 1990, c. N-1, s. 2.

220 CCQ, art. 1478 and, for the common law, e.g.: *Negligence Act*, RSO 1990, c. N-1, s. 1.

tool to resolve issues surrounding proof of negligence (where required) and allocation of responsibility among different defendants. These would not be novel approaches under Canadian law; many provinces and territories handle the compensation of victims of car accidents in this manner already. Current regimes would require adaptation, however.

6.1 *Compulsory Insurance*

The compensation of car accident victims falls under provincial/territorial authority in Canada – each of the 13 jurisdictions have their own approach to the issue.[221] Currently, they all require car owners (drivers) to detain some form of insurance to cover liability attaching to car accidents. Insurance schemes vary greatly in terms of whether the insurance is provided by the government or a crown corporation or the private market;[222] whether the compulsory or state insurance covers only vehicle damage,[223] or whether it also includes personal injuries;[224] the exact coverage provided; whether the car repairs are

221 It goes beyond the scope of this text to envisage how all the 13 different automobile insurance models across Canada could be adapted to the reality of AVs.

222 For insurance provided by the government or a crown corporation, see e.g., in British Columbia: Insurance Corporation of British Columbia, 'ICBC Autoplan insurance' (2021) at p. 1, online (pdf): *ICBC* <https://assets.ctfassets.net/nnc41duedoho/4bYpswFaIjYOKJO2cDlysF/2c52c24386e8af90bbce974c52d6f604/autoplan-insurance-brochure.pdf>.Aportion of damages, such as non-vehicle damage, and personal injuries must be covered by an optional private insurance contract, however: Insurance Corporation of British Columbia, 'Overview of Key Changes to B.C.'s Auto Insurance' (2021) at p. 11, online (pdf): *ICBC* <www.icbc.com/partners/insurance-services/Documents/overview-key-changes-auto-insurance-june2021.pdf>; Saskatchewan: *The Automobile Accident Insurance Act*, RSS 1978, c. A-35, s. 2(w) (Saskatchewan Government Insurance). For insurance provided by the private market, see e.g., in Quebec, Ontario, New Brunswick, Nova Scotia, Newfoundland and Labrador, PEI, Nunavut, Yukon: please see Insurance Bureau of Canada at http://www.ibc.ca/on/auto/auto-insurance/mandatory-coverage/. [Author's note: The site defaults to Ontario on first opening; other provinces can be accessed by selecting jurisdiction in the top right corner of the web-page].

223 E.g., in Quebec: *Automobile Insurance Act*, CQLR c A-25, ss. 84 and 84.1 (personal injuries are compensated through a state-run no-fault compensation fund).

224 E.g., in British Colombia, the Insurance Corporation of British Columbia covers both personal and vehicle damage since 2021: Insurance Corporation of British Columbia, 'ICBC Autoplan insurance' (2021) at p. 3, online (pdf): *ICBC* <https://assets.ctfassets.net/nnc41duedoho/4bYpswFaIjYOKJO2cDlysF/2c52c24386e8af90bbce974c52d6f604/autoplan-insurance-brochure.pdf>; Insurance Corporation of British Columbia, 'Care and coverages' (2022. For the other provinces, see Insurance Bureau of Canada, *Auto Insurance/Mandatory Coverage* http://www.ibc.ca/on/auto. [Author's note: The site defaults to Ontario on first opening; other provinces can be accessed by selecting jurisdiction in the top right corner of the web-page].

paid by the not-at-fault's own insurer or by the at-fault driver's insurer;[225] and whether claims in front of judicial courts are allowed or forbidden.[226]

For instance, under Quebec's *Automobile Insurance Act* (AIA), property damage caused by an automobile is compensated through compulsory private insurance with coverage of a minimum of $50,000 imposed by the Act which must cover the car's owner and driver.[227] The owner of a car is responsible for the property damage caused by his automobile subject to certain exceptions.[228] An agreement between Quebec insurers, called the *Direct Compensation Agreement* (DCA), simplifies the compensation system when two cars or more, with identified drivers, are involved in the accident. It provides that each car owner is compensated by their own insurer and sets out typical scenarios to assist insurers in determining allocations of responsibilities between each driver.[229] The DCA allows insurers to be subrogated in the rights of their insured against all third parties at fault (whether insured or not) to the extent of the payments they made.[230]

There is, for the moment, little information available regarding insurance schemes envisaged for AVs. When the Quebec legislature adopted Bill 165 described above, it included modifications to its *Automobile Insurance Act,* but none concerned AVs.[231] Under Quebec's pilot project, exceptions to the

225 Where the car repairs are paid by the not-at-fault's own insurer, this is called Direct Compensation Property Damage. E.g, Ontario, New Brunswick, Nova Scotia, Newfoundland and Labrador, PEI: see Insurance Bureau of Canada at http://www.ibc.ca/on/auto/auto-insurance/mandatory-coverage/. [Author's note: The site defaults to Ontario on first opening; other provinces can be accessed by selecting jurisdiction in the top right corner of the web-page]. Also, Alberta adopted the following provisions that entered into force on 01.01.2022.: Bill 41, *Insurance (Enhancing Driver Affordability and Care) Amendment Act,* 2nd Sess, 30th Leg, Alberta, 2020, s. 3, which added s. 585.1 to the *Insurance Act,* RSA 2000, c. I-3.

226 E.g., British Columbia since May 2021, except in narrow circumstances: Insurance Corporation of British Columbia, 'Overview of Key Changes to B.C.'s Auto Insurance' (2021) at p. 12, online (pdf): *ICBC* <www.icbc.com/partners/insurance-services/Documents/overview-key-changes-auto-insurance-june2021.pdf>; Manitoba: Manitoba Public Insurance, 'Basic third-party liability insurance' (2021), online: *Manitoba Public Insurance* <www.mpi.mb.ca/Pages/third-party-liability.aspx> (forbids lawsuits only for personal injuries); Quebec: *Automobile Insurance Act,* CQLR c A-25, s. 116.

227 Ibid., s. 84.

228 Ibid., s. 108.

229 *Direct Compensation Agreement for the Settlement of Automobile Claims,* CQLR c A-25, r 4, s. 4.

230 Ibid., s. 11.

231 *Automobile Insurance Act,* CQLR c A-25; J. Brault & J.C. Fortier, 'Québec moves forward with regulation of autonomous vehicles' (04.30.2018), online (blog): *BLG – Insights* <www.blg.com/en/insights/2018/04/the-sensor-quebec-moves-forward-with-regulation-of-autonomous-vehicles>.

Automobile Insurance Act were made applicable to the pilot projects; the Minister may exempt AVs from paying the insurance contribution to the SAAQ, the government body who administers Quebec's no-fault compensation fund for victims of car accidents (see below, section 4.3). The government may also set the minimum required amount of liability insurance for property damage,[232] which is set at $50,000 under the AIA for traditional cars.[233] A $1 million compulsory liability insurance is required for autonomous buses in the pilot projects.[234] The Ontario Regulation requires that owners of AVs possess automobile insurance coverage for a minimum of $5 million of liability insurance for possible death, bodily injury, or property damage, or $8 million for vehicles with a seating capacity of eight or more passengers.[235] Under the Manitoba *Vehicle Technology Testing Act*,[236] legislation governing insurance for automobile accidents has been adapted to the reality of AVs. AVs detaining a testing permit are exempted from being insured through the Manitoba Public Insurance (MPI) scheme, and MPI can recover the costs of property damage and personal injury benefits paid out as a result of an at-fault accident caused by the AV from the permit holder.[237] The government may adopt regulations regarding insurance required to drive a test vehicle,[238] but commentators observe that it is unclear how Manitoba plans to administer insurance requirements.[239]

Current provincial car insurance laws are not adapted to AVs (especially those without drivers). These laws are currently based on the idea that human error is the primary cause of car accidents.[240] Adaptation of current insurance schemes would have to take into account the fact the car accidents will be attributable to parties other than 'drivers' (if applicable) or occupiers of

---

232 *Highway Safety Code*, CQLR c C-24.2, s. 633.1.

233 *Automobile Insurance Act*, CQLR c A-25, s. 87.

234 Société de l'assurance automobile du Québec, 'Autobus et minibus autonomes' (07.21.2021), online: *Société de l'assurance automobile du Québec* <saaq.gouv.qc.ca/saaq/documentation/projets-pilotes/autobus-minibus-autonomes>.

235 *Pilot Project – Automated Vehicles*, O Reg 306/15, s. 2.2.

236 *The Vehicle Technology Testing Act* (*Various Acts Amended*), SM 2021, c. 22.

237 *The Manitoba Public Insurance Corporation Act*, SM 2021, CCSM c P125, s. 26(1)(2)(III.1), 77(1.1).

238 *The Vehicle Technology Testing Act* (*Various Acts Amended*), SM 2021, c. 22, s. 318.15(e). See also *The Insurance Act*, CCSM 2022, ss. 29(2) and 232(3).

239 S. Makson & C. Kucey, 'Manitoba legislation paves way for testing automated vehicle technologies' (05.2021), online (blog): *BLG–Insights* <www.blg.com/en/insights/2021/05/manitoba-legislation-paves-way-for-testing-automated-vehicle-technologies>.

240 Insurance Bureau of Canada, 'Auto Insurance for Automated Vehicles: Preparing for the Future of Mobility' (2018) at p. 3, online (pdf): *Insurance Bureau of Canada* <https://a-us.storyblok.com/f/1003207/x/eaf619538e/automated-vehicle-report.pdf>.

vehicles, such as manufacturers and software developers.[241] Therefore, the Insurance Bureau of Canada (IBC) identified areas of change to current car insurance policies that the prevalence of AVs on Canadian roads will lead to, including: the fact that they anticipate less accidents; that repairs and replacements will be costlier; there will be new risks linked to, for instance, software defects, piracy, and omissions to install or update software. There will also be privacy risks given that the AVs will record significant amounts of data. Many of these new risks will lead to transfer of responsibility to manufacturers and technology developers leading to more product liability litigation.[242] Insurers will need to deal increasingly with more complex liability and imputability determinations given the possible involvement of non-human direct errors, such as computer errors, algorithmic defects, system failures, etc.[243] Using the example of the province of Quebec as above, when AVs starts cohabiting with traditional cars on Quebec roads, some of the risks currently covered under car owner policies may need to be transferred to policies held by car manufacturers or software developers for instance.[244] The DCA will have to be adjusted – or even abandoned – to account for accidents that involve system error or defects which will mean the more frequent involvement of parties other than the drivers of vehicles. For instance, if manufacturers decide to retain ownership of their vehicles and to implement a usage system instead of selling the vehicles outright, the DCA might no longer be relevant and a different type of insurance scheme held by manufacturers would have to develop.[245] Moreover, insurance covering privacy breaches will also have to develop given the increased risks in this respect.[246]

In 2018, the IBC recommended a single insurance policy for all vehicles with SAE level 3–5 automation that would compensate those injured when an AV causes a collision, regardless of whether a human operator or the AI system

241 Autorité des marchés financiers, 'Document de réflexion préparer le Québec à l'arrivée des véhicules automatisés et connectés' (2021) at p. 3, online (pdf): *Autorité des marchés financiers* <https://lautorite.qc.ca/fileadmin/lautorite/consultations/assurance-planification-financiere/2022-01/document-reflexion-vehicule-autonome.pdf>.

242 Insurance Bureau of Canada, 'Auto Insurance for Automated Vehicles: Preparing for the Future of Mobility' (2018) at 7, online (pdf): *Insurance Bureau of Canada* <https://a-us.storyblok.com/f/1003207/x/eaf619538e/automated-vehicle-report.pdf>.

243 Autorité des marchés financiers, 'Document de réflexion préparer le Québec à l'arrivée des véhicules automatisés et connectés' (2021) at 7, online (pdf): *Autorité des marchés financiers* <www.lautorite.qc.ca/fileadmin/lautorite/consultations/assurance-planification-financiere/2022-01/document-reflexion-vehicule-autonome.pdf>.

244 Ibid.

245 Ibid. at pp. 8–9.

246 Ibid. at p. 10.

was in control. This policy would also cover injury caused by piracy. The injured person (including, but not limited to the person in the driver's seat) could claim compensation directly from the AV insurer. The insurer would then have a right to claim liability payment from the person responsible for the collision, e.g., the manufacturer or the technology provider.[247] The victim would also be permitted to directly sue the person responsible for the collision, for example in situations where the claim is valued at more than what the insurance policy covers.[248] The inspiration for the IBC proposal is the United Kingdom *Automated and Electric Vehicles Bill* which establishes a single insurance policy and allows the insurer to try to recover any liability payments from the party responsible for the collision (e.g., vehicle manufacturer or technology provider).[249]

The IBC also suggests a data-sharing arrangement with vehicle manufacturers, vehicle owners and/or insurers, to help determine the cause of a collision, whether the vehicle was in manual or automated mode at the time of the collision, and the vehicle operator's interaction with the automated technology.[250] The data shared would include the GPS-event time stamp, the GPS-event location, the automated status (on or off), the automated mode (parking or driving), the automated transition stamp, the record of driver intervention, the time since the last drive interaction, the driver seta occupancy, the driver belt latch, the speed, and the vehicle's warning or notifications to the operator.[251] Finally, the American proposal of a compensation regime called 'Manufacturers Enterprise Responsibility' (MER) for AVs has attracted the attention of Canadian scholarship.[252] MER operates as a third-party insurance scheme funded by manufacturers of AVs.[253]

---

247 Insurance Bureau of Canada, 'Auto Insurance for Automated Vehicles: Preparing for the Future of Mobility' (2018) at p. 11, online (pdf): *Insurance Bureau of Canada* < https://a-us.storyblok.com/f/1003207/x/eaf619538e/automated-vehicle-report.pdf>.

248 Ibid. at p. 12.

249 *Automated and Electric Vehicles Act 2018* (UK), c. 18; Insurance Bureau of Canada, 'Auto Insurance for Automated Vehicles: Preparing for the Future of Mobility' (2018) at 3, 9, online (pdf): *Insurance Bureau of Canada* <https://a-us.storyblok.com/f/1003207/x/eaf619538e/automated-vehicle-report.pdf>.

250 Ibid. at p. 3.

251 Ibid. at p.13.

252 Proposed by K.S. Abraham and R.L. Rabin, 'Automated Vehicles and Manufacturer Responsibility for Accidents: A New Legal Regime for a New Era' (2019) 105:1 *Va L Rev* 127. In Canada, see: P. Huberman, 'Tort Law, Corrective Justice and the Problem of Autonomous-Machine-Caused Harm' (2021) *34 Can JL & Juris* 105 at p. 137; P. Maziarz 'Cars without drivers: examining future regulation of autonomous vehicles', *RegQuest* (04.2020) at p. 9.

253 US doctrine also suggests court-imposed or legislative enterprise liability imposed on groups of manufacturers and suppliers, requiring them to internalize costs along with

6.2 *State-Administered Compensation Fund/Protection Plan*

Quebec and Manitoba have also set up, respectively, a state-run compensation fund and a protection plan to compensate personal injuries caused by car accidents. One may anticipate that these provinces may want to extend these schemes to those caused by AV-related accidents, especially given the low rates of accidents connected to this technology, while adding subrogatory rights to claim against the manufacturer or programmer of the AV, as the case may be.

The Personal Injury Protection Plan (PIPP) under Manitoba's Public Insurance benefits every Manitoban injured in an automobile accident anywhere in Canada, whether or not they own a car.[254] The plan compensates for economic losses from an auto injury or death (with some limitations and exceptions) regardless of who was at fault for the accident. Similarly, in the province of Quebec, bodily injuries caused by an automobile are compensated by the state through a no-fault compensation scheme managed by the Société de l'assurance automobile du Québec (SAAQ).[255] This no-fault regime does not ground compensation on liability assessments or specific causes of car accidents.[256] An exception is made for injured persons on board a vehicle registered outside of Quebec, or for cyclists or pedestrians; the indemnities they may receive are inversely proportional to their degree of responsibly in the accident.[257]

The Quebec AIA defines damage caused by an automobile as meaning:

> (A)ny damage caused by an automobile, by the use thereof or by the load carried in or on an automobile, including damage caused by a trailer used with an automobile, but excluding damage caused by the autonomous act of an animal that is part of the load and injury or damage caused to a person or property by reason of an action performed by that person in connection with the maintenance, repair, alteration or improvement of an automobile.[258]

commercial benefits: reported by P. Huberman, 'Tort Law, Corrective Justice and the Problem of Autonomous-Machine-Caused Harm' (2021) 34 *Can. J.L. & Juris.* 105, 137–39.

254 Manitoba Public Insurance, 'Personal Injury Protection Plan' (2021), online: *Manitoba Public Insurance* <www.mpi.mb.ca/Pages/personal-injury-protection-plan.aspx>.

255 *Automobile Insurance Act*, CQLR c A-25, s. 1.

256 Ibid., s. 5.

257 Société de l'assurance automobile du Québec, 'If you have an Accident in Québec' (11.06.2024), online: *Société de l'assurance automobile du Québec* <https://saaq.gouv.qc.ca/en/tourists-newcomers/accident#:~:text=Individuals%20who%20do%20not%20reside,may%20have%20caused%20the%20accident.>.

258 *Automobile Insurance Act*, CQLR c A-25, s. 1.

Causation under the Act receives a liberal interpreted by the Supreme Court of Canada; the Court only requires that the accident arose out of the use of a vehicle as a means of transportation and the vehicle need not have played an active role in the accident.[259] Finally, the Act forbids undertaking litigation in front of a court of justice to obtain compensation for bodily injuries.[260] This regime is likely to be easily adaptable, although one may expect, as it is provided for in Bill 165, that a subrogation would be added in favour of the SAAQ against AV manufacturers and software developers.[261] Indeed, in the context of the Quebec pilot projects, the 2018 modifications to the *Highway safety Code* of Quebec included the mention that the government may require the manufacturer or the distributor to reimburse the SAAQ any compensation it will have to provide in the event of an automobile accident involving an AV used as part of a pilot project.[262] The details around this provision are unclear but this seems to imply that the legislator anticipates the Quebec state compensation fund to be extended to compensate victims of car accidents involving AVs.[263]

7 Privacy

In addition to the risk of injury, AVs bring about concerns of privacy and cyber-attacks.[264] An AV produces and collects a lot of information through, for instance, its GPS localization, cameras, and sensors.[265] The data may concern the AV's interaction with traffic and the surroundings (including drivers

259 *Westmount (City) v.* Rossy, 2012 SCC 30 at paras. 52–3.

260 *Automobile Insurance Act*, CQLR c A-25, s. 83.57

261 At the time being, the SAAQ is only subrogated in the victim's rights as against non-residents of Quebec (*Automobile Insurance Act*, CQLR c A-25, ss. 83.60 and 83.61) and any person liable for compensation for bodily injury caused in the accident by such non-resident.

262 *Highway Safety Code*, CQLR c C-24.2, s. 633.1.

263 On the lack of clarity: Autorité des marchés financiers, 'Document de réflexion. Préparer le Québec à l'arrivée des véhicules automatisés et connectés' (2021) at 6, online (pdf): *Autorité des marchés financiers* <www.lautorite.qc.ca/fileadmin/lautorite/consultations/assurance-planification-financiere/2022-01/document-reflexion-vehicule-autonome.pdf>; J. Brault & J.C. Fortier, 'Québec moves forward with regulation of autonomous vehicles' (04.30.2018), online (blog): *BLG – Insights* <www.blg.com/en/insights/2018/04/the-sensor-quebec-moves-forward-with-regulation-of-autonomous-vehicles>.

264 P. Maziarz 'Cars without drivers: examining future regulation of autonomous vehicles', *RegQuest* (04.2020) at 7.

265 T. Bolca, 'Big Brother Riding Shotgun: Internal Surveillance of Semi-Autonomous Vehicles and its Effects on the Reasonable Expectation of Privacy' (2019) 17:1 *CJLT* 77, 77.

and pedestrians) or its location.[266] It may also concern the performance of the car's components.[267] Moreover, for SAE level 3 AVs, manufacturers may include systems that can monitor the interior of the vehicle in order to assess the engagement of the driver and assign blame to an inattentive driver in the case of a collision.[268] Driver health and biometrics data (e.g., heartbeat, head or eye movement) could also be collected.[269]

Canadian privacy laws are extremely complex and analyzing them and the different ways in which they protect Canadians' privacy goes beyond the scope of this report. Suffice to say that the responsibility for protecting privacy is shared as between the federal and provincial/territorial governments. Privacy is protected by the *Canadian Charter of Rights and Freedoms* and the Quebec *Charter of Human Rights and Freedoms*.[270] Drivers have a reasonable expectation of privacy in their vehicles and the case law has addressed this expectation of privacy in the context of data collected by a vehicle, for instance, in the Airbag's Control Module, the Event Data Recorder, or the Sensing Diagnostic Module.[271] At the federal level, the *Privacy Act* protects personal information in the hands of the federal government, and the *Personal Information Protection and Electronic Documents Act* (PIPEDA) offers protection to personal information held by private-sector organizations that collect, use or disclose personal information in the course of a commercial activity.[272]

In 2020, the federal government proposed the *Digital Charter Implementation Act* (replacing PIPEDA) to modernize the framework for the protection of

266 Ibid. at pp. 77–8.

267 R. Akalu 'A Privacy Code of Practice for the Connected Car' (2019) at p. 7, online (pdf): *IAPP* <iapp.org/media/pdf/resource_center/automatedvehicle_code_of_practice_canada_2019.pdf>.

268 T. Bolca, 'Big Brother Riding Shotgun: Internal Surveillance of Semi-Autonomous Vehicles and its Effects on the Reasonable Expectation of Privacy' (2019) 17:1 *CJLT* 77, 78. We do not discuss this privacy consideration given our focus is on AV, i.e., level 4 and 5 AVs. On this issue, see T. Bolca, 'Big Brother Riding Shotgun: Internal Surveillance of Semi-Autonomous Vehicles and its Effects on the Reasonable Expectation of Privacy' (2019) 17:1 *CJLT* 77.

269 R. Akalu 'A Privacy Code of Practice for the Connected Car' (2019) at p. 7, online (pdf): *IAPP* <iapp.org/media/pdf/resource_center/automatedvehicle_code_of_practice_canada_2019.pdf>.

270 *Canadian Charter of Rights and Freedoms*, s. 8, Part I of the *Constitution Act*, 1982, being Schedule B to the Canada Act 1982 (UK), 1982, c. 11; *Charter of Human Rights and Freedoms*, CQLR c C-12, s. 5.

271 T. Bolca, 'Big Brother Riding Shotgun: Internal Surveillance of Semi-Autonomous Vehicles and its Effects on the Reasonable Expectation of Privacy' (2019) 17:1 *CJLT* 77, 78, 80–83.

272 *Privacy Act*, RSC 1985, c. P-21; *Personal Information Protection and Electronic Documents Act*, SC 2000, c. 5, s. 4(1)(a). A commercial activity is 'any particular transaction, act or conduct or any regular course of conduct that is of a commercial character ...' (Ibid., s. 2(1)).

personal information in the private sector and to increase control and transparency when personal information is handled by private sector organizations.[273] This Act was not adopted before the 2021 federal election. In December 2021, Prime Minister Trudeau asked the new Minister of Innovation, Science and Industry to introduce legislation to advance the Digital Charter.[274] This was done in June 2022, with the presentation of Bill C-27 *Digital Charter Implementation Act, 2022*.[275] This Act, which was not yet adopted at the time of drafting (January 2022), regulates trade and commerce in artificial intelligence systems and establishes requirements for the design, development, and use of artificial intelligence systems (including for the mitigation of risks of harm and biased output). It also prohibits practices that may result in serious harm to individuals or their interests.[276] Finally, a Code of practice aiming to provide enhanced privacy protections for Canadians in respect of AVs was proposed in 2019 by an OntarioTech University professor.[277] Its author reports that the Code's project encountered resistance from automotive association and original equipment manufacturers who believed that Canadian privacy laws already provide a strong enough framework.[278]

Provinces and territories may enact their own privacy legislation applying to the private sector as long as it is sufficiently similar to PIPEDA.[279] For instance, in addition to protecting privacy in its Civil Code,[280] Quebec has adopted the

---

273 Bill C-11, *An Act to enact the Consumer Privacy Protection Act and the Personal Information and Data Protection Tribunal Act and to make consequential and related amendments to other Acts*, 2nd Sess, 43rd Parl, 2021.

274 Canada, Office of the Prime Minister, *Minister of Innovation, Science and Industry Mandate Letter* (Ottawa: 12.2021).

275 Bill C-27, *An Act to enact the Consumer Privacy Protection Act, the Personal Information and Data Protection Tribunal Act and the Artificial Intelligence and Data Act and to make consequential and related amendments to other Acts*, 1st Sess, 44th Parl, 2022.

276 Government of Canada, *An Act to enact the Consumer Privacy Protection Act, the Personal Information and Data Protection Tribunal Act and the Artificial Intelligence and Data Act and to make consequential and related amendments to other Acts. Explanatory Note*, online: *Justice* <https://www.justice.gc.ca/eng/csj-sjc/pl/charter-charte/c27_1.html>.

277 R. Akalu 'A Privacy Code of Practice for the Connected Car' (2019) at p. 7, online (pdf): *IAPP* <iapp.org/media/pdf/resource_center/automatedvehicle_code_of_practice_canada_2019.pdf>. This project was funded by the Office of the Privacy Commissioner of Canada Contributions Program.

278 Ibid.

279 Office of the Privacy Commissioner of Canada, 'Provincial and Territorial Privacy Laws and Oversight' (06.11.2021), online: *Office of the Privacy Commissioner of Canada* <www.priv.gc.ca/en/about-the-opc/what-we-do/provincial-and-territorial-collaboration/provincial-and-territorial-privacy-laws-and-oversight/>.

280 CCQ, art. 35 and following.

Act respecting the protection of personal information in the private sector. This Act imposes protective rules with respect to personal information which a person collects, holds, uses or communicates to third persons in the course of carrying on an enterprise.[281]

Liability stems from infringements on the right to privacy. Some common law provinces have adopted legislation recognizing a tort, actionable without proof of damage, for willfully and without a claim of right violating the privacy of another.[282] Additionally, the Ontario Court of Appeal created in 2012 a tort of invasion of privacy ('tort of intrusion upon seclusion').[283] This tort requires that the invasion of privacy be intentional or reckless, that it be without lawful justification, and that a reasonable person would regard the invasion as highly offensive causing distress, humiliation or anguish. The claim for intrusion upon seclusion is limited to deliberate and significant invasions of personal privacy, such as where health information or information about sexual practices or orientations is concerned.[284] This new tort has been accepted in several other provinces since. As for Quebec, liability claims for a breach of privacy can be grounded on article 1457 CCQ and article 49 of the Quebec Charter. Moreover, under the *Act to Establish a Legal Framework for Information Technology*,[285] a person responsible for access to a technology-based document containing confidential information could be held liable for omitting to take appropriate security measures to protect its confidentiality.[286]

8 Conclusion

The legal governance of AVs in Canada is in its infancy and how liability rules will be adapted to handle the injuries they may cause is debatable. While this report sought to demonstrate that existing civil liability principles already offer extensive guidance as to how liability for injuries caused by AVs can be handled under Canadian common and civil law, it has also revealed the need to reflect further on how to address the uncertainties surrounding the functioning of deep learning AI mechanisms, the multiplicity of actors involved in possible

281 *Act respecting the protection of personal information in the private sector*, CQLR c P-39.1, s. 1.

282 E.g., See *Privacy Act*, RSBC 1996, c. 373, s. 1(1); *Privacy Act*, RSS 1978, c. P-24, s. 2; *Privacy Act*, CCSM c P125, s. 2(1); and *Privacy Act*, RSNL 1990, c. P-22, s. 3.

283 *Jones v. Tsige*, 2012 ONCA 32.

284 Ibid. at paras. 71–2.

285 *Act to Establish a Legal Framework for Information* Technology, CQLR c C-1.1, s. 25.

286 J-L. Baudouin, P. Deslauriers and B. Moore, *La responsabilité civile, Volume 1 : Principes généraux*, 9th ed. Éditions Yvon Blais, Montréal, 2021 at paras. 1-275.

failings of AVs, and the roles and liabilities that will attach to the so-called 'driver' of SAE level 3 vehicles. We anticipate that the compulsory insurance mechanisms currently widespread across Canada may offer a solution to liability challenges. However, current schemes need much adaptation in terms, for instance, of who the insured party should be and what the coverage should include. Finally, we look forward to seeing how state-run compensation and protection plans in Quebec and Manitoba will adapt to the reality of AVs. Quebec's compensation scheme is viewed as an important 'remedial legislation of a social nature'[287] that the province will be unlikely to want to abandon. Indeed, as the Supreme Court of Canada notes, '[it] was enacted nearly 40 years ago to address the serious inequities then occurring in the compensation of victims for bodily injuries caused by automobiles'.[288] While the scheme has forbidden civil liability lawsuits in order to avoid extensive litigation from automobile drivers it would otherwise have to deal with in the court system, we anticipate that the Quebec government will not have as many scruples in allowing itself to benefit from subrogatory claims against AV manufacturers.

Acknowledgment

The author wants to thank Aliosha Hurry, Clara Larocque, Marguerite Rolland, Kathy Vo, and Pierre William Gaudry for their assistance in the preparation of this text. The research undertaken in preparation of this text was funded by the Social Sciences and Humanities Research Council of Canada (Insight Program).

287 *Westmount (City) v.* Rossy, 2012 SCC 30 at para. 5, citing the trial judge.
288 *Pagé v. Godbout*, 2017 SCC 18 at para. 29.

US Perspective on Autonomous Vehicles, Privacy and Liability Law

*M.L. Kubica**

1 Introduction

It can be affirmed that mobility has become a 'trending topic' in modern society, an object of debate all over the world.[1] In this context, the automobile industry has long been preparing itself for the introduction and mass implementation of driverless cars. So-called autonomous vehicles (AVs) have been described by experts in engineering and transportation systems as those in which the use of electronic or mechanical devices will partially or entirely replace human labor in the activity of driving.[2] The concept was first introduced in the US by Norman Bel Geddes at the General Motors Futurama exhibit at the 1939–1940 New York World's Fair[3], and thus has a long history, full of ups and downs, that is characterized by four different waves, the fourth lasting until the present day.[4] From the very beginning it was clear to experts all over the world that AVs would play an important role in the modern transportation system. This has motivated and inspired automotive research and development projects, placing AVs in the top positions of the most popular research topics in

* Assistant Professor of Civil Law at Complutense University of Madrid, Spain, Member of American Society of Comparative Law and European Law Institute, International Fellow of Information Society Law Center of Milano University. The chapter is the result of research commissioned to the author by the American Society of Comparative Law and is part of the report presented at the 2022 Asuncion General Congress of the International Academy of Comparative Law. Part of the findings has been published in "Autonomous Vehicles and Liability Law" in American Journal of Comparative Law, (*special issue*), *U.S. Reports IACL*, vol. XX, August 2022, pp. 139–169.

1 R. Marçal Gandia, R. Braga Veroneze, F. Antonialli, B. Habib Cavazza, J. Yutaka Sugano, C. Carvalho de Castro, A. Luiz Zambalde, A. de Miranda Neto and I. Nicolai 'The quintuple helix model and the future of mobility: the case of autonomous vehicles', *in 25th International Colloquium of Gerpisa-R/Evolutions. New Technologies and Services in the Automotive Industry*, 2017, p. 2

2 S.E. Shladover SE, 'Connected and automated vehicle systems', (2018) 22 *Journal of Intelligent Transportation Systems* 190, 190.

3 N. Bel Geddes, *Magic motorways*, 1940.

4 S.E. Shladover SE, 'Connected and automated vehicle systems', (2018) 22 *Journal of Intelligent Transportation Systems* 190, 193,

 | DOI:10.1163/9789004711891_018

contemporary history.[5] A futuristic dream of blurred outlines, envisaged and declared feasible as soon as in the first half of the 20th Century, is now becoming a reality.

Several automotive companies, many of them from the US, are trying out their AVs, making them subject to tests on public roads. A specific date for the unveiling of self-driving cars in the market is, nonetheless, still to be determined.[6] It was over a decade ago (2009), for instance, that the Autonomous Vehicle division of Google announced that it had approved its first self-driving car project, now developed under the brand name Waymo. A number of years have also passed since the first driverless technologies were tested by Apple in California within its Project Titan. The Silicon Valley company has for some years now been looking for a partner from the automotive industry with which to cooperate in the manufacturing process. Its strategy for facilitating a smooth entrance into the very competitive and capital-intensive market for passenger cars has thus far achieved limited results.[7] Also, another big tech company—Microsoft—has recently invested in Cruise, a driverless unit bought by General Motors in 2016.[8] Then, the Ford Motor Company, who through its autonomous-driving unit, ARGO AI, intends to operate self-driving cars this year in Miami, has signed an agreement with Lyft to use the latter's ride-hailing service. ARGO's driverless car testing has so far been taking place in six American cities as well as in Germany. The aforementioned three-enterprise alliance expects to have, within one year, several AVs driving through the streets of Austin, Texas, and within the next five years, a few dozen in Miami and Austin combined and a total of around 1,000 in other cities.[9] Another company actively taking part in the race to develop and produce self-driving cars is also American—Tesla. Its Autopilot System, based on an advanced driver-assistance

5 M. Alawadhi, J. Almazrouie, M. Kamil and K. Abdelrazek Khalil, 'Review and analysis of the importance of autonomous vehicles liability: a systematic literature review', 11(6) *International Journal of Systems Assurance Engineering and Management* 1227, 1228.

6 Y. Freemark, A. Hudson, J. Zhao, 'Are cities prepared for autonomous vehicles? Planning for technological change by US local governments', (2019) 85(2) *Journal of the American Planning Association* 133, 134.

7 K. Inagaki, P. Campbell and P. McGee, 'Apple approaches Nissan to work on autonomous car project', *Financial Times*, February 15, 2021, available at https://www.ft.com/content/29d4aa6b-fba5-4a53-876e-3f097fdef1d2.

8 P. McGee, 'Microsoft invests in $30bn driverless car company Cruise', Financial Times, January 19, 2021, available at https://www.ft.com/content/81793b42-28be-424d-a51c-006677fb2809.

9 N. E. Boudette, 'Lyft will team up with Ford and a self-driving car start-up to offer rides in Miami', The New York Times, July 21, 2021, available at https://www.nytimes.com/2021/07/21/business/lyft-self-driving-cars.html.

system (ADAS) that by current standards achieves Level 2 vehicle automation, was first introduced to the public in 2013 by Elon Musk. The ultimate goal of the company, for the moment facing many regulatory and technical obstacles, is to upgrade its Autopilot System to SAE (Society of Automotive Engineers) Level 5. In relation to this, even though as early as October 2020 Tesla announced the launch of a beta program for the United States that the company itself called Full Self-Driving, it now faces several lawsuits from consumers claiming they did not get what they ordered, as it simply does not exist. This beta program 'calls for drivers to keep their hands on the wheel and take control of the car when needed'.[10]

The advantages of introducing autonomous driving onto the roads are countless, from environmental issues, such as a reduction in pollution and less traffic congestion—for both safety reasons (less accidents and consequently less death and injuries) and as a solution to urbanistic problems (fewer parking places needed)—to increasing mobility opportunities for elderly people and those with special needs.[11] In this regard, experts estimate that the introduction of AVs onto public roadways will result in as much as an 80 to 90% decrease in accidents.[12] These predictions are based on the fact that over 40% of fatal crashes at present are due to alcohol or drug consumption, distraction, and/or fatigue. The remaining accidents happen because of speeding, aggressive driving, over-compensation, inexperience, slow reaction times, inattention, and various other driver shortcomings. Consequently, human driver error accounts for over 90% of all accidents. AVs, on the other hand, neither drink nor write text messages when driving, use a program that does not allow them

10 C. Metz, 'Tesla Sells 'Full Self-Driving', but What Is It Really?', The New York Times, August, 20, 2021, available at https://www.nytimes.com/2021/08/20/technology/tesla-full-self-driving-fsd.html.

11 P. Suresh and P.V. Manivannan, 'Reduction of Vehicular Pollution through Fuel Economy Improvement with the Use of Autonomous Self-driving Passenger Cars', (2014) 8(3A) *Journal of Environmental Research and Development* 705 and E. Schoitsch, 'Autonomous Vehicles and Automated Driving Status, Perspectives and Societal Impact', (2016) 45(1) *Schriftenreihe Informatik* 405, US Chamber Institute for Legal Reform, *Torts of the Future: Autonomous Vehicles, Addressing the Liability and Regulatory Implications of Emerging Technologies* (2018), p. 1, D.J. Fagnant and K. Kockelman, 'Preparing a Nation for Autonomous Vehicles: Opportunities, Barriers and Policy Recommendations for Capitalizing on Self-Driven Vehicles', 77 *Transportation Research Part A: Policy and Practice*, 167, 169-175.

12 J. McMahon, 'Driverless Cars Could Drive Car Insurance Companies Out Of Business', Forbes, February 19, 2016, available at https://www.forbes.com/sites/jeffmcmahon/2016/02/19/autonomous-vehicles-could-drive-car-insurance-companies-out-of-business/#5e14e0d12231 and US Chamber Institute for Legal Reform, *Torts of the Future: Autonomous Vehicles, Addressing the Liability and Regulatory Implications of Emerging Technologies* (2018), p. 1.

to break traffic laws, have faster reaction times, and can be optimized to ease the flow of traffic.[13]

The initial predictions that Level 4–5 AVs will be on public roads by the mid-2020s are unfeasible.[14] However, from the latest news, Tesla's Cybercab, unveiled at the "We, Robot" event in 2024, was presented as a futuristic, fully autonomous robotaxi designed without a steering wheel or pedals. It operates on Tesla's Full Self-Driving (FSD) system and is aimed at providing cost-effective, autonomous transportation at a price under $30,000. Production is expected by 2026, with test rides already available. Tesla emphasizes that the Cybercab could be significantly safer than human drivers, supporting Tesla's vision for transforming personal transport into a fully autonomous experience.[15] Even when this finally happens (the fully autonomous AVs will be on public roads), the roll-out of SAE Level 4–5 AVs will not mean that 'conventional' vehicles ('CVs') will suddenly disappear from both sales and public roads. Consequently, we will have to deal with a long transition period, during which vehicles of all types and levels will coexist until fully automated cars replace CVs entirely. To this panorama should be added cyclists, motorcyclists, and pedestrians, all of whom can also become the source or victim of an accident. The so-called 'incremental, staged movement in the direction of SAE Levels 4–5' will lead to the evolution of a traffic mix and to mixed accidents taking place throughout the aforementioned transition period. Although this scenario allows us to predict a gradual fall in the number of motor vehicle-related accidents, a significant number of accidents and injuries will nonetheless continue to exist until the total dominance of fully automated cars.[16]

When it comes to liability, it is the current approach in law in the case of a car accident and the damage resulting therefrom to place the burden of paying damages on the human driver, since it is the driver's conduct that led to the accident. It can be stated that at the present time, all US states have adopted a so-called hybrid system that merges a no-fault scheme with a traditional fault

13 D.J. Fagnant and K. Kockelman, 'Preparing a Nation for Autonomous Vehicles: Opportunities, Barriers and Policy Recommendations for Capitalizing on Self-Driven Vehicles', 77 Transportation Research Part A: Policy and Practice, 167, 169.

14 For the early predictions see US Chamber Institute for Legal Reform, *Torts of the Future* 2 (2017). See also F. Biondi, 'Why We Still Don't Have Self-Driving Cars on the Roads in 2021', *The Conversation*, June 16, 2021, available at https://theconversation.com/why-we-still-dont-have-self-driving-cars-on-the-roads-in-2021-162646.

15 Lily Jamali, 'Tesla shares slide after Cybercab robotaxi revealed', BBC, 11 October 2024, available on https://www.bbc.com/news/articles/cm29x5ke9jdo.

16 K.S. Abraham and R.L. Rabin, 'Automated Vehicles and Manufacturer Responsibility for Accidents: A New Legal Regime for a New Era', (2019) 105 *Virginia Law Review* 127, 131-32.

action in torts, although the solution differs from state to state. No-fault legislation coupled with first-party insurance is in force in twelve US states. As a result, victims' claims are limited to their own first-party insurance recoveries. Only in exceptional cases, when the monetary or serious-injury 'threshold' is met, can the victim take advantage of the general negligence action covering non-compensated losses. In other states, a so-called 'add on' plan has entered into force, which basically means that limited benefits are available to victims under the no-fault scheme, while free access has been left to traditional tort.[17] In the current scenario, product liability is rarely applied to car accidents, as driver error constitutes the main cause of almost all accidents (90%). Car defect as a source of car accidents accounts for as little as 2% of the total number.[18]

The main problem of this approach in most countries, including the US, is that it only considers conventional traffic, where the vehicle is an object under the total control of the human being,[19] which will no longer be the case in accidents caused by fully autonomous vehicles (SAE Levels 4–5). A different solution will also have to be provided when control of the vehicle is divided between a partially autonomous car and a human being. On this subject, numerous studies in the US have suggested that the introduction of AVs should be preceded by the adoption of a completely new regime or a revision of existing laws concerning liability for accidents caused by AVs. Whom to make liable for such accidents becomes, consequently, the most vivid topic of the debate. The question is in no way trivial, as several different stakeholders could be identified as possibly responsible here—the automotive company (car manufacturer), the supplier, the software provider, the software operator, the AV owner, the driver, the car's occupants, the insurance company, and so on[20]—since, as has been mentioned above, part or all of the responsibility could be placed on the vehicle itself. Thus, the possible cause of the accident in some cases will shift onto product safety or efficacy. As a result, according to general tort law rules, damages could possibly be claimed from third parties

17 N. Freeman Engstrom, 'An Alternative Ex-planation for No-Fault's "Demise"', (2012) 61 DePaul Law Review, 303, 320–22.

18 U.S. Department of Transportation., NHTSA, *DOT HS 812 115, Traffic Safety Facts: Crash Stats, Critical Reasons for Crashes Investigated in the National Motor Vehicle Causation Survey*, February, 1 2015, http://www-nrd.nhtsa.dot.gove/pubs/812115.pdf .

19 C. Bartolini, T. Tettamanti and I. Varga, 'Critical Features of Autonomous Road Transport from The Perspective of Technological Regulation and Law', (2017) 27 *Transportation Research Procedia*, 791–98.

20 L. Collingwood, 'Privacy implications and liability issues of autonomous vehicles', (2017) 26(1) *Information & Communications Technology Law*, 32.

involved in the design of safety systems in AVs, which raises the question of product liability. The situation will be even more complex in the case of partially autonomous vehicles, where one could perfectly well ask if it is not appropriate, for instance, to make the human driver liable for failing to use the manual override function available in the car.[21] If liability is attached to more than one subject, the additional issue of its apportionment arises.[22]

Privacy and data protection is another key topic related to the use of AVs that has already been addressed by US laws.[23] It has been defined as 'the most slippery territory for autonomous vehicles'.[24] The problem arises as artificial intelligence—in the form of the vehicle's autonomous systems, which totally or partially substitute the driver—requires the submission of data from a significant number of sources to enable the proper functioning of an AV. For the management of traffic at intersections to be efficient, for the distribution of traffic to be intelligent and aimed at minimizing congestion, and for autonomous vehicles to travel safely in close-packed platoons, AV manufacturers are required to establish communication both between individual AVs and other AVs in their proximity, and between the autonomous vehicles and an external network.[25] Being necessary to assess the driving environment and control the operation of the vehicle, these data are also likely to affect three types of privacy interest: autonomy privacy interests, personal information privacy interests, and surveillance privacy interests.[26] In this regard, the use of AVs involves the generation of a great deal of personal information that when improperly employed could vulnerate the user's right to privacy. This information would include not only data on where the user is and what she or he is doing, but

---

21 According to Professors Abraham and Rabin, depending on the circumstances, the liability in case in which the driver takeover was necessary could be attributed either to manufacturer if the AI system fail to function properly, or fail to recognize such a necessity on time, or to the driver himself for not exercising reasonable care in taking over. K.S. Abraham and R.L. Rabin, 'Automated Vehicles and Manufacturer Responsibility for Accidents: A New Legal Regime for a New Era', (2019) 105 Virginia Law Review 127, 140.

22 G.E. Marchant and R.A. Lindor, 'The Coming Collision Between Autonomous Vehicles and the Liability System', (2012) 52 *Santa Clara Law Review* 1321, 1326–27.

23 A. Taeihagh, H. Si Min Lim, 'Governing Autonomous Vehicles: Emerging Responses for Safety, Liability, Privacy, Cybersecurity, and Industry Risks', (2018) 39(1) *Transportation Review* 103, 113.

24 T. Vanderbilt, 'Let the Robot Drive: The Autonomous Car of the Future Is Here, *Wired Magazine*, February, 23 2012, available at http://www.wired.com/magazine/2012/01/ff_autonomouscars.

25 W.J. Kohler and A. Colbert-Taylor, 'Current Law and Potential Legal Issues Pertaining to Automated, Autonomous and Connected Vehicles', (2015) 31 *Santa Clara High Tech. Law Journal*, 99, 120.

26 D.J. Glancy, 'Privacy in Autonomous Vehicles', (2012) 52(4) *Santa Clara Law Review* 1171, 1173–74.

would also comprise a comprehensive log of the places the user has visited. In other words, this transportation mode would imply the tracking of one's every movement.[27] Such data collection would enable those in possession of the information to create a detailed profile of the vehicle's users and by extension its regular occupants, even if the data are clean of unique individual identifying markers, as future data-mining techniques will almost certainly be sufficiently developed to decode and personalize the information. This on the one hand. On the other, even when legal, data gathering could generate in AV users the perception of the car spying on them, which is not at all desirable from the public relations perspective.[28]

As has already been pointed out in the literature, an in-depth and exhaustive analysis of this question may well encounter two obstacles that complicate clear reasoning. First, it is difficult to talk about the interactions between AVs and privacy since these two concepts do not constitute palpable phenomena. We can only rely on our imagination, as current AVs are mainly prototypes and experimental models, and still a long way from becoming a common consumer product. Second, both concepts are flexible: we do not know what the consumer version of the AV will be like; and the concept of privacy is not fixed and can only be defined in evolving terms. In words of William M. Beaney, 'even the most strenuous advocate of a right to privacy must confess that there are serious problems of defining the essence and scope of this right'.[29] Thus, research on the interactions between the two concepts is intellectually challenging, to say the least.[30]

Finally, it has also been said that the different approaches to new technologies allow the classification of scholars and policymakers into two opposing categories: generalists[31] and exceptionalists[32]. However, the greatest problem

27 Ibidem, p. 1186.

28 S. Sayers and S. Mahmood, 'Connected Cars: An Approach to Dealing with the Privacy Risks', (2015) 15(8) *Privacy & Data Protection Journal* 3, 3 and W.J. Kohler and A. Colbert-Taylor, 'Current Law and Potential Legal Issues Pertaining to Automated, Autonomous and Connected Vehicles', (2015) 31 *Santa Clara High Tech. Law Journal* 99, 120.

29 W.M. Beaney, 'The Right to Privacy and American Law', (1966) 31 *Law and Contemporary Problems* 253, 255 (1966).

30 D.J. Glancy, 'Privacy in Autonomous Vehicles', (2012) 52(4) *Santa Clara Law Review* 1171, 1172-73.

31 J. Villasenor, *Products Liability and Driverless Cars: Issues and Guiding Principles for Legislation* 1, 2014, p. 2, http://www.brookings.edu/media/research/files/papers/2014/04/products-liability-driverless-cars-villasenor/products_liability_and_driverless_cars.pdf and F.H. Easterbrook, 'Cyberspace and the Law of the Horse', (1996) 1996 *University Chicago Legal Forum* 207, 208–10 (underlining that setting forth technology-specific laws, instead of taking advantage of general laws and applying them to emerging technology, is 'redundant and will result in misguided, quickly outmoded frameworks and precedent').

32 R. Calo, *The Case for a Federal Robotics Commission* 1, 1–4 (2014), https://www.brookings.edu/wp-content/uploads/2014/09/RoboticsCommissionR2_Calo.pdf and L. Lessig, 'The

TABLE 1 NHTSA approach to defining the different levels of autonomy

	Level 0	Level 1	Level 2	Level 3	Level 4	
Human	Non-Auto.	Auto.-Assist'd	Monitor'd Auto.	Cond'l Auto.	Full Auto.	Computer

SOURCE: STEPHEN P. WOOD, JESSE CHANG, THOMAS HEALY AND JOHN WOOD, *THE POTENTIAL REGULATORY CHALLENGES OF INCREASINGLY AUTONOMOUS MOTOR VEHICLES*, 52(4) SANTA CLARA LAW REVIEW 1423, 1429 (2012).

has been identified elsewhere. The real issue here is not whether to adapt existing laws or create technology-specific laws, but rather how to ensure that judges and legislators do not misunderstand the emerging digital world. A poorly conceived perception of IT tools on the part of the courts and legislative bodies might enable their improper use and undermine fundamental rights. With this in mind, it is essential to differentiate in practical terms between old and new technologies in order to avoid the incorrect use of precedent leading to the erosion of those very principles that the old rules deriving from it originally aimed to protect.[33]

2 Different Levels of Automated Driving Systems

The National Highway Traffic Safety Administration (NHTSA) released its first policy, which defined five different levels of autonomy (Levels 0 to 4), in 2013 in its *Preliminary Statement of Policy Concerning Automated Vehicles*.[34]

These five levels of automation introduced by the NHTSA were expressed in the following way:

Law of the Horse: What Cyberlaw Might Teach', (1999) 113 *Harvard Law Review* 501, 534–49 (responding to Judge Easterbrook and pointing out that cyberspace provides categorically different behavioral incentives and constraints that present, general law will fail to effectively address).

33 Lindsey Barret, *Herbie Fully Downloaded: Data-Driven Vehicles and the Automobile Exception*, (2017) 106 *The Georgetown Law Journal* 181, 183.

34 U.S. Dep't of Transp. Nat'l Highway Traffic Safety Admin., *Preliminary Statement of Policy Concerning Automated Vehicles*, 2013, pp. 4–5 available at https://www.nhtsa.gov/staticfiles/rulemaking/pdf/Automated_Vehicles_Policy.pdf.

- **No Automation (Level 0):** The driver is in complete and sole control of the primary vehicle controls—brake, steering, throttle, and motive power—at all times.
- **Function-specific Automation (Level 1):** Automation at this level involves one or more specific control functions. Examples include electronic stability control or pre-charged brakes, where the vehicle automatically assists with braking to enable the driver to regain control of the vehicle or stop faster than possible by acting alone.
- **Combined Function Automation (Level 2):** This level involves automation of at least two primary control functions designed to work in unison to relieve the driver of control of those functions. An example of combined functions enabling a Level 2 system is adaptive cruise control in combination with lane centering.
- **Limited Self-Driving Automation (Level 3):** Vehicles at this level of automation enable the driver to cede full control of all safety-critical functions under certain traffic or environmental conditions and in those conditions to rely heavily on the vehicle to monitor for changes in those conditions requiring transition back to driver control. The driver is expected to be available for occasional control, but with sufficiently comfortable transition time. The Google car is an example of limited self-driving automation.
- **Full Self-Driving Automation (Level 4):** The vehicle is designed to perform all safety-critical driving functions and monitor roadway conditions for an entire trip. Such a design anticipates that the driver will provide destination or navigation input but is not expected to be available for control at any time during the trip. This includes both occupied and unoccupied vehicles.[35]

In September 2016, the NHTSA decided to update this approach in another policy statement—establishing some guidelines for the imminent transition of a roadway towards the presence of highly automated vehicles (HAVs)—and adopt the Society of Automotive Engineers (SAE) classification of automation levels.[36] Consequently, AVs' capabilities are now defined in the US in SAE International Standard J3016, jointly developed by European, American, and Australian authorities in search of a common language in the field.[37] The SEA

35 Press Release, NHTSA, *U.S. Department of Transportation Releases Policy on Automated Vehicle Development*, August 1, 2019, https://www.transportation.gov/briefing-room/us-department-transportation-releases-policy-automated-vehicle-development.

36 K.S. Abraham and R.L. Rabin, 'Automated Vehicles and Manufacturer Responsibility for Accidents: A New Legal Regime for a New Era', (2019) 105 *Virginia Law Review* 127, 130.

37 SAE On-Road Automated Vehicle Standards Committee, Taxonomy and definitions for terms related to driving automation systems for on-road motor vehicles (SAE International, Warrendale, 2018).

TABLE 2 Levels of driving automation according to the standards of SAE International and the NHTSA

SAE level/ NHTSA level	Description	Execution of steering and acceleration/ deceleration	Monitoring of driving environment	Fallback performance of dynamic driving task	System capability (driving modes)
0/0	**Human driver monitors the driving environment:** No Automation: Only the human driver controls all the driving. There is no direct system intervention, only warnings for the driver.	Human driver	Human driver	Human driver	n/a
1/1	Driver Assistance: The autonomous system is able to take over the dynamic driving task partially (steering or acceleration/deceleration) in defined use cases with the expectation that the human driver constantly monitors the drive and will be ready to resume control immediately if needed.	Human driver	Human driver	Human driver	Some driving modes
2/2	Partial Automation: The autonomous system is able to take over the entire dynamic driving task (steering, acceleration/deceleration) in defined use cases with the expectation that the human driver constantly monitors the drive and will be ready to resume control immediately if needed.	System	Human driver	Human driver	Some driving modes

3/3	**Automated driving system monitors the driving environment:** Conditional Automation: Level 2 automation with the addition that the human driver is not required to monitor the environment when the car is in automated mode. The driver, however, needs to respond to AV requests. Therefore, the autonomous system is able to take over the entire dynamic driving task in defined use cases with the expectation that the human driver will be ready to resume control in a given time frame if the system requests an intervention.	System	System	Human driver	Some driving modes
4/3-4	High Automation: Level 3 with the addition that no human intervention is needed when the car is in automated mode.	System	System	System	Some driving modes
5/3-4	Full Automation: the car is fully automated and in control in all conditions and environments. This level represents the real driverless operation.	System	System	System	All driving modes

SOURCE: MOHAMED ALAWADHI, JUMAH ALMAZROUIE, MOHAMMED KAMIL AND KHALIL ABDELRAZEK KHALIL, REVIEW AND ANALYSIS OF THE IMPORTANCE OF AUTONOMOUS VEHICLES LIABILITY: A SYSTEMATIC LITERATURE REVIEW, 11(6) INT J SYST ASSUR ENG MANAG 1227, 1236 (2020); AND CESARE BARTOLINI, TAMÁS TETTAMANTI AND ISTVÁN VARGA, "CRITICAL FEATURES OF AUTONOMOUS ROAD TRANSPORT FROM THE PERSPECTIVE OF TECHNOLOGICAL REGULATION AND LAW," 27 TRANSPORT RES PROC, 791, 792 (2017).

distinguishes between six levels of automation. The scale comprises vehicles from Level 0 to Level 5, with the former indicating no automation at all and the latter full automation. Placement in one category or the other depends on the way in which steering and braking are controlled, if and to which extent the AV can operate without human control, and if this is possible in all situations.[38]

3 Specific Legal Rules Aimed at Including Self-Driving Cars in Road Traffic or In-Town Circulation

The speed and the extent to which the autonomous driving technologies are implemented can be partially determined by the corresponding government actions. In the US, the competent government authority in this field is the National Highway Traffic Safety Administration (NHTSA). A clear example of such an influence is the New Car Assessment Program (NCAP)[39] run by the latter, within which the NHTSA recommends to consumers what are in its opinion the most reliable advanced crash avoidance technologies and vehicles that are using them. The main objective of this agency is to ensure the safety of these new motor vehicles, and as such it was long ago expected that the NHTSA would become an important agent not only in monitoring, fostering, and conducting research on AVs, but also in establishing new laws regarding autonomous driving technologies.[40] US state-based regulation in this field previously barely existed, as the introduction of these rules was in theory limited by pre-emption,[41] as a result of which the NHTSA carried out research on AVs for a number of years with the aim of introducing adequate regulation.[42] The initial great expectation regarding the NHTSA's leading role in AV rulemaking was overshadowed, however, by large doses of pessimism in the years

38 M. Alawadhi, J. Almazrouie, M. Kamil and K. Abdelrazek Khalil, 'Review and analysis of the importance of autonomous vehicles liability: a systematic literature review' (2019) 11(6) *International Journal of Systems Assurance Engineering and Management* 1227.

39 See NAT'L HIGHWAY TRAFFIC SAFETY ADMIN., DOT HS *810 698, The New Car Assessment Program Suggested Approaches for Future Program Enhancements* (2007) http://www.safercar.gov/staticfiles/DOT/safercar/pdf/810698.pdf [accessed 26 March 2023].

40 S.P. Wood, Jesse Chang, T. Healy and J. Wood, 'The Potential Regulatory Challenges of Increasingly Autonomous Motor Vehicles' (2012) 52(4) *Santa Clara Law Review* 1423, 1426–27.

41 K.S. Abraham and R.L. Rabin, 'Automated Vehicles and Manufacturer Responsibility for Accidents: A New Legal Regime for a New Era' (2019) 105 *Virginia Law Review* 127, 137.

42 D. Shepardson, 'U.S. Working to Set Rules for Self-Driving Cars', *Detroit News*, 24 October 2012, D3.

that followed.[43] The agency has been criticized by long-term observers—as evidenced by the recent congressional hearings—for its constant lack of legislative initiative or for not being able to avoid delays in adopting safety standards.[44]

At present, both the registration of motor vehicles and the licensing of drivers fall within the scope of state law competences.[45] As of 2013, it has been a standpoint of the NHTSA to recommend that states do not give permission for the public use of AVs until some further conclusive research has been carried out.[46] The latter does not preclude the fact that, in the agency's opinion, public use of self-driven cars 'is encouraged by innovation in automated driving and their potential to transform our roadways'.[47] In parallel, some scholars have considered that no specific legislation is needed in the US for AVs to be legal on American roads,[48] although as early as 2011, Nevada became the first state to implement rules governing autonomous cars,[49] followed by Florida (2012)[50] and California (2012).[51] Currently, most states have similar legislation, and several others have issued executive orders related to autonomous vehicles.

43 See, for instance, as early as in 1990 J.L. Mashaw and D.L. Harfst, *The Struggle for Auto Safety*, HUP, Harvard 1990, 173-201, R.L. Rabin, 'Pathways to Auto Safety: Assessing the Role of the National Highway Transportation Safety Administration' in Nicholas R. Parrillo (ed), *Administrative Law from the Inside Out: Essays on Themes in the Work of Jerry L. Mashaw*, CUP, Cambridge 2017, 309-11, K.S. Abraham and R.L. Rabin, 'Automated Vehicles and Manufacturer Responsibility for Accidents: A New Legal Regime for a New Era' (2019) 105 *Virginia Law Review* 127, 137.

44 K.S. Abraham and R.L. Rabin, 'Automated Vehicles and Manufacturer Responsibility for Accidents: A New Legal Regime for a New Era', (2019) 105 *Virginia Law Review* 127, 137.

45 F.P. Hubbard, 'Sophisticated Robots: Balancing Liability, Regulation, and Innovation' (2014) 66(5) *Florida Law Review* 1803, 1845.

46 National Highway Traffic Safety Administration, Press Release, *Preliminary Statement of Policy Concerning Autonomous Vehicles* 10, 30 May 2013, http://www.nhtsa.gov/staticfiles/rulemaking/pdf/Automated_Vehicles_Policy.pdf.

47 Ibid.

48 B. Walker Smith, 'Automated Vehicles Are Probably Legal in the United States' (2014) 1 *Texas A&M Law* Review 411.

49 In this regard, the so-called Assembly Bill (AB) 511- primary legislation- includes definition of "autonomous vehicle" as well as authorization granted to the state's Department of Motor Vehicles to "adopt regulations authorizing the operation of autonomous vehicles on highways within the State of Nevada." As to the latter, See *Adopted Regulation of the Department of Motor Vehicles LCB File No. R084-11, NEV. DMV § 2*, www.leg.state.nv.us/register/RegsReviewed/$R084-11_ADOPTED.pdf (effective 1 March 2012)

50 See Committee Substitute House Bill (CS/HB) 1207 of 2012, H.B. 1207 Fla., 2012 Leg. (Fla. 2012), codified in FLA. STAT. chs. 316, 319 (2013).

51 See Senate Bill (SB) 1298 of 2012, S.B. 1298 (Cal. 2012), codified in CAL. VEH. CODE div. 16.6, § 38750 (West 2013).

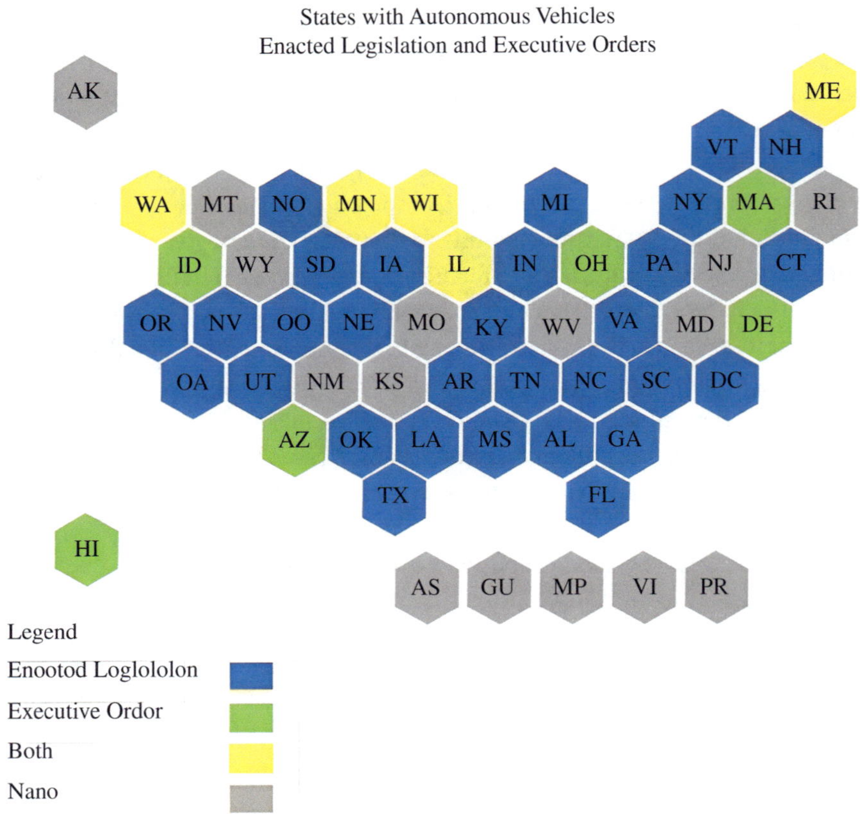

FIGURE 2 Produced by the National Conference of State Legislatures (NCSL), which has a new autonomous vehicle legislation database that provides up-to-date, real-time information about the state autonomous vehicle legislation introduced in the 50 states and the District of Columbia, available at https://www.ncsl.org/research/transportation/autonomous-vehicles-self-driving-vehicles-enacted-legislation.aspx

Figure 2 provides a full and up-to-date overview of the states with enacted autonomous vehicle legislation and executive orders.

There is no point here in analyzing each and every state regulation on autonomous vehicles. In summary, it can be said that all aim to foster the safe development, testing, and operation of AVs on public roads. Florida's Committee Substitute House Bill (CS/HB), for instance, announces that its legislature has a clear intent to promote autonomous technology[52], 'finds that the state does

52 Fla. H.B. 1207 § 1.

not prohibit or specifically regulate the testing or operation of autonomous technology in motor vehicles on public roads', and affirms that a 'person who possesses a valid driver license may operate an autonomous vehicle in autonomous mode'.[53] California's Senate Bill (SB) 1298 of 2012 similarly transmits the legislation's intent to both promote and ensure the safety of autonomous technologies,[54] including a statement that the state 'presently does not prohibit or specifically regulate the operation of autonomous vehicles',[55] establishing basic requirements for AV testing on roads[56] and operating an autonomous vehicle,[57] as well as foreseeing the possibility of operating an autonomous vehicle without a driver inside with the corresponding approval and specifying the steps necessary to achieve this;[58,59] nevertheless, in such a case the remote driver is required by the legislation to be in possession of a means that enables him to engage or disengage the autonomous technology if the need arises. Finally, the State of Tennessee has forbidden local governments to ban the use of AVs on their roads.[60]

This proliferation of state legislation gave rise to considerable concern from autonomous vehicle industry representatives. When asked to assess the impact of state actions on their business at a hearing of the Energy and Commerce Subcommittee on Digital Commerce and Consumer Protection in February 2017, many replied that they were worried about a possible significant negative effect that the patchwork of state laws might have on the future of the industry.[61] In parallel, some comments on state legislation from the public received by the NHTSA stressed that these regulations reflected several disparate approaches to adding to and amending state authority over AVs, and the agency was thus asked by both public commentators and state actors to deliver some guidance or even regulations that take into account a more

---

53 Fla. H.B. 1207 § 3 (2012), codified in FLA. STAT. § 316.85 (2013). Derived from B. Walker Smith, 'Automated Vehicles Are Probably Legal in the United States' (2014) 1 *Texas A&M Law* Review 411, 506.

54 Cal. S.B. 1298 § 1.

55 Ibid.

56 Cal. S.B. 1298 § 2.

57 Ibid.

58 Ibid.

59 B. Walker Smith, 'Automated Vehicles Are Probably Legal in the United States' (2014) 1 *Texas A&M Law* Review 411, 507.

60 B. Husch and A. Teigen, 'Regulating Autonomous Vehicles' (2017) 25(13) *Legis Brief*, https://www.ncsl.org/research/transportation/regulating-autonomous-vehicles.aspx.

61 Ibid.

TABLE 3 Federal and State Regulatory Roles

Nhtsa's Responsibilities	States' Responsibilities
– Setting Federal Motor Vehicle Safety Standards (FMVSSS) for new motor vehicles and motor vehicle equipment (with which manufacturers must certify compliance before they sell their vehicles) – Enforcing compliance with FMVSSS – Investigating and managing the recall and remedy of non-compliances and safety-related motor vehicle defects nationwide – Communicating with and educating the public about motor vehicle safety issues	– Licensing human drivers and registering motor vehicles in their jurisdictions – Enacting and enforcing traffic laws and regulations – Conducting safety inspections, where states choose to do so – Regulating motor vehicle insurance and liability

DERIVED FROM THE U.S. DEP'T OF TRANSP. NAT'L HIGHWAY TRAFFIC SAFETY ADMIN., *AUTOMATED DRIVING SYSTEMS 2.0. A VISION FOR SAFETY* AT 20 (2017), AVAILABLE AT HTTPS://WWW.NHTSA.GOV/SITES/NHTSA.GOV/FILES/DOCUMENTS/13069A-ADS2.0_090617_V9A_TAG.PDF

national approach in the field of testing and rolling out AVs.[62] Consequently, the pre-emption principle and the delimitation of federal and state roles in AV regulation became two of the most urgent and important issues that needed to be addressed by the NHTSA. The agency soon positioned itself on the issue in its policy statement of 2017, titled *Automated Driving Systems 2.0. A Vision for Safety*.[63] Generally speaking, it remains within the NHTSA's competences to regulate motor vehicle and motor vehicle equipment safety, while states are responsible for regulating the human driver and most other aspects of motor vehicle operations, included insurance and liability issues.

The main goal of the NHTSA, as established in the abovementioned policy statement, is to guarantee a consistent and uniform national regulatory framework for AVs so as to avoid the creation of unnecessary barriers to their rollout and operation. In order to achieve this objective, in September 2014 the NHTSA entered into a two-year collaborative agreement with the American

62 U.S. Dep't of Transp. Nat'l Highway Traffic Safety Admin., *Automated Driving Systems 2.0: A Vision for Safety*, 2017, p. 19 https://www.nhtsa.gov/sites/nhtsa.gov/files/documents/13069a-ads2.0_090617_v9a_tag.pdf.

63 Ibid., pp. 19-25

Association of Motor Vehicle Administrators (AAMVA), this leading to the creation of the Autonomous Vehicle Best Practices Working Group. This group was entrusted with the task of organizing and disseminating information related to the development, design, testing, use, and regulation of AVs and other emerging vehicle technologies. The report prepared by the group is meant to provide uniformity between different state legislations and a 'baseline safety approach to possible challenges' of the regulatory framework concerning AVs. In line with this report, the states are expected to revise their existing regulatory framework and ensure the implementation of policies that, although not identical, could guarantee the consistency necessary for innovation and the swift, widespread, and safe incorporation of AVs onto public roads, all this at a national level.[64] Among the best practices for legislatures, identified by the NHTSA in the policy statement, those that stand out include the requirements to provide a 'technology-neutral' environment and review traffic laws and regulations that may serve as barriers to the operation of AVs. With reference to the former, it is strongly suggested that states, where it is not necessary, should not diminish competition and innovation by imposing the requirement that only motor vehicle manufacturers can test and roll out autonomous vehicles. In other words, each and every entity that complies with federal and state laws on the testing and roll-out of AVs should be granted the possibility of operating in the state. The condition of being a motor vehicle manufacturer should not be a prerequisite here. As for traffic laws and regulations, these should neither limit nor prevent the testing or introduction of AVs on public roads by, for instance, demanding that a human operator always have one hand on the steering wheel. Such a requirement would impede the circulation on roads of AVs with Levels 3 to 5 of automation.[65]

Further best practices have been developed in the policy statement for state highway safety officials, although the NHTSA has explicitly underlined that it does not expect states to create any new processes and requirements aimed at fostering AV activity. Such guidelines are meant to support only those states that are thinking of introducing or are already in the process of establishing regulatory measures.[66]

In this way, the NHTSA's voluntary guidelines respond to what has been recognized by scholars as an essential need of the regulations on automated vehicles to find a balance between two competing objectives: protecting public safety, on the one hand, and enhancing innovation in automated technology,

64 Ibid., pp. 19–20.

65 Ibid., p. 21.

66 Ibid., pp. 22–24.

on the other. In other words, the undue risks posed by immature and inadequately engineered automated driving systems that may lead to crashes should be balanced against the possibility of better performing and safer vehicles in the long run. To find such a balance may not be easy due to the significant amounts of both judgement and science involved in the ponderation of this issue.[67] Consequently, if the NHTSA's 2.0 report focuses on detailed safety recommendations for AVs, so does the following one, titled *Preparing for the Future of Transportation: Automated Vehicles 3.0*,[68] but this time without losing sight of the counter-objective mentioned above, fostering the effective incorporation of ADS test vehicles onto public roads and at the same time enabling their safe interaction with conventional cars, pedestrians and other public road users.[69]

Finally, the NHTSA has identified another factor that could render the incorporation of AVs onto US public roads ineffective if not addressed properly—public perception of the risk associated with automation.[70] Accordingly, the report from the National Science and Technology Council and the United States Department of Transportation, titled *Ensuring American Leadership in Automated Vehicle Technologies. Automated Vehicles 4.0*,[71] aims to build upon public confidence in these emerging technologies. The report states that the US Government will take all the steps necessary to guarantee that 'entities do not make deceptive claims or mislead the public about the performance capabilities and limitations of AV technologies, including, for example, deceptive claims relating to vehicle safety or performance'.[72]

67 S.E. Shladover and Ch. Nowakowski, 'Regulatory challenges for road vehicle automation: Lessons from the California experience' (2019) 122 *Transportation Research Part A* 125, 126.

68 U.S. Dep't of Transp. Nat'l Highway Traffic Safety Admin., *Preparing for the Future of Transportation: Automated Vehicles 3.0*, 2018 https://www.transportation.gov/sites/dot.gov/files/docs/policy-initiatives/automated-vehicles/320711/preparing-future-transportation-automated-vehicle-30.pdf.

69 D. Lee and D.J. Hess, 'Regulations for on road testing of connected and automated vehicles: Assessing the potential for global safety harmonization', (2019) 136 *Transportation Research Part A: Policy and Practice* 85, 90.

70 Recognised as well by S.E. Shladover and Ch. Nowakowski, 'Regulatory challenges for road vehicle automation: Lessons from the California experience' (2019) 122 *Transportation Research Part A* 125, 126.

71 National Science and Technology Council and United States Department of Transportation, *Ensuring American Leadership in Automated Vehicle Technologies. Automated Vehicles 4.0*, 2020 https://www.transportation.gov/sites/dot.gov/files/docs/policy-initiatives/automated-vehicles/360956/ensuringamericanleadershipav4.pdf.

72 Ibidem, p. 4.

4 Data Security Is Needed for the Use of Self-Driving Cars. AVs and Privacy Issues

> 'Privacy is not an option, and it shouldn't be the price we accept for just getting on the Internet.'[73]

∴

One of the earliest in-depth American analyses on how the use of AVs can affect the right to privacy was conducted by Dorothy Glancy in 2012. The research focuses on personal vehicles, leaving aside vehicles that are sometimes deemed autonomous, such as trucks, buses, taxis, emergency vehicles, and the like. It does not consider either robotic or platooned vehicles. Nor does it aim to discuss privacy issues relating to vehicles with automated and assistive features, that is to say, those that are not fully autonomous, and which today would fall within SAE Levels 1–3 of autonomy.[74] For the purposes of the research, Glancy distinguishes between self-contained autonomous vehicles and interconnected autonomous vehicles, as these two models present very different implications for privacy.[75] According to another study, conducted by a scientist from Berkeley, the term *autonomous vehicles*, when employed properly, can only refer to those vehicles in which functions that go beyond the decision-making process—involving information acquisition in support of environment perception—are developed by the vehicle's self-contained systems, without the need (and possibility) to communicate with the external network or infrastructure. This model would correspond to what Glancy understands by the term *self-contained autonomous vehicles* and what the aforementioned

---

73 G. Kovacs, 'Tracking Our Online Trackers', Ted Talk, *Ted*, February, 2012 https://www.ted.com/talks/gary_kovacs_tracking_everyone_online_and_what_we_can_do_about_it

74 Such vehicles remain subject to driver decision making and control, the driver instead of being substituted, is rather assisted with self-parking, automatic lane alignment or adaptive cruise control with automated braking and acceleration. All those functions can be override, that is turn on or turn off by the driver, have been long available in conventional motor vehicles and are commonly known as the Intelligent Transportation Systems. More on privacy issues in those kinds of vehicles in D.J. Glancy, 'Privacy and Intelligent Transportation', (1995) 11 *Santa Clara Computer & High Tech. L.J.* 15 and US Dep't of Transp. Research & Innovative Tech. Admin., *Intelligent Transportation Systems*, http://www.its.dot.gov/.

75 D.J Glancy, 'Privacy in Autonomous Vehicles', (2012) 52(4) *Santa Clara Law Review* 1171, 1178.

scientist from Berkeley decided to simply name *autonomous vehicles. Interconnected autonomous vehicles* (or simply *connected vehicles*) 'use communications with the infrastructure or other vehicles to acquire information or to negotiate maneuvers, they have 'cooperative' rather than 'autonomous' automation systems'.[76]

Both models use privacy-sensitive data, but self-contained autonomous vehicles might be perceived as less vulnerable than interconnected autonomous vehicles in this regard for at least two reasons. First, because they are not supplied with information or control messages from outside the vehicle and, second, because the vehicle status information is retained within the vehicle and is not shared with an external network. Interconnected autonomous vehicles, described by Glancy as 'puppet vehicles' under remote control, can present more risks to privacy as they are subject to a vehicular network that is external to the vehicle.[77]

4.1 *Privacy Interests Involved*

Glancy points to three potential privacy interests that in her opinion can, on the one hand, affect public reliance on AVs and, on the other, will influence the future law on AVs, with the possible outcome of some legal restrictions being placed on the design and operation of AVs. These interests are, namely, personal autonomy, personal information, and surveillance.[78]

4.1.1 Personal Autonomy Privacy Interests

Personal autonomy has been described as the interest related to control and self-determination, that empowers people with the right to decide their destiny independently. Within the analytical framework of this section, personal autonomy can be understood as the possibility of identifying with the vehicle driven, with the vehicle perceived as a significant tool of personal choice, power, and control. As such, personal autonomy enables an individual to

---

76 S.E. Shladover, 'Connected and Automated Vehicle Systems: Introduction and Overview', (2018) 22(3) *Journal of Intelligent Transportation Systems* 190, 190–191.

77 D.J Glancy, 'Privacy in Autonomous Vehicles', (2012) 52(4) *Santa Clara Law Review* 1171, 1179.

78 Ibid., p. 1187. Historically, the case law distinguishes between only the first two privacy interests. In this regard, See *Hill v. Nat'l Collegaite Athletic Ass'n*, 7 Cal. 4th 1, 35 (1994) where the Californian court establishes that information privacy interests are "interests in precluding the dissemination or misuse of sensitive and confidential information", while autonomy privacy interests are identified with "interests in making intimate personal decisions or conducting personal activities without observation, intrusion or interference". Surveillance privacy interests was additionally identified by the author who deems it pertinent given the nature of AVs.

establish control over the following issues: 'where she is now, where will she go next, when she will depart, how she will get there and with whom, as well as who can predict or decide where, when, and how she will travel in the future'.[79]

From a functional perspective, there are two sides to autonomy privacy: positive and negative.[80] When applied to transportation choices, the positive side of autonomy privacy consists of one's right to decide where to go, how to get there, whether to travel or stay at home, and when to travel, for instance, as well as whether to drive a conventional car or choose an autonomous vehicle.[81] The negative side of autonomy privacy is perfectly expressed by Warren and Brandeis's now famous wording, 'the right to be let alone',[82] which means that an individual is granted a positive freedom that encompasses decisions taken independently, that is, 'without observation, intrusion, or interference'.[83] The degree of intrusion in AVs, that is to say, whether an AV enables or precludes such interference, will largely depend on its design and how it was manufactured.[84]

4.1.1.1 *Interferences with Autonomy Privacy in the Context of AVs: Regulations and Possible Remedies*

Among the potential interferences with autonomy privacy, Glancy mentions the possibility of compiling personal information generated by an AV into a consumer profile that can later be employed as an unchosen 'stand-in', or alter ego, for the AV's user. In the future, such a profile may be imposed within transactions, eliminating the actual individual and consequently interfering with the person's self-definition. This autonomy privacy right to self-definition is protected under US law by privacy tort actions, privacy status, and regulations.[85] Another risk related to autonomy privacy is the capacity of AVs to locate users (and thus possibly interfere with their decision of which destination to choose), this being because a person's location is a factor that helps define that person's identity. Also, there might be physical and psychological intrusions

79 D.J Glancy, 'Privacy in Autonomous Vehicles', (2012) 52(4) *Santa Clara Law Review* 1171, 1188.

80 More on these two sides of autonomy privacy in general in I. Berlin, *Two Concepts of Liberty*, 1958, E. Goffman, *Behavior in Public Places*, 1963, E. Goffman, *The Presentation of Self in Everyday Life*, 1959, Ch. Fried, 'Privacy', (1968) 77 *Yale Law Journal* 475, 475–82, S.D. Warren and L.D. Brandeis, 'The Right to Privacy' (1890) 4 *Harvard Law Review* 193, 207.

81 D.J Glancy, 'Privacy in Autonomous Vehicles', (2012) 52(4) *Santa Clara Law Review* 1171, 1193.

82 S.D. Warren and L.D. Brandeis, 'The Right to Privacy' (1890) 4 *Harvard Law Review* 193, 195.

83 *Hill v. Nat'l Collegaite Athletic Ass'n*, 7 Cal. 4th 1, 35 (1994).

84 D.J Glancy, 'Privacy in Autonomous Vehicles', (2012) 52(4) *Santa Clara Law Review* 1171, 1193–94.

85 See, e.g., *Sidis v. F-R Pub. Corp., 113 F.2d 806 (2d Cir. 1940); Melvin v. Reid, 112 Cal. App. 285 (1931).*

from censors or snoopers that violate personal autonomy since every person has the right, in the US granted by the Driver's Privacy Protection Act,[86] to drive anonymously. This act, passed at a federal level, bans state motor vehicle departments from any unpermitted disclosure of driver and vehicle licensing records that enables the identification of a person.[87] Another point is that AVs should be designed to allow the possibility of preventing, when moving from one location to another, the user being targeted with location-based advertising. Protection against governmental encroachment is provided for in the Bill of Rights to the United States Constitution.[88,89]

The principal remedies that allow the safeguarding of autonomy privacy mentioned by Glancy include the individual user's affirmative choice, fully informed consent, and anonymity. All of these raise great challenges for autonomous vehicle developers. On the one hand, they would have to translate sophisticated technical information into easily understandable language so as to secure informed individual consent. On the other, introducing anonymity in interconnected autonomous vehicles may imply a drop in security due to the fact that it will no longer be permitted to trace misbehaving technology, detect antisocial activity, or prosecute individuals who participate in unlawful network activities. However, none of these latter concerns was sufficiently important for the US Supreme Court when, in *United States v. Jones*,[90] it established that it is essential in a democratic society whose aim is to elude authoritarianism to recognize the individual's right to choose anonymous personal mobility.[91]

4.1.2 Personal Information Privacy Interests

It is more than evident that AVs will become the source of a large amount of data, some of which, when linked to a specific person, might well be treated as personal information. Origin-destination data, real-time and historical location information, or, generally speaking, all the identified autonomous vehicle user's movements in physical space, as well as detailed behavioral data, are just some examples of the many types of personal information that may be generated in the future by AVs. All of this information will enable identification of

86 See Drivers' Privacy Protection Act, 18 U.S.C. §§ 2721–2725 (2012).

87 D.J Glancy, 'Privacy in Autonomous Vehicles', (2012) 52(4) *Santa Clara Law Review* 1171, 1191–92.

88 U.S. CONST. amends. I–X (2012).

89 D.J Glancy, 'Privacy in Autonomous Vehicles', (2012) 52(4) *Santa Clara Law Review* 1171, 1191–94.

90 *United States v. Jones, 132 S. Ct. 945 (2012).*

91 D.J Glancy, 'Privacy in Autonomous Vehicles', (2012) 52(4) *Santa Clara Law Review* 1171, 1195.

the machine user's personality, behavior, and personal preferences. To match the owner with the self-driving vehicle will be especially easy at the beginning of AV commercialization, when such vehicles will be rare and the very presence of an AV on the road may be enough to identify its user.[92]

4.1.2.1 *Interferences with Personal Information Privacy Interests in the Context of AVs: Regulations and Possible Remedies*

The AV-generated personal information use that can interfere with personal information privacy interests can be of several different kinds, according to Glancy. We will probably find companies using it for targeted marketing and advertising.[93] Also, one can imagine AV users being followed, stopped, questioned, or even having their identity stolen, by someone with access to the system. This information is of particular interest and value to government, law enforcement, and intelligence agencies, as it can help to capture and further investigate suspicious individuals or prosecute suspects. Such information also allows an individual's future location to be predicted and established.[94] As was pointed out by the US Government Accountability Office, '[i]f disclosed or posted, location data may be used by criminals to identify an individual's present or probable future location, particularly if the data also contain other personally identifiable information.'[95] A very complex intimate portrait of an individual—including very sensitive information, such as habits, sexual orientation, beliefs, ideology, and behavior patterns, and potentially uncovering information on a possible affair, frequenting church, buying a gun, having an abortion, attending Alcoholics Anonymous meetings, or being associated with a political organization, for example—can be created based on locational tracking data generated by AVs.[96] It did not go unnoticed by the US Supreme Court, who in *United States v. Jones* declared as follows: 'Disclosed in [GPS] data … will be trips the indisputably private nature of which takes little imagination

---

92 D.J Glancy, 'Privacy in Autonomous Vehicles', (2012) 52(4) *Santa Clara Law Review* 1171, 1195–2000.

93 See, in this regard, Andrew Guthrie Ferguson, 'Big Data and Predictive Reasonable Suspicion', (2015) 163 *University of Pennsylvania Law Review* 327, 376. ("In fact, many businesses, including big-name companies like Google, Microsoft, Yahoo! And Facebook, are financially successful, in part, because of their ability to sell targeted advertising using user data.").

94 D.J Glancy, 'Privacy in Autonomous Vehicles', (2012) 52(4) *Santa Clara Law Review* 1171, 1196.

95 U.S. Gov't Accountability Office, GAO-14-649T, *Consumers' Location Data: Companies Take Steps to Protect Privacy, but Practices Are Inconsistent, and Risk May Not Be Clear to Consumers* 2014, pp. 5–6 http://www.gao.gov/assets/670/663787.pdf.

96 L. Barrett, 'Herbie Fully Downloaded: Data-Driven Vehicles and the Automobile Exception', (2017) 106 *Georgetown Law Journal* 181, 196.

to conjure: trips to the psychiatrist, the plastic surgeon, the abortion clinic, the AIDS treatment center, the strip club, the criminal defense attorney, the by-the-hour motel, the union meeting, the mosque, the synagogue or church, the gay bar and on and on.'[97] This is without mentioning data that could be derived from the synchronization of a mobile device with the vehicle or the vehicle with a device located in the driver's home, such as the currently much-used Alexa from Amazon.[98] Moreover, personal information generated by AVs can be further coupled with other information, this leading to more complete and more detailed profiling. For instance, if the AV's user usually parks overnight in a high-income residential neighborhood, the user is likely to be identified as wealthy and willing to shop in high-end retail stores. Consequently, once this label is stuck firmly on, the user can easily be subject to choice manipulation, as the advertisements specifically offered will be limited to expensive products.[99]

a. The 'Third-Party Doctrine'

The personal information generated by AVs will face even greater threats to privacy when transmitted or disclosed to others. The 'third-party doctrine', once the court order or administrative order has been issued, grants easier access to personal data (sometimes without prior notification to the privacy right holder in question) if they are stored by someone other than the data subject. One can speak of easier access since in such cases neither a warrant nor probable cause is required, at least one of which would otherwise be essential for this interference with privacy to be legitimate. In other words, 'a person cannot have a reasonable expectation of privacy in information disclosed to a third party'; such a presumption is exempted from the Fourth Amendment protection.[100] The latter permits the search or seizure of individuals, their homes, or their belongings only if a government actor possesses a warrant based on probable cause beforehand.[101] Whether or not a search or seizure is deemed to have taken place will principally depend on the court's assessment, that is to say, the justice will have to determine whether the government action interfered with

97 See *United States v. Jones, 565 U.S. 400, 415 (2012)* (Sotomayor, J., concurring).

98 On possibility of syncronising a car with home-based assistant devices See, e.g., Natt Garun, *Screendrive: 2017 Ford Fusion Energi Is the First Car with Alexa*, VERGE (May 1, 2017), https://www.theverge.com/2017/5/1/15438554/2017-ford-fusion-energi-alexasync3-review.

99 D.J Glancy, 'Privacy in Autonomous Vehicles', (2012) 52(4) *Santa Clara Law Review* 1171, 1196.

100 O.S Kerr, 'The Case for the Third-Party Doctrine', (2009) 107 *Michigan Law Review* 561, 563. A.S. Bohm, E.J. George, B. Cyphers and S. Lu, 'Privacy and Liberty in an Always-On, Always-Listening World', (2017) 19 *Columbia Science and Technology Law Review* 1, 16–19.

101 U.S. Const. amend. IV.

a privacy interest that in the eyes of society could be objectively deemed reasonable[102], including physical trespass.[103] Over time, case law has introduced several case-specific exceptions to the abovementioned requirement of a warrant. Nevertheless, such exceptions would not be applicable in all those cases where the ponderation of an individual's privacy interests and the interests of the government (including officer safety and the preservation of evidence) would be decided in favor of the former,[104] in other words, where the privacy interest is sufficiently significant.[105]

The 'third-party doctrine' exception was established in two landmark cases, *United States v. Miller*[106] and *Smith v. Maryland*,[107] in both of which a reasonable expectation of privacy was denied to an individual, in one case in the bank records she had used to complete a transaction, since that information had been relayed to the bank, and in the other case in the phone number she had dialed, since that information had also been revealed to a third party, in this case, the phone company from which the call was made.[108] In this regard, some scholars argue that in the case of technological products, consumers should enjoy the highest level of Fourth Amendment protection possible, and that this protection should not be left to the arbitrary decision of a corporation empowered to grant the government access to the information in question. These scholars find the grounds for this argumentation in Justice Marshall's dissent in *Smith v. Maryland*.[109] Meanwhile, the majority in this precedent decided that people entrusting information to third parties 'assume the risk' of its disclosure to the government; Marshall took the view that consumers revealing information to a business does not mean 'that they expect this information to be made available to ... the government in particular.'[110] Consequently, these same scholars agree with Marshall in as much as he declares that '[i]mplicit in the concept of assumption of risk is the notion of choice'.[111] Such a choice

102 See *Katz v. United States, 389 U.S. 347, 361 (1967)* (Harlan, J., concurring).
103 See *United States v. Jones, 565 U.S. 400, 404–05 (2012)*.
104 See, e.g., *Riley v. California, 134 S. Ct 2473, 2485 (2014)* (holding that the warrant exception for a search incident to a lawful arrest could not be extended to the search of a cell phone).
105 L. Barrett, 'Herbie Fully Downloaded: Data-Driven Vehicles and the Automobile Exception', (2017) 106 *Georgetown Law Journal* 181, 192.
106 See *United States v. Miller, 425 U.S. 435 (1976)*.
107 *Smith v. Maryland, 442 U.S. 735 (1979)*.
108 L. Barrett, 'Herbie Fully Downloaded: Data-Driven Vehicles and the Automobile Exception', (2017) 106 *Georgetown Law Journal* 181, 193.
109 See *Smith v Maryland, 442 U.S. 735, 749 (1979)*.
110 Ibid.
111 Ibid.

could be deemed almost non-existent in the case of technological products if we bear in mind the lengthy terms of service agreements that, in actual fact, will not lead a consumer to abandon their purchase.[112] The regulation proposed by the scholars in question prohibits the application of the 'third-party doctrine' to always-on device data and re-establishes for this case the requirement of a warrant before accessing data held by a third party.[113]

Similarly, other research warns of the risks associated with the application of existing traditional rules to technological fact that, by reason of analogy, could lead to a weakening of the current protection. In the opinion of this research, once these technological cases reach the courts, regardless of normative considerations, justices will rather apply existing case law than create new rules adapted to the digital world.[114] This situation is already unfolding, as American courts have developed a two-tier method of dealing with new technology cases under existing precedents: they either fit the case into old standards or create new tests to establish the reasonable expectation standard of *Katz*.[115] It is essential to mention here, as an example, *United States v. Maynard*,[116] a landmark precedent subsequent to *Karo*[117] and *Knotts*,[118] all of them dealing with a similar assumption and finding in a similar vein.[119] It is *United States v. Maynard*,[120] however, that creates a unique basis for the deauthorization of intensive monitoring without recourse to the automation rationale. The novel technique applied in *Maynard* consists of applying to the Fourth Amendment an adapted mosaic theory, developed in cases based on the Freedom of Information Act.[121] Mosaic theory distinguishes between a separate and personally sensitive piece of information, such as where in a public space a car is parked at a particular time, and a GPS tracker that collects information

112 A.S. Bohm, E.J. George, B. Cyphers and S. Lu, (2017) 'Privacy and Liberty in an Always-On, Always-Listening World', XIX *The Colum. Sci. & Tech. L. Rev.* 1, 18.

113 Ibid., pp. 20-23.

114 L. Barrett, 'Herbie Fully Downloaded: Data-Driven Vehicles and the Automobile Exception', (2017) 106 *Georgetown Law Journal* 181, 194.

115 *Katz v. United States, 389 U.S. 347 (1967). Cf* also M.E. Twomey, Note, 'Voluntary Disclosure of Information as a Proposed Standard for the Fourth Amendment's Third-Party Doctrine', (2015) 21 Mich. Telecomm. & Tech. L. Rev. 401, 411.

116 *United States v. Maynard, 615 F.3d 544 (D.C. Cir. 2010).*

117 See *United States v. Karo, 468 U.S. 705 (1984).*

118 *United States v. Knotts, 460 U.S. 276 (1983).*

119 Both aforementioned cases concerned tracking devices, and, in both cases, respective courts held that although placing of the device was constitutional, the use of tracking device by government agents to review the information collected, compared to human observation, lacked constitutional protection.

120 *Maynard, 615 F.3d*, p. 562.

121 See E. Smith Dennis, 'A Mosaic Shield: Maynard, the Fourth Amendment and Privacy Rights in the Digital Age' (2011) 33 *Cardozo Law Review* 737, 754–59.

on a car's location in public spaces over a period of time, for example. Revelation of the former case will not be considered a search under the Fourth Amendment, while in the latter case patterns and personal information that could be derived from the collected information will allow the establishment of personal data that in the opinion of the court should be protected by a warrant.[122]

In fact, the AV context is not the only one in which the 'third-party doctrine' has aroused severe criticism. The rapid development of self-driven vehicles has only strengthened the discourse, the doctrine having long been called obsolete and ill-suited to the digital age since in a modern world driven by new technologies almost all communications are by default entrusted to third parties.[123] This concern is reinforced by the concurring opinion of Justice Sotomayor in *United States v. Jones* when she states that 'it may be necessary to reconsider the premise that an individual has no reasonable expectation of privacy in information voluntarily disclosed to third parties',[124] especially in the digital age.[125] Other critics opposed to the traditional 'third-party doctrine', which considers a combination of reasonable expectation and physical trespass, underline that this old rule does not suit a modern society in which physical trespass is no longer needed for information to be obtained and the expectation of privacy

---

122 *Maynard, 615 F.3d*, pp. 544 and 562.

123 L. Barrett, 'Herbie Fully Downloaded: Data-Driven Vehicles and the Automobile Exception', (2017) 106 *Georgetown Law Journal* 181, 196. In a similar vein, R.M. Thompson II, *The Fourth Amendment Third-Party Doctrine,* Cong. Research Serv., R43586, 2014, p. 12 when stating that "the third-party doctrine has been criticized by Members of Congress, various commentators and others as overly constrictive of Americans' privacy right…"). Another criticism of the "Third-Party Doctrine" recognizing that the online environment allows collecting vast amounts of personal online data at very low cost has been posed by Ch. Slobogin, *Privacy at Risk: The New Government Surveillance and the Fourth Amendment,* 2007, pp. 151–64, J.M. Balkin., 'The Constitution in the National Surveillance State', (2008) 93 *Minn. L. Rev.* 1, 19, S.W. Brenner, and L.L. Clarke, 'Fourth Amendment Protection for Shared Privacy Rights in Stored Transactional Data', (2006) 14 *J.L. & Pol'y* 211, 242-44, S.E. Henderson, 'Beyond the (Current) Fourth Amendment: Protecting Third-Party Information, Third Parties, and the Rest of Us Too', (2007) 34 *Pepp. L. Rev.* 975, 976, J. Rubenfeld, 'The End of Privacy', (2008) 61 *Stan. L. Rev.* 101, 113-14, A.J. DeFilippis, 'Securing Informationships: Recognizing a Right to Privity in Fourth Amendment Jurisprudence', (2006) 115 Yale L.J. 1086, 1092, S. Freiwald, 'First Principles of Communications Privacy', [2007] *Stanford Tech. L. Rev.* 3, 46-9, http://stlr.stanford.edu/pdf/freiwald-first-principles.pdf, M.D. Lawless, 'The Third Party Doctrine Redux: Internet Search Records and the Case for a "Crazy Quilt" of Fourth Amendment Protection', (2007) *UCLA J.L. & Tech.* 2, 9-12, http://www.lawtechjournal.com/articles/2007/02_070426_lawless.pdf.

124 *Jones*, 132 S. Ct., p. 956.

125 Noting that: "This approach is ill suited to the digital age, in which people reveal great deal of information about themselves to third parties in the course of carrying out mundane tasks." *Jones*, 132 S. Ct., p. 957 (Sotomayor concurring).

is of an ever-changing nature due to new technologies and current events.[126] All of these arguments have led some scholars to take the view that the 'third-party doctrine' should be completely abandoned and that law enforcement officers should thus always be required to obtain a warrant to gain access to requested information.[127] While some of these scholars consider the right to privacy to be an all-or-nothing concept with the 'third-party doctrine' being an exemption resulting in its complete annulment, others are in favor of completely doing away with it through other channels, one of the latter having undertaken research aimed at demonstrating that the doctrine is rejected at the state level. The author of this research has shown that eleven states do so implicitly in their constitutions, while ten others leave room to believe that they might do so in the future.[128]

Finally, there are some voices among American scholars which argue that a complete elimination of the 'third-party doctrine' is not desirable as it could constitute a real threat to law enforcement investigations. Certain aspects of the doctrine should therefore be maintained, for instance, when allowing access to bank records[129] or pen registers.[130] It should only be suppressed in those cases where the information was not shared with other actors willingly. In other words, '[v]oluntary disclosure to third parties using new technologies should be afforded no protection. On the other hand, information that is not affirmatively or voluntarily shared, yet is accessible by third parties as a result of new technology, should be protected by the strongest form of Fourth Amendment protection- a warrant requirement.'[131] Whether or not the information was voluntarily revealed to a third party should depend on the following factors to be weighted by the court: the reasonable expectation test established in *Katz*; the purpose of the disclosure; the frequency of transmission; and public access to the information.[132]

---

126 See S. Ghoshray, 'Privacy Distortion Rationale for Reinterpreting the Third-Party Doctrine of the Fourth Amendment', (2011) 13 *Fla. Costal L. Rev*. 33, n.10 p. 63.

127 M.E. Twomey, Note, 'Voluntary Disclosure of Information as a Proposed Standard for the Fourth Amendment's Third-Party Doctrine', (2015) 21 *Mich. Telecomm. & Tech. L. Rev.* 401, 413.

128 S. Henderson, 'Learning from All Fifty States: How to Apply the Fourth Amendment and its State Analogs to Protect Third-Party Information from Unreasonable Search', (2006) 55 *Cath. U. L. Rev.* 373, 376.

129 *United States v. Miller, 425 U.S. 435 (1976).*

130 *Smith v. Maryland, 422 U.S. 735 (1979).*

131 M.E. Twomey, Note, 'Voluntary Disclosure of Information as a Proposed Standard for the Fourth Amendment's Third-Party Doctrine', (2015) 21 *Mich. Telecomm. & Tech. L. Rev.* 401, 416.

132 For more details, see ibid., pp. 415–16.

Another idea on how to extend protection of the right to privacy into the digital age without completely doing away with the 'third-party doctrine' comes from Matthew Tokson.[133] Tokson's theory is based on an in-depth analysis of available data about the behavior and the privacy expectations of Internet users, and according to his findings and conclusions, Internet users tend to make a sharp distinction between two very different situations: in the first, the information is disclosed to an automated system that is unable to actually understand the content of the information; and in the second, the information is shared with a human being. In the former scenario, privacy is not threatened as long as the information is relayed to the machine voluntarily. This fact, in Tokson's opinion, has not been taken into account by the courts, who automatically started dealing with automated Internet systems as if they were equivalent to human beings.[134]

b. **Existing Personal Information Regulation**

The United States has been highlighted as one of the first countries to regulate privacy issues in the digital age. Although as yet there is no specific regulation of the personal information generated by AVs, in the US several state and federal statutes and regulations have been passed addressing the protection of personal information in more general terms. The scope of application of these laws covers the collection and use of personal data and includes a prohibition of their misuse. Up to and including 2012, for instance, legislation on missing or lost personal information had been enacted in forty-six states, the District of Columbia, Puerto Rico, and the Virgin Islands.[135] Taking into account that AVs will tend to move from one state to another, the laws of several states will likely apply to them in the case of breach of privacy.[136] Only a small number of states, among them Massachusetts, extend the privacy protection they grant to wherever the data moves in geographical terms.[137]

Some of these privacy laws were passed decades ago and are deemed by the literature to be ill-suited to the modern world.[138] Clear examples of this are the

133 M. Tokson, 'Automation and the Fourth Amendment', (2011) 96 *Iowa L. Rev.* 581.

134 Ibid.

135 Nat'l Conf. of State Legislatures, *Security Breach Legislation 2011*, 21 December 2011, http://www.ncsl.org/issues-research/telecom/security-breach-legislation-2011.aspx.

136 D. J. Glancy, (2012) 'Privacy in Autonomous Vehicles', 52(4) *Santa Clara Law Review* 1171, 1201.

137 Massachusetts Consumer Protection Act, MASS. G.L. ch. 93A (2011) and 201 CMR 17.01-17.05 (Massachusetts Standards for the Protection of Personal Information of Residents of the Commonwealth) (2012).

138 Ch. Lee, 'Grabbing the Wheel Early: Moving Forward on Cybersecurity and Privacy Protections for Driverless Cars', (2017) 69 *Federal Communications Law Journal* 25, 41.

federal Electronic Communications Privacy Act of 1986 (ECPA),[139] the Federal Communications Act of 1996,[140] and the Privacy Act of 1974.[141] The first prohibits any act or attempt to 'intercept' or 'disclose … any wire, oral, or electronic communication.'[142] Although the scope of this prohibition is extended to telephone lines and emails, not every type of data is covered therein. Geolocation, for instance, for the time being remains outside its scope.[143] All three laws could apply to AVs: while the first two could be applied to specific aspects of autonomous vehicle communications, especially in the case of interconnected models, the third could be applied to information related to the identifiable users of AVs received and stored by federal agencies.[144]

Some states have tried to address the lacunas existing in the federal legislation on privacy protection by enacting their own laws. The most notable example of such regulation is that of the Californian Electronic Communications Privacy Act (ECPA) of 2015.[145] California recognizes the right to privacy in its constitution,[146] and its ECPA, which entered into force in 2016, imposes on enforcement agencies a warrant requirement in the case of searches for a device's location data, metadata, content, and search history,[147] where such information is stored by either the device's owner or the service provider.[148] Minnesota is another state that has followed the same path, although its legislation limits the warrant requirement to location data.[149] Up to and including 2017, other states were immersed in similar efforts but it is uncertain whether their future legislation will be comprehensive enough to cover the privacy issues related to AVs.[150]

---

139 Electronic Communications Privacy Act, 18 U.S.C. §§ 2510–2522 (2012).

140 Telecommunications Act of 1996, 47 U.S.C. § 222 (2012).

141 The Privacy Act of 1974, 5 U.S.C. § 552a (2012).

142 18 U.S.C. § 2511(1)(a), (c) (2012).

143 Ch. Lee, 'Grabbing the Wheel Early: Moving Forward on Cybersecurity and Privacy Protections for Driverless Cars', (2017) 69 *Federal Communications Law Journal* 25, 41.

144 D. J. Glancy, 'Privacy in Autonomous Vehicles,' (2012) 52(4) *Santa Clara Law Review* 1171, 1201.

145 Electronic Communications Privacy Act, CAL. Penal Code §§ 1546–1546.4 (West 2015). See also K. Zetter, 'California Now Has the Nation's Best Digital Privacy Law', *Wired* (8 October 2015), http://www.wired.com/2015/10/california-now-nations-best-digitalprivacy-law/.

146 Cal. Const. art. I, § 1

147 Cal. Penal Code §§ 1546–1546.1.

148 Cal. Penal Code § 1546.1

149 Minn. Stat. § 626A.28 subd. 3(d) (2015).

150 Ch. Lee, 'Grabbing the Wheel Early: Moving Forward on Cybersecurity and Privacy Protections for Driverless Cars', (2017) 69 *Federal Communications Law Journal* 25, 42. See also, Peter Cihon, 'Status of Location Privacy Legislation in the States: 2015' [2015] *ACLU:FreeFuture*https://www.aclu.org/blog/free-future/statuslocation-privacy-legislation-states-2015.

In 2012, another piece of federal legislation came into effect that in future is likely to be applicable to the protection of personal information generated by AVs. The Drivers' Privacy Protection Act (DPPA)[151] aims to protect driver and licensing information that is processed by state motor vehicle departments for licensing purposes—such as name, address, race, and so on—from illegal use and disclosure for which statutory damages are foreseen as a remedy.[152]

At the same time, it has been pointed out that we do not yet know how the aforementioned general laws on digital and Internet privacy will respond to the AV context. The DPPA, drafted with conventional vehicles in mind, will probably prove inadequate for many of the privacy concerns characteristic of AVs, a situation that will eventually inform the need for its adaptation to 'the uncharted world of self-driving cars'.[153]

This inadequacy led to the common initiative (from federal and state governments and the interest groups involved) aimed at proposing future laws that safeguard privacy interests in the field of autonomous vehicles. The need for such legislation was recognized by the Obama administration in 2016—consequently, the 2017 fiscal budget presented to Congress included $4 billion dollars of funding for driverless car pilot programs.[154] Privacy issues relating to the use of AVs were also addressed in September 2016 by the NHTSA, who in their guidelines on 'automated cars'[155] included a section addressed to manufacturers and highlighting seven detailed aspects of privacy that this lobby should take into account when working on vehicle design.[156]

Privacy protection is also granted—under the Fourth Amendment of the US Constitution—limiting government activities in the form of searches and seizures that excludes evidence from criminal proceedings. The analysis of the reasonable expectation of privacy that is associated with claims based on this regulation also plays a pivotal role in assessing the 'protectability' of privacy interests in tort law, as well as in statutory and regulatory law.[157] The reasonable

151 Driver's Privacy Protection Act, 18 U.S.C. § 2721 (2012).

152 D. J. Glancy, 'Privacy in Autonomous Vehicles', (2012) 52(4) *Santa Clara Law Review* 1171, 1202.

153 Ch. Lee, 'Grabbing the Wheel Early: Moving Forward on Cybersecurity and Privacy Protections for Driverless Cars', (2017) 69 *Federal Communications Law Journal* 25, 38.

154 See T. Risen, 'How Safe Is a Self-Driving Car?', *U.S. News & World Rep.*, (8 October 2015), http://www.usnews.com/news/articles/2015/10/08/nhtsa-volvo-seek-cybersecurity-privacy-for-driverless-cars.

155 See National Highway Traffic Safety Administration, *Federal Automated Vehicles Policy*, 2016, p. 21.

156 Ch. Lee, 'Grabbing the Wheel Early: Moving Forward on Cybersecurity and Privacy Protections for Driverless Cars',(2017) 69 *Federal Communications Law Journal* 25, 39.

157 D. J. Glancy, 'Privacy in Autonomous Vehicles', (2012) 52(4) *Santa Clara Law Review* 1171, 1216.

expectation of privacy test has its origins in the United States Supreme Court decision of 1967, *Katz v. United States*.[158] The central principle in *Katz*, uniformly recognized in subsequent case law, can be encapsulated in the following statement: '[T]he application of the Fourth Amendment depends on whether the person invoking its protection can claim a 'justifiable', a 'reasonable', or a 'legitimate expectation of privacy' that has been invaded by government action.'[159] In this regard, *Katz* is commonly cited, as it introduced a completely new idea in answer to the question of what is the scope of the prohibition against searches and seizures set forth in the Fourth Amendment. The previously binding property-based approach, extending the prohibition to certain constitutionally protected private places, was substituted by *Katz*'s rule, which can be summarized in the following words: 'the Fourth Amendment protects people, not places. … What a person knowingly exposes to the public, even in his own home or office, is not a subject of Fourth Amendment protection. But what he seeks to preserve as private, even in an area accessible to the public, may be constitutionally protected.'[160] The rule was inspired by the argument of attorney Harvey Schneider, arguing for Katz as a petitioner, who when trying to convince the court, suggested that 'the question should [not] be determined as to whether or not you have an invasion of a constitutionally protected area,' such as a house or an office, but rather, 'the right to privacy follows the individual … whether or not he's in a space enclosed by four walls and a ceiling and a roof, or in an automobile, or in any physical location.'[161]

As a result of this decision, one of the most cited in American history,[162] the Fourth Amendment constitutional protection of privacy now also extends to public places and intangible evidence, although not automatically; both extensions are crucial in the AV context, where we deal with intangible digital and personally sensitive data collected in public roadway settings. According to

158 *Katz v. United States, 389 U.S. 347 (1967)*.

159 Smith, 442 U.S. at 740 (citing Rakas v. Illinois, 439 U.S. 128, 143 & n.12 (1978); Rakas, 439 U.S. at 150–51 (Powell, J., concurring); Rakas, 439 U.S. at 164 (White, J., dissenting); *United States v. Chadwick, 433 U.S. 1, 7 (1977); United States v. Miller, 425 U.S. 435, 442 (1976); United States v. Dionisio, 410 U.S. 1, 14 (1973); Couch v. United States, 409 U.S. 322, 335–36 (1973); United States v. White, 401 U.S. 745, 752 (1971)* (plurality opinion); *Mancusi v. DeForte, 392 U.S. 364, 368 (1968); Terry v. Ohio, 392 U.S. 1, 9 (1968)*.

160 *Katz v. United States, 389 U.S. at 351-352 (1967)* (majority opinion).

161 H.A. Schneider, 'Katz v. United States: The Untold Story', (2016) 40 *McGeorge L. Rev.* 13, 19.

162 S. Marmion, 'Most-Cited U.S. Supreme Court Cases in HeinOnline—Part II', Heinonline Blog (16 February 2009), http://heinonline.blogspot.com/2009/01/most-citedus-supreme-court-cases-in.html (ranking the Katz decision as the fifteenth most-cited case, with a total of 6741 citations). See also, Martin McKown, 'Fifty Years of Katz: A Look Back—and Forward—at the Influence of Justice Harlan's Concurring Opinion on the Reasonable Expectation of Privacy', (2017) 85 *The George Washington Law Review Arguendo* 140, 140.

Glancy, under such a ruling, communications between interconnected autonomous vehicles or between autonomous vehicles and roadside infrastructure, other mobile devices, or the cloud will likely deserve protection granted by the Fourth Amendment. There seems to have recently been a shift in attitudes towards privacy expectations on public roads: from traditionally ranging between very low and virtually absent to an almost established trend in court decisions at the current time reflecting an extension of Fourth Amendment protection to people in vehicles on public roads. The aforementioned historical reluctance was based, according to scholars, on the following two increasingly less common factors: (1) A general notion that public roadways are, by their very nature, not places where people should expect privacy and (2) exceptions to Fourth Amendment warrant requirements that seemingly excluded vehicles from constitutional protection.'[163]

4.1.3 Surveillance Privacy Interests

Glancy distinguishes surveillance privacy interests as a separate category as they go much further than just the autonomy and personal information interests of individuals, having the potential to compromise the whole political and social well-being of American society.[164] The situation was perfectly described by Supreme Court Justice Sonia Sotomayor in her concurring opinion in *United States v. Jones* when she declared that '[a]warness that the Government may be watching chills associational and expressive freedoms. And the Government's unrestrained power to assemble data that reveal private aspects of identity is susceptible of abuse.'[165] '[M]aking available at a relatively low cost such a substantial quantum of intimate [GPS location] information about any person whom the Government, in its unfettered discretion, chooses to track' may 'alter the relationship between citizen and government in a way that is inimical to democratic society.'[166]

Within surveillance, scholars frequently identify two different categories: covert and overt surveillance. The latter term is used to describe an activity whose aim is, through openly watching, to influence the behavior of the person being observed. In the context of AVs, overt surveillance could lead to a modification of users' conduct related to speed limits, smoking, or drinking alcohol, to mention just a few examples. This could happen because, for

163 D. J. Glancy, 'Privacy in Autonomous Vehicles', (2012) 52(4) *Santa Clara Law Review* 1171, 1218 and 2019-1225.

164 D. J. Glancy, 'Privacy in Autonomous Vehicles', (2012) 52(4) *Santa Clara Law Review* 1171, 1207.

165 *United States v. Jones, 132 S. Ct. 945, 956 (2012)* (Sotomayor, J., concurring).

166 *United States v. Jones, 132 S. Ct. 945, 956 (2012)* (Sotomayor, J., concurring), citing *United States v. Cuevas-Perez, 640 F.3d 272, 285 (7th Cir. 2011)* (Flaum, J., concurring).

instance, every single breach of the speed limit would be instantly reported to the enforcement agencies, which would force the AV user to comply with traffic regulations in the future. Thus, in the words of Glancy, '[o]ne purpose of overt surveillance is to interfere with individual autonomy through the power of scrutiny'.[167]

On the other hand, covert surveillance involves the secret monitoring, collecting, and reporting of personal information and includes targeted surveillance and mass surveillance. It could result in a major threat for self-driving car users as sophisticated AV technology could frequently preclude ordinary people from understanding the risk posed by covert surveillance.[168] The main difference between targeted and mass surveillance is the subject at whom it is aimed: in the former, it is a specific identified person, while in the latter, it is everyone who falls within an area or sector. One can also imagine large-scale surveillance of a whole population that could be used as an instrument of control over every individual's behavior within this population.

Targeted surveillance in the form of vehicle tracking without a warrant was held to be unconstitutional by the US Supreme Court in *United States v. Jones*.[169] This type of surveillance will operate differently depending on whether the autonomous vehicle is self-contained or interconnected. The latter type, due to its main characteristics, namely its continuous access and connectivity to an external network and other vehicles and devices, if not secured by data encryption and anonymity, could provide immediate remote access to the real-time location of the autonomous vehicle and its user, as well as to the records of the user's past locations. Targeted surveillance in the case of self-contained autonomous vehicles would be more difficult, as the lack of connection to an external network would preclude remote real-time tracking, unless the vehicle was attached to a tracking device. Nevertheless, the records of past itineraries available on the computer system within the vehicle could be misused by those with access to them, even though this would probably be forbidden by burglary and other laws. Targeted surveillance requiring access to information stored in a self-contained autonomous vehicle would likely need both probable cause and a warrant. Finally, generally speaking, this type of surveillance has been described by Glancy as that which places at risk a very important aspect of individual autonomy—'the ability to resist being

167 D. J. Glancy, 'Privacy in Autonomous Vehicles,' (2012) 52(4) *Santa Clara Law Review* 1171, 1208.
168 Ibid., p. 1209.
169 *United States v. Jones, 132 S. Ct. 945* (2012).

categorized, manipulated psychologically, intimidated or mechanistically predicted by society or the government.'[170]

Meanwhile, mass surveillance allows the creation of behavior patterns in and detailed profiles of AV users, which could serve the following purposes: (1) the generation of an algorithmic profile of an ordinary/typical AV user; (2) the prediction of each individual user's behavior; and (3) the identification of the user who will or will not comply with the created pattern. The argument according to which the unencrypted information captured by mass surveillance is necessary for most transportation management and planning was not convincing to Glancy as, in her opinion, the anonymous data of both the vehicle and the driver are quite sufficient for these purposes. The aforementioned patterns and profiles can have multiple uses, serving as valid input not only for enforcement agencies, but also in the private sector for marketers and advertisers who are willing to predict and manipulate future consumer behavior.[171]

4.1.4 Proposals for the Future

Some of the regulatory proposals are aimed at creating a flexible legal framework, a *soft law* regime that could be achieved through a third-party certification system. Within this approach, the Privacy by Design system, in force in Canada, is currently highlighted as the most appropriate.[172] In the United States, this concept has been long promoted by general privacy specialists such as Helen Nissenbaum,[173] has been proposed as an effective strategy for optimizing privacy in the case of online technologies by the Federal Trade Commission (FTC),[174] and has also been positively received by the White House.[175] Finally, with respect to the transportation sector, as of 2008 Privacy by Design was signaled as a desirable solution for intelligent transportation systems.[176]

170 D. J. Glancy, 'Privacy in Autonomous Vehicles,' (2012) 52(4) *Santa Clara Law Review* 1171, 1209–11.

171 Ibid., pp. 1212–1214.

172 In this vein D. J. Glancy, 'Privacy in Autonomous Vehicles,' (2012) 52(4) *Santa Clara Law Review* 1171, 1226. Generally, favorable of this solution for the robots equipped with artificial intelligence: K. Ishii, 'Comparative legal study on privacy and personal data protection for robots equipped with artificial intelligence: looking at functional and technological aspects', (2019) 34 *AI and Society* 509.

173 H.F. Nissenbaum, *Privacy in Context*, Stanford Univ. Press 2010, pp. 1–10.

174 Fed. Trade Comm'n, *Report: Protecting Consumer Privacy in an Era of Rapid Change*, 2012, http://www.ftc.gov/os/2012/03/120326privacyreport.pdf..

175 White House, *Consumer Data Privacy in a Networked World: A Framework for Protecting Privacy and Promoting Innovation in The Global Digital Economy*, 2012, http://www.whitehouse.gov/sites/default/files/privacy-final.pdf.

176 Transportation Research Board, *Using Vehicle Integration Data, Part 2: Cross-Cutting VII Data Issues*, 87th Annual Meeting, Washington, D.C., Session 682, 16 January 2008.

Privacy by Design (PbD), whose origins can be traced back to the mid-1990s, has been described as a holistic concept, in Canada popularized and advocated by Dr. Anne Cavoukian, Ontario's Information and Privacy Commissioner. The main goal of PbD is to embed privacy into IT systems, accountable business practices, and physical design and network infrastructures. The main idea here is to create a soft law that would establish and implement the fundamental principles of Fair Information Practices into the design, operation, and management of information processing technologies and systems.[177] PbD, as described by Cavoukian, would be based on the following seven principles:

1. *Proactive Not Reactive; Preventative Not Remedial*
The *Privacy by Design* (PbD) approach is characterized by proactive rather than reactive measures. It anticipates and prevents privacy invasive events before they happen. PbD does not wait for privacy risks to materialize, nor does it offer remedies for resolving privacy infractions once they have occurred – it aims to prevent them from occurring. In short, *Privacy by Design* comes before-the-fact, not after.

2. *Privacy as the Default*
We can all be certain of one thing – the default rules! *Privacy by Design* seeks to deliver the maximum degree of privacy by ensuring that personal data are automatically protected in any given IT system or business practice. If an individual does nothing, their privacy still remains intact. No action is required on the part of the individual to protect their privacy – it is built into the system, by default.

3. *Privacy Embedded into Design*
Privacy by Design is embedded into the design and architecture of IT systems and business practices. It is not bolted on as an add-on, after the fact. The result is that privacy becomes an essential component of the core functionality being delivered. Privacy is integral to the system, without diminishing functionality.

4. *Full Functionality – Positive-Sum, not Zero-Sum*
Privacy by Design seeks to accommodate all legitimate interests and objectives in a positive-sum 'win-win' manner, not through a dated,

177 K. Ishii, 'Comparative legal study on privacy and personal data protection for robots equipped with artificial intelligence: looking at functional and technological aspects', (2019) 34 *AI and Society* 509, 521.

zero-sum approach, where unnecessary trade-offs are made. *Privacy by Design* avoids the pretense of false dichotomies, such as privacy *vs.* security, demonstrating that it *is* possible to have both.

5. *End-to-End Lifecycle Protection*
Privacy by Design, having been embedded into the system prior to the first element of information being collected, extends throughout the entire lifecycle of the data involved, from start to finish. This ensures that at the end of the process, all data are securely destroyed, in a timely fashion. Thus, *Privacy by Design* ensures cradle to grave, lifecycle management of information, end-to-end.

6. *Visibility and Transparency*
Privacy by Design seeks to assure all stakeholders that whatever the business practice or technology involved, it is in fact, operating according to the stated promises and objectives, subject to independent verification. Its component parts and operations remain visible and transparent, to users and providers alike. Remember, trust but verify.

7. *Respect for User Privacy*
Above all, *Privacy by Design* requires architects and operators to keep the interests of the individual uppermost by offering such measures as strong privacy defaults, appropriate notice, and empowering user-friendly options. Keep it user-centric.[178]

In comparative law literature, such a *soft law*, based on the seven principles described above, is deemed to be a more efficient and desirable solution, when compared with setting forth detailed regulation centered on AI, for at least three different reasons: (1) No matter how adequate the regulations created for the protection of personal data may be, the rapid advance of AI will easily go beyond the limits of legal coverage. (2) As AI gets exponentially smarter, humans may not be able to keep up with its progress, further limiting their understanding of what privacy protection should encompass. (3) It has also been said that the judicial mechanism of granting compensation or another remedy to a victim, after the passage of an often considerable period of time, is

178 A. Cavoukian, *Privacy by Design: The 7 Foundational Principles*, 2009, pp. 1–2, http://www.ontla.on.ca/library/repository/mon/23008/295010.pdf.

not adequate to solve the current problems related to AI and privacy.[179] Point 2, in particular the unpredictability of AI robots, was the main reason why the 'reasonable expectation of privacy' test valid in the US (and also in Canada) was declared an ineffective approach to privacy protection in an AI-driven world.[180]

Those who favor a traditional regulatory regime for AVs plead for a new and coherent legal framework that could guide and foster the driverless car revolution. Due to the fact that these vehicles will operate across the borders of different states—and consequently laws regulating communication, cybersecurity, and privacy issues in AVs will be of an interstate nature—in their opinion, such a regulation should be enacted at the federal level. This task should be entrusted to a dedicated consortium of federal government agencies, created either through executive order or by Congress, who would furthermore be charged with the sharing of up-to-date industry information between the entities that would form part of the consortium, such as, at a minimum, the NHTSA, the FTC, the FCC, the NIST, and ITS America. Jurisdiction over cybersecurity and data privacy, as well as the enforcement of other consumer protection measures, should be left in the hands of the FTC (Federal Trade Commission). States and private industry would also play a role in this framework, although this would be rather limited, as it is deemed ideal to defer most aspects of the regulation to the aforementioned federal consortium. As for the content, this new and AV-specific piece of legislation should take into account the findings of the US Government Accountability Office's (GAO) In-Car Location-Based Service report and should include the following: (1) a requirement imposed on companies to disclose information regarding the collection, use, disclosure, and destruction of data; (2) a requirement imposed on companies consisting of the obligation to obtain consumer consent to use the data; (3) an obligation imposed on companies to establish the baseline metric to store data; and (4) the creation of mandatory compliance mechanisms for companies that fail to comply with these obligations. [181]

Most scholars also seem to agree on imposing the warrant requirement in the case of a search of the digital data generated by autonomous vehicles.[182]

179 K. Ishii, 'Comparative legal study on privacy and personal data protection for robots equipped with artificial intelligence: looking at functional and technological aspects', (2019) 34 *AI and Society* 509, 527–528.

180 Ibid., p. 528.

181 Ch. Lee, 'Grabbing the Wheel Early: Moving Forward on Cybersecurity and Privacy Protections for Driverless Cars', (2017) 69 *Federal Communications Law Journal* 25, 43–52.

182 G.C. Brown, 'Nowhere to Run, Nowhere to Hide: Applying the Fourth Amendment to Connected Cars in the Internet-of-Things Era' (2019) 32(3) *Journal of Civil Rights and Economic*

5 Intersection of Freedom, Privacy and Civil Liability

As is mentioned above, privacy and liability are considered to be crucial and are without doubt the most controversial issues related to the use of autonomous vehicles. In this regard, it can be affirmed that most, if not almost all scholars tend to treat them separately,[183] although some refer to both issues in the same study.[184] Of a singular nature in this context is the proposal of Jack Boeglin, who presents in his paper an integrated approach that takes into account freedom, privacy and liability.[185] The three issues, in the opinion of the author, together constitute interlocking parts of the puzzle—which is the baseline of self-driving car regulation—and should not be treated independently as 'one-size-fits-all' frameworks for assessing liability. According to Boeglin, the person to be held liable in AV accidents should be the vehicle's user, and the extent of her/his liability should vary depending on the degree of user freedom and privacy her/his AV protects.[186] In order to better understand his analysis, it is essential to distinguish and explain the difference between discretionary and non-discretionary vehicles, as well as between communicative and uncommunicative vehicles.

Development 311, 338-39 and L. Barrett, 'Herbie Fully Downloaded: Data-Driven Vehicles and the Automobile Exception', (2017) 106 *Georgetown Law Journal* 181, 205.

183 For liability proposals See, e.g. F.P. Hubbard, '"Sophisticated Robots": Balancing Liability, Regulation and Innovation' (2014) 66 *Fla. L. Rev.* 1803, J.K. Gurney, 'Sue My Car Not Me: Products Liability and Accidents Involving Autonomous Vehicles' (2013) 2013 *U. Ill. J.L. Tech. & Pol'y* 247, K. Funkhouser, 'Paving the Road Ahead: Autonomous Vehicles, Products Liability, and the Need for a New Approach' (2013) 2013 *Utah L. Rev.* 437, O. Ben-Shahar, 'Should Carmakers Be Liable When a Self-Driving Car Crashes?' *Forbes*, 22 September 2016 https://www.forbes.com/sites/omribenshahar/2016/09/22/should-carmakers-be-liable-when-a-self-driving-car-crashes/2/#309606f74378, D.C. Vladeck, 'Machines Without Principals: Liability Rules and Artificial Intelligence' (2014) 89 *Wash. L. Rev.* 117, G.E. Merchant and R.A. Lindor, 'The Coming Collision Between Autonomous Vehicles and the Liability System' (2012) 52 *Santa Clara L. Rev.* 1321, R.W. Peterson, 'New Technology—Old Law: Autonomous Vehicles and California's Insurance Framework' (2012) 52 *Santa Clara L. Rev.* 1341, J. Goodrich, 'Driving Miss Daisy: An Autonomous Chauffeur System' (2013) 51 *Hous. L. Rev.* 265, M..A. Geistfeld, 'A Roadmap for Autonomous Vehicles: State Tort Liability, Automobile Insurance, and Federal Safety Regulation' (2017) 105 *Cal. L. Rev.* 1611, K.S. Abraham and R.L. Rabin, 'Automated Vehicles and Manufacturer Responsibility for Accidents: A New Legal Regime for a New Era' (2019) 105 *Va. L. Rev.* 127.

184 D.J. Glancy, 'Autonomous and Automated and Connected Cars—Oh My! First Generation Autonomous Cars in the Legal Ecosystem', (2015) 16(2) *Minn. J. L., Sci. & Tech.* 619.

185 J. Boeglin, 'The Costs of Self-Driving Cars: Reconciling Freedom and Privacy with Tort Liability in Autonomous Vehicle Regulation', (2015) 17 *Yale J.L. & Tech.* 171.

186 Ibid., pp. 17–176.

The extent to which the AV protects the user's freedom will determine the discretionary or non-discretionary nature of the vehicle. Then, placing an AV in one or the other of the binary categories relating to the communicative (or not) nature of the vehicle will depend on the extent of the privacy protection offered by the vehicle.[187]

Discretionary vehicles could be described as those that permit 'the freedom and personal autonomy of their users to the greatest extent possible'.[188] This would mean in practice that the user could take over control of the vehicle whenever she/he wants, would maintain her/his influence on the driving profile, and would be able to override the choice of route selected by the vehicle. To my understanding, the author is referring here to so-called automated vehicles or cars with an advanced form of driving assistance or simply to vehicles with SAE automation Levels 1–3. Boeglin uses the term *discretionary* to define this type of AV as these vehicles help to limit the stress and danger of driving without completely eliminating the user's autonomy that is ceded to the car on a discretionary basis.[189]

Conversely, non-discretionary vehicles would impede their users' selection of their own route, determine their preferred driving style, switch the self-driving function on or off, and consequently take control of the vehicle, choosing to drive in certain places or at certain times of the day, for example. A non-discretionary vehicle can obstruct the user's travel plans by considering that the roads are too unsafe or the weather conditions too severe to drive in.[190]

The distinction between communicative and uncommunicative vehicles overlaps with that of Dorothy Glancy introduced and explained elsewhere in the current paper,[191] namely with the two opposing categories of interconnected (communicative) and self-contained (uncommunicative) autonomous vehicles.

In the case of the discretionary-uncommunicative model of AV, where both the freedom and the privacy of the user are protected to the greatest degree possible, the vehicle can be compared to a chauffeur, in Boeglin's opinion.[192]

187 Ibid., p. 177.

188 Ibid., p. 179.

189 Ibid., p. 179.

190 Ibid., p. 179.

191 See the text that accompanies footnotes 74–76.

192 Such a comparison is not new in the literature. See, e.g. M.R. Dickey, 'Get Ready for Self-driving Cars that Chauffeur us Around' (2013) *Business Insider*, http://www.businessinsider.com/get-ready-for-self-driving-cars-that-chauffeur-us-around-2013-1, M. Lamonica, 'Google Self-driving Car Chauffeurs Legally Blind Man' (2012) *CNET*, http://www.cnet

Now, as by virtue of *common law* tort the damages for accidents caused by a chauffeur are placed on the chauffeur's principal, as established by the doctrine of *respondeat superior*,[193] Boeglin pleads for applying here principles of the law of agency,[194] arguing that the vehicle should generally be treated as the agent of its user, thus shifting the liability for the damage caused by the faulty activity of this type of vehicle to the latter (the AV's user). Then, the AV owner could channel the risks of such accidents to the private insurance market. In this scenario, assigning liability to AVs' users would be 'the price' for the maximum degree of control, discretion, and autonomy over the AV's operation.[195]

The design of the discretionary-communicative model of AV, which allows the protection of the user's freedom but at the same time limits her/his privacy—as the communicative function of this type of AV implies that the flow of information generated by the vehicle is shared with the external network—makes it appealing in certain circumstances to apply a product liability regime to the accidents caused by this model of self-driving vehicle, which seems justified and reasonable to Boeglin. The above is so for the following reason: 'because discretionary-communicative vehicles might grant

.com/news/google-self-drivingcar-chauffeurs-legally-blind-man, A. Fisher, 'Inside Google's Quest to Popularize Self-driving Cars' (2013) *Popular Sci.*, http://www.popsci.com/cars/article/2013-09/google-self-driving-car.

193 See, e.g., *Perez v. Von Groningen & Sons, Inc., 41 Cal. 3d 962, 967 (1986)* (holding that an employer could be held liable for a tractor accident caused by one of his employees because under "the doctrine of respondeat superior, an employer is vicariously liable for his employee's torts committed within the scope of the employment"); *King v. Stuart Motor Co., 52 F. Supp. 727, 728 (N.D. Ga. 1943)* (holding that an owner was responsible for the acts of her chauffer "under the principle of respondeat superior"); Agency—Master and Servant—Automobiles—Liability of the Owner of a Family Car, (1922) 36 *Harvard Law Review* 102, 103 ("Where one member of the family, or the chauffeur, drives another member of the family, respondeat superior clearly applies.").

194 For the scholars resolving the problem of tort liability for the behavior of robots based on the principles of agency law see, for example, S. Chopra and L. White, 'Artificial Agents and the Contracting Problem: A Solution via an Agency Analysis', [2009] *U. Ill. J.L. Tech. & Pol'y* 363, 392 (advocating for the adoption of an 'agency law approach to artificial agents [because it] would permit the legal system to distinguish clearly between the operator of the agent ... and the user of the agent'); S. T. Middlebrook and J. Muller, 'Thoughts on Bots: The Emerging Law of Electronic Agents', (2000) 56 *Bus. Law.* 341, 354 ('Given that we would turn to the law of agency in order to understand the relationship between a person and a human servant, it seems prudent to look to the same body of law to inform, although perhaps not to govern absolutely, the relationships between people and their software servants').

195 J. Boeglin, 'The Costs of Self-Driving Cars: Reconciling Freedom and Privacy with Tort Liability in Autonomous Vehicle Regulation', (2015) 17 *Yale J.L. & Tech.* 171, 188–89.

manufacturers 'information about [and] access to' their vehicles post-sale, the standards that these manufacturers face for traditional tort requirements like foreseeability, duty-to-warn, and negligence should shift as well.' A manufacturer's possibility to monitor the behavior of a discretionary-communicative AV could inform her/his duty to warn the user of bad weather, traffic jams, and similar circumstances. The manufacturer would be held liable only for the risks that she/he could reasonably have foreseen. Therefore, the standard reasonableness test would apply in this case. Otherwise, it would be the user who is held responsible for the accident caused by her/his AV. Consequently, a similar law to that which governed the discretionary-uncommunicative model system of liability coupled with insurance, based on agency law, would apply if the accident were to happen outside the scope of the application of product liability.[196]

For non-discretionary-uncommunicative vehicles, Boeglin proposes a proportional share liability regime for manufacturers that he deems feasible on the condition that each self-driving vehicle from the same manufacturer is sufficiently uniform. The liability here would be strict and split according to the per-mile accident costs assigned to each AV product. Later on, he establishes the following equation to describe the sharing of liability in an accident involving a type A and a type B car:[197]

$$\frac{\dfrac{\sum(\text{Accident Cost Involving Type A Cars})}{\sum(\text{Miles Driven by Type A Cars})}}{\left(\dfrac{\sum(\text{Accident Cost Involving Type A Cars})}{\sum(\text{Miles Driven by Type A Cars})}+\dfrac{\sum(\text{Accident Cost Involving Type B Cars})}{\sum(\text{Miles Driven by Type B Cars})}\right)}$$

Finally, the last model of AV—non-discretionary-communicative— where neither freedom nor privacy is protected, would trigger, according to Boeglin, the market-share liability of manufacturers that, after also considering the option of government liability, he perceives as the simplest and cheapest.

196 Ibid., pp. 190–192.

197 Ibid., pp. 196–97.

6 Proposals on How Civil Liability in the Context of AVs Should Evolve in the Future

6.1 *Applying Old Rules to the New Reality: Generalism*

Much ink has been spent by the scholars on the issue whether the existing rules will be capable of dealing with the complexities posed by AVs liability. A considerable group of American scholars is of the opinion that this is possible.[198] In the words of Villasenor, "[p]roducts liability law offers a time-tested framework that has proven to be adaptive to technology-driven liability issues in. . . other contexts," and it "will be equally capable of doing so when applied to autonomous vehicles."[199] According to Garza, "product liability law is capable of handling the advent of autonomous vehicles, just as it handled seatbelts, airbags and cruise control and the use of camaras and record keeping devices in the vehicles will lead to cheaper and speedier trials."[200]

Others argue that "[e]arly claims likely will resemble the contemporary lawsuits that allege negligent vehicle use." Those early trials will encompass failure-to-warn theory rather than the design defect, as the latter is difficult to prove because of lack of transparency provoked by the complex and sophisticated cars' programming.[201]

Under U.S. law, manufacturer can be held liable mainly by virtue of product liability. The regulation allows the victim to claim damages in three different cases: for manufacturing defects, design defects, and failures to warn. The court will acknowledge the manufacturing defect when a product does not comply with its specification or in case an unexplainable accident happens (the so-called malfunction doctrine). Design defects can be described as those in which "the foreseeable risks of harm could have been reduced or avoided by use of a reasonable alternative design." To determine the existence of this defect the courts employ two different tests: the consumer expectations test and the risk-utility test. A failure-to-warn claim will be successful when the manufacturer fails to comply with his duty to inform users how to safely

198 See, e.g., Villasenor, *supra* note 31; Andrew P. Garza, *"Look Ma, No Hands!": Wrinkles and Wrecks in the Age of Autonomous Vehicles*, 46 New Eng. L. Rev. 581 (2012).

199 Villasenor, *supra* note 31, at 15.

200 Garza, *supra* note 198, at 595.

201 Graham, *Of Frightened Horses and Autonomous Vehicles: Tort Law and Its Assimilation of Inventions*, 51 Santa Clara L. Rev. 1241, 1270 (2012). See also Abraham & Rabin, supra note 16, at 143 ("judicial and jury assessment of the acceptable limits of engineering capability for alleged design defects, through reliance on expert assessment of risk-utility analysis, will come to be needlessly contentious and costly").

use the product and/or will omit to warn the consumer about the hidden use-related risks.[202]

Those who criticize approaching liability for accidents caused by AVs on bases of traditional product liability point out that failure to warn will no longer apply in SAE level 3 vehicles because no affirmative act to trigger the autonomous driver is necessary.[203] Furthermore, in most cases, the sophisticated and complex programming of autonomous vehicles will make it difficult to spot the exact cause of the accident and, consequently, the person liable (for example, whether it was a software or hardware malfunction).[204] In other instances, one or several entities could be held liable, raising the hardly solvable in this case question of apportionment of liability.[205] LeValley published a singular study in which he argues that AV manufacturers should be treated like "common carriers" who owe "the public the highest duty of care [and should be] liable for even the slightest negligence."[206]

Voices also exist that advocate for a shift from manufacturers' product liability to liability of AVs owners/users, which could be done either through application of strict liability[207] or through traditional negligence tort law coupled with a first-party insurance.[208] Vicarious liability under the doctrine of respondeate superior also might be used to impose liability upon the owner/user of an AV.[209] This solution is familiar to experts on tort liability for the behavior of robots.[210] Courts in the United States, however, are reluctant to endow robots with the personhood and treat them as employees creating vicarious liability.[211]

Mixed approaches also exist in this regard. According to Gurney, for instance, the liability caused by a vehicle in autonomous mode should stay normally

202 Jeffrey Gurney, *Sue My Car Not Me: Products Liability and Accidents Involving Autonomous Cars*, 2013 J.L. Tech. & Pol'y 247, 258.

203 Abraham & Rabin, *supra* note 16, at 143.

204 Ryan Calo, *Open Robotics*, 70 Md. L. Rev. 571, 597 (2011); Marchant & Lindor, *supra* note 22, at 1328–29.

205 Marchant & Lindor, *supra* note 22, at 1328.

206 Dylan LeValley, *Autonomous Vehicle Liability: Application of Common Carrier Liability*, 36 Seattle U. L. Rev. *Supra* 5, 6 (2013).

207 Sophia H. Duffy & Jamie Patrick Hopkins, *Sit, Stay, Drive: The Future of Autonomous Car Liability*, 16 SMU Sci. & Tech. L. Rev. 453, 453 (2013).

208 See Adam F. Scales, *Not So Fast: A Brief Plea for Muddling Through the Problems of Autonomous Vehicle Liability*, 13 J. Tort L. 189, 194 (2020).

209 137. Boeglin, *supra* note 185, at 186.

210 See, e.g., Samir Chopra & Laurence White, *Artificial Agents and the Contracting Problem: A Solution via an Agency Analysis*, 2009 U. Ill. J.L. Tech. & Pol'y 363, 392; Stephen T. Middlebrook & John Muller, *Thoughts on Bots: The Emerging Law of Electronic Agents*, 56 Bus. Law. 341, 354 (2000).

211 Boeglin, *supra* note 185, at 186.

TABLE 4 HAV stands for highly automated vehicles; denomination employed by the NHTSA in its September 2016 policy statement when adopting the five-tiered levels of automation developed by the SAE.

Accident Type	Car 1	Car 2
Conventional	CV	CV
Mixed	CV	HAV[a]
Pure	HAV	HAV
Pure	HAV	No Car (one-car colli- sion or collision involving pedestrian, bicyclist, etc.)

with the manufacturer, but it could shift back to the driver if he is attentive. Who to make liable by virtue of this theory would depend on the nature of driver and his ability to prevent the accident. Thus, manufacturer would be responsible in the rest of the scenarios, namely in case of Disable, Diminished Capabilities and Distracted Driver.[212]

Other scholars plead for protection of manufacturers against costly lawsuits, consequently suggesting three ways of how to avoid product liability: assumption of risk, new legislation, or federal preemption of state tort actions.[213] A Federal Motor Vehicle Safety Standard (FMVSS) adopted by NHTSA could serve this latter purpose.[214]

Assumption of risk "provides that a product user who knowingly accepts the risks of a potentially hazardous product assumes some or all of the responsibility for any harm that may befall them from use of the product."[215] In order for the defense to work, two elements must be present: knowledge (the plaintiff must know and understand the risks) and plaintiff must assume the risk free and voluntary.[216]

212 Gurney, *supra* note 183.

213 Marchant & Lindor, *supra* note 22, at 1336.

214 *Id.* at 1338.

215 *Id.*

216 Gurney, *supra* note 183, at 269. For the problems related with this approach see Jessica S. Brodsky, *Autonomous Vehicles Regulation: How an Uncertain Legal Landscape May Hit the Brakes on Self-Driving Cars*, 31 Berkley Tech. L.J. 851, 865–66 (2016); Marchant & Lindor, *supra* note 22, at 1336–37.

When it comes to legislative protection, it should be enacted either at federal or at state level, and it should protect the manufacturer against, or limit his liability.[217]

Finally, some scholars have suggested an analogy to the liability imposed on the owners of dogs causing injury to deal with accidents caused by AVs. Specifically, AVs resemble dogs in that they "think and act independently from their human owners, and these independent acts have similar consequences of inflicting personal injury or property damage."[218]

6.2 *Reconciling the Old with the New between Exceptionalism and Generalism: a Mixed Approach*

One of the most interesting, in-depth, and outstanding proposals in the field of liability for accidents caused by AVs comes from Mark Geistfeld. His approach can be described as mixed as it combines the old and well-established tort doctrines in force in most of the states with two new federal safety regulations. This author's starting point is the conviction that many of those scholars who criticize the generalist approach to liability for accidents caused by AVs have not fully understood the following: '[t]he technology itself largely solves the most vexing tort problems'.[219] The latter idea is so because with the massive deployment of AVs, the whole way of driving will change; in particular, driving based on the individualized behavior of human beings will become collective and systemized. Consequently, according to Geistfeld, it is most feasible that in the future we will witness the advent of the following driving pattern: a whole fleet of AVs will be controlled and administered by a single driver—the operating system. In this scenario, in which a fully functioning operating system orders each car of the fleet how to behave, it will be the system itself that causes the crash. [220] This would mean that the particular circumstances of the crash would be meaningless since the vehicle—a component of systemized

217 Marchant & Lindor, *supra* note 22, at 1337. *See* also Wendell Wallach, *From Robots to Techno Sapiens: Ethics, Law and Public Policy in the Development of Robotics and Neurotechnologies*, 3 Law, Innovation & Tech. 185, 194, 196 (2015) (discussing incentive of autonomous product manufacturers to seek legislation providing liability protection); Calo, *supra* note 204, at 601–09 (proposing limited immunity from liability for manufacturers of autonomous systems).

218 Duffy & Hopkins, *supra* note 207, at 113.

219 M.A. Geistfeld, 'A Roadmap for Autonomous Vehicles: State Tort Liability, Automobile Insurance, and Federal Safety Regulation', (2017) 105 *Cal. L. Rev.* 1611, 1612.

220 M.A. Geistfeld, 'A Roadmap for Autonomous Vehicles: State Tort Liability, Automobile Insurance, and Federal Safety Regulation', (2017) 105 *Cal. L. Rev.* 1611, 1621–22.

driving—'should be evaluated through performance data for the fleet. Aggregate driving data can resolve otherwise difficult tort questions.'[221]

The two requirements imposed by tort law and applied to damage caused by AVs, namely, the reasonably safe programming or design of the operating system, would be satisfied if aggregate data from pre-market testing were able to demonstrate in a convincing manner that the aforementioned fleet of AVs, when in use, is at least two times safer when compared with traditional (conventional) cars. Aggregate driving data also make it possible to deal with the third tort law requirement leading to avoidance of the manufacturer's liability—the obligation to adequately warn consumers of the risk inherent in AV use. The latter would be satisfied, according to Geistfeld, when the insurance calculus referring to a risk-adjusted annual premium for insuring the vehicle —carried out based on aggregate driving data—is disclosed to the final consumer. [222]

The two abovementioned federal regulations are thought to remedy the lack of legal uniformity—derived from the existence of the federal state—with a minimum displacement of the state tort law. The idea here is to find a common core between state tort laws adopted across the US that could later on be transformed into federal regulations governing the reasonable safety of automated driving technologies. Such regulations should, in Geistfeld's opinion, be entrusted to the NHTSA and take into account the associated tort obligations concerning adequate pre-market testing and disclosure of the inherent risk of crash. Consequently, the functioning mechanism would be the following: while these regulations would be in line with the majority state tort law approach to the issue—therefore, 'regulatory compliance would also satisfy the associated tort obligations in most states'[223],—the dissenting minority of the states would be subject to the pre-emption principle, preventing the filing of claims that are based on their diverging state tort law and safeguarding what is the principal federal interest, that is, uniformity across the country. [224]

The role of state tort law would not finish here, as it would supplement the federal regulations, thus helping to create a comprehensive regulatory framework that, in broad strokes, could be shaped in the following way:

> [A] regulatory-compliant autonomous vehicle would subject the manufacturer to tort liability only for crashes caused by malfunctioning

221 Ibid., p. 1611.
222 Ibid., pp. 1622–1623 and 1651–1660.
223 Ibid., p. 1612.
224 Ibid., pp. 1623–1624, 1677, 1684–1691.

physical hardware (strict products liability); malfunctions of the operating system due to either programming error (same) or third-party hacking (strict liability again, with an important caveat); the manufacturer's failure to adopt a reasonably safe design or to provide adequate warnings for ensuring safe deployment of the vehicle (an ordinary products liability claim); or the manufacturer's failure to treat consumers and bystanders equally when designing the vehicle and its operating system (an ordinary negligence claim). A manufacturer would also be subject to tort liability for not complying with the federal regulations (negligence *per se*).[225]

6.3 *Manufacturer Enterprise Responsibility (Mer) – New, Uniform, and Vehicle-Focus Liability and Insurance at Federal Level*

The latest between the proposals, brilliant and probably the most appealing, at least for someone who has long been working on harmonization of laws, is the one prepared and drafted by Kenneth S. Abraham and Robert L. Rabin.[226]

In order to better understand the premises of the proposed solution it is essential to bring attention of the reader to the following facts, which undoubtedly will form part of the near future. To start with: nowadays the only commercialized AVs on the market are those of SAE level 2.[227] We could play the fortune teller game and try to predict when exactly the vehicles falling into SAE levels 4–5 will be available for sale.[228] Be that as it may, the roll out of this type of AVs will be progressive in the sense that they will not substitute at once and for all the conventional vehicles (CV). They will rather coexist on roads due to two factors mainly: (1) Because of the existing stock of the CVs in use, and (2) Because the introduction of the vehicles SAE levels 4–5 will not put an end to the production of new models of partially automated CVs. In other words, the fully automated vehicles will not come in 'in one fell swoop'.[229]

Having this in mind, Abraham and Rabin advocate the implementation of the Manufacturer Enterprise Responsibility (MER), similar to the system of workers' compensation, and setting aside the current liability and insurance regime only when the threshold of registered AVs at SAE autonomy levels 4 or

225 Ibid., p. 1613.

226 K.S. Abraham and R.L. Rabin, 'Automated Vehicles and Manufacturer Responsibility for Accidents: A New Legal Regime for a New Era', (2019) 105 *Virginia Law Review* 127.

227 See the text accompanying the footnote 10.

228 According to some sources we could expect it to happen in the mid-2020s. See U.S. Chamber Inst. for Leg. Reform, *Torts of the Future* 2, 2017.

229 K.S. Abraham and R.L. Rabin, 'Automated Vehicles and Manufacturer Responsibility for Accidents: A New Legal Regime for a New Era', (2019) 105 *Virginia Law Review* 131.

5 will reach twenty-five percent.[230] Consequently, in the *near* future the traditional tort law system with product-related approach would remain in force for *all* types of accidents, be it with the contribution of CV, be it with the input of whichever type of AV, or both of them at the same time, until the threshold for activation of MER would be met.[231]

Finally, MER should be enacted by US Congress at federal level, should be binding across the country, pre-empting state legislation and common law rules[232], and should equally apply to all types of accidents, not only to those caused by vehicles categorized within SAE levels 4–5. This would be so, even if the accident was caused by the negligent takeover of the human driver, for instance, in vehicles SAE level 3 as 'applying MER only in some situations, would be a game not worth the candle.'[233]

Now, the deployment of AVs will lead to a new taxonomy in the car's accidents, which was described by the authors in the following way:[234]

MER would apply to two types of the accidents described above, namely to pure (either with two AVs involves, or only with one) and to mixed accidents (CV/AV).[235]

6.3.1 Pure Accidents

When it comes to individuals and damage covered, the scope of application of MER would extend to AV's occupants, as well as to pedestrians, bicyclists, motorcyclists, and other third-party bystanders, for bodily injuries 'arising out of the operation' of an AV. The latter is an essential limiting condition here since the accident substantially caused by, for instance, pedestrian or bicyclist will not qualify for the compensation under the scheme as it will not be considered to have 'arisen out of the operation' of an AV. The causal nexus between AV's operation and injury, required here, would be inexistent in this case.

MER would neither cover the *property damage* arising out of the accident of whichever party involved in it (be it the AV's owner or user, be it any other third party). Both of the authors favor here the view that a common practice of purchasing and widespread availability of property insurance is the best coverage option in those cases, leading to no hardship or unfairness. Consequently, they

230 Ibid., p. 132.
231 Ibid., p. 139.
232 Ibid., p. 148.
233 Ibid., p. 149.
234 Ibid., p. 148.
235 Ibid., p. 148.

opt for eliminating the product liability of AV's manufacturers for property damage arising in those circumstances (property damage).

The bodily injury would be covered up to the specified benefit limits. The compensation would not be pertinent in all those cases in which the injuries were caused by AV owner's sole negligence that could derived, for instance, from the breach of his/her obligation to update the software or to tweak it, or from the negligent non-compliance with his/her maintenance duty. This restrain would also apply to the 'negligent driver' in all those situations in which he would be charged with some limited tasks he could perform (for example, if he rarely is permitted to drive manually in vehicles SAE level 4- parking, for instance).[236]

The authors definitely prefer manufacturer's liability to auto-owner financial responsibility for several different reasons: (1) The former is the one who is in operational control over the vehicle; the latter is only the occupant, (2) The manufacturer is in the best position to decide what to invest in the operational system so as to avoid additional accidents and the compensation he will bear in case of an accident will provide him with incentives to research the ways of improving the system and minimalize the rates of currently unavoidable accidents, (3) He is also in position to internalize the cost of the accident in the AV's price. Finally, the manufacturer's responsibility would be strict.[237]

MER would be an exclusive remedy, eliminating manufacturers' and operators' liability in tort for bodily injuries 'arising out of the operation' of an AV, 'even if injuries resulting from … malfunctions had been actionable under current products liability doctrine because they resulted from manufacturing or design defects'.[238] This rule would be subject to three exceptions: (1) Claimants should be permitted to additionally suite for liability for punitive damages of manufacturer or component-part maker under MER-enabling statute, (2) The exclusive remedy rule should not preclude the claimant from bringing a conventional tort action in case the damage in AV related accident was caused by a third party, for instance, a person in charge of cyberattack on AV software or of other form of terrorism, (3) MER should not be available at all in case the owner of the vehicle has modified it in a manner that causes an accident.[239]

When it comes to benefits level, it is the opinion of Abraham and Rabin that 'unlimited medical expenses and up to $1 million in compensation for wage losses, indexed for inflation, should be available to each eligible MER claimant.

236 Ibid., pp. 150–51.
237 Ibid., pp. 153–55.
238 Ibid., p. 156.
239 Ibid., pp. 159–60.

Benefits would be paid periodically. In addition, up to $500,000 should be available, according to a schedule of noneconomic losses, for specified permanent or long-term injuries… Finally, up to $1 million for wrongful death should be payable to the heir or heirs-at-law of a person killed in an HAV accident. This also should be paid pursuant to a schedule that is a function of the heir, or heirs', age and relationship to the decedent.'[240] '[I]n all but the largest cases involving out-of-pocket losses in excess of $1 million, collateral sources should be entitled to full reimbursement out of an MER recovery, rather than a proportionate reimbursement.'[241]

6.3.2 Mixed Accidents

In case of mixed accidents, one can think of two different scenarios: (1) CV driver or passenger injured→ AV involved, (2) AV occupant injured→ CV or third party involved. Although at the beginning the authors have pointed out to three different legal settlements likely to resolve the first scenario's dispute: (a) application of the existing rules governing tort liability, (b) providing CV plaintiffs with access to AV owner's MER, (c) introducing mandatory first-party no-fault insurance covering losses suffered by CV plaintiffs, the closer look at and analysis of the aforementioned options led them to the conclusion that efficiency reasons favor the solution of granting the CV plaintiffs the access to AV's owner MER. As in the case of pure accidents, charging the manufacturer with the responsibility for accidents occurred in the first scenario would create safety incentives on his part. The same reasons informed the authors' preferences as to the second scenario. Consequently, they plead for the complete abolition of the right of AV occupants to claim damages from CV drivers under negligence liability and recommend a full swift to exclusively MER system as long as such solution would be advisable and politically feasible. Otherwise, they think that 'CV defendants could still be liable in negligence to HAV occupants for sums not compensated by HAV plaintiffs' MER.'[242]

6.3.3 Funding

Lack of statistically adequate data in the initial phase of the MER functioning would impose the necessity to assess manufacturers' charge in presumptive form based on annual market share. With the time passing, nevertheless,

240 Ibid., p. 161.
241 Ibid., p. 164.
242 Ibid., pp. 164–69.

'assessment should be based on the frequency and severity of pay-outs for each manufacturer's AVs.'[243]

6.3.4 Administration and Claim-Processing

The continuing need for auto liability insurance in such cases as, for instance, negligent failure to maintain the vehicle, injuries caused by manually operated AV, or property damage, converts the insurer in a perfect MER conduit. Therefore, claims would be filed with the insurance company that would receive a commission from the Fund for processing the complaint. All the disputes arising out of such a claim (claim denied or partially paid) would be resolved by an administrative law judge in each state and could be appealed to a federal district court.[244]

6.4 *Common Enterprise Liability*

Problems related with identifying who is liable in accidents cause by AVs, auto manufacturer or the maker of a component part, have induced another American scholar, Professor David Vladeck, to think of the product liability regime as undesirable in this context, and led him to propose what he refers to as Common Enterprise Liability – strict joint and several liability of both parties mentioned above.[245]

6.5 *Two Trier Insurance Program Introduced at Federal Level*

In between the scholars preoccupied for the excessive liability of the manufacturer one can find also exceptionalists. Kyle Colona proposes two-trier insurance program with a ceiling on damages, resembling the Price-Anderson Act that, in her opinion, should be enacted by the Congress at federal level. Meanwhile the first trier would have fully individual insurance coverage paid by each manufacturer, in case of the second trier each manufacturer would contribute with a certain amount to the secondary insurance pool. The second pool could be used only if the first was to be exhausted. In that way, the risk would be spread and shared between many manufacturers and insurance companies, avoiding bankruptcy of manufacturers for costly lawsuits. The author finds grounds for such a regulation in the high risk posed by the AVs, comparable to that of the nuclear energy.[246]

---

243 Ibid., p. 169.

244 Ibid., pp. 169–71.

245 D.C. Vladeck, 'Machines Without Principals: Liability Rules and Artificial Intelligence' (2014) 89 *Wash. L. Rev.* 117, 129 n.39, 146–48.

246 K. Colonna, 'Autonomous Cars and Tort Liability' (2012) 4 *J.L. Tech. & Internet* 81, 122–25.

7 Should Regulations for Self-Driving Cars Be National or Should They Be Continental or International through the Vienna Convention?

As has been mentioned elsewhere in the current paper, the constitutional reasons, and particularly the organization of the state in the form of a federation, pose an additional question—in the context of the US—to that put forward in the title of this section, namely, whether the regulation of self-driving cars should be enacted at the federal or the state level, or maybe both. According to the National Transportation Research Board, the complexity of the safety features present in the manufacturing process of AVs and the magnitude of the problem make it almost impossible for the NHTSA to comprehensively regulate the issue.[247]

Consequently, in September 2016, the NHTSA published its following policy statement with the aim of presenting its strategy for regulating highly automated vehicle (HAV) technologies, the statement touching upon the question of the division of competences between the agency and the states in the context of AVs.[248] It the statement, the NHTSA recognizes that '[r]ules and laws allocating tort liability could have a significant effect on both consumer acceptance of HAVs and their rate of deployment.'[249] In particular, 'a patchwork of inconsistent laws and regulations among the 50 States and other US jurisdiction ... could delay the widespread deployment of these potentially lifesaving technologies.'[250] Because 'a manufacturer should be able to focus on developing a single HAV fleet rather than 50 different versions to meet individual state requirements,'[251] the NHTSA 'strongly encourages States to allow DOT alone to regulate the performance of HAV technology and vehicles.'[252] The NHTSA, however, also 'confirms that States retain their traditional responsibilities for

---

247 Nat'L Research Council of The Nat'L Acads., Transp. Research BD., *Special Report 308: The Safety Promise and Challenge of Automotive Electronics: Insight from Unintended Acceleration*, 2012, pp. 182, http://onlinepubs.trb.org/onlinepubs/sr/sr308.pdf ('NHTSA cannot be expected to hire and maintain personnel having all of the specialized technical expertise and design knowledge relevant to the growing field of automotive electronics.'); See also id. at 177 ('It is difficult to See how NHTSA could obtain the capacity for identifying suitable testing methods [for electronic control] in light of the wide variability in the way manufacturers design and engineer vehicle systems.').

248 Nat'L Highway Traffic Safety Admin., *Federal Automated Vehicles Policy: Accelerating the Next Revolution in Roadway Safety*, 2016, p. 10, https://www.transportation.gov/AV.

249 Ibid., p. 46.

250 Ibid., p. 37.

251 Ibid., p. 7.

252 Ibid., p. 37.

vehicle licensing and registration, traffic laws and enforcement, and motor vehicle insurance and liability regimes.'[253] Nevertheless, at the same time the agency states that '[i]t may be desirable to create a commission to study liability and insurance issues and make recommendations to the States.'[254] This last suggestion has not been welcomed by some American scholars, who believe that such a process would be time-consuming and as a result lead not only to gaps in a law that is slowly catching up, but also to confusion on the part of the manufacturers, who would be devoid of essential guidance for the future. This would be a 'cumbersome process' that could only be considered in a long run, because such a proposal would have to be approved by the legislative powers of each state.[255]

Then, the NHTSA approach to the division of competences between the agency and the states seems to be unpopular among other American scholars. They are concerned about the lack of uniformity and the legal uncertainty that leaving the regulation of almost all aspects of AVs to state legislatures could bring about, and at the same time plead for laws at the federal level.[256] Diverging state regulations also raise great concern within the automotive industry. 'A patchwork of state laws governing the operation of self-driving cars threatens to stall their development, supporters told lawmakers as US senators began consideration of a national standard for robotic vehicles'[257] This is the testimony of four insiders and a scholar in a Senate committee in March 2016.[258]

253 Ibid., p. 7. See also the table 3 of this research paper. Derived from M.A. Geistfeld, 'A Roadmap for Autonomous Vehicles: State Tort Liability, Automobile Insurance, and Federal Safety Regulation', (2017) 105 *Cal. L. Rev.* 1611, 1676.

254 Nat'L Highway Traffic Safety Admin., *Federal Automated Vehicles Policy: Accelerating the Next Revolution in Roadway Safety*, 2016, p. 46, https://www.transportation.gov/AV.

255 M.A. Geistfeld, 'A Roadmap for Autonomous Vehicles: State Tort Liability, Automobile Insurance, and Federal Safety Regulation', (2017) 105 *Cal. L. Rev.* 1611, 1677.

256 In field of civil liability, See, for instance, K.S. Abraham and R.L. Rabin, 'Automated Vehicles and Manufacturer Responsibility for Accidents: A New Legal Regime for a New Era', (2019) 105 *Virginia Law Review* 131. All aspect of AVs regulation should be left to federal *consorcium* according to Ch. Lee, 'Grabbing the Wheel Early: Moving Forward on Cybersecurity and Privacy Protections for Driverless Cars', (2017) 69 *Federal Communications Law Journal* 25, 43-52.

257 Jeff Plungis & Keith Naughton, *Driverless Car Supporters Urge National Laws to Override State, Local,* INS. J. (Mar. 16, 2016), http://www.insurancejournal.com/news/national/2016/03/16/402012.htm [https://perma.cc/LW8W-6LP7].

258 US Committee on Science, Commerce and Transportation, 'Hands Off: The Future of Self-Driving Cars: Hearing Before the S. Comm. On Commerce, Sci., & Transp.', 114th Cong., 2016 (testimony of Dr. Chris Urmson, Director of Self-Driving Cars, Google X; Mr. Mike Ableson, Vice President, Strategy and Global Portfolio Planning, General Motors Co.; Mr. Glen DeVos, Vice President, Global Engineering and Services, Electronics and

Those who oppose the idea of maintaining the existing *status quo* and leaving the states the prerogative to regulate the issues of liability for accidents caused by AVs warn that the consequences of such decision can be far reaching. It is evident that the states will have to react somehow to adjust the existing rules to the new reality and to emerging problems and complexities the courts may face in litigations concerning AVs. This might lead to motley scenarios in which '[s]ome states would adopt MER; others would retain common law negligence liability; others would retain their hybrid negligence/auto no-fault approaches; still other states might adopt a revised version of common law tort, along lines now being proposed by commentators.'[259] This patchwork of regulation, as inconsistent, vary and uncertain as it looks, is, in their opinion, highly undesirable, especially taking into account the national, or indeed international character of the AVs business.[260]

When it comes to international law, US is a party to the 1949 Geneva Convention on Road Traffic, but it is not a party, neither signatory to the 1968 Vienna Convention on Road Traffic, and hence has no obligations under this treaty. I have found no voices pleading for the ratification of the latter in the US. Neither I found scholars advocating for the AVs regulation to take place on the international level. Only one American publication, which research was cantered over the question whether the AVs were legal at the time it was conducted (2014), arguing no specific laws were needed for the massive deployment of AVs to be legal, referred to Art.8 of Vienna Convention in order to conclude that 'the United States should closely monitor efforts to amend or interpret the Vienna Convention as an example for or caution regarding any potential effort to clarify the Geneva Convention' in the context of AVs.[261]

References

K.S. Abraham and R.L. Rabin, 'Automated Vehicles and Manufacturer Responsibility for Accidents: A New Legal Regime for a New Era', (2019) 105 *Virginia Law Review* 127.

Safety. Delphi Automotive; Mr. Joseph Okpaku, Vice President of Government Relations, Lyft; and Dr. Mary (Missy) Louise Cummings, Director, Humans and Autonomy Lab and Duke Robotics, Duke University).

259 K.S. Abraham and R.L. Rabin, 'Automated Vehicles and Manufacturer Responsibility for Accidents: A New Legal Regime for a New Era', (2019) 105 *Virginia Law Review* 148.

260 Ibid., pp. 148–149.

261 B. Walker Smith, 'Automated Vehicles Are Probably Legal in the United States' (2014) 1 *Texas A&M Law* Review 411, 517.

M. Alawadhi, J. Almazrouie, M. Kamil and K.A. Khalil, 'Review and analysis of the importance of autonomous vehicles liability: a systematic literature review', (2020) 11(6) *International Journal of System Assurance Engineering and Management* 1227.

J.M. Balkin, 'Essay, The Constitution in the National Surveillance State', (2008) 93 *Minnesota Law Review* 1.

L. Barret, 'Herbie Fully Downloaded: Data-Driven Vehicles and the Automobile Exception', (2017) 106 *Georgetown Law Journal* 181.

C. Bartolini, T. Tettamanti and I. Varga, 'Critical Features of Autonomous Road Transport from The Perspective of Technological Regulation and Law', (2017) 27 *Transport Research Procedia* 791.

W.M. Beaney, 'The Right to Privacy and American Law', (1966) 31 *Law and Contemporary Problems* 253.

N. Bel Geddes, *Magic Motorways*, 1940.

O. Ben-Shahar, 'Should Carmakers Be Liable When a Self-Driving Car Crashes?', *Forbes*, 22 September 2016, https://www.forbes.com/sites/omribenshahar/2016/09/22/should-carmakers-be-liable-when-a-self-driving-car-crashes/2/#309606f74378.

I. Berlin, *Two Concepts of Liberty*, 1958.

F. Biondi, 'Why We Still Don't Have Self-Driving Cars on the Roads in 2021', *The Conversation*, 16 June 2021, https://theconversation.com/why-we-still-dont-have-self-driving-cars-on-the-roads-in-2021-162646.

J. Boeglin, 'The Costs of Self-Driving Cars: Reconciling Freedom and Privacy with Tort Liability in Autonomous Vehicle Regulation', (2015) 17 *Yale Journal of Law and Technology* 171.

A.S. Bohm, E.J. George, B. Cyphers and S. Lu, 'Privacy and Liberty in an Always-On, Always-Listening World', (2017) XIX *Columbia Science & Technology Law Review* 1.

N.E. Boudette, 'Lyft will team up with Ford and a self-driving car start-up to offer rides in Miami', *The New York Times*, 21 July 2021, https://www.nytimes.com/2021/07/21/business/lyft-self-driving-cars.html .

S.W. Brenner, and L.L. Clarke, 'Fourth Amendment Protection for Shared Privacy Rights in Stored Transactional Data', (2006) 14 *Journal of Law and Policy* 211.

G.C. Brown, 'Nowhere to Run, Nowhere to Hide: Applying the Fourth Amendment to Connected Cars in the Internet-of-Things Era', (2019) 32(3) *Journal of Civil Rights and Economic Development* 311.

R. Calo, *The Case for a Federal Robotics Commission*, Brookings Institution 2014, https://www.brookings.edu/wp-content/uploads/2014/09/RoboticsCommissionR2_Calo.pdf.

A. Cavoukian, *Privacy by Design: The 7 Foundational Principles,* 2009 http://www.ontla.on.ca/library/repository/mon/23008/295010.pdf.

S. Chopra, and L. White, 'Artificial Agents and the Contracting Problem: A Solution via an Agency Analysis', [2009] *University of Illinois Journal of Law, Technology and Policy* 363.

P. Cihon, 'Status of Location Privacy Legislation in the States: 2015', ACLU: *Free Future*, 26 August 2015, https://www.aclu.org/blog/free-future/status-location-privacy-legislation-states-2015.

A.J. DeFilippis, 'Securing Informationships: Recognizing a Right to Privity in Fourth Amendment Jurisprudence', (2006) 115 *Yale Law Journal* 1086.

M.R. Dickey, 'Get Ready for Self-Driving Cars that Chauffeur Us Around', *Business Insider*, 6 January 2013, http://www.businessinsider.com/get-ready-for-self-driving-cars-that-chauffeur-us-around-2013-1.

F.H. Easterbrook, 'Cyberspace and the Law of the Horse', [1996] *University of Chicago Legal Forum* 207.

D.J. Fagnant, and K. Kockelman, 'Preparing a Nation for Autonomous Vehicles: Opportunities, Barriers and Policy Recommendations for Capitalizing on Self-Driven Vehicles', (2015) 77 *Transportation Research Part A: Policy and Practice* 167.

A. Fisher, 'Inside Google's Quest to Popularize Self-Driving Cars', *Popular Science*, 18 September 2013, http://www.popsci.com/cars/article/2013-09/google-self-driving-car.

N.F. Engstrom, 'An Alternative Explanation for No-Fault's 'Demise'', (2012) 61 *DePaul Law Review* 303.

Y. Freemark, A. Hudson, J. Zhao, 'Are cities prepared for autonomous vehicles? Planning for technological change by US local governments' (2019) 85(2) *Journal of the American Planning Association* 133.

S. Freiwald, 'First Principles of Communications Privacy' (2007) *Stanford Technology Law Review* 3, http://stlr.stanford.edu/pdf/freiwald-first-principles.pdf.

Ch. Fried, 'Privacy', (1968) 77 *Yale Law Journal* 475.

K. Funkhouser, 'Paving the Road Ahead: Autonomous Vehicles, Products Liability, and the Need for a New Approach', (2013) 37 *Utah Law Review* 437.

R.M. Gandia, R.B. Veroneze, F. Antonialli, B.H. Cavazza, J.Y. Sugano, C.C.D. Castro, A.L. Zambalde, A.D.M. Neto and I. Nicolai, 'The quintuple helix model and the future of mobility: the case of autonomous vehicles', in 25th International Colloquium of GERPISA-Revolutions. *New Technologies and Services in the Automotive Industry*, 2017.

N. Garun, 'Screendrive: 2017 Ford Fusion Energi Is the First Car with Alexa' The *Verge*, 2017, https://www.theverge.com/2017/5/1/15438554/2017-ford-fusion-energi-alexasync3-review.

M.A. Geistfeld, 'A Roadmap for Autonomous Vehicles: State Tort Liability, Automobile Insurance, and Federal Safety Regulation' (2017) 105 *California Law Review* 1611.

S. Ghoshray, 'Privacy Distortion Rationale for Reinterpreting the Third-Party Doctrine of the Fourth Amendment' (2011) 13 *Florida Coastal Law Review* 33.

D.J. Glancy, 'Privacy and Intelligent Transportation', (1995) 11 *Santa Clara Computer and High Technology Law Journal* 151.

D.J. Glancy, 'Privacy in Autonomous Vehicles', (2012) 52(4) *Santa Clara Law Review* 1171.

D.J. Glancy, 'Autonomous and Automated and Connected Cars—Oh My! First Generation Autonomous Cars in the Legal Ecosystem' (2015) 16(2) *Minnesota Journal of Law, Science and Technology* 619.

E. Goffman, *Behavior in Public Places*, 1963.

E. Goffman, *The Presentation of Self in Everyday Life*, 1959.

J. Goodrich, 'Driving Miss Daisy: An Autonomous Chauffeur System', (2013) 51 *Houston Law Review* 265.

J.K. Gurney, 'Sue My Car Not Me: Products Liability and Accidents Involving Autonomous Vehicles', [2013] University of Illinois Journal of Law, Technology and Policy 247.

A. Guthrie Ferguson, 'Big Data and Predictive Reasonable Suspicion' (2015) 163 *University of Pennsylvania Law Review* 327.

S. Henderson, 'Learning from All Fifty States: How to Apply the Fourth Amendment and its State Analogs to Protect Third-Party Information from Unreasonable Search', (2006) 55 *Catholic University Law Review* 373.

S.E. Henderson, 'Beyond the (Current) Fourth Amendment: Protecting Third-Party Information, Third Parties, and the Rest of Us Too', (2007) 34 *Pepperdine Law Review* 975 (2007).

F.P. Hubbard, "Sophisticated Robots': Balancing Liability, Regulation, and Innovation', (2014) 66(5) *Florida Law Review* 1803 (2014).

B. Husch and A. Teigen, 'Regulating Autonomous Vehicles', (2017) 25(13) *Legis Brief*, https://www.ncsl.org/research/transportation/regulating-autonomous-vehicles.aspx.

K. Inagaki, P. Campbell, and P. McGee, 'Apple approaches Nissan to work on autonomous car project', *Financial Times*, 15 February 2021, https://www.ft.com/content/29d4aa6b-fba5-4a53-876e-3f097fdefid2.

K. Ishii, 'Comparative legal study on privacy and personal data protection for robots equipped with artificial intelligence: looking at functional and technological aspects', (2019) 34 *AI and Society* 509.

L. Jamali, 'Tesla shares slide after Cybercab robotaxi revealed', BBC, 11 October 2024, available on https://www.bbc.com/news/articles/cm29x5ke9jdo.

O.S. Kerr, 'The Case for the Third-Party Doctrine', 107 *Michigan Law Review* 561, 563.

W.J. Kohler, and A. Colbert-Taylor, 'Current Law and Potential Legal Issues Pertaining to Automated, Autonomous and Connected Vehicles', (2015) 31 *Santa Clara High Technology Law Journal* 99.

G. Kovacs, 'Tracking our Online Trackers', TED Talk, *TED*, February 2012.

M. LaMonica, 'Google Self-Driving Car Chauffeurs Legally Blind Man', *CNET*, 29 March 2012, http://www.cnet.com/news/google-self-driving-car-chauffeurs-legally-blind-man.

M.D. Lawless, Note, 'The Third Party Doctrine Redux: Internet Search Records and the Case for a 'Crazy Quilt' of Fourth Amendment Protection', [2007] *UCLA Journal of Law & Technology* 2, http://www.lawtechjournal.com/articles/2007/02_070426_lawless.pdf.

C. Lee, 'Grabbing the Wheel Early: Moving Forward on Cybersecurity and Privacy Protections for Driverless Cars', (2017) 69 *Federal Communications Law Journal* 25.

D. Lee and D.J. Hess, 'Regulations for on road testing of connected and automated vehicles: Assessing the potential for global safety harmonization', (2019) 136 *Transportation Research Part A: Policy and Practice* 85.

L. Lessig, 'The Law of the Horse: What Cyberlaw Might Teach', (1999) 113 *Harvard Law Review* 501.

S. Marmion, 'Most-Cited US Supreme Court Cases in HeinOnline—Part II', *Heinonline Blog*, 2009 http://heinonline.blogspot.com/2009/01/most-citedus-supreme-court-cases-in.html.

J.L. Mashow and D.L Harfst, *The Struggle for Auto Safety*, 1990, pp. 173–201.

P. McGee, 'Microsoft invests in $30bn driverless car company Cruise', *Financial Times*, 19 January 2021, https://www.ft.com/content/81793b42-28be-424d-a51c-006677fb2809.

M. McKown, 'Fifty Years of Katz: A Look Back—and Forward—at the Influence of Justice Harlan's Concurring Opinion on the Reasonable Expectation of Privacy' (2017) 85 *The George Washington Law Review Arguendo* 140.

J. McMahon, 'Driverless Cars Could Drive Car Insurance Companies Out Of Business', *Forbes*, 19 February 2016 https://www.forbes.com/sites/jeffmcmahon/2016/02/19/autonomous-vehicles-could-drive-car-insurance-companies-out-of-business/#5e14e0d12231.

G.E. Merchant and R.A. Lindor, 'The Coming Collision Between Autonomous Vehicles and the Liability System' (2012) 52 *Santa Clara Law Review* 1321.

C. Metz, 'Tesla Sells 'Full Self-Driving', but What Is It Really?', *The New York Times*, 20 August 2021, https://www.nytimes.com/2021/08/20/technology/tesla-full-self-driving-fsd.html.

S. T. Middlebrook and J. Muller, 'Thoughts on Bots: The Emerging Law of Electronic Agents', (2000) 56 *Business Law* 341.

National Highway Traffic Safety Administration, DOT HS 810 698, *The New Car Assessment Program Suggested Approaches for Future Program Enhancements* 2007, http://www.safercar.gov/staticfiles/DOT/safercar/pdf/810698.pdf.

National Highway Traffic Safety Administration, *Federal Automated Vehicles Policy: Accelerating the Next Revolution in Roadway Safety*, 2016, https://www.transportation.gov/AV.

National Research Council of the National Academies, Transp. Research Bd., *Special Report 308: The Safety Promise and Challenge of Automotive Electronics: Insight from Unintended Acceleration*, 2012 http://onlinepubs.trb.org/onlinepubs/sr/sr308.pdf.

National Science and Technology Council and United States Department of Transportation, *Ensuring American Leadership in Automated Vehicle Technologies. Automated Vehicles 4.0*, 2020 https://www.transportation.gov/sites/dot.gov/files/docs/policy-initiatives/automated-vehicles/360956/ensuringamericanleadershipav4.pdf.

H.F. Nissenbaum, *Privacy in Context*, Stanford Univ. Press 2010.

R.W. Peterson, 'New Technology—Old Law: Autonomous Vehicles and California's Insurance Framework' (2012) 52 *Santa Clara L Rev* 1341

J. Plungis and K. Naughton, 'Driverless Car Supporters Urge National Laws to Override State, Local', (2016) *Insurance Journal* http://www.insurancejournal.com/news/national/2016/03/16/402012.htm.

NHTSA, *US Department of Transportation Releases Policy on Automated Vehicle Development*, Press Release, 1 August 2019 https://www.transportation.gov/briefing-room/us-department-transportation-releases-policy-automated-vehicle-development.

R.L. Rabin, 'Pathways to Auto Safety: Assessing the Role of the National Highway Transportation Safety Administration', in N.R Parrillo (ed), *Administrative Law from the Inside Out: Essays on Themes in the Work of Jerry L Mashaw*, 2017, pp 297–321.

T. Risen, 'How Safe Is a Self-Driving Car?', *US News and World Rep*, 2015 http://www.usnews.com/news/articles/2015/10/08/nhtsa-volvo-seekcybersecurity-privacy-for-driverless-cars.

J. Rubenfeld, 'The End of Privacy', (2008) 61 *Stanford Law Review* 101.

SAE On-Road Automated Vehicle Standards Committee, *Taxonomy and Definitions for Terms Related to Driving Automation Systems for On-Road Motor Vehicles*, SAE International, Warrendale, 2018.

S. Sayers and S. Mahmood, 'Connected Cars: An Approach to Dealing with the Privacy Risks' (2015) 15(8) *Privacy and Data Protection Journal* 3

H.A. Schneider, 'Katz v. United States: The Untold Story', (2008) 40 *McGeorge Law Review* 13.

E. Schoitsch, 'Autonomous Vehicles and Automated Driving Status, Perspectives and Societal Impact', (2016) 45(1) *Schriftenreihe Informatik* 405.

Senate Committee on Commerce, Science, and Transportation, *Hands Off: The Future of Self-Driving Cars: Hearing Before the Senate Committee on Commerce, Science, and Transportation*, 114th Cong., 2016

D. Shepardson, 'US Working to Set Rules for Self-Driving Cars', *Detroit News*, 24 October 2012.

S.E. Shladover, 'Connected and automated vehicle systems' (2018) 22 *Journal of Intelligent Transportation Systems* 190.

S.E. Shladover and Ch. Nowakowski, 'Regulatory challenges for road vehicle automation: Lessons from the California experience' (2019) 122 *Transportation Research Part A* 125.

Ch. Slobogin, *Privacy at Risk: The New Government Surveillance and the Fourth Amendment*, The University of Chicago Press, Chicago 2007.

E. Smith Dennis, 'A Mosaic Shield: Maynard, the Fourth Amendment and Privacy Rights in the Digital Age', (2011) 33 *Cardozo Law Review* 737.

P. Suresh and P.V. Manivannan, 'Reduction of Vehicular Pollution through Fuel Economy Improvement with the Use of Autonomous Self-driving Passenger Cars', (2014) 8(3A) *Journal of Environmental Research and Development* 705.

A. Taeihagh and H. Si Min Lim, 'Governing Autonomous Vehicles: Emerging Responses for Safety, Liability, Privacy, Cybersecurity, and Industry Risks', (2018) 39(1) *Transport Reviews* 103.

R.M. Thompson II, 'The Fourth Amendment Third-Party Doctrine' [2014] *CRS Report for Congress* R43586.

M. Tokson, 'Automation and the Fourth Amendment' (2011) 96 *Iowa Law Review* 581.

Transportation Research Board, *Using Vehicle Integration Data, Part 2: Cross-Cutting VII Data Issues*, session presented at the 87th Annual Meeting, Washington, D.C., 16 January 2008.

M.E. Twomey, 'Voluntary Disclosure of Information as a Proposed Standard for the Fourth Amendment's Third-Party Doctrine', (2015) 21 *Michigan Telecommunications and Technology Law Review* 401.

US Chamber Institute for Legal Reform, *Torts of the Future I*, 2017.

US Chamber Institute for Legal Reform, Torts of the Future II: *Autonomous Vehicles, Addressing the Liability and Regulatory Implications of Emerging Technologies*, 2018.

US Department of Transportation, National Highway Traffic Safety Administration, *Traffic Safety Facts: Crash Stats, Critical Reasons for Crashes Investigated in the National Motor Vehicle Causation Survey,* February 2015, DOT HS 812 115, http://www-nrd.nhtsa.dot.gov/pubs/812115.pdf.

US Department of Transportation, National Highway Traffic Safety Administration, *Preliminary Statement of Policy Concerning Automated Vehicles*, 2013, https://www.nhtsa.gov/staticfiles/rulemaking/pdf/Automated_Vehicles_Policy.pdf.

US Dep't of Transp. Nat'l Highway Traffic Safety Admin., *Automated Driving Systems 2.0. A Vision for Safety*, 2017, https://www.nhtsa.gov/sites/nhtsa.gov/files/documents/13069a-ads2.0_090617_v9a_tag.pdf.

US Dep't of Transp. Nat'l Highway Traffic Safety Admin., *Preparing for the Future of Transportation: Automated Vehicles 3.0*, 2018 https://www.transportation.gov/sites/dot.gov/files/docs/policy-initiatives/automated-vehicles/320711/preparing-future-transportation-automated-vehicle-30.pdf.

US Dep't of Transp.: Research & Innovative Tech. Admin, *Intelligent Transportation Systems*, http://www.its.dot.gov/.

US Gov't Accountability Office, GAO-14-649T, *Consumers' Location Data: Companies Take Steps to Protect Privacy, but Practices Are Inconsistent, and Risk May Not Be Clear to Consumers*, (2014) http://www.gao.gov/assets/670/663787.pdf.

T. Vanderbilt, 'Let the Robot Drive: The Autonomous Car of the Future Is Here', Wired Magazine, 23 February 2012, http://www.wired.com/magazine/2012/01/ff_autonomouscars.

J. Villasenor, 'Products Liability and Driverless Cars: Issues and Guiding Principles for Legislation', *Brookings Institution*, http://www.brookings.edu//media/research/files/papers/2014/04/products-liability-driverless-cars-villasenor/products_liability_and_driverless_cars.pdf.

D.C. Vladeck, 'Machines Without Principals: Liability Rules and Artificial Intelligence', (2014) 89 *Washington Law Review* 117.

B. Walker Smith, 'Automated Vehicles Are Probably Legal in the United States', (2014) 1 *Texas A&M Law Review* 411.

S.D. Warren and L.D. Brandeis, 'The Right to Privacy', (1890) 4 *Harvard Law Review* 193.

White House, *Consumer Data Privacy in a Networked World: A Framework for Protecting Privacy and Promoting Innovation in the Global Digital Economy*, http://www.whitehouse.gov/sites/default/files/privacy-final.pdf.

S.P. Wood, J. Chang, T. Healy and J. Wood, 'The Potential Regulatory Challenges of Increasingly Autonomous Motor Vehicles', (2012) 52(4) *Santa Clara Law Review* 1423.

K. Zetter, 'California Now Has the Nation's Best Digital Privacy Law', Wired, 8 October 2015, http://www.wired.com/2015/10/california-now-nations-best-digital privacy-law/.

Case Law

Melvin v. Reid, 112 Cal. App. 285 (1931)

Sidis v. F-R Pub. Corp., 113 F.2d 806 (2d Cir. 1940)

Katz v. United States, 389 US 347 (1967)

United States v. Miller, 425 US 435 (1976)

Smith v. Maryland, 442 US 735 (1979)

United States v. Knotts, 460 US 276 (1983)

United States v. Karo, 468 US 705 (1984)

Hill v. Nat'l Collegaite Athletic Ass'n, 7 Cal. 4th 1, 35 (1994)

United States v. Maynard, 615 F.3d 544 (D.C. Cir. 2010)

United States v. Jones, 132 S. Ct. 945 (2012)

Riley v. California, 134 S. Ct 2473 (2014)

Index

Printed in the United States
by Baker & Taylor Publisher Services